UTB

UTB 2340

Eine Arbeitsgemeinschaft der Verlage

Beltz Verlag Weinheim und Basel
Böhlau Verlag Köln · Weimar · Wien
Wilhelm Fink Verlag München
A. Francke Verlag Tübingen und Basel
Paul Haupt Verlag Bern · Stuttgart · Wien
Verlag Leske + Budrich Opladen
Lucius & Lucius Verlagsgesellschaft Stuttgart
Mohr Siebeck Tübingen
C. F. Müller Verlag Heidelberg
Ernst Reinhardt Verlag München und Basel
Ferdinand Schöningh Verlag Paderborn · München · Wien · Zürich
Eugen Ulmer Verlag Stuttgart
UVK Verlagsgesellschaft Konstanz
Vandenhoeck & Ruprecht Göttingen
WUV Facultas · Wien

Neue Ökonomische Bibliothek

herausgegeben von Birger Priddat

CARSTEN HERRMANN-PILLATH

Grundriß der Evolutionsökonomik

WILHELM FINK VERLAG MÜNCHEN

Die Deutsche Bibliothek – CIP-Einheitsaufnahme

Ein Titeldatensatz für diese Publikation ist bei der Deutschen Bibliothek erhältlich.

Gedruckt auf umweltfreundlichem, chlorfrei gebleichtem Papier (mit 50 % Altpapieranteil)

Ohmstraße 5, 80802 München
ISBN 3-7705-3719-X

Internet: www.fink.de

Printed in Germany.
Herstellung: Ferdinand Schöningh, Paderborn
Einbandgestaltung: Atelier Reichert, Stuttgart

UTB-Bestellnummer: ISBN 3-8252-2340-X

Wie dieses Buch zu benutzen ist:

Dieses Buch erscheint in einer Printversion und im Internet unter dem Domain **www.evolutionaryeconomics.net**:

- Die **Printversion** enthält den ersten Teil „Elemente, Prozesse, Strukturen", der die theoretischen Grundlagen der Evolutionsökonomik darstellt.
- Die **Internetversion** enthält ausserdem den zweiten Teil „Modelle und Fälle", der Modellierungsansätze und Fallstudien aus der Anwendung evolutionsökonomischer Konzepte enthält. Die Internetversion des ersten Teils kann nicht ausgedruckt werden und ist nur über einen Webzugang einzusehen.

Die Printversion kann auf Reisen mitgenommen oder in Seminaren verwendet werden, sie kann als Gute-Nacht-Lektüre dienen oder als Nervenkitzel im Lehnstuhl, und nicht zuletzt kann sie Ihr Bücherregal verzieren. Mit Hilfe der Internetversion können Sie sich die Evolutionsökonomik unter Rückgriff auf Ressourcen im WWW selbständig erarbeiten und die verschiedenen Leistungen der Text-Software nutzen, wie beispielsweise Suchfunktionen.
Der gesamte Text enthält eine große Zahl externer Links, deren Inhalt zum Teil wichtig ist, um die jeweiligen Fragestellungen zum Beispiel in Veranstaltungen zu vertiefen oder, wie im Falle der mathematischen Modellansätze, erst wirklich zu vervollständigen. Die beiden Teile sind ausserdem durch eine große Zahl von internen Verweisen eng miteinander verknüpft.
Dieses Buch ist außerdem ein „lebendes Lehrbuch". Das bedeutet, die Internetversion wird künftig fortlaufend aktualisiert und überarbeitet. Die Seite **www.evolutionaryeconomics.net** wird außerdem zusätzliche Materialien, Kommentare und Beiträge aufnehmen und im WWW publizieren.

Autor, Herausgeber und Verleger wünschen den Nutzern dieses Buches viel Vergnügen, ertragreiches Arbeiten und vor allen Dingen: neue Ideen!

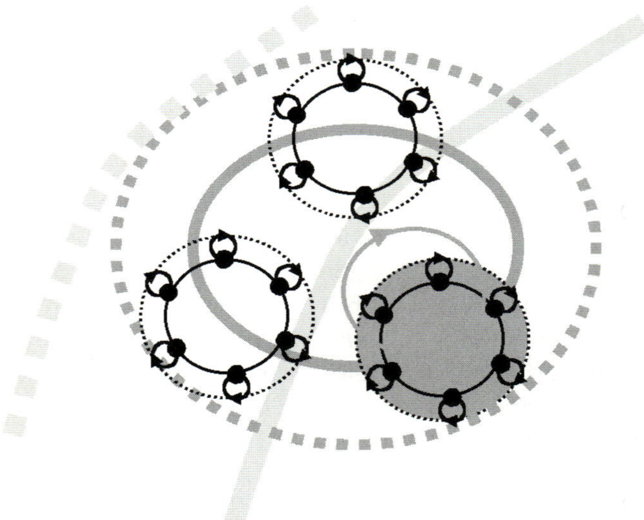

Vorwort

Liebe Leserin, lieber Leser,

dieses Buch bemüht sich, ein Lehrbuch zu sein - aber Sie werden ihm leicht anmerken, daß es gleichzeitig eine wissenschaftliche Monographie ist. Denn die wissenschaftliche Disziplin der Evolutionsökonomik, ist selbst ein evolvierendes Unternehmen. So fällt es schwer, ihre vielen methodischen und inhaltlichen Facetten so in den Griff zu bekommen, daß eine „Lehre" entsteht. Manche mögen meinen, dies gehe von der Sache her nicht und mögen solche Versuche für zu verfrüht halten. Auf der anderen Seite sind derart viele Einsichten und Methoden errungen worden, daß es längst an der Zeit ist, sie zusammenzufassen.

Tatsächlich ist dieses Lehrbuch einer der ersten Versuche, möglichst alle relevanten Themen und vor allem Denkansätze dieser Disziplin in einer Monographie zu vereinen. In diesem Sinne hat das Buch einen hohen Anspruch: Es ist ein Wagnis, beides gleichzeitig zu versuchen, eine monographische Gesamtdarstellung und ein Lehrbuch - noch dazu in einer neuen Form, als Kombination der Medien des Drucks und des Internets.

Als mich Birger Priddat, der Herausgeber dieser Reihe, fragte, ob ich nicht ein „Kurzlehrbuch" zur Evolutionsökonomik schreiben wolle, habe ich gleich zugestimmt - besteht doch Einigkeit im Fache, daß es an Lehrtexten mangelt. Warum habe ich mich dazu fähig gefühlt? Gemeinsam mit dem Dresdner Kollegen Marco Lehmann-Waffenschmidt laboriere ich nun seit Jahren mit der Herausgabe des ersten „Handbuchs der Evolutorischen Ökonomik". Da liegen sie, die große Zahl von bereits verfassten Einträgen, und aufgrund der intensiven Bearbeitung und Redaktion hatte ich ein Bild im Kopf, was es denn heisse, evolutionsökonomisch zu arbeiten. Ein Handbuch präsentiert aber die ganze Breite und Tiefe dieses Fachs und führt die Sichtweisen von Dutzenden von Wissenschaftlern vor. Insofern erschien es mir sehr sinnvoll, diese Gesamtdarstellung durch eine notwendigerweise oberflächlichere, jedoch einheitliche Bilanz im Sinne der Durchgestaltung mit einem subjektiven Fluchtpunkt zu ergänzen. Beide Bücher, ein Handbuch und eine Monographie, würden sich meines Erachtens ideal ergänzen.

Doch so einfach sollte es nicht werden. Kaum fing ich mit der Arbeit an, so wurde mir klar, daß ein Lehrbuch bedeutet, den gesamten Stoff systematisch aufzubauen, klare Konzepte zu definieren, Verbindungen zwischen Themenbereichen aufzuzeigen und vieles mehr. Ein Lehrbuch bedeutet die Auszeichnung einer „kanonischen" Version der „Lehre" – aber genau diese lag mir leider nicht fertig ausgearbeitet vor. Genau das Gegenteil: Also vielversprechend aus evolutionstheoretischer Sicht, denn viel, viel „Varietät"! Nun aber die Selektion: Ich mußte aus Mosaiksteinen ein Bild zusammensetzen, das Sinn macht und „lehr-bar" ist. So habe ich ein eigenständiges begriffliches Gebäude geschaffen, in dem – so meine ich zumindestens – alle vorhandenen Denk- und Arbeitsweisen von „Evolutionsökonomen" ihren Platz finden können. Dieses begriffliche Gebäude setzt sich aus eigenen Kreationen, aus bekannten Konzepten unterschiedlicher Felder der Wirtschaftstheorie und natürlich den Ideen und Begriffen zusammen, die gegenwärtig in der Evolutionsökonomik Verbreitung finden. Gerade letzteres bedeutet aber, daß die Reichweite einzubeziehender Theorien vom amerikanischen Institutionalismus bis hin zur mathematischen Synergetik reicht.

Mit meinem Ergebnis bewege ich mich entsprechend weit von den geläufigen Gesamtdarstellungen der ökonomischen Wissenschaft weg. Dieser Unterschied läßt sich sehr leicht auf einen Punkt bringen: Das „normale" Lehrbuch der Ökonomik geht selbstverständlich davon aus, daß „der Markt" der elementare Ausgangspunkt der Darstellung sein muß – in diesem Lehrbuch ist der Markt aber erst das Ergebnis des komplexen Zusammenspiels aller Elemente des evolutionsökonomischen Theoriegebäudes. Der Markt steht nicht am Anfang, sondern am Ende des ersten Teils.

Das einfachste Verfahren, Einheit solcher Vielfalt zu finden, lautet: Evolution (natürlich!). Und so wurde die Konzeption eines „lebenden Lehrbuchs" entwickelt, das sich auch auf die Wissensressourcen stützt, die das Internet zu Verfügung stellt. Dieses Lehrbuch vermittelt keine „Lehre", sondern soll dem Nutzer die Möglichkeit bieten, sein eigene Version der Evolutionsökonomik aus den Bausteinen zu konstruieren, die ich ihm biete. Das heisst konkret:

- Der *Kerntext* entwickelt meine persönliche Sicht der Evolutionsökonomik, ihrer theoretischen Grundlagen und und Methoden. Die Leserin kann sich mit dieser systematischen Darstellung auseinandersetzen und wird durch *„Fragekästchen"* am Textrand angeregt, in der Anwendung des Gelesenen weitere Einsichten zu entwickeln. Die theoretischen Grundlagen der Evolutionsökonomik werden im *ersten Teil des Kerntextes* dargestellt „Elemente, Prozesse, Strukturen", der auch einen *Glossar* wichtiger Konzepte enthält. Dieser Teil liegt in der Printversion vor. Er ist durch gegenseitige *Querverweise* eng mit dem zweiten Teil verknüpft, der einen Überblick über Modellierungsansätze bietet und 12 Fallstudien zur Evolutionsökonomik skizziert, die zu einem grossen Teil mit meinen eigenen Forschungen zusammenhängen. Im zweiten Teil werden durchweg nur einführende Hinweise gegeben, weil der Stoff gewaltig ist. Vertiefungen können nach seinem Erscheinen mit Hilfe des „Handbuchs der Evolutorische Ökonomik" gesucht werden.

- Der Text wird durch kurz kommentierte Verweise auf *Internet-Ressourcen* angereichert. Dort findet sich von Witzen bis zu mathematischen Abhandlungen eine Sammlung net-literarischer Genre. Der Nutzer ist ausdrücklich aufgefordert, diese links zu besuchen und den Stoff selbständig zu erarbeiten. Zum Teil werden die Dinge anders dargestellt als im Kerntext, zum Teil erheblich erweitert, zum Teil wird Stoff für die Anwendung geboten. Die *Internetversion des Kerntextes* enthält ausserdem zwei weitere Kapitel zu mathematischen Ansätzen und Fallstudien der Evolutionsökonomik. In diesen Kapiteln wird der Stoff erst durch die zusätzlichen Ressourcen des WWW wirklich vollständig abgedeckt. Ausserdem sind alle Kapitel des Buches durch *Querverweise* miteinander verbunden. Dieses Material ist insgesamt sehr umfangreich und kann natürlich nicht in einem Zuge „durchgelesen" werden. Es erlaubt aber jeder Leserin, eigene Schwerpunkte zu setzen und ermöglicht die Nutzung des Buchs zum Beispiel in Spezialveranstaltungen der Evolutionsökonomik als Hintergrundlektüre.

- Schliesslich gibt es *Lesehinweise*, die sich größtenteils auf Bücher beziehen. Hier versuche ich, den weiteren intellektuellen und dogmenhistorischen Hintergrund der Evolutionsökonomik zu zeichnen. Diese Texte sind nicht direkt für die Arbeit mit dem Buch hinzuzuziehen, müssen aber in echten Vertiefungen bzw. Vertiefungsveranstaltungen Berücksichtigung finden. Und die Leserin findet natürlich wieder alternative Darstellungen zu den Themen, die ich behandele.

- Und zu guter Letzt wird dieses Lehrbuch in einer eigenen Website im Internet nutzbar sein. Das erlaubt zum einen, die links direkt zu „klicken" und ihnen weiter zu folgen, um die Themen evolvieren zu lassen. Die Website **www.evolutionaryeconomics.net** wird außerdem weitere Materialien, Beiträge und Diskussionstoff bieten. Wie sich diese entwickeln wird, weiss ich nicht: Sie evolviert. Aber neben der Erweiterung des Materials um links und zusätzliche Kapitel wird das Lehrbuch in der Web-Edition ständig abgewandelt, so weit neue Erkenntnisse gewonnen werden, interessante Kommentare und Verbesserungsvorschläge der Leserinnen eingehen u.s.w.

Das ist also das „lebende Lehrbuch" zur Evolutionsökonomik. Es unterscheidet sich von „normalen Lehrbüchern" dadurch, daß es Wissen nicht konsekutiv darstellt (aber durchaus auch so gelesen werden soll, insbesondere in der Printversion), sondern als horizontal und vertikal verknüpftes Netzwerk von Elementen des Wissens. Durch die Einbeziehung des WorldWideWeb ist es für jede Leserin möglich, „abzuschweifen" und in ganz andere Gefilde vorzudringen, um dann später wieder zum Buch zurückzukehren. Dies erlaubt es auch gleichzeitig, daß jeder Leser im Endeffekt sein eigenes, individuelles Lehrbuch zusammenstellen wird.

Auf einen letzten Punkt möchte ich noch hinweisen: Ich habe den mathematischen Teil klar vom Rest des Buches abgetrennt, aus didaktischen Gründen, aber auch weil manchmal das Modellieren insbesondere am Computer zum „l'art pour l'art" wird. Ziel dieses Buches ist, eine Weise des Denkens zu vermitteln, aber nicht, einen gegeben Wissens- und Methodenbestand. Ich persönlich bin der festen Überzeugung, daß es sich bei der Evolutionstheorie nicht um einen fixierten Satz von Methoden und Lehrsätzen handelt, sondern primär um eine Weise, die Welt zu sehen. Mehr noch, ich glaube, daß sich letztlich auch eine andere Lebensweise ergibt. Aus diesem Grund werden die Fallstudien auch nicht als doktrinäre Präsentation der Anwendung eines festen Bestandes an Wissen entwickelt, sondern als Problemstellungen und Diskussionspunkte. Jede Fallstudie ist nur als Anregung gedacht, daß sich die Leserin selbst mit dem Problem auseinandersetzt und eigenständige Positionen entwickelt.

Ich danke Professor Birger Priddat und Professor Raimund Zons, dem Verleger, für die große Offenheit bei allen Gestaltungsvorschlägen, die ich unterbreitet habe. Christian Hederer, Jan J. Lies und Carl Henning Reschke haben viele Kommentare und links begesteuert, auch ihnen sei stellvertretend für die anderen Doktoranden und Mitarbeiter gedankt, die mitgeholfen haben. Dem Leben sei auch gedankt, das mir durch eine langwierige Krankheit – verbunden mit einem ärztlichen Irrtum - erst die Chance gab, dieses Buch zu schreiben: Ein Beispiel für die evolutionäre Bedeutung von „Irrtümern" und sogar Schäden, die in bestimmten Umweltbedingungen sich plötzlich als Vorteile erweisen: Ein Kandidat für den noch zu gründenden *alternativen* „Darwin Award". Das Leben geht eben weiter: In der Zeit wurde unsere Tochter Yolanda geboren. Dieses Buch ist daher ihr und ihrer Mutter, meiner Frau Sigrun gewidmet.

Nun will ich Sie, liebe Leserin und lieber Leser, nicht länger aufhalten und schicke Sie auf die Reise durch dieses Netzwerk von Gedanken. Ich hoffe, Sie kommen mit reicher Ernte zurück. Lassen Sie mal von sich hören: www.evolutionaryeconomics.net.

Witten, im Juni 2002

Carsten Herrmann-Pillath

Inhaltsverzeichnis

Erster Teil
(Druckversion und Internetversion)

Elemente, Prozesse, Strukturen

I. Gegenstand und Forschungsansatz der Evolutionsökonomik

II. Elemente

III. Prozesse

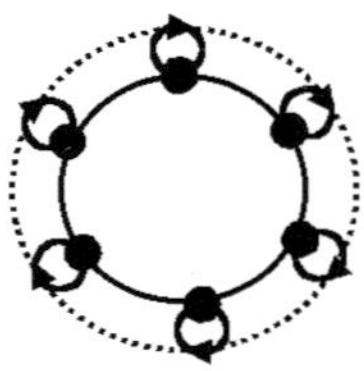

Zweiter Teil
(Internetversion)

Modelle und Fälle

V. Formale Methoden und Modelle in der Evolutionsökonomik

VI. Ausgewählte Anwendungsfelder der Evolutionsökonomik

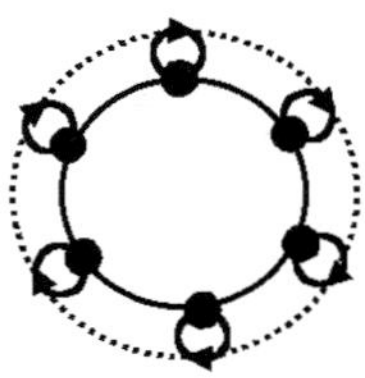

rückt an sekundäre Position und wird als Problem der befriedigenden und viablen Anpassung an sich stets wandelnde Umweltbedingungen aufgefasst.

Methodologie der Evolutorischen Ökonomik. In beiden Interpretationen ist die Wirtschaftswissenschaft in dem Sinne eine **Sozialwissenschaft**, daß sie sich mit der **Koordination von menschlichen Handlungen in großen Gruppen** befaßt (Gesellschaften, Staaten, Organisationen etc.). In den Sozialwissenschaften gibt es jedoch in der Regel disziplinenspezifische Methoden, die sich nicht immer mit wechselseitig ausschliesslichen Gegenstandsbereichen decken. Daher entstehen regelmäßig **Abgrenzungsprobleme** zwischen den Wissenschaften, die sich mit den unterschiedlichen gesellschaftlichen Teilbereichen befassen, wie beispielsweise der Politik, der Kultur und der Wirtschaft, und also der Politikwissenschaft, der Kulturwissenschaft und der Wirtschaftswissenschaft. Begreift sich die Wirtschaftswissenschaft intuitiv zunächst als **Wissenschaft, die sich mit menschlichen Bedürfnissen und ihrer Befriedigung** befasst, so können diese Abgrenzungsfragen nicht a priori gelöst werden: Jedes menschliche Handeln hängt letzten Endes mit menschlichen Bedürfnissen zusammen, die Politik etwa mit dem Bedürfnis nach Frieden. Insofern lassen sich natürlich alle Bereiche auch aus der ökonomischen Brille betrachten. Hinzu kommt, daß „Bedürfnisse" selbst eine historische und kulturell geprägte Kategorie sind, so daß auch im Alltag unterschiedlicher Gesellschaften das „wirtschaftliche" Handeln ganz unterschiedlich bestimmt bzw. wahrgenommen worden ist und wird.

Vielfalt und Wandel der Bedürfnisse:
Welche Bedürfnisse sind Ihnen heute wichtig? Sind es dieselben wie vor zehn Jahren? Haben andere Menschen andere Bedürfnisse?
Überlegen Sie, welche Bedürfnisse ein Brief im Zeitalter Goethes und eine e-mail heutzutage befriedigt!
Kennen Sie Gesellschaften oder Zeiten, in den die Befriedigung religiöser Bedürfnisse käuflich ist bzw. war?

Umstritten kann also nur der Anspruch auf Ausschliesslichkeit einer bestimmten **Methode** sein (der sogenannte „ökonomische Imperialismus"). Die herkömmliche ökonomische Wissenschaft legt diese Methode mit formal exakten Verfahren wie der **rationalen Optimierung** und dem **Gleichgewicht** eindeutig fest. Diese formalen Verfahren lassen sich prinzipiell auf alle Sozialwissenschaften übertragen.

Konstruktion von Bedürfnissen:
Im post-modernen Marketing wird thematisiert, wie Bedürfnisse subjektiv und sozial kreiiert werden:
http://www.georgetown.edu/irvinemj/technoculture/pomo.html
www.m1to1.com/

Forschung der Zukunft: Transdisziplinarität ist eine aktuelle Forderung in der Wissenschaftspolitik, da sie als Quelle von wissenschaftlichen Neuerungen wirkt. Der Begriff ist freilich schillernd, weil damit oft auch die Einbindung gesellschaftlicher Akteure in die Forschung gemeint ist.
http://www.bmbf.de/677_3276.html
http://www.unesco.org/philosophy/en/Pathways/index.htm
http://www.uni-konstanz.de/FuF/Philo/Philosophie/Termine/kongress.htm

Die Evolutionsökonomik hingegen vertritt das Prinzip der **Methodenvielfalt** und damit der **Transdisziplinarität**:

> *Transdisziplinarität bedeutet, daß sich aus evolutionsökonomischer Sicht die sozialwissenschaftlichen Disziplinen nicht durch Methoden, sondern durch* **Fragen** *- also inhaltliche Schwerpunktsetzungen - voneinander unterscheiden, und daß die Auswahl der Methoden nach deren Antwortpotential erfolgt.* **Antworten** *erfordern dann eine metatheoretische Integration dieses Methodenpluralismus. Die Evolutionsökonomik befasst sich mit der Evolution des menschlichen Wissens über menschliche Bedürfnisse und deren Befriedigung durch komplexe Systeme menschlicher Interaktion. Sie entwickelt Hypothesen, die relevante Erkenntnisse unterschiedlicher wissenschaftlicher Methoden integrieren. Viele ihrer zentralen Aussagen haben daher methodologischen Status, d.h. sind regulative Prinzipien der Koordination zwischen unterschiedlichen Methoden, Modellen und Denkweisen.*

Methodologie ist aus Sicht vieler Ökonomen ein vielleicht notwendiges, aber besser vermeidbares Übel: „Just do it" lautet sonst die Devise. *Lesehinweis 2* Wir verwenden den Begriff im Sinne einer theoretisch fundierten Vorgehensweise, die Ergebnisse unterschiedlicher Methoden zueinander in Beziehung zu setzen. Diese Fundierung erfolgt mit Hilfe einiger weniger, grundlegender Konzepte, die wir in den folgenden Abschnitten kurz Revue passieren lassen.

Die Evolutionsökonomik ist mit diesem Anspruch neu und alt zugleich: In vielerlei Hinsicht führt sie zu einer integrativen Sozialwissenschaft zurück, wie sie noch um die letzte Jahrhundertwende existiert hatte, niedergeschlagen unter anderem im monumentalen Werk Max Webers. Sie vereint klassische Methoden der Soziologie und Wirtschaftswissenschaft, fügt jedoch neue Aspekte hinzu, wie vor allem auch naturwissenschaftliche Konzepte und Argumente. Gerade weil dieser Integrationsanspruch schwierig ist, kommt die Evolutionsökonomik nicht umhin, sich selbst ständig zu reflektieren und zu hinterfragen.

2. „Ordnung" als integratives Konzept der Sozialwissenschaften

Sozialwissenschaften und gesellschaftliche Koordination. Mit der Konzentration auf Bedürfnisse und Mittel der Bedürfnisbefriedigung rücken auf der Ebene konkreter evolutorischer Forschungen zunächst Fragen der **Innovation**, der **Kreativität** und der **Technologieentwicklung** in den Vordergrund. Sie stehen im Mittelpunkt der engen Abgrenzung der Evolutionsökonomik, wie wir sie eingangs skizziert haben. Schon auf dieser Ebene sprengt ihre Betrachtungsweise die herkömmliche Unterscheidung zwischen Betriebs- und Volkswirtschaftslehre: Um beispielsweise die Entwicklung einer neuen Technologie zu verstehen, müssen Prozesse auf der Ebene des Unternehmens ebenso betrachtet werden wie der Strukturwandel der gesamten Volkswirtschaft. Ein zweiter Blick zeigt, daß aber auch die Abgrenzungen zu den anderen Sozialwissenschaften verschwimmen: Um den Einfluss staatlicher Technologiepolitik auf die Unternehmen zu verstehen, mag der Rückgriff auf die Politikwissenschaft geboten sein.

Betriebs- und Volkswirtschaftslehre: Blicken Sie auf Ihr bisheriges Studium zurück – welche Unterschiede zwischen Volks- und Betriebswirtschaftslehre haben Sie wahrgenommen? Wo haben sich die Fächer berührt?

Aus Sicht der Evolutorischen Ökonomik wird vor allem die Fokussierung auf das Koordinationsproblem bedeutsam. In der einfachsten Weise lassen sich drei **Koordinationsmechanismen** differenzieren, die sich dann auch unterschiedlichen gesellschaftswissenschaftlichen Disziplinen zuordnen lassen:

- Die **Koordination durch Zwang, Weisung und Autorität**, die im weitesten Sinne von der **Politikwissenschaft** untersucht wird.
- Die **Koordination durch Regeln, Normen und Gewohnheiten**, die im Mittelpunkt der **Soziologie** steht. Hierzu rechnen wir auch die **Koordination durch Werte**, die auch als besonderer Gegenstand der **Kulturwissenschaft** betrachtet werden könnte.

Der Sinn disziplinärer Differenzierung: Besuchen Sie einmal die Webseiten Ihrer Hochschule und verschaffen Sie sich einen Eindruck von den Unterschieden der wirtschafts- und sozialwissenschaftlichen Disziplinen!

- Die **Koordination durch Tausch, Verhandlung und Absprachen**: Dies ist traditionell das Feld der **Wirtschaftswissenschaft** im weitesten Sinne.

Freiheit und Tausch:
Von Adam Smith stammt der berühmte Ausdruck der „invisible hand". Was bedeutet er?
http://www2.lucidcafe.com/lucidcafe/library/96jun/smith.html

Daß diese Unterscheidung von zentraler Bedeutung ist, lehrt ein Blick auf die Geschichte der Gesellschaftswissenschaften: Die Entstehung der Wirtschaftswissenschaft war von Anbeginn sehr eng mit dem **Problem der Freiheit der Person** verbunden, war also ein Reflex politischer Konflikte über gesellschaftliche Wertvorstellungen. Freiheit der Person bedeutet Freiheit von äußerem Zwang bei der eigenen Entscheidungsfindung ebenso wie Autonomie von extern gegebenen Regeln. Dann bleibt nur der Tausch als angemessener Koordinationsmechanismus. **Adam Smith** formulierte daher die Ausgangsfrage der Wirtschaftswissenschaft: Ist es möglich, daß eine Gesellschaft, in der die Individuen ohne Zwang frei über ihre Bedürfnisbefriedigung entscheiden, zu einer erfolgreichen Koordination dieser Einzelhandlungen gelangt? Wobei „erfolgreich" hier stets so verstanden wurde, daß damit allgemeine Zufriedenheit mit dem erreichten Stand der Bedürfnisbefriedigung gemeint ist? Welche Maßnahmen sind zu ergreifen, um diesen Zustand anzustreben? Die Antwort auf diese Fragen verweist auf das Feld der **Wirtschaftspolitik**, und von der Wirtschaftswissenschaft wird erwartet, daß sie auch Hinweise für das praktische politische Handeln gibt. In diesem Sinne haben sich also die Disziplinen ohnehin immer berührt, und klassisch begriff sich die Wirtschaftswissenschaft auch als **„Politische Ökonomie"**.

Formen der Koordination:
Der Staat verpflichtet Sie dazu, Steuern zu zahlen. Ist dies Zwang, Regel oder Tausch?
Sie kaufen ein: Der Verkäufer ist verpflichtet, die Landeswährung als Tauschmittel zu akzeptieren. Ist das Geschäft Zwang, Regel oder Tausch?
Sie schicken Ihr Kind aus weltanschaulichen Gründen auf eine Privatschule mit Schulgebühren – Zwang, Regel oder Tausch?

In der modernen Gesellschaft hat das wachsende Bewußtsein des Wissensproblems zur Folge, daß auch die Abgrenzung zwischen Koordinationsmechanismen zunehmend verschwimmt. Die „Postmoderne" kann als Reflex dieser Entwicklung aufgefaßt werden. Für die Politik beispielsweise ergibt sich aus dem Tatbestand fundamentalen Unwissens und ständiger Neuheit eine weitreichende Perspektivenänderung, nämlich zu jener des **Steuerungspessimismus**, Reflex der hohen Wahrscheinlichkeit des Scheiterns bzw. der Zielverfehlung direkter politischer Intervention. Umgekehrt gilt für die Wirtschaft, daß sie – beispielsweise im Zusammenhang nachhaltiger Entwicklung – zunehmend mit der Unzulänglichkeit der eigenen Mechanismen der Informationsverarbeitung konfrontiert ist und Orientierungen von außen benötigt: Gerade diese begegnen aber vermehrten Zweifeln und Skepsis. Für alle Bereiche wird demnach das Problem der Kommunikation und des Verstehens grundlegend. Wissenschaftlich schlägt sich dies in der Ambivalenz der Interpretation unterschiedlicher Koordinationsmechanismen nieder: Hierarchie wird zur Verhandlung, Tausch wird zur Kommunikation. Die Realität selbst zwingt die Wissenschaft zur Transdisziplinarität.

Ordnung als Folge der Evolution von Koordination. Die Evolutionsökonomik bietet eine konstruktive Alternative zur Lösung dieser konzeptionellen Schwierigkeiten, indem sie fragt, wie aus der Perspektive des wirtschaftlichen Grundproblems ein funktionsfähiges Zusammenspiel der verschiedenen Koordinationsmechanismen möglich ist.

> *Das wirtschaftliche Grundproblem ist die Koordination der Bedürfnisbefriedigung autonom handelnder Individuen in einem Zustand des Unwissens. Dieses Unwissen betrifft auch die Frage der Vorzugswürdigkeit unterschiedlicher Koordinationsmechanismen zur Lösung bestimmter Probleme. Ein funktionsfähiges und viables System von Koordinationsmechanismen ist eine „***Ordnung***". Die Evolutionsökonomik befasst sich also mit der Frage, wie Ordnung in menschlichen Gesellschaften entsteht und erhalten bleibt. Ihre wirtschaftspolitischen Schlußfolgerungen verstehen sich dementsprechend prinzipiell als* **Ordnungspolitik***, d.h. im Zustand fundamentalen Unwissens werden keine Konzepte direkter Steuerung entwickelt, sondern Konzepte der Ermöglichung von Selbstorganisation und -koordination.* **Lesehinweis 3**

Ordnungen können nie alleine unter dem Gesichtspunkt der ökonomischen Effizienz im herkömmlichen Sinne analysiert werden; sie gehen immer auch mit der Verbreitung

Bedürfnisse und die Bewertung von Koordinationsmechanismen:
Im manchen Ländern können Politiker Wählerstimmen durch Verteilung von Geld kaufen. Sollte dies erlaubt oder verboten sein?
Im überfüllten Wartezimmer eines Arztes steht der „nächste Patient" auf und verkündet, der höchstbietende Wartende könne seinen Platz einnehmen. Wären Sie entrüstet?
Sucht ist ein Bedürfnis. Warum wird im Supermarkt Alkohol, aber kein Heroin verkauft?

von Regeln und mit Phänomenen des Zwangs einher. Die sozialwissenschaftlichen Disziplinen berühren und überlappen sich also notwendigerweise. Damit wird aber dennoch nicht die normative Frage annuliert, welcher Koordinationsmechanismus für bestimmte Probleme eigentlich der beste ist.

Kapitalismus und Sozialismus: Das 20. Jh. war von der gesellschaftlichen und politischen Auseinandersetzung zwischen Kapitalismus und Sozialismus geprägt. Was meinen Sie, ist der Sozialismus künftig keine Alternative mehr?

Aus der Sicht einer positiv-erklärenden Wissenschaft muß außerdem gefragt werden nach den Ursachen und Kriterien alternativer gesellschaftlicher Koordinationsmechanismen. Die evolutionstheoretische Betrachtungsweise vereint beide Perspektiven, weil sie stets versucht, die Frage zu beantworten, wie im Zeitablauf die Leistungen bestimmter Koordinationsmechanismen auf deren Wandel zurückwirken. Im weitesten Sinne wendet sie also ein funktionales Kriterium an. Eine der einfachsten Weisen, **Funktionalität** zu thematisieren, ist in der ökonomischen Sicht die Prüfung, welche Auswirkung realisierte Ordnungen für die menschliche Bedürfnisbefriedung haben, und wie diese Leistung auf Erhalt und Wandel der Ordnungen zurückwirkt.

Gerechtigkeit und Ordnung: Ein alter und aktueller Streit ist derjenige über die Gerechtigkeit der Weltwirtschaftsordnung: Wie sollen die Bedürfnisse der Ärmsten Berücksichtigung finden? Hierzu äußern sich viele Gruppen der gesellschaft, wie etwa die Kirchen: **http://www.justitia-et-pax.de/justitia/index.html**

Das Problem der Bewertung von Ordnungen. Dies ist der Stoff der menschlichen Geschichte: Die Evolution von Ordnungen geschieht gleichermassen durch **menschliche Setzung** (etwa durch verfassunggebende Versammlungen) wie durch **komplexen gesellschaftlichen Wandel**, und ihre Bewertung geschieht zuallerst durch die Menschen selbst, die in ihnen und durch sie leben. Diese Bewertungen sind aber selbst durch die Ordnungen mitbestimmt; daraus entsteht die grundlegende Schwierigkeit, wie die wissenschaftliche Erklärung von Ordnungen mit der Beziehung zwischen den Bewertungen umgehen soll, die einerseits durch die in ihnen lebenden Menschen erfolgen, und die andererseits durch den wissenschaftlichen Beobachter gesetzt werden. Die Herkunft von Wertmaßstäben selbst muss zwar durch die Evolutionsökonomik reflektiert werden, dürfte aber nicht vollständig von ihr erklärt oder entschieden werden können. Vielmehr ist der Übergang auf eine philosophische eine philosophische Argumentationsebene unumgänglich, wie er in den Anfängen des Fachs ganz selbstverständlich war: Adam Smith war Ökonom und Moralphilosoph. Alleine aufgrund dieses Umstandes ist Wirtschaftswissenschaft ohne transdisziplinäre Öffnung gar nicht denkbar. Letztendlich geht es um die Frage, ob Bedürfnisse als gegeben betrachtet werden sollen – dies ist die Position der herkömmlichen Wirtschaftswissenschaft -, oder ob sie Gegenstand von Entscheidungen sein sollten. Im letzten Fall führt ein enger Rationalitätsbegriff in logische Dilemmata: Denn welche Bedürfnisse sollten einer Entscheidung über Bedürfnisse als nicht-hintergehbar vorausgesetzt werden?

De gustibus non disputandum est:
Dies ist ein zentrales Dogma der neoklassischen Präferenztheorie: Stimmen Sie dem zu?

Offensichtlich treffen wir hier auf das grundlegende Problem, das Bedürfnisse selbst eine Form von Wissen sind. Es kann also der Evolutorischen Ökonomik nicht nur darum gehen, den Wandel des Wissens über die Erfüllung gegebener Bedürfnisse zu erforschen. Vielmehr muss auch gefragt werden, warum wir bestimmte Bedürfnisse haben. Dann folgt natürlich auch die weitere Frage, ob diese Bedürfnisse sinnvoll sind. Insofern wird sofort klar, daß auch die komplexere Betrachtung von Koordinationsmechanismen nicht ausreicht, um Ordnungsprobleme zu analysieren, solange die Bedürfnisse selbst exogen bleiben. Was ist aber der letzte Anker, um das analytische Gerüst zu fixieren, wenn die Bedürfnisse selbst als wandelbar aufgefaßt werden? Nach welchen Prinzipien wollen wir Entstehung und Wandel von Ordnung verstehen und erklären? Wie können wir wissen, welches die gute Ordnung ist? Und wenn wir dies wissen, wie können wir den Weg dorthin erfahren?

Wahl von Bedürfnissen:
Müssen wir Bedürfnisse ändern, um den Erhalt unserer Umwelt zu sichern?

3. Wissensteilung und Wettbewerb

Wissensteilung und Arbeitsteilung:
Setzt Arbeitsteilung Wissensteilung voraus? Oder umgekehrt?

Unwissen als archimedischer Punkt der Theorie. Die Wirtschaftswissenschaft hat seit ihrer Begründung Wandel durch das Phänomen des **Wettbewerbs** erklärt. Die Evolutionsökonomik knüpft an diese Tradition an, radikalisiert aber die Wettbewerbsanalyse durch die konsequente Betonung des Wissensproblems. Beide sind Aspekte des von Adam Smith klassisch identifizierten Phänomens der Arbeitsteilung im wirtschaftlichen Wettbewerb. Smiths grundlegende Erkenntnis bestand bekanntlich darin, daß Spezialisierung und marktlich koordinierte Arbeitsteilung eigentliche Wurzel der Zunahme des Grades menschlicher Bedürfnisbefriedigung sind. Die Evolutionsökonomik transformiert dieses Argument, indem sie die produktive Rolle der **Wissensteilung** in einer sich ständig verändernden Welt betrachtet. *Lesehinweis 4*

Unüberschaubares Wissen:
Das Internet ist selbst ein solches Phänomen:
http://www.netzwissenschaft.de/
http://km.brint.com/

In der Tat: Das Erstaunliche der modernen Gesellschaft besteht wohl darin, daß im Zusammenwirken vieler Individuen ein gewaltiger Bestand an Wissen ständig fortentwikkelt wird, ohne daß es ein einziges Individuum gibt, das dieses Wissen vollständig überblickt. Das gilt nicht nur auf der Ebene der „Volkswirtschaft": Niemand ist in der Lage, eine vollständige Beschreibung abzugeben, wie ein modernes Großunternehmen tatsächlich funktioniert. Die Fähigkeit des Menschen, komplexe Prozesse zu überschauen, ist sehr begrenzt – und dennoch ist er in der Lage, solche Prozesse in Bewegung zu setzen und zu gestalten.

> *Die Evolutionsökonomik ist die wirtschaftswissenschaftliche Reaktion auf den grundlegenden* **Widerspruch der menschlichen Entwicklung** *in den letzten Jahrhunderten. Menschliche Handlungen geschehen systematisch im Zustand des Unwissens, und je komplexer die menschliche Gesellschaft geworden ist, desto größer wird dieses Unwissen. Der gewaltige Zuwachs unseres Wissens schliesst auch das zunehmende Wissen über das eigene Unwissen ein. Je mehr wir wissen,*

desto unsicherer wird unsere Handlungsgrundlage. Dieser Zusammenhang ist Folge unser eigenen Handlungen, die auf dem vermehrten Wissen aufbauen. **Wir selbst erzeugen Unwissen, weil wir mehr wissen.**

Es gibt verschiedene Argumente, mit denen diese Widersprüchlichkeit begründet werden kann. Hier soll nur jenes genannt werden, das die Zunahme des Unwissens unmittelbar mit der **Zunahme der Komplexität der Interaktionen** und Interaktionsketten in der Gesellschaft in Verbindung bringt. Denn je komplexer dieses Zusammenwirken, desto weniger ist das einzelne Individuum in der Lage, es zu überschauen. Die zunehmenden Ängste und hitzigen Debatten über das Phänomen der Globalisierung der Wirtschaft hängen direkt mit dieser Erfahrung des Unwissens zusammen. Das Bewußtsein des Unwissens hat die Empfindung der Ohnmacht zur Folge: Wie soll ich handeln, wenn ich nicht weiß, unter welchen Bedingungen und mit welchen Konsequenzen?

Die moderne Wirtschaft ist ein hochkomplexes **System verteilten Wissens**. Jede individuelle Handlung führt zu Veränderungen des gesellschaftlich verteilten Wissens, ohne daß diese Veränderungen für alle Individuen vollständig überschaubar sind – auch nicht für jenes, das die Veränderung verursacht hat. Das bedeutet aber wiederum, daß Individuen keine optimalen Entscheidungen treffen können: Nur wenn alles mit allem zusammenhängt, und wenn dies auch allen Individuen bekannt würde, könnten diese **global optimieren**. In allen anderen Fällen optimieren sie lokal auf der Basis von **lokalem Wissen**. Ein fundamentales Problem ergibt sich dann daraus, daß es ausgehend von lokalem Wissen für die Individuen unentscheidbar ist, wann ihr erreichter Wissensstand global optimal ist.

Dabei sind **zwei Formen des Unwissens** zu unterscheiden. Die eine Form ergibt sich aus der schlichten Tatsache, daß unser Wissen fortschreitet, und wir erst im Nachhinein erfahren, worin unser Unwissen eigentlich bestand. Die

Grenzen des Wissens:
Stellen Sie sich ein Wesen vor, das über alles Wissen dieser Welt meint zu verfügen. Könnte es selber wissen, warum und wie es zu diesem Wissen gelangt, wenn es gleichzeitig weiß, daß sein Wissen noch unvollkommen ist? Könnte dieses Wesen zu irgendeinem Zeitpunkt wissen, daß sein Wissen nun vollständig ist? Kann es „vollkommenes Wissen" überhaupt geben?

Lokales und globales Wissen:
Internet-Links vernetzen lokales Wissen. Wie können Sie wissen, wann eine Recherche wirklich zum bestmöglichen Ergebnis geführt hat? Machen Sie einen Test in einem Bereich, wo Sie selbst meinen, Experte zu sein, und spielen Sie eine „Laien"-Recherche durch.

Vermutungen über Vermutungen: Die Spannung in Kriminalromanen entsteht oft aus der Selbstreferentialität von Verdacht. Berühmt ist der intellektuelle Wettstreit zwischen Sherlock Holmes und Professor Moriarty: **http://www.sherlockian.net/world/moriarty.html**

andere Form des Unwissens ergibt sich aus dem Zusammenwirken der verschiedenen individuellen Entscheidungen und Handlungen, und zwar genauer aus der **Selbstreferentialität** aller Vermutungen über die Vermutungen anderer Menschen über die eigenen Vermutungen und die sich daraus ergebenden Handlungsempfehlungen.

Die Ontologie des Wissens. Die herkömmliche Wirtschaftswissenschaft hat systematisch versucht, diese Schwierigkeiten zu umgehen. Während in früheren Zeiten schlicht unterstellt wurde, daß die Individuen vollständig informiert sind, wurden in neueren Zeiten Konstrukte wie die „rationalen Erwartungen" geschaffen, mit denen angenommen wird, daß die Individuen über das richtige Modell der Wirklichkeit verfügen, das mit der Theorie des Wissenschaftlers deckungsgleich ist. Die Evolutionsökonomik stellt sich der Einsicht, daß die Anerkennung fundamentalen Unwissens eine komplette Revolutionierung der Sozialwissenschaften im allgemeinen und der Wirtschaftswissenschaften im besonderen zur Folge hat.

Grenzen des Reduktionismus: Betrachten Sie eine Universität, die schon Jahrzehnte existiert: Was müßte jemand wissen, um ein exaktes Imitat dieser Universität an anderer Stelle aufzubauen? Beachten Sie dabei auch die anderen Menschen, die für eine solche Imitation hinzugezogen werden müssen.

Diese Einsicht bedeutet, daß sich die **Ontologie** der Evolutionsökonomik von derjenigen der herkömmlichen Wirtschaftswissenschaft grundlegend unterscheidet, also die fundamentalen Annahmen über die Art und Weise, wie die Welt aufgebaut ist. Die herkömmliche ökonomische Ontologie ist **unimodal** und betrachtet Individuen als einziges Substrat der Realität (sogenannter **„methodologischer Individualismus").** Das heisst, Unternehmen, Staaten, Regeln oder Gesellschaften wird kein ontologischer Status zugeschrieben, sondern sie werden ausschliesslich als Epiphänomene individueller (Tausch)Handlungen betrachtet. In der sozialwissenschaftlichen Debatte wirft die Ökonomik vor allem der Soziologie vor, überindividuelle Phänomene zu vergegenständlichen, ihnen also „Wirklichkeit" zuzuschreiben, obgleich sie nur Resultate des Zusammenwirkens der Handlungen von Individuen sind. Diese Position wird methodologisch als „**Reduktionismus**" bezeichnet.

Die Evolutionsökonomik betrachtet hingegen neben den Individuen auch Wissen als ein Wirklichkeitsphänomen: Ihre Ontologie ist **bimodal**. Sie unterscheidet Individuen und Wissen als voneinander unabhängige Wirklichkeitsphänomene, die nach bestimmten Gesetzmäßigkeiten zusammenwirken, aber auch jeweils eigenen Gesetzmäßigkeiten unterliegen. Methologisch vertritt sie damit die Position des „**Emergentismus**", d.h. sie nimmt an, daß aus den Interaktionen von Individuen neue Entitäten entstehen, deren Eigenschaften nicht auf jene der Individuen reduzierbar sind. ***Lesehinweis 5***

Die fundamentale ontologische Prämisse der Evolutorischen Ökonomik besteht darin, daß in komplexen Systemen der Wissensteilung handlungsrelevant nur das individuell und subjektiv verfügbare Wissen ist, während die Leistung des gesamten Systems durch den insgesamt wirksam werdenden Wissensbestand determiniert ist. Dieser Wissensbestand besitzt daher einen eigenen ontologischen Status im Sinne einer eigenständigen Ursache wirtschaftlicher Phänomene. **Die Wirklichkeit der Evolutorischen Ökonomik besteht aus Menschen und Wissen. Wissen ist ein emergentes Phänomen menschlicher Handlungen, die auf die Erfüllung von Bedürfnissen orientiert sind. Wissen trägt zur Erfüllung dieser Bedürfnisse bei, auch wenn es nicht allen oder gar keinen Individuen bekannt ist.**

Wettbewerb als fundamentaler Prozeß wirtschaftlicher Wirklichkeit. Dies wirft die Fragen auf, was die bewegende Kraft der Evolution dieses individuell nicht reduzierbaren Wissens ist, und welcher Prozeß also Emergenz zur Folge hat. Die Ontologie der Evolutionsökonomik ist grundlegend durch das Konzept des „**Wettbewerbs**" bestimmt.

Wissenschaftshistorisch betrachtet, ist die klassische Formulierung einer evolutorischen Theorie durch **Charles Darwin** geschehen. Darwin hat dabei auf den ökonomischen Begriff des Wettbewerbs zurückgegriffen; dies ist freilich nicht nur eine metaphorische Analogie, sondern eine direkte ontologische Entsprechung: Wettbewerb ist im-

Darwinismus: Das Konzept des Darwinismus wird uns noch beschäftigen. Darwin hat seine Theorie auf einige wichtige ökonomische Annahmen aufgebaut, so daß die Wirtschaftswissenschaft und die Biologie eigentlich eng verwandt sind. So gibt es auch die „Bioeconomics":
http://www.complexsystems.org/abstracts/bioecon.html
http://www.infography.com/content/559948139619.html
http://www.kluweronline.com/issn/1387-6996/current

Natürliche Auslese:
In einer berühmten Formulierung von Spencer wird Darwins Theorie als Theorie des „survival of the fittest" prägnant zusammengefasst. Dies ist oft mißverstanden worden. Was bedeutet der Ausdruck?
http://darwin.ameritrade.com/fhtml/intro1.fhtml
http://www2.truman.edu/~rgraber/cultev/spencer.html

Universeller Wettbewerb:
Ein pharmazeutisches Unternehmer bemüht sich intensiv, als erstes ein neues Serum gegen einen akut um sich greifenden, tödlichen Erreger auf den Markt zu bringen. Überlegen Sie, wie die Wettbewerbsprozesse zusammenwirken,die mt Bezug auf die unterschiedlichen Populationen „Unternehmen", „Menschen" und „Erreger" stattfinden.

immer dann gegeben, wenn es eine Zahl von Entitäten gibt, deren individuelle Reproduktion von begrenzten Ressourcen abhängt, und deren Varietät den jeweiligen Grad der Nutzung von Ressourcen für die Reproduktion bestimmt. Wenn also die Reproduktionsrate durch die differentielle Ressourcennutzung bestimmt wird, dann werden im Zeitablauf jene Entitäten den größten Anteil an der Population erhalten, die den relativ besten Nutzungsgrad erzielen. Insofern wird also auf der Ebene der **Population** Wissen über die relativ optimale Ressourcennutzung gewonnen und gespeichert. „**Wettbewerb als Entdeckungsverfahren**" (Hayek) löst also das Paradox zwischen lokaler und globaler Optimierung, indem er Wissenswandel auf Systemebene antreibt. Der eigentliche Grund besteht darin, daß nicht mehr unterstellt zu werden braucht, daß die Mitglieder einer Population selbst das Wissen vollständig besitzen, das den Systemwirkungen zugrundeliegt.

Dieser Grundgedanke stellt die Klammer zwischen evolutorischen Theorien in so unterschiedlichen Bereichen wie der Biologie und der Ökonomie dar. So, wie sich im Prozeß der natürlichen Auslese jene Verhaltensvarianten differentiell stärker reproduzieren, die besser angepaßt sind, so setzen sich am Markt jene Unternehmen durch, deren Produkte und Verfahrenswissen leistungsfähiger sind als jene anderer Unternehmen. In beiden Spielarten des Evolutionsgedankens tritt aber auch die Komplexität der Beziehung zwischen Verhalten und Umwelt zu Tage. Denn jedes neue Verhalten führt ebenso wie jedes neue Produkt zu einer Veränderung der Umweltbedingungen für alle anderen Entitäten, und gleichzeitig kann ein neues Verhalten den Bereich der relevanten Ressourcen selbst grundlegend verändern. So, wie im Tierreich der Einbruch einer neuen Art (etwa ein Insektenschwarm) die Lebensbedingungen in einem Biotop grundlegend verändern kann, so kann ein neues Produkt (etwa der PC) die Wettbewerbsbedingungen existierender Produkte (etwa der Schreibmaschine) schlagartig wandeln. So wie die Entwicklung einer neuen Befähigung zur Ressourcennutzung das Überleben einer Art sichern kann, so kann auch ein Unternehmen neue Nutzungsmöglichkeiten für seine Produkte entdecken.

Wissensteilung und Wettbewerb sind daher aufs Engste miteinander verknüpfte Phänomene. Wettbewerb ist die entscheidende Bedingung dafür, daß Neuheit entsteht und vor allem im Zeitablauf zu stabilen Mustern führt. Wissen ist ein emergentes Phänomen und transzendiert das individuelle Wissen. Die Evolutionsökonomik zieht daher die letzte Konsequenz aus der bis heute unvollendeten „Darwinschen Wende“: Die „kopernikanische Wende“ hatte die Erde aus dem Mittelpunkt des Universums gestellt – die „Darwinsche Wende“ stellt den Menschen und seine Erkenntnisfähigkeit aus dem Mittelpunkt der Welt heraus, in der er lebt. Der Ökonom, der diese Wende am konsequentesten vollzogen hat, ist **F.A. von Hayek** mit seiner These, daß kein einziges Individuum das Wissen überschauen kann, das in den Institutionen, Technologien, Artefakten, Normen der menschlichen Gesellschaft gespeichert ist, und das dennoch in alle unsere Handlungen einfliesst. Entsprechend bescheiden muß eine Wissenschaft werden, die sich selbst mit den Grenzen unseren Wissens befaßt.

Universalgelehrte: Von Hayek war sicherlich einer der letzten Universalgelehrten. Der Nobelpreisträger hat in so unterschiedlichen Bereichen wie der Verfassungslehre, der Gehirnforschung und der Konjunkturtheorie wesentliche Beiträge geleistet: **http://www.csun.edu/~dgw61315/dgwhayek.html**

Evolutionsökonomik beginnt daher mit der einfachen, aber radikalen Regel:

Denke nicht vom Wissen aus,

sondern vom Unwissen her.

Vom Wert des Alten:
Der Begriff der „Saldenmechanik" ist ein ehrwürdiger Fachbegriff der deutschsprachigen Nationalökonomie und verbindet sich besonders mit dem Namen von Wolfgang Stützel, der zunehmend in Vergessenheit gerät. Stützel war Makroökonom und ist ein auch in der heutigen Evolutionsökonomik vernachlässigter Vorläufer: **http://register.munzinger.de/personen/00/000/012/00012367.shtml**

Relevanz herkömmlicher Anschauungen. Der Aufbau dieses Lehrbuchs ergibt sich aus den vorstehenden Überlegungen. Das Buch ist primär ein theoretisches, zeigt aber im sechsten Kapitel an verschiedenen Anwendungsfeldern auf, daß die Evolutionsökonomik tatsächlich zu einem Perspektivenwechsel aller ökonomischen Disziplinen führt.

Perspektivenwechsel bedeutet aber keineswegs, daß die Traditionen pauschal an die Seite gelegt werden. Sie werden nur bezüglich ihrer Gültigkeitsbedingungen relativiert. Einfach gesagt, sind die herkömmlichen Ergebnisse immer dann in hohem Maße relevant, wenn ein bestimmter Gegenstandsbereich nicht durch Neuerungen geprägt ist, also selbst statischen Charakter besitzt. Insofern gibt es zum Beispiel gute Gründe, die neoklassische Wachstumstheorie auf stationäre Agrarwirtschaften der Vergangenheit anzuwenden, sie aber weniger relevant für die Analyse dynamischer Industriegesellschaften zu halten.

Ein weiterer wichtiger Grund, warum viele herkömmliche Aussagen auch in der Evolutorischen Ökonomik ihren Raum haben, liegt in der Gültigkeit der sogenannten „**Saldenmechanik**", die besonders in der Volkswirtschaftslehre eine große Rolle spielt. Unter Saldenmechanik wird die logisch zwingende Schliessung bestimmter Aggregationsverfahren und Meßverfahren in der Kreislaufanalyse verstanden, wie sie allen Anfängern des Fachs in der **Volkswirtschaftlichen Gesamtrechnung** entgegentritt. Daß Sparen und Investieren in der geschlossenen Volkswirtschaft identisch sein müssen, ist eine logisch notwendige Aussage, die sich aus den Definitionen ergibt. Bekanntlich ist die Saldenmechanik insofern ein machtvolles analytisches Instrument, weil nicht alle Zusammenhänge sofort überschaubar und leicht verständlich sind. Wir werden auf dieses Thema aus Raumgründen nicht ausführlich zurückkommen können - es soll aber klar dem Eindruck entgegengetreten werden, daß ein Perspektivenwechsel die vollständige Entwertung vergangener Bemühungen zur Folge hat. Ganz im Gegenteil, diese Erkenntnisse erhalten ihren richtigen Platz im Gesamtbild und gewinnen somit noch an Relevanz. *Lesehinweis 6*

Inhaltsübersicht. Wir wollen zum Abschluss dieser Einführung die wichtigsten Aussagen, Konzepte und Themen dieses „Grundrisses der Evolutionsökonomik" zusammenfassen und die Hauptlinien ihres Wirklichkeitsbildes entfalten.

Die Gliederung der folgenden Kapitel ist sehr einfach und reflektiert den Aufbau der evolutionsökonomischen Theorie. Im ersten Teil des Buchs gehen wir aus von **Elementen** der bimodalen Realität, die in **Prozessen** zueinander in Beziehung gesetzt werden und **Strukturen** bilden. Wie aus diesen Zusammenhängen **Ordnung** entsteht, ist das zentrale Erklärungsziel der Evolutionsökonomik. In den drei folgenden Kapitel werden wir diese Zusammenhänge genauer ausarbeiten (Print- und Internetversion). Im zweiten Teil (Internetversion) und fünften Kapitel werden dann relevante formale Methoden und Ansätze dargestellt, eine Separierung aus rein didaktischen Gründen. Im letzten Kapitel betrachten wir dann skizzenhaft einige Anwendungsbereiche

Die **bimodale Ontologie** wird im **zweiten Kapitel** entwickelt. Sie schlägt sich darin nieder, daß wir als Bestandteile der Wirklichkeit **Aktoren** und **Elemente** unterscheiden. Beide sind miteinander verknüpft, weil Elemente im allgemeinsten Fall als **Netzwerke** von Aktoren verstanden werden.

Seite 55-79

Aktoren sind Entitäten, denen Handlungen zugeschrieben werden (zum Beispiel Personen oder Unternehmen). Elemente sind Einheiten, denen Wissen zugeschrieben wird. Aktoren und Elemente sind nicht notwendig identisch. Aktoren bilden Netzwerke. Netzwerke, die Wissen tragen, sind Elemente.

Seite 124-138

Seite 105-123

Seite 80-104

Ausgehend vom Konzept der Netzwerke werden dann die beiden Grundformen von Aktoren erläutert, nämlich fundamentale Aktoren (Individuen) und derivative (Gruppen und Organisationen). Wir entwickeln grundlegende Konzepte des Wissens anhand einer genauen Analyse der inneren Struktur fundamentaler Aktoren. Am Beispiel der **Gruppen** wird der Zusammenhang zwischen Netzwerken von Aktoren und Emergenz von Wissen in **Spielen** exemplarisch erklärt, und zwar unter Hinzuziehung einfacher spieltheoretischer Konzepte.

Wesentlich ist die Unterscheidung zwischen **referentiellem** und **nicht-referentiellem Wissen**, also Wissen mit und ohne erkennendem Subjekt. Mit dieser Unterscheidung wird die eigentliche Voraussetzung für die Kontinuität und Konsistenz des Evolutionsgedankens über Natur- und Humanwissenschaft hinweg geschaffen: Nicht-referentielles Wissen wird in anderen Zusammenhängen zum Beispiel als die in Genen gespeicherte „biologische Information" verstanden.

Einheit der Evolution ist Wissen, das sich in referentielles und nicht-referentielles Wissen unterscheiden läßt. Referentielles Wissen liegt zielgerichteten Handlungen von Aktoren zugrunde, nicht-referentielles Wissen ist Randbedingung dieser Handlungen.

In Spielen wird dann zum Beispiel das Wissen über die Auszahlungen an die Spieler als referentielles, die Definition der Situation im Spiel aber als nicht-referentielles Wissen bestimmt. Es gibt Wissen in Spielen und Wissen über Spiele.

Im **dritten Kapitel** wenden wir uns den Prozessen zu, durch die Evolution gekennzeichnet ist bzw. die für den Wandel von Wissen charakteristisch sind. Grundlegend ist zunächst eine weitere inhaltliche Konkretisierung des Wissensbegriffs, indem der bislang unerklärte Begiff des „Bedürfnisses" selbst als Ergebnis von Evolution verstanden wird. Dies ist möglich, indem der ökonomische Begriff der

Produktion thermodynamisch begründet wird. Das Konzept der **Entropie** erlaubt es, einen Zusammenhang zwischen Wissen und Ordnung zu bieten, der bimodal ist: Produktion besteht in der Erzeugung und Aufrechterhaltung materiell-energetischer Ordnungszustände, die selbst eine Form von Wissen sind; Produktion beruht auf der Nutzung und Erzeugung von Wissen von Aktoren und in Netzwerken. Daran anknüpfend bildet das Konzept der Entropie auch den Ausgangspunkt für die Bestimmung des ontologischen Grundtatbestandes der **Zeit**.

Seite 151-183

Seite 184-202

Alles Wirtschaften ist die Herstellung und Aufrechterhaltung von Zuständen niedigerer Entropie durch die Schaffung und Stabilisierung von materiell-energetischen Strukturen in der Zeit. Bedürfnisse sind Zwischenziele in diesem grundlegenden funktionalen Zusammenhang, und also kein finaler Zweck des Wirtschaftens. Wirtschaft ist unendliche Produktion in zeitlicher Ordnung.

Daraus ergibt sich einfach: **Die Welt ist Wissen**. Daraus ergibt sich aber gleichzeitig, daß in der Evolutorischen Ökonomik kein Raum mehr ist für das Konzept finalen Konsums. Normativ bedeutet dies, daß „Konsum" bewertet werden kann und muß, also nicht unhinterfragbar ist.

Damit ist gleichzeitig bereits klar, daß der Begriff der „Ordnung" noch erheblich über das oben zunächst entwickelte Konzept der Koordination von Koordinationsmechanismen hinaus inhaltlich fortentwickelt werden muß. Dazu sind aber zunächst weitere Erkenntnisse über Prozesse erforderlich, die zur Strukturbildung führen. Alle weiteren Merkmale von Prozessen, die im dritten Kapitel betrachtet werden, ergeben sich aus der genaueren Analyse des Wettbewerbs als fundamentalem Prozeß der Evolution. Das grundlegende Muster evolutorischen Argumentierens ist das **Variations-Selektions-Paradigma**. Prozesse dieser Art weisen wiederum bestimmte Eigenschaften auf, von denen **Pfadabhängigkeit** und **Selbstorganisation** die wichtigsten sind.

Seite 203-228

Das Variations-Selektions-Paradigma ist das grundlegende Modell nicht nur der Evolutionsökonomik, sondern generell jeder evolutorischen Theorie. Das Denken in Populationen und hoher individueller Diversität ist hier charakteristisch, ebenso wie die Vorstellung, daß aus System-Umwelt-Wechselwirkungen gerichteter Wandel durch selektive Bewahrung entsteht. In der evolutorischen Ökonomik werden solche Phänomene häufig mit dem Konzept der Pfadabhängigkeit verbunden. Wir werden sehen, daß **Pfadabhängigkeit** eine Folge des allgemeinen Merkmals der Häufigkeitsabhängigkeit von Variations-Selektions-Prozessen ist. Aus diesen Überlegungen folgt, daß die Evolutionsökonomik über kein lineares und eindeutiges Fortschrittskriterium verfügen kann, sondern Wirtschaftssysteme unter dem Gesichtspunkt der **Viabilität** betrachtet.

Seite 229-239

Seite 240-245

Mit dem Konzept der **Selbstorganisation** schliesst sich der Zirkel des evolutorischen Argumentes, denn Selbstorganisation erklärt die **Entstehung von Elementen und Aktoren**. Es wird sich zeigen, daß der Gedanke der Selbstorganisation wesentliche Bezüge zum ökonomischen Konzept der Externalitäten besitzt: Produktion mit positiven Externalitäten zwischen Aktoren führt zur hyperzyklischen Formation von Netzwerken als Elementen, beispielsweise bei der Bildung von sogenannten „Industrial districts". Wenn also im zweiten Kapitel diese als Ausgangspunkte gesetzt werden, sehen wir im dritten, daß sie selbst eine endogene Größe der Evolution sind. Jedoch reicht dies für ein Verständnis der langfristigen Entwicklungen nicht aus. Hierzu muß die Emergenz von **Strukturen** durch Prozesse von Elementen betrachtet werden; diesem Thema wenden wir uns im **vierten Kapitel** zu.

Seite 246-256

Strukturen sind langfristig stabile Muster, die aus Elementen gebildet werden, und Phänomene auf Populationsebene darstellen, also größere Gruppen von Elementen erfassen. Es sind Komplexe von Wissen, die nach bestimmten systematischen Wechselwirkungen geordnet sind. Sie sind damit die wichtigsten Randbedingungen für die Handlungen von Aktoren. Wir betrachten drei solcher Strukturen, nämlich **Institutionen**, **Technologien** und **Macht**. Es sind dies die ökonomisch bedeutenden Strukturen (andere Strukturen finden sich etwa im Wissensbereich als ästhetische Strukturen oder in der Sprache). Aus Strukturen bilden sich wiederum Strukturen, also besondere Formen stabiler Wechselwirkungen zwischen Technologie, Macht und Institutionen. Solche **Meta-Strukturen** bezeichnen wir als **Ordnung**. Damit ist also der Begriff der Ordnung abschliessend bestimmt.

Als Ergebnis von Prozessen des Wettbewerbs bilden sich **Institutionen** *als kognitiv verankerte Muster von Netzwerk-Konfigurationen aus, also von in der Zeit stabilen Beziehungen zwischen Aktoren und Elementen. Institutionen setzen zum Teil Sanktionen voraus, deren Handlungsgrundlage Macht ist.*

Seite 268-308

Institutionen sind wiederum Kontext der Entwicklung von **Technologien** *als Produktionsumwegen zur Erzeugung von Zuständen niedrigerer Entropie. Technologien weisen eine eigene evolutorische Dynamik auf, die sich aus dem Zusammenwirkung endogener und exogener Entwicklungsfaktoren ergibt.*

Seite 309-350

In Netzwerken bilden sich Beziehungen der **Macht** *heraus, die Institutionen stabilisieren. Die Wirkungsformen von Macht werden durch Technologien bestimmt ebenso wie durch die den Institutionen entsprechenden kognitiven Schemata.*

Seite 351-386

Wenn diese Wechselwirkungen in der Zeit viabel sind, konstituieren sie eine **Ordnung**. *Ordnungen sind konsistente und kohärente Strukturen von Wissen. Die bimodale Ontologie der evolutorischen Ökonomik kann somit auch mit den Polen Mensch und Ordnung beschrieben werden.*

Seite 387-437

Wir schliessen das vierte Kapitel mit der noch fehlenden Dimension der Evolution, dem **Raum**. Ordnungen sind raum-zeitliche Phänomene. Dies erklärt sich in der Wirtschaft durch das Erfordernis räumliche Nähe und Konti-

Seite 421-437

guität von Aktoren, die in bestimmten Institutionen und Technologien handeln.

Abbildung 1: Das Grundmuster wirtschaftlicher Wirklichkeit aus evolutorischer Sicht

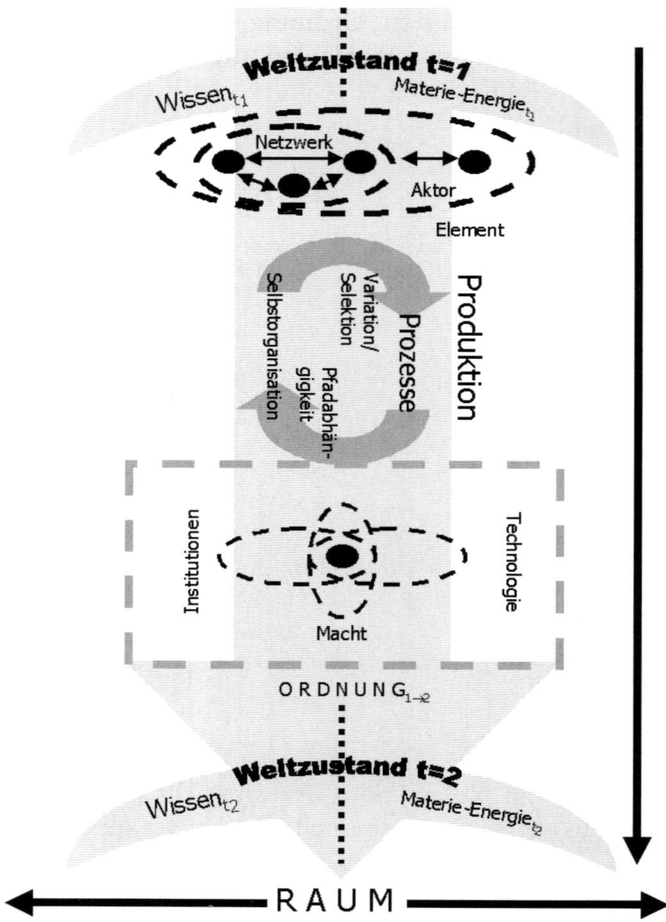

Raum ist aber auch die grundlegende ontologische Dimension der Ergebnisse der Produktion, nämlich bestimmter

materiell-energetischer Strukturen (also strukturierter räumlicher Ballung und Konzentration). Mit der Behandlung von Evolution in Raum und Zeit haben wir ein vollständiges Bild der wirtschaftlichen Welt gewonnen. Abbildung 1 faßt den Aufbau der evolutionsökonomischen Theorie zusammen. Wir betrachten einen offenen Produktionsprozeß, der zwei Weltzustände in der Zeit verbindet. Prozesse schaffen aus Strukturen Ordnung. Ausgangspunkt ist die Strukturbildung von Elementen und Aktoren. Der neue Ordnungszustand ist eine neue Form von Wissen, die in materiell-energetischen Strukturen im Raum enthalten ist.

Wir schliessen den ersten Teil und Druckversion des Buchs mit der Einsicht, daß „der Markt" der Wirtschaft nur als Teil von Ordnung denkbar und möglich ist, nicht aber als Ausgangspunkt.

Im zweiten Teil des Buchs wenden wir uns der wissenschaftlichen Praxis der Evolutionsökonomik zu. Die Evolutionsökonomik bedient sich inzwischen einer Fülle von formalen Methoden, die wir im **fünften Kapitel** und damit der Internetversion Revue passieren lassen. Sie unterscheiden sich zum Teil erheblich von der konventionellen Marginalanalyse. Technisch liegen sie den Simulationsanalysen zugrunde, die bislang charakteristisch für die empirische Methode der Evolutorischen Ökonomik sind, zumindestens so weit der Einsatz formaler Instrumente angesprochen ist.

Wir konzentrieren uns auf zwei formale Grundtatbestände, nämlich die Analyse von **Netzwerken** und das Auftreten von **häufigkeitsabhängigen Phänomenen in Netzwerken**. Bei der Netzwerkanalyse führen wir zwei unterschiedliche Stränge formaler Modellierung zusammen, nämlich die deskriptive Netzwerkanalyse der **„social network analysis"** und die formalen Ansätze zur Selbstorganisation abstrakter Netzwerke (NK-Modelle, neuronale Netze). Während die „social network analysis" eines der üblichen In-

Kap. V, 2

strumente ist, um Strukturen in Netzwerken zu identifizieren (beispielsweise Macht und Einfluss), befassen sich die zweiten genannten Theoriestränge mit der Eigendynamik von Netzen und der Emergenz von Strukturen. In diesem Zusammenhang werden unter anderem auch Theorien des **Lernens** als Verstärkungsprozesse relevant.

Kap. V, 2 und 3

Was den zweiten formalen Grundtatbestand anbelangt, so gibt es aber eine Fülle konkurrierender, aber nicht notwendig sich gegenseitig ausschliessender Modellierungsansätze. Gemeinsam ist all diesen Ansätzen das Auftreten von **nicht-linearen Phänomenen der Häufigkeitsabhängigkeit** und des Auftretens von emergenten Eigenschaften auf der Ebene von Populationen. Häufigkeitsabhängigkeit läßt sich wiederum differenzieren in **globale und lokale Prozesse**, je nachdem, ob die funktionalen Abhängigkeiten auf intensive Eigenschaften der gesamten Population bezogen sind (wie Eigenschaften einer statistischen Verteilung) oder auf begrenzte Nachbarschaften innerhalb der Population.

Kap. V, 3

Wir betrachten daher zunächst den Grundansatz für die Analyse von Populationsphänomenen, nämlich die **Fisherschen Gesetze der Selektion**, die einen Zusammenhang zwischen der Verbesserung von anpassungsrelevanten Eigenschaften der Individuen und den Eigenschaften der statistischen Verteilung von Varianten der Population herstellen. Diese Gesetze basieren auf dem allgemeineren Prinzip der Arbitrage als der methodologischen Fundierung des Gleichgewichtsbegriffs. Damit wird eine Brücke zur konventionellen ökonomischen Theorie hergestellt, gleichwohl aber ein grundlegend anderer theoretischer Hintergrund konstruiert. Dies wird besonders deutlich, wenn das Gleichgewichtskonzept der **evolutionären Spieltheorie** betrachtet wird. Diese allgemeinen Mechanismen in Populationen liegen auch den spezielleren Modellierungsansätzen zur Innovationsdynamik zugrunde, wie vor allem dem klassischen Simulationsmodell der Evolutionsökonomik, dem Modell von Nelson und Winter.

Kap. V, 3

Wir betrachten anschliessend zunächst **global häufigkeitsabhängige Effekte**. Formal wird an die Modellierung von Wachstum angeknüpft. Die einfachste Form der globalen Häufigkeitsabhängigkeit ist das **logistische Wachstum**, das verschiedenen Anwendungen in Form der „Häufigkeits-" oder „Dichteabhängigkeit" zugrundeliegt. Solche Ansätze lassen sich in verschiedener Weise auf konkretere Anwendungsbedingungen zuschneiden. Wir befassen uns kurz mit den Beispielen der räumlichen Dynamik von Produktionsstandorten und der Bildung öffentlicher Meinung.

Kap. V, 4

Lokal häufigkeitsabhängige Effekte treten auf, wenn die Zustände eines Netzwerkelementes in bestimmter Weise von Zuständen einer begrenzten Zahl von Nachbarn abhängen. Charakteristisch hierfür ist die **Modellierung zellulärer Automaten**, die in flexibler Weise vielen Modellen „**künstlicher Gesellschaften**" zugrundeliegen und erlauben, Makrophänomene aus Mikrointeraktionen abzuleiten, die qualitativ - im Sinne von Netzwerkmustern - unabhängig von der Mikroebene sind.

Kap. V, 5

Es gibt außerdem Modellierungsansätze, die sich speziell mit der Art und Weise von Interaktionen befassen und dabei versuchen, Evolutionsmechanismen direkt zu formalisieren. Der Musterfall sind hier die genetischen Algorithmen. **Genetische Algorithmen** erlauben die direkte Darstellung von Neuerungen durch Rekombination vorhandener Elemente, ein Anstz, der zum Beispiel direkt auch auf kognitive Schemata übertragen werden kann.

Der letzte Schwerpunkt im Kapitel fünf betrifft die Formalisierung des zentralen evolutionsökonomischen Konzeptes der **Singularität** und die Modellierung singulärer Prozeßdynamiken. Hier handelt es sich um die Erforschung nichtlinearer Differentialgleichungssysteme, die sich in den letzten Jahren, was die ökonomisch rezipierte Literatur anbetrifft, in drei Stränge gegliedert hat, nämlich die Katastrophentheorie, die Chaostheorie und die Synergetik; wobei alle Stränge im Grunde zur selben Familie von formalen

Kap. V, 6

Ansätzen gehören. Die **Katastrophentheorie** erlaubt die Klassifikation singulärer dynamischer Phänomene und erklärt beispielsweise Phänomene wie Bifurkationen und Hysterese. Die **Synergetik** vermag die Entstehung von Ordnung zu modellieren, indem sie unter anderem Hierarchien von Ordnern mit unterschiedlichen Eigenzeiten betrachtet. Die **Chaostheorie** zeigt, daß bereits einfach modellierbare Wachstumsprozesse sehr komplexes Systemverhalten generieren, das weder systematisierbar noch vorhersehbar ist, aber dennoch Strukturen erzeugt. Allen diesen Ansätzen ist die emergentistische Perspektive gemein, also das Bestreben, die Entstehung von Neuheit durch komplexes Zusammenwirken von Elementen zu erklären.

Zwischen den formalen Ansätzen und der empirischen Forschung bestehen zum Teil noch erhebliche Distanzen, die aber kein Defizit der Theorie sind, sondern in der Natur der Sache liegen. Die Theorie identifiziert bestimmte Muster von Kausalzusammenhängen, die zum Teil im Unbeobachtbaren Bereich liegen. Deshalb sind klassische Methoden der Beschreibung, der Hermeneutik oder der idealtypischen Betrachtungsweise für die empirische Arbeit der Evolutionsökonomen weiterhin sehr wichtig, die daher oft den Charakter historischer Analysen annimmt, etwa bei der Untersuchung industrieller Ballungsräume. Es gibt daher auch enge Verwandtschaft zu ähnlich transdisziplinär angelegten Wissenschaften wie der Geographie.

Im **sechsten Kapitel** lassen wir solche empirischen Arbeiten Revue passieren und betrachten 12 Fallstudien der Evolutionsökonomik, die größtenteils mit Forschungen des Verfassers zusammenhängen, also einen subjektiven Ausschntt aus der Arbeit von Evolutionsökonomen präsentieren. Dies geschieht nur skizzenhaft, so umfangreich und differenziert diese Literatur heute schon ist. Die Beispiele zeigen aber recht eindringlich, daß die Evolutionsökonomik längst den Kinderschuhen entwachsen ist und zu so unterschiedlichen Themen wie dem internationalen Handel, der Technologieentwicklung oder Umweltpolitik substantiell Neues zu sagen hat. Gleichzeitig ist dieses „Neue" aber gar nicht so neu: Denn viele Einsichten spiegeln eigentlich Alltagserfahrungen wider, die im Namen der „Wissenschaftlichkeit" gerade von der Wirtschaftswissenschaft eher als Fehlorientierungen bewertet wurden. So mag denn einer der wichtigsten Beiträgen der Evolutionsökonomik darin bestehen, die Kontinuität zwischen lebensweltlicher Erfahrung der Wirtschaft und ihrer theoretischen Durchdringung wieder herzustellen.

Versucht man, die politischen Empfehlungen der Evolutionsökonomik in diesen Fallstudien auf einen Nenner zu bringen, dann ist dies sicherlich das Prinzip, in wirtschaftliche Prozesse nicht direkt einzugreifen, sondern Randbedingungen so zu gestalten, daß gute Gründe angeführt werden können, warum die Prozesse genau in diesen Strukturen zu individuell und gesellschaftlich wünschenswerten Ergebnissen führen. Diese guten Gründe sind nicht einfach durch „Experten" zu setzen, sondern müssen in einem gesellschaftlichen Diskurs erst entwickelt werden, an dem die Evolutionsökonomik teilnimmt, als eine unter vielen Stimmen. Jede politische Maßnahme muß sich stets der Tatsache bewußt sein, daß sie sich auf unvollkommenes Wissen stützt, das in der Zukunft mit Gewißheit revidiert werden wird. Der kritische Diskurs ist der einzige Weg, sich relative Gewißheit zu verschaffen.

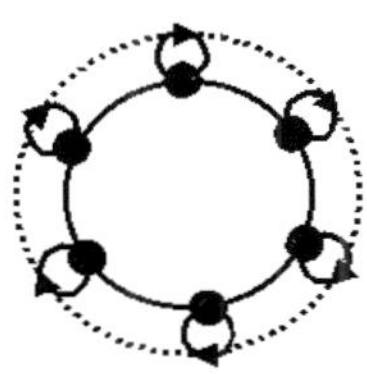

Lesehinweise

1 Das vorliegende Lehrbuch ist eines der ersten zu diesem Thema weltweit. In deutscher Sprache gibt es neuerdings ein „Curriculum Evolutorische Ökonomik (Erlei/Lehmann-Waffenschmidt, 2002), das eher die Lehre reflektiert, denn als Lehrbuch dient. Im Erscheinen befindlich ist das schon im Vorwort angesprochene „Handbuch der Evolutorischen Ökonomik“, das in großem Detail den Forschungsstand abbildet (Herrmann-Pillath/Lehmann-Waffenschmidt, 2002). Wer sich detailliert über Forschungsergebnisse der Evolutionsökonomik informieren möchte, dem sei die Fachzeitschrift „Journal of Evolutionary Economics“ empfohlen (http://link.springer.de/link/service/journals/00191/index.htm). Ein Band mit klassischen Aufsätzen ist Witt (1993) und eine Übersicht bietet der Sammelband von Dopfer (2001). Die Vereinigung deutschsprachiger Ökonomen, der Verein für Socialpolitik, besitzt einen eigenen „Ausschuss für Evolutorische Ökonomik“, der unter Leitung seiner wechselnden Vorsitzenden regelmäßig die „Studien zur Evolutorischen Ökonomik“ ediert: http://www.evolutionsoekonomik.de/ . Es gibt ausserdem die amerikanische „Association für Evolutionary Economics“ (AFEE, http://www.orgs.bucknell.edu/afee/ , die der Institutionenökonomik nahe steht, die europäische „Association for Evolutionary Political Economy“ (EAPEE, http://eaepe.org) oder die japanische „Japan Association for Evolutionary Economics“ (http://www.econ.kyoto-u.ac.jp/~evoeco/) . International ist auch die „Joseph Schumpeter Society“ ein wichtiges Sammelbecken von Evolutionsökonomen, (http://www.wiso.uni-augsburg.de/vwl/hanusch/iss/). Zu beachten ist, daß es innerhalb und ausserhalb der Evolutionsökonomik viele Forschungsrichtungen gibt, deren Methoden und Ergebnisse zwar affin sind, die sich aber selbst nicht zur Evolutionsökonomik rechnen.

2 Wer sich mit Methodologie der Wirtschaftswissenschaft etwas eingehender befassen möchte, dem seien der Band von Backhouse (1994) empfohlen oder das Buch von Redman (1993). Es sei aber darauf hingewiesen, daß damit längst nicht alle relevanten Strömungen erfasst sind, die vor allem auch in Deutschland bedeutsam sind, etwa der sogenannte „neue Strukturalismus“ oder die Hermeneutik. Eine klare philosophische Positionierung der Evolutionsökonomik nimmt Foss (1994) vor. Ich selbst habe auf der Basis des „Neuen Strukturalismus“ einige Überlegungen angestellt, siehe Herrmann-Pillath (2002).

3 Die Ordnungstheorie ist eine besondere Tradition der deutschsprachigen Nationalökonomie mit engen Bezügen zum evolutorischen Denken, insbesondere in der sogenannten „Freiburger Schule“ (http://www.eucken.de). Praktisch bedeutsam ist dieser Ansatz in der Wettbewerbspolitik geworden. In der modernen Version der „Ordnungsökonomik“ wird diese Tradition fortgesetzt; siehe etwa ausführlich Kasper/Streit (1999). Viele Facetten der ordnungstheoretischen Tradition auch in ihren Bezügen zur Evolutionsökonomik finden sich in Sammelbänden des „Radeiner Forschungsseminars“ führender deutscher Ordnungsökonomen, zum Beispiel von Delhaes/Fehl (1997) und Leipold/Pies (2000).

4 Die Bedeutung von „verteiltem Wissen“ in der Wirtschaft steht im Mittelpunkt der ordnungstheoretischen Überlegungen von Friedrich August von Hayek und wurde in einem klassischen Aufsatz bereits Mitte der vierziger Jahre formuliert (Hayek, 1945). Der Begriff der „Wissensteilung“ ist von Ernst Helmstädter geprägt worden, einem der Mitbegründer der deutschen evolutionsökonomischen Tradition insbesondere in der Konjunktur- und Wachstumstheorie; siehe der Band mit praktischen Aspekten Brödner et al. (1999). Auf Karl Popper geht der Gedanke zurück, daß Wissen eine eigenständige Seinsebene darstelle, die dieser als „Welt 3“ bezeichnete (Popper, 1973). Eine evolutionsökonomische Programmatik zum Wissensbegriff, die im Geiste auch dem vorliegenden Buch gerecht wird, entwickeln Loasby (2001) und Potts (2001); mit engerem Bezug zu aktuellen gesellschaftspolitischen Fragen ist David/Foray (2001) empfehlenswert.

5 Zum Gegensatz von Reduktionismus und Emergentismus gibt es besonders in der Biologie eine lange und vielschichtige Debatte. Interessanterweise treten auch hier – fast analog zur Wirtschaftswissenschaft – ein reduktionistischer „mainstream“ und eine emergentistische Heterodoxie auf. Die historischen Hintergründe werden ausführlich in dem Buch von Blitz (1992) erläutert. Es ist wichtig zu sehen, daß Reduktionismus disziplinenabhängig ist: Reduktionismus in der Biologie kann zum Beispiel ein genetischer Reduktionismus sein, während der ökonomische auf der Ebene des Individuums aufhört. Aus biologischer Sicht wäre dann aber diese Position eine emergentistische. Ein bis heute lesenswerter, klassischer Band in dieser Debatte war Ayala/Dobzhansky (1974). Zum Konzept der Emergenz aus transdiziplinärer Sicht – insbesondere systemtheoretischer – finden sich aufschlussreiche Beiträge in Krohn/Küppers (1992).

6 Wichtige Bücher von Wolfgang Stützel sind die „Volkswirtschaftliche Saldenmechanik“ (1958/1978), „Preis, Wert und Macht“ (1952/1972) und „Paradoxa der Geld- und Konkurrenzwirtschaft“ (1953/1978). Stützel befasst sich in moderner Ausdrucksweise unter anderem mit der Frage emergenter Phänomene (seinen „Paradoxa“) in der Wirtschaft und der Interdependenz von institutionellen und allokativen Phänomenen. Bewertungen seiner Forschungen aus moderner Sicht findet sich im Sammelband Schmidt et al. (2001).

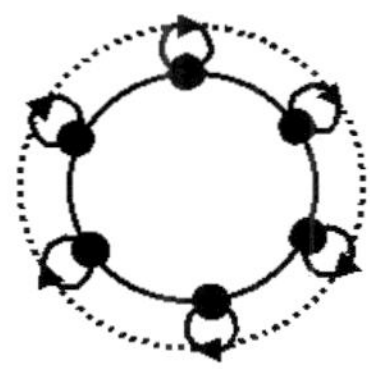

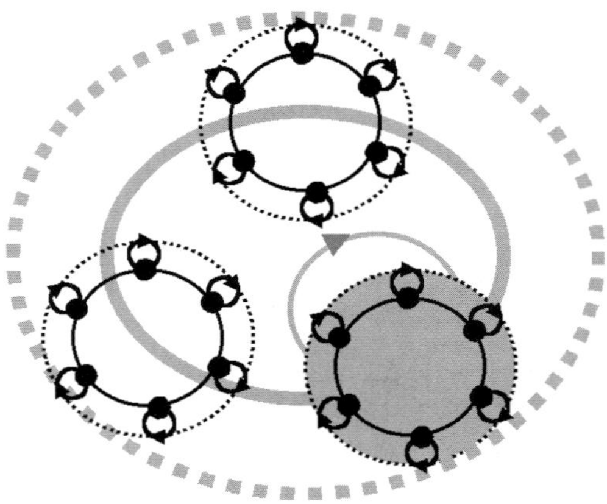

II. Elemente

1. Einige grundlegende Definitionen

Die Evolutionsökonomik befasst sich mit der Evolution komplexer Systeme der Wissensteilung. Wie allgemein üblich, wollen wir unter „System" eine Menge von der Umwelt abgegrenzter Einheiten verstehen, die untereinander in Wechselbeziehung stehen. Ausgangspunkt unserer Betrachtungen muß also die Frage nach den Bestandteilen dieser Systeme sein. Diese Frage kann nicht a priori beantwortet werden, sondern die Bestimmung der Einheiten erfolgt durch Rückbezug auf den Begriff des Wissens, den wir im Folgenden Schritt für Schritt mit Inhalt füllen. Wir definieren dann in folgender Weise:

> *„**Wissen**" setzt sich aus **Regeln** zusammen, die bestimmte Funktionszusammenhänge im System und der Umwelt abbilden bzw. ist selbst ein solcher Funktionszusammenhang. Die Grundform des Wissens ist also im logischen Sinne eine „wenn – dann"-Beziehung, als Ursache-Wirkung, Grund-Folge, Bedingung-Konsequenz.*
>
> *Ein „**Element**" sei ein Träger von Wissen in Systemen. Wissen regelt System-Umwelt-Beziehungen, die für die Stabilität und Aufrechterhaltung eines Systems in seiner Umwelt funktional relevant ist. Elemente können aus Elementen bestehen bzw. selbst Element von Elementen sein. Systeme sind also geordnete **Netzwerke** von Elementen.*
>
> *Ein „**Aktor**" sei eine Handlungseinheit. Elemente enthalten Aktoren oder Mengen von Aktoren. Aktoren führen zielgerichtete **Handlungen** auf der Grundlage eines handlungsrelevanten Wissens aus. Zielori*
>
> *entierung entsteht durch **kognitive Prozesse** der Aktoren. Netzwerke verändern sich durch Handlungen von Aktoren.*
>
> *Aktoren bilden „**Populationen**" und stehen miteinander in Beziehung. Populationen sind **bimodal**: Sie sind erstens,*

Systemtheorien:
Der Begriff des Systems spielt in vielen unterschiedlichen Theorien eine große Rolle. Die Verwendung in der Evolutorischen Ökonomik ist eng verwandt mit dem Konzept der „complex adaptive systems" und fügt eine Ingredienzie der von Ökonomen oft verschrieenen soziologischen Systemtheorie hinzu, weil sie kommunikative und kognitive Beziehungen zwischen Systemen thematisiert:
http://www.santafe.edu/
http://www.thur.de/philo/assyst.htm#Systemtheorien
http://www.fen.ch/links.htm

Mengen von Elementen und damit Netzwerke, und sie sind zweitens, Mengen von Aktoren, deren Zuordnung zu Elementen die Verteilung des Wissens in der Population bestimmt. Die kognitiven Prozesse der Aktoren setzen dieses verteilte Wissen in Handlungen um und generieren dadurch Veränderungen der Elemente und also der Netzwerke.

Aktor:
Das Wort – verfremdet bewußt und grenzt sich gegen „Individuum" ab (der ökonomische Begriff) wie „Akteur" (ein soziologischer Begriff). Nehmen Sie Lexika und Fach-Wörterbücher zu Hilfe und diskutieren Sie solche Unterscheidungen!

Im Falle menschlicher Gesellschaften werden wir sinnvollerweise Individuen als die **fundamentalen Aktoren** betrachten. Der Begriff des Aktors ist freilich ein theoretischer und nicht notwendig mit konkreten menschlichen Individuen deckungsgleich: Dies ist also eine klare Abweichung vom in der Ökonomie gewöhnlich vertretenen „methodologischen Individualismus". Es gibt also auch **„derivative Aktoren"** wie vor allem Organisationen (Unternehmen), die sich aus fundamentalen zusammensetzen.

In diesem Kapitel gehen wir also grundsätzlich von der Unterscheidung zwischen Individuen, Aktoren, Elementen, Netzwerken und Populationen aus. Der zentrale Begriff ist derjenige des Elementes, weil er für die Analyse des Wissens entscheidend ist, das in einem System enthalten ist.

Visualisierung sozialer Beziehungen:
In der „social network analysis" (siehe fünftes Kap. V, 2) wird spezielle Software zur Visualisierung von Netzwerken verwendet, deren Komplexität schöne Bilder generiert:
http://www.mpi-fg-koeln.mpg.de/~lk/netvis.html

Illustrieren wir diese Definitionen anhand eines einfachen Beispiels in Abbildung 2. Element 1 ist ein Paar von Aktoren, Mutter und neugeborenem Kind: Die Mutter ist als Individuum gleichzeitig Aktor und Element, weil sie über Wissen verfügt; die Beziehung zwischen Mutter und Kind selbst ist auch ein Element, allerdings verfügt das Kind über (fast) kein eigenes Wissen. Dieses auf der Mutter-Kind-Dyade beruhende Element steht in einer Netzwerk-Beziehung zu einer Ärztin. Die Ärztin arbeitet in einer Praxis mit einer Helferin zusammen, die über eigenes Wissen verfügt, welches aber gleichzeitig auch in das Wissen der Ärztin integriert ist. Die Menge aller Aktoren ist die Population, die durch das Netzwerk der Elemente strukturiert ist.

Anhand dieser einfachen Festlegung von Konzepten ergeben sich bereits wichtige Fragestellungen. Sämtliche Definitionen sind Kriterien der Identifikation der entsprechenden Gegenstände, die uns eben nicht im Alltag evidenterweise entgegentreten.

Abbildung 2: Elemente, Aktoren, Netzwerke, Population

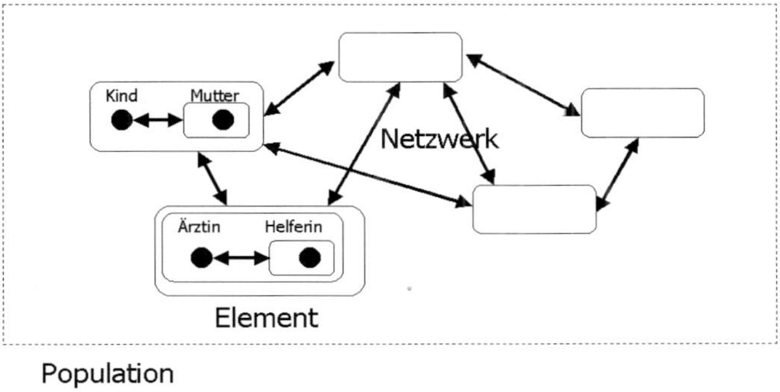

Wir müssen stattdessen erst bestimmen, welche Menge von Gegenständen wir als „System" festlegen wollen, und was in der entsprechenden Population Elemente und Aktoren sind. Es hängt also auch von unserer Fragestellung ab, ob wir im Beispiel der Abbildung 2 die Mutter, die Mutter Kind-Dyade oder gegebenfalls auch das gesamte System „Mutter-Kind-Ärztin-Helferin" als Träger von Wissen und damit als Element identifizieren wollen. Zum Beispiel kann die zuletzt genannte Perspektive geeignet sein, um das deutsche Gesundheitssystem zu analysieren, wenn es aber darum geht, wie in diesem System Ärzte und Patienten interagieren, muß die größere Einheit in ihre Elemente zerlegt werden. Eine solche Zerlegung ist aber evolutionsökonomisch nicht von vornherein die vorzugswürdige Alternative, weil auf jeder Aggregationsstufe spezifische Formen von Wissen vorhanden sind, die bei einer Zerlegung aus dem Blickfeld geraten.

Das Wissen des Frühgeborenen: Rekonstruieren Sie das Wissen, das es einem frühgeborenen Kind in der modernen Gesellschaft ermöglicht, zu überleben. Ziehen Sie dabei die Systemgrenze so weit wie noch plausibel.

Im Einzelnen ist eine solche Abgrenzung natürlich schwierig und bedeutet vor allem, daß Funktionszusammenhänge identifiziert werden müssen. Um zum Beispiel die Aktoren abzugrenzen, ist es erforderlich, den Begriff der „Handlung“ in möglichst klarer Weise anwenden zu können. Unsere Abgrenzung der Handlung ist also interdependent mit der Abgrenzung des Aktors. In unserem Beispiel ist zu prüfen, ob die beiden Dyaden Aktoren sind: Die Mutter-Kind-Dyade dürfte wohl als ein Aktor zu betrachten sein, während die Ärztin-Helferin-Dyade als zwei Aktoren zu werten wäre. Wie wir aber gesehen haben, bedeutet dies nicht unbedingt, daß die zuletzt genannte Dyade auch in Elemente zerlegbar ist: Insofern die Ärztin in hohem Masse die Handlungen der Helferin steuert, entsteht der Funktionszusammenhang dieser Dyade mit der Mutter-Kind-Dyade durch das enge Zusammenwirken zwischen dem Wissen beider Aktoren. Es ist dann sinnvoll, die Dyade Ärztin-Helferin als Element zu betrachten.

Betrachtet man das komplexe System einer Volkswirtschaft, dann tritt uns also sofort das gewaltige und unüberschaubare Netzwerk von Beziehungen vor Augen. Auch wenn die Population als Menge fundamentaler Aktoren betrachtet würde (also den Individuen), so ist das Wissen dieser Volkswirtschaft in Unternehmen, Gruppen, Verbänden, Regierungsorganisationen und vielen anderen Einheiten gespeichert, die in jedem Fall als Elemente oder auch als derivative Aktoren zu erfassen sind. Ein zentrales Anliegen der Evolutionsökonomik ist es zu erforschen, wie dieses Wissen entsteht und wie es sich verändert, und daraus auch Konsequenzen für das praktische und politische Handeln zu ziehen: Um beispielsweise das Verhalten in der Mutter-Kind-Dyade zu ändern, kann es notwendig sein, das gesamte im System gespeicherte Wissen zu ändern, und nicht nur das Wissen der Mutter.

2. *Aktoren und Netzwerke*

a. Konfigurationen und Wissen über Konfigurationen

Transaktionen und Konfiguration von Netzwerken. Ausgangspunkt jeder Analyse wirtschaftlicher Phänomene ist die Unterscheidung zwischen **Aktoren** und **Beziehungen zwischen Aktoren**. Aktor ist jede Einheit, der eine wirtschaftliche Handlung zugeschrieben wird. Es kann sich um Individuen (der konsumierende Mensch) handeln, Gruppen oder Organisationen (das produzierende Unternehmen, der Staat etc.). Jede wirtschaftliche Handlung stellt eine Beziehung zwischen Aktoren her, wobei die Selbstbezüglichkeit eingeschlossen ist (Essen eines Brotes). Im einfachsten Fall ist eine wirtschaftliche Handlung der Transfer eines Mittels der Bedürfnisbefriedigung (Gut, Leistung) zwischen den Aktoren *A* und *B*. Wir nennen solche Handlungen, die Aktoren zueinander in Beziehung setzen, „**Transaktionen**". Transaktionen sind in der Wirtschaft Tauschakte und Produktionsprozesse.

Wer handelt?
Betrachten Sie ein Unternehmen. Wie handelt es? Wie setzen sich die Handlungen des Unternehmens aus den Handlungen seiner Aktoren zusammen?

Eine Transaktion ist eine Beziehung zwischen Aktoren (unter Einschluss der Selbstbezüglichkeit), die eine **Zustandsänderung** *der Aktoren zur Folge hat, also zwei unterschiedliche Zustände von Aktoren in der Zeit verknüpft (siehe schwarze und graue Punkte in Abbildung 3).* **Selbstbezügliche Transaktionen** *sind entsprechend Transaktionen zwischen identischen Aktoren zu unterschiedlichen Zeitpunkten. Transaktionen können* **transitiv** *sein, so daß keine Richtung ausgezeichnet ist (Tausch und Umtausch) oder* **intransitiv**, *also eindeutig gerichtet (Produktion: Outputs lassen sich nicht in Inputs verwandeln).*

Transaktionen:
Reflektieren Sie Ihren gestrigen Tag und klassifizieren Sie einige Transaktionen, die Sie realisiert haben!

Abbildung 3: Transaktionen und Zustandsänderungen von Aktoren

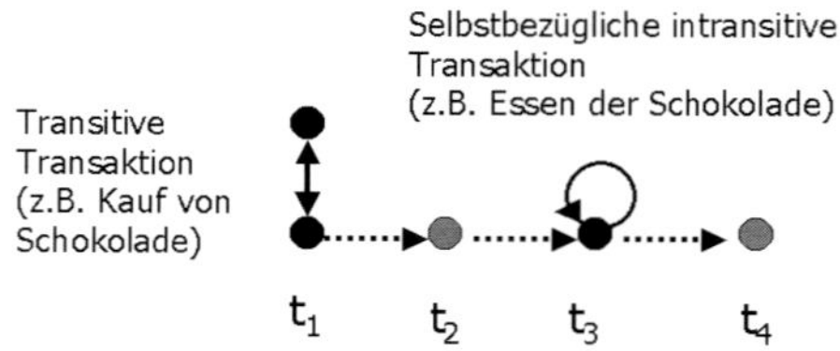

Basic needs: Eine Methode, Zustände von Aktoren zu beschreiben, findet sich in der Politik zur Armutsbekämpfung, wo es um die Lebenschancen und Lebensbedingungen der Menschen geht. Überlegen Sie selbst, wie jeder Indikator bimodal interpretiert werden kann!
http://www.census.gov/prod/99pubs/p70-67.pdf
http://www.caction.org/basicneeds99basicneedsoverview.html
http://www.city.palo-alto.ca.us/familyresources/basicneeds/basic_needs.html

Der **Zustand eines Aktors** ist durch eine sehr große Zahl von Indikatoren zu beschreiben, wie etwa die physischen und psychischen Verhältnisse des Individuums und die verschiedenen Möglichkeiten, die der Aktor besitzt, um überhaupt Handlungen durchführen zu können. Wir werden im Laufe der Ausführungen dieses Buches diese Dimensionen des **Zustandsraumes** eines Aktors ausführlicher bestimmen. Jetzt wollen wir nur eine grundlegende Unterscheidung treffen.

Der Zustandsraum von Aktoren ist **bimodal** in allen seinen Dimensionen, und zwar als Ausstattung mit **Vermögen** und als **Wissen** über diese Ausstattung.

Abbildung 4: Zustand eines Aktors

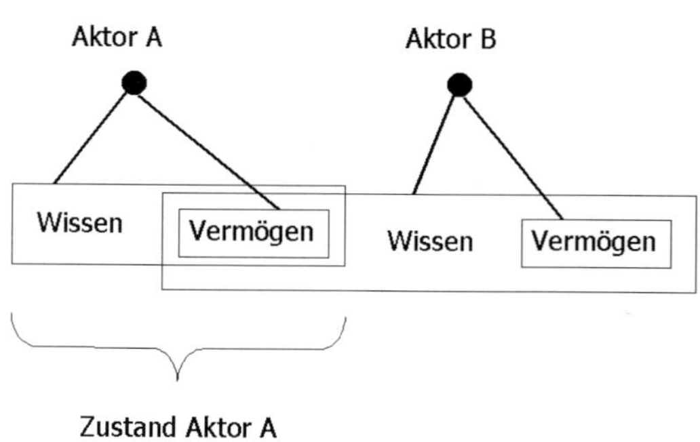

Der Begriff des Vermögens erfasst alle Möglichkeiten des Aktors, durch Handlungen seine Ziele zu erreichen, also unter anderem seine Fähigkeiten, seine Ressourcenausstattung, seine Gütervorräte oder seine „Beziehungen". Das Wissen des Aktors enthält die entsprechenden Regeln der Anwendung bzw. Nutzung des Vermögens. Es ist klar, daß ein Aktor nicht notwendig Wissen über sein vollständiges Vermögen besitzt, denn dessen Nutzbarkeit in Handlungen wird auch durch die mit dem Vermögen ermöglichten Beziehungen zu anderen Aktoren determiniert. Daher hängt das Vermögen eines Aktors auch vom Wissen anderer Aktoren über dieses Vermögen ab. In Abbildung 4 sehen wir entsprechend, daß das Vermögen des Aktors *A* auch Gegenstand des Wissens von *B* ist. Dieser Tatbestand konstituiert eine **fundamentale Interdependenz** aller Zustände von Aktoren in Wirtschaftssystemen.

Das Konzept des Vermögens beschäftigt uns noch ausführlicher in Kap. IV, 4.

Jede Transaktion verändert also den Zustand von Aktoren im bimodalen Sinne, d.h. es verändert sich das Vermögen und das Wissen über das Vermögen. Der Zusammenhang zwischen Transaktion und Zustandsänderung kann über beliebig lange Ketten von Transaktionen hergestellt werden, wie im Falle der Erzeugung von Produkten, in die viele Vorleistungen eingehen. Gleichzeitig unterhält jeder Aktor vielfältige Beziehungen zu verschiedenen anderen Aktoren. Transaktionen können also **uni-, bi- und multilateral** sein und beliebig lang verkettet.

Verkettung multilateraler Transaktionen:
Sie kaufen im Auftrag einer Freundin eine handgetöpferte Vase, welche diese ihrer Mutter zum Geburtstag schenken möchte. Die Mutter kennt den Töpfer und hat darüber der Tochter berichtet. Der Töpfer bezieht sein Handwerkszeug aus der Firma der Familie der Mutter, was Ihnen gar nicht bekannt ist. Versuchen Sie sich an einer Visualisierung der Beziehungen zwischen den beteiligten Personen.

Zu einem bestimmten Zeitpunkt könnte also ein wirtschaftliches System beschrieben werden durch die Population der Aktoren und die Beziehungen zwischen diesen Aktoren (was, wie wir bald sehen werden, unvollständig bliebe). Die Gesamtheit dieser Beziehungen wird als **Netzwerk** bezeichnet. ***Lesehinweis 1*** In der Zeit betrachtet, ist ein **ökonomischer Prozeß** der Ablauf von Zustandsänderungen der Aktoren durch Transaktionen und schlägt sich im Wandel der **Konfiguration** des Netzwerkes nieder. Konfigurationen von Netzwerken sind von Netzwerken sind die Ausschnitte aus allen möglichen Beziehungen zwischen Aktoren, die durch Transaktionen tatsächlich realisiert werden. Die Menge aller möglichen Beziehungen ergibt sich aus der Fähigkeit von Aktoren, Beziehungen zu unterhalten. Unterscheiden sich diese Fähigkeiten, so weisen die Aktoren unterschiedliche **Valenzen** auf.

Mathematische Methoden zur Beschreibung und Analyse von Netzwerken finden Sie in Kap. V, 2.

Networks:
Der Begriff des „Netzwerkes" besitzt sehr viele unterschiedliche Bedeutungen. Recherchieren Sie einmal im Internet und stellen Sie eine Liste zusammen!

Netzwerke in der Zeit:
Sie hatten weiter oben Ihren gestrigen Tag nach Transaktionen durchforstet – unterscheiden Sie diese nun in der Fristigkeit hinsichtlich der zugrundeliegenden potentiellen Beziehungen.

Die Fähigkeiten der Aktoren, Transaktionen herzustellen – die **Handlungskompetenz** - ist ein Bestandteil ihres Vermögens. Insofern ist zwischen dem Wissen der Aktoren über mögliche Beziehungen und tatsächlich realisierten zu unterscheiden. Dann zeigt sich auch gleich, daß im einfachsten Fall Aktoren als Träger von Wissen Elemente sind, und also Netzwerke Beziehungen zwischen kongruenten Aktoren und Elementen. Betrachten wir die Elemente und ihre Beziehungen, so fokussieren wir eine Struktur des Wissens um potentielle Transaktionen, die von der Ebene der Aktoren und der zwischen ihnen realisierten Transaktionen zu unterscheiden ist. Auch Netzwerke werden also wieder bimodal betrachtet. Das bedeutet dann im Falle der Identität von Elementen und Aktoren, daß wir die Transaktion der Ebene der Aktoren und die Konfiguration der Ebene der Elemente zuweisen können. Das ist hilfreich, um zwischen zeitpunktbezogenen Netzwerk-Strukturen und in der Zeit stabilen Strukturen als Konfigurationen beispielsweise wiederholter Transaktionen zu unterscheiden.

Bei der Untersuchung von Netzwerken wird gewöhnlich angenommen, daß bei einer Vielzahl von Transaktionen in der Zeit nur eine Teilmenge der potentiellen Beziehungen auch realisiert und vor allem auch wiederholt wurde. Auf diese Weise werden dann die langfristig stabilen Konfigurationen erkennbar, im Unterschied zu einer „Momentaufnahme" eines Netzwerkes anhand der Transaktionen zu einem bestimmten Zeitpunkt. In Abbildung 5 sind die durchgezogenen Linien eine solche Teilmenge, während die strichlierten potentielle, aber nicht realisierte Transaktionen darstellen.

Abbildung 5: Konfigurationen von Netzwerken

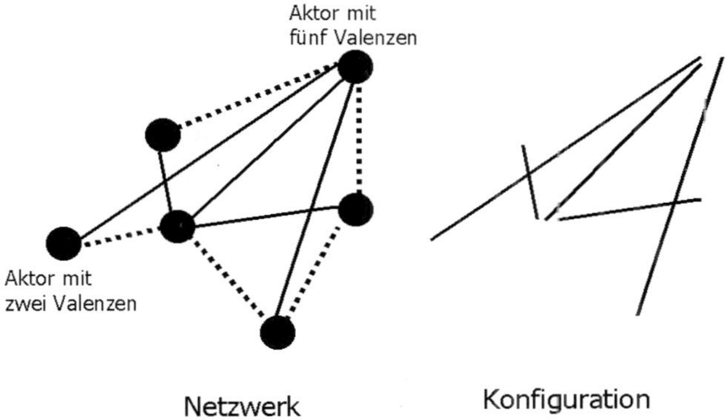

Wissen in Netzwerken. Transaktionen sind jedoch nur eine Teilmenge möglicher Beziehungen innerhalb von Netzwerken. Eine vollständige Beschreibung von Netzwerken muß die Transaktionen ebenso wie das Wissen erfassen, das im Netzwerk enthalten ist. Nun betrachten wir ja zunächst den einfachen Fall, daß Aktoren und Elemente identisch sind. Noch weiter eingeengt, wollen wir jetzt nur das Wissen der Aktoren über das Netzwerk betrachten.

Wissen und Konfiguration: Beschreiben Sie das Wissen der Aktoren im obigen Beispiel des Kaufs der handgetöpferten Vase.

Jeder Aktor ist mit einem bestimmten **Wissen über das Netzwerk** ausgestattet. Dieses Wissen enthält die Regeln der Realisation von Transaktionen (zum Beispiel: Wenn A mit B eine Transaktion durchführt, folgt die Transaktion zwischen B und C). A priori gibt es weder eine zwingende Übereinstimmung dieses Wissens in der Population aller Aktoren, noch muß dieses Wissen vollständig sein. Es sei nur eine Teilmenge aller möglichen Beziehungen zwischen Aktoren realisiert. Bei gleicher Aktorzahl m gibt es also n^m

Klatsch und Gerüchte:
Der Mensch hat ein großes Vergnügen daran, sich mit anderen darüber auszutauschen, wer wen kennt, und wer weiss, wer wen kennt. Betrachten Sie einmal Ihren Freundeskreis und interpretieren Sie deren Gerüchteküche im Lichte der nebenstehenden Unterscheidungen!

Was ist Komplexität?
Auch „Komplexität“ ist ein schillernder Begriff. Wir haben hier ein Maß vorgeschlagen, das auf der Zahl möglicher Beziehungen und der Zahl von Beziehungenüber Beziehungen (Wissen) beruht. Andere Vorschläge finden sich in:
http://www.ossu.co.uk/mcn/pdfs/Commentary3.pdf

mögliche Netzwerkkonfigurationen, wenn *n* die über alle Aktoren gleiche Valenz sei. Dann ergeben sich ganz verschiedene mögliche Konstellationen, wie zum Beispiel:

- Unabhängig von der tatsächlich vorliegenden Konfiguration kann jeder Aktor unterschiedliche Ausschnitte dieser Konfigurationen wahrnehmen, d.h. die Konfiguration und das Wissen über Konfigurationen können ihrerseits in beliebigen „Meta-Konfigurationen“ auftreten.
- Jeder Aktor kann unterschiedliches Wissen haben über die realisierbaren Konfigurationen, also die aus den Valenzen aller Aktoren potentiell resultierenden Transaktionen. Dieses Wissen kann wahr oder falsch sein.
- Jeder Aktor kann falsches Wissen über die tatsächlich realisierte Netzwerk-Konfiguration besitzen, sich also irren.
- Schliesslich kann sich das Wissen eines Aktors auch auf das Wissen anderer Aktoren über die Netzwerk-Konfiguration beziehen. Auch dieses Wissen über das Wissen anderer Aktoren kann wahr oder falsch sein, und in unterschiedlicher Weise über die Aktoren verteilt sein.

*Für eine vollständige Beschreibung eines Netzwerkes ist es also nicht hinreichend, nur die Konfigurationen zu erfassen. Der Beobachter muß auch das Wissen der Aktoren über das Netzwerk beschreiben. Dieses Wissen schliesst das Wissen über das Wissen anderer Aktoren ein. Daraus ergibt sich, daß realisierte Transaktionen in Systemen von Strukturen des Wissens bestimmt sind, die selbst- und fremdbezüglich sind (***Wissen über eigene Zustände, Wissen über Zustände anderer und Wissen über das Wissen anderer***).*

Bereits in dieser einfachsten Form der Darstellung eines ökonomischen Systems tritt also eine überwältigende **Komplexität** aller möglichen Beziehungen zwischen Aktoren und ihrer Wissensausstattungen auf. Die gigantische

Zahl möglicher Konfigurationen in Populationen mit größeren Zahlen von Aktoren erzeugt ein **fundamentales Problem des Unwissens** über die tatsächlich gegebene Meta-Konfiguration. Reflex dieses Problems ist also aus der Perspektive des einzelnen Aktors eine fundamentale Unsicherheit, sobald er Wissen über das Unwissen besitzt. Wie wir bald sehen werden, ist **Ordnung** in ökonomischen Systemen die Lösung dieses fundamentalen Problems. Durch Ordnung wird Komplexität reduziert und das Problem des Unwissens bewältigt.

Ein wichtiges Beispiel für die ökonomische Relevanz dieses Problems ist das Problem der Unsicherheit über geltende und künftige Preise für Güter, sie Kap. VI, 7.

Um das Phänomen der Komplexität in Netzwerken begrifflich weiter zu ordnen, wird zwischen unterschiedlichen Reichweiten von „**Nachbarschaft**" unterschieden sowie der **Verkettung von Aktoren** über Transaktionen. Gleichzeitig lassen sich Zustandsänderungen der Aktoren wieder bimodal differenzieren. Wir wollen als „Nachbarschaft" nur jene Bereiche von Aktoren benennen, in denen realisierte Transaktionen mit Aktoren auch direkt zu Vermögensänderungen der beteiligten Aktoren führen. Indirekt verkettete Transaktionen gehören nicht zur Nachbarschaft, wenn sie nicht wahrgeommen werden: Eine indirekte Verkettung zwischen den Aktoren *A* und *C* liegt vor, wenn eine Transaktion zwischen *A* und *B* stattfindet, und die Zustandsänderung von *B* zu einer Transaktion zwischen *B* und *C* Anlaß gibt. Es muß also zwischen der Nachbarschaft und dem Wissen über die Nachbarschaft unterschieden werden. Entsprechend müssen auch die Wirkungen von Transaktionen bimodal analysiert werden. Dazu ist es erforderlich, den Begriff des „Wissens" eingehender zu klären.

Wer kennt wen?
Bekanntlich reichen wenig Zwischenschritte aus, um jeden Menschen mit jedem auf der Welt zu verknüpfen, und zwar allein auf der Basis paarweiser Bekanntschaft. Nach diesem Prinzip funktionieren Ketten-Briefe, digitale Viren etc.: **http://www.silcom.com/~barnowl/clevo/start.htm**

b. Wissen, Wahrnehmung und Kommunikation: Singularität von Aktoren

Weitere grundlegende Definitionen. Wir wollen nun unseren Begriff des Wissens mit mehr Inhalt füllen. ***Lesehinweis 2*** Hierzu differenzieren wir die einschlägigen Definitionen weiter aus. Ausgangspunkt ist die obige Definition des Wissens als Menge von Regeln.

Gemeinsames Wissen: Interpretieren Sie „Des Kaisers neue Kleider" theoretisch!

Wenn Aktoren wissen, was andere Aktoren über die Netzwerk-Konfiguration wissen, und wenn dieses Wissen innerhalb einer bestimmten Population von Aktoren für wahr und gleich gehalten wird, so nennen wir dies **„gemeinsames Wissen"**. *Das gemeinsame Wissen ist also die Schnittmenge des Wissens der Aktoren einer Population mit dem Wissen aller anderen Aktoren unter Einbeziehung des Wissens um dieses Wissen. Das heisst umgekehrt, daß es große Bereiche von Wissen gibt, das für einzelne Aktoren oder Teilmengen von Aktoren spezifisch ist. Die Beziehung zwischen gemeinsamem und spezifischen Wissen bestimmt die Form der fundamentalen Interdependenz der Zustände aller Aktoren. Die Form der Interdependenz ist das Netzwerk der Elemente.*

Gemeinsames Wissen liegt also beispielsweise nicht vor, wenn alle Aktoren wissen, daß eine Transaktion zwischen *A* und *B* erfolgt, aber nicht wissen, daß alle dies wissen. Gemeinsames Wissen kann aus externer Sicht wahr oder falsch sein, d.h. es kann sein, daß alle Aktoren von allen anderen glauben, daß die anderen einen bestimmten Zustand haben, und dennoch trifft dies nicht zu. Alltagsweltliche Beispiele für solche Konstellationen sind Gerüchte und öffentliche Vorurteile (Beispiel: Pariahs in Kastengesellschaften akzeptieren oft ihren Status als naturgegeben).

Information: Auch dieser Begriff wird in vielfacher Weise und unterschiedlich definiert. Recherchieren Sie Bedeutungen und vergleichen Sie diese mit der hier formulierten! Ein Start ist: **http://www.imprint.co.uk/thesaurus/information.htm**

Die Veränderung des Wissens eines Aktors nennen wir **„Information"**. *Es gibt also keine absolute Information, sondern Information kann nur relativ zu einem bestimmten Wissenstand definiert werden. Information kann relativ zum Wissen aller Aktoren absolut neu sein, was wir als* **„Neuheit"** *bezeichnen. Neuheit liegt vor, wenn es nach ihrer Erschliessung gemeinsames Wissen der Aktoren ist, daß kein Aktor vorher dieses Wissen besessen hat. Neuheit kann daher nur relativ zur Abgrenzung einer Population von Aktoren bestimmt werden. Auch Information kann wahr oder falsch sein.*

Das heisst, eine Information kann für einen Aktor neu sein, für den anderen aber längst bekannt. Daraus ergibt sich umgekehrt eine Definition von **Unwissen**: Unwissen eines Aktors kann mangelnde Kenntnis eines anderswo vorhandenen Wissens bedeuten, es kann aber auch in dem Sinne absolut sein, daß kein einziger Aktor in der Population eine Vorstellung davon hat, was der Gegenstand des noch nicht gewußten Wissens ist. Es gibt ausserdem unterschiedliche Formen von Unwissen, je nachdem ob dessen Form bekannt ist oder nicht. Bei Netzwerken kann beispielsweise die mögliche Konfiguration bekannt sein, nicht aber, ob eine bestimmte mögliche Beziehung realisiert ist oder nicht; es kann aber auch sein, daß ganze Ausschnitte möglicher Beziehungen noch unbekannt sind: Die Veränderung von Valenzen wäre also Neuheit.

Unwissen: Versuchen Sie sich an einer Klassifikation unterschiedlicher Arten der „Überraschung".

Bezogen auf das Wissen eines bestimmten Aktors kann Information aus der Gewinnung individuell neuen Wissens, der Korrektur falschen Wissens ebenso wie aus der Gewinnung von Wissen entstehen, das bei anderen Aktoren schon vorhanden ist. Diesen Vorgang der individuellen Veränderung von Wissen nennen wir **„Lernen"***. In einer Population von Aktoren führt Lernen zur* **Diffusion** *von Wissen. Wissen ist vollständig diffundiert, wenn es gemeinsames Wissen ist, daß alle Aktoren es wissen. Neuheit wird hingegen durch* **Entdeckung** *gefunden. Ein Aktor entdeckt Wissen, wenn er weiß, daß es gemeinsames Wissen ist, daß kein anderer Aktor dieses Wissen besitzt, und daß dieses Wissen nach der Entdeckung für „wahr" gehalten wird. Bezogen auf die Population könnte man also auch von kollektivem Lernen im Sinne der Veränderung des kollektiven Wissens sprechen.*

Mathematische Lerntheorien betrachten wir in Kap. V, 3.

Entdeckungen: Wann kann ein moderner Tourist, wie in der Werbung suggeriert, echte Entdeckungen machen?

Das bedeutet also, eine Entdeckung besteht nicht, wenn der Aktor ihr keinen Wert zuschreibt, weil er sie subjektiv nicht für neu hält im Sinne, daß es sich lediglich um Information für alle Aktoren handelt. Ohne eine Form der Kommunikation von Wissenszuständen in der Population ist also keine eigentliche Entdeckung möglich. Entdeckungen sind daher immer auch eine Form des Konsenses in einer Population

Innovationen gehen daher auch in wesentlicher Form mit Kommunikationsprozessen einher, wie wir ausführlicher in den Kap. IV, 3 und VI, 4 betrachten.

Kommunikation von Wahrnehmung:
Ihr Freund empfiehlt Ihnen eine neue schwedische Brotsorte. Sie gehen zum Bäcker, lassen sich über den ökologisch unbedenklichen Anbau des Getreides informieren, kaufen das Brot und verspeisen es zuhause. Rekonstruieren Sie Wissensänderungen, Transaktionen, Wahrnehmungen und Kommunikation.

Wettbewerber kennen:
Im Wirtschaftsleben ist ein zentrales Problem zu wissen, was die Wettbewerber tun. Analysieren Sie ein Beispiel Ihrer Wahl mit Hilfe der nebenstehenden Kategorien. Wie wird Information durch Kommunikation gewonnen? Was ist der Wahrnehmung zugänglich, was nicht? Sind Transaktionen anderer immer auch beobachtbar?

darüber, daß eine Information für alle neu und wahr ist. Das impliziert umgekehrt, daß ein einzelner Aktor nicht behaupten kann, eine Entdeckung gemacht zu haben, wenn die Information nur für ihn neu ist.

Lernen und Entdecken erfolgen auf dem Wege der **Wahrnehmung** *und/oder der* **Kommunikation**. *Durch Kommunikation erhalten Aktoren Informationen über die Wahrnehmung anderer Aktoren. Durch Wahrnehmung (und die damit verbundene, unten noch zu betrachtende Interpretation) wird das Wissen eines Aktors bestätigt oder verändert (Information). Eine Bestätigung besteht in der Verifikation einer Regel, eine Veränderung in der Falsifikation oder der Bildung einer neuen Regel. Kommunikation überträgt die Wahrnehmung und/oder die Regel. Für wahr gehaltene Information wird zum Wissen der Aktoren.*

In Netzwerk-Konfigurationen kann also ein Aktor eine neue Beziehung erstmals beobachten, oder er erhält eine Botschaft über diese Beziehung von einem anderen Aktor, der bereits über das entsprechende Wissen verfügt. Oder es kann geschehen, daß ein allen Aktoren unbekannter Aktor neu in das Netzwerk eintritt.

Wir gehen nun davon aus, daß Handlungen von Aktoren immer auf dem spezifischen Wissenstand des jeweiligen Aktors beruhen. Daraus ergibt sich, daß für die Erklärung der Handlungen und Handlungskompetenzen jedes Aktors erforderlich ist, (a) sein individuelles Wissen, (b) seine laufenden Transaktionen mit anderen Aktoren, (c) seine Kommunikationsnetze und (d) seine Wahrnehmungsfelder zu beschreiben. Wenn wir dementsprechend von Transaktions-, Kommunikations-, und Wahrnehmungsereignissen sprechen, dann ergeben sich Veränderungen des Wissens aus diesen drei Ereignistypen.

Eine vollständige Beschreibung von Netzwerken muss immer in diesen drei Dimensionen erfolgen: Wir unterscheiden terminologisch zwischen Konfigurationen, Wahrnehmungsfeldern und Kommunikationsnetzen. Wenn wir zunächst, wie oben bemerkt, nur die inneren Verhältnisse von Netzwerken betrachten, dann bedeutet dies also (Abbildung 6):

Abbildung 6: Transaktion, Wahrnehmung, Kommunikation

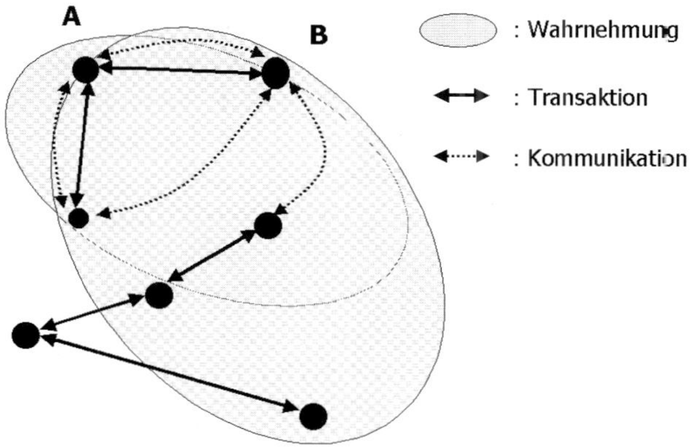

Konfigurationen *sind Muster realisierter Transaktionen zwischen Aktoren qua Elementen.*

Wahrnehmungsfelder *der Aktoren bestimmen sich durch die Reichweite und Vollständigkeit der Wahrnehmung von Konfigurationen durch Aktoren.*

Kommunikationsnetze *beschreiben die kommunikativen Beziehungen zwischen Aktoren, sind also selbst ein Netzwerk, das nicht mit dem Netzwerk der Transaktionen kongruent sein muß. Über Kommunikation machen sich Aktoren wechselseitig ihre Wahrnehmung zugänglich.*

Daraus ergibt sich also, daß durch Wahrnehmung und Kommunikation eine **Koordination des Wissens** *stattfindet, das über Aktoren bzw. Elemente verteilt ist. Dieses Wissen bestimmt wiederum die Konfigurationen der Netzwerke durch die generierten Handlungen der Aktoren.*

In der Abbildung 6 visualisieren wir diese Unterscheidungen für die Aktoren *A* und *B*. Die Reichweite der Wahrnehmungsfelder ist unterschiedlich und verbindet vor allem auch Netzwerke, die nicht über Transaktionen verknüpft sind. Wahrnehmungen anderer können zum Beispiel nur eine Seite einer beobachteten Transaktion erfassen.

Handel mit Wissen:
Der „New Economy" wird manchmal zugeschrieben, eine „Entmaterialisierung" der Wirtschaft zu verursachen. E-commerce bezieht sich allerdings immer auch auf „reale" Zustandsänderungen der Aktoren. Wie läßt sich diese Beziehung zwischen Wissen und Vermögen in der „e-conomy" systematisieren?
http://notesweb.uni-wh.de/wg/wiwi/wgwiwi.nsf/b6c576ecd46876dfc12569c9003161d2/60fa6cbaf160cb5ec1256bab0030ca7c/$FILE/entmaterialisierung%20PDF.pdf
http://www2.tagesspiegel.de/archiv/2000/08/25/ak-ku-li-sa-22728.html
http://www.sbg.ac.at/ges/people/wagnleitner/sa/tk/tak1.htm

Nun ist das individuelle Wissen selbst ein Aspekt des Zustands eines Aktors. Dann führen also Kommunikation und Wahrnehmung zu Zustandsänderungen. Die Bimodalität der Netzwerke schlägt sich also auch in zwei unterschiedlichen Aspekten der Zustandsänderungen von Aktoren nieder, nämlich ihres Vermögens und/oder ihres Wissens. Dies entspricht der grundsätzlichen Unterscheidung zwischen Wissen und materiell-energetischen Strukturen, die wir später noch genauer betrachten werden, um den Wissensbegriff von der jetzigen, selbstverständlich zu engen Fokussierung auf Netzwerke zu lösen. Das heisst, Transaktionen schliessen notwendig Änderungen materiell-energetischer Strukturen ein, Wahrnehmung und Kommunikation nur die Änderung von Wissen.

Beides hängt jedoch miteinander zusammen, denn jede Transaktion führt unter bestimmten Bedingungen auch zur Veränderung von Wissen. Zu beachten ist nämlich, daß – wie in Abbildung 4 verdeutlicht - jeder Aktor auch Wissen über das Vermögen anderer Aktoren besitzt. Transaktionen können durch dieses Wissen veranlasst werden. Evolutionsökonomisch zentral ist folgende Hypothese:

> *Aktoren führen Transaktionen mit anderen Aktoren durch, um das eigene Vermögen zu verändern. Die grundlegende Konfiguration ist der* **Tausch**. *Im Tausch kommen unterschiedliche Bewertungen der getauschten Vermögensbestandteile (Güter, Leistungen etc.) durch die Aktoren zum Ausdruck. Durch den Tausch wird Information über die Bewertungen der tauschenden Aktoren erzeugt. Der Tausch verändert also das Wissen aller Aktoren, und zwar in der Tendenz derart, daß die Bewertung von einzelnen Vermögensgegen-*

ständen in einer Population konvergiert, also zunehmend den Charakter gemeinsamen Wissens erhält. Durch den Tausch wird also verteiltes Wissen in einer Population für eine wachsende Zahl von Aktoren zugänglich.

Diese Sicht des Marktes ist von F.A. von Hayek entwickelt worden. Die Evolutionsökonomik sieht also den Tausch nicht primär als Mechanismus der Steigerung der allokativen Effizienz, sondern vor allem als Mechanismus zur Gewinnung und Verbreitung von Wissen, das dann gegebenfalls effizienzorientierten Handlungen der Aktoren zugrundeliegt.

Interpretation von Wissen als Ursache der Singularität von Aktoren. Eine zentrale Frage ist nun, wie ein Aktor eigentlich durch Kommunikation Informationen über die Wahrnehmung anderer Aktoren erhalten kann. Solange Wissen nicht kommuniziert wird, kann ein anderer Aktor nur durch Wahrnehmung oder durch Transaktionen Zugang zum Wissen anderer erhalten. Aber es ist evident, daß in diesem Fall nicht das Wissen selbst, sondern nur die Handlungskonsequenzen erkennbar werden. Das bedeutet aber, daß ein Aktor das der Handlung oder dem wahrgenommenen Ereignis zugrundliegende Wissen erst rekonstruieren muß, also Regelvermutungen über Regeln anstellt. Anders formuliert, solange Wissen nicht kommuniziert wird, bleibt es privat.

Der Prozeß der Rekonstruktion von Wissen anderer Aktoren wird **Interpretation** genannt. Durch Interpretation wird die **Bedeutung** von Handlungen und Ereignissen bei anderen Aktoren erschlossen: Eine Bedeutung ist mit dem Philsophen Wittgenstein als die zugrundeliegende Regel zu verstehen. Es ist evident, daß dies nicht zwingend zur Rekonstruktion wahren Wissens über das Wissen anderer führt. Wesentlich ist dabei die Feststellung, daß Interpretation selbst zur Schaffung von Information führt, die relativ zum Wissensstand des interpretierenden Aktors ist. Das heisst, wenn die Wissenbestände der Aktoren unterschied-

Angebot und Nachfrage: Das Grundmodell – manche sagen, das „Totem" - des Marktes ist das Schema von Angebot und Nachfrage. Nehmen Sie Ihr einführendes Lehrbuch in die VWL zur Hand. Überlegen Sie, welche stillschweigenden Voraussetzungen für das Wissen enthalten sind, das über die Aktoren verteilt ist! Unterscheiden Sie dabei zwischen den Perspektiven der Marktteilnehmer vor und nach dem Tausch, und jener des Beobachters. Wie ist das Wissen im Schnittpunkt der Kurven, wie ausserhalb zu beschreiben?

Wittgenstein: Die philosophische Fundamente unserer Überlegungen wurden unter anderem von Ludwig Wittgenstein gelegt: **http://www.wittgenstein-portal.com/**

> **Wissensabhängigkeit der Interpretation:**
> Nach dem Kauf des schwedischen Brotes beobachten Sie, daß Ihr Freund das schwedische Brot nicht kauft, sondern ein italienisches. Sie fragen nicht nach und stellen Vermutungen über die Gründe an. Wie kommt wahres und falsches Wissen über das Wissen des Freundes zustande?

> **Interpretation von Wahrnehmung:**
> Nehmen Sie die den Brot-Tip gleich auf, wenn Ihr Freund alternativ:
> - ökologisch orientiert ist,
> - schwedisches Brot eigentlich nicht mag,
> - in eine Schwedin verliebt ist und sonst eigentlich gar kein Brot ißt,
> - nur Marmelade zu Brot ißt und nie Käse und Wurst?

lich sind, kann grundsätzlich nicht davon ausgegangen werden, daß das rekonstruierte Wissen mit dem ursprünglichen Wissen identisch ist: Mehr noch, der wahrnehmende Aktor selbst ist nicht in der Lage, Wahrnehmung und Interpretation voneinander zu trennen. Daraus folgt aber nicht notwendig, daß das rekonstruierte Wissen selbst falsch ist, d.h. es kann sich um wahres Wissen handeln, obgleich es falsches Wissen über Wissenszustände anderer ist.

Daraus ergibt sich, daß ohne Kommunikation eine Konvergenz der Wissensbestände der Aktoren nur möglich ist, insofern die Interpretation einer Information ausschliesslich auf der Basis eines bereits gegebenen gemeinsamen Wissens erfolgt. In allen anderen Fällen bleiben die Wissensbestände auch nach Diffusion der Information verschieden. Wir vermuten, daß durch Interpretationen die Diversität wahren Wissens immer weiter zunimmt, gleichzeitig aber auch der Anteil des gemeinsamen Wissens am gesamten Wissen einer Population immer weiter sinkt, obgleich sein Umfang absolut wächst.

Kann nun die Kommunikation von Wissen dieses grundlegende Koordinationsproblem von Wissen lösen? Eine kurze Überlegung zeigt, daß sich das Problem zwar verlagert, aber nicht grundsätzlich verändert. Denn ein Aktor kann die Botschaft eines anderen Aktors nur relativ zu seinem gegebenen Wissensstand verstehen, vollzieht also ebenfalls eine Interpretation. Durch gegenseitige Verständigung kann diese Interpretation jedoch zu einem Bestandteil gemeinsamen Wissens der kommunizierenden Aktoren werden. Dabei entsteht aber das Problem, daß jede Kommunikation über Wissensinhalte selbst wieder relativ zum Wissensbestand interpretiert wird. Das heisst erstens, die Wahrscheinlichkeit, daß tatsächlich gemeinsames Wissen erzielt wird, ist sehr gering, weil letztes Kriterium nur ein Zustand sein kann, in dem der gesamte Wissensbestand der Aktoren zum gemeinsamen Wissen geworden ist. Dann wären aber die Wissensbestände identisch.

Daraus ergibt sich eine grundlegende Abweichung zwischen der Evolutorischen Ökonomik und den üblichen Annahmen in der Wirtschaftswissenschaft, die von der „**Repräsentativität**" eines Aktors für alle anderen Aktoren ausgehen oder von der Identität der Aktoren bzw. ihrer Wissensbestände (sog. „rationale Erwartungen"). Gewöhnlich wird dort argumentiert, daß zur Gewinnung verallgemeinerter Aussagen über das Verhalten von Populationen es nötig ist, ein „durchschnittliches" oder „typisches" Verhalten von Mitgliedern der Population zu definieren und/oder empirisch nachzuweisen. Will man sich aber mit dem Wissen und seiner Veränderung in Populationen befassen, ist diese Anforderung grundlegend verfehlt.

Die Evolutionsökonomik geht von der **Singularität** jedes Aktors aus:

> *Aktoren sind singuläre Entitäten, d.h. die Wahrscheinlichkeit, daß die Wissensbestände zweier Aktoren miteinander identisch sind, geht gegen Null. Diese Einzigartigkeit resultiert aus der Tatsache, daß die Veränderung der individuellen Wissensbestände kontingent ist bezüglich des jeweils vorhandenen Bestandes. Das bedeutet, jenseits des gegebenen gemeinsamen Wissens aller Aktoren gibt es keine Information, die über alle Aktoren hinweg zu gleichen Veränderungen der Wissensbestände führt.*

Populationen werden also gerade durch die **Diversität** ihrer Mitglieder gekennzeichnet, und die Diversität ist die Determinante der Veränderung des Wissens. Dies schliesst nicht aus, daß diese Diversität selbst durch verallgemeinerte Indikatoren beschrieben wird (etwa statistische Verteilungen), aber es ist nicht zulässig, das Verhalten der Population durch ein „typisches" Mitglied zu beschreiben.

Die Unmöglichkeit vollständiger Beschreibung von Wissen. Die soeben getroffene Aussage hat äußerst weitreichende Konsequenzen, denn sie bedeutet, daß der wissenschaftliche Beobachter für eine umfassende Erklärung ökonomischer Prozesse in der Lage sein müßte, eine vollständige

„population thinking":
Einer der bedeutendsten Biologen des 20 Jhs., der in Amerika lehrende Ernst Mayr, hat diese grundlegende Unterscheidung zwischen dem typologischen Denken und dem Denken in Populationen immer wieder betont:
http://www.talkorigins.org/faqs/evolphil/species.html

Buntes Leben:
Betrachten Sie eine Gruppe, der Sie angehören: Läßt sie sich durch ein „typisches" Mitglied beschreiben? Was macht den Reiz von Gruppen aus? Wie entsteht Bewegung durch die Unterschiedlichkeit der Charaktere?

Der Populationsansatz unterliegt den klassischen mathematischen Modellen ökonomischer Evolution, wie dem Nelson-Winter-Modell, siehe Kap. V, 3.

Grenzen des Verstehens: Sie erzählen am Telefon einer italienischen und einer schwedischen Freundin von der Köstlichkeit der neuen Brotsorte. Ihr deutscher Freund, ein Konsumforscher, hört zu. Wie kann er feststellen, ob alle drei dasselbe meinen und verstehen? Kann er die Unterschiede genau bestimmen?

Vergangenes Wissen: Eine Wissenschaft, in der dieses Problem sofort und immer auftaucht, ist natürlich die Geschichtswissenschaft. Unsere Überlegung würde bedeuten, daß diese Wissenschaft nie zum Abschluss gelangen kann, weil wir das Wissen der Vergangenheit schon deshalb immer wieder neu rekonstruieren, weil sich unser heutiges Wissen ständig ändert. Was meinen Sie?

Beschreibung sämtlicher individueller Wissensbestände in der Population zu geben. Dies ist aber prinzipiell unmöglich, wenn wir bedenken, daß dieser Beobachter selbst ein Aktor ist, der seinerseits mit einem spezifischen Wissensbestand ausgestattet ist, und das Wissen über das Wissen aller anderen Aktoren nur auf dem Wege der Kommunikation und/oder der Wahrnehmung erlangen kann. Die entsprechenden Wahrnehmungs- und Kommunikationsereignisse werden aber durch den Beobachter seinerseits individuell interpretiert. Das bedeutet folglich, der Beobachter kann sich nie wirklich sicher sein, ob er bestimmte Informationen in genau derselben Weise interpretiert, wie die beobachteten Aktoren. Salopp formuliert, wird jede Beobachtung von Netzwerken immer mit „Überraschungen" rechnen müssen, die alleine aus der Komplexität der Interpretationsvorgänge bei den unterschiedlichen Aktoren resultieren.

Daraus folgt das **fundamentale Unmöglichkeitstheorem** der Evolutorischen Ökonomik:

> *Eine vollständige Beschreibung und Erklärung ökonomischer Prozesse wäre nur möglich, wenn sämtliche Handlungsdeterminanten Gegenstand des gemeinsamen Wissens aller Aktoren und aller wissenschaftlichen Beobachter wären. Dies wäre gleichbedeutend mit der Identität aller Aktoren. Dieser Zustand ist prinzipiell unerreichbar, weil er voraussetzt, daß alle Aktoren zu einem bestimmten Zeitpunkt übereinkommen müssten, daß alle Wissensbestände vollständig beschrieben und miteinander identisch sind. Diese Übereinkunft ist selbst ein Wahrnehmungs- und Kommunikationsereignis, das interpretiert wird. Selbst wenn also alle Aktoren übereinstimmen, wissen sie nicht, ob diese Beschreibung wahr oder falsch ist. Das heisst, innerhalb einer gegebenen Population ist die Wahrheit der Aussage unentscheidbar, daß die Aktoren mit identischen Wissensbeständen ausgestattet sind (oder nicht). Dieses Ergebnis ist aus der Philosophie als* **Quines Theorem** *zur Unmöglichkeit der perfekten Übersetzung bekannt.*

Anders gesagt: Stellen wir uns vor, jemand versuchte, das Wissen einer Population zu einem bestimmten Zeitpunkt zu erfassen. Wenn er nicht bereits vollständig darüber informiert ist, muß er also in einen Austausch von Wissen mit den Aktoren treten. Das bedeutet aber sofort, daß er nicht mehr wissen kann, wie das Wissen der Population vor Beginn dieses Austausches ausgesehen hat. Das Erfahren des Wissens anderer Aktoren ist nur als dynamischer Prozeß in der Zeit möglich. Es gibt also gar keine Alternative zu einer evolutorischen Theorie, weil der Prozeß der Gewinnung des Wissens über Wissen selbst ein evolutorischer ist!

Unmöglichkeit in der Wissenschaft: Es gibt verschiedene solche Unmöglichkeitstheoreme in verschiedenen Wissenschaftszweigen. Die meisten, wie auch das Quinesche, hängen mit dem grundlegenden Theorem von Kurt Gödel zusammen: **http://www.miskatonic.org/godel.html** **http://www.wvquine.org/**

Das heisst umgekehrt, daß ohne exogene Abschliessung des möglichen Wissens immer eine Zone der Ambiguität bestehen bleibt, also des gegenseitigen „Nicht-Verstehens“ bzw. der Unterschiedlichkeit der Wissensbestände der Aktoren. Anders gesagt, bleibt immer ein Rest des Unwissens. Genau dieser Rest ist aber eine notwendige Ursache ständiger Neuerung im System. So abstrakt diese Überlegung also ist, so wesentlich ist sie für die Ableitung der generellen Aussage, daß wirtschaftliche Systeme immer endogen Neuheit generieren, weil sie mit Interpretationsvorgängen einhergehen. Jede individuell kontingente Veränderung von Wissensbeständen einzelner Aktoren ist Neuheit im Sinne der obigen Definition. Wir werden in einem anderen Kontext noch sehen, daß Interpretation also durch Rekombination des Vorhandenen Neuheit generiert. ***Lesehinweis 3***

Information und Neuheit: Was ist „neu“ für wen im oben betrachteten Beispiel der neuen Brotsorte?

Neuheit durch Rekombination wird mit genetischen Algorithmen modelliert, siehe Kap. V, 5.

c. Konfigurationen und Bedingtheit von Handlungen durch Wahrnehmung und Kommunikation

Typenbildung von Netzwerken. Wir haben nun die grundlegenden Kategorien für die Analyse von Netzwerken erarbeitet. Hilfreich für das Verständnis der Prozesse in

Netzwerken ist eine Unterscheidung von unterschiedlichen charakteristischen Konstellationen. Jede dieser Konstellationen ist mit spezifischen ökonomischen Problemen verbunden. Die Typenbildung von Netzwerken ist daher Ansatzpunkt für die Gewinnung allgemeiner Hypothesen über die Funktionsweise und den Wandel von Netzwerken.

Abbildung 7: Arche-Typen von Netzwerken

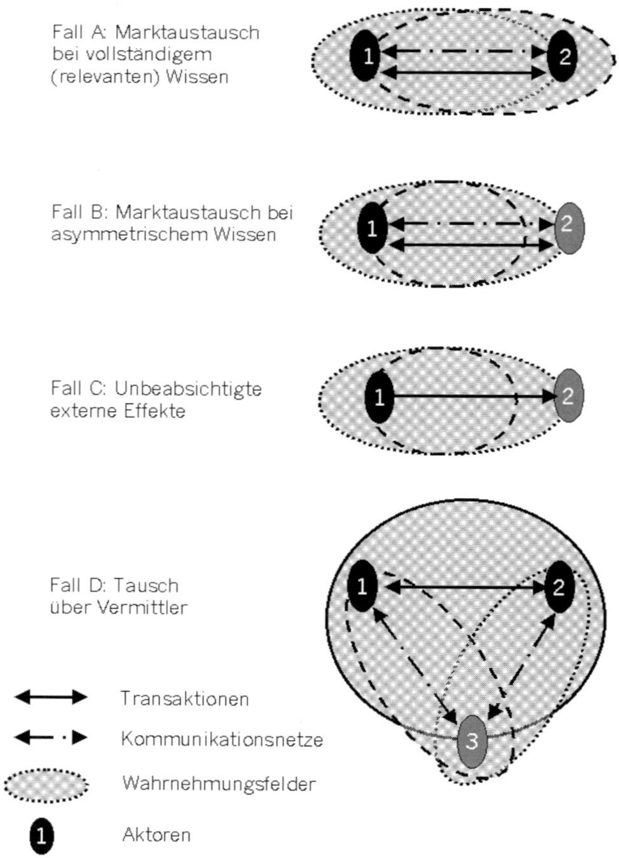

Typen von Netzwerken lassen sich durch charakteristische Konstellationen von Konfiguration, Wahrnehmungsfeldern und Kommunikationsnetzen der Aktoren unterscheiden. Jede Analyse von ökonomischen Prozessen ist eine Untersuchung des Wandels von Konfigurationen in der Zeit sowie der Veränderung von Wissensbeständen. Es geht darum, wie Transaktionen durch Handlungen von Aktoren erzeugt werden, welche Zustandsänderungen sie verursachen, und wie sich aus der Wechselwirkung von Vermögensänderungen und Änderungen der Wissensbestände neue Handlungen ergeben.

Variationen von Netzwerken:
Nennen Sie Beispiele für Transaktionen ohne direkte Kommunikation!

In Abbildung 7 werden einige theoretisch bedeutende Arche-Typen von Netzwerken vorgestellt:

Aufschlussreich sind diese Unterscheidungen für die Analyse des Arbeitsmarktes in Kap. VI, 2.

- **Fall A:** Diese Konfiguration wird in der neoklassischen Theorie des Marktgleichgewichtes zugrundegelegt. Die Aktoren *1* und *2* kennen gegenseitig ihre inneren Zustände, kommunizieren demnach wahrhaftig und realisieren eine Transaktion erfolgreich. Es liegt **Tausch bei vollkommenem Wissen** über die transaktionsrelevanten Tatbestände vor. Das impliziert gleichzeitig, daß das Wissen über andere Tatbestände irrelevant ist. Entscheidend für die praktische Anwendung dieses Typus ist also die Frage der „Relevanz". Zum Beispiel kann der Kauf eines Kaugummis an einem Kiosk durchaus dem Fall A nahe kommen, was die für diese Transaktion relevante Information angeht. Außerdem kann es sein, daß beide Aktoren nicht wissen, daß ihr Wissen unvollständig ist (sie sich also eigentlich in Fall B befinden). Ist die Transaktion dennoch erfolgreich, wird ihnen dies nie bewußt.
- **Fall B:** Aktor *1* nimmt Aktor *2* unvollkommen wahr, während dies umgekehrt nicht der Fall ist. In der neoklassischen Institutionenökonomik ist dies die Situation asymmetrischer Information, in unserer Begrifflichkeit also **asymmetrischen Wissens**. Daher kann ein Aktor den anderen betrügen, auch wenn beide kommunizie-

Arche-Typen von Netzwerken:
Ein Chemieunternehmen schädigt die Gesundheit der Anwohner, ohne daß dies medizinisch bekannt wäre. Nach Entdeckung des Tatbestandes erfolgt eine Verhandlung zwischen den Parteien, bei der das Unternehmen den Wechsel zu einer anderen Technologie zusagt, die ebenfalls neu ist. Ein unabhängiger Experte wird hinzugezogen. Analysieren Sie den Fall analog zu den Fällen A-D!

Internet und Vertrauen: Im Internet steht eine ungeheure Menge an Information fast kostenlos zur Verfügung. Warum besteht trotzdem bei e-commerce ein Vertrauensproblem? Welche Güter lassen sich leicht über e-commerce vertreiben, welche nicht? **http://www.philosophe.com/commerce/trust.html**

ren und die Transaktion durchführen. Es besteht eine gewisse Wahrscheinlichkeit, daß die Transaktion nur aus Sicht von *2*, nicht aber von *1* zufriedenstellend verläuft. Das zentrale Problem bei asymmetrischem Wissen ist, daß Aktor *1* Aktor *2* nicht glauben muß, selbst wenn dieser alle notwendigen Informationen gibt; er wäre nur dann vollständig sicher, wenn das relevante Wissen gemeinsames Wissen wäre. Es besteht also ein grundlegendes **Vertrauensproblem**. Als Beispiel diene der Verkauf eines Gebrauchtwagens: Der potentielle Käufer kann sich nie vollständig sicher sein, ob die Information des Gegenübers vollständig und wahr ist.

- **Fall C:** Aktor *1* verändert den Zustand von Aktor *2*, ohne daß es ihm bewußt ist. Es findet auch keine Kommunikation über diese einseitige Transaktion statt, obgleich der betroffene Aktor *2* die Einwirkung wahrnimmt. Dies ist eine wichtige Variante des Phänomens **externer Effekte**, also Zustandsänderungen von Aktoren, die durch eine Transaktion ohne Gegenleistung verursacht werden. Externe Effekte können im nächsten Zug einseitige Transaktionen des Aktors 2 verursachen oder diesen veranlassen, in Kommunikation mit Aktor *1* zu treten. Ziel der Kommunikation ist, an Aktor *1* die Wahrnehmung des externen Effektes durch Aktor *2* zu vermitteln. Ein Beispiel ist Lärmbelästigung in Wohngebieten, die dem Verursacher nicht bewußt ist. Sie kann entweder Gegenmaßnahmen verursachen oder direkte Beschwerden, die auf Abstellen der Lärmquelle hinauszielen.

Externe Effekte beschäftigen uns ausführlich in der Analyse der Produktion, Kap. IV, 2.

- **Fall D:** Dies ist ein charakteristischer Fall von Dreiecks-Beziehungen, wobei hier die extreme Variante abgebildet ist, daß die eigentlich die Transaktion realisierender Aktoren *1* und *2* gar nicht miteinander kommunizieren, sondern nur mit dem Vermittler *3*, der beide Aktoren kennt (also etwa ein Auktionator, Makler etc.). Dieses Phänomen der **Vermittlung** (engl. **intermediaries**) zeigt, daß bei geringer wechselseitiger Wahrnehmung

Transaktionen ermöglicht werden, wenn beide Aktoren besser über den Vermittler informiert sind und daher diesem Vertrauen schenken. Beispiele für solche Vermittler finden sich in vielen Wirtschaftszweigen mit hoher Qualitätsunsicherheit, wie beispielsweise mit der Rolle von Architekten beim Hausbau, vor allem aber auch im Handel.

Zwischenhändler: Was muss ein virtueller Zwischenhändler leisten, damit die Kunden Vertrauen zu ihm haben? Zum Beispiel: **http://www.meetworldtrade.com/en/about/CorpBackground.jsp**

Wir sehen also an diesen Beispielen, daß die Konfigurationen von Netzwerken sehr unterschiedlich sein können, je nachdem wie die Wahrnehmungsfelder und Kommunikationsnetze verlaufen. Je nach Verteilung von Wissensbeständen zwischen den Aktoren können Transaktionen möglich oder unmöglich sein, oder verursachen bestimmte Transaktionen unterschiedliche Handlungsfolgen. Darüber hinaus wird auch klar, daß die Handlungen der Aktoren durch ihr Wissen über das Netzwerk bestimmt werden, aber nicht durch die tatsächlichen Zustände, solange diese nicht bereits gemeinsames Wissen sind. Eine wesentliche Determinante der Evolution von Netzwerken ist daher die Evolution des Wissens der Aktoren über diese Netzwerke. Da Aktoren über Netzwerke kommunizieren können, gewinnt dieser spezielle Kommunikationsprozeß also eine ganz besondere Bedeutung für die Realisation von Transaktionen.

Vertrauen als Wirtschaftsfaktor: Inzwischen ist allgemein anerkannt, daß Vertrauen in die Menschen der Umgebung, die Politik und die Institutionen eine Schlüsselrolle für Wachstum und Entwicklung spielt: **http://www.res.org.uk/media/zak.htm**

Wenn Aktoren sich über einen bestimmten Ausschnitt eines Netzwerkes insoweit sicher sind, daß sie Transaktionen durchführen, von denen sie glauben, daß diese erfolgreich sein werden, so nennen wir diese spezielle Form des Wissens „**Vertrauen**“. *Auch dieses Wissen kann wahr oder falsch sein, d.h. Vertrauen bewährt sich oder wird enttäuscht.*

Nicht-integrale Netzwerke und Unternehmertum. Aus der Zusammenschau der verschiedenen Typen von Netzwerken ergibt sich sofort die Schlußfolgerung, daß Konfigurationen nur sehr selten vollständig in dem Sinne sein werden, daß alle potentiellen Transaktionen auch realisiert sind, d.h. also daß alle Valenzen von Aktoren auch genutzt sind.

Nicht-integrale Strukturen:
Ein wichtiges Beispiel für nicht-integrale Strukturen ist der Arbeitsmarkt. Analysieren Sie die gegenseitigen Wahrnehmungs- und Kommunikationsprobleme zwischen Arbeitgeber und Arbeitsuchendem. Welche Informationsbarrieren erschweren eine erfolgreiche Transaktion? Wie kann verhindert werden, daß eine oder beide Seiten nach einer Einstellung enttäuscht sind? *Wir behandeln den Arbeitsmarkt in Kap. 6, 3.*

Die Evolutionsökonomik bedient sich zur Modellierung nicht-integraler Strukturen spezieller mathematischer Methoden, wie etwa zellulärer Automaten, Kap. V, 5. Geld und Kredit lassen sich nur für nicht-integrale Systeme sinnvoll diskutieren, Kap. 6, 7.

Einen solchen Fall haben wir beispielhaft in Abbildung 5 bereits betrachtet. Netzwerke sind **„nicht-integrale Strukturen“.** Dies folgt bereits aus der Annahme der Singularität der Aktoren und damit den prinzipiellen Grenzen für die Angleichung der Wissensbestände durch Wahrnehmung und Kommunikation. Das neoklassische System des vollständigen Gleichgewichtes ist genau deswegen als integrale Struktur denkbar („alles hängt mit allem zusammen“), weil die Annahme vollkommener Information getroffen wird bzw. weil ein hypothetischer Auktionator erst sämtliche relevanten Informationen sammelt und auswertet, bevor tatsächlich Transaktionen erfolgen.

Nur in integralen Strukturen ist sicher, daß Transaktionen immer erfolgreich verlaufen, bzw. daß die Aktoren nur solche Transaktionen durchführen, die sie ex post zufriedenstellen, also erfolgreich sind. Eine Situation, in der zwischen den Erwartungen der Aktoren ex ante und der Zustandsänderung ex post (und damit der erreichten Bedürfnisbefriedigung) Konsistenz besteht, nennen wir **„Gleichgewicht“.**

In nicht-integralen Strukturen ist Gleichgewicht ein unwahrscheinliches, aber nicht unmögliches Resultat der Handlungen von Aktoren. Für die Erreichung von Gleichgewichten ist es häufig notwendig, Lücken von Netzwerken zu schliessen: Zum Beispiel könnte im Fall C ausreichend sein, daß die Aktoren miteinander kommunizieren. Wir werden später sehen, daß in Marktsystemen Institutionen und Normen eine wesentliche Rolle bei der zumindestens teilsweisen **Schliessung** nicht-integraler Systeme spielen.

Wenn Netzwerke nicht-integral sind, dann sind sie selbst singuläre Phänomene, insofern aus der Unterschiedlichkeit der Aktoren auch die Unterschiedlichkeit der Netzwerke folgt: Das bedeutet gleichzeitig, daß auch Veränderungen der Konfigurationen durch kontingente Verkettungen von Transaktionen erfolgen, mithin der Pfad der Veränderungen in der Zeit ebenfalls singulär ist. Dieses Phänomen der **Singularität** von ökonomischen Prozessen bezeichnen wir auch als **„Geschichtlichkeit"**. Wir werden uns dieser Eigenschaft im vierten Kapitel noch ausführlich zuwenden.

In ökonomischen Systemen spielen hier Aktoren eine besondere Rolle, die Wege entdecken, wie erfolgreiche Transaktionen möglich werden, die also Lücken in Netzwerken schliessen können. Diese Aktoren sind **„Unternehmer"**, die Neuheit in Netzwerken generieren. Unternehmertum ist also in der wirtschaftlichen Wirklichkeit der Reflex der Singularität von Aktoren und Netzwerken. ***Lesehinweis 4***

> *Unternehmer sind Aktoren, die erstmals Transaktionen in Netzwerken realisieren, die von keinem anderen Aktor realisiert werden konnten, und deren Möglichkeit nicht Gegenstand gemeinsamen Wissens in der Population war. Soweit Aktoren zwar von der Möglichkeit wußten, diese aber nicht realisierten, sind sie also keine Unternehmer. Die Handlungen von Unternehmern werden „***Innovationen***" genannt.*

Singularität: Welche Rolle spielen persönliche Kontakte im Geschäftsleben? Erinnern Sie sich persönlich an kleine Erfolge, die nur aufgrund zufälliger Bekanntschaftsbeziehungen errungen wurden? Hätten andere dies imitieren können?

Mit dem Konzept des Unternehmers befassen wir uns nochmals in Kap. IV, 3.

Aktoren und Elemente. Um unser Bild von Netzwerken analytisch zu komplettieren, müssen wir nun noch die bislang aufrecht erhaltene Annahme aufheben, daß Aktoren und Elemente kongruent sind. Dies wirft im gegebenen Rahmen die Frage auf, ob Konfigurationen Wissen enthalten können, das nicht eindeutig und ausschliesslich dem Wissensbestand mindestens eines Aktors zugeordnet werden kann.

Einen solchen Fall haben wir bereits kennengelernt. Im Fall *D* nutzen die schlechter informierten Aktoren den Wissensbestand des Vermittlers, ohne daß dieser selbst eine Zustandsänderung erfährt. Fragt man nach dem Ort des Wissens, das die Transaktion ermöglicht, so ist dies die Dreiecksstruktur selbst, also ein elementares Netzwerkelement. Die Aktoren besitzen kein Wissen über das Wissen des Vermittlers, vertrauen daher der Konfiguration als solcher.

Einzigartigkeit von Transaktions-Ketten: Führen Sie ein Selbstexperiment durch: Bitten Sie einige Kommilitonen, von derselbst Website aus 20 links in Kette weiterzugehen. Vergleichen Sie das Resultat und versuchen Sie, die Ursachen divergierender Entwicklung des Netzwerkes zu erklären!

Abbildung 8: Externe Effekte zwischen Transaktionen

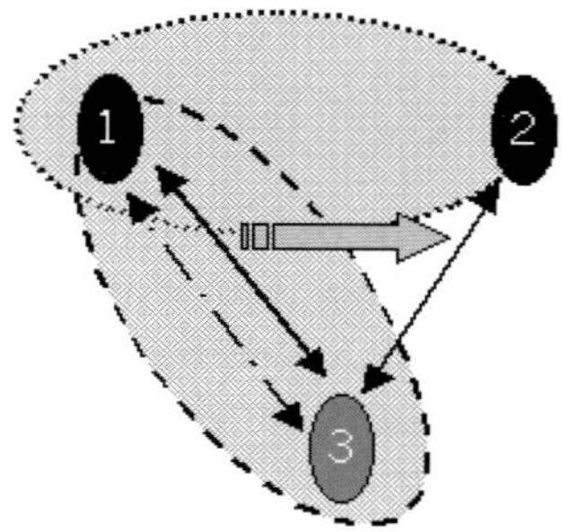

Noch deutlicher tritt dies im Fall zu Tage (Abbildung 8), wenn zwischen zwei Aktoren *2* und *3* eine Transaktion stattfindet, weil Aktor *2* beobachtet hat, daß Aktor *3* eine Transaktion mit Aktor *1* durchführt. Weil Aktor *2* dem Aktor *1* traut, vertraut er nun auch dem Aktor *3*. Das transaktionsermöglichende Wissen ist dann dem Dreieck *[1,2,3]* zuzuordnen, das damit als Element von den Aktoren zu unterscheiden ist. Wir können diesen Prozeß genauer als externen Effekt der Transaktion *1*↔*3* interpretieren (breiter grauer Pfeil in Abbildung 2), der über eine besondere Rolle der Beziehung zwischen *1* und *2* vermittelt wird. Der Effekt ist extern, weil er *3* zu Gute kommt, ohne daß er eine Gegenleistung erbringen muss. Nehmen wir nun an, daß ein Aktor *4* mit Aktor *3* eine Transaktion durchführt, weil er die Transaktion 2↔*3* wahrnimmt. Dann wird das Wissen über diese Konfiguration genutzt, um eine weitere Transaktion zu ermöglichen, ohne daß dem Aktor *4* die eigentlichen Gründe der anderen Transaktione bekannt sein müssen. Wir können also Vertrauen als **positiven externen Effekt** zwischen Transaktionen bezeichnen. ***Lesehinweis 5***

Vertrauen:
Kommt es häufig vor, daß Sie Kommillitonen, die Sie nicht gut kennen, einen Gefallen tun, weil ein guter Freund diese kennt? Gibt es vernünftige Gründe für ein solches Verhalten? Wie oft kaufen Sie Produkte, weil Bekannte diese empfohlen haben? Warum trauen viele Menschen solchen Empfehlungen mehr als den Anbietern selbst?

Wichtig ist, daß Vertrauen also nicht direkt über die Transaktionsketten transferiert werden braucht, sondern „orthogonale" Wirkungen auftreten, die entsprechend eine zusätzliche Dimension in Netzwerke einführen. Wie die Analyse unseres Beispiels bereits deutlich werden ließ, ist diese Dimension direkt gebunden an die Wahrnehmung von Transaktionen durch andere Aktoren, ist also kognitiv verankert.

Diese Grundstruktur wird uns nochmals beschäftigen, weil sie erlaubt, das Konzept des „Sozialkapitals" in Kap. IV, 4 einzuführen.

Daraus ergibt sich, das wir grundsätzlich zwischen aktorengebundenem Wissen und konfigurationsgebundenem Wissen unterscheiden. Elemente enthalten beide Arten von Wissen. Diese Unterscheidung ist allerdings von wesentlich weiter reichender Bedeutung, der wir uns im folgenden Abschnitt zuwenden. Das analytische Problem liegt auf der Hand: Gibt es Wissen, das auf die Handlungen von Aktoren Wirkungen ausübt, ohne daß es an die Aktoren selbst gebunden ist? Ist es notwendige Bedingung der Handlungsrelevanz, daß dieses Wissen auch den Aktoren bekannt ist? Wäre letzteres der Fall, dann liessen sich alle Handlungen auf Wissen der Aktoren reduzieren, da das aktorsungebundene Wissen letztlich für die Erklärung redundant wäre. Nur wenn es also handlungsrelevantes Wissen gibt, das weder an Aktoren gebunden noch ihnen bekannt ist, wäre also die Unterscheidung von Elementen und Aktoren sinnvoll. Es ist geradezu definierendes Merkmal evolutionstheoretischer Ansätze, nicht-reduzierbare Formen des Wissens zuzulassen.

3. Fundamentale Aktoren und ihr Wissen

a. Referentielles und nicht-referentielles Wissen als evolutionsökonomische Grundunterscheidung

Arten von Wissen:
Beschreiben Sie die Unterschiede zwischen dem Wissen eines Chemieunternehmers über die Marktgängigkeit seiner Produkte und des Umweltschützers über die ökologischen Auswirkungen ihrer Verwendung.

Wissen als Vermögen. Wir haben bislang zwischen Aktoren als handelnden Einheiten und Elementen als Trägern von Wissen unterschieden, ohne den Wissensbegriff selbst zu klären. Obgleich Wissen die wichtigste Voraussetzung allen Handelns ist, wird es gewöhnlich in der Wirtschaftswissenschaft nicht definiert. Vor allem wird unkritisch unterstellt, daß Wissen ein mentales Phänomen ist, indem es rationalen Abwägungen von Zielen und Mitteln zugrundegelegt wird. Damit wird der Wissensbegriff unbegründet eingeengt: Zum Beispiel wird nicht gefragt, welches Wissen eigentlich den Zielen selbst zugrundeliegt. Der wesentliche Teil des in der Wirklichkeit wirksamen Wissens bleibt also in der herkömmlichen Theorie **exogen**.

Konzepte des Wissens:
Der Begriff des Wissens ist selbst komplex, vielleicht auch diffus. Wissen wird oft naiv als Ansammlung von Daten und Informationen betrachtet. Aber dies reicht bei weitem nicht aus.
http://user.cs.tu-berlin.de/~tron/oss/seminar/knowledge/img0.htm

Im folgenden soll nun ein alternativer Wissensbegriff entwickelt werden, der konsequent auf der evolutionsökonomischen Analyse beruht. Damit zielen wir im Ergebnis auf eine evolutionstheoretische Begründung von Bedürfnissen ebenso wie auf eine grundlegende Kennzeichnung der menschlichen Entscheidungen, die den Zusammenhang zwischen Wissen und Handlung herstellen.

In den bislang betrachteten Fällen trat Wissen im Zusammenhang von Transaktionen auf, und wir haben vor allem das Wissen über Netzwerke betrachtet, sowie das Wissen der Aktoren über das eigene Vermögen. Tatsächlich betrifft Wissen natürlich alle Ursachen von Zustandsänderungen von Aktoren, ist also Wissen über die Welt. Die Welt besteht nicht nur aus Netzwerken, sondern auch aus materiell-energetischen Strukturen, die zumindestens teilweise als Vermögen bestimmten Aktoren zugeordnet sind.

In einfachster Weise können wir daher sagen, daß Wissen die Voraussetzung von erfolgreichen Transaktionen ist. Damit betrachten wir hier also Wissen nur als ökonomisch relevantes Wissen. Transaktionen setzen zum einen Wissen über Netzwerke voraus, zum anderen über bestimmte Ursache-Wirkungszusammenhänge, die den Veränderungen materiell-energetischer Aspekte der Zustände von Aktoren zugrundeliegen, also ihres Vermögens.

Wissen ist dann im weitesten Sinne **Handlungskompetenz** und kein Abbildungswissen über die Welt: Dies ist das Konkretum zur abstrakten Kennzeichnung von Wissen als Regeln, die wir eingangs getroffen haben. Diese Unterscheidung ist keineswegs theoretisch harmlos. Handlungskompetenzen sind nämlich nicht notwendig eine mentale Kategorie: Unsere Fähigkeit, Nahrung aufzunehmen, ist eine Handlungskompetenz, aber kein geistiges Phänomen einer „Abbildung" der Welt. Gleichwohl ist es Wissen über den zielführenden und zweckadäquaten Umgang mit der Welt. Insofern wirtschaftliche Handlungen den Zweck der Bedürfnisbefriedigung verfolgen, muß dieses Wissen also direkt oder indirekt relevant für die Bedürfnisbefriedigung sein.

Wissen als Können:
Beschreiben Sie das Wissen, das hinter den Überredungskünsten eines erfolgreichen Versicherungsmaklers steckt!

An dieser Stelle wollen wir nun das allgemeine Konzept der Befähigung begrifflich durch den Begriff des „Vermögens" ersetzen, um die Handlungsfähigkeit von Aktoren später (im vierten Kapitel) noch genauer durch eine Ausdifferenzierung des Vermögensbegriffs beschreiben zu können. Nach unserer Definition der Bimodalität von Zuständen erhalten wir jetzt zwei unterschiedliche Interpretationen von „Vermögen", die sich auch in einer Mehrdeutigkeit seiner Semantik niederschlagen, nämlich als ein „Können" oder als Bestand an Handlungsmöglichkeiten.

Das bedeutet, daß die bimodale Beschreibung der Zustände von Aktoren tatsächlich eine Beschreibung zweier Aspekte derselben grundlegenden Kategorie des Vermögens ist.

Vermögen:
Etymologisch hängt „Vermögen" eng mit „Macht" im Sinne von „können" zusammen. Wir werden diese Zusammenhänge später aufgreifen. Erforschen Sie die Etymologie, die in vielen europäischen Sprachen ähnlich ist.

Wissen ist ein **Vermögen** *(***Kompetenz, „competence"***) von Aktoren, Handlungen in der Welt durchführen zu können, um ihre Bedürfnisse zu befriedigen. Diese Befähigung drückt sich im erfolgreichen Umgang mit Ursache-Wirkungs-Zusammenhängen aus, die auf die Erfüllung von Bedürfnissen Einfluss nehmen. Wissen ist also nicht nur eine mentale Kategorie, da es „knowing that" und „knowing how" umfasst. Das bedeutet aber gleichzeitig, daß die Zustandsbeschreibung von Aktoren auch vollständig in der Kategorie des Wissens erfolgen kann, denn jede andere Form des Vermögens wird nur insofern relevant für die Handlungen und die Bedürfnisbefriedigung von Aktoren, als sie auch im Wissen reflektiert ist. Oder anders gesagt, Vermögen als materiell-energetische Handlungsmöglichkeit wird nur durch Vermögen als Wissen aktualisierbar.* ***Lesehinweis 6***

Arten von Wissen:
Beschreiben Sie das Wissen, das Ihnen ermöglicht,
- eine Treppe zu steigen,
- dieses Buch zu lesen,
- eine verdorbene Speise zu erkennen,
- einen Witz zu verstehen,
- Fahrrad zu fahren,
- Ihren Partner zu trösten,
- eine Rechenaufgabe zu lösen,
- eine Mücke zu fangen,
- eine fremde Sprache zu erlernen.

Referentiell/nicht-referentiell und explizit/implizit. Mit der Unterscheidung von „knowing that" und „knowing how" werden zwei unterschiedliche Handlungstypen angezeigt, nämlich solche, die auf der bewußten Abwägung von Ziel-Mittel-Zusammenhängen beruhen, und solche, die davon unabhängig geschehen, also beispielsweise reflexhaft. Beide Handlungsarten sind auf zwei unterschiedliche Arten von Wissen bezogen: Nicht-referentielles Wissen (knowing how) und referentielles Wissen (knowing that).

Referentielles Wissen *ist auf ein* **erkennendes Subjekt** *bezogen, das sich dieses Wissens bewußt ist und mit ihm denken und handeln kann. Es kann damit auch Gegenstand einer sinnhaften Beziehung zwischen Aktoren sein. Es stellt im Prozeß von Meinen und Verstehen eine Beziehung zwischen einer symbolischen Repräsentation von Wissen und dem gemeinten Gegenstand her. Referentielles Wissen kann daher in Kommunikation übertragen und in der bewußten Reflexion aktiviert werden.*

Nicht-referentielles Wissen *ist handlungsrelevant, ohne auf ein erkennendes Subjekt bezogen zu sein. Es wird also weder kommuniziert noch reflektiert, kann aber unter Umständen durch Reflektion explizit gemacht werden, d.h. in referentielles Wissen transformiert werden. Die Bezugnahme*

tielles Wissen transformiert werden. Die Bezugnahme auf nicht-referentielles Wissen geschieht häufig nur über den Hinweis auf die ermöglichte Handlung. Eine wahrgenommene Handlung wird durch ein Können erklärt: Diese Erklärung ist referentielles Wissen beim wahrnehmenden Aktor, das als Hypothese über das nicht-referentielle Wissen des handelnden Aktors wiederum wahr oder falsch sein kann.

Diese Unterscheidung ist das vielleicht wichtigste Unterscheidungsmerkmal zwischen evolutorischen Theorien und nicht-evolutorischen und geht auf den Unterschied zwischen **rationalistischen** und **evolutionären Erkenntnistheorien** zurück. Die Differenz liegt vor allem im Konzept des nicht-referentiellen Wissens. Es handelt sich hier um Wissen über die Welt, das nicht durch einen Prozeß subjektiven Erkennens gewonnen wurde, also nicht „gewußt" wird.

Erkenntnistheorien:
Die Philosophie befasst sich seit Jahrhunderten mit den Bedingungen und der Möglichkeit menschlicher Erkenntnis. Die evolutionäre Erkenntnistheorie ist aber der erste systematische Versuch, eine Verbindung zur Naturwissenschaft herzustellen:
http://home.t-online.de/home/Bertram.Koehler/Rahmen/Bew1.htm
http://www.kli.ac.at/theorylab/Areas/EE.html

Das klassische Beispiel für nicht-referentielles Wissen ist der genetische Code, der dementsprechend häufig als „biologische Information" bezeichnet wird: Er entstand aus einer langen Reihe von zufälligen Variationen und Selektion in einer wettbewerblichen Umwelt; insofern er das Verhalten der Organismen steuert, enthält er also Wissen über die Umweltbedingungen, an die das erfolgreiche Handeln angepaßt ist. Dennoch ist dieses Wissen kein Gegenstand von Erkenntnisprozessen. Ohne diesen Prozess der Variation und Selektion hier bereits genauer betrachten zu wollen (siehe Kapitel III, 3), können wir allgemein sagen, daß nicht-referentielles Wissen das Ergebnis der Stabilisierung von Verhaltensregelmäßigkeiten durch Umwelteinflüsse ist, insofern ein Medium der Speicherung und Übertragung der handlungsermöglichenden Mechanismen (etwa der organismischen Reflexbögen) existiert.

Wissen und Praxis:
Es ist dann auch klar, warum diese Unterscheidungen immer wichtiger auch für die Praxis werden:
http://www.faw.uni-ulm.de/deutsch/publikationen/bmbf-studie/

Wenn wir diese Unterscheidung direkt auf Aktoren beziehen, dann können wir auch sagen, daß referentielles Wissen den **Entscheidungen** der Aktoren zugrundeliegt, während nicht-referentielles Wissen **Randbedingung** der

Handlungen ist. Nicht-evolutorische Theorien betrachten Randbedingungen als exogen und erklären diese nicht weiter. Evolutorische Theorien erklären Randbedingungen als Ergebnisse eines evolutorischen Prozesses der Bildung von nicht-referentiellem Wissen. Illustrativ mag also das Beispiel sein, daß referentielles Wissen meiner Entscheidung zugrundeliegt, in die Küche zu gehen, um dort zu essen, nicht-referentielles Wissen aber meiner Fähigkeit, zu gehen.

Tacit Knowledge: Der Begriff des „tacit knowledge" spielt eine Schlüsselrolle in der modernen Managementwissenschaft: **http://www.artsci.wustl.edu/~philos/MindDict/tacitknowledge.html http://www.it-consultancy.com/extern/sveiby-tacit.html**

Die bislang gewählten biologischen Beispiele erlauben eine klare Akzentuierung des Unterschiedes zwischen beiden Wissensarten; sie ist aber keineswegs an diesen Kontext gebunden, sondern besitzt universellen Stellenwert. Sie findet sich in vielen Anwendungsbereichen der Evolutorischen Ökonomik wieder als Differenz zwischen **„explizitem"** und **„implizitem Wissen"**, letzteres oft als **„tacit knowledge"** (**„stillschweigendes Wissen"**) bezeichnet. Implizites Wissen schlägt sich in Verhaltensregelmäßigkeiten nieder, die zur erfolgreichen Durchführung von Handlungen beitragen, ohne daß der Grund Gegenstand von bewußter Reflektion oder Kommunikation ist. Wir haben oben bereits ein anderes Beispiel betrachtet, das direkt auf der Analyse von Netzwerken beruht (Abbildung 8). Wenn das Netzwerk selbst ein Element ist, dann ist den Aktoren nicht vollständig bekannt, warum eine Handlung erfolgreich möglich ist. Wenn in Abbildung 8 Aktor *2* mit Aktor *3* transagiert, weil dieser mit Aktor *1* erfolgreich transagiert hat, dann sind ihm die eigentlichen Gründe für diesen Erfolg nicht notwendig bekannt: Seine Handlung beruht dann auf implizitem Wissen, das im Netzwerk als Träger gespeichert ist: Es liesse sich zwar als Regel beschreiben („Traue allen, denen *1* vertraut"), jedoch sind die Ursachen für die erfolgreiche Regelanwendung nur Aktor *1* bekannt, nicht aber Aktor *2*. Selbst wenn also das Wissen um die Ursachen bei Aktor *1* explizit ist, ist es für bereits für Aktor *2* implizit und an das Netzwerk gebunden. Gleiches gilt für den Aktor *4*: Das Netzwerk enthält also nicht-referentielles Wissen (nämlich das indirekt genutzte, über die anderen Aktoren und die Konfiguration qua

Indirekte Wissensnutzung: Überlegen Sie einmal, wann, wo und wie Sie im Laufe eines Tages das Wissen anderer nutzen, ohne dies selbst zu wissen. Wann geschieht das sozusagen „ohne Nachdenken"?

Aktoren und die Konfiguration qua Element verteilte Wissen). Die Wahrnehmung des Netzwerkes durch Aktor *4* als solche ist referentielles Wissen. Die sich ergebende gesamte Konfiguration resultiert aus den Handlungen aller Aktoren. Nur Aktor *1* kennt aber den eigentlichen Grund, warum er *3* vertraut; nur für ihn ist dieser Grund also Gegenstand referentiellen Wissens.

Damit wird deutlich, daß nicht-referentielles Wissen sehr eng mit dem Phänomen der **Wissensteilung** verbunden ist. Wissensteilung impliziert notwendig, daß Handlungen von Aktoren in hohem Umfang auf der Nutzung nicht-referentiellen Wissens beruhen, das über Randbedingungen ihrer Entscheidungen wirksam wird. Der Vorteil der Wissensteilung ergibt sich also daraus, daß Aktoren nicht das gesamte für die Entscheidung möglicherweise relevante Wissen als referentielles Wissen sammeln und verarbeiten. Das schliesst nicht aus, daß in bestimmten Zusammenhängen nicht-referentielles Wissen in referentielles transformiert wird (und umgekehrt). Einer der wichtigsten Anlässe für eine solche Transformation ist die Enttäuschung von Erwartungen über Transaktionen.

Transformation von Wissen: Lernen und Erziehung gehen häufig damit einher, daß Wissen Metamorphosen zwischen den Zuständen „explizit" und „implizit" erfährt. Nennen Sie Beispiele!

Aber Aktoren sind auch selbst Träger von referentiellem und nicht-referentiellem Wissen, d.h. es gibt zum Beispiel Handlungsroutinen, deren eigentliche Funktionalität für den Handlungserfolg dem Aktor gar nicht bewußt ist. In gewisser Weise gilt dies eigentlich für den größten Teil des Wissens von Aktoren: Wir gehen, ohne genau zu wissen, warum und wie die Balance gehalten wird, und wir lernen als Kinder sprechen, ohne die Grammatik erklären zu können. Diese Überlegung erlaubt es, den Wissensbegriff zur Analyse von fundamentalen Aktoren einzusetzen.

b. Arten des Wissens und die innere Struktur von fundamentalen Aktoren

Formen der Wissensspeicherung. Wir können nun eine grundlegende Annahme der Evolutorischen Ökonomik über die Struktur von fundamentalen Aktoren formulieren, also den Individuen.

Wir unterscheiden hierzu zwischen der Ebene bewußter Entscheidungen über Handlungsalternativen, die auf referentielles Wissen zugreifen, und der Steuerung von Handlungen über nicht-referentielles Wissen, das seinerseits entweder **extrasomatisch** oder **intrasomatisch** gespeichert ist.

> **Wandel von Speicherformen des Wissens:**
> Vor Jahren haben Sie nach Lektüre eines Gesundheits-Ratgebers damit begonnen, Frischkorn-Müsli zu frühstücken. Wenn Sie auf Reisen gezwungen sind, Schinken und Rührei zu verspeisen, revoltiert Ihr Magen. Nun lesen Sie gerade, daß Frischkornbrei zu viele Schadstoffe enthält. Sie sind konsterniert. Wie hat sich welches Wissen wann verändert?

Nicht-referentielles Wissen ist extrasomatisch, wenn es im weitesten Sinne in Beziehungen zwischen Aktoren oder in Artefakten gespeichert und weitergegeben wird. Konfigurationen von Netzwerken speichern extrasomatisches Wissen über Transaktionsmöglichkeiten.

Nicht-referentielles Wissen ist intrasomatisch, wenn es in Speichermedien enthalten ist, die innerhalb der physischen Grenze zwischen Individuum und Welt befindlich sind.

Wichtige Fälle intrasomatischen Wissens sind natürlich wieder der genetische Code, aber beispielsweise auch automatisierte Fertigkeiten wie das fliessende Sprechen einer fremden Sprache. Der Begriff „somatisch" wird hier völlig wertneutral bezüglich des Körper-Geist-Problems verwendet und bezeichnet lediglich, aber eindeutig die physische Trennung zwischen individuellem Organismus und seiner Umwelt.

Für referentielles Wissen läßt sich hinsichtlich des Speichermediums zwar ebenfalls die Unterschiedung zwischen intrasomatisch (Gedächtnis) und extrasomatisch (z.B. Bücher) treffen, doch sind die eigentlichen Funktionszusammenhänge der Aktivierung dieses Wissens intrasomatische, nämlich mentale. Gleichwohl ist die Einsicht wichtig, daß in menschlichen Gesellschaften Artefakte eine besondere

Rolle als Wissensspeicher besitzen. Neben eigentlichen Informationsspeichern wie Büchern oder CDs muß hier auch die Technologie im allgemeinen begriffen werden: Der Umgang mit Technologie zur Ermöglichung einer Transaktion basiert auf dem die Technologie beschreibenden referentiellen Wissen. Wir werden später noch sehen, daß dies nicht alle Aspekte von Technologie erfaßt.

Technik und Wissensspeicher: Zur Illustration liesse sich auch die Analogie zur Speicherung auf Ihrer Festplatte oder im Netz herstellen: **http://www.informationweek.de/index.php3?/channels/channel28/000422.htm**

Allerdings muß für den Umgang mit einem Artekaft intrasomatisch wieder zwischen referentiellem und nicht-referentiellem Wissen unterschieden werden: Das Fahrrad als Technologie ist ein extrasomatischer Speicher von Wissen über seine Nutzung (z.B. seine Statik). Seine Aktivierung setzt aber ein intrasomatisch gespeichertes Können voraus, daß zu einem wesentlichen Teil auf nicht-referentiellem Wissen beruht.

Die Beziehung zwischen Technologie und Wissen beschäftigt uns in Kap. IV, 3 noch ausführlicher.

Die Struktur fundamentaler Aktoren. Wir können damit eine erste allgemeine Aussage über die Struktur fundamentaler Aktoren treffen. Sie sind nach Abbildung 9 in den beiden Dimensionen referentiell/nicht-referentiell und intra/extrasomatisch zu beschreiben.

Abbildung 9: Dimensionen fundamentaler Aktoren

	referentiell	nicht-referentiell
intra-somatisch	Gedächtnis, Denken	Reflexe, Instinkte
extra-somatisch	Artefakte wie Bücher, Technik	Netzwerke

Zu beachten ist, daß wir auf diese Weise automatisch zwischen Aktor und Individuum unterscheiden, d.h. wir abstrahieren von allen Eigenschaften des Individuums, die für dessen Durchführung von Handlungen irrelevant sind (etwa unauffällige Leberflecken). Insofern unterscheiden sich Elemente und Aktoren ausschliesslich durch die Funktion einer Entscheidung über Handlungen. Aktoren entscheiden, Elemente sind Wissenspeicher. Es gibt aber eine Rückbeziehung zwischen Elementen und Individuen, insofern Individuen intrasomatisch Wissen speichern.

Dies ähnelt der üblichen Betrachtungsweise der Wirtschaftswissenschaft, Individuen als Entscheidungsfunktionen zu betrachten. Der Unterschied besteht aber, wie im folgenden gezeigt wird, in einer evolutorischen Analyse der Bedürfnisse, also der Ziele, die den Entscheidungen der Aktoren über Transaktionen zugrundeliegen.

Abbildung 10: Individuum, Aktor, Element

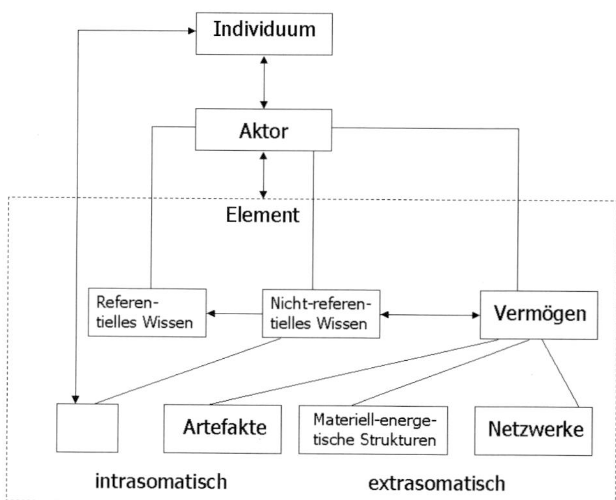

Analytisch wird also eine dreifache Abbildung (Abbildung 10) betrachtet: Individuum ↔ Aktor ↔ Element, die zum Teil re-

kursiv verknüpft ist (↔). Das Element erfaßt das Wissen des Aktors als Vermögen zu handeln. Die Bimodalität des Zustands eines Aktors schlägt sich dann in der doppelten Kennzeichnung dieses Vermögens nieder, nämlich als extrasomatische Handlungsmöglichkeit, die gleichzeitig als nicht-referentielles Wissen des Aktors identifiziert werden kann (↔). Nicht-referentielles Wissen kann aber auch intrasomatisch gespeichert sein, im Sinne des Vermögens als „knowing how": zwischen Individuum und Aktor besteht also eine doppelte Abbildungsrelation. Intrasomatisch ist auch das referentielle Wissen gespeichert, für welches das nicht-referentielle Wissen Randbedingung ist bzw. bimodal Handlungsmöglichkeit als Vermögen (→).

c. Evolutorische Analyse von Bedürfnissen

Bedürfnisse als Wissen. Die soeben getroffene Unterscheidung soll nun auf einen bislang nicht weiter hinterfragten Schlüsselbegriff, nämlich jenen der „Bedürfnisse" angewendet werden. Aus ökonomischer Sicht ist die Befriedigung von Bedürfnissen Ziel des Wirtschaftens. Aus der Perspektive eines Beobachters sind „Bedürfnisse" Ursachen teleonomer (also auf Mittel-Ziel-Zusammenhängen beruhender) Aktion, die durch ein relevantes Wissen ermöglicht wird: Bedürfnisse sind also Zwecke, die Ursache von Handlungen sind, unabhängig davon, ob der Zweck dem Aktor bewußt ist oder nicht (bewußte Verfolgung von Zwecken nennen wir teleolog).

Bedürfnisse als Ziele:
Betrachten Sie Ihre Bedürfnisse. Sind es Selbstzwecke, oder dienen sie wiederum anderen Zwecken? Gibt es einen letzten Zweck unserer Bedürfnisse?

Die Evolutionsökonomik geht einen Schritt weiter in der Analyse, indem sie Bedürfnisse selbst als eine Form von Wissen begreift. Wenn wir dann die Differenzierungen von Abbildung 9 auf das Konzept der Bedürfnisse projizieren, dann lassen sich also zunächst **vier unterschiedliche Arten von Bedürfnissen** unterscheiden:

- **Intrasomatisch/referentiell:** Dies sind bewußt gesetzte Handlungsziele, für die Aktoren auch Gründe kommunizieren können. Dieser Bereich ist im Prinzip dekkungsgleich mit konventionellen rational-choice Ansätzen.

- **Intrasomatisch/nicht-referentiell:** Hier treffen wir wieder auf die genetisch verankerten Bedürfnisse (z.B. sog. Triebe), aber auch unreflektierte Gewohnheiten. In manchen Erweiterungen des rational choice-Ansatzes werden hier die fundamentalen Ziele verortet, während die intrasomatisch/referentiellen Ziele als Zwischenziele im Sinne von Instrumenten gelten.

- **Extrasomatisch/referentiell:** Bedürfnisse ergeben sich auch aus Restriktionen bzw. Anforderungen von Technologien und anderen Artefakten. Zum Beispiel ist das Bedürfnis nach Strom ein abgeleitetes Bedürfnis aus der Verwendung eines PC. Diese Bedürfnisse sind in der Regel reflektierbar und begründbar.

- **Extrasomatisch/nicht-referentiell:** Hier wollen wir auch von „sozialen Bedürfnissen" sprechen. Dies sind Bedürfnisse, die sich aus der Einbindung des Aktors in Netzwerke ergeben, also beispielsweise das Bedürfnis nach Anerkennung oder nach Unterstützung durch andere Aktoren. Später wird noch genauer betrachtet werden, daß dies Regeln, Institutionen, Normen etc. mit einschliesst.

Hierarchien von Bedürfnissen: Es hat in der Wirtschaftswissenschaft viele Versuche gegeben, allgemeine Bedürfnisse zu identifizieren, die dann als Hierarchie geordnet sind. Die „basic needs" hatten wir oben schon angesprochen. Andere Versuche finden sich in: **http://chiron.valdosta.edu/whuitt/col/regsys/maslow.html**

Der wichtigste Unterschied zur herkömmlichen ökonomischen Sichtweise besteht also in der Einbeziehung der extrasomatischen Dimension in die Analyse von Bedürfnissen. *Lesehinweis 7* Jeder der genannten Typen ist grundsätzlich reflektierbar; es gibt aber zum Beispiel viele intrasomatisch/nicht-referentielle Bedürfnisse, die erst aufgrund wissenschaftlicher Forschung wirklich verstanden wurden. Aus der Perspektive des einzelnen Aktors gibt es vielfältige Begrenzungen, um die eigenen Bedürfnisse zu verstehen. Wir können nun wieder die oben getroffene Dichotomie zwischen Wissen als Entscheidungsgrundlage und Wissen als Randbedingung nutzen, um die verbleibende Unklarheit zu bereinigen, daß für Handlungen von Aktoren in der weitaus größten Zahl der Fälle bewußte Entscheidungen erforderlich sind. In diese Entscheidungen fliesst aber eine Fülle von nicht-referentiellem Wissen ein, das die Entscheidung vorstrukturiert. Wir können dies dann auch so formulieren:

> *Bedürfnisse sind eine Form von Wissen über die Funktionalität von bewußt verfolgten Handlungszielen, wobei diese Funktionalität selbst nicht notwendig referentielles Wissen ist. Ist letzteres der Fall, dann kann das Wissen selbst wahr oder falsch sein, d.h. Irrtümer über Funktionalität sind möglich.*
>
> *Nicht-referentielles Wissen kann hingegen zweckadäquat sein oder nicht. Wir nennen die Adäquatheit von Wissen im allgemeinen „**Anpassung**" und nur im Falle von referentiellem Wissen „**Wahrheit**". Die Evolutionsökonomik untersucht Bedürfnisse daher immer unter dem Gesichtspunkt ihrer Funktionalität. Diese Funktionalität kann direkt oder indirekt sein, wie zum Beispiel die indirekte Funktionalität von Sozialverhalten in Bezug auf die Befriedigung elementarer physischer Bedürfnisse.*

Anpassung: Der Begriff der „Anpassung" besitzt eine zentrale Bedeutung in allen evolutorischen Disziplinen, obgleich seine Wurzel in der Biologie liegt: **http://mbgnet.mobot.org/sets/rforest/adapt.htm** **http://www.bio.utk.edu/Neils.nsf/854ba168246c6472852563ee006f31ee/939c9db1fd44c767852564270061228d?OpenDocument**

Wir können dies auch im Lichte der fundamentalen evolutionstheoretischen Unterscheidung von **proximaten und ultimaten Ursachen** formulieren: Bedürfnisse sind die proximaten Ursachen für die Handlungen von Aktoren, während die Funktionalität der Bedürfnisbefriedigung sich nur durch ultimate Ursachen erklären läßt, die nicht notwendig Gegenstand referentiellen Wissens der handelnden Aktoren sind; sind sie es, werden Ursachen zu Gründen.

Zielkonflikte und Modularität der Vernunft. Daraus ergibt sich aber sofort eine sehr wichtige Schlußfolgerung: Es gibt keinen zwingenden Grund, warum die Bedürfnisse in den vier Dimensionen identisch bzw. widerspruchsfrei sein sollten. Dies ergibt sich schon aus dem einfachen Umstand, daß Aktoren falsches referentielles Wissen über nicht-referentielles Wissen bilden können. Im Prinzip wäre Widerspruchsfreiheit daher nur vorstellbar, wenn die Aktoren

Die genaue Begründung dieses Sachverhaltes bietet das evolutorische Selektionsmodell, das wir in Kap. III, 4 ausführlich behandeln.

vollständig über die eigene Wissensbasis informiert wären. Die radikale These der Evolutionsökonomik lautet:

> *Aktoren sind in einem Zustand partiellen referentiellen Unwissens über das eigene Wissen. Daher sind* **Irrtümer** *eine wichtige Quelle von Neuheit. Realisiertes Verhalten führt nicht notwendig in allen Dimensionen des Wissens zu zweckadäquaten Ergebnissen. Die Verfolgung von Bedürfnissen kann also ebenso dysfunktional sein wie diese Bedürfnisse selbst. Darüber hinaus sind Ziele und Zwecke nicht notwendigerweise funktional äquivalent bzw. kongruent.*

Entscheidungen:
Verliebt – nicht verliebt: Eine Frage der Wahl?
Sie haben Geld für Ihren Nachwuchs angespart und spekulieren mit dem Rest an der Börse. Würden Sie alles an der Börse investieren, wenn Sie hohe Kursgewinne erwarten?
Was bestimmt die Wahl Ihrer Kleidung beim Kauf?
Warum arbeiten Sie?

Das heisst, Handlungen von Aktoren stehen tendenziell immer unter **Zielkonflikten**. Entsprechend gibt es auch kein eindimensionales Kriterium von Anpassung.

Damit wird der fundamentale Aktor - das Individuum - in der Evolutorischen Ökonomik völlig anders gesehen als in der herkömmlichen Wirtschaftstheorie: Diese geht vom Konzept der rationalen und logisch konsistenten Entscheidung auf der Basis eines bestimmten Grades der Information aus und nimmt an, daß der Aktor eine eindeutig bestimmte subjektive Nutzenfunktion optimiert. Eine solche entscheidungslogische Rationalität könnte aus evolutorischer Sicht, wenn überhaupt, nur für den Bereich des referentiellen Wissens gelten. Menschliches Handeln bliebe dann notwendigerweise nicht nur unvollständig, sondern auch falsch erklärt, insofern der Tatbestand notwendiger und dauernder Zielkonflikte keine Berücksichtigung findet. Dieses Bild des Menschen als fundamentalem Aktor ist aber insofern realistischer, als der Aktor tatsächlich entscheidet, und nicht mit kalkulatorischer Notwendigkeit nur die beste Alternative ergreift (was, wie viele Kritiker bereits betont hatten, gar keine Entscheidung wäre).

An die Stelle des berühmten „homo oeconomicus" tritt der Mensch als fundamentaler Aktor, der mit einer **modularen evolutionären Vernunft** ausgestattet ist.

> *Mit dem Konzept der modularen evolutionären Vernunft wird angenommen, daß die Handlungen von Aktoren auf ver-*

schiedenen Motivationsmechanismen und Zielsystemen beruhen und das Ergebnis von innerer Konfliktlösung und Setzung von Prioritäten sind. In diesem Sinne basieren Handlungen auf echten Entscheidungen (und nicht auf logisch zwingender Optimierung). Die Wissensbasis selbst ebenso wie die Entscheidungsverfahren wird als Ergebnis komplexer evolutorischer Prozesse aufgefaßt, die in den vier Dimensionen von Bedürfnissen verlaufen. Sie sind selbst modular, d.h. nicht notwendig miteinander konsistent. Handlungserfolg ist daher multidimensional zu beurteilen. Lesehinweis 8

Wir gehen daher zunächst von der Hypothese genereller Zielkonkurrenz aus, nicht aber der Zielharmonie. Positiv wäre freilich die Hypothese zu formulieren, daß Zielharmonie das Ergebnis individueller Entscheidungen sein kann, aber nicht muß. Dies drückt sich lebensweltlich in den nicht zählbaren Empfehlungen und Geschichten aus, die sich um das Phänomen des „Glücks" ranken. Zielharmonie ist aber ein Ergebnis individueller Handlungen, das angesichts des partiellen Unwissens des Aktors über das eigene Wissen durch diesen nicht vollständig erklärbar ist. Auch hier gibt es das unstrittige lebensweltliche Korrelat: Glück wird gesucht und gefunden, kann aber nicht unmittelbar durch Wollen erreicht werden. Andererseits gibt es unzählige Empfehlungen und Ratschläge, wie eine innere Balance erreicht werden kann, die uns befähigen soll, Glück zu empfinden.

Die Suche nach Glück: Unzählige Therapeuten, Ärzte, Astrologen, Prediger, Unternehmensberater und viele mehr beschäftigen sich mit der offensichtlichen menschlichen Unfähigkeit, einfach glücklich zu sein: **http://www.sofiatopia.org/equiaeon/synopsis.htm** **http://www.happiness.co.uk/** Wissenschaftlich ist das Glück eine schwer greifbare Kategorie: **http://www.eur.nl/fsw/research/happiness/**

Wir formulieren:

Die Konstruktion von Zielharmonie ist der Ausdruck **personaler Identität.** *Personale Identität eines Aktors bedeutet eine Stabilität der Lösungen, die zur Zielkonkurrenz der Bedürfnisse im Laufe der Zeit gefunden worden sind. Sie ist also ein Zustand der* **Ordnung** *und insofern ein Meta-Ziel zu den Zielen in den vier Dimensionen von Bedürfnissen. Aufgrund der Beschränkungen des Wissens eines Aktors kann sie aber nicht als solche als Ziel verfolgt werden. Im obigen Sinne handelt es sich also um ein Phänomen der* **Anpassung**.

Wer bin ich? Woher wissen Sie eigentlich, daß Sie derselbe sind, wenn Sie Ihrer Arbeit nachgehen und wenn Sie Ihrem Hobby frönen? Haben Sie „Jekyll und Hyde" Erfahrungen?

Wir sehen in Kap. IV, 5, daß personale Identität Wurzel und Reflex von Ordnung im Wirtschaftssystem ist.

Das bedeutet, Handlungen werden in der Evolutorischen Ökonomik zunächst aus der Perspektive betrachtet, wie sie zu personaler Identität beitragen bzw. inwiefern sie Ausdruck derselben sind (und nicht primär als Ergebnis von Optimierung). Konsistenz von Entscheidungen ist gegebenfalls deren Ergebnis, nicht aber deren Voraussetzung. ***Lesehinweis 9***

Angeboren oder erlernt: Dies ist ein Dauerbrenner in der biologischen Forschung – und auch in der gesellschaftspolitischen Debatte, zum Beispiel im Zusammenhang der Homosexualität oder des Rassismus:
http://www.princeton.edu/~jconley/darwin.html
http://www.bbc.co.uk/science/genes/who_am_i/nature_nurture/walk_of_life.shtml
http://www.cycad.com/cgi-bin/Brand/quotes/q05.html?nochoice=y
http://sucia.stanford.edu/~nicole/Nature.Nurture/

Bedürfnisse: „nature/nurture". Die zentrale Bedeutung personaler Identität wird verständlich, wenn wir die Dimensionen in ihrem Wechselspiel betrachten. Von besonderer Bedeutung ist dabei das nicht-referentielle Wissen.

- Das intrasomatische/nicht-referentielle Wissen ist primär Ergebnis der natürlichen Auslese unter bestimmten materiellen Lebensbedingungen während der menschlichen **Phylogenese**. Beispielsweise entwickelt der menschliche Organismus Hungergefühle, um die Nahrungsmittelbeschaffung anzuregen, wobei wiederum die sensorischen Systeme im Prinzip in der Lage sind, geeignete Nahrung zu identifizieren. Hier kann der Mensch grundsätzlich als isoliertes Individuum betrachtet werden.
- Das extrasomatisch-nichtreferentielle Wissen geht wiederum darauf zurück, daß der Mensch in **Gruppen** lebt und daher in Kontexten von Kooperation und Wettbewerb mit anderen Aktoren. Das Bedürfnis nach sozialer Nähe trägt beispielsweise dazu bei, Kooperation zu fördern, die zur Bereitstellung von Gruppenleistungen führt, welche auch der individuellen Bedürfnisbefriedigung dienen. Beispielsweise kann also eine soziale Regulierung des Essens notwendig sein, um den Zusammenhalt einer Gruppe von Jägern zu stabilisieren - deren Kooperation wiederum notwendig ist, um bei der Jagd überhaupt erfolgreich zu sein. Das Beispiel zeigt, daß das Bedürfnis nach Kooperation als solches zum intrasomatisch/nicht-referentiellen Wissen gehören

kann, während die konkreten Formen der Kooperation in den extrasomatischen Bereich fallen.

In der Humanwissenschaft hängt diese Unterscheidung eng zwischen der Debatte um „nature versus nurture" zusammen, also zwischen angeborenem und erlerntem Verhalten. Zwischen beiden Ebenen sind Zielkonflikte immer möglich, deren Lösung selbst wiederum Gegenstand von Wissen ist. Daher ist ein zentrales Element personaler Identität das intrasomatisch/referentielle Wissen um das intrasomatische und extrasomatische Wissen bzw. die entsprechenden Bedürfnisse.

Die Entwicklung einer solchen komplexen Wissensbasis wird allgemein als „**Ontogenese**" bezeichnet. Im Falle des Menschen spricht man auch von „**Sozialisation**", und zwar in gewisser, aber nicht eindeutiger Abgrenzung zum Lernen: Sie bezeichnet die Entwicklung des menschlichen Kindes bis zu seiner physischen und psychischen Reife. Die Sozialisation führt zu sehr komplexen wechselseitigen Abbildungen der verschiedenen Bedürfnisse und Wissensarten, je nachdem, wie weit sie referentiell oder nicht-referentiell gespeichert sind.

Eine wichtige Rolle spielt dabei die Ausdifferenzierung mentaler Phänomene in referentielle und nicht-referentielle Bereiche: Diese Unterscheidung wird gewöhnlich als **bewußt/unbewußt** bezeichnet. Die menschliche Sozialisation führt zur Entstehung unbewußter mentaler Phänomene, indem während der Gewinnung von Information der bestehende, kontingente Wissenstand die Interpretation beeinflusst: Denn der Einfluss des bestehenden Wissens auf neues Wissen kann individuell nicht reflektiert werden, weil ein unauflösbarer Zirkel besteht (der sogenannte **hermeneutische Zirkel**, der aus der Selbsbezüglichkeit von Interpretationen erwächst). Das heisst, im Laufe des Weges vom Kind zu Erwachsenen werden fortlaufend Erfahrungen verarbeitet, mit dem notwendigen Ergebnis der Entstehung eines einzigartigen Individuums. Dies ist also die

Entstehung des Ich:
Die Sozialisation gehört zu den von der Wirtschaftswissenschaft sträflich vernachlässigten grundlegenden Phänomenen des menschlichen Lebens. Dabei ist ihre zentrale Bedeutung für alles, was wir als Erwachsene wollen, unumstritten: **http://esrnt1.tuwien.ac.at/LVA/Soziologie%20f%20Rpl/5%20sozialisation.pdf**

Lernen von Bedürfnissen:
Erinnern Sie sich! Wie hat sich Ihr Bedürfnis nach Anerkennung im Laufe Ihrer Kindheit und Jugend entwickelt? Gibt es Bedürfnisse, die Sie seit dieser Zeit bis heute als unveränderlich empfinden? Ein Problem: Woher wissen Sie heute, daß Sie frühere Bedürfnisse richtig erinnern? Würden Sie Ihren Eltern die Beschreibung Ihrer früheren Bedürfnisse abnehmen?

> **Virtuelle Identitäten:**
> Gibt es Phänomeine der Geschichtlichkeit von persönlichen Identität auch bei der Konstruktion virtueller Identitäten?
> **http://smg.media.mit.edu/people/Judith/Identity/IdentityDeception.html**
> **http://gtresearchnews.gatech.edu/newsrelease/TGAME.html**

> *Zur „Pfadabhängigkeit" siehe Kap. III, 5.*

> **Bewußt und unbewußt:**
> Sigmund Freuds Unterscheidung von Es, Ich und Über-Ich ist heutzutage Bestandteil der Allgemeinbildung. Freud sah die menschliche Sexualität an der Wurzel vieler Persönlichkeitsstörungen. Interpretieren Sie diese Vermutung im Lichte des skizzierten Konzeptes personaler Identität!

empirische Basis für die oben bereits getroffene Feststellung, daß die Natur des Wissens impliziert, daß jeder Aktor singulär ist.

Insofern ist personale Identität ein hochgradig pfadabhängiges Phänomen, was sich in den zum Teil großen Schwierigkeiten niederschlägt, die Geschichte einzelner Personen zu verstehen (was besonders im Falle psychischer Krankheiten zu Tage tritt). Jeder Aktor ist entsprechend nicht nur ein singuläres, sondern auch ein geschichtliches Phänomen. Um sein heutiges Verhalten erschöpfend erklären zu können, müssen wir seine persönliche Geschichte kennen. Diese aber ist wiederum auch dem Aktor nicht vollständig bekannt, weil sich Erfahrungen in referentiellem und nicht-referentiellem Wissen niederschlagen.

Betrachten wir weiter das Beispiel des Hungers. Während der Ontogenese lernt der Mensch den Umgang mit den Bedürfnissen im Zusammenhang der Zuführung von Nährstoffen. Dies betrifft gleichermassen die intra- wie extrasomatische Dimension. So sind Art und Angemessenheit der Speisen nicht vollständig Gegenstand des intrasomatischen Wissens: Der Mensch lernt, welche Speisen ihm gut tun, und wann er mit dem Essen aufhören soll. Er kann hier falsches referentielles Wissen entwickeln, also zum Beispiel zum Vielesser werden, der seine Gesundheit schädigt. Gleichzeitig eignet sich der Mensch während der Ontogenese auch extrasomatisch/nicht-referentielles Wissen über das Essen an: So können regionale Essgewohnheiten Wissen über klimatisch angepasste Nahrung enthalten, dessen eigentliche Begründung dem Menschen gar nicht bewußt ist. Es kann aber auch geschehen, daß das Essen mit anderen sozialen Bedürfnissen korreliert wird, zum Beispiel dem Bedürfnis nach Anerkennung körperlicher Attraktivität. In diesem Fall können Zielkonflikte entstehen zwischen intra- und extrasomatischen Bedürfnissen, zum Beispiel zwischen dem Wunsch nach viel Essen und wenig Essen. Solche Zielkonflikte können mit der ontogenetischen Konstruktion personaler Identität gelöst werden, indem sich individuelle Eßgewohnheiten ausbilden, die bewußt reflektiert sind und auch kommuniziert werden können. Aber ungelöste Zielkonflikte können auch zu Störungen führen, wie etwa der Magersucht. Die Magersucht ist auch ein Beispiel für die höchst komplizierte Beziehung zwischen den Wissensarten: Manche Wissenschaftler erklären die Magersucht junger Mädchen als unbewußte Strategie zur Vermeidung von Schwangerschaft, insofern würde also eine Störung personaler Identität tatsächlich intrasomatisches nicht-referentielles Wissen reflektieren, also in genetisch verankerten Verhaltensformen wurzeln, die keinem Aktor tatsächlich bekannt sind.

Schwieriger Konsum: Es gibt ungemein viele Beispiele dafür, daß Konsum nicht einfach die Entscheidung für die beste Alternative ist. Zum Beispiel wehren sich Menschen gegen den Einfluss von Marken und Werbung auf ihr Konsumverhalten und verbinden dies mit der Konstruktion neuer sozialer Beziehungen: **http://www.burningman.com/ http://www.kellogg.nwu.edu/faculty/kozinets/htm/Research/BurningMan/**

Unsere Analyse von Aktoren weist also einen sehr hohen Grad von Komplexität auf. Der Aktor wird selbst als ein System betrachtet, das aus Teilen besteht, die untereinander koordiniert werden müssen. Nun haben wir allerdings festgestellt, daß Handlungen im Prinzip (bis auf echte Reflexe und Triebreaktionen) immer auch eine zentrale Komponente bewußter Entscheidungen enthalten. Um diese Komponente näher zu analysieren, müssen wir das Konzept der evolutionären modularen Vernunft eingehender betrachten. Wir müssen uns fragen, wie der Mensch mit sich selbst umgeht. Das ist also gleichbedeutend mit der Frage nach dem Wissen über das Wissen und seine Nutzung.

Entscheidung über das Entscheiden: Betrachten Sie unterschiedliche Entscheidungssituationen in Ihrem Leben, wie die Wahl einer Eissorte oder einer Ausbildung. Unterscheiden sich auch die Entscheidungsverfahren?

d. Evolutionäre Vernunft und Opportunitätskosten

Die Kosten der Entscheidungen. Gewöhnlich befaßt sich die Wirtschaftswissenschaft nur mit reflektierten Entscheidungen auf der Basis bewußt zugänglicher Information, also der rationalen Entscheidung. Selbst auf diesem engeren Feld ergibt sich aus unseren bisherigen Überlegungen ein grundlegender Wandel, wenn wir die Verfahren der Entscheidungsfindung selbst als Wissen interpretieren. Wir sprechen dann im engeren Sinne von evolutionärer Vernunft, wenn die bewußte und reflektierte Entscheidung selbst als Reflex aller anderer Wissensarten begriffen wird. Das heisst mit anderen Worten, die Entscheidungsverfahren können ihrerseits beispielsweise genetisch gespeichert, individuell erlernt oder sozial übertragen sein. Wir behandeln also Entscheidungsverfahren selbst als Wissen. Damit betreten wir das weite Feld der Kognitionswissenschaften.

Cognitive Sciences:
Es ist schwer, dieses Feld kognitiv in den Griff zu bekommen:
http://web.mit.edu/bcs/
http://www.informatik.uni-hamburg.de/GRK/

Dieses Feld können wir hier unmöglich überschauen. Wir wollen uns auf eine entscheidende Überlegung konzentrieren, die eine Brücke zur herkömmlichen mikroökonomischen Betrachtungsweise rationaler Entscheidungen schlägt.

Im Zentrum der mikroökonomischen Theorie des Entscheidens steht das Konzept der **Opportunitätskosten**: Die optimale Wahl einer Alternative minimiert den entgangenen Nutzen aus den nicht gewählten Alternativen. Dieses Argument setzt voraus, daß der Aktor über die mit den einzelnen Alternativen verbundenen Vor- und Nachteile gut informiert ist. Als Kalkül ist dies auch dann anwendbar, wenn dies nicht vollständig der Fall ist, der Aktor aber subjektive Wahrscheinlichkeiten über den Alternativenraum bilden kann (sog. **Erwartungsnutzen**). Die mikroökonomische Theorie behandelt daher Opportunitätskosten immer als Gegenstand referentiellen Wissens, unterscheidet aber konsequent zwischen subjektiven und objektiven Kosten. Diese Unterscheidung verweist freilich bereits auf ein evolutorisches Argument, denn die subjektiven Kosten sind nur in einem kompetitiven Marktgleichgewicht mit objektiven Kosten identisch, d.h. anders gesagt, sind dann gemeinsames Wissen aller Aktoren. Das heisst aber umgekehrt, daß im Ungleichgewicht dieses Wissen nicht existiert, also erst durch den kompetitiven Prozess offengelegt wird. Es ist der kompetitive Prozess, der zur Entdeckung der „objektiven" Kosten führt. ***Lesehinweis 10***

Optimierung „als ob":
In den fünfziger Jahren hat der amerikanische Ökonom Armen Alchian behauptet, daß Firmen gar nicht tatsächlich Gewinne maximieren bräuchten: Der Wettbewerb werde in jeden Fall dazu führen, daß sich nur solche Firmen am Markt halten, die sich Verhalten, „als ob" sie Gewinne maximierten – egal, welcher Entscheidungsregel sie tatsächlich folgen. Was halten Sie von diesem Argument?

Daraus ergibt sich aber sofort, daß aus evolutorischer Sicht Opportunitätskosten nicht notwendig nur auf bewußte

Entscheidungen bezogen sind. Hinreichend ist ein Mechanismus der **Selektion**, der eine **Rückkopplung** zwischen Verhalten, Verhaltensergebnis und Regelmäßigkeit des Verhaltens herstellt; der wirtschaftliche Wettbewerb ist ein solcher Mechanismus ebenso wie der klassische der natürlichen Auslese. Ein einfacher Fall ist schon das individuelle Lernen durch Verstärkung, d.h. subjektiv perzipierte Nutzengewinne aus einem bestimmten Verhalten stabilisieren dieses, und zwar auch dann, wenn ein außenstehender, besser informierter Beobachter eine bessere Alternative kennte.

Lernen durch Verstärkung: Der wiederholte Besuch von Webseiten und die entsprechende Positionierung in Suchmaschinen und anderen „Hitlisten" hängt vom wahrgenommenen Nutzen für die Besucher ab. Erklären sie dies auf individueller und kollektiver Ebene als lokale Optimierung! Überprüfen Sie einige Ergebnisse hinsichtlich ihrer tatsächlichen Leistung!

Ein solcher Prozeß **lokaler Optimierung** durch Versuch und Irrtum basiert zwar auf bewußten Entscheidungen, ist aber, wie die Konditionierung tierischen Verhaltens zeigt, nicht notwendig damit verbunden.

In kompetitiven Kontexten tritt die Stabilisierung von Verhaltensmustern auch unabhängig von bewußten Wahlhandlungen auf: Dann führt Verhalten, das systematisch geringeren Nutzen nach sich zieht als anderes Verhalten, letztlich zu einer reduzierten Reproduktionsrate. In diesem Fall können die Opportunitätskosten als die entgangenen Nutzengewinne definiert werden, die sich im Vergleich zum Verhalten anderer Aktoren ergeben. Dieses Argument gilt für jeden Selektionsprozeß unter Beschränktheit jener Ressourcen, die für die Reproduktion notwendig sind.

Die Opportunitätskosten eines genetisch fixierten Verhaltensmusters werden durch die Existenz leistungsfähigerer Verhaltensmuster anderer Aktoren definiert. Somit ist der Einfluss von Opportunitätskosten auf das Verhalten im Prinzip unabhängig von Wahlhandlungen, d.h. das herkömmliche ökonomischen Modell ist ein Spezialfall eines allgemeinen Selektionsmodells: Sofern entgangene, bessere Alternativen durch andere genutzt werden, die sich entsprechend in der Population durchsetzen. Genau in dieser Hinsicht ist jede wettbewerbliche Betrachtungsweise im-

Entsprechende mathematische Ansätze entnehmen die Evolutionsökonomen der Populationsgenetik, siehe Kap. V, 3.

Die Kosten des Unternehmers: Begründen Sie die These ausführlich, daß die Opportunitätskosten des Unternehmens nicht mit den Kosten identisch sind, die im betrieblichen Rechnungswesen als Produktionskosten erfasst werden. Ist der sogenannte „kalkulatorische Unternehmerlohn" eine gute Annäherung an die Opportunitätskosten?

Kosten von Entscheidungen: Welches sind die Entscheidungskosten eines Börsenspekulanten?

Tiere als Manager: Tiere lösen bei der Suche nach Nahrung fortlaufend Optimierungsaufgaben, ohne die entsprechenden kognitiven Fähigkeiten zu besitzen: **http://www.biology.ucsc.edu/~barrylab/classes/animal_behavior/FORAGING.HTM**

mer auf Populationen bezogen und die **Verteilung von Verhaltensvarianten** in diesen Populationen.

Das einfachste Modell evolutionärer Vernunft würde dann das Entscheidungsverhalten selbst als „black box" betrachten und lediglich danach fragen, ob dieses Verhalten im Vergleich zu anderen Alternativen mit den geringsten Opportunitätskosten operiert und aus diesem Grunde im Zeitablauf stabilisiert wird. Das Verhalten reflektiert dann referentielles und/oder nicht-referentielles Wissen über die Alternativen. Genau dies aber wird in der Wirtschaftswissenschaft gewöhnlich auch für den Unternehmer unterstellt. Denn was sind die Opportunitätskosten des Unternehmers im dynamischen Wettbewerb? Es sind nicht die Kosten der Produktion, sondern die durch seine Entscheidungen und die entsprechend nicht-gewählten Handlungen entgangenen Gewinne. Diese Gewinne werden aber wiederum von jenen realisiert, die sich für die anderen Alternativen entschieden haben. Der Wettbewerbsprozeß generiert also Information, die aber nicht notwendig irgendeinem Unternehmer vollständig bekannt im Sinne referentieller Information sind, weil die Gründe für die Wahl einer Alternative unter Umständen nicht mit den tatsächlichen Ursachen des Erfolgs identisch sind.

Wahl zwischen Entscheidungsverfahren. Dies erscheint freilich ein wenig unbefriedigend, weil das Entscheidungsverfahren nicht erklärt wird. Die Lösung ist denkbar einfach: Die bisherige Argumentation läßt sich natürlich auch auf dieses selbst anwenden, also nicht nur auf die Rückkopplung zwischen Entscheidungsergebnis und Reproduktion des Verhaltens. In einfachster Weise ergibt sich dies, wenn der Entscheidungsprozeß selbst jene Ressourcen verbraucht, die im Ergebnis gewonnen werden sollen (zum Beispiel Energie). Ein Entscheidungsverfahren, das zwar einen maximalen Ertrag produziert, aber selbst einen vergleichweise großen Anteil dieses Ertrages verbraucht, wird also suboptimal. Insofern sind die Entscheidungsverfahren selbst aus dem Blickwinkel der Opportunitätskosten zu betrachten.

Nun gilt im allgemeinen, daß die Opportunitätskosten unsicher sind: Aktoren handeln auf der Grundlage von Unwissen bzw. beschränktem Wissen. Damit sind gleichermaßen das optimale Entscheidungsverfahren wie auch die Anwendung des Verfahrens selbst der **Unsicherheit** ausgesetzt. Eine wesentliche Annahme der Evolutorischen Ökonomik besteht darin, daß Aktoren unter fundamentaler Unsicherheit entscheiden – Unsicherheit unterscheidet sich von **Risiko** dadurch, daß keine Wahrscheinlichkeiten definiert werden können, und daß der Raum der Möglichkeiten selbst offen ist. *Lesehinweis 11*

Unsicherheit resultiert aus unterschiedlichen Gründen, die jeweils unterschiedliche Typen von Entscheidungsverfahren implizieren, wobei diese Verfahren vor allem die Funktion erfüllen müssen, im Zeitablauf den Aufwand für die Entscheidungsverfahren selbst möglichst gering zu halten. Häufig ist zumindestens der Fall, daß dieser Aufwand selbst relativ sicher ist, nur der Ertrag unsicher.

Grob gesagt, lassen sich folgende Typen von Entscheidungsverfahren unterscheiden:

- Unvollkommenheit und Unvollständigkeit des Wissens über externe Bedingungen: Hier spielen **Stopregeln** eine zentrale Rolle (also Regeln zum Abbruch von Suche nach Informationen), d.h. Wissen der Aktoren über die bestmögliche Investition von Zeit und Ressourcen in die Suche und Sammlung von Informationen.
- Hohe Volatilität und Unregelmäßigkeit von Veränderungen der Umwelt: Diese beeinflusst einerseits die konkrete Anwendung von Stopregeln, aber Voraussetzung hierfür ist die allgemeine Fähigkeit zur **Mustererkennung** als Voraussetzung von Entscheidbarkeit.
- Komplexität interdependenter Entscheidungen mehrerer Aktoren: Hier ist die Fähigkeit ausschlaggebend,

Unsicherheit und Risiko: Vergleichen Sie Roulette, Börsenspekulation, Fußball, „Kopf oder Zahl", die Wettervorhersage und das Auftreten von Lungenkrebs unter den Gesichtspunkten von Unsicherheit versus Risiko! Ist die Beurteilung bei Lungenkrebs für einen einzelnen Raucher und die Krankenversicherung gleich?

Regeln des Entscheidens: Welche Stopregeln wenden Sie
- beim Kauf von Gemüse,
- bei der Anschaffung eines Gebrauchtwagens,
- beim Kauf von von Kinokarten,
- bei einem Schachzug,
- und bei der Wahl Ihres Lebenspartners

an? Auf welche Erfahrungen stützen Sie jeweils Ihre Entscheidungen? Was wissen Sie jeweils über die entgangenen Alternativen?

Kenneth Arrow:
Er ist Nobelpreisträger und Begründer der Gleichgewichtstheorie – eigentlich der Gegenpol zur Evolutorischen Ökonomik. Gerade Arrow hat aber auch viele Überlegungen zur Bedeutung des Wissens in der Wirtschaft angestellt, die bereits den Übergang zur Evolutorik einläuten: **http://cepa.newschool.edu/~het/profiles/arrow.htm**

Frames:
Experimente zeigen, daß Güter systematisch höher bewertet werden, wenn die Menschen ihre Eigentümer sind, als wenn sie dies nicht sind („endowment effect"). Was bedeutet dies für Tauschvorgänge? Es gibt auch das Phänomen, daß Menschen einen freiwilligen Dienst leisten und die Bereitschaft rapide abfällt, sobald sie dafür bezahlt werden.

Entscheidungen zu treffen, die **Selbstbindung** signalisieren, weil interdependente Entscheidungen in der Regel unentscheidbar sind.

In diesen drei Fällen bleibt das Opportunitätskostenprinzip zwar ex post ausschlaggebend für den Erfolg von Handlungen relativ zum Verhalten anderer Aktoren, kann aber ex ante nicht mit Sicherheit zur Entscheidungsfindung dienen. Dies wird schon bei der einfachen Unvollkommenheit des Wissens deutlich, denn hier greift das **Arrowsche Informationsparadox**: Neue Information kann nicht wirklich unter Kostengesichtspunkten bewertet werden, weil dies voraussetzt, daß ihr Inhalt bereits bekannt ist – aber dann würde es sich nicht mehr um neue Information handeln! Stopregeln sind entsprechend zwar induktiv optimierbar, können aber nicht in der konkreten Situation selbst optimiert werden: Denn die Opportunitätskosten der Stopregel werden durch die nicht weiter gesammelte Information bestimmt, deren Inhalt ja per definitionem gar nicht bekannt ist. Die Stopregeln werden daher durch andere Faktoren bestimmt, wobei insbesondere natürlich die Zeitrestriktion sehr wichtig ist.

Um Stopregeln induktiv bestimmen zu können, ist das Erkennen von Mustern wichtig. Daher ist Entscheidungsverhalten wesentlich durch das Erkennen von Regelmäßigkeiten geprägt; kognitive Prozesse führen zur Konstruktion von Mustern – **„Gestalten"** in der Terminologie der Gestaltpsychologie – und sind entsprechend auf Kontexte bezogen, die es erlauben, einzelne Ereignisse im Sinne von Regelmäßigkeiten zu interpretieren. Eine der wesentlichen Erkenntnisse der ökonomischen Verhaltensforschung der letzten Jahre ist die Entdeckung, daß auch wirtschaftliche Entscheidungen erheblich durch sogenannte **„frames"** bestimmt sind, in denen Aktoren quantitativ identische Entscheidungssituationen unterschiedlich interpretieren. Frames sind entsprechend als wichtiger Bestandteil von Wissen zu betrachten, das Entscheiden erst ermöglicht. Damit wird das Opportunitätskostenkalkül zwar nicht aufgehoben, aber durch die Bedingungen seiner Möglichkeit selbst relativiert. **Lesehinweis 12**

Damit schliesst sich freilich der Kreis unserer Überlegungen: Denn „frames" sind sehr häufig Ergebnis sozialer Prozesse, sind also in wesentlichem Masse extrasomatisch/nicht-referentielles Wissen. Frames bilden also eine Entscheidungsgrundlage, indem sie einerseits eine Restriktion für die Wahrnehmung der Situation bedeuten, aber gerade dadurch Wissen vermitteln, für dessen Erwerb der Aktor keine Ressourcen mehr einsetzen muß. Das Grundmuster evolutionärer Vernunft kann daher selbst durch einen evolutionären Prozeß der Minimierung von Opportunitätskosten von Entscheidungsverfahren erklärt werden. In diesem Sinne ist dann auch personale Identität ein ökonomisches Phänomen.

Frames finden sich auch in der Technologieentwicklung, wo sie bestimmte Prolemwahrnehmungen und Lösungsstrategien präjudizieren. Das sehen wir in Kap. IV, 3.

Jedoch reicht dies noch nicht aus, um den gesamten Komplex evolutionärer Vernunft zu verstehen. Das Phänomen der Entscheidung als Selbstbindung ist im Vergleich zu den bislang betrachteten Fällen viel komplizierter und erfordert, daß wir uns einer neuen Fragestellung zuwenden, nämlich der Analyse von Gruppen von Aktoren.

4. Gruppen und Spiele

a. Neue Definitionen: Spiele, Sprachspiele, und Macht

> **Gruppen:**
> Sind:
> - die Arbeiterklasse,
> - zwei Fußballmannschaften auf dem Feld,
> - alle Mitarbeiter eines Großunternehmens,
> - alle Bewohner eines Stadtviertels,
> - alle Katholiken,
> - alle Fans von Madonna,
> - die anonymen Besucher eines „chat-rooms"
>
> Gruppen im Sinne unserer Definition?

Evolutionsökonomik und Spieltheorie. Gruppen von Aktoren sind Ausschnitte von Netzwerken, in denen die Aktoren besonders eng miteinander durch Beziehungen verknüpft sind (also Transaktionen und Kommunikation). Diese vorläufige Begriffsbestimmung ist deutlich zu unterscheiden von Verwendungen des Begriffs der Gruppe, die rein klassifikatorisch sind, also Attribute von Aktoren bezeichnen unabhängig davon, ob diese untereinander Beziehungen unterhalten oder nicht. In diesem Sinne besteht eine Verwandtschaft zwischen dem Begriff der „Gruppe" und jenem der „Nachbarschaft". Der Unterschied besteht im wesentlichen darin, daß in der Gruppe ein bestimmtes gemeinsames Wissen über die konstituierenden Aktoren besteht, also vor allem ein **Abgrenzungskriterium der Gruppenmitgliedschaft**. Hingegen kann auch ein Aktor Bestandteil einer Nachbarschaft sein, ohne daß dies eine Grenze zu anderen Aktoren impliziert. Jede Gruppe ist also eine Nachbarschaft, aber nicht jede Nachbarschaft eine Gruppe. Damit ist auch die Abgrenzung zu einem der wichtigsten sozialwissenschaftlichen Begriffe klar, nämlich der **Gesellschaft**, die weit über Nachbarschaften hinausreicht bzw. geradezu als „Nicht-Nachbarschaft" definiert ist (also als ein System indirekt verketteter Beziehungen bzw. als Wirtschaftssystem von Transaktionen).

Ein anderes wichtiges Kriterium ist die Stabilität der Gruppe in der Zeit. In der Regel werden als Gruppen Mengen von Aktoren bezeichnet, die im Zeitablauf wiederholt miteinander interagieren. Dies ist allerdings kein notwendiges Kriterium.

Der klarste und einfachste Fall einer Gruppe ist eine Menge von Aktoren, die miteinander durch Transaktionen in Beziehung stehen, und die ein gemeinsames Wissen über diese Interdependenz besitzen. Solche Gruppen sind Gegenstand einer speziellen ökonomischen Disziplin, der **Spieltheorie**. Noch genauer eingegrenzt, befasst sich die Spieltheorie mit Aktoren, deren Handlungen wechselseitig das individuelle Handlungsergebnis beeinflussen, so daß die Wahl einer optimalen Alternative nicht möglich ist, ohne die Handlungen der anderen Aktoren zu kennen. In den drei Dimensionen von Netzwerken lassen sich dann Situationen mit und ohne Kommunikation zwischen Aktoren unterscheiden (die beiden Typen der **kooperativen** und **nicht-kooperativen Spiele**) und mit unterschiedlichen Graden der Wahrnehmung der Handlungen anderer (**vollständige** oder **unvollständige Information bzw. Wissen**).

Spieltheorie: Die Spieltheorie ist inzwischen eines der wichtigsten theoretischen Gebiete der Wirtschaftswissenschaft, das aber längst interdisziplinär orientiert ist: **http://www.gametheory.net http://www.educeth.ch/informatik/puzzles/spiel/einfuehrung.html http://server.ifip.tuwien.ac.at/planspiel/ http://www.dklevine.com/general/whatis.htm**

Die Evolutionsökonomik muß über diese konventionellen Differenzierungen der Spieltheorie hinaus noch zwei andere prinzipielle Unterscheidungen treffen.

- Eine große Klasse von Spielen bezieht sich auf die Rolle von nicht-referentiellem Wissen bei der Generierung von Handlungen. Nicht-referentielles Wissen schlägt sich analytisch in nicht-wählbaren, also vor allem fixen Verhaltensmustern nieder. Betrachten wir dann Gruppen, die wechselnde Mitgliedschaften aufweisen (also Ein- und Austritte), dann stellt sich also die Frage, wie sich bestimmte fixe Verhaltensmuster – also nicht-referentielles Wissen - in der Gruppe stabilisieren, indem das Verhaltensergebnis auf die Gruppenzusammensetzung zurückwirkt. Mit solchen Situationen befaßt sich die **Evolutionäre Spieltheorie**, die ursprünglich in der Biologie entwickelt wurde (wo die Bedeutung fixer, weil genetisch bedingter, Verhaltensweisen viel größer ist als in den Sozialwissenschaften).

Den mathematischen Grundansatz der Evolutionären Spieltheorie betrachten wir in Kap. V, 3.

- Die zweite Unterscheidung betrifft das Vermögen von Aktoren, Entscheidungen anderer Aktoren zu beeinflussen. Wir wollen dieses Vermögen als „**Macht**" bezeichnen. Dies ist nicht Gegenstand der herkömmlichen

Wir behandeln später die Macht als eine evolutionsökonomische Struktur, Kap. IV, 4.

Wortbedeutungen:
Oft ist es auch für die Wissenschaft nützlich, von der Alltagssprache und ihren lebensweltlichen Hintergründen auszugehen, um dann Theorien menschlichen Verhaltens zu entwickeln. Die Vernachlässigung der Macht ist sicherlich Reflex der Tatsache, daß die Wirtschaftswissenschaft genau dies nicht mehr tut.
http://www.die-philosophen.de/g91.html#Macht

Verhandlungen und Sprachspiele:
Welche Rolle spielen Symbole, Gesten und Ausdrücke in der Beziehung zwischen a) einem Bewerber und einem Personalchef, b) einem Kunden und der Blumenverkäuferin, und c) jemandem, der an der Haustür Spenden einwirbt?

Spieltheorie (obgleich man natürlich sagen könnte, daß Spielsituationen als solche Macht und Gegenmacht implizieren). Macht kann offenbar in zwei unterschiedlichen Weisen Ausdruck finden: Ein Aktor kann direkt die Entscheidung eines anderen bestimmen und dabei auch auf indirekte Mechanismen wie die Beeinflussung der Wahrnehmung zurückgreifen, oder er kann das Handlungsergebnis verändern und auf diese Weise andere Aktoren zu Verhaltensänderungen veranlassen. Zum Teil liegt hier eine Variante von Spielsituationen mit Kommunikation vor, wenn nämlich die Kommunikation zum Androhen von Strafen oder zum Versprechen von Belohnungen verwendet wird. Wir sehen bei diesen Definitionen, daß Macht nicht mit Zwang gleichzusetzen ist: Zum Beispiel mag es den anderen Aktoren gar nicht bekannt sein, daß ein Aktor das Vermögen besitzt, ihre Handlungsergebnisse zu beeinflussen. *Lesehinweis 13*

Sprachspiele. Jedes reale Spiel menschlicher Aktoren ist ein Gemisch aller dieser Varianten und daher im Ergebnis wesentlich davon abhängig, wie die Aktoren das Spiel definieren. Solche Definitionen von Spielen sind das Ergebnis der Koordination von Wahrnehmungen. Ein wesentliches Vehikel der Koordination von Wahrnehmung ist die **Sprache**, die in der Kommunikation der Aktoren Verwendung findet, und zwar gleichermassen in der Situation wie über der Situation. Wir nennen diese Definition der Situation ein „**Sprachspiel**". Konkrete Spiele finden also immer im Kontext gruppenspezifischer Sprachspiele statt. „Frames" sind daher ein spezieller Fall von Sprachspielen. Die Sprache ist also selbst ein Reservoir nicht-referentiellen extrasomatischen Wissens.

Im Begriff eines Sprachspieles ist der Gedanke der längerfristigen Stabilität von Interpretationsmustern enthalten, d.h. sie basieren auf erlerntem Wissen der Aktoren um richtige oder falsche Sprachverwendungen. Ein großer Teil menschlicher Sprachspiele wird durch Sozialisation angeeignet. Daraus ergibt sich, daß Phänomene der Macht auch Eigenschaften von Sprachspielen sein können. In diesem Fall sprechen wir konkret von „**Ideologien**". Ideologien sind Interpretationsmuster in Sprachspielen, die auf die Machtverhältnisse zwischen Aktoren Einfluss nehmen.

Damit sind unsere wesentlichen analytischen Kategorien benannt. Die Evolutionsökonomik kann offensichtlich viele Ergebnisse der Spieltheorie aufgreifen. Dies können wir im Rahmen dieses Buchs natürlich nicht annähernd vollbringen. Ausserdem gibt es aber eine wesentliche Einschränkung für die Rezeption der Spieltheorie: Insofern die konventionelle Spieltheorie mit dem Konzept rationaler Optimierung arbeitet, ist sie nicht unmittelbar relevant. Tatsächlich hat sie auch zu einer reichhaltigen empirischen Forschung Anlaß gegeben, die an Abweichungen tatsächlichen Verhaltens von den theoretischen Aussagen anknüpft. Gerade diese Abweichungen sind aus der Perspektive des Konzepts evolutionärer modularer Vernunft überaus plausibel, und wir greifen viele empirische Ergebnisse im Folgenden auf.

Experimentelle Wirtschaftsforschung: Dieses Grenzgebiet zwischen Psychologie und Wirtschaftswissenschaft hat inzwischen viele Einsichten in das tatsächliche Entscheidungsverhalten von Menschen gewinnen können: **http://www.sfb504.uni-mannheim.de/gew/** Sie können Spiele auch spielen: **http://www.gametheory.net/html/games.html** **http://www.hss.caltech.edu/gambit/index.html**

b. Das Gefangendilemma aus evolutorischer Sicht

Allgemeine Form des Dilemmas. Wir wollen diese recht komplexen Unterscheidungen am wohl berühmtesten Spiel der Wirtschaftswissenschaft deutlich machen, dem **Gefangenendilemma** - allerdings in offenerer Form, weil wir Übergänge zwischen unterschiedlichen Spieltypen betrachten, sowie natürlich unter Einbeziehung der analytischen Implikate evolutionärer Vernunft. Es wird uns später, im formalen Kapitel, aus diesem Grunde wiederholt begegnen. *Lesehinweis 14*

Dilemmata: Könnte der „ewige Frieden" durch ein allgemeines Abrüstungsabkommen zwischen allen Staaten der Welt realisiert werden? Warum erscheint Aufrüstung als der „natürliche" Zustand internationaler Politik?

Das Gefangenendilemma ist ein Grundmuster sogenannter sozialer Dilemmata: Es geht um Situationen, in denen eine Gruppe von Aktoren bei deren unabhängigen Versuchen

Gefangenendilemma:
Denken Sie sich Anwendungsbeispiele aus Ihrer Erfahrung aus! Achten Sie dabei genau auf die Anwendungsbedingungen!
Sie können das Gefangenendilemma auch selbst spielen:
http://www.princeton.edu/%7Emdaniels/PD/PD.html
http://www.xs4all.nl/~helfrich/prisoner/index.html

der Bedürfnisbefriedigung in einem Zustand verharrt, der gleichermassen individuell wie für die Gruppe suboptimal ist. Ein solcher Zustand ist dennoch ein sogenanntes „**Nash-Gleichgewicht**", weil kein Beteiligter einen Anreiz erfährt, diesen zu verändern. Dies entspricht unserer allgemeinen definition von „Gleichgewicht", die wir oben gegegen haben.

In der Theorie rationaler Entscheidungen stellt sich das Dilemma wie folgt dar (Abbildung 11). Gegeben seien zwei Aktoren *A* und *B*, die miteinander weder kommunizieren noch sich gegenseitig wahrnehmen (es gibt also keine gemeinsamen Wahrnehmungsfelder und Kommunikationsnetze). Sie befinden sich in einer strategischen Situation, bei der sie zwischen „Kooperieren" (C: Cooperate) und „Nicht-Kooperieren" (D: Defect) wählen. Wenn beide kooperieren (CC), können sie die gemeinsam größte Auszahlung erreichen. Wenn einer kooperiert und der andere nicht-kooperiert (CD oder DC), so kann jedoch der Nicht-Kooperierende eine höhere Auszahlung erreichen, als im Falle CC. Er hat also einen Anreiz, nicht zu kooperieren, falls er sicher wüßte, daß der andere kooperiert. Dieser Anreiz besteht für beide in gleicher Weise. Wenn aber beide Nicht-Kooperieren (DD), so realisieren sie einen Zustand, in dem das Resultat besser ist als die Lage des Kooperierenden im Falle CD. Eine übliche Darstellung ist jene als Auszahlungsmatrix.

Die Pfeile in der Abbildung zeigen die Richtung, in der das Nash-Gleichgewicht gefunden wird. Definiert man die „gesamte Wohlfahrt" dann einfach als Summe der Auszahlungen, dann wird das soziale Dilemma deutlich: Für beide Spieler wäre CC die wünschenswerte Strategie, aber diese ist kein Gleichgewicht. Rationale Akteure können unter den getroffenen Bedingungen dem Zustand DD nicht entkommen.

Abbildung 11: Das Gefangenendilemma

A/B	C	D
C	8/8	0/10
D	10/0	2/2

Das Gefangenendilemma wird von manchen als ähnlich fundamental wie das Smithsche Bild der „unsichtbaren Hand“ angesehen. Aber tatsächlich ist seine Bedeutung theoretisch und empirisch stark eingeschränkt, weil die unterstellten Bedingungen sehr restriktiv sind. Sinnvoll ist eine Anwendung immer dann, wenn Kommunikations- und Wahrnehmungsfelder nicht deckungsgleich sind. Das ist an sich selten der Fall (zum Beispiel bei militärischen Konflikten, wo Geheimhaltung gepflegt wird). Eine beachtliche Wirklichkeitsnähe enthält es aber in dem Moment, wo wir unterstellen, daß die Aktoren zum Beispiel kommunizieren können, aber den Inhalten der Kommunikation überhaupt nicht trauen.

Diese Einschränkungen zeigen aber gleichzeitig die Richtung auf, in der die konventionelle spieltheoretische Behandlung des Dilemmas evolutionstheoretisch erweitert werden sollte. Denn bei der Anwendung des theoretischen Modells auf die Realität entsteht eine Schwierigkeit, die auch die Beteiligten selbst lösen müssen: Welches Spiel wird eigentlich gespielt? Das heisst, auch die Beteiligten müssen Fähigkeiten entwickeln, die richtige Spielsituation zu identifizieren, um dann auch angemessen handeln zu können. Dies ist deshalb eine Aufgabe erheblicher kognitiver Komplexität, weil die Aktoren nicht nur bestimmen

Welches Spiel wird gespielt?
Nach dem 11. September 2001 haben sich auch Spieltheoretiker mit der Frage befasst, welche Lösungsstrategien sich eigentlich in Extremsituationen durchsetzen. Dann muß das beobachtete Verhalten von Personen immer auch als Signal interpretiert werden, in welchem Spiel sich diese befindlich sehen.
http://www.politicsandthelifesciences.org/Contents/Contents-2002-3/PLS2002-3-1.pdf

Transformation von Spielen:
Verändern Sie stufenweise die Auszahlungen in Abbildung 11. Wie verändert sich das Gleichgewicht? Mit der Veränderung von Auszahlungen kann man unterschiedliche Wahrnehmungen modellieren. Vergleichen Sie Ihr Ergebnis mit Typologien von Spielen:
http://www.courses.fas.harvard.edu/~sa52/Handouts/Section2_2x2_Games.PDF
http://www.columbia.edu/~tb71/Teaching/basic_games.pdf

Das Problem läßt sich noch genauer durch eine Analyse der Zeitpräferenzen begründen, die wir in Kap. V, 3 betrachten.

müssen, welche objektive Spielsituation besteht, sondern auch, in welcher Spielsituation sich die anderen Aktoren selbst befindlich sehen: Denn deren Strategiewahl wird nicht durch die objektive Situation, sondern durch die wahrgenommene bestimmt. Wir sehen also, daß in der Spieltheorie wieder die drei Dimensionen von Netzwerken ausschlaggebende Bedeutung erhalten, nämlich neben den tatsächlichen Transaktionen (und den diesbezüglichen Erwartungen) die Wahrnehmung und die Kommunikation.

Wir wollen nun das Gefangenendilemma an einem Beispiel diskutieren und dabei die wesentlichen evolutionsökonomischen Konzepte beispielhaft aufarbeiten. Dabei konstruieren wir eine Situation, die ambivalent hinsichtlich der Interpretation als Gefangenendilemma ist. Wir sehen dann, wie das Spiel in einer Gruppe aufgrund dynamischer Interdependenzen konstruiert wird.

Betrachten wir eine Gruppe von Studenten, die sich zum gemeinsamen Lernen Montag früh um sieben Uhr verabredet: Bedingung ist, daß eine möglichst große Zahl teilnimmt. Für jeden Einzelnen ist wünschenswert, daß die Gruppenarbeit stattfindet, aber gleichzeitig besteht ein individueller Anreiz, länger auszuschlafen. Wenn die Mehrheit der Studenten glaubt, daß alle anderen länger ausschlafen werden, wird der Termin nicht stattfinden, und alle befinden sich in einem suboptimalen Zustand. Findet sich eine hinreichend arbeitsfähige Mehrheit, die früh aufsteht, dann sind Gewinner der Situation jene, die länger schlafen und dennoch von der Gruppenarbeit profitieren. Will niemand der relativ Benachteiligte sein, dann wird kaum jemand das Risiko eingehen, pünktlich zu erscheinen.

Definition der Situation. Auf den ersten Blick ist die beschriebene Situation kein reines Gefangenendilemma, weil die Frühaufsteher nicht absolut durch die Langschläfer benachteiligt werden. Für die Verhaltensanreize in dieser Situation ist offenbar ausschlaggebend, wie stark die Nachteile perzipiert werden, die durch das frühe Aufstehen entstehen, und die entsprechend das Gewicht der Nachteile bestimmen, die von den Langschläfern für die Frühaufsteher erzeugt werden. Ein wesentlicher Einflussfaktor ist die Wahrnehmung der relativen Benachteiligung gegenüber den Langschläfern. Wir nennen dies „**Interdependenz der Wahrnehmung**", in diesem Fall offensichtlich durch **Neid**.

Altruismus: Wäre eine vollständige Abrüstung aller Nationen denkbar, wenn einige davon pazifistisch sind und einseitig abrüsten, weil sie das Leid der potentiellen Kriegsgegner vermeiden möchten?

> *Die Struktur eines Gefangenendilemmas bildet sich desto stärker heraus, je neidischer die Aktoren sind, also je stärker* **relative Auszahlungsunterschiede** *in der eigenen Bedürfnisbefriedigung gewichtet werden. Umgekehrt wäre im Extrem vorstellbar, daß Aktoren sich über den Genuß der anderen Langschläfer freuen: Es handelt sich dann um Altruisten. In diesem Fall verschwindet das Gefangenendilemma vollkommen, ebenso wie in der Situation der völligen Neutralität gegenüber der Auszahlungsdifferenz.*

Im Falle von Altruismus einer hinreichend großen Zahl von Gruppenmitgliedern wird also die Gruppenarbeit in jedem Fall stattfinden, wenn gleichzeitig deren individueller Drang zum Ausschlafen nicht übermächtig wird. Das tatsächliche Ergebnis der Interaktion wird also auch wesentlich davon abhängen, wie viele Studenten ohnehin Frühaufsteher sind. Die spezielle Form der Interdependenz der gegenseitigen Wahrnehmung wird offenbar durch das Sprachspiel bestimmt, in welches das konkrete Spiel eingebettet ist. Dieses Sprachspiel bedingt die **Definition der Situation**.

Dann können wir also zwischen referentiellem und nichtreferentiellem Wissen unterscheiden: Die wahrgenommenen Auszahlungen im Spiel sind selbst referentielles **Wissen**, aber die durch die Definition der Situation implizierten Auszahlungsunterschiede sind nicht-referentielles Wissen. Unter dem Gesichtspunkt der Funktionalität des Handelns treffen wir also (im Unterschied zur konventionellen Spieltheorie) auf zwei unterschiedliche Ebenen der strategischen Wechselwirkung zwischen den Aktoren, denn, wie

Konflikte:
Erinnern Sie sich an alltägliche Konflikte: Wann wurde zum Beispiel „aus einer Mücke ein Elefant" gemacht? Gab es Konflikte, die den Gegenstand eigentlich nicht wert waren? Wie sind Zuspitzungen entstanden?

Individuelle und Gruppenleistung:
In Mannschaftssportarten wie dem Fußball besteht ein enger Zusammenhang zwischen den Einzelleistungen und der Gruppenleistung. Analysieren Sie diesen Zusammenhang unter dem Gesichtspunkt, wie ein Spieler sich entscheidet zwischen den beiden Alternativen: a) Mannschaftsstar in einer mittelmäßigen Mannschaft und b) mittelmäßiger Spieler in einer Spitzenmannschaft.

im Beispiel deutlich wurde, die sachlichen Zusammenhänge (hier: Lernen und Prüfungsleistung) definieren einen gewissen Spielraum möglicher Auszahlungen, während die Wahrnehmung dieser Zusammenhänge eine bestimmte Realisation von Auszahlungen auszeichnet: Handlungsrelevant sind nur die wahrgenommenen Auszahlungen. Das Ergebnis wird aber durch die tatsächlichen Sachzusammenhänge bestimmt.

Daraus ergibt sich also die allgemeine Fragestellung, wie Definitionen der Situation selbst zu bewerten sind: Das ist die Frage nach der Funktionalität des in ihnen gespeicherten nicht-referentiellen Wissens. Offensichtlich muß also nach einem Prozeß gesucht werden, der den Wandel dieser Definition bestimmt. Dies ist gleichbedeutend mit der Frage nach der **Evolution von Sprachspielen** als Kontext von Spielen.

Evolution von Sprachspielen durch Gruppenkonkurrenz. Betrachten wir mehrere Studentengruppen, deren Gruppenarbeit wesentliche Determinante des Prüfungserfolges ist. Nur solche Gruppen, die auch stabil kooperieren, werden nach der Prüfung weiter existieren, weil alle Mitglieder weiterkommen. Dann ergibt sich also eine Situation der Gruppenkonkurrenz (und nicht nur zwischen den individuellen Studenten), deren Ausgang wiederum von den Sprachspielen der unterschiedlichen Gruppen bestimmt ist. Das heisst also, die Konkurrenz zwischen den Gruppen ermöglicht einen Vergleich der Funktionalität unterschiedlicher Definitionen der Situation (unter der Voraussetzung, daß der Zusammenhang zwischen Verhalten und Erfolg für alle derselbe ist).

Eine Gruppe von mehrheitlich neidischen Langschläfern wird die Hürde der Prüfung sicherlich nicht überwinden können, während eine Gruppe von mehrheitlich Altruisten und Frühaufstehern sicherlich erfolgreich sein wird. Das bedeutet aber, die Zusammensetzung der Gruppen wird vor und nach der Prüfung unterschiedlich sein, weil eine

Gruppenselektion erfolgt. Wenn nun beispielsweise eine Gruppe von notorischen Frühaufstehern – ganz ohne dies zu reflektieren – erfolgreich durch die Prüfung marschiert, dann können wir sagen, daß diese stabile Gruppe ein nicht-referentielles Wissen über Erfolgsfaktoren der Prüfung trägt, nämlich zum Zusammenhang zwischen frühem Aufstehen und Prüfungserfolg (der unabhängig von der subjektiven Wahrnehmung dieses Zusammenhanges besteht). Das nicht-referentielle Wissen ist enthalten im Netzwerk dieser Gruppe und deren Definition der Situation. Durch die Selektion wird ausserdem eine Abgrenzung der Gruppe gegen andere erzeugt, die im Falle der Wahrnehmung dieser Grenze ex post auch zu einer Verfestigung der Gruppenzugehörigkeit als Teil personaler Identität führt.

Stellen wir uns nun aber die Situation vor, daß es eine Folge von Prüfungen gibt, und daß die Gruppenmitglieder wechseln können. Ist dann eine Gruppe von notorischen Frühaufstehern und Altruisten in ihrer Zusammensetzung stabil? Vorstellbar ist natürlich, daß sich Langschläfer einer solchen Gruppe zugesellen: Sie werden dann zu „Freifahrern" des angeborenen Naturells der Frühaufsteher. Das läßt aber schlußfolgern, daß die Gruppe reiner Frühaufsteher in einer Sequenz von Prüfungen nicht stabil sein wird, sondern nur eine bestimmte Mischung von Langschläfern und Frühaufstehern. Die Identifikation solcher stabilen Gruppenzusammensetzungen ist ein zentraler Gegenstand der Evolutionären Spieltheorie und wird als „**evolutionär stabile Strategie**" bezeichnet.

Evolutionär stabile Strategien werden offensichtlich bestimmt durch die äußeren Selektionsbedingungen, die auf die Gruppenkonkurrenz einwirken. Ob Altruismus also eine gute oder eine schlechte Eigenschaft ist, ergibt sich aus der **Funktionalität des Verhaltens**, das diese Umweltbedingungen durch **Anpassung** reflektieren muß.

Kommunikation und Macht. Nun haben wir bislang Gruppen betrachtet, die offenbar keine Möglichkeit der ex-ante

Gruppenkonkurrenz und Funktionalität:
Vergleichen Sie das neutestamentliche Gebot, auch seine Feinde zu lieben, mit dem alttestamentlichen „Auge um Auge, Zahn um Zahn". Sind die sozialen Folgen dieselben, wenn es
a) um die Konkurrenz zweier Nomadengruppen um die einzige Wasserquelle in der Dürre geht, oder
b) um den Bau einer lange nutzbaren Be- und Entwässerungsanlage zwischen zwei reisanbauenden Dörfern in niederschlagsintensiven Klimazonen?

Gruppenselektion:
In der Biologie ist dieses Argument sehr umstritten, lebt aber- aus guten Gründen - immer wieder auf.
http://www.cogsci.soton.ac.uk/bbs/Archive/bbs.wilson.html

Koordination haben. Vorstellbar wäre ja eine Fülle unterschiedlicher Koordinationsmechanismen, zum Beispiel die Absprache, die Drohung, die Belohnung etc. Für die Wirkung unterschiedlicher Koordinationsmechanismen ist zunächst die Unterscheidung zwischen einmaligen Spielen („one shot") und **wiederholten Spielen** wichtig, also wie unserer gerade erwähnten Sequenz von Prüfungen.

Tit for Tat: Ein berühmtes Ergebnis der experimentellen Ökonomik besteht darin, daß in realen, wiederholten Gefangendilemmata die Strategie des "Tit for Tat" sich durchsetzt (Vertrauensvorschuss für einen Zug, aber sofortige Sanktion durch Nicht-Kooperation im Falle der Nicht-Kooperation des anderen). Vergleichen Sie diese Strategie mit anderen denkbaren (z.B. Two Tit for one Tat etc.). **http://www.uni-koblenz.de/~woch/abstracts/axelrod-ek-91.html** **http://precisione.physics.lsa.umich.edu/CSCS/Software/ComplexCoop.html**

Zum einen ist vorstellbar, daß die Studenten aus dem Scheitern einer Prüfung lernen, d.h. gibt es eine Wiederholungschance, werden manche Langschläfer diesen Genuß weit geringer gewichten, weil sie ihn mit dem offenbar hohen Risiko des Scheiterns abgleichen. Wird dies antizipiert, so wird also der „Schatten der Zukunft" dunkler und verändern sich bereits die individuellen Wahrnehmungen von Handlungsergebnissen. Dies ist ein Beispiel für individuelles **Lernen**. Zum anderen wäre es aber auch möglich, daß die Frühaufsteher **Sanktionen** gegenüber den Langschläfern verhängen, weil sie ja ihrerseits Nachteile erleiden. Betrachten wir diesen Fall etwas genauer.

Durch Lernen ändern Aktoren in Spielen ihr Verhalten. Lernen führt zu Veränderungen der Definition der Situation. Es ist in Spielen möglich, daß zu Beginn keine gemeinsame Definition der Aktoren existiert (kein gemeinsames Wissen). Lernen kann die Konvergenz dieses Wissens generieren. Ist in Spielen Kommunikation möglich, dann können Aktoren ihre Lernprozesse gegenseitig beeinflussen, indem sie die Definition der Situation klären. Im Gefangenendilemma bedeutet dies zum Beispiel, daß sich die Aktoren über die Dilemma-Situation verständigen. Da aber Kommunikation auch nicht wahrhaftig sein kann, reicht sie zu endgültigen Behebung der Dilemmata nicht aus.

Kommunikation führt zum Beispiel zu Vereinbarungen. Deren Einhaltung kann aber gegebenfalls nur durch Sanktionen gewährleistet werden. Spieltheoretisch lassen sich Sanktionen einfach als Veränderung der Auszahlungsmatrix interpretieren, also zum Beispiel als eine Summe, die von den Auszahlungen der Handlung D in CD abgezogen wird. Sanktionen sind jedoch kein selbstverständliches Phänomen.

Zunächst erfordern Sanktionen Drohungen, also Kommunikation ex ante. Dann wäre aber zunächst denkbar, daß sich beispielsweise die Studenten einigen, sich frühmorgens per SMS gegenseitig zu kontrollieren bzw. zu wecken, um dann als Gruppe pünktlich zu erscheinen. Kommunikation kann also die gesamte Situation verändern und gegebenfalls das Dilemma auflösen: Das Spiel wird von einem **nicht-kooperativen** in ein **kooperatives Spiel** transformiert, insbesondere, wenn dies durch individuelles Lernen („aufgeklärtes Eigeninteresse" abgestützt wird). Andererseits bleiben Sanktionen eventuell erforderlich, um jene zu kontrollieren, die nach dem Weckruf doch wieder ins Bett steigen.

Zivilcourage: Erinnern Sie sich an Ihre Schulzeit! Wer wagte es, Großsprechern und Spielverderbern Paroli zu bieten? Warum ist Schweigen oft die einzige Reaktion auf kollektives Ungemach?

Hier entsteht nun ein weiteres soziales Dilemma, das eventuell sogar dieselbe Struktur hat wie das ursprüngliche (**Gefangendilemma *n*-ter Ordnung**): Offensichtlich würden Sanktionen das Handlungsergebnis der Frühaufsteher verändern, d.h. Aktoren, die Sanktionen verhängen, üben Macht aus. Warum sollte aber jemand Sanktionen verhängen? Nehmen wir an, die Studenten stehen auch in anderen sozialen Kontexten in Beziehung miteinander. Dann ist es denkbar, daß die Verhängung von Sanktionen Gegenreaktionen der Langschläfer in anderen Kontexten nach sich zieht, d.h. die Sanktionen sind auch selbst mit Kosten für jene verbunden, die sie durchführen. Das aber wieder bedeutet, daß die Verhängung selbst ein Gefangenendilemma der Teilgruppe der Frühaufsteher wird: Eigentlich besteht ein kollektives Interesse, die Sanktion zu verhängen. Individuell könnten aber die Kosten der Sanktion hinreichend hoch sein, um abschreckend zu wirken. Im Ergebnis kann es geschehen, daß niemand tatsächlich die Sanktion verhängt und damit auch die Drohung ausspricht: Die Gruppe bleibt im ursprünglichen Dilemma verhaftet und fällt kollektiv durch die Prüfung.

Macht zum allgemeinen Wohle: In der internationalen Handelspolitik gibt es das Problem, wie Sanktionen gegen Länder verhängt werden können, die sich zwar zum Freihandel bekennen, aber dennoch Protektion betreiben. Es wird die These vertreten, daß es eine mächtige Führungsnation geben muß (wie etwa Großbritannien im 19. Jh.), in deren Eigeninteresse es liegt, Freihandel durchzusetzen. Was meinen Sie dazu?

Eine einfache Lösung dieses Problems besteht darin, daß ein Aktor die Sanktion aus Eigeninteresse durchführt: Ein solcher Aktor ist in der Regel mächtiger als die anderen Aktoren, also ein Frühaufsteher, der auch in anderen Kontexten entweder Einfluss besitzt oder wenig von den Langschläfern abhängig ist. Macht kann aber auch zugunsten der Langschläfer verteilt sein: Vorstellbar ist nämlich die diametral entgegengesetzte Situation, daß ein in anderen Kontexten sehr einflussreicher Student offen und bewußt die Freifahrersituation einnimmt und letzten Endes die anderen sogar zwingt, die Gruppenarbeit durchzuführen. In beiden Konstellationen wirken also Handlungsinterdependenzen ausserhalb der eigentlichen Situation auf deren Ergebnis zurück. Die Frage ist aber, was solche Rückwirkungen bestimmt, denn offensichtlich sind diese selbst wahrnehmungsgebunden, also sprachspielspezifisch.

Kontext und Ergebnis: Krösus und Bettler verhandeln darüber, wie 100 Goldstücke zwischen ihnen aufgeteilt werden können. Gelangen sie zu keiner Einigung, verfällt der Betrag. Worauf werden sich die beiden wohl einigen?

Insofern notieren wir den wichtigen Hinweis:

> *Spiele können sehr unterschiedlich verlaufen, je nachdem wie die Kosten möglicher Sanktionen verteilt sind, und wie die Spielergebnisse die relativen Positionen der Spieler auch außerhalb des Spielkontextes beeinflussen. Eine wesentliche Rolle spielt das Interesse eines Aktors am Spielergebnis. Sind zum Beispiel negative Folgen der Nicht-Kooperation sehr ungleich über die Aktoren verteilt, weil sie relativ zu den Ausgangspositionen unterschiedliche Bedeutung haben, dann ist Macht zugunsten jenes Aktors konzentriert, für den diese Bedeutung gering ist.*

„Klare Verhältnisse": In vielen traditionellen Gesellschaften gibt es empfindliche Ehrenkodices und Rache-Normen. Ließe sich dies aus evolutorischer Sicht erklären?

Normen und Emotionen. Das soeben diskutierte Koordinationsproblem „*n*-ter Ordnung" ist ein klassischer Fall der Unlösbarkeit interdependenter Entscheidungssituationen bei ausschliesslich rationalen Entscheidungsregeln, denn wer kontrolliert die Kontrolleure? Jeder Aktor hätte in einem Kalkül nicht nur die primäre Handlungsinterdependenz, sondern auch alle abgeleiteten zu betrachten, die sich auf das Sanktionsproblem beziehen. Letztendlich würde sich ein rationaler Aktor in unendlichen Kalkulationen über

Folgen und Folgen von Folgen verstricken, die seine Handlungsfähigkeit verunmöglichen. Auch hier treffen wir wieder auf die Vorteilhaftigkeit bestimmter „Abbruchsmechanismen", die Entscheidungen nach anderen Kriterien herbeiführen.

Gelöst werden solche Situationen typischerweise durch Einbettung in zwei miteinander zusammenhängende soziale Phänomene: Normen und Emotionen, beides respektive extra- bzw. intrasomatisches nicht-referentielles Wissen. Sie hängen deshalb zusammen, weil die Stabilität von **Normen** natürlich ebenfalls Handlungsinterdependenzen der Normensanktion involviert, und also ein externer Anker zwingend erforderlich ist. Dieser Anker sind **Emotionen**. In unserem Beispiel wäre dies etwa die Situation, daß im Sprachspiel der Gruppe „Langschläfertum" negativ assoziiert wird, und es eine moralische Norm zu Gunsten des Frühaufstehens gibt, die Langschläfer in inneren und äußeren Rechtfertigungszwang bringt. Die moralische Norm ist Ergebnis von Sozialisation, erhöht die Gewissenskosten für die Langschläfer und reduziert die Sanktionskosten für die Frühaufsteher (wegen der größeren Legitimität der Sanktion und damit geringeren Rückwirkungen in anderen sozialen Kontexten). Dennoch kann die eigentliche Sanktion an den oben betrachteten individuellen Blockaden scheitern. Diese Hemmung wird durch „moralische Entrüstung" überwunden, d.h. emotionale Reaktionen auf beobachtetes Fehlverhalten, das „rationale Kalküle" der Sanktion aufhebt. Das Wissen um solche kosteninsensitiven Verhaltensformen läßt wiederum einschlägige Drohungen glaubwürdiger werden: Emotionen werden somit zu einem wesentlichen Instrument der Selbstbindung. Nun ist evident, daß dies nur greift, wenn die Emotion selbst keine wählbare Handlung ist, also ein Handlungszwang besteht. Wir können also sagen, daß Emotionen situationsabhängige Handlungszwänge bedingen und damit ein Reflex intrasomatischen nicht-referentiellen Wissens sind. *Lesehinweis 15*

Rationalität von Irrationalität:
Über Präsident Nixon wird gesagt, er habe eine Aura der Irrationalität bewußt gepflegt, um die nukleare Abschreckung glaubwürdig erscheinen zu lassen. Profiboxen ist ein Geschäft mit möglicherweise schweren gesundheitlichen Konsequenzen– analysieren Sie die Beziehung von Rationalität und Irrationalität im Vorfeld und während des Kampfes. Im japanischen Sport des Sumo-Ringens sind Drohgebärden kunstvoll ausdifferenziert.
http://www.sumo.or.jp/eng/museum/basic/beginner/ceremonies.html
http://sportsillustrated.cnn.com/more/boxing/news/1998/05/27/holyfield_pkg/
http://espn.go.com/boxing/

Rationalität von Emotion: Versunkene Kosten (vergangene Investitionen, die irreversibel sind) sind für einen rationalen Entscheider irrelevant. In der Wettbewerbstheorie gibt es andererseits das Argument, daß Marktsassen bewußt irreversible Investitionen tätigen, um Markteintritte abzuschrecken. Aber falls diese glaubwürdig androhen, dennoch einzutreten, wäre es rational, den Markt vorher aufzuteilen („chain store paradox"). Was halten Sie davon?
http://www.bsos.umd.edu/econ/ausubel/slides-econ603-part2.pdf
http://citeseer.nj.nec.com/context/688474/0
http://www.cityu.edu.hk/ef/cityeconomist/cityeconomistVol11N1.html

Daraus ergibt sich als grundlegende Einsicht, daß menschliche Entscheidungen stets komplexe Einheiten von rationalem und emotionalem Handeln sind, wobei die Funktionalität von Emotionen durch die Sozialisation in bestimmten wiederkehrenden Situationen der Interaktion in Gruppen bestimmt ist. Emotionen sind daher ein Korrelat von intra- und extrasomatischen nicht-referentiellem Wissen, also dem Zusammenwirken von genetisch verankerten Verhaltensdispositionen mit bestimmten Konfigurationen von Netzwerken und ihrer Wahrnehmung.

Fassen wir sämtliche vorstehenden Überlegungen zusammen: Das Gefangenendilemma ist eine einfache spieltheoretische Struktur, deren Projektion auf die Realität durch die wissenschaftliche Analyse gleichzeitig aufzeigt, daß sein Verlauf von der Interpretation des Spiels durch die Aktoren abhängt. Damit ergibt sich eine weitestgehende Auflösung konventioneller Rationalitätskonzepte: Dies nicht in dem Sinne, daß sie als logisch-mathematische Strukturen wertlos würden – also solche gelten sie weiterhin. Jedoch führt der Umsetzungsprozeß selbst zu ihrer Relativierung bezüglich der Kontexte und ihrer Einbettung in komplexere Regeln des Entscheidens, die in nicht-referentieller Form gespeichert sind. Insofern ist Entscheiden keine einfache Optimierung, sondern selbst ein komplexer Prozeß, der bereits in seinem Verlauf die Interdependenzen der Entscheidungssituation erfassen und in der Regel durch eine Transformation der Spielsituation selbst auffangen muß. Noch allgemeiner gesagt, ist individuelles Entscheiden im strikten ontologischen Sinne gar nicht möglich, weil das zugrundeliegende Wissen immer ein Phänomen ist, welches das Individuum transzendiert. Insofern tritt in der elementaren Struktur von Spielen die grundlegende Unterscheidung von Aktoren und Elementen zu Tage: Das in der Gruppe als Element gespeicherte nicht-referentielle Wissen determiniert den konkreten Verlauf des Spiels, das seinerseits durch Entscheidungen der Aktoren realisiert wird, die wiederum auf referentiellem Wissen der Aktoren beruhen.

Entsprechend komplex muß unser Verständnis vernünftigen Handelns werden.

c. Evolutionäre Vernunft in Netzwerken

Die Analyse dieses einfachen Beispiels der selbstorganisierten Studentengruppe zeigt also die hohe Komplexität von Prozessen mit Handlungsinterdependenzen in Gruppen auf, deren Grad hoch genug sein kann, um sogar die Unlösbarkeit durch rationale Kalküle nach sich zu ziehen. Die äußerst weitreichende Schlußfolgerung besteht darin, daß evolutionäre Vernunft selbst ein soziales Phänomen ist. Denn vernünftiges Handeln in Netzwerken setzt offenbar Mechanismen der Selbstbindung und Situationswahrnehmung voraus, die in keiner Weise rationaler Entscheidung zugänglich sind, sondern das Ergebnis der Evolution von Netzwerken und deren Sprachspielen. Insbesondere gilt für das Phänomen der Emotionen, daß es nur als soziales möglich ist, auch wenn es nur als individuelles Verhalten beobachtet werden kann. Die Evolutionsökonomik verwirft daher das Bild des „homo oeconomicus" in Bausch und Bogen und setzt dagegen dasjenige eines vernunftbegabten, fühlenden Wesens. Ein vermehrt in dieser Hinsicht verwendeter Begriff ist derjenige der „sozialen Intelligenz".

Soziale Intelligenz: Inzwischen – auch als „emotionale Intelligenz" - ein Modebegriff, aber mit wissenschaftlichem Hintergrund: **http://www.hunde-fan.de/Erziehung/intelligenz.htm http://www.infoquelle.de/Job_Karriere/Wissensmanagement/emotionale_Intelligenz.cfm**

Begründet wird diese Sichtweise letztendlich durch eine evolutionstheoretische Analyse der menschlichen Phylogenese: Insofern der Mensch im Verlauf seiner Stammesgeschichte in besonderer Weise gefordert war, Situationen von Konkurrenz und Kooperation in Gruppen zu lösen, ist zwingend abzuleiten, daß eine rein kalkulatorische Rationalität adaptiv suboptimal gewesen wäre. Gruppen sozial intelligenter Wesen hätten in der Gruppenkonkurrenz immer über Gruppen rationaler Aktoren obsiegt. Es ist also davon auszugehen, daß die Strukturen des menschlichen Gehirns als Vernunftorgan sich so ausgebildet haben, daß vernünftige Entscheidungen stets Emotionalität und Rationalität integrieren und auf diese Weise die Wissensbasis

Menschliche Eigenschaften: Erinnern Sie sich an Situationen in Ihrem Leben, wo es schwierige Entscheidungen zwischen mehreren Menschen zu fällen oder Konflikte zu lösen galt, und die Sie erfolgreich gemeistert haben. Welche Ihrer persönlichen Fähigkeiten und Charaktereigenschaften kamen zum Tragen?

Der Ansatz hat weitreichende Auswirkungen auf alle ökonomischen Themen, wie etwa auf das Bild der Politiker in der ökonomischen Theorie der Politik, siehe Kap. VI, 6.

Smart sein: Salopp gesagt, sind wir „smart", aber nicht rational. Jedenfalls meinen dies auch Kognitionswissenschaftler – die allerdings meistens die Rolle von Emotionen ausblenden. Das ist der wesentliche Unterschied zur evolutionsökonomischen Sicht. **http://ntfm.mpib-berlin.mpg.de/mpib/FMPro http://www.uke.uni-hamburg.de/kliniken/medizinische_klinik/med_psych/mitarbeiter_pages/klusmann/evoPsych.pdf**

entwickeln helfen, die nötig ist, um auch in der Gegenwart solche komplexen Situationen lösen zu können. Hierfür bestehen heute überwältigende empirische Belege seitens der Neurowissenschaften. Gleichzeitig ist klar, daß angesichts der Singularität und Geschichtlichkeit von Netzwerken und ihrer Prozesse eine reine Anwendung abstrakter Entscheidungsregeln keine sinnvolle Anpassung dargestellt hätte. Evolutionäre Vernunft setzt gerade die Fähigkeit voraus, einzigartige Entscheidungssituationen einschätzen und mit ihnen umgehen zu können. Daher sind Emotionen unauflösbar mit sozialen Kontexten verbunden.

Insofern ist auch aus kognitionswissenschaftlicher Sicht davon auszugehen, daß menschliche Entscheidungsregeln nicht den idealtypisch „rationalen" Verfahren folgen, sondern Verfahren, die zum einen „ökonomisch" sind und zum anderen kontextsensibel:

> *Evolutionär vernünftiges Verhalten ist effektiv und effizient im Einsatz der knappen Zeit und der knappen Ressourcen in den Entscheidungsprozeß.*
>
> *Evolutionär vernünftiges Verhalten berücksichtigt a priori die komplexen sozialen Interdependenzen und die Kontextabhängigkeit der Entscheidungsituation*
>
> *Evolutionär vernünftiges Verhalten trägt zur Wahrung personaler Identität bei, indem innere Zielkonflikte gelöst und Prioritäten gesetzt werden.*

Diese drei plausiblen und inzwischen kognitionswissenschaftlich fundierten Annahmen stehen wesentlichen Prämissen des herkömmlichen Rationalitätskonzeptes entgegen, wie vor allem der Vorstellung von der möglichst vollständigen Verarbeitung erreichbarer Information, der Konsistenz und Geschlossenheit des Entscheidungsraumes und der Autonomie der individuellen Entscheidungsprozesse von der Umgebung.

Das oben vorgetragene, allgemeine Argument bezüglich der genetisch bedingten Entscheidungsregeln menschlichen Verhaltens läßt sich auch auf die Evolution von Sprachspielen übertragen, insofern auch die Bedeutungsregeln in Sprachspielen als Voraussetzung von Entscheidungen bestimmte Lösungen prädeterminieren. Das entsprechende Verhaltensmuster ist das **Rollenspiel**. Das heißt, Aktoren in Gruppen definieren ihre relativen Positionen nach bestimmten Eigenschaften, deren Wahrnehmung durch andere Aktoren wiederum zum Kriterium personaler Identität wird. Als Folge der Sozialisation in Sprachspielen wird dann die Art und Weise der Bedürfnisbefriedigung selbst typisiert, d.h. es entsteht eine Differenz zwischen individuellen Bedürfnissen, rollenspezifisch artikulierbaren Bedürfnissen und allgemein positiv oder negativ sanktionierten Bedürfnissen. Jede Handlung muß eine Balance zwischen diesen jeweiligen Bedürfnisaspekten herstellen, denn analytisch ist zumindestens klar, daß jede für sich betrachtet mit spezifischen Opportunitätskosten einhergeht, die nicht konvergieren müssen. Entwickelt der Aktor eine personale Identität, dann sind die entsprechenden Konflikte im Prinzip gelöst. Diese Identität ist jedoch bereits ein fundamental soziales Phänomen, d.h. sie ist unlösbar mit Gruppenkontexten verbunden; dementsprechend können gleiche Aktoren in unterschiedlichen Kontexten unterschiedliche Bedürfnisse artikulieren, gegebenfalls sich sogar widersprechen, ohne daß gleichzeitig die personale Identität verletzt wird.

Dieses Thema wird uns nochmals beschäftigen, wenn wir den Zusammenhang zwischen dem Sinn wirtschaftlicher Ordnung, personaler Identität und wirtschaftlichen Prozessen betrachten, in Kap. IV, 5.

Wir werden später sehen, daß eine solche komplexe Sicht des menschlichen Verhaltens bedeutet, daß auch dessen Dynamik komplex ist: Verhalten kann plötzliche Änderungen aufweisen, starke Abhängigkeiten von der Umgebung und große Unterschiede bei ähnlichen Kontexten.

In Kap. V, 4 betrachten wir ein Modell solcher plötzlicher Verhaltensänderungen, das auf der Unterscheidung zwischen privater und öffentlicher Meinung beruht.

Noch abstrakter formuliert, ist der Zusammenhang zwischen Rolle und personaler Identität ein Reflex des grundlegenderen Unterschiedes zwischen dem Aktor und seiner Position in Netzwerken. Prinzipiell ist diese Position unabhängig vom Aktor; dann wäre aber jede Position gegenüber jedem Aktor offen, was offensichtlich in der Realität nicht

Gesellschaftliche Einbettung: Wir werden später noch ausführlicher sehen, daß dieses Muster von Wissen, insofern es geordnet ist, als „Kultur" bezeichnet und analysiert wird. Dementsprechend zeigt sich, daß Menschen aus unterschiedlichen Kulturen sich in ähnlichen strategischen Entscheidungssituationen unterschiedlich verhalten. **http://www.heise.de/tp/deutsch/inhalt/co/7385/1.html**

der Fall ist. Andererseits können unter bestimmten Bedingungen die Handlungsmöglichkeiten, die mit bestimmten Positionen verbunden sind, zwischen unterschiedlichen Aktoren transferiert werden: Dann werden also Positionen Gegenstand von Transaktionen. Die Position ist demnach selbst ein Vermögensbestandteil: Der Grad der Transferierbarkeit wird dann bestimmt durch das Ausmaß, in dem dessen Nutzung durch Wissen bestimmt ist, das selbst nicht transferierbar ist, also in hohem Masse nicht-referentiell und intrasomatisch ist.

Soziale Intelligenz kann daher ganz allgemein als die Befähigung bezeichnet werden, in Netzwerken die komplexe Beziehung zwischen Aktoren und Positionen wahrnehmen und in Handlungen zielorientiert nutzen zu können. Sie ist ein komplexes Muster intrasomatisch und extrasomatisch gespeicherten Wissens, das das Verhalten der Aktoren besonders in komplexen, interdependenten Entscheidungssituationen bestimmt. Dieses Wissen schliesst das Wissen über das Entscheiden ein.

Wesentliche Innovationen der menschlichen Entwicklung sind mit der sozialen Intelligenz verbunden, und nicht mit technologischem Wissen im engeren Sinne. Die bedeutendste soziale Innovation ist in dieser Hinsicht die Organisation.

5. *Derivative Aktoren: Organisationen*

a. Formale und informale Netzwerke in Hierarchien

Hierarchien in Gruppen:
Erinnern Sie sich an Ihre Kindheit. Wann entstanden in Gruppen Führungspositionen? Wie stabil waren diese? Wie sind sie zu erklären?

Emergenz kontingenter Hierarchie. Mit der Thematisierung des Rollenkonzeptes befinden wir uns bereits im konzeptionellen Übergangsfeld zwischen der Betrachtung **fundamentaler** und **derivativer Aktoren**. In der herkömmlichen wirtschaftswissenschaftlichen Analyse wird häufig von sogenannten „kollektiven Akteuren" gesprochen. Dies entspricht weitestgehend unserem Verständnis derivativer Aktoren. Derivative Aktoren entstehen in dem Moment, wo Entscheidungsfunktionen aus der Sicht eines einzelnen Aktors extrasomatisch sind, d.h. konkret, daß andere Aktoren bestimmte Entscheidungen für den jeweiligen Aktor durchführen. Innerhalb von Gruppen sind die Grenzen hier offensichtlich fliessend und werden durch das Ausmaß von Macht bestimmt, die bestimmte Aktoren in einer Gruppe besitzen und die es ihnen erlaubt, Entscheidungen für andere Aktoren zu treffen: Wir nennen eine solche Position in Netzwerken „**Führung**". Wie diese besondere Position entsteht, ist zunächst für den Sachverhalt irrelevant, insbesondere also, ob die Position durch Zustimmung oder Zwang gewonnen wurde. Das bedeutet allgemein:

> *Derivative Aktoren entstehen, wenn innerhalb eines Netzwerkes Entscheidungen über Handlungen von Aktoren nicht mehr ausschliesslich durch die handelnden Aktoren selbst, sondern durch andere Aktoren getroffen werden, die Führungspositionen einnehmen. Eine solche Trennung zwischen Handlung und Entscheidung wird* **Hierarchie** *genannt, das heisst, innerhalb eines Netzwerkes entstehen Konfigurationen, die eine asymmetrische Verteilung von Macht dauerhaft stabilisieren. Dies ist gleichbedeutend mit der Emergenz bestimmter Rollen, denen spezielle Wahrnehmungsfelder und Kommunikationsnetze zugeschrieben werden, und einer Kontrolle der Aktualisierung von Valenzen aller Aktoren innerhalb des*

derivativen Aktors. Die Hierarchie definiert gleichzeitig die Grenzen des derivativen Aktors, da Aktoren, die weiterhin vollkommen unabhängig entscheiden, diesem also nicht zuzurechnen sind. Diese Grenzen können auch Bestandteil der personalen Identität der Aktoren des derivativen Aktors werden.

Gruppen und Identität: Betrachten Sie die Rolle personaler Identität für die Entstehung von Sekten, extremen politischen Gruppierungen etc.

Auf der Grundlage der Betrachtungen des vorherigen Abschnitts können wir außerdem vermuten, daß Hierarchien Ergebnis des Gruppenselektion sind, d.h. stabile Hierarchien entstehen aufgrund einer bestimmten Funktionalität der Verlagerung von Entscheidungsfunktionen innerhalb einer Gruppe. Es ist dann wieder der Kontext der Gruppenselektion, der die spezifische Form dieser Funktionalität bestimmt. Je stärker allerdings die Bindung von Aktoren an hierarchische Gruppen durch personale Identität, desto stabiler ist die Hierarchie. Führung und Geführte bilden eine nach außen abgrenzbare Einheit.

Emergenz von Organisation: Nennen Sie Beispiele für die Selbstumwandlung von Gruppen in Organisationen. Achten Sie dabei besonders auf die Weise, wie die Führungsposition bestimmt wird!

Wir können nun für Gruppen konstatieren, daß die Rollen weiterhin eng an Personen gebunden sind im Sinne, daß es eine Kongruenz von Individuum, Aktor und Position im Netzwerk gibt: In Gruppen zerfallen Hierarchien häufig, wenn die Führungspersönlichkeit verschwindet. Führungspositionen können nicht von anderen Individuen eingenommen werden als jenen, deren Rolle sich durch gruppeninterne Prozesse ausgebildet hat.

Eine der wichtigsten gesellschaftlichen Erfindungen der menschlichen Geschichte besteht nun darin, Rollen von Individuen abzulösen, also die entsprechenden Felder, Netze und Konfigurationen zu abstrahieren und damit die Bindung zwischen Individuen, Aktoren und Positionen aufzuheben. Dies ist offensichtlich eine Transformation des impliziten Wissens der gruppengebundenen Hierarchie in explizites Wissen, also in Netzwerken eine Transformation extrasomatisch/nicht-referentiellen Wissens in referentielles. Wir nennen dieses Phänomen „**Organisation**“.

Organisation ist demnach ein Ergebnis der Selbstreferentialität von Gruppen mit dem Ergebnis, daß die Struktur von Netzwerken selbst kontingent bezüglich der Entscheidungsprozesse von Aktoren wird. In Organisationen wird die Struktur von Netzwerken entscheidbar, insbesondere auch die Führungsposition.

In der Praxis werden Organisationen nach bestimmten Mustern klassifiziert, denen bestimmte Eigenschaften zugeschrieben werden, etwa hinsichtlich von Flexibilität, Schlagkraft, Informationsfluss und anderen Größen. Wir werden uns mit diesen detaillierteren Typologien nicht befassen, die ausführlich in managementwissenschaftlichen Disziplinen behandelt werden. Wichtig ist jedoch die Beobachtung, daß diese verschiedenen Muster in ganz unterschiedlicher Weise beurteilt werden können: Grob gesagt, gibt es die Perspektive der beteiligten Aktoren, des Aktors der Führungsposition und die Perspektive des derivativen Aktors. Diese Perspektiven sind nicht notwendig kongruent; der eigentliche Übergang von der Gruppe zur Organisation findet in dem Moment statt, wenn der derivative Aktor eine Zielfunktion verfolgt, die auch teilautonomon gegenüber der Zielfunktion des führenden Aktors ist. Ein Musterfall ist die moderne Kapitalgesellschaft, bei der die leitenden Manager einerseits eigene Ziele verfolgen, aber gleichzeitig sich Zielen der Organisation unterordnen. Dann wird natürlich die Frage entscheidend, wie eine solche Autonomie des derivativen Aktors überhaupt entstehen kann.

Typen von Organisation: Es gibt eine Fülle von Klassifikationen. Betrachten Sie einige und versuchen Sie, den Sinn dieser Klassifikationen zu rekonstruieren. **http://www.tu-chemnitz.de/wirtschaft/bwl5/osm/osm1.html**

Grundmerkmale von Organisationen. Organisationen sind historisch zuerst und mit langem Vorlauf im Bereich der staatlichen Herrschaft und insbesondere im Militärwesen entstanden. Sie sind also engstens mit dem Phänomen der Macht bzw. Hierarchie verknüpft (siehe unten). Wirtschaftlich sind Organisationen die Schlüsselinstitution der Technologieentwicklung in den Industriegesellschaften: die **Unternehmen**. In allen diesen Fällen läßt sich die Emergenz von Organisationen historisch eindeutig nachvollziehen,

Dem Phänomen der Macht widmen wir uns ausführlich in Kap. IV, 4.

beispielsweise beim Übergang zwischen personenzentrierten „Arbeiterbanden" (gangs) zu formal geregelten Einstellungsverfahren in der Industrialisierung.

Gruppen und Organisationen: Vergleichen Sie folgende Netzwerke im Lichte der Unterscheidung von „Gruppe" und „Organisation", wobei die Beziehung zwischen Aktor und Position besonders zu berücksichtigen ist: Schule / anonyme Alkoholiker / Kloster / Skatclub / Heer / Familie / Fahrgemeinschaft

Im einfachsten Fall zeichnen sich Organisationen durch folgende Eigenschaften aus:

> *Eine Organisation ist ein* **hierarchisches Netzwerk***, in dem ein Aktor oder eine Gruppe von Aktoren das Vermögen besitzt, Kommunikation, Transaktion und Wahrnehmung der anderen Aktoren des Netzwerkes teilweise zu bestimmen. Dies geschieht durch die Definition von Positionen im Netzwerk unabhängig von den Aktoren, die diese Positionen innehaben. Außerdem können die mächtigen Aktoren bestimmen, welche anderen Aktoren welche Positionen einnehmen dürfen oder nicht. Dabei ist die Trennung von Positionen und Aktoren die entscheidende Differenz zwischen einer Gruppe mit hohem internen Machtgefälle und einer Organisation. In Organisationen ist die Besetzung von Positionen mit Aktoren selbst ein Ergebnis von Prozessen der Organisation. Dasselbe gilt für die Bestimmung der Grenze der Organisation, d.h. es gibt organisatorische Kriterien der Mitgliedschaft zu einer Organisation.*

In diesem einfachsten Fall wäre also auch klar, daß das Verhalten der Aktoren in der Organisation durch die Führung entschieden würde, d.h. im Extremfall haben alle anderen Aktoren keine Entscheidungsfreiheit mehr, was ihre Position angeht. Organisationen können jedoch auch Mechanismen aufweisen, mit deren Hilfe sich die Aktoren gegenseitig abstimmen, also kooperativ und nicht durch Weisung zu einem koordinierten Verhalten gelangen. Beide Fälle führen allerdings zu demselben Ergebnis, nämlich daß die Organisation ein „derivativer Aktor" ist, also ihr Netzwerk selbst zu einer Einheit wird, der im Sinne des Aktorbegriffs Handlungen zugeschrieben werden können. *Lesehinweis 16*

Ein wesentlicher Aspekt aller Organisationen ist die schon erwähnte Tatsache, daß Organisationen durch bewußte

Setzung erzeugt werden, und daß ihre Struktur Gegenstand referentiellen (üblicher: expliziten) Wissens von Aktoren ist. Moderne Organisationen zeichnen sich daher auch durch einen hohen Grad der **Formalisierung** dieses Wissens aus, also der schriftlichen oder allgemein symbolischen Speicherung des Wissens über die Netzwerke der Organisation. Organisationen sind Systeme mit expliziten Regeln, konkret in Gestalt von Statuten, Organistionshandbüchern und anderen schriftlichen Dokumenten. Ein übliches Verfahren der Abbildung solcher Netzwerke sind Organigramme; in der betriebswirtschaftlichen Literatur werden dann auch viele unterschiedliche Typen von Netzwerken dargestellt, die jeweils eine unterschiedliche Verteilung von Entscheidungsfunktionen und Regelung von Informationsströmen bedingen.

Organigramme:
Sicher enthält die Software Ihres PC Organigramme. Betrachten Sie diese und analysieren sie die implizierten Kommunikations- und Wahrnehmungsfelder!

Führung in Organisationen bedeutet aber nicht, daß sämliche mögliche Interaktionen von Aktoren an bestimmten Positionen kontrollierbar sind. Insbesondere können die Valenzen der Position und die Valenzen der Aktoren verschieden sein. Werden in Organisationen Valenzen von Aktoren realisiert, die nicht jene der Position sind, dann sprechen wir von „**informalen Interaktionen**" (formale und informale Interaktionen können sich überlagern). Zu unterscheiden ist dann noch zwischen informalen Interaktionen innerhalb der Grenzen der Organisation und über die Grenzen der Organisation hinweg. Wir können dann also formulieren:

Informale Interaktionen sind beispielsweise in sogenannten „industrial districts" bedeutsam, die in der Technologiepolitik viel diskutiert werden, siehe Kap. VI, 4.

> *Organisationen weisen* **intra-organisationale formale Netzwerke** *und* **informale Netzwerke** *auf. Die formalen Netzwerke bestehen aus jenen Interaktionen von Aktoren, die ihren jeweiligen Positionen entsprechen. Die informalen Netzwerke gehen auf Aktivierung von Valenzen zurück, die nicht der Position entsprechen. Das bedeutet aber, daß das Verhalten von Organisationen nur erklärt werden kann, wenn beide Netzwerke erfasst und ihre Auswirkungen auf Entscheidungen und Prozesse analysiert werden. Informale Netzwerke können Gruppen sein, sodaß in der Organisation*

Formal/formell:
Es gibt unterschiedliche Bedeutungen dieser Worte, die oft verwirren. Informal ist ein deutscher Anglizismus, um diese Bedeutungen klar gegeneinander abzugrenzen. „Informelle Wirtschaft" ist eine außerlegale Wirtschaft.

Aktoren, Gruppen und Organisation zu unterscheiden wären. Da Gruppen gegebenfalls Machtrelationen enthalten, entsteht daraus ein spezifisches Führungsproblem.

„Filz":
Filz ist ein beispiel für negativ bewertete Wechselwirkungen zwischen formalen und informalen Netzwerken in Organisationen. Betrachten Sie Beispiele aus der Kommunalpolitik!

Organisationen weisen **trans-organisationale Netzwerke** *auf, die ebenfalls formaler oder informaler Natur sein können. Die formalen trans-organisationalen Netzwerke aktivieren Valenzen von Positionen im Sinne der Ziele, die durch die Führung der Organisation gesetzt werden. Die informalen Netzwerke beziehen sich auf die Aktivierung von Valenzen der Aktoren der Organisation, die von der Position unabhängig sind. Sie haben zur Folge, daß die Grenzen der Organisation nicht ausschliesslich durch die formale Führung bestimmbar sind.*

Die Beschreibung einer Organisation zu einem bestimmten Zeitpunkt muß also sämtliche Dimensionen berücksichtigen, die beispielhaft an einer „Miniatur-Organisation" in Abbildung 12 dargestellt sind.

Abbildung 12: Grundmuster von Organisationen

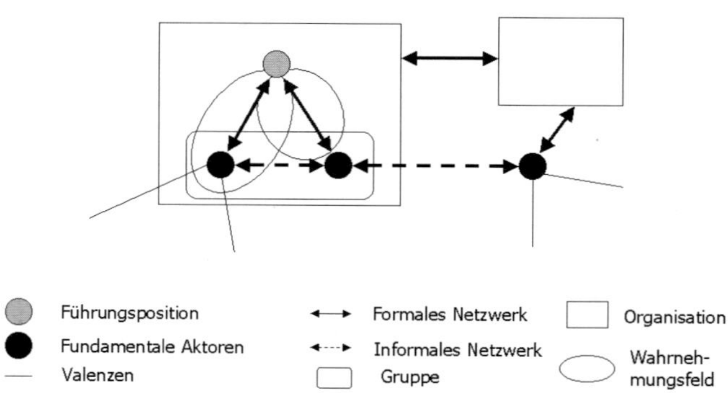

b. Determinanten der Organisationsstruktur

Organisations- und Transaktionskosten. Für Organisationen gilt natürlich alles bislang auch für Gruppen und Einzelaktoren Gesagte. Es gibt nun grundsätzlich zwei unterschiedliche Wege, die Struktur von Organisationen zu erklären.

- Da die formalen Netzwerke von Organisationen durch Aktoren gesetzt werden, können deren Strukturen durch die Motive erklärt werden, die in die Entscheidungen der Aktoren einfliessen. Herkömmlich ließe sich also auf **rationale Entscheidungen der Führung** Bezug nehmen und/oder auf Tauschprozesse zwischen verschiedenen Aktoren, die durch Übereinkunft das formale Netzwerk definieren. Treten in einer Organisation informale Netzwerke auf, können diese durch die Führung unter Umständen verändert, oder kann die formale Organisation an diese gezielt angepaßt werden.
- Organisationen verändern sich durch den Einfluss des **Gruppenwettbewerbes** analog zu den Ausführungen unter Abschnitt 3. Das wichtigste Beispiel ist der Wettbewerb zwischen Unternehmen auf Märkten, der zum Untergang bestimmter Organisationen führen kann, unabhängig von den Setzungen durch die Führung. Der Gruppenwettbewerb zwischen Organisationen selektiert allerdings Organisationen als Einheiten formaler und informaler Netzwerke, d.h. vor allem, daß die interne Koordination beider Netzwerke ebenso ausschlaggebend ist wie die Auswirkungen der formalen Netzwerke auf die Leistung der Organisation im Wettbewerb. Das heisst, Führung kann nur im Falle vollständigen referentiellen Wissens über die formalen und informalen Netzwerke die Anpassung der Organisation an das wettbewerbliche Umfeld optimieren. Umgekehrt gesagt: unter normalen Bedingungen kann Führung die Erfolgsfaktoren der Organisation nicht vollständig wissen.

Unternehmensberatungen: Der schlagendste Beweis dafür, daß Führende oft im Dunkeln tappen, wenn es um die Gestaltung einer Organisation geht, sind natürlich die florierenden Unternehmensberatungen. Analysieren Sie einige Empfehlungen vor dem Hintergrund dieser Annahme fundamentalen Unwissens über die umgebungsabhängigen Erfolgsfaktoren der Organisation: **http://directory.google.com/Top/Business/Management/Organizational_Change/**

Organisation und Institution:
Ronald Coase und Oliver Williamson sind wichtige Begründer dieser Theorien:
http://www.haas.berkeley.edu/bpp/oew/
http://www.law.uchicago.edu/faculty/coase/
http://homepage.newschool.edu/~het/

Markt oder Firma:
Betrachten Sie das Problem eines Zulieferers, der für ein spezielles Teil eine besonders teure Maschine anschaffen muß, die er anderweitig nicht verwenden kann. Er traut dem Abnehmer nicht und verzichtet auf den Vertrag. Der Abnehmer erhält dann aber das Teil nicht. Warum kann der Abnehmer dieses Problem lösen, indem er die Firma des Zulieferers erwirbt (also einen „merger" vollzieht)?

Vor diesem Hintergrund haben sich in der institutionen- und organisationstheoretischen Literatur zwei eng miteinander verbundene Ansätze zur Erklärung von Organisationsstrukturen herausgebildet, die auch evolutionsökonomisch bedeutsam sind.

Da Aktoren und Positionen nicht notwendig kongruent sind, können Aktoren in den drei Netzwerkdimensionen Handlungen durchführen, die zwar nicht durch die Position determiniert, aber dennoch für die Organisation zielrelevant sind. Die daraus entstehenden Probleme der Führung werden **„Principal-Agent-Probleme"** *genannt. Sie gehen im wesentlichen auf die Effekte zurück, die wir bereits in Abschnitt 2 betrachtet haben, vor allem asymmetrische Verteilung von Wissen über die Positionen in Wahrnehmungsfeldern und mögliche Täuschungen in Kommunikationsnetzen, also den bewußten Transfer von falscher Information bzw. die gezielte Abweichung zwischen kommunizierten Botschaften und realisierten Transaktionen (sog.* **„Opportunismus"**). *Daraus ergeben sich bestimmte Kosten der Kontrolle und Informationsverarbeitung in Organisationen, sowie Kosten der Sanktion von Opportunismus der Aktoren.*

Eine spezielle Form dieser Probleme entsteht dann, wenn versucht wird, durch bestimmte Kriterien der Mitgliedschaft abweichendes Verhalten der Aktoren ex ante auszuschliessen. Dies ist das Problem der **Unvollständigkeit von Verträgen**. *Unvollständigkeit von Verträgen ist Folge der Kosten, Verträge anzubahnen, abzuschliessen und zu kontrollieren. Diese Kosten heissen* **„Transaktionskosten"**. *Transaktionskosten nehmen dann offenbar Einfluss auf die Grenze zwischen Organisation und Umgebung, weil die Organisation ein Instrument ist, um das Problem der Unvollständigkeit von Verträgen durch hierarchische Subordination zu lösen.*

Anders gesagt, stellt sich die Frage, warum eigentlich Aktoren Organisationen schaffen, und nicht lediglich Transaktionen mit anderer Aktoren durchführen. Das einfachste und klarste Argument ist, daß andernfalls solche Transaktionen nicht stattfinden, oder daß sie mit einer im Vergleich zur Organisation geringeren Zielerfüllung - also Bedürfnisbefriedigung im allgemeinsten Sinne - verbunden sind. Die Wirtschaftstheorie verwendet an dieser Stelle den Begriff der Transaktionskosten insbesondere in der Theorie der Unternehmung und führt die Vorteilhaftigkeit der Organisation auf die höheren Transaktionskosten von Märkten zurück. Das bedeutet natürlich umgekehrt, daß eine Wahl zwischen Organisation und Transaktion den Vergleich zwischen Organisationskosten und Transaktionskosten implizieren würde.

Transaktionskosten begegnen uns ausführlicher in Kap. IV,2.

Es ist umstritten, ob eine solche Wahl für einen Aktor überhaupt möglich ist, der zwischen Markt und Organisation zu entscheiden hätte. Aus realistischer Sicht dürfte ein solches umfassendes Wissen ex ante nicht vorhanden sein. Wie wir später noch sehen werden, gibt es jedoch auch zwingende logische Gründe, die gegen die Möglichkeit eines solchen Vergleiches sprechen. Praktisch bedeutsam ist in jedem Fall die Schwierigkeit, daß zwischen Markt und Organisation Interdependenzen bestehen, sodaß die Wahl für eine Form auch die Kosten der anderen bestimmt. Auf der anderen Seite ist jedoch klar, daß ex post die Leistungsfähigkeit eines Unternehmens auch dadurch bestimmt wird, ob die Organisations- und Transaktionskosten möglichst niedrig ausfallen.

Organisation und Unternehmertum:
Sie sind Unternehmer und haben ein geheimes Rezept für einen Gesundheitstrank. Zum Zwecke eines landesweiten Vertriebs müssen Sie zwischen folgenden Alternativen wählen:

- Aufnahme eines Kredites und Aufbau einer Organisation zum Vertrieb.
- Verkauf des Rezeptes an andere lokale Unternehmer.
- Einrichtung einer Marke mit Patent und Vertrieb der Grundmischung an Unternehmer, die unter Ihrer Marke den Vertrieb übernehmen.

Nach welchen Kriterien entscheiden Sie?

Wissen in Organisationen. Evolutionsökonomisch wird der Begriff der Transaktionskosten daher als ex-post-Kriterium für die Erklärung von Organisationsleistungen betrachtet, also als eine Determinante des Gruppenwettbewerbes unabhängig von der Frage, ob ein Aktor ex ante zwischen Alternativen gewählt hat. Die Argumentation verläuft hier analog zur oben vollzogenen Analyse des Opportunitätskosten-Konzeptes. Organisationen, die im Vergleich zu anderen Arrangements zu hohe Organisationskosten aufweisen, werden gegebenfalls geringere Erträge erwirtschaften und im Gruppenwettbewerb ausselektiert. Aktoren, die solche Arrangements schaffen, handeln also unternehmerisch, weil ihr Handeln auf nicht vollständig antizipierbare Gewinne hinzielt.

Vor dem Hintergrund der komplexen Struktur von Organisationen bedeutet dies natürlich, daß die Gruppenselektion in Organisationen zur Bildung nicht-referentiellen Wissens führt. Das gilt vor allem für die Mischung formaler und informaler Netzwerke, die durchaus funktional für die organisatorische Leistung sein kann. Daraus ergibt sich folgende grundlegende Einsicht:

Tacit knowledge, nochmals: In der managementwissenschaftlichen Literatur spielt hier der Begriff des „tacit knowledge" wieder eine zentrale Rolle, weil es zum Beispiel eine Barriere gegen eine komplette IT-Konzeption des Wissensmanagements darstellt: **http://www.brint.com/km/km.htm**

> *Da kein Aktor in der Organisation die Wechselwirkungen zwischen formalen und informalen intra- und transorganisationalen Netzwerken überschaut, stabilisiert die Gruppenselektion also die Organisation als Element, indem es eine positive Rückkopplung zwischen Organisationsleistung und Stabilität der Organisation in der Zeit gibt. Dann besteht also eine Kongruenz von derivativem Aktor und Element: Die Organisation ist Träger von Wissen und damit ontologisch nicht-reduzierbar. In Wirtschaftssystemen ist also immer zwischen Aktoren und Unternehmen zu unterscheiden.*

Routinen: Betrachten Sie das Verhalten einer Schulklasse in verschiedenen Fächern, wo die Fachlehrer sehr unterschiedliche Persönlichkeiten sind. Nennen Sie Routinen im Umgang der Kinder mit den verschiedenen Lehrern!

Die neuere evolutionsökonomische Theorie der Firma betont die Bedeutung nicht-referentiellen Wissens für die Vorteilhaftigkeit von Organisationen. Dies ist gleichbedeutend mit der Feststellung, daß Organisationen bestimmte Muster von Verhalten ihrer Aktoren qua Inhaber von Positionen aufweisen, die positiv zielrelevant sind, aber gleichzeitig nicht Gegenstand der gezielten Organisationsgestaltung bzw. unter Umständen sogar keinem Aktor in der Organisation bewußt bekannt sind. Solche Verhaltensmuster heissen **Routinen** und werden in einem Prozeß der **organisationalen Sozialisation** gelernt. Routinen können, aber müssen nicht kongruent mit informalen Netzwerken sein. Sie ergeben sich vielmehr aus der prinzipiellen Beschränktheit der Fähigkeit der Führung, alle Prozesse zu steuern (also auch Prozesse, die keine Interaktionen sind). Insofern müssen Aktoren eigene Lösungen für bestimmte Probleme entwickeln. Dies betrifft vor allem auch den Einsatz der

Technologie in Organisationen, den wir im vierten Kapitel näher betrachten. Die verschiedenen „Wissenstheorien" der Firma (**competence theories, knowledge-based theories of the firm**) betonen in der Regel diesen Aspekt, weil dieser für die Besetzung von Marktnischen sehr wichtig ist.

Ein instruktives Beispiel ist die transnationale Unternehmung, mit der wir uns in Kap. VI, 5 beschäftigen. Der skizzierte Ansatz ist auch für die Analyse der Beziehung zwischen Technologie und Organisation sehr wichtig, Kap. IV, 3.

Diese verschiedenen Aspekte der Organisation schliessen sich natürlich gegenseitig nicht aus, weil auch der Einsatz von Technologien zu bestimmten Steuerungsproblemen führt, die wiederum durch organisatorische Strukturen gelöst werden müssen. Aus evolutionsökonomischer Sicht ergänzen sich also die wissensbasierten Firmentheorien mit den transaktionsbasierten, die nahezu ausschliesslich das Opportunismus- und Informationsproblem betonen. ***Lesehinweis 17***

Hinzu kommt, daß der spezifische Charakter von Organisationen wesentlich durch die Umgebungsbedingungen beeinflusst wird, und zwar insbesondere hinsichtlich des Bei- und Austritts von Aktoren. Beide nehmen Einfluß auf die konkrete Form der Machtausübung in der Organisation und bestimmen das Verhältnis zwischen **„exit, voice, and loyality"** ihrer Mitglieder, also zwischen der Bereitschaft, die Organisation wieder zu verlassen, der Neigung, intern Meinungen und möglicherweise Protest zu äußern, und der Bereitschaft, der Führung bedingungslos zu folgen. Die interne Steuerung ihres Verhaltens ist mit Kosten verbunden, die von der Zielkonvergenz zwischen Leitung und Mitgliedern abhängen („loyality") und den individuellen Kosten abweichenden Verhaltens bei Zieldivergenz. Daraus ergibt sich in hohem Maße die Relevanz der Überlegungen zu Gruppen, weil zum Beispiel Loyalität emotional basiert sein kann, oder die Zugehörigkeit zu Organisationen personale Identität formiert. Da dies wiederum von der besonderen Beziehung zwischen Aktoren und Positionen abhängt, ist ein reiner Umweltdeterminismus nicht möglich. Gleiche Probleme können zum Beispiel in unterschiedlichen kulturellen Kontexten mit unterschiedlichen Organisationsformen gelöst sein.

Loyalität:
Ein extremes Beispiel für die Beziehung zwischen „exit, voice and loyality" sind Armeen als Organisationen. Analysieren Sie das Verhalten von Soldaten im Ernstfall unter unterschiedlichen Annahmen zu Patriotismus, Führungsstilen und Strafen für Deserteure.

Organisation, Macht und Unsicherheit. In der Diskussion um die Firma wird in einem besonderen Zusammenhang viel Wert auf die Wechselwirkung zwischen Umgebung und internen Verhältnissen gelegt: Wenn nämlich geringe Alternativen ausserhalb der Organisation („outside options") bestehen, damit Aktoren Bedürfnisse befriedigen können, dann entsteht ein Zwang zur Mitgliedschaft, der zu einer hohen Akzeptanz interner Machtasymmetrien führt. Diese Erklärung konfrontiert also die **effizienztheoretische Theorie der Firma** mit einer **machttheoretischen**.

Kapitalismus: Erklären Sie den Wandel der Machtverhältnisse in den Unternehmen zwischen dem 19. und dem 20. Jahrhundert durch Veränderungen der „outside options" der Arbeiter!

Unterstellen wir aber zunächst ausreichende Möglichkeiten der Bedürfnisbefriedigung ausserhalb der Organisation, so bleibt dennoch ungeklärt, warum ein Aktor sich überhaupt unterordnen sollte. Die bislang genannten Erklärungen von Organisation nehmen allesamt die Organisationsperspektive und damit implizit die Position der Führung ein. Fragt man also nach den eigentlichen Motiven, warum sich Mitglieder in eine Hierarchie einordnen, so lautet für die Unternehmung die einfachste Antwort, daß diese eine **Unsicherheitstransformation** der Bedürfnisbefriedigung vollzieht. Wirtschaftlich ist die Mitgliedschaft an einer Unternehmung nämlich damit verbunden, daß ein sicherer Einkommenstrom erzielt wird; umgekehrt werden der Organisation die Residualeinkommen (Gewinne) zugerechnet, die unsicher sind. Genau aus diesem Grunde ist die Unternehmung vor allem ein Phänomen der neueren wirtschaftlichen Entwicklung, denn insofern die moderne Wirtschaft durch eine hohe Intensität von Neuheit geprägt ist, hat die unternehmerische Unsicherheit entsprechend zugenommen.

Selbständigkeit: Überlegen Sie, ob Sie sich einmal selbständig machen wollen oder nicht. Welche Entscheidungskriterien sind für Sie relevant? In Deutschland besitzen Gründungsinitiativen eine hohe Priorität in der Wirtschaftsförderung, und es wird vermutet, daß eine zu geringe Risikobereitschaft existiert: **http://www.go-online.nrw.de/ http://www.ipts.de/blk-kus/**

Dieses Argument betrifft auch den Aspekt der kooperativen Organisation, bei der Mitglieder ihre Ressourcen freiwillig zusammenlegen (also etwa Unternehmer Kapital). Es läßt sich aber generell verallgemeinern:

> *Jede Organisation bietet aufgrund ihrer formal gesicherten Strukturen eine Reduktion von Unsicherheit der Handlungs-*

umgebung für die Aktoren, transformiert diese aber in Unsicherheit für die Organisation als derivativem Aktor. Die Zugehörigkeit zur Organisation ist also immer eine Unsicherheitstransformation für die einzelnen Aktoren, damit jedoch selbst eine unsichere Entscheidung.

Diese Unsicherheitstransformation bedeutet also, daß die Organisation selbst mit dem Problem der Unsicherheit konfrontiert ist. Da sie als derivativer Aktor in Netzwerke eingebettet ist, stellt sich also das Machtproblem auch nach aussen oder, allgemeiner formuliert, sämtliche strategischen Probleme in der Analyse von Gruppen und Spielen bestehen auch für die Organisation. Sieht man also von technologischen Faktoren ab, ist ein wesentlicher Aspekt der Organisation die Verbesserung der Kontrollfähigkeit bezüglich der Umwelt durch hierarchische Unterordnung der Aktoren in der Organisation und damit die Kontrolle von deren transorganisatorischen Netzwerken durch die Führung.

Spiele von Organisationen: Betrachten Sie das Gefangenendilemma. Macht es einen Unterschied, ob die beiden Aktoren als einzelne Individuen spielen, oder ob sie als Mitglieder von unterschiedlichen Organisationen in der Situation befindlich sind? Das ist real: Die Gefangenen könnten unterschiedlichen Mafia-Organisationen angehören.

Diese Kontrollfähigkeit ist nicht primär durch effizienztheoretische Argumente zu erklären. Die Organisation als derivativer Aktor weist spezifische Phänomene der Kommunikation, Transaktion und Wahrnehmung auf. Insofern sind die perzipierten Netzwerkbeziehungen der Organisation von jenen ihrer Mitglieder auch ex ante verschieden, womit deren Optimierungskalkül nicht in einem Zuge Transaktionen und Organisationen determinieren kann. Mithin ist die Organisation auch eine eigenständige Kraft der Entwicklung von Netzwerken. Dies gilt vor allem für die Abgrenzung zwischen Organisation und Umwelt. Einerseits wenden Organisationen formal klare Kriterien der Mitgliedschaft an. Andererseits können Organisationen das Verhalten von Nicht-Mitgliedern anders steuern als einzelne Aktoren. In wirtschaftlichen Kontexten gibt es daher Übergangsformen zwischen Hierarchie und Markt, die durch die Machtgefälle in Transaktionen entstehen (zum Beispiel in Zulieferer-Netzwerken). Diese sind also beson-

Transorganisatorische Gruppen: In den letzten Jahren wurde viel über „strategische Allianzen" von Unternehmen geredet. Was verstehen Sie darunter? **http://www.dav-academy.de/~fmerkel/strat_all/strat_all_paper.html**

dere Formen von Gruppen: Nämlich **trans-organisatorische Gruppen** derivativer Aktoren.

Damit wird ein zentraler Mechanismus der Reduktion von Unsicherheit durch die Organisation klar: Die Organisation definiert als derivativer Aktor Positionen in Netzwerken, die langfristig stabil sind, insofern auch die Organisation langfristig stabil ist, und die auch die Netzwerkumgebung der Aktoren sicherer werden lassen, insbesondere, wenn diese stellvertretende Rollen in organisationsdefinierten Positionen spielen. Der Vertreter einer Organisation kann in Netzwerken anders handeln als ein Individualunternehmer. Nicht ohne Grund werden intra-organisatorische Positionen von Aktoren im Netzwerken klar kommuniziert (z.B. Visitenkarten). An dieser Stelle entstehen auch Wechselwirkungen zwischen solchen Positionen und informalen Netzwerken, etwa durch einen positionsabhängig höheren Einfluss eines Aktors.

Staaten: Überlegen Sie, ob sich Staaten nicht als Unternehmen auffassen ließen (Politiker entsprechend als Unternehmer).

Politische Organisationen. Wir haben bislang unsere Beispiele aus dem Bereich der Wirtschaft gewählt. Innerhalb der Wirtschaft gibt jedoch auch andere Organisationen, von denen die mit Abstand wichtigsten die politischen sind, und dort wiederum besonders der Staat.

Waffenbesitz: In den USA findet bis heute eine gesellschaftliche Auseinandersetzung um das Gewaltmonopl statt. Die auch wirtschaftlich bedeutend ist. **http://www.tsra.com/**

Im Unterschied zu Unternehmen zeichnet sich der Staat durch die Möglichkeit aus, Transaktionen erzwingen zu können, d.h. der Staat kontrolliert Zwangsmittel und besitzt daher in Netzwerken einen besonders hohen Grad von Macht. Historisch betrachtet, sind solche Organisationen, wie schon bemerkt, die ältesten. Diese Beobachtung akzentuiert den engen Zusammenhang zwischen Organisation und Macht. Dies wird besonders dadurch deutlich, daß Staaten im Laufe ihrer Geschichte das Gewaltmonopol ausgebildet haben, d.h. weltweit sind Staaten jene Organisationen, die in hohem - wenn auch unterschiedlichem Masse - den Einsatz von Gewaltmittel gegen Personen kontrollieren. Diese Kontrolle des Gewaltmonopols korreliert wiederum eng mit der Durchsetzung von Recht (insbesondere Strafrecht).

Der Unterschied zu einer gewalttätigen Gruppe oder einer organisierten Bande besteht erneut darin, daß im Staat zwischen Aktoren und Positionen differenziert wird, und daß vor allem beim modernen Staat die Aktoren, die in Transaktionen mit dem Staat treten, gleichzeitig Mitglieder des Staates sind; der Staat tritt wiederum in manchen Transaktionen stellvertertretend für diese Mitglieder in Beziehungen zu Aktoren, die nicht Mitglieder sind. Dies ergibt sich aus den speziellen Mitgliedschaftsregelungen, also vor allem dem **Territorialprinzip** und dem Prinzip der Staatsbürgerschaft. Theoretisch relevant ist dann vor allem, daß der Staat für die Gesamtheit aller Aktoren bestimmte Formen von Transaktionen vorschreibt und durchsetzt: Solche formalen Institutionen von Transaktionen, die nicht intra-organisatorisch sind, werden wir später noch eingehender betrachten.

Die Kategorie des Raums als solche beschäftigt uns genauer in Kap. IV, 5.

Die meisten der vorher vorgetragenen Überlegungen zu Organisationen gelten allerdings auch für den Staat, insbesondere zur Beziehung zwischen formalen und informalen Netzwerken und zu den Konsequenzen von Gruppenwettbewerb. Dementsprechend gibt es viele Übergangsformen zwischen Staat und anderen Formen der Organisation.

Ein wichtiges Thema ist in diesem Zusammenhang der Föderalismus und der Wettbewerb zwischen Jurisdiktionen, dem wir uns in Kap. VI, 6 zuwenden.

Dennoch muß natürlich ein prinzipielles Abgrenzungskriterium gefunden werden. Herkömmlich gibt es vor allem zwei Kriterien. Unter anderem in den internationalen Wirtschaftsstatistiken wird der Staat als eine Einheit behandelt, die im Unterschied zu Unternehmen nicht produziert. Dieses Kriterium ist sachlich äußerst umstritten; wir werden im nächsten Kapitel sehen, daß es auch aus prinzipiellen Gründen nicht haltbar ist. In der Praxis (etwa der modernen Kommunalverwaltung) verschwimmt die Grenze zwischen politischen und wirtschaftlichen Organisationen gerade deshalb, weil auch die politischen Organisationen Güter und Leistungen produzieren.

Kommunale Unternehmer:
Die Kommunen sind die grundlegenden politischen Einheiten in den meisten Ländern der Welt. Sie werden immer mehr wie Unternehmen geführt, etwa in den Niederlanden.
http://www.vku.de/

Damit bleibt das zweite Kriterium, nämlich die Gewinnerzielung. Auch dies verschwimmt in der modernen Verwaltungsreform zwar teilweise, ist aber dennoch recht treffsicher. Staaten verfolgen eine Vielfalt von Zielen, Unternehmen zumindestens formal und grundsätzlich die Gewinnerzielung. Evolutionsökonomisch ist an dieser Differenzierung allerdings entscheidend, daß sie selbst eine institutionelle ist, d.h. die Institutionen des Wirtschaftssystems legen fest, ob und inwelchem Umfang welche Organisationen das Ziel der Gewinne verfolgen bzw. verfolgen sollen. Insofern ist diese Differenzierung selbst erklärungsbedürftig. Bei dieser Erklärung wird dann aber wieder relevant, welche anderen Ziele mit dem formalen Ziel der Erwirtschaftung von Gewinnen zusammenhängen. Damit kommen wir aber wieder zur Analyse von Aktoren zurück, vor allem dem grundlegenden Unterschied zwischen fundamentalen und derivativen Aktoren. Bei den fundamentalen Aktoren wird die Frage der unternehmerischen Motivation zentral, während dies bei den Organisationen historisch gewachsene Aufgabenbeschreibungen sind, die sich aus sachlichen Zusammenhängen des organisationsspezifischen Wissens ergeben.

Insofern ist die Unterscheidung zwischen wirtschaftlichen und politischen Organisationen einerseits zu ziehen, bleibt aber fliessend und ist selbst das Ergebnis der Evolution ökonomischer Systeme. Ausschlaggebend ist die spezielle Form der Ausbildung von Machtstrukturen. Diesem Thema wenden wir uns im vierten Kapitel ausführlich zu.

6. Ergebnisse

Das Ergebnis dieses Kapitels ist die Beschreibung grundlegender ontologischer Eigenschaften des Gegenstandsbereiches der Evolutionsökonomik. Es ergeben sich zwei klare Unterschiede zur herkömmlichen Sichtweise.

- Die Ontologie ist wesentlich reichhaltiger, weil es komplexe Aktoren gibt, also zum Beispiel Organisationen, die ihrerseits Organisationen bilden, oder Gruppen in Organisationen, oder Gruppen von Organisationen. Das heisst, das Phänomen der Neuheit bezieht sich auch auf die Ebene der Aktoren, und es sind beliebig komplexe Verschachtelungen von Netzwerkstrukturen auf der Basis derselben Population von fundamentalen Aktoren vorstellbar. Da jede dieser Strukturen eigenständige Phänomene in den drei Netzwerkdimensionen zeitigt, ist die Evolutionsökonomik nicht-reduktionistisch, d.h. sie geht nicht davon aus, daß alle wirtschaftlichen Phänomene vollständig auf die Ebene der fundamentalen Aktoren reduzierbar sind. Daraus ergibt sich ein **Primat der Beschreibung vor der Erklärung**: Jede empirische Untersuchung muss zunächst genau die Zusammensetzung der fundamentalen und derivativen Aktoren und die Konfigurationen ihrer Netzwerke nachvollziehen, bevor sie zu einer Betrachtung ihrer Prozesse fortschreitet. Die herkömmliche Wirtschaftswissenschaft hat diesen Schritt weitestgehend ausgeblendet, indem sie zum Beispiel holzschnittartig zwischen Individuen und Unternehmen unterscheidet, und diese jedoch im Sinne der Repräsentativität mit jeweils über die gesamte Population identischen Zielfunktionen ausstattet.

Wissenschaftliche Beschreibung: Die Beschreibung ökonomischer Systeme war in der älteren Volkswirtschaftslehre ein zentrales Anliegen, das sich vor allem aus ihrem Interesse an der historischen Entwicklung ableitete: **http://www.regiosurf.net/geographie/humgeo2/stufen.htm**

- Die Evolutionsökonomik unterstellt nicht a priori spezielle Zielfunktionen der Aktoren. Wie wir gesehen haben, sind Ziele als Bedürfnisse zu interpretieren, die erst aus bestimmten Funktionsbedingungen von Selektionsprozessen entstehen, und insofern selbst eine Form von Wissen sind. Das heisst beispielsweise, daß nicht a priori angenommen wird, daß Unternehmen Gewinne maximieren, sondern daß die Ziele des Unternehmens Ergebnis bestimmter wettbewerblicher Umfeldbedingungen sind. Für alle Aktoren gilt, daß deren Ziele außerdem das Ergebnis interner Konfliktlösung und echter Entscheidung sind, und nicht Ausdruck einer eindimensionalen Optimierung. Auch hier ergibt sich also ein Primat der Beschreibung: Denn insofern die Aktoren singuläre Phänomene sind, muß also eine Erklärung im Extremfall genau die spezifischen inneren Bedingungen der Aktoren analysieren, also z.B. singuläre Merkmale von Unternehmen, die in einer bestimmten Branche als Innovatoren auftreten.

Case studies: In den Managemenwissenschaften ist der analytische und auch didaktische Wert des Fallstudie unstrittig: **www.hbs.edu/mba/experience/learn/thelearningmodel/howthecasemethodworks.html**

Die Betrachtung konkreter ökonomischer Phänomene ist daher zunächst eine anspruchsvolle Aufgabe empirischer Erfassung und Beschreibung. Insofern ist die Evolutionsökonomik in hohem Maße eine **Erfahrungswissenschaft** und baut nicht auf wenigen Axiomen auf, aus denen die spezifischeren Hypothesen deduzierbar sind. Sie muß auch andere Bewertungen von Forschungsmethoden treffen. Zum Beispiel bedeutet die Singularität von Aktoren, daß der **Fallstudie** ein ganz anderer Stellenwert zukommt, als in der herkömmlichen Wirtschaftswissenschaft. Umgekehrt sind statistische Verallgemeinerungen schwieriger zu erreichen bzw. von begrenzter Aussagekraft.

Nun wurde freilich bereits deutlich, daß im Grunde keines der bislang betrachteten Phänomene statisch ist. Selbst die Aktoren sind Ergebnis eines dynamischen evolutorischen Prozesses der Ausbildung von persönlichen Identitäten oder der Entwicklung von Organisationstrukturen. Daher muß der nächste Schritt unseres „Grundrisses" darin bestehen, diesen Prozeß selbst besser zu verstehen. Dieser Frage wenden wir uns im nächsten Kapitel zu.

Lesehinweise

1 Der Begriff des Netzwerkes wird in der Wirtschaftswissenschaft sehr unterschiedlich verwendet: Grob gesagt, gibt es das Anwendungsfeld der technologischen Netzwerke und jenes der ökonomischen. Wir nehmen auf das letztere Bezug und greifen insbesondere die soziologische „social network analysis" auf (ausführlich siehe Kap. V, 2). Diese Theorie wird bislang in der Wirtschaftssoziologie intensiv eingesetzt, weniger aber in der eigentlichen Wirtschaftswissenschaft. Zur Einführung ist ein wirtschaftsethnologischer Text besonders gut geeignet: Schweitzer (1996). Ein Klassiker, in dem der Wettbewerbsbegriff betont wird, ist Burt (1992). In der Evolutorischen Ökonomik sind Netzwerke erstmals von Potts (2000) systematisch zur Grundlegung der Theorie verwendet worden, der allerdings keinen Bezug auf die „social network analysis" nimmt. Von Potts stammt vor allem das Konzept der „nicht-integralen Systeme". In der Theorie der Selbstorganisation gibt es verwandte Ansätze, etwa in Krohn/Küppers (1992).

2 Zum Wissenbegriff ist in der Wirtschaftswissenschaft zwar viel geschrieben worden, selten sind aber klare Definitionen geboten worden. In der Evolutionsökonomik ist im Anschluss an Shackle (u.a. 1972) der Begriff des „Unwissens" von Faber und Proops (1998) besonders klar herausgearbeitet worden. Neben dem Werk von Shackle ist ein Klassiker Hutchison (1977). Bei beiden wird deutlich, daß eine fundierte Auseinandersetzung mit dem Wissensbegriff den Bezug auf die Philosophie voraussetzt; ein modernes Beispiel ist Tietzel (1985). Ein guter Überblick über Definitionen von Wissen und Information findet sich bei Wesseling (1991). Aus der Spieltheorie ist der Begriff des „gemeinsamen Wissens" (common knowledge) übernommen worden, der sehr wichtig ist, um die Entstehung von Wissen durch Kommunikation und Wahrnehmung näher zu analysieren; hierzu einführend Geanakoplos (1992). Interessante Ergebnisse zur Frage, wie auch falsches Wissen in einer Population als Information verbreitet werden kann, wenn die Wahrnehmung beschränkt ist, finden sich bei Bikhchandani et al. (1998).

3 Diese Überlegungen sind für die Neubegründung der ökonomischen Theorie sehr wichtig. Weite Bereiche der sogenannten „mainstream" Ökonomik operieren mit dem Konzept des „repräsentativen Individuums" bzw. der Identität von Akteuren; zur Einführung dieses Konzeptes und Kritik siehe Kirman (1992) und Hartley (1997). Die Identität der Wissenbestände ist natürlich in den früheren Annahmen der Vollständigkeit und Vollkommenheit der Information ebenso enthalten, wie in der modernen Version der „rationalen Erwartungen". Rationale Erwartungen begründen die Angleichung der Wissensbestände und damit der ökonomisch relevanten Eigenschaften von Individuen damit, daß in einem Wettbewerbsprozeß sich letztlich nur jene Erwartungen durchsetzen werden, die stochastisch „richtig" im Sinne der Verarbeitung aller notwendigen Informationen und der Verwendung des richtigen Modells der Volkswirtschaft sind; empfehlenswert hierzu sind die einschlägigen Ausführungen in Snowdon et al. (1994).

4 Der Begriff des Unternehmertums ist vor allem von Schumpeter (1912, 1928) als zentrale Kategorie einer evolutorischen Betrachtungsweise in der Wirtschaftswissenschaft entwickelt worden. In der Regel wird er eng mit technologischen Innovationen in Verbindung gesehen, auch wenn die Motivation durchaus differenziert gesehen wird, also beispielsweise auch Machtstreben einschliesst. Diese Rolle als technologischer Innovator rücken wir nicht in den Vordergrund (siehe auch dazu Kap. VI, 3). Unsere Darstellung orientiert sich an der neueren Auffassung, die vor allem von Mark Casson (1997) erarbeitet worden ist: Unternehmer sind hier „market makers", also Personen, die wirtschaftliche Transaktionen erst ermöglichen, und genau daraus Gewinne erwirtschaften. Diese Sichtweise ist unter anderem von der sogenannten „neoösterreichischen Schule" vorbereitet worden; einflussreich war hier Kirzner (1979).

5 Das Phänomen des Vertrauens findet zunehmend Aufmerksamkeit in der theoretischen Literatur, weil es eine wichtige Voraussetzung für die Funktionsfähigkeit von Marktwirtschaften, aber auch von Gesellschaft allgemein ist; eine breitere Öffentlichkeitswirkung hat hier das Buch von Fukuyama (1995) erreicht, der auch viele Beispiele diskutiert. In Coleman (1990) wird das Konzept mit ausdrücklichem Bezug auf Netzwerke entwickelt; Hollis (1998) bietet eine ökonomisch fundierte philosophische Analyse.

6 Unsere Definition von Wissen weicht von abendländischen Traditionen weit ab, weil sie eine klare Absage an cartesianische Positionen in der Philosophie bedeutet und sich in pragmatistische Traditionen einreiht, allerdings diese noch weiter im Sinne einer Evolutionären Erkenntnistheorie radikalisiert. Die Evolutionäre Erkenntnistheorie befasst sich mit der Frage, ob und wie erkenntnistheoretische Kategorien wie die „Wahrheit" auf biologische Konzepte wie die „Anpassung" reduziert werden können. Ihr erster Vertreter war der österreichische Verhaltensforscher Konrad Lorenz. Wir können auf dieses schwierige Feld nur Hinweise geben. Interessierte Leser mögen sich orientieren an Irrgang (2001) oder, eigenwilliger, Munz (1993). Die Evolutionsökonomik besitzt hier nicht immer deutliche Bezüge zu den philosophischen Positionen der amerikanischen Philosophen Dewey und Peirce. Sie werden in ihrer amerikanischen Variante allerdings deutlich betont, im Überblick Peukert (1998).

7 Die Theorie der Nachfrage ist in den Wirtschaftswissenschaften unterentwickelt, weil die Präferenzen als gegeben und nicht weiter hinterfragbar betrachtet werden. Dabei hat es immer wieder klare Aussagen dahingehend gegeben, daß insbesondere die „biologischen Bedürfnisse" und die „sozialen Bedürfnisse" differenzierter betrachtet werden müssen; dies konfrontiert „wants" mit „preferences". Einen Überblick über unterschiedliche, relevante evolutionsökonomische Ansätze bietet das Schwerpunktheft des Journal of Evolutionary Economics, Band 11, No. 1 (2000), insbesondere Witt (2000) und Metcalfe (2000). Eine Grundlegung für eine biologische Analyse von Bedürfnissen und Verhalten des Menschen ist Elworthy (1993).

8 In der Wirtschaftswissenschaft sind solche Überlegungen bereits unter dem Schlagwort der „multiple selfs“ diskutiert worden (z.B. Elster, 1986), blieben aber Randphänomene, bis sie gegenwärtig zunehmend Akzeptanz durch den Einfluss der sogenannten „Evolutionären Psychologie“ gefunden haben mit Vertretern wie Tooby und Cosmides (Barkow et al., 1992) oder Gigerenzer (2000). Diese psychologische Denkrichtung ist der Evolutionären Erkenntnistheorie eng verwandt und versucht, menschliche Kognitionsfähigkeiten als Reflex der Anpassung an frühere Selektionsumgebungen zu deuten. Dieser Ansatz findet zunehmend Unterstützung durch die moderne Hirnforschung, die ebenfalls davon ausgeht, daß das menschliche Gehirn ein komplexes System voneinander relativ unabhängiger Einheiten ist, die miteinander verbunden sind. Diese Modularität findet dann Ausdruck in bereichsspezifischen Denkweisen. Einer der ersten, faszinierenden Angriffe auf die Theorie des „Homunculus“ im Kopf war Edelman (1987); eine leicht zugängliche Darstellung ist Calvin (1996). Philosophisch ist diese Position allerdings bereits von Bunge (1982) entwickelt worden. Dogmenhistorisch ist noch zu notieren, daß die These von der Modularität der Vernunft letztendlich auch in Thorstein Veblens Instinktlehre wiederzufinden ist und seiner Auffassung, daß im Menschen unterschiedliche Entscheidungsprinzipien und Affekte miteinander in Widerstreit stünden. Zu Veblens Theorien und ihrer modernen Bedeutung siehe den Band Penz/Wilkop (1996).

9 Die Rolle personaler Identität wird in der Wirtschaftswissenschaft bislang höchstens in der Betriebswirtschaftslehre berücksichtigt, vor allem in der Marketing-Lehre und Konsumforschung, siehe etwa Belk (1988) oder Hogg/Michell (1996). In der Psychologie kann diese Auffassung besonders an die „personal construct theory“ anknüpfen, wie zum Beispiel Earl (1990) zeigt; die neuere Integration von Psychologie und Wirtschaftswissenschaft ignoriert leider solche übergreifenden Perspektiven und konzentriert sich stark auf kognitionswissenschaftliche Aspekte (Entscheidungstheorie), siehe etwa Rabin (1998).

10 Der Klassiker zu dieser Sichtweise der Kosten ist James Buchanan (1969). Ein modernes Lehrbuch der Mikroökonomik, das konsequent auf dem Konzept der Opportunitätskosten aufbaut, ist Weise/Eger/Brandes/Kraft (2002). Dieses Lehrbuch weist auch viele Bezüge zur Evolutionsökonomik auf und ist insofern eine ideale Ergänzung des vorliegenden Buchs. Die Einbeziehung von Kosten der Entscheidungen ist einer der Wege, innerhalb der traditionellen Theorie die sogenannte „beschränkte Rationalität“ einzuführen (bounded rationality). Wir verwenden diesen Begriff hier nicht, weil er in unnötiger Weise weiter auf den klassischen Rationalitätsbegriff Bezug nimmt. Die mit ihm angesprochenen Phänomene sind aber mit den hier dargelegten Sachverhalten deckungsgleich; zur Einführung ist Conlisk (1996) empfehlenswert.

11 Es gibt eine reichhaltige und lange Tradition in der Wirtschaftstheorie, die sich mit der Unterscheidung von „Risiko“ und „Unsicherheit“ befaßt, beginnend mit Frank Knight (1921) (auch: http://www.econlib.org/library/Knight/knRUP.html).

Die große Bedeutung des Themas ergibt sich vor allem aus der Bibliotheken füllenden Diskussion um Keynes und seine Erwartungstheorie: Die in Lesehinweis 3 thematisierten rationalen Erwartungen beispielsweise setzen eine stochastische Optimierung voraus und damit kalkulierbare Eintrittswahrscheinlichkeiten von Ereignissen. Es gibt eine Denkströmung der Keynes-Interpreten, die stattdessen argumentiert, daß eine dynamische Wirtschaft fundamentale Unsicherheit durch Neuerungen und Komplexität erzeugt, die entsprechende psychologische Effekte wie Pessimismus und Optimismus generieren. Einer der Begründer dieser Denkrichtung ist Shackle (1972). Insofern bestehen bestimmte Zusammenhänge zwischen der Evolutionsökonomik und der sogenannten „postkeynesianischen Theorie", die bislang nicht systematisch genutzt werden, um vor allem die evolutorischen Makroökonomik und monetäre Theorie auszubauen. Ein ausgezeichneter Überblick zu den relevanten dogmenhistorischen Zusammenhängen ist Snowdon et al. (1994).

12 Der Begriff der „frames" ist von verschiedenen Autoren ausgearbeitet worden, insbesondere im Anschluss an entsprechende Ergebnisse der experimentellen Ökonomik. Einige interessante Experimente finden sich im Sammelband Thaler (1994). Eine alternative Theorie rationaler Entscheidungen auf der Basis von Frames haben die Soziologen Lindenberg (1990) und Esser (1996) in verschiedenen Beiträgen entwickelt. Die Thematik ist zum Beispiel sehr bedeutsam für die ökonomische Theorie und Empirie der Wirkung von Anreizen: Anreize wirken je nach Kontext unterschiedlich; ein umfassender Überblick ist Fehr/Falk (2002). Sie besitzt enge Bezüge zum Konzept des bereichs-spezifischen Denkens, siehe oben, Lesehinweis 7. Die Gestaltpsychologie ist besonders von Schlicht (1998) in der Wirtschaftswissenschaft hoffähig gemacht worden. Wie wir noch sehen werden, erlaubt dies eine direkte Verbindung zwischen kognitiven und institutionellen Phänomenen, siehe zum Beispiel Kubon-Gilke (1997).

13 Der Begriff der „Macht" gehört trotz der Allgegenwärtigkeit des Phänomens zu den unklarsten Begriffen der Wirtschafts- und Sozialwissenschaften; ein Überblick findet bei Popitz (1985) und Imbusch (1998). In der herkömmlichen Wirtschaftstheorie spielt der Begriff vor allem im Zusammenhang der Analyse von Marktformen eine Rolle („Marktmacht"); hier liegt auch die thematische Wurzel der Ordnungstheorie, die im ersten Kapitel angesprochen worde, zum Beispiel im Werk von Walter Eucken (1952). Der Begriff ist jedoch deshalb viel weitreichender, weil Macht natürlich die Voraussetzung jeder Art von Sanktion ist; Sanktionen sind zur Durchsetzung und Stabilisierung von Institutionen unbedingt erforderlich. Unsere Machtdefinition weicht von der klassischen Max Webers (1985, S. 28) ab, der den Zwangscharakter betont; er ist demjenigen von Coleman (1990, S. 133) verwandt, der die Macht eines Akteurs als Kontrolle von Ereignissen definiert, die für andere wertvoll sind. Insofern Macht auch ein Implikat von Wahrnehmungen und Kommunikation sein kann, wäre die weiteste Analyseform jene der Bedeutungsrelationen (siehe unten); hierzu siehe Männel (2001). Wir beschäftigen uns noch ausführlich mit der Macht im vierten Kapitel.

14 Das Gefangendilemma ist das am meisten analysierte Spiel in der Wirtschaftswissenschaft, wird allerdings zum Teil ungenau angewendet. In unserer Darstellung legen wir auf die Transformation von Spielsituationen durch Kommunikation und Wahrnehmung Wert. Die Rolle der Wahrnehmung ist erstmals von Taylor (1987) in Gestalt sogenannter „Differenzenspiele" betont worden, während die Kommunikation besonders Beachtung findet, sobald das Gefangendilemma als strukturelles Hindernis bei der kollektiven Bereitstellung öffentlicher Güter betrachtet wird, siehe etwa Ostrom (1990). Die meisten Standard-Darstellungen in der Spieltheorie betonen hingegen die Frage der Wiederholung von Spielsituationen, wie vor allem im Anschluß an Axelrods „tit for tat"-Experimente. Lehrbuch-Darstellungen hierzu sind beispielsweise Osborne/Rubinstein (1994, chapter 8).

15 Das herkömmliche ökonomische Modell rationalen Entscheidens blendet Emotionen per definitionem aus. Erst neuerdings gibt es vor allem experimentelle Spieltheoretiker, die auf die zentrale Bedeutung von Emotionen für die Selbstbindung von Akteuren und damit die Lösung strategischer Interdependenzen hinweisen. Die ökonomische Literatur zu Emotionen beginnt mit Frank (1988); ein Überblick ist Elster (1998). Aber eigentlich hat Adam Smith (1976/1759) selbst bereits diesen Pfad gelegt, der von den Ökonomen nur vergessen wurde. Dies deckt sich mit den Ergebnissen der Gehirnforschung und läßt sich im Sinne einer Evolutionären Psychologie deuten, siehe Lesehinweis 7, und Damasio (1997) oder LeDoux (1997). Eine Brücke zur Psychologie, die auch auf evolutionsökonomische Konzepte der Dynamik neuronaler Netze zurückgreift, schlägt Ciompi (1997). Die Rezeption solcher Erkenntnisse ist allerdings in der Wirtschaftswissenschaft erheblich gegenüber den Verhaltenswissenschaften und der Anthropologie verzögert. Dabei gibt es viele Brücken zwischen der im weitesten Sinne biologischen Literatur und der geisteswissenschaftlichen Analyse vor allem der Rolle von Bedeutungen und Interpretationen bei der Koordination sinnvollen menschlichen Handelns; siehe hierzu Goody (1995).

16 Die Organisationstheorie ist ein eigenes Feld der Managementwissenschaft und zum Teil auch der Politikwissenschaft („Administrative Sciences"). Moderne Einführungen sind reichlich vorhanden. Der Evolutionsökonomik nahestehend ist zum Beispiel Aldrich (1999). In der Institutionenökonomik ist die Unterscheidung zwischen Organisation und Institution besonders von North (1990) vertreten worden. North behandelt Organisationen auch als eigenständige Einflussfaktoren auf institutionelle Veränderungen, stellt also im Prinzip unsere Unterscheidung zwischen fundamentalen und derivativen Aktoren her.

17 Seit rund zwei Jahrzehnten ist die Theorie der Firma ein Dauerbrenner in der evolutionsökonomischen Diskussion. Bereits in den fünfziger Jahren wurde eine eigenständige Denkrichtung begründet, die an den Fähigkeiten und der Wissensbasis von Unternehmen ansetzt. Sie verbindet sich mit dem Namen Edith Penrose aus heutiger Sicht, siehe Sachs (2001). Instruktive Gegenüberstellungen der evolutorischen und der neoklassisch-institutionenökonomischen Sicht der Firma sind Foss (1993), Hodgson (1998) und Schreiter (2001).

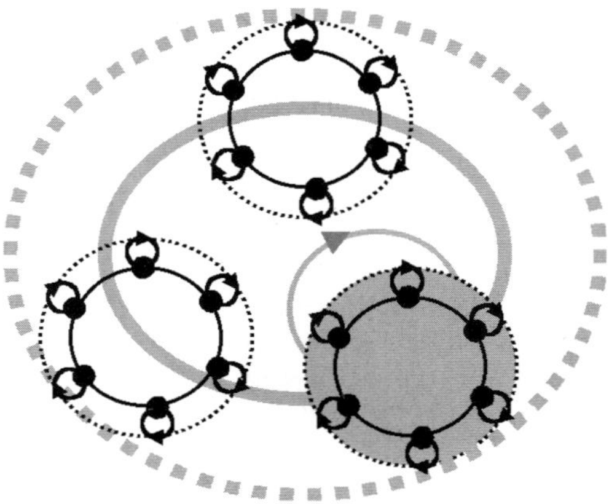

III. Prozesse

1. Gleichgewicht versus Wandel

In diesem Abschnitt wenden wir uns von den Elementen zur reinen Betrachtung von Prozessen zu, um dann im nächsten Abschnitt beide Perspektiven in der Analyse von Strukturen zusammenzuführen: Als Resultat von Prozessen arrangieren sich Elemente zu Strukturen. Die reine Betrachtung von Prozessen bedeutet im folgenden, daß wir bestimmte ihrer Eigenschaften herausarbeiten, die weitestgehend unabhängig von der konkreten Form der Elemente beschreibbar sind. Methodologisch bedeutet das, daß der Gegenstandsbereich der relevanten Theorien nicht a priori festgelegt ist, d.h. zum Beispiel, daß bestimmte Aussagen für Individuen ebenso zutreffen können wie für Unternehmen. Prozesse stehen dementsprechend auch im Zentrum der Bemühungen um eine Formalisierung und mathematische Modellierung der Evolutorischen Ökonomik. In diesem Kapitel wollen wir uns auf die qualitativen Eigenschaften evolutorischer Prozesse konzentrieren, während die formalen Modelle Gegenstand eines eigenen Kapitels sind, des fünften.

Offener Gegenstandsbereich: Rekapitulieren Sie nochmals, wie die Evolutionsökonomik Aktoren definiert und warum nicht nur Individuen, sondern auch Organisationen Aktoren sind. Wann sind Aktor und Element deckungsgleich?

In gewisser Weise scheint die Betrachtung von Prozessen die natürliche Blickrichtung der Evolutionstheorie, ist doch Evolution ein Prozeß par excellence. Doch hat schon die Untersuchung der Elemente gezeigt, daß die Differenzen zur herkömmlichen wirtschaftswissenschaftlichen Methode nicht einfach mit dem Dualismus "Statik versus Wandel" gefaßt werden können. Tatsächlich betreffen die Unterschiede alle Bereiche und Ebenen der Analyse: So geht es nicht um einen Dualismus, sondern um eine gänzlich andere Charakterisierung von Prozessen unter ausdrücklichem Einschluss auch der statischen Fälle. Genauer gesagt, ist die Dynamik der herkömmlichen Theorie eine inkrementelle, die Statik nur als Gleichgewicht zu greifen vermag. Gleich-

Prozesse: Betrachten Sie die Welt der Wirtschaft: Gibt es dort Prozesse, die sich ständig wiederholen? Gibt es Prozesse, die einen eindeutigen Anfang haben und ein eindeutiges Ende? Gibt es Prozesse, die unendlich lange dauern?

gewicht bedeutet dann aber auch Stillstand. Was uns stattdessen interessieren muß ist die Frage, wie in Prozessen fortlaufenden Wandels, wenn sich Bedürfnisse, Technologien und Umweltbedingungen ständig ändern, dennoch feste Strukturen entstehen und erhalten bleiben können. Diese Art der Stabilität werden wir als „Ordnung“ bezeichnen. Ordnung ist die Voraussetzung für die Stabilisierung von Wissen in der Zeit, das trotzdem ständigen Wandel unterworfen ist.

Die herkömmliche Wirtschaftstheorie befasst sich vor allem mit drei Arten von Prozessen:

- **Wirtschaftliches Wachstum** im Sinne der Zunahme der Möglichkeiten materieller Bedürfnisbefriedigung,
- **Allokation** im Sinne der Erreichung von Zuständen effizienter Verteilung von Ressourcen auf die Endverbraucher, und zwar auf dem Wege der Allokation von Faktoren auf die Produzenten mit produktspezifischen komparativen Vorteilen; hier ist grundsätzlich zwischen der einzelwirtschaftlichen (Management und Organisation) und der gesamtwirtschaftlichen (Markt und Wettbewerb) Perspektive zu unterscheiden,
- **Schwankungen und Störungen** der wirtschaftlichen Aktivität, vor allem auch im Sinne der Verfehlung von Gleichgewichtszuständen; hier ist zum einen die Konjunktur angesprochen, aber auch allgemeiner alle institutionellen Veränderungen, die auf die Allokation zurückwirken.

Grundlegender können wir auch davon sprechen, daß alle herkömmlich betrachteten Prozesse solche der **Optimierung** sind, wobei dies für die einzelwirtschaftliche Betrachtungsweise ebenso gilt wie für die gesamtwirtschaftliche. Im letzten Fall wird in der Regel das **Gleichgewicht** als Kriterium hinzugezogen, das in der einfachsten Weise als Erreichung eines Zustandes bezeichnet wird, in dem keiner der Akteure mehr Anreize erfährt, den Zustand zu verän-

Was ist Wirtschaftswissenschaft? Damit berühren wir erneut unsere Frage des ersten Kapitels, was die eigentliche Unterscheidung zwischen Evolutionsökonomik und herkömmlicher Ökonomik ist. Es gibt eigentlich nur wenige eindeutige Definitionen der Wirtschaftswissenschaft, die in der Regel das Wissensproblem ausblenden: **http://www.firstmonday.dk/issues/issue2_5/ghosh/ http://www.outfo.org/science/economics/definition/index.html**

dern, solange keine exogenen Störungen erfolgen. In diesem Sinne kann auch ein wachsendes System im Gleichgewicht befindlich sein, soweit auch die exogenen Veränderungen kontinuierlich erfolgen (wie beispielsweise ein stetiges Bevölkerungswachstum). Die herkömmliche Auffassung arbeitet daher auch mit eindeutigen Kriterien für die Bewertung unterschiedlicher Zustände (z.B. mehr oder weniger Sozialprodukt), die auch eine klare Grundlage für Empfehlungen bieten. Wir können also sagen:

> *Die herkömmliche Sichtweise begreift Strukturen als Ergebnis von Prozessen, die zu Gleichgewichten führen, die mit wenigen Parametern zu beschreiben sind, vor allem durch Preise und alloziierte Mengen von Gütern. Sie nimmt eine methodologische Position des* **strukturellen Minimalismus** *ein. Gleichzeitig ist die Analyse der Prozesse explizit oder implizit eingeschränkt auf solche Prozesse, die Gleichgewichte ermöglichen (bzw. deren Störungen).*

Gleichgewicht und Struktur: Überlegen Sie einmal rein intuitiv: Ist die Ausbildung einer festen Struktur an die Erreichung von Gleichgewichten gebunden? Welche Bedeutung besitzt die Beziehung zwischen Struktur, Gleichgewicht und Wandel beispielsweise beim Fahren eines Fahrrads oder einem funktionsfähigen Feuchtbiotop?

Die Evolutionsökonomik befasst sich mit grundlegend anderen Prozesstypen. Im Folgenden werden wir diese Prozesse im Einzelnen betrachten. Es geht darum, zwei völlig andere Fragestellungen zu verfolgen, nämlich nach

- dem **Wandel des Wissens**, das in Konfigurationen von Elementen gespeichert ist, und die entsprechende Veränderung der Komplexität von Netzwerken, die als Reflex und Determinante realer wirtschaftlicher Veränderungen aufgefaßt wird; in diesem Kontext wird das klassische Allokationskonzept nur bei gegebenen Wissensaustattungen als operational erachtet. In Umgebungen mit raschem Wandel des Wissens müssen hingegen Prozesse verstanden werden, die **fern vom Gleichgewicht zur Strukturbildung** führen. Die Position des strukturellen Minimalismus ist dann nicht haltbar.
- der **Nachhaltigkeit** bzw. Anpassungsfähigkeit der wissensspeichernden Systeme im Sinne ihrer Viabilität; **Viabilität** ist ein begriffliches Gegenstück zum her-

> kömmlichen Gleichgewichtskonzept, schliesst aber jede Form von Gleichgewicht und Ungleichgewicht ein, da Viabilität eine Größe ist, die auf bestimmte Wechselwirkungen zwischen Systemen und ihren Umwelten bezogen ist, die in der Zeit stabil im Sinne der Fortsetzung von Prozessen sind. Das heisst, auch Ungleichgewichte können also viabel sein: Wir werden in diesem Kapitel sehen, daß Ungleichgewichte im Sinne der Offenheit und Nicht-Abgeschlossenheit der Prozesse sogar der notwendige „Normalzustand" von Systemen ist. Was der Gleichgewichtsbegriff für die Analyse statischer Systeme, ist der Begriff der Viabilität für Systeme fern vom Gleichgewicht.

Gesellschaftspolitische Herausforderungen: Das Problem der Nachhaltigkeit und die Entwicklung der Wissensgesellschaft hängen natürlich engstens miteinander zusammen, denn unser Wissen bestimmt unsere Fähigkeit zur Nachhaltigkeit: **http://www.wissensgesellschaft.org/themen/wissensoekonomie/nachhaltigkeit.html http://www.uni-hildesheim.de/~chlehn/isko2001/texte/kraemer.pdf**

Diese inhaltlichen Kennzeichnungen lassen bereits erkennen, daß die Evolutionsökonomik Prozesse in einer Weise begreift, die zwei Merkmalen der wirtschaftlichen Moderne besonders gerecht wird, die in der gegenwärtigen gesellschaftspolitischen Diskussion besonders betont werden: Es handelt sich um das Phänomen der **„Wissensgesellschaft"** und den Primat der **Ökologie** im Sinne der allgemeinen Forderung, nachhaltig zu wirtschaften.

Schon auf der rein praktischen Ebene stößt die herkömmliche Auffassung hier an natürliche Grenzen ihres Begriffsapparates, weil sie zu Wissen und Unwissen wenig zu sagen hat. Bei der Wissensgesellschaft interessiert uns die Frage, warum und wie neues Wissen entsteht; bei der Ökologie wiederum stellen wir uns der Herausforderung, wie wir mit unserem Unwissen über die komplexen Zusamenhänge der menschlichen Lebensbedingungen umgehen können. Beide Fragen laufen darauf hinaus, individuelle und kollektive Kompetenzen zum Handeln in komplexen Systemen auszubilden. Hierfür ist Wissen über Prozesse unabdingbar.

2. Produktion und Entropie

a. Produktion: Transformation von Wissen

Begriff der Produktion. Seit Adam Smith wird wirtschaftliches Handeln als Produktion zum Zwecke des Konsums aufgefaßt. Der Konsum wird als letzter Zweck des Wirtschaftens aufgefaßt: Daraus leitet sich auch normativ die **Konsumentensouveränität** ab: Über den Preismechanismus dirigiert der freie Konsument die Produktion. Diese Vorstellung ist ein Beispiel für den strukturellen Minimalismus der Wirtschaftswissenschaft: Der Konsum selbst ist kein Gegenstand der Erklärung des wirtschaftlichen Prozesses. Dies hat zur Folge, daß es einen grundlegenden Unterschied zwischen der Betrachtung der realen Prozesse und der monetären Ströme gibt: Die Geldströme in einer Volkswirtschaft werden als ein Kreislauf betrachtet, der kontinuierlich verläuft, während Produktion und Konsum in einer linearen Folge angeordnet sind, so daß der Konsum letzten Endes aus dem System verschwindet. Es stellt sich also die prinzipielle Frage, warum die sogenannte „reale" Seite des Wirtschaftsprozesses nicht auch als ein Kreislauf analysiert wird.

Kreislauf: Das Bild von der Wirtschaft als Kreislauf gehört zu den ältesten und einflussreichsten Metaphern der Wirtschaftswissenschaft: **http://cepa.newschool.edu/het/profiles/quesnay.htm**

Was bedeutet nun der Begriff „real" an dieser Stelle? Wir wollen ganz allgemein darunter Strukturen und Prozesse verstehen, die als Materie und Energie beschreibbar sind. Das Gegenstück ist dann also nicht die monetäre Sphäre, sondern allgemeiner das Wissen (Geld ist eine spezifische institutionelle Form der Verarbeitung von Wissen, siehe Kap. VI, 7). Mit dieser allgemeinen und sicherlich evidenten Kennzeichnung des „Realen" in der Wirtschaft ergeben sich aber sofort weitreichende Schlußfolgerungen, was die Frage angeht, ob für Materie-Energie-Prozesse ein Kreislaufprinzip definiert werden kann. Diese Schlussfolgerungen lassen sich aus den allgemeinen Prinzipien der **Thermodynamik** ableiten.

Materie und Energie: Bekanntlich sind beide wiederum nur zwei Aspekte derselben Realität: **http://www.einsteins-erben.de/**

Thermodynamik:
Mit diesem Ausgangspunkt wird also eine Brücke zu den Naturwissenschaften gebaut, während der Wissensbegriff die Brücke zu den Geisteswissenschaften schlägt. Genau dies bedeutet Transdisziplinarität. Wir werden sehen, daß diese Ambivalenz in der Thermodynamik selbst zu finden ist.
http://www.entropylaw.com/index.html
http://saftsack.fs.uni-bayreuth.de/thermo/skript.html

Produktion und Konsum:
Betrachten Sie einen Ihrer üblichen Tagesabläufe: Wann produzieren Sie, wann konsumieren Sie? Untersuchen Sie nun Ihr Konsumverhalten: Welchem Zweck dienen verschiedene Aktivitäten? Ließe sich dieser jeweilige Zweck als „Output" ihres Konsums auffassen?

Der Ausgangspunkt der evolutionsökonomischen Betrachtung des Wirtschaftsprozesses ist **der erste Hauptsatz der Thermodynamik***: Für geschlossene Systeme ist die Summe von Masse und Energie konstant. Finaler Konsum ist also in dem Sinne unmöglich, daß Materie-Energie aus dem System verschwindet. Geschlossene Systeme weisen geschlossene Kreisläufe von Materie-Energie auf. Der ökonomische Prozeß ist auch real ein Kreislauf.*

Daraus ergibt sich also eine radikale Konsequenz: Die Evolutionsökonomik legt einen umfassenden Produktionsbegriff zugrunde, der denjenigen des Konsums obsolet werden läßt: Alle ökonomischen Prozesse sind Produktionsprozesse. **Ökonomie ist Produktion**.

Damit werden wir die Begriffe des „Bedürfnisses" und der „Bedürfnisbefriedigung" inhaltlich konkretisieren, die wir im zweiten Kapitel als selbstverständlich im Zentrum des Wirtschaftens sahen. Die Einbeziehung des ersten Hauptsatzes der Thermodynamik hat äußerst weitreichende theoretische und praktische Konsequenzen für die ökonomische Analyse. Die Bedürfniserfüllung wird als ein Prozeß innerhalb des Wirtschaftssystems betrachtet, der in seinem funktionalen Kreislauf-Zusammenhang steht. Mit der Befriedigung von Bedürfnissen wird das ökonomische System nicht verlassen, sondern im Gegenteil ein notwendiger Schritt im Kreislauf vollzogen, der wiederum produktiv in andere Prozesse eingeht. Die Voraussetzung für diesen grundlegenden Perspektivenwechsel wurde bereits gelegt: Bedürfnisse sind Wissen.

Zu Beginn des zweiten Kapitels hatten wir Produktion ganz allgemein als **intransitive Transaktion** bezeichnet: Das bedeutet, es besteht eine unumkehrbare Beziehung zwischen Inputs und Outputs. Während der Tausch also rückgängig gemacht werden kann, ist dies für die Produktion unmöglich.

Nun hatten wir im zweiten Kapitel ausschliesslich Netzwerke betrachtet. Produktion wird in Netzwerken als gerichteter Prozeß verstanden, der die Zustände von Aktoren in der Zeit irreversibel verändert, wobei dies gleichermassen für einzelne Aktoren gilt wie für Transaktionen zwischen Aktoren (Beispiel: die Dienstleistung des Haarschnittes). Obgleich wir die Zustandsveränderung von Aktoren in den beiden Dimensionen des Wissens und der Materie-Energie definiert hatten, haben wir aber im weiteren Verlauf der Analyse von Netzwerken die materiell-energetische Seite dieser Prozesse völlig ausgeblendet. Nun wollen wir uns schwerpunktmäßig der Tatsache zuwenden, daß Produktion notwendig mit der **Veränderung materiell-energetischer Zustände** und damit Vermögen von Aktoren einhergeht; eine kurze Überlegung zeigt freilich evidenterweise, daß solche Veränderungen ganz unabhängig davon auftreten, ob Zustände bestimmter Aktoren betroffen sind, und ob diese um die Veränderungen auch wissen. Genau diese Unterscheidung bedingt auch die analytische Dichotomie zwischen den Dimensionen des Wissens und der Materie-Energie, die, wie wir rasch sehen werden, im Produktionskonzept als bimodale Differenzierung grundlegend identischer Prozesse aufzufassen ist.

> **„wealth creation":**
> Dies wird in der Tat oft als zentrale Aufgabe der Ökonomie angesehen. Wir sagen also hier, daß Produktion Vermögen schafft. Was ist der terminologische Unterschied zum obigen „wealth"? Inwieweit könnte man vermuten, daß Irreversibilität also Voraussetzung der Erzeugung von Vermögen ist?

Eingangs ist dreierlei zu beachten, was im Folgenden zunächst in den Hintergrund rückt, um die Analyse nicht zu kompliziert werden zu lassen.

- Aus Sicht der konventionellen Theorie werden **Tausch und Produktion** auch dadurch unterschieden, daß nur Produktion materiell-energetische Aspekte berührt: Zum Beispiel wird in der Theorie des internationalen Handels in der Regel angenommen, daß Anpassungen der Produktionsstrukturen erfolgen und die Konsummöglichkeiten zunehmen, aber der Handel selbst findet kostenlos statt, verbraucht also keine Ressourcen (z.B. Energieverbrauch der Transportmittel). Mit dem Konzept der Transaktionskosten wurde jedoch bereits deutlich, daß diese Trennung nicht haltbar ist: Auch Tausch geht mit materiell-energetischen Prozessen einher. Wir werden bald sehen, daß damit die idealtypische Unter-

> **Umtausch:**
> Warum sind im Einzelhandel die Umtauschrechte für manche Produkte eingeschränkt? Ist Umtausch bei allen anderen Produkten nicht mit Kosten verbunden?

scheidung zwischen transitiven und intransitiven Transaktionen abgeschwächt wird, denn aufgrund der materiell-energetischen Effekte kann auch ein Tausch gerichtet und sogar unumkehrbar werden. Wir können daraus außerdem schliessen, daß transitive Transaktionen auch produziert werden.

> **Recht auf Umwelt:**
> Ein kompliziertes Beispiel ist die Auseinandersetzung um das Recht auf genetische Ressourcen und Biodiversität: Dürfen wirtschaftliche Produktionsprozesse zur Verringerung der Biodiversität in Gebieten führen, wenn diese Bodiversität wiederum als Vermögen der einheimischen Bevölkerung angesehen wird?
> **http://www.biodiv.org/**

- Dann entsteht die Frage, wie Zustandsänderungen des Aktors von Zustandsänderungen seiner Umgebung zu unterscheiden sind. Dies hängt zum einen davon ab, wie weit der Zustand des Aktors von der Umgebung separierbar ist: Wenn wir von der Unterscheidung extra/intrasomatisch ausgehen, sind solche extrasomatischen Umgebungen des Individuums Bestandteil des Zustandes des entsprechenden Aktors, wenn sie Bestandteil seines Vermögens sind. Umgebung und Aktor sind aber durch ökologische Interdependenzen eng verbunden. Das bedeutet aber, daß die **Differenzierung zwischen Zustand und Umgebung** selbst vom Wissen der Aktoren um solche ökologischen Interdependenzen abhängt. Ein typischer Fall sind Umweltschädigungen an Fischschwärmen, die wiederum von den Fischern bestimmter Länder als ihr Vermögen betrachtet werden, ohne daß diese Eigentumsrechte tatsächlich definierbar wären. Grundsätzlich muß also jede Analyse von Produktion als gerichteter und unumkehrbarer Zustandsänderung von Aktoren diese ökologischen Interdependenzen mitberücksichtigen.
- Das Problem, in welchem Umfang extrasomatische Aspekte bei der Bestimmung des Zustandes eines Aktors zu berücksichtigen sind, zieht allerdings noch weitere Kreise. Ein Kriterium hierfür wäre, daß zu einem Zustand alle Voraussetzungen seiner Handlungen zu zählen wären, die auch durch andere Aktoren beeinflussbar sind. Solche Voraussetzungen werden in der herkömmlichen Theorie als die Güterausstattung eines Aktors bezeichnet. Diese Ausstattung ist aber nicht ökologisch abgrenzbar, sondern nur institutionell über

die Zuweisung exklusiver Rechte an den Aktor. Dann würden also alle Rechte eines Aktors zu seinem Zustand gerechnet, d.h. konkret sein **Eigentum**. Die Zustandsänderung eines anderen Aktors durch Produktion kann dann in Produktion und Tausch zerlegt werden: Ein Aktor verursacht durch Produktion erst eine Änderung des eigenen Zustandes, und über Tausch wird der Output an den anderen transferiert, so daß dessen Zustand verändert wird. Diese Zerlegung ist aber offenbar gleichbedeutend mit einer Differenzierung zwischen materiell-energetischen Aspekten und Aspekten des Wissens, insofern Rechte eine Kategorie des Wissens sind.

Eigentum: *Mit dem Begriff des Eigentums als formalem Handlungsrecht befassen wir uns in Kap. IV, 2.*

Diese schwierigen Fragen können in diesem Abschnitt nicht abschliessend geklärt werden, weil sie eine Behandlung des Begriffs der Institution voraussetzen. Im Mittelpunkt stehen daher die materiell-energetischen Aspekte der Produktion; von ihnen ausgehend, müssen wir verstehen, wie diese Aspekte mit dem Wissen zusammenhängen. Im Ergebnis wird die Dichotomie von Wissen und Materie-Energie aufgehoben, und beide werden als Aspekte desselben Prozesses identifiziert.

Intentionale Produktion von Kuppeloutputs. Schon im Alltagsgebrauch wird **Produktion als Transformation von Inputs in Outputs** verstanden.***Lesehinweis 1*** Der Begriff der „Produktionsfunktion" bezeichnet das Wissen, das in dieser Transformation Anwendung findet. In der einfachsten Weise wird der Output als eine nicht-umkehrbare Funktion des Einsatzes von Arbeit und von Kapital betrachtet, wobei nur Kapital eine akkumulier- und lagerbare Größe ist, d.h. es wird zwischen dem Bestand an Kapital (Kapitalstock) und seinen Leistungen unterschieden. Wir werden den Begriff des Kapitals erst im vierten Kapitel näher betrachten, wenn wir uns mit Technologien befassen.

Produktionsfunktion: Produktionsfunktionen tauchen in volks- und betriebswirtschaftlichen Lehrbüchern und Vorlesungen gleich zu Beginn auf. Rufen Sie sich die dortige Verwendung in Erinnerung!

Bei Transformationen ist in mehrfacher und komplexerer Weise Wissen involviert, was sich alleine schon daraus er-

Elementarprozesse:
Welches sind Elementarprozesse bei
- der Erzeugung von Äpfeln mittels eines Apfelbaums?
- der Herstellung eines Kleidungsstücks?
- der Raffinerie von Rohöl?

Diese Überlegungen werden im Zusammenhang der Technologie vertieft, Kap. IV, 3.

Natürliche Kuppeloutputs:
Stellen Sie eine möglichst vollständige Liste der Kuppeloutputs bei der Herstellung von Wolle durch Schafzucht auf! Denken Sie dabei an alle erwünschten und unerwünschten Wirkungen! Welche Prozesse sind durch den Aktor steuerbar?
http://www.schafplanet.de/

gibt, daß die Produktionsfunktion tatsächlich eine Fülle von Prozessen zusammenfaßt, die in einer Transformation ablaufen. Wir wollen Prozesse, die eine nicht weiter aufgliederbare Transformation sind, als **Elementarprozesse** bezeichnen.

Vertraut ist vom herkömmlichen Konzept der Produktionsfunktion die Feststellung, daß Produktion technologisches Wissen über die Art und Weise des Transformationsprozesses voraussetzt. Produktion ist Anwendung einer **Technologie**.

> *Produktion wird also als ein* **intentionaler Prozess** *betrachtet, bei dem mindestens ein Aktor einen Output als Ziel definiert – das „***Produkt***" - und sein Wissen über die notwendige Transformation auf Inputs anwendet. Bei mehr als einem Output eines Elementarprozesses sprechen wir von „***Kuppeloutputs***". Produktion kann also darüber hinaus zweierlei einschliessen: Erstens, die Erzeugung von Kuppeloutputs, die nicht angestrebt oder unbeabsichtigt sind, und zweitens, nicht alle Elementarprozesse eines Produktionsprozesses müssen notwendigerweise vollständig durch einen Aktor gestaltet sein (etwa Ackerbau).*

Jeder Prozeß kann entsprechend in **intentionale und nicht-intentionale Elementarprozesse** zerlegt werden, wobei nicht-intentionale Prozesse also Prozesse ohne handelnden Aktor sind. Diese Differenzierung ist nicht deckungsgleich mit **beabsichtigten und unbeabsichtigten Wirkungen,** da nicht beabsichtigte Nebenwirkungen beabsichtigter Elementarprozesse selbst intentional (z.B. nicht beabsichtigte Reaktionen von Aktoren) oder nicht-intentional sein können – ein nicht-intentionaler Prozeß kann wiederum beabsichtigt sein (manche biologischen Elementarprozesse der kommerziellen Zucht von Bakterienstämmen) oder unbeabsichtigt (noch unerkannte Erzeugung kanzerogener Stoffe als Kuppelprodukt). Es wird sofort deutlich, daß auch jeder Produktionsprozeß selbst ein Output ist, nämlich der Aktivitäten des Aktors, die sich mit den geeigneten Arrangements von Inputs befassen, also der gements von Inputs befassen, also der Organisation der Elementarprozesse. In diesem Sinne können wir die Aktivitäten des Aktors auch als Input interpretieren, und zwar im speziellen Sinne als **„Arbeit"**. Wenn wir hier von Input sprechen, so ist konkret der materiell-energetische Aspekt der Arbeit gemeint (also etwa die physische Anstrengung und die Abläufe bestimmter Handlungen).

Arbeit:
Produziert der Leiter eines Unternehmens?

Wer produziert?
In der volkswirtschaftlichen Statistik wird in der Regel unterstellt, daß nur die Unternehmen produzieren, nicht aber die Haushalte und der Staat. Stimmt das?

Wir fassen zusammen:

> *Produktion ist intentionale Transformation mit beabsichtigten und unbeabsichtigten Wirkungen ihrer Elementarprozesse. Intentionale Transformation kann nicht-intentionale Elementarprozesse einschliessen. Die Organisation der Elementarprozesse geschieht durch Arbeit.*

Inputs und Outputs in Zustandsräumen. Der nächste Schritt unserer Analyse bewegt sich auf einer höheren Abstraktionsebene. Herkömmlich wird nur das technologische Wissen als Wissen interpretiert, das in der Produktion eingesetzt wird: Es besteht also eine klare Trennung zwischen Wissen und Materie-Energie. Diese Trennung liegt beispielsweise auch der Vorstellung von Wachstum zugrunde: Wachstum schlägt sich nieder als ein Zuwachs der Verfügbarkeit von Materie-Energie, der wiederum durch einen Zuwachs von technologischem Wissen ermöglicht wird. Vor dem Hintergrund des ersten Gesetzes der Thermodynamik ergibt sich daraus die grundsätzliche Frage, woher eigentlich die Veränderung der insgesamt verfügbaren Materie-Energie stammt: Das Wissen als solches kann nicht die Quelle sein, sondern nur eine exogene Einflussgröße. Zweifelhaft ist nur, ob diese klare Trennung zwischen Wissen und Materie-Energie haltbar ist.

Aus evolutionsökonomischer Sicht muß der Produktionsprozeß in grundlegend anderer Weise analysiert werden: Es geht nicht um die Anwendung von Wissen auf Materie-Energie, sondern um eine **simultane Transformation von Materie-Energie und Wissen**: Produktion ist eine Einheit der Transformation von Inputs in Outputs und von Wissen in Wissen.

Um diesen entscheidenden Schritt zu vollziehen, sind einige neue Überlegungen anzustellen.

Jeder Input ist in zweierlei Hinsicht als Wissen beschreibbar. Dies geschieht zum einen durch seine Abbildung in das referentielle Wissen des Aktors um die mögliche Verwendbarkeit des Inputs. Dieses Wissen ist zwar die Voraussetzung dafür, daß der Aktor den Input einsetzen kann, ist aber ontologisch keine eigentliche Eigenschaft des Inputs, sondern eine durch den Aktor subjektiv zugeschriebene. Es basiert aber wiederum auf der Beobachtung tatsächlich auftretender Wirkungszusammenhänge bei der Nutzung des Inputs („technologisches Wissen").

Die Menge an Information: Die Shannonsche Information setzt voraus, daß ein bestimmter Gegenstand nach einem Raster von Eigenschaften beschrieben wird. Vergleichen Sie die Informationsmenge, die in einer bestimmten Schraube enthalten ist, mit derjenigen eines unbearbeiteten Metallstiftes. Unterscheiden Sie dies von der semantischen Information der Schraube. **http://www-groups.dcs.st-and.ac.uk/~history/Mathematicians/Shannon.html http://pespmc1.vub.ac.be/VARIETY.html**

Jeder Input läßt sich aber auch allgemeiner innerhalb eines Referenzsystems als eine **Menge an Information** beschreiben: Insofern nämlich der Input eine bestimmte physikalische und chemische Struktur aufweist, ist er relativ zu einem Zustand „unwahrscheinlicher", der sich durch ein Maximum an „Unordnung" auszeichnet, also eine gleichwahrscheinliche Verteilung seiner materiell-energetischen Komponenten über einen bestimmten Zustandsraum (z.B. Tonkrug versus amorphe Tonmasse). Wir können dann auch sagen, daß der Input ein bestimmtes Maß an nichtreferentiellem Wissen relativ zum Nullpunkt des gewählten Referenzsystems enthält, der sich durch die Gleichwahrscheinlichkeit aller Zustände auszeichnet. Dieses Wissen ist die Menge an Information, die mindestens benötigt wird, um den Zustand eindeutig von anderen Zuständen unterscheiden zu können, also den Input identifizieren zu können.

Die einfachste Form, ein solches Referenzsystem zu konstruieren, ist die Auflistung aller möglichen Zustände unter der Annahme, daß die Zustände mit derselben Wahrscheinlichkeit realisiert sein können. Wenn es N unterschiedliche Dimensionen des Zustandsraumes gibt und M

unterschiedliche Zustände in den jeweiligen Dimensionen, dann kann jeder Input als eine Realisation und damit als ein Punkt in einem *NM*-dimensionalen Zustandsraum beschrieben werden.

Es gibt zwei unterschiedliche Möglichkeiten, das Wissen abzubilden, das in einem Input manifestiert ist, nämlich bezogen auf die subjektive Nutzbarkeit in einem Produktionsprozeß und bezogen auf eine objektive Referenzgröße vollständiger Disinformation in einem gegebenen Zustandsraum. Diese beiden Möglichkeiten werden herkömmlich als **„semantische Information"** *und als* **„Shannonsche Information"** *bezeichnet. Die semantische Information ist gleichbedeutend mit unserem Wissensbegriff und bezeichnet hier die Nützlichkeit des Inputs für den jeweiligen Produktionsprozeß aus der Perspektive des Aktors, der den Produktionsprozeß steuert. Diese Nützlichkeit ergibt sich aus der Differenz, die ein spezieller Input im Vergleich zu allen anderen möglichen Inputs für den Output verursacht, ist also ihrerseits ein bimodales Phänomen materiell-energetischer Ursache-Wirkungszusammenhänge ebenso wie des Wissens von Aktoren. Die Shannonsche Information ist hingegen ein rein quantitatives Maß der Informationsmenge. Es kann als* **Maß der Komplexität der materiell-energetischen Struktur des Inputs** *verwendet werden.*

Lesehinweis 2

Die Differenz zwischen Wissen in Inputs und Outputs wird eine große Rolle in der Analyse der Technologie spielen, Kap. IV, 3.

Analog ist natürlich der Output in zweierlei Weise beschreibbar. Wenn nun der Output ebenfalls im *NM*-dimensionalen Zustandsraum beschrieben wird, ließe sich also die Transformation als ein Übergang von einem Punkt zu einem anderen Punkt begreifen. Dies erscheint aber nicht unbedingt selbstverständlich. Es wäre offenbar auch denkbar, daß sich durch Produktion der Zustandsraum selbst verändert. Um dies am obigen einfachen Beispiel zu verdeutlichen: Input sei eine Masse Ton, Output eine Vase; dann erfordert offensichtlich die Beschreibung des Schlamms eine geringere Zahl von Dimensionen und Zuständen als die Vase, allerdings in Abhängigkeit von der gewählten Ebene der Disaggregation. Würden Input und

Transformation von Zustandsräumen:
Wie ist die Produktion von Rührei im Lichte der nebenstehenden Ausführungen zu interpretieren?

Output auf molekularer Ebene beschrieben, könnte ein einheitlicher Zustandsraum Anwendung finden, nämlich ein Raum-Zeit-Gitter der Positionen der einzelnen Moleküle der verarbeiteten Masse.

Zwecke:
Es gibt viele Güter, die nicht rein funktional gestaltet sind, sondern mit ästhetischen Zusatzmerkmalen versehen werden. Wie schlägt sich dies in der Struktur von Zustandsräumen nieder?

Bedürfnisse und Zustandsraum:
Die Dimensionen des Zustandsraumes könnten etwa als Bedürfnisse interpretiert werden, die ein Gut befriedigt. Wenden Sie nebenstehende Überlegungen auf diese Interpretation an. Viele IT-Produkte generieren erst Bedürfnisse nach ihren Leistungen, die so vorher nicht da gewesen sind. Wie läßt sich das in den unterschiedlichen Informationsbegriffen darstellen?

Im letzten Fall würde sich der Produktionsprozeß als lineare Zunahme an Shannonscher Information innerhalb desselben Zustandsraumes darstellen, weil der Zustand der Vase gegenüber dem Zustand des Tons unwahrscheinlicher ist. Gleichzeitig wird aber deutlich, daß auf diese Weise die eigentliche ökonomische Bedeutung der Gestalt der Vase nicht erkennbar wird, nämlich ihre im Vergleich zur Tonmasse neue Funktionalität in der Bedürfnisbefriedigung. Das bedeutet umgekehrt, daß gerade die Zunahme der Dimensionen der Zustandsräume selbst ein wesentlicher Aspekt des Wissenszuwachses im Produktionsprozesses ist (also der semantischen Information). Umgekehrt gilt, daß die Wahl der Dimensionen des Zustandsraumes nur unter Bezug auf ein bestimmtes Kriterium möglich ist, weil andernfalls immer die maximal mögliche Zahl an Dimensionen Anwendung finden könnte. Dieses Kriterium läßt sich wieder nur bezüglich eines Beobachters definieren, der mit der Definition eines Zustandsraumes die Vorstellung einer bestimmten Funktionalität verbindet.

Es ergibt sich also:

> *Shannonsche Information ist zur Beschreibung von Produktion nur dann operationalisierbar, wenn ein* **einheitlicher Zustandsraum** *als Referenzraum von Inputs und Outputs ausgezeichnet wird (Abbildung 13). Diese Auszeichnung von Zustandsräumen ist nur durch einen Beobachter möglich. Das heisst aber, daß der Zustandsraum selbst eine Kategorie referentiellen Wissens ist, also semantischer Information entspricht. Die quantitativ vergleichbare Menge an Shannonscher Information in unterschiedlichen Zustandsräumen ist semantisch inkommensurabel. Eine semantische Kommensurabilität setzt wiederum die Konstruktion einer gemeinsamen Referenz beider Zustandsräume voraus. Produktion geht also*

mit der quantitativen Zunahme von Shannonscher Information und der qualitativen Zunahme von Wissen einher.

Abbildung 13: Produktion und Zustandsraum

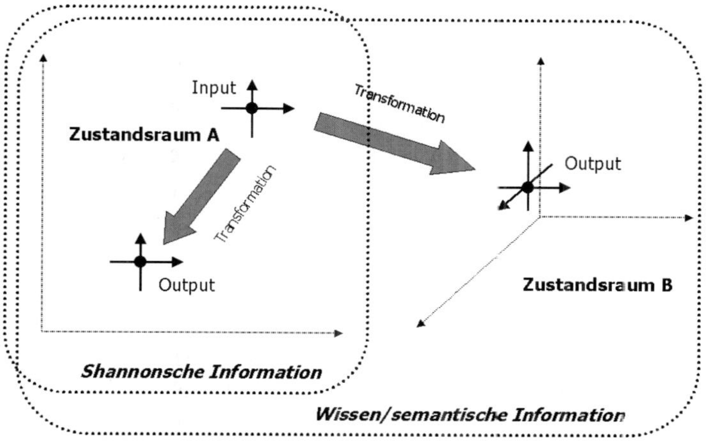

Wir können dann auch sagen, daß die Bewegung innerhalb eines Zustandsraumes zwar einen quantitativen Zuwachs Shannonscher Information, aber keinen qualitativen Wissenszuwachs mit sich bringt. Der Unterschied läßt sich wieder am Beispiel der Vase illustrieren: Wenn eine Tonmasse in irgendeine besondere – also unwahrscheinlichere - Form gebracht wird, dann ist dies zunächst nur ein quantitativer Informationszuwachs. Das Erfordernis, diese besondere Form in mehr Dimensionen zu beschreiben, ergibt sich erst daraus, daß die Vase bestimmte Eigenschaften erhalten hat, aufgrund derer sie andere Funktionen erfüllen kann, als irgendeine beliebig geformte Masse. Diese Funktionen reflektieren den Zuwachs an Wissen, der mit der Herstellung und der Verwendung der Vase verbunden ist.

Produktion als Wissenszuwachs:
Inwiefern kann man sagen, daß die Bestandteile eines Kühlschrankes weniger Wissen enthalten, als der Kühlschrank? Erfahren auch die Bestandteile einen Wissenzuwachs, wenn sie im Kühlschrank zusammengebaut sind?

Produzierte Produktions mittel:
Ein alter, vor allem von Sraffa ausgearbeiteter Gedanke in der Ökonomik besteht darin, den Wirtschaftsprozeß als Produktion von Produktionsmitteln zu betrachten. Fällt der finale Konsum analytisch weg, gilt dies also generell:
http://cepa.newschool.edu/het/profiles/sraffa.htm

Wissen über Outputs:
Die Innovationsforschung sagt, daß die Nachfrage nach bestimmten Inputs eine wichtige Quelle der Innovationen in der Produktion ist. Können Sie sich vorstellen, daß nachfrageseitig die Verwendbarkeit eines bestimmten Outputs erst entdeckt wird? Ein berühmtes Beispiel ist der eigentlich nutzlose Kleber, der heute für selbsthaftende Notiz-Zettel verwendet wird.

Outputs unterscheiden sich also durch den Zustandsraum von Inputs. Betrachten wir aber die semantische Information von Outputs unmittelbar, dann ist diese offenbar auch deshalb von Inputs grundlegend verschieden, weil das aktorsbezogene Kriterium der Nutzbarkeit nicht auf den Prozess ihrer Produktion bezogen ist, sondern auf einen anderen Prozeß, in dem der Output wiederum genutzt wird: Outputs bezeichnen wir daher als „**Produkte**".

Evolutionsökonomisch wird davon ausgegangen, daß dieser Prozeß selbst auch ein Produktionsprozeß ist, d.h. es gibt immer mindestens einen Output, der Input eines neuen Produktionsprozesses ist. Das in einem Output enthaltene Wissen ist also auf die Nützlichkeit in diesem neuen Produktionsprozeß bezogen. Wir sehen sogleich, daß dieses Wissen auf unterschiedliche Aktoren verteilt sein kann, d.h. demselben Produkt können unterschiedliche Wissensbestände zugeordnet werden, je nach Inhalt der Intentionalität der Aktoren und der entsprechenden Produktionsprozesse. Bei Produkten liegt also eine **Transformation des Wissens** zwischen produzierendem und nutzendem Aktor vor. Daran ist bemerkenswert, daß der produzierende Aktor nicht über das gesamte Wissen des nutzenden Aktors verfügen muß, um zur Produktion in der Lage zu sein. Daher ist die Produktion selbst bereits nach dem Prinzip der **Wissensteilung** organisiert. Durch Produktion wird verteiltes Wissen in einen Zusammenhang gebracht, wobei in der Regel keiner der beteiligten Aktoren über das gesamte Wissen verfügt. Dies impliziert selbstverständlich auch die Möglichkeit des Irrtums, also die Produktion von Outputs, die doch keinen Nutzer finden.

Denkbar ist ausserdem die Konstellation, daß Outputs Wirkungen bei anderen Aktoren erzeugen, die entweder beim produzierenden Aktor unbeabsichtigt sind, oder zwar beabsichtigt, aber beim empfangenden Aktor nicht-intentional (d.h. die Wirkung ist nicht entscheidbar). Kuppeloutputs mit diesen Eigenschaften werden als **externe Effekte** (im Sinne der Definition im zweiten Kapitel) bezeichnet, und zwar als negative, wenn sie beim empfangenden Aktor gewünscht sind, und als positive, wenn sie nicht erwünscht sind. Es kann zwischen intentionalen und nicht-intentionalen Effekten in dem Sinne unterschieden werden, daß die intentionalen unmittelbar auf die Handlungen des produzierenden Aktors zurückgehen und die nicht-intentionalen indirekte Nebenwirkungen darstellen, die erst über andere Interdependenzen entstehen. Insofern können die Effekte auch beabsichtigt oder unbeabsichtigt sein, in der Praxis regelmäßig im Sinne der Unterlassung oder ihrer Vermeidung durch den produzierenden Aktor.

Typen externer Effekte:
Zwei klassische Beispiele sind der Imker, dessen Bienen der Blumenzucht des Nachbarn nützlich sind, und die Gerberei, die das Wasser der Bauern verschmutzt. Analysieren Sie diese Beispiele detailliert unter Zuhilfenahme der nebenstehend entwickelten Kategorien und der Konzepte von Kommunikation und Wahrnehmung, die im zweiten Kapitel entwickelt worden sind.

Offensichtlich kann auch dieses Phänomen durch unterschiedliche Zustandsräume beschrieben werden, wenn diese bezüglich des Wissens der produzierenden und empfangenden Aktoren relativiert werden. Diese Unterscheidung ist deshalb wichtig, weil es auch für den aussenstehenden Beobachter der Fall sein kann, daß er die externen Effekte nicht überschaut. Daraus ergibt sich:

> *Externe Effekte können bezogen auf den produzierenden Aktor ebenso wie auf den betroffenen Aktor unbekannt sein. Es ist möglich, daß ein externer Effekt in noch vollständig unbekannten Dimensionen von Zustandsräumen auftritt, d.h. weder dem betroffenen Aktor noch dem aussenstehenden Beobachter ist der Effekt bekannt. Auch für den bekannten Bereich von Zustandsräumen ist noch die Unterscheidung zu treffen zwischen dem Zustandsraum des Aktors als seines Vermögens und dem Zustandsraum seiner Umgebung, denn diese Unterscheidung ist wiederum relativ zum Wissen der Aktoren. Externe Effekte werden dann durch die Interdependenzen zwischen diesen Zustandsräumen beschrieben, also Ursache-Wirkungszusammenhänge, die unabhängig von der Wahrnehmung durch die Aktoren bestehen.*

Aus dieser Konstellation entsteht ein fundamentales Wissensproblem im Umgang mit externen Effekten, das im Mittelpunkt der Umweltpolitik steht. Mit dieser praktischen Konsequenz befassen wir uns ausführlich in Kap. VI, 2.

Wir erhalten somit ein komplexes Bild der Produktion als Transformation von Inputs in Outputs, das nochmals in Abbildung 14 zusammengefasst ist. Diese Komplexität ergibt sich daraus, daß Produktion simultan eine Transformation von Materie-Energie und von Wissen ist, und wir ei-

Umgebung und Vermögen: Wann sind Luft und Wasser Umgebung, wann Vermögen?

nen Produktionsprozeß stets in beiden Dimensionen beschreiben müssen. Diese Komplexität erhöht sich weiter, wenn wir noch genauer zwischen Aktor und Umgebung und zwischen Aktor und Vermögen unterscheiden, und außerdem beachten, daß die Beschreibung des Produktionsprozesses durch die Aktoren und durch die Beobachter erfolgen kann, die ihrerseits mit unterschiedlichem Wissen ausgestattet sind. Externe Effekte können also die Umgebung, aber nicht das Vermögen berühren, zugleich kann dies aber durch den Aktor und einen Beobachter unterschiedlich beurteilt werden.

Abbildung 14: Grundlegende Merkmale von Produktion

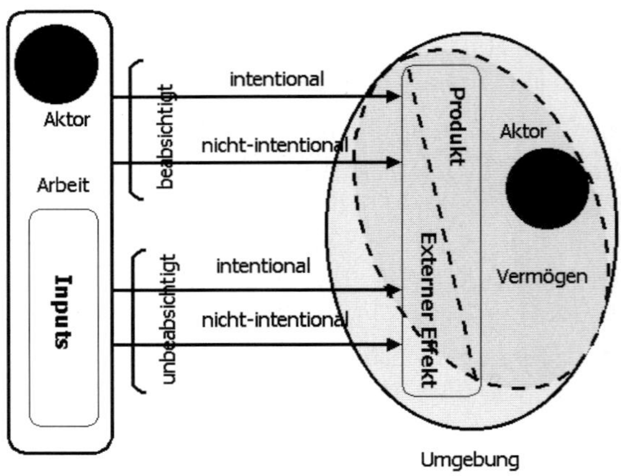

Aus all diesen Überlegungen ergibt sich auch eine einfache Begründung, warum Output nicht „verbraucht“ werden kann. Dies wäre nämlich gleichbedeutend mit der Vernichtung dieses Wissens. Spontan ist zu vermuten, daß dies nicht möglich bzw. nur unter bestimmten Bedingungen geschieht, die nichts mit der Vorstellung von „finalem Konsum“ zu tun haben. Schon intuitiv gibt es nur eine Möglichkeit: Nämlich das Vergessen, dessen materiell-energetisches Korrelat die Ablagerung von Output als Müll ist.

b. Wirtschaftssysteme als unendliche Produktion von Ordnung

Produktion ohne Konsum. Die Evolutionsökonomik geht prinzipiell davon aus, daß der ökonomische Prozeß unendlich ist, d.h. es gibt keinen finalen Konsum im herkömmlichen Sinne der reinen Bedürfnisbefriedigung - gäbe es diesen, würde der ökonomische Prozeß zusammenbrechen. Unendlichkeit impliziert aber keine Grenzenlosigkeit, sondern bezeichnet in einfachster Weise den Tatbestand der **Selbstorganisation**, d.h. Produktion produziert Produktion. Dieser Gedanke ist die Verallgemeinerung des klassischen Kreislauf-Begriffs, den wir eingangs angesprochen hatten.

Konsum als Produktion: Spiel und Neugier-Verhalten sind ein universelles Phänomen bei Tieren und Menschen. Was könnte Freizeitverhalten in der modernen Zeit produzieren?

„Wirtschaftssysteme“ werden demnach als Produktionssysteme aufgefaßt. Eines der einfachsten Beispiele mag die Produktion eines Gemüses im Hausgebrauch sein. Das Samenkorn ist als biologische Struktur durch einen hohen Grad von Ordnung gegenüber einer undifferenzierten Materiemasse gekennzeichnet. Der Anbau erfolgt durch den Aktor auf der Basis von Arbeit, die Einsatz seines landwirtschaftlichen Wissens bedeutet. Durch dieses Wissen wird dem Samenkorn eine bestimmte Nutzbarkeit zugeschrieben. Der Output ist das Gemüse, seinerseits eine geordnete biologische Struktur. Der Verbrauch dieser Struktur (Verzehr) durch den Aktor ist nun aber selbst ein Produktionsprozeß: Der Aktor benötigt nämlich das Gemüse als Input für die Aufrechterhaltung seiner eigenen biologischen Funktionen, die Bedingung des Erhalts seines Ordnungzustandes sind. Ein Aspekt dieser Funktionen ist die Erzeugung der Fähigkeit zur Arbeit, die wiederum Input neuer Produktionsprozesse ist, unter anderem des Gemüseanbaus.

Gartenbau: Seit den siebziger Jahren gibt es die Bemühungen, die Landwirtschaft „ökologischer" zugestalten. Damit ist gemeint, daß möglichst geschlossene Produktionskreisläufe, wenig industrielle Inputs und geringe Störungen der natürlichen Umgebung angestrebt werden. Gleichzeitig sollen die Produkte gesünder sein. Interpretieren Sie diesen Ansatz theoretisch.

Stoffstromanalyse: Die Überlegung, daß aus Wirtschaftssystemen letzten Endes nichts „verschwindet" außer Abfall, liegt der sogenannten „Stoffstromanalyse" zugrunde. **http://www.wupperinst.org/Seiten/Abteilungen/umwelt_projekte.html**

Betrachtet man also nur diesen Produktionszusammenhang, so ist dieser selbstorganisatorisch abgeschlossen. Aus der Umgebung wirken vor allem der Boden und die Sonnenenergie auf den Prozeß ein; das Produkt verbleibt im Kreislauf. Dieses Beispiel zeigt außerdem die wachsende Komplexität der Zustandsräume, die beim Übergang von Samen zu Gemüse und zum Menschen durchschritten werden. Das Gemüse ist komplexer als das Samenkorn, weil es zum Beispiel einen höheren Grad an Zelldifferenzierung aufweist. Das Wachstum der Pflanze ist also bereits in der Natur mit einer Zunahme der Dimensionen des Zustandsraumes verbunden, also einem Wissenszuwachs. Im Falle der Landwirtschaft kommen aber zusätzliche Dimensionen hinzu, die konkret aus der Zucht und ihrer Zwecksetzung her resultieren.

Dieser Prozeß ist abgeschlossen, d.h. es gibt keinen Verbrauch im Sinne, daß materiell-energetische Strukturen und Wissen aus dem System verschwinden, wie dies in der Vorstellung vom finalen Konsum impliziert ist. In diesem Zyklus könnte als „Konsum" nur die Menge aller Outputs identifiziert werden, die keinem weiteren Produktionsprozeß zugeführt werden. Diese wird gewöhnlich als „**Abfall**" bezeichnet, d.h. es geht um nicht-intendierte (gegebenfalls aber beabsichtigte) Kuppeloutputs (also gerade nicht das, was gewöhnlich als „Bedürfnisbefriedigung" bezeichnet wird).

> *Die* **herkömmliche Auffassung der Produktion** *basiert auf dem Gedanken einer Sequenz von Produktion-Konsum-Schritten, die offen in dem Sinne ist, daß die Produkte im Moment des Konsums den Prozeß verlassen und die Produktion durch Zuführung von Inputs neu beginnt. Der Kreislauf-Charakter ergibt sich bei der Betrachtung der implizierten monetären Ströme (Löhne, Gewinne, Konsumausgaben etc.).*

> *Die* **evolutionsökonomische Sicht der Produktion** *begreift diese als einen unendlichen zyklischen Prozeß, der zwar offen ist, weil von außen Inputs zugeführt werden und be-*

*stimmte Outputs das System verlassen, aber geschlossen im Sinne der Selbstorganisation der Produktion. Die exogenen Inputs werden als „***Quellen***" (z.B. Rohstofflager) bezeichnet, die exogenen Outputs als „***Senken***" (z.B. Mülldeponien).*

Abbildung 15: Zwei Sichtweisen der Produktion

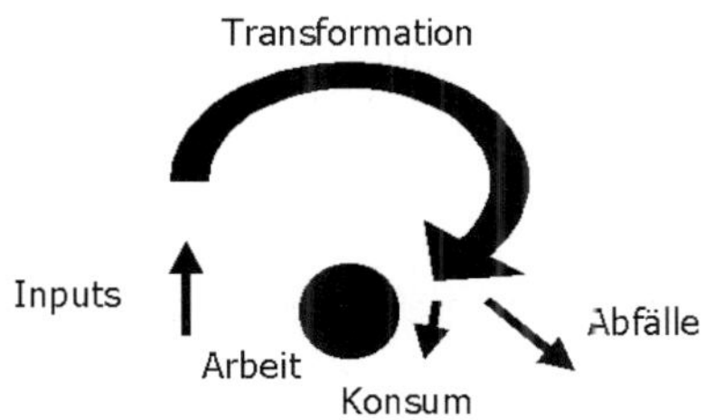

Herkömmliche Sicht der Produktion

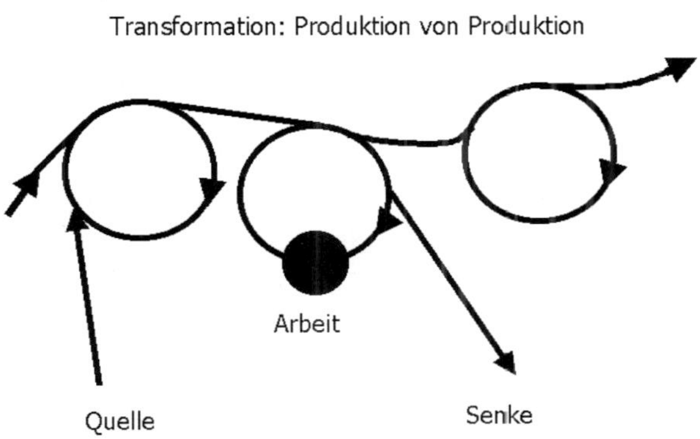

Evolutionsökonomische Sicht der Produktion

Wir sehen sofort, daß diese Klassifikation als „Abfall" nur bezüglich der wirksamen Produktionsprozesse erfolgen kann. Sie ist wiederum nur relativ zu dem Ökosystem gegeben, in dem der Gemüseanbau erfolgt, und relativ zum Wissen des Aktors. Abfälle sind in unserem Beispiel etwa unverdaubare Gemüsebestandteile und Kot. Ob der menschliche Kot Abfall ist, läßt sich also nicht a priori

Abfall und Produktion:
Nennen Sie Beispiele, bei denen für „Abfall" produktive Verwendungen entdeckt worden sind!

bestimmen. Hinzu kommt die Unterscheidung zwischen intentionalen und nicht-intentionalen Produktionsprozessen, denn je nach Abgrenzung des Wirtschaftssystems fallen natürlich auch nicht-intentionale Prozesse in der Natur unter den Produktionsprozeß.

Wissen, Enformation, Information. Das einfache Beispiel der Gemüseproduktion enthält bereits sämtliche Referenzen zu fundamentalen analytischen Kategorien des evolutionsökonomischen Begriffs der Produktion. Wir wollen nun die Eigenschaft der Intransitivität näher betrachten, die von äußerst weitreichender Bedeutung ist:

> *Das* **Grundgesetz der Produktion** *lautet: Produktion transformiert Inputs in Outputs; Outputs lassen sich nicht umgekehrt in die identischen Inputs transformieren. Produktion ist ein unumkehrbarer Prozeß. Produktion führt zu einer Zunahme von Shannonscher Information und von Wissen auf dem Wege der Erzeugung von höherdimensionalen Zustandsräumen der Produkte. Produktion ist gleichzeitig ein notwendiger Prozeß, weil ohne Produktion sich der Verfall von Ordnung ereignet. Produktion ist der Reflex der Gerichtetheit der Evolution auf der Ebene der Handlungen von Aktoren.*

Entropie:
Der Begriff ist fundamental, wird jedoch insbesondere ausserhalb der Mutterdisziplin der Thermodynamik mit unterschiedlichen Akzentuierungen – zum Teil sehr umstritten - verwendet. Unsere Darstellung orientiert sich an der kybernetischen Systemtheorie.
http://pespmc1.vub.ac.be/ASC/ENTROPY.html
http://www.math.psu.edu/gunesch/entropy.html

Um dieses Gesetz streng zu begründen, müssen wir unseren Begriff des Produktion auf jenen der **Entropie** beziehen, also erneut die Wurzel in der **Thermodynamik** suchen. Entropie ist das Maß für den Grad der Unordnung der Elemente eines materiell-energetischen Zustandsraumes. Prozesse, die zur Erhöhung von Entropie führen, gehen physikalisch mit der Umwandlung von freier (also etwa in Arbeit nutzbarer) in gebundene (als nicht mehr nutzbarer) Energie einher („Dissipation"). ***Lesehinweis 3***

Physikalisch ist jeder Produktionsprozeß eines geschlossenen Systems zunächst eine Transformation von Zuständen niedriger Entropie in Zustände höherer Entropie, wenn sämtliche Kuppeloutputs betrachtet werden. Dies ist gleichbedeutend mit der Dissipation von freier Energie (sog. Exergie) in gebundene: Bei der Arbeit unseres Gemüsebauern wird durch den Stoffwechsel Energie sebauern wird durch den Stoffwechsel Energie freigesetzt, die in den Molekülen des Gemüses enthalten und die nach Verzehr nicht wieder zurückzugewinnen ist. Die letzte Form der Energieumwandlung ist Wärme, wobei der Gehalt an gebundener Energie durch die Temperatur bestimmt wird. Produktion führt also zum Verfall von Ordnung, d.h. Unordnung.

> *Der* **zweite Hauptsatz der Thermodynamik** *besagt, daß* **geschlossene Systeme** *sich nur in Richtung einer Maximierung der Entropie verändern können, was gleichbedeutend ist mit der vollständigen Dissipation der freien Energie. Geschlossene Systeme maximieren Entropie und minimieren freie Energie. Maximale Entropie ist gleichbedeutend mit maximaler Unordnung im Sinne der Gleichwahrscheinlichkeit der möglichen Zustände des Systems und der Bindung sämtlicher freier Energie.*

Energie und Ordnung: Der berühmte Physiker Maxwell hatte angenommen, daß ein „Dämon" in der Lage sein müßte, die nach Abkühlung eines heissen Gases in einem Behälter gleichverteilten, beweglichen Gasmoleküle wieder ordnen zu können, indem er einen Schieber bedient und sie sortiert. Durch reine Sortierung sei eine Umkehrung der Entropie im geschlossenen System möglich. Wo lag der Denkfehler? Er hat etwas mit der von uns postulierten Einheit von Wissen und Materie-Energie zu tun.

Das bedeutet umgekehrt, daß Zustände niedrigerer Entropie nur durch Zuführung von Energie erreicht werden können; dies kann auch auf dem Wege der Zuführung von Materie geschehen. Dann wird von **„offenen Systemen"** gesprochen. Der zweite Hauptsatz der Thermodynamik gilt also nur für dasjenige System, das bei der Einbeziehung aller miteinander in Wechselwirkung stehenden offenen Systeme als das geschlossene identifiziert werden kann. Produktion als Erzeugung von Zuständen niedrigerer Entropie ist also nur in offenen Systemen möglich. Nur offene Systeme können Ordnung schaffen und aufrechterhalten.

Wesentlich ist nun, daß eine Messung der Entropie von Systemen einerseits über die energetischen Differenzen zu einem bestimmten Referenzsystem erfolgen kann, oder durch eine Beschreibung der Zustände ihrer Elemente relativ zu einem Basiszustand. Die Messung von Entropie erfolgt also relativ zu einem Zustandsraum analog zu den Ausführungen am Beginn dieses Abschnittes. Aufgrund dieser Überlegung wurde in der Statistischen Mechanik des

Unordnung:
Der zweite Hauptsatz der Thermodynamik läßt sich auch damit begründen, daß eine rein zufällige Entwicklung eines geordeneten Zustandes immer zu Zuständen größerer Unordnung führen muß, weil die Zahl möglicher Zustände der Unordnung grösser ist als jene der Ordnung. Halten Sie dies für plausibel?

Begriffliche Schwierigkeiten:
Die skizzierten komplizierten Zusammenhänge haben viele Wissenschaftler immer wieder zu neuen Abgrenzungen und begrifflichen Kreationen veranlasst. Zur „Enformation" (aber anders als hier): **http://www.newcastle.edu.au/centre/casrg/publications/Cods.pdf**

19. Jahrhunderts eine fundamentale Beziehung zwischen **Information und Entropie** hergestellt. Der Zustand maximaler Entropie wird dann als Zustand maximaler Unordnung beschrieben, also im klassischen Beispiel des Gases die völlige Gleichverteilung aller Gasmoleküle in einem geschlossenen Behälter (geschlossenes System). Niedrigere Entropie – **Negentropie** – ist also ein Maß für die „Unwahrscheinlichkeit" eines geordneten Zustandes des Gases. Negentropie und Information hängen also direkt zusammen. Der Zustand maximaler Entropie – relativ zu dem die Information gemessen wird - wird durch Dissipation von Energie erreicht, also Minimierung der Exergie (Abkühlung eines erhitzten Gases auf die Umgebungstemperatur).

Diese Gleichsetzung von Negentropie und Information kann nur unter Bezug auf einen Beobachter und dessen Abgrenzung des Systems und seiner möglichen Zustände erfolgen. Nur dann läßt sich die moderne, an der Wurzel der heutigen Informations- und Kommunikationstechnologie liegenden Definition Shannons von „Information" auch als Negentropie (also Entropie mit umgekehrtem Vorzeichen) auffassen. Wir erhalten damit eine zweite mögliche Definition des Informations- im Verhältnis zum Wissensbegriff, die es uns erlaubt, den Shannonschen Begriff der Information gegen jenen Begriff der Information abzugrenzen, den wir im zweiten Kapitel entwickelt haben.

> *Information ist ein Maß für die Unwahrscheinlichkeit der Zustände eines von einem perfekten Beobachter abgegrenzten Systems relativ zu einem Zustand maximaler Unordnung innerhalb dieses Zustandsraumes. Wir wollen diesen Informationsbegriff mit dem Kunstwort der „***Enformation***" bezeichnen.* ***Enformation*** *bezeichnet Shannonsche Information bezüglich eines gegebenen Zustandsraumes,* ***Wissen*** *bezeichnet die Komplexität von Zustandsräumen reflektiert im Wissen von Aktoren (bzw. Elementen von Systemen), und* ***Information*** *bezeichnet den Wissenszuwachs von individuellen Aktoren, die Zustandsräume wahrnehmen. Information und Enformation hängen deshalb zusammen, weil Enformation die*

Identifikation eines bestimmten Zustandsraumes voraussetzt. Das impliziert, daß Enformation auf ein bestimmtes Wissen bezogen ist. Enformation bezeichnet also quantitativen Wandel, Wissen qualitativen Wandel bezogen auf den Aktor, der den Zustandsraum bestimmt, und Information bezeichnet qualitativen Wandel des Wissens eines bestimmten Aktors.

Wenn wir also auf die obige Beschreibung eines Inputs als Wissen zurückkommen, können wir demnach sagen, daß jeder Input von Produktionsprozessen eine bestimmte Enformation enthält, die innerhalb eines Zustandsraumes gemessen werden kann, und die Wahrscheinlichkeit bezeichnet, mit der sich die spezifische materiell-energetische Struktur in diesem Zustandsraum realisiert. Der Begriff der Information bleibt für den Wissenszuwachs reserviert, den ein Aktor erfährt, der die Nützlichkeit dieses Inputs zum ersten Mal erkennt. Wir sehen nun allerdings, daß die Information wieder in zwei Formen vorliegen kann, nämlich als Realisation eines noch nicht bekannten Zustandes in einem gegebenen Zustandsraum oder als Erweiterung dieses Zustandsraumes um neue Dimensionen.

Die Unmöglichkeit vollständigen Wissens:
Setzen Sie sich mit folgendem Paradox von Stephen Hawking auseinander: Je näher der Zustand größter Entropie rückt, desto weniger ist intelligentes Leben möglich, das die Veränderung des Ordnungsgrades wahrnehmen könnte. Denn Leben benötigt zur Aufrechterhaltung seines Zustandes freie Energie. Ohne Beobachter ist der Punkt maximaler Entropie aber nicht bestimmbar. Also kann er auch gar nicht erreicht werden. Diese Konsequenz ergibt sich aus der bimodalen Sicht von Materie-Energie und Wissen.

In der ursprünglichen Verwendung wäre Shannonsche Information wäre also gleichbedeutend mit der Bezugnahme auf einen absoluten Zustand des Nicht-Wissens, während Enformation – dann ein Spezialfall der Shannonschen Information - sich auf vollständiges Nicht-Wissen relativ zu einem bestimmten Zustandsraum bezieht. Unser Begriff der Information meint hingegen Veränderungen von Wissensbeständen bestimmter Aktoren, ist also direkt auf subjektive Neuheit und damit auf einen bestimmten subjektiven Bestand des Wissens bezogen. Es ist also eine Frage der Abgrenzung von Systemen und der Identifikation der Beobachter, welcher Informations- und Wissensbegriff angewendet werden kann und soll.

Im hypothetischen Falle vollständigen Wissens aller Aktoren und Beobachter sind Enformation und Wissen qualitativ identisch, was voraussetzt, daß ein und nur ein Zustandsraum als absolute Bezugsgröße identifizierbar ist. Das würde offenbar implizieren, daß sämtliche möglichen

Dimensionen von Zustandsräumen bekannt wären: Es wäre das gesamte mögliche Wissen bekannt, nur nicht notwendig die spezifische materiell-energetische Realisation dieses Wissens. Anders gesagt, die *MN* Dimensionen des Zustandsraumes wären bekannt, nur nicht der realisierte Punkt. Für begrenzte Ausschnitte läßt sich dies illustrieren: Der Zustandsraum von Vasen ist allgemein bekannt, und insofern findet bei der Produktion von Vasen nur noch die konkrete materiell-energetische Umsetzung statt.

Identitäten und Ordnung: Verdeutlichen Sie sich die nebenstehende Überlegung: Eine Briefmarkensammlung fällt zu Boden und wird vom Wind durchwirbelt. Die Kennerin der Sammlung wird einen Zustand der Ordnung ganz anders definieren als ein kompletter Laie, für den eben „Briefmarken Briefmarken" sind. Ordnet der Laie die Briefmarken wieder ein, wird die Kennerin totale Unordnung sehen, er aber Ordnung. Was ist der Unterschied zwischen einer Masse in Panik und einer Gruppe von Marathon-Läufern?

Diese Zusammenhänge werden aber durch die Art und Weise bestimmt, wie der Zustandsraum definiert ist. Die beiden Zustände der größten Unordnung und der größten Ordnung sind jeweils singuläre materiell-energetische Realisationen. Auch ein konkreter Zustand der Unordnung ist also aus dieser Sicht ebenso unwahrscheinlich ex post wie ein spezifischer Zustand höchster Ordnung. Betrachten wir ein Gas und nehmen wir an, es ginge darum, die Verteilung jedes einzelnen, individuell gekennzeichneten Moleküls im Zustandsraum zu bestimmen. Dann ist natürlich eine konkrete Gleichverteilung der individuellen Moleküle genauso unwahrscheinlich wie eine Konzentration der Moleküle an einem bestimmten Punkt. Die Unordnung im Sinne maximaler Entropie besteht also nur dann, wenn die Moleküle als ununterscheidbar, also als identisch betrachtet werden. Werden sie aber als unterscheidbare Individuen betrachtet, dann ist natürlich auch der Zustandsraum erheblich komplexer geworden, da es einen Unterschied macht, wo genau sich jedes individuelle Molekül befindet. Der Zusammenhang zwischen Enformation und Wissen hängt also direkt von dieser Kennzeichnung von Zuständen ab: Nur wenn die Moleküle als identisch und ununterscheidbar betrachtet werden, ist die Gleichverteilung über alle Zustände unwahrscheinlicher als die Konzentration an einem Punkt.

Abschliessend bleibt noch festzuhalten, daß Wissen in dieser Konzeption direkt die Voraussetzung der **Leistung von Arbeit** ist. Während die Negentropie zwar gleichzeitig ein

Maß ist für die Enformation wie für die freisetzbare Energie, ist das Wissen die Voraussetzung dafür, daß diese Freisetzung ihrerseits prozessual geordnet verläuft. Die unterschiedliche Komplexität von Zustandsräumen definiert also eine bestimmte Funktionalität von Prozessen, die physikalische Arbeit leisten. Diese Aussage verknüpft direkt Wissen und Energie über die thermodynamische Perspektive. Wenn wir dann aber „Arbeit" nicht nur physikalisch definieren, sondern auch auf einen Aktor beziehen, der etwa an einer Maschine Arbeit leistet, dann schliesst sich der Kreis unserer grundlegenden Kennzeichnung von Produktion (Abbildung 16). Denn dieser Aktor kann die Arbeit der Maschine nur nutzen, wenn er Wissen über deren Funktionsweise besitzt. Dieses Wissen erwirbt er durch Information. Der Aktor selbst ist aber wieder um ein System, das in denselben thermodynamischen Kategorien zu beschreiben ist und Arbeit leistet. Zwischen dem Wissen des Aktors und dem Wissen, das den Zustandsraum reflektiert, besteht eine Beziehung der Wahrnehmung.

Arbeit:
Der „Faktor Arbeit" kommt in allen ökonomischen Modellen vor, doch niemand kann so recht definieren, was Arbeit ist. Alleine deshalb ist die thermodynamische Interpretation interessant. Historisch betrachtet, ist Arbeit ein komplexes soziales Phänomen:
http://www.museum-der-arbeit.de/links.html
http://www.iisg.nl/~w3vl/index.html

Abbildung 16: Wissen, Enformation, Information

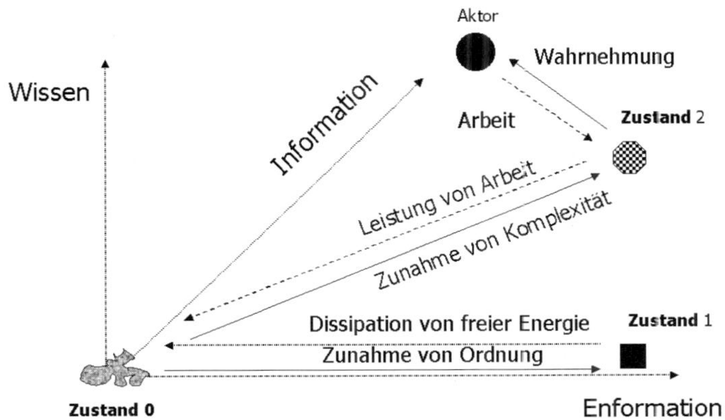

Damit sind die grundlegenden Kategorien entwickelt, die für ein Verständnis der Produktion als Prozess der Wissenstransformation notwendig sind. Gleichzeitig ist auch schon deutlich geworden, warum Wissen ein sehr komplexer Aspekt dieser Prozesse ist, und warum dieser Aspekt nicht jenseits der materiell-energetischen Transformation zu verorten ist, sondern mit diesem identisch ist.

Produktion und Wissen. Der erste und der zweite Hauptsatz der Thermodynamik bilden die analytische Grundlage dafür, materiell-energetische Prozesse in Verbindung mit der Produktion von Wissen zu sehen. Die beiden Hauptsätze benennen fundamentale Restriktionen für mögliche materiell-energetische Wirkungen von Produktion. Aus den bisherigen Überlegungen läßt sich eine wichtige Schlußfolgerung ziehen.

> *Im Zusammenhang der bimodalen Unterscheidung von Wissen und Materie-Energie ergibt sich eine formale Entsprechung der Konzepte von freier Energie und Wissen. Ein geschlossenes System ohne systemgrenzüberschreitende Materie-Energie-Ströme würde sich immer in einen Zustand minimaler freier Energie und minimaler Enformation entwickeln. Das bedeutet im Umkehrschluss, daß nur offene Systeme Wissen akkumulieren können. In offenen Systemen schafft Produktion Wissen. Entropieabnahme ist Wissenszuwachs, Entropiezunahme ist* **Vergessen**. *Wissen ist Voraussetzung von Arbeit im Sinne einer prozessual geordneten Dissipation von Energie.*

Ordnung: Erzeugt die Gewinnung von Wissen Unordnung? Überlegen Sie, welche Input-Output-Beziehungen hier zum Tragen kommen.

Jeder Produktionsprozeß ist ein offenes System, in dem Inputs mit einem bestimmten Maß an Negentropie durch Zuführung von Energie in Kuppel-Outputs transformiert werden, von denen mindestens einer eine niedrigere Entropie aufweist als die Inputs. In der Abbildung 15 können wir also die „Quellen" als Quellen von Energie und Negentropie, das Produkt als negentropisch und die Senke als Freisetzung von Energie, also Erzeugung gebundener Energie identifizieren. Abfall ist in diesem Konzept ein

Output mit höherer Entropie, der ebenfalls in die Senke geht. Einfach gesagt, schafft Produktion also Ordnung durch Arbeit bei gleichzeitiger Abgabe von Wärme und Erzeugung von Unordnung. Dies ist aber gleichbedeutend damit, daß im Produktionsprozeß Wissen entsteht, in der Senke aber verloren geht.

Würden wir den Produktionsprozeß wiederum selbst als geschlossenes System abgrenzen, dann ergäbe sich aus dem zweiten Hauptsatz, daß er ungeachtet der Erzeugung eines Outputs mit niedrigerer Entropie insgesamt nur in Richtung einer Entropiezunahme verlaufen könnte, also mindestens ein Output eine überproportionale Entropiezunahme aufweisen müßte, der die Abnahme aller anderen Outputs mehr als aufwöge. In diesem Sinne ergäbe sich also eine fundamentale Beschränkung aller menschlichen Produktion. Wir können diesen Prozeß in gleicher Weise auffassen als eine Transformation bestimmter Zustände von Enformation in solche höherer und solche niedrigerer Enformation, der durch Einsatz von Wissen ermöglicht wird. Daraus würde sich also auch der Schluss ergeben, daß in geschlossenen Systemen sämtliches Wissen verloren gehen muss: Der Zustand maximaler Entropie ist der Zustand völligen Vergessens.

Vergessen: Interpretieren Sie die Erfahrung theoretisch, daß wir unser Wissen ständig nutzen müssen, um es nicht zu vergessen! Wie vereint sich das mit der nebenstehenden Überlegung? **http://paedpsych.jk.uni-linz.ac.at/INTERNET/ARBEITSBLAETTERORD/LERNTECHNIKORD/Vergessen.html**

Hier kommen freilich elementare physikalische Kategorien zum Tragen, die nur bezüglich einer konkreten Abgrenzung von Systemen interpretierbar sind, solange die semantische Dimension unspezifiziert bleibt. Diese Abgrenzung ist jedoch in Produktionsprozessen nicht lediglich eine abstrakte Frage der theoretischen Referenz auf den perfekten Beobachter, sondern der Befähigung von Aktoren, die Schliessung von Systemen zu verhindern, also eine Öffnung zu erreichen. Dieses Problem ist in konkreten Materie-Energie-Systemen immer auch eines der chemischen und physikalischen Restriktionen für Transformationsvorgänge und für die tatsächliche Nutzung von Energie für die Transformation.

Komplexitätswachstum:
In der Kybernetik ebenso wie in der Wirtschaftswissenschaft gibt es die Aussage, daß die Problemlösungskapazität von Systemen durch die Zahl ihrer variierbaren Parameter bestimmt ist. Die Systemkomplexität muß der Problemkomplexität mindestens entsprechen:
http://pespmc1.vub.ac.be/COMPGROW.html
http://www.kgh-online.de/infoschul/projekt/haseluenne/oekonome/tinbergen.htm

Wir können damit einen direkten Zusammenhang erkennen zwischen dem Konzept des Wissens und den strukturellen Restriktionen für thermodynamische Prozesse. Die Schaffung von Wissen erweist sich nämlich als gleichbedeutend mit der Verschiebung dieser Restriktionen: Anders gesagt, ist Wissensproduktion gleichbedeutend mit der kontinuierlichen Verschiebung der Systemgrenze eines offenen Systems durch wachsende Komplexität der Produktion mit Zustrom von Inputs über die Systemgrenze hinweg, wobei diese Komplexität durch die zunehmende Dimensionalität des Zustandsraumes reflektiert wird.

Diese hier nur sehr knapp umrissenen Kategorien erlauben es also, den Begriff der Produktion in einem Schritt auf Entropie und Wissen zu beziehen. Dieser Schritt bildet das analytische Fundament für die Integration der beiden schon eingangs erwähnten, zentralen Konzepte der modernen Wirtschaft, nämlich der Wissensgesellschaft und der ökologischen Wirtschaft und ist somit von immenser praktischer und politischer Bedeutung. Bei der weiteren Konkretisierung der Zusammenhänge fehlt uns jetzt noch der Rückbezug auf die der Produktion zugrundliegenden Netzwerke: Dies ist möglich, weil der Begriff des Zustandsraumes materiell-energetische Strukturen und Netzwerke durch den gemeinsamen Begriff des Wissens analytisch integriert. Die evolutionsökonomische Sicht der Produktion sieht also materiell-energetische Strukturen und Netzwerke als die konkreten empirischen Korrelate der Bimodalität von Materie-Energie und Wissen. Wissen ist zum einen enthalten in den materiell-energetischen Strukturen und zum anderen in den Netzwerken von Aktoren: Netzwerke von Aktoren sind Medium der Arbeit als geordnetem Prozeß der Dissipation von Energie zur Aufrechterhaltung von Ordnung. Gleichzeitig ist Arbeit jedoch auch Quelle der Neuheit. Neuheit als Wissenszuwachs führt zu einer Zunahme der Komplexität einerseits des Wissens der Aktoren in Netzwerken, andererseits aber auch der materiell-energetischen Strukturen (Technologie). Ergebnis dieser

Diese theoretischen Konzeptionen dienen im Kap. VI, 2 zur Begründung eines evolutionsökonomischen Begriffs der Nachhaltigkeit und dem Entwurf einer nachhaltigkeitsorientierten Wirtschaftspolitik.

bimodalen Komplexitätszunahme ist die kontinuierliche Öffnung von Systemen und damit die Aufrechterhaltung von deren Ordnungszuständen.

Wir wollen diese abstrakten Überlegungen sinnvollerweise an einem konkreten Beispiel illustrieren, das die wichtigsten Zusammenhänge enthält. Kommen wir auf unser einfaches Wirtschaftssystem des Gemüseanbaus zurück.

Produktion unter thermodynamischen Restriktionen. Grundlegend für die Öffnung des Systems des Gemüsebaus ist die Nutzbarkeit der frei verfügbaren Sonnenenergie für die pflanzliche Photosynthese („Quelle"). Das System ist prinzipiell offen und erlaubt damit zunächst eine unbegrenzte Erzeugung von Zuständen niedrigerer Entropie (Aufrechterhaltung des hochkomplexen menschlichen Stoffwechsels). Die Begrenzung liegt wiederum in der Verfügbarkeit von Anbaufläche und der Nutzbarkeit der Bodenqualitäten, also bestimmten strukturellen Restriktionen für den Pflanzenwuchs („Technologie") als beabsichtigte Nutzung eines nicht-intentionalen Prozesses für die Produktion.

Stellen wir uns nun eine Gruppe von Menschen auf einer Insel mit idealen klimatischen Bedingungen vor, die diese nicht verlassen können. Die Gemüseproduktion könnte theoretisch ein unendliches Bevölkerungswachstum ermöglichen, da die Sonnenenergie unbegrenzt ist. Jedoch steht der Wohnraum des Menschen in direkter Konkurrenz zur Nutzung der Insel als Anbaufläche; gleichzeitig verändert der produzierte Kot und Abfall die Bodenqualität, würde er nicht einfach in das Meer entsorgt („Senke"). Der Produktionsprozeß führt daher unweigerlich in eine Situation der Konkurrenz zwischen Mensch und Gemüse, also zu einer Begrenzung der Produktion des Menschen, ganz unabhängig von der frei verfügbaren Sonnenenergie. Dieser kann allerdings die Restriktionen in gewisser Weise verschieben, zum Beispiel durch ausgeklügelte Dünge-Verfahren auf dem Wege der Abfallnutzung, also gerade

Ein Perpetuum mobile?
Läßt sich Wissen in Energie umwandeln? Wäre Wissen frei verfügbar, dann müßte das skizzierte System eigentlich ein perpetuum mobile sein, das letztlich keiner Restriktion mehr unterliegt.
http://www.geo.de/themen/technik_wissenschaft/perpetuum_mobile/

Sonnenenergie als Quelle:
In welchem Sinne sind auch Industriegesellschaften sogenannte „Sonnenenergiewirtschaften"? Denken Sie an Formen der Speicherung dieser Energie!

Unendliche Produktion:
Können Sie sich ein reines Recycling-System vorstellen, bei dem der Produktionsprozeß vollständig abgeschlossen ist und nur noch Energie von aussen zugeführt wird?

der Rückführung des Abfalls in die Produktion („Technologie"). Dies ist natürlich gleichbedeutend damit, daß das Mensch-Gemüse-System erneut geöffnet wird, indem Energie in Form menschlicher Arbeit und Wissen in Form von Kompostierungsmethoden zugeführt wird. Solange also das Bevölkerungswachstum in bestimmten Grenzen bleibt, könnte das System unendlich produzieren, da ständig Sonnenenergie zugeführt wird, die strukturell nicht verwendbaren Outputs verschwinden („Senke") und ansonsten nur Abwärme entsteht (Körpertemperatur der Menschen). Wachstum des Systems ist direkt gekoppelt mit der Zunahme des Wissens.

Senken:
Wo überall befinden sich Senken in der modernen Wirtschaft? Man beachte, daß Senken tatsächlich ausserhalb des Wirtschaftssystems befindlich sein müssen!

In diesem Beispiel wäre die Systemabgrenzung (Insel) durch den äußeren Beobachter und die Aktoren gleich. Nehmen wir an, nur der Beobachter wüßte, daß es in einiger Entfernung eine weitere, unbewohnte Insel gibt. Die weitere Öffnung des Systems für eine Zunahme der Bevölkerung hinge also von der Entdeckung dieser Insel durch die Menschen ab. Wir sehen also, daß Systeme geschlossen sein können in Abhängigkeit vom Wissensstand der Aktoren, auch wenn sie aus der Sicht des Beobachters geöffnet werden können. Die Schliessung ist aber nicht absolut, sondern auf bestimmte Dimensionen des Zustandsraumes bezogen: Das skizzierte System ist ja offen bezüglich der energetischen Beziehungen mit der Umgebung sowie bestimmter Materieströme.

Dieses einfache Beispiel zeigt, daß Wissen in der Tat die zentrale Komponente in jedem Produktionsprozeß ist.

Wissen und Ordnung:
Betrachten Sie nochmals die Unterscheidung von Arten des Wissens und Orten der Speicherung von Wissen. Beringen Sie dies genauer mit den nebenstehenden Überlegungen in Verbindung.

Wir können nun in der einfachsten Weise Wissen auffassen als eine Eigenschaft offener Systeme, die eine **Nutzung von Energie für die Erzeugung von Zuständen niedrigerer Entropie** *ermöglicht. Aufgrund der Bimodalität von Wissen und Materie-Energie ist dies gleichbedeutend damit, daß Wissen für die Transformation von Wissen eingesetzt wird. Dieser Prozeß ist Arbeit im Sinne intentionaler Handlungen von Aktoren. Arbeit setzt aber Intentionalität und Randbedin-*

gungen im Sinne gegebener Ordnung voraus. Es gilt also wieder die Unterscheidung von referentiellem und nicht-referentiellem Wissen.

Auf diese Weise ist eine sinnvolle empirische Abgrenzung zwischen Information, Enformation und Wissen möglich, denn zum einen ist ein absolutes Kriterium der „Nützlichkeit" verfügbar (Absenkung von Entropie) und es erfolgt eine Relativierung bezüglich spezieller System-Umwelt-Grenzen. Ausserdem wird der Begriff definitorisch (aber nicht inhaltlich) unabhängig von der ausschliesslichen Bezugnahme auf einen Aktor, d.h. er schliesst referentielles und nicht-referentielles Wissen ein. Damit gelangen wir zu einer entropietheoretischen Bestimmung des Begriffs des Bedürfnisses.

In unserer Diskussion der Umweltpolitik in Kap. VI, 2, gelangen wir daher zu dem Schluss, daß die Nachfrageseite umweltpolitisch sehr bedeutsam ist.

Bedürfnisse sind Formen des Wissens von Aktoren, die sich aus dem grundlegenden funktionalen Erfordernis ableiten, Ordnung in Wirtschaftssystemen zu erzeugen bzw. zu erhalten. Dieser Zusammenhang ist einerseits auf aggregierter Ebene ein thermodynamischer, ist aber konkret nur unter Berücksichtigung der strukturellen Restriktionen der Produktion interpretierbar. Bedürfnisse sind also selbst Bestandteil von Produktion.

Netzwerke als Ordnung der Produktion. Indem wir nun das Konzept des Bedürfnisses produktionstheoretisch reduziert haben, ergibt sich ein direkter Bezug zu den Konzepten, die im zweiten Abschnitt entwickelt wurden. Insofern Produktion arbeitsteilig organisiert wird, kann das gesamte in Netzwerken gespeicherte und verarbeitete Wissen im Sinne der obigen Definition qualifiziert werden. Dann erhalten wir als Definition eines Wirtschaftssystems die Gesamtheit aller Netzwerke von Aktoren, deren Wissen in Produktionsprozessen genutzt wird. Auch diese Feststellung gilt zunächst nur auf aggregierter Ebene. Also definieren wir:

Ordnung von Netzwerken: Wird Energie benötigt, um Netzwerke zu bilden und zu stabilisieren?

Ein **Wirtschaftssystem** *ist ein offenes System von Netzwerken, in denen referentielles und nicht-referentielles Wissen ge-*

speichert wird. Die Aktoren der Netzwerke setzen dieses Wissen durch Produktion in die Erzeugung von Ordnungszuständen um, wobei die Inputs aus Quellen in Outputs transformiert werden, die entweder in Ordnungszustände oder in Senken eingehen. Die Produktion erhöht das Vermögen der Aktoren im Sinne einer Erhöhung der Komplexität ihrer Handlungsgrundlagen und einer Verschiebung der Grenze zwischen Umgebung und Vermögen in der Zeit. Wissenszuwachs ist Zuwachs der Umgebungskontrolle durch intentionale Handlungen, allerdings unter Bezug auf referentielles und nicht-referentielles Wissen.

Macht Euch die Erde untertan! Läßt sich diese biblische Formulierung im Lichte nebenstehender Aussagen deuten?

Inhaltlich konkretisieren läßt sich diese Definition nur, wenn wir auf die eingangs diskutierte Beziehung zwischen dem Wissen eingehen, das in Inputs, Outputs und Technologie enthalten ist. Die materiell-energetischen Zusammenhänge in der Produktion sind in der besonderen Form der Koordination des Wissens von Aktoren in Netzwerken abgebildet. Auch hier gilt erneut, daß dieses Wissen bei keinem Aktor vollständig gespeichert ist: Zum Beispiel muß der Produzent nicht vollständig über das Wissen informiert sein, das der Nutzer seines Produktes bei der Anwendung einsetzt. Dies ist der erste Sinn, in dem von einer Speicherung des Wissens eines Wirtschaftssystems in seinen Netzwerken gesprochen werden kann.

Koordination von Wissen: Eine konkrete Form der Koordination von Wissen ist die Standardisierung von Produkten, da auf diese Weise die Nutzung in bestimmter Weise eingeschränkt wird. Insofern ist der Standard selbst ein Wissen. Überlegen Sie, wie eine Änderung solcher Standards zustandekommen kann!

Der zweite Sinn dieser Aussage geht auf die Frage zurück, wie externe Effekte in Netzwerken zum Tragen kommen. Netzwerke können dadurch Wissen generieren, daß Produzenten über nicht beabsichtigte Wirkungen der Produktion informiert werden. Dies geschieht durch Kommunikation der Wahrnehmungen anderer Aktoren. Daraus kann sich im Ergebnis eine Umwandlung nicht-beabsichtigter Wirkungen in beabsichtigte einstellen. Wir nennen diesen Schritt „**Internalisierung**“. Dieser Schritt ist von besonderer Bedeutung für die sogenannten „negativen externen Effekte“, bei denen Produktion negative Veränderungen der Ordnungszustände anderer Aktoren als Kuppeloutput erzeugt.

Produktion entwickelt sich durch Internalisierung externer Effekte in das gemeinsame referentielle Wissen der Aktoren. Durch diesen Wissenszuwachs steigen die Möglichkeiten des Wirtschaftssystems, Ordnung zu generieren, weil eine Tendenz zur Minimierung der Entropieproduktion entsteht. Diese Tendenz entspricht einer Zunahme der Komplexität der Netzwerke, also einer Zunahme von deren Ordnungsgrad. Der Prozeß der Internalisierung ist also gleichbedeutend mit dem Prozeß der Verschiebung von Grenzen zwischen Umgebung und Vermögen der Aktoren. Internalisierung ist Komplexitätszunahme des Wissens im bimodalen Sinne, d.h. es nimmt die Komplexität des Wissens der Aktoren in Netzwerken zu ebenso wie der materiell-energetischen Strukturen.

Internalisierung von Umweltwirkungen:
In der Umweltpolitik gibt es das Konzept, durch Vergaben von Zertifikaten eine Internalisierung von Nebenwirkungen der Produktion zu erreichen.
http://www.umweltlexikon-online.de/fp/archiv/RUBrechtmanagement/Umweltzertifikate.shtml

Externe Effekte sind besonders wichtig, um die Beziehung zwischen Senken und Produktion zu verändern. Denn Senken sind ein relativer Begriff, da sie nur bezüglich bestimmter Systemprozesse gelten. Wird Abfall „versenkt", so wirkt er in dem Moment in das System zurück, wenn er als externer Effekt wahrgenommen wird. Die Senke wird dann Bestandteil des Produktionsprozesses, der um bestimmte Elementarprozesse erweitert wird (wie zum Beispiel Recycling). Diese gehen natürlich mit neuen Transaktionen einher, verändern also das Netzwerk.

Umweltschutz und Komplexitätszunahme von Netzwerken:
Welche zusätzlichen Transaktionen bzw. Netzwerk-Konfigurationen sind durch den „Grünen Punkt" entstanden? Thermodynamisch ist klar, daß er umstritten ist. Warum?
http://www.gruener-punkt.de/index_js.html
http://www.umweltlexikon-online.de/fp/archiv/RUBabfall/GruenerPunkt.shtml

Im letzten Schritt lassen sich Netzwerke selbst unter Bezug auf den Begriff der Entropie beschreiben. Denn auch für die Elemente von Netzwerken gilt, daß sie unter Bezug auf einen Zustandsraum einen maximalen Grad von Unordnung erreichen können. Auch Netzwerke können die in Abbildung 16 gekennzeichneten Beziehungen aufweisen. Zum Beispiel ist eine Menge in Panik nicht zu gemeinsamer Arbeit in der Lage; ein höherer Ordnungsgrad kann erreicht werden, wenn die Menschen der Menge in Reih und Glied aufgestellt werden. Arbeit ist aber erst möglich, wenn eine bestimmte Konstellation (z.B. eine Eimerkette) hergestellt wird, die das Zusammenwirken der Aktoren ermöglicht. Die Entwicklung der Technologie zeigt nun genau diese

Simultaneität der Komplexitätszunahme der materiell-energetischen Strukturen wie der Netzwerke der Aktoren.

In einem Wirtschaftssystem findet also eine Projektion zwischen Ordnungszuständen in Netzwerken und Ordnungszuständen in der materiell-energetischen Umgebung statt. Die Herstellung der Ordnungszustände in Netzwerken ist freilich selbst ein Produktionsprozeß; dieser wird gewöhnlich als **Organisation** bezeichnet, wenn er zielgerichtet durch die Aktoren hergestellt wird. Ergibt er sich durch die spontane Entwicklung von Netzwerken, handelt es sich um **Selbstorganisation**. In der modernen Wirtschaft wird entsprechend grob zwischen Arbeit unterschieden, die sich direkt auf materiell-energetische Strukturen richtet (Industrie) und solcher, die im weitesten Sinne die Gestaltung von Netzwerken beinhaltet (Dienstleistungen).

Entropie und Netzwerke: Was meinen Sie? Die moderne Wirtschaft verwendet immer kompliziertere Maschinen, erzeugt also wachsende Ordnungszustände des Produktionssystems. Läßt sich auch eine Zunahme der Ordnung ihrer Netzwerke konstatieren? Wie liesse sich das über-

Abschliessend bleibt noch der Bezug auf die konventionellen Prozeßkategorien zu klären, die wir eingangs angesprochen hatten, also vor allem Gleichgewicht und Wachstum. In der Thermodynamik wird unter „Gleichgewicht" ähnlich wie in der konventionellen Wirtschaftswissenschaft das Ergebnis einer Maximierung verstanden – nur ist dieser Zustand evolutionsökonomisch offensichtlich irrelevant, weil es sich um den Zustand maximaler Entropie und minimaler freier Energie handelt. Dies ist nicht nur ein terminologisches Problem. Denn tatsächlich kann auch das herkömmliche Gleichgewichtskonzept der Ökonomie in dem Sinne als Zustand maximaler Entropie verstanden werden, insofern es keine Information mehr enthält, und keine Kräfte mehr entstehen, die zu seiner Veränderung führen: Alles Wissen ist offengelegt, alle freie Energie dissipiert und in gebundene transformiert, und die Endverteilung wurde realisiert. Das Gleichgewicht der herkömmlichen Wirtschaftswissenschaft ist also eines, in dem alles Wissen vergessen werden kann, und keine Information mehr möglich ist.

Dissipative Systeme: Das Konzept der dissipativen Systeme ist vom belgischen Nobelpreisträger der Chemie Ilya Prigogine entwickelt worden und hat grosse Resonanz auch ausserhalb der Naturwissenschaften gefunden: **http://order.ph.utexas.edu/people/Prigogine.htm**

Offene Systeme sind hingegen thermodynamisch immer Ungleichgewichtssysteme, können aber durchaus in einem „steady state“ befindlich sein, also die Eigenschaft beispielsweise zyklischer Stabilität besitzen: Voraussetzung ist eine Strukturstabilität, die einer Aufrecherhaltung hoher Negentropie entspricht.

Ein System, das kontinuierlich Energiezufuhr erfährt, ist immer ein System fern vom Gleichgewicht; analog ist ein Wirtschaftssystem immer ein Ungleichgewichtssystem, wenn ihm kontinuierlich neues Wissen zugeführt wird. Insofern ist der Begriff des „Ungleichgewichtes“ notwendiges Korrelat von Strukturbildung und Ordnung.

Eine kontinuierliche Energiezufuhr ist notwendig mit einem kontinuierlichen Strom neuen Wissens verbunden, weil andernfalls der Energiestrom im Zeitablauf nur mit einer allmählichen Auflösung der Strukturen und einem Verlust allen Wissens einher gehen würde.

Grenzen des Wachstums: Der „Club of Rome“ ist mir diesem Konzept in den siebziger Jahren berühmt geworden: **http://www.clubofrome.org/index.html**

Was bedeutet vor diesem Hintergrund „Wachstum“? Die Debatte um die „Grenzen des Wachstums“ macht nur vor dem Hintergrund des herkömmlichen Produktionsmodells Sinn: Dort werden immer mehr menschliche Bedürfnisse befriedigt, aber gleichzeitig immer mehr Abfälle im weitesten Sinne erzeugt. Evolutionsökonomisch ist Wachstum gleichbedeutend mit der Zunahme des Wissens in materiell-energetischen Strukturen und der Zunahme der Komplexität der auf sie projizierten Netzwerke. „Grenzen“ können hier nur auftreten, wenn das System geschlossen würde. Thermodynamisch kann daher die menschliche Wirtschaft unbegrenzt wachsen, solange Energie und Wissen zugeführt werden. Probleme können nur entstehen, wenn die Produktion externe Effekte zeitigt, die Ordnungszustände gefährden. Dies ist eine Frage struktureller Koordination, also erneut ein Wissensproblem. Wachstum ist Wachstum des Wissens, aber nicht Wachstum der Erfüllung menschlicher Bedürfnisse, die als finaler Konsum verstanden werden.

Grenzenloses Wachstum? Interpretieren Sie die zunehmende Bedeutung der Dienstleistungen als Produktion von Ordnungszuständen.

3. Zeit und Geschichtlichkeit

Zyklisch und linear:
In welchen Zusammenhängen ist Ihnen der Gegensatz von zyklischer und linearer Zeit begegnet?

a. Kategorien der Analyse von Zeit

Zeit: Ungeklärte Selbstverständlichkeit. Das Wirtschaftssystem nimmt ständig Energie auf, die dann dissipiert, aber gleichzeitig Ordnungszustände stabilisiert; das Korrelat des Energiestroms ist der Wissenstrom. Es entsteht die Frage, ob diese Stabilisierung selbst ein Vorgang ist, der zyklisch auch in dem Sinne verläuft, daß stets derselbe Zustand reproduziert wird. Die Intransitivität der Produktion schliesst zwar die Umkehrung aus, aber nicht die Wiederholung. **Zyklizität** und **lineares Fortschreiten** sind nun die zwei am häufigsten angewendeten Paradigmata der Zeitlichkeit menschlicher Existenz. Sie werden auch häufig angesprochen, wenn das traditionelle - zyklische - Wirtschaften vom modernen - linear fortschreitenden Wirtschaftswachstum unterschieden wird.

Zeitforschung:
Trotz der überragenden bedeutung des Konzeptes ist seine Erforschung zwischen den Disziplinen zersplittert:
http://www.studyoftime.org/index.html

Die Zeit ist sicherlich eine der bedeutendsten wissenschaftlichen und philosophischen Probleme, das sämtliche Disziplinen überspannt. Wir werden dieses Problem hier natürlich nicht lösen können. Entscheidend ist in diesem Abschnitt, ein grundlegendes Umdenken bezüglich der wirtschaftswissenschaftlichen Behandlung der Zeit zu erreichen. ***Lesehinweis 4***

Ausgangspunkt ist die einfache lebensweltliche Feststellung, daß uns der Strom der Zeit nur durch die **Asymmetrie zwischen Vergangenheit und Zukunft** *bewußt wird, was unsere Handlungsmöglichkeiten betrifft. Vergangenheit ist das erinnerte Unveränderliche, Zukunft das unbekannte Veränderliche. Gegenwart ist die Zeit des Handelns. Nimmt man diese Dreiheit als Augangspunkt, wird die konventionelle Projektion einer linearen, eindeutig skalierten Zeit auf ökonomische Prozesse fragwürdig: Denn insofern in diesen Prozessen handelnde Menschen auftreten, müssen diese Prozesse auch selbst durch die vergangenen Gegenwarten beeinflusst sein.*

Das heisst, das Zeitempfinden der Aktoren und ihr entsprechendes Handeln in der Zeit muß in der Rekonstruktion der Prozesse einen Niederschlag finden.

> **Zeiterleben:** Unsere Alltagserfahrung zeigt, daß wir Zeit subjektiv nicht als uniformes Kontinuum erleben. Wie nehmen Sie persönlich Zeit wahr?

Ein weiteres Problem der Zeit entsteht durch die offensichtliche **Differenz der Zeitskalen**, in denen unterschiedliche Prozesse gemessen werden müssen, bzw. den für die menschliche Vorstellungskraft ungreifbaren Unterschieden der Geschwindigkeiten von Prozessen, die gleichwohl zusammenwirken, und die je für sich Phasen der Beschleunigung oder gar des raschen Umbruchs aufweisen können: Man führe sich nur den Unterschied zwischen den Zeiten der Stammesgeschichte des Lebens und des menschlichen Lebenszyklus vor Augen! Evolutionsökonomisch ist dies von größter Bedeutung, weil menschliches Handeln dementsprechend auf Prozesse einwirkt bzw. durch Prozesse beeinflusst wird, die in ganz unterschiedlichen zeitlichen Dimensionen ablaufen. Dies ist keineswegs nur ein theoretisches Problem: Die Geschwindkeit, mit der eine neue Krankheit wie AIDS sich verbreiten kann, ist eine radikale Herausforderung für die wirtschaftliche Entwicklung des afrikanischen Kontinents geworden. Die Langsamkeit, mit der sich Klimaänderungen normalerweise vollziehen, hat diese lange Zeit nicht in das Bewußtsein treten lassen, während die gegenwärtige Beschleunigung zu einer gewaltigen Herausforderung für die gesamte Menschheit geworden ist.

> **Last der Vergangenheit:** Gibt es Gesetze, Standards und Traditionen in Deutschland, von denen Sie sagen würden, daß sie früher einen Sinn besaßen, heute aber kontraproduktiv wirken? Wenn ja, wie könnten man diesen Zustand ändern?

Diese Geschwindigkeitsdifferenzen sind jedoch nicht nur als Koordinationsproblem menschlicher Handlungen in der Gegenwart relevant. Wenn wir die aus der Vergangenheit gegebenen Strukturen evolutionsökonomisch als Träger von Wissen behandeln, dann ergibt sich das grundlegendere Problem, welche Funktionalität dieses Wissen in der Gegenwart und Zukunft hat, wenn es unter möglicherweise ganz anderen Bedingungen entstanden ist. Gegenwärtige Strukturen können obsolet sein. Die Frage ist also, wie weit unterschiedliche Geschwindigkeiten von Veränderungen also solche funktionale Auswirkungen auf die Evolution des Wissens haben. Daraus ergibt sich umgekehrt die Überlegung, ob die Mechanismen des Wandels selbst evolutorischen Prozessen unterliegen, also selbst eine Funktionalität aufweisen. Das prinzipielle Argument haben wir bereits im zweiten Kapitel bezüglich der menschlichen Entscheidungsmechanismen diskutiert, und es ist an dieser Stelle direkt übertragbar. So wie Entscheidungen selbst funktional bewertbar sind, gilt dies für alle Prozeßtypen in der Evolution.

In der evolutionsökonomischen Diskussion wird diese komplizierte Problemstellung in der Regel mit dem Gegensatz von **physikalischer Zeit und Geschichte** thematisiert. Wir wollen im Folgenden versuchen, das Themenfeld zu systematisieren und einige analytisch und praktisch relevante Schlussfolgerungen zu ziehen.

Irreversibilität: Nennen Sie Beispiele für Prozesse, die zwar unumkehrbar, aber wiederholbar sind! Wann ist ein Prozeß nicht wiederholbar?

Unumkehrbarkeit und Wiederholbarkeit. Dissipative Strukturen weisen notwendigerweise die Eigenschaft der **Irreversibilität** auf, also der Unumkehrbarkeit der Prozesse. Physikalisch erhält damit die Zeit die Eigenschaft der **Gerichtetheit**: Der **Pfeil der Zeit** weist in eine Richtung, und die Rate der Entropiezunahme entspricht seiner Länge. Irreversibilität ist damit der erste wichtige Grund für die Zeitlichkeit ökonomischer Prozesse im Sinne ihrer Historizität. Strukturbildung als solche ist aber ein weiterer Grund der Unumkehrbarkeit, denn theoretisch gilt der Tatbestand der Irreversibilität zunächst nur für geschlossene Systeme. In einem offenen System wäre ja vorstellbar, daß durch Energiezufuhr der ursprüngliche Ordnungszustand ständig wiederhergestellt würde.

Letzteres ist die übliche Annahme in weiten Teilen der herkömmlichen ökonomischen Theorie, die vor allem bei der Konjunkturanalyse annimmt, daß es zyklische Schwankungen der Aktivität gibt, die im Falle von Null-Wachstum der Wirtschaft immer wieder an dieselben Punkte zurückführen würden. In vielen Modellen findet sich sogar die Annahme der Reversibilität: Auch in Falle von Wirtschaftswachstum wäre ja vorstellbar, daß aufgrund exogener Ereignisse eine Volkswirtschaft zu einem Punkt in der Vergangenheit zurückfällt, der identisch mit der Gegenwart ist (zum Beispiel dasselbe Sozialprodukt pro Kopf aufweist). Diese Beispiele zeigen auch, daß die Frage der Unumkehrbarkeit und Wiederholbarkeit nicht nur ein Problem der Zeit ist, sondern auch der Frage, nach welchen Kriterien die Veränderungen gemessen werden, die in der Zeit ablaufen. Das Sozialprodukt ist eine extensive (also zum Beispiel additive) Größe, und kann also bei der Projektion auf eine lineare Zeitskala durchaus Bewegungen zwischen Vergangenheit und Gegenwart aufweisen, also die Wiederkehr identischer Zustände. Die Frage ist dann, inwiefern diese Größe tatsächlich aussagekräftig zur Beurteilung der Prozesse ist.

Wiederholbarkeit: Aktienkurse schwanken und kehren häufig an früherer Werte zurück. Bedeutet das, daß die Unternehmen bzw. der Markt in dieselben Zustände wie in der Vergangenheit zurückkehren? Welche Information enthält eigentlich die Beobachtung dieser Kursänderungen?

Daß diese Betrachtungsweise nicht wirklich des Pudels Kern trifft, zeigt schon das sprichwörtliche zerschlagene Ei, das nicht wieder in seinen ursprünglichen Zustand zurückversetzbar ist. Eine Volkswirtschaft, die durch Krieg auf einen früheres Wohlstandsniveau zurückgeworfen wird, ist nicht identisch mit der vergangenen Wirtschaft auf demselben Niveau. Der Vergleich der Ausdehnung des Eis mit dem Umfang der Masse Rührei ist von sehr geringem Interesse für die Beurteilung seiner Zustände. Daraus ergibt sich sogleich, daß der Gegensatz von linearer und zyklischer Zeit nicht hilfreich ist, weil damit nur die beiden - nicht zwingend miteinander verbundenen - Phänomene der Unumkehrbarkeit und Wiederholbarkeit angesprochen sind.

Wir sehen, daß hier grundsätzlich die im vorherigen Abschnitt getroffene Unterscheidung von Wissen, Enformation und Information relevant ist: Reversibel wäre die Entwicklung des Sozialproduktes im Falle, daß sich nur Änderungen in der Dimension der Enformation vollziehen. Kommen aber Veränderungen des Wissens hinzu, dann geht es um irreversible Prozesse.

Zeitreisen: Viele Wissenschaftler, aber vor allem auch Science-Fiction-Fans meinen, daß der Zeitpfeil auch umkehrbar sei: **http://www.biols.susx.ac.uk/home/John_Gribbin/timetrav.htm**

Zeitliche Folge: Wenn „früher oder später" anhand von Ereignissen bestimmt wird, relativ zu denen andere in eine Folge gebracht werden, kann es dann sein, daß die Beurteilung von „früher oder später" bei unterschiedlichen Referenz-Ereignissen anders ausfällt?

Zeit als Konvention: Warum war es bis in das späte 19. Jahrhundert gar nicht nötig, eine verbindliche Zeitkonvention zu besitzen?

Allerdings wirft auch die einfache entropietheoretische Begründung der Gerichtetheit von Zeit ein wesentliches Problem auf: Sie nimmt bereits auf Zeit Bezug, da der Begriff der Irreversibilität erfordert, daß wir ein eindeutiges Kriterium dafür besitzen, welches Ereignis ein früheres oder ein späteres ist. Dieses Problem ist keinesfalls trivial, denn seit Einstein seine Relativitätstheorie formuliert hat, wissen wir, daß dieses Kriterium selbst vom Zustand des Beobachters abhängt, und daß sich also zwei unterschiedliche Beobachter auch in dieser elementaren Frage nicht einigen könnten. Dieses Problem wird freilich nur bei sehr unterschiedlichen Relativgeschwindigkeiten zur Lichtgeschwindigkeit relevant, ist also heute noch nicht für uns von Interesse.

Das Problem kann freilich auch in einfacherer Weise formuliert werden: Die zeitliche Reihenfolge setzt voraus, daß wir eine Reihe von Zeitpunkten definieren können, die aufeinanderfolgen. Die genaue Identifikation von zwei Zeitpunkten unterschiedlicher Ereignisse setzt wiederum voraus, daß wir genau bestimmen können, ob es dieselben Zeitpunkte sind oder nicht. Dies wiederum verlangt, daß wir denselben absoluten Standard anlegen, mit dessen Hilfe die Distanzen zwischen Zeitpunkten in genau derselben Weise gemessen und auf einen bestimmten Nullpunkt bezogen werden. Um dann allerdings feststellen zu können, ob diese Distanzen in allen Anwendungen dieselben sind sind, müssen wir bereits genau jenen Standard voraussetzen, den wir suchen. Zeitmessung setzt **Standardisierung** voraus, Standardisierung aber **Zeitmessung**.

Dieses grundlegende Problem wird in der Praxis entschärft, indem wir die Zeit durch **Konventionen** vergleichbar machen. Tatsächlich aber gibt es gewichtige Gründe, die dafür sprechen, daß Zeit nur als nicht-konventionelles Phänomen realen Gehalt besitzt, und das bedeutet hier konkret, als Unterscheidung von früher oder später durch einen Beobachter und dessen Zeiterleben. Die Zeit, die gewöhnlich in vielen Theorien Anwendung findet, ist eine quantitative Größe, die durch konventionelle Abstimmung von bestimmten Mechanismen (Uhren) erst geschaffen wird. Wenn wir Zeit anschliessend auf genau diese Konvention reduzieren, verlieren wir freilich die eigentliche Bedeutung von Zeit für ökonomische Prozesse aus dem Blick.

Gleich-Zeitigkeit. Wir wollen zur Klärung dieser fundamentalen Fragen auf ein scheinbar spezielleres Problem der Zeitlichkeit von Produktionsprozessen eingehen, das aber von größter Bedeutung für die Arbeits- und Wissensteilung ist. Wir kommen hierzu auf das Konzept des **Elementarprozesses** als physikalisch, chemisch und/oder technisch nicht weiter aufgliederbare Transformation eines Inputs in einen Output zurück. Wir betrachten also einen konkreten Vorgang von Wandel, der nicht weiter in einzelne Schritte zerlegbar ist. In der Regel setzen sich Produktionsprozesse aus einer Vielzahl solcher Elementarprozesse zusammen. Die Frage ist, ob diese Zusammensetzung selbst eine beliebige ist, oder ob sie wiederum eine zeitliche Ordnung aufweisen muß. Im Normalfall muß eine solche Ordnung bestehen, insofern Produktionsprozesse selbst Vernetzungen von Elementarprozessen sind, so daß also die Outputs eines Elementarprozesses Inputs des anderen sind. Daraus entsteht das Problem der **Synchronisierung der Elementarprozesse**, im Extremfall das Erfordernis, daß sie „gleichzeitig" beginnen und/oder enden müssen.

Koordination von Elementarprozessen: Welche Folgen haben Unterschiede in der Frostperiode und der Wetterbedingungen während der Erntezeit für die Produktionsbedingungen der Landwirtschaft in unterschiedlichen Klimazonen der Erde?

Der Begriff der **Gleich-Zeitigkeit** impliziert die Bezugnahme auf drei unterschiedliche Aspekte von Zeit:

- Üblich ist in der Wirtschaftswissenschaft der Bezug auf eine objektive Zeitskala (**physikalische Zeit**), die durch einen Beobachter festgelegt wird. Diese Skala wird durch die Eigenschaft der Irreversibilität von Prozessen gerichtet. Sie setzt die Lösung des Problems voraus, bestimmte Prozesse zu definieren, die zeitliche Distanzen eindeutig festlegen, also ein objektives Maß der „Dauer" von Zeit bestimmen. In der Wirtschaftswissenschaft sind hier grundsätzlich die gewöhnlichen Zeitkonventionen hinreichend (Uhrenvergleich mit einer bestimmten Normuhr).

Rhythmus:
Die Musik ist das idealtypische kulturelle Konstrukt, das diese Komplexität der Zeit abbildet. Versuchen Sie sich an einer Deutung.

Die physikalische Disziplin der Synergetik erlaubt die Modellierung unterschiedlicher Eigenzeiten von Prozessen durch das Konzept der „Ordner". Siehe Kap. VI/7.

- Grundsätzlich unabhängig davon ist die Zeitlichkeit der Elementarprozesse, die sich bezogen auf die objektive Skala in einer unterschiedlichen Dauer niederschlägt. Eine Wiederholung der Elementarprozesse bedeutet also, daß die Skala in unterschiedliche Zeitabschnitte unterteilt wird. Wir nennen diese unterschiedlichen Gliederungen „**Eigenzeiten**" der Prozesse: Eigenzeiten bedingen einen **Rhythmus** der Entwicklung, wenn die Elementarprozesse sich wiederholen. Prinzipiell ließen sich also beliebig viele Zeitskalen definieren, für die jeweils Irreversibilität gilt und ein Kriterium für zeitliche Folge verfügbar ist.
- Daraus ergibt sich wiederum die besondere Bedeutung von „**Zeitpunkten**". Während die physikalische Zeit beliebig unterteilbar und kontinuierlich ist, rückt in Phänomenen zeitlicher Koordination von Elementarprozessen der Zeitpunkt in den Vordergrund, der sich aus der je nach Struktur erforderlichen Abstimmung der Eigenzeiten ergibt. Zeitpunkte sind also Reflex einer zusätzlichen Stufe der Komplexität der Prozesse. Daraus leitet sich das zweite grundlegende definitorische Merkmal von Zeitlichkeit im Sinn von Geschichtlichkeit ab, nämlich die Gliederung einer objektiven Zeitskala durch **Ereignisse**. Die Gleichsetzung von Zeitpunkten und Ereignissen geschieht dann aber nicht mehr unter Bezug auf Zeitpunkte einer objektiven Skala, denn primär ist der Gedanke der Gleichzeitigkeit bestimmter zeitlicher Zäsuren von Prozessen mit unterschiedlichen Eigenzeiten.

Geschichte:
Was meinen wir, wenn wir von einem „historischen Moment" sprechen?

Aus dieser Dreiheit von Zeitbegriffen entsteht das Bild von Zeit als **Geschichte**. Damit bewegen wir uns in einem völlig neuen Paradigma von Zeit, was die Verwendung dieses Konzeptes in der Wirtschaftswissenschaft angeht. Der Begriff der Gleichzeitigkeit hebt nämlich nicht auf die Zeit als gerichteten Prozeß ab, sondern auf die **Zeitstruktur** von Prozessen. Zeit kann damit wie andere Dimensionen von Zustandsräumen unterschiedliche Komplexitätsgrade aufweisen und ist selbst ein Ordnungszustand. Mit dem Begriff der Geschichte wird die Veränderung dieser Zeitstruktur in der Zeit betrachtet. Dies führt offenbar auf ein weiteres Paradox hin:

> *Die Veränderung von Zeitstrukturen in der Zeit bedeutet, daß die Kategorie der Zeit selbstbezüglich ist. Da alle Aktoren nur in der Gegenwart existieren, können sie die Vergangenheit nur durch die Erinnerung von Zeitstrukturen vergegenwärtigen. Solche Zeitstrukturen werden als „***Epochen***" bezeichnet. Die Geschichte von Wirtschaftssystemen ist also eine Folge von Epochen. Durch die Gleichzeitigkeit von Ereignissen entstehen singuläre Entwicklungsschritte, die ex post als notwendig erscheinen, aber prinzipiell kontingent sind. Die Analyse dieser Abfolge von Epochen wird als* **histonomische Analyse** *bezeichnet. Lebensweltlich entspricht dies der individuellen und kollektiven* **Erinnerung**.

Epochen:
Befinden wir uns derzeit an einer epochalen Bruchstelle? Analysieren Sie Aspekte wie die Entwicklungen im Kontext der Globalisierung, die technischen Aspekte der Digitalisierung oder die Änderungen der weltpolitischen Machtverhältnisse.

Der Begriff der Epoche wird hier allgemeiner verwendet als in der Geschichtswissenschaft, bezeichnet also beispielsweise die Einheit eines bestimmten Lebenszyklus einer Technologie, Phasen in der Entwicklung eines Unternehmens oder auch Phasen individueller Entwicklung. Entscheidend ist also nicht die Dauer von Epochen bezogen auf irgendeine konventionelle Zeitskala, sondern die Auszeichnung durch Zäsuren sowie eine bestimmte innere Struktur der Gleichzeitigkeit von Prozessen. Epochen können also wiederum eine Zeitstruktur bilden und selbst Gleichzeitigkeiten aufweisen. Die Epochen des Historikers sind solche komplexen epochalen Strukturen, bei denen typischerweise die Gleichzeitigkeit der Entwicklung bestimmter Individuen („große" Persönlichkeiten), gesellschaftlichen Wandels oder technischer Innovationen auftritt. In der Wirtschaftswissenschaft finden sich seit dem 19. Jh. Ansätze zur Analyse epochaler Strukturen in der Unter-

Lange Wellen:
Diese Kuriosität der Konjunkturforschung wird in der Wirtschaftswissenschaft vernachlässigt, erfährt aber viel Aufmerksamkeit in der Innovationsforschung und -prognose:
http://www.digitaleconomist.com/bc_4020.html
http://www.kondratyev.com/

Der Begriff der „Epoche" wird uns unter anderem bei der Diskussion von Standardisierungsphänomenen in der Technologie wieder begegnen, Kap. IV, 3.

suchung sogenannter **„langer Wellen"** wirtschaftlicher Entwicklung.

Die wesentliche Konsequenz dieser Sicht von Zeit besteht darin, daß beispielsweise Prozesse technischen Wandels nie isoliert betrachtet werden dürfen, sondern stets im „Konzert" gleichzeitig stattfindender Prozesse; technologischer Wandel kann zum Beispiel sozialen Wandel voraussetzen, der zeitlich nicht notwendig koordiniert verläuft. Dementsprechend sind auch die Wirkungen des technologischen Wandels unterschiedlich oder können sogar gar nicht zum Tragen kommen.

b. Komplexe zeitliche Ordnungen

Kapital und Koordination: Betrachten Sie das Verkehrsystem und seine Infrastruktur: Prozesse (Verkehr) und Kapital (Verkehrswege) müssen koordiniert sein. In welcher Weise bildet die Schiene/Strasse-Relation Wissen zeitlicher Strukturen ab? Welche anderen Prozesse (Beispiel: Entwicklung des Kfz-Baus) müssen mit der Infrastruktur koordiniert sein? Welche Auswirkungen hat die Infrastruktur auf Eigenzeiten anderer Prozesse (z.B. Reisen)?

Kapitalbildung. Zeitstrukturen spielen in Wirtschaftssystemen noch in einer anderen Hinsicht eine zentrale Rolle, wenn wir den Zusammenhang zum Entropiekonzept weiter herausarbeiten. Hierzu betrachten wir nochmals den Prozeß der Produktion genauer.

Produktion erfolgt häufig in der Weise, daß intentional eine bestimmte materiell-energetische Struktur erzeugt wird, die wiederum der Produktion dient: Die **Produktion von Produktionsmitteln**. Für diesen „Umweg" wird zum einen Zeit benötigt, und zum anderen muß natürlich die Koordination der Prozesse bewahrt bleiben. Dieser Umweg wird als **„Kapitalbildung"** bezeichnet. Kapitalbildung ist also zum einen die Schaffung einer komplexeren materiell-energetischen Struktur, und bedeutet zum anderen eine Komplexitätszunahme der zeitlichen Ordnung, weil die Kapitalbildung gleichzeitig erfolgt mit anderen Prozessen ohne Kapitalbildung, aber im Moment der Integration in den Produktionsprozeß natürlich synchronisiert sein muß. Insofern können wir sagen, daß der gegenwärtige Kapitalstock das Wissen der zeitlichen Struktur der Produktion abbildet und damit die Geschichte der vergangenen Produktion. Bezogen auf die Gegenwart, hat der Kapitaleinsatz eine **Beschleunigung der Produktion** zur Folge (gewöhnlich als **Produktivitätszunahme** bezeichnet, die ja herkömmlich immer auf einen Zeitpunkt bezogen ist). Die Beschleunigung der Produktion ist gleichbedeutend mit einer Veränderung der Eigenzeit der Produktionsprozesse. Kapitalbildung hat also in doppelter Weise Einfluss auf die Zeitstruktur der Produktion. *Lesehinweis 5*

Einfach gesagt, ist Kapitalbildung also gleichbedeutend mit der im vorherigen Abschnitt betrachteten Komplexitätszunahme unter expliziter Berücksichtigung der Zeitstrukturen. In diesem allgemeinen Sinne ist nicht nur die Technologie als Kapitalbildung zu interpretieren, sondern jede analoge Form der Bildung komplexer materiell-energetisch/zeitlicher Strukturen. Organismen sind demzufolge auch eine Form der Kapitalbildung.

Die **Zunahme der Komplexität der Zeitstrukturen** und die Beschleunigung der Prozesse relativ zu früheren Zeiten und relativ zu Zuständen mit geringerer Kapitalausstattung ist ein wesentliches Merkmal des modernen Wirtschaftswachstums. Sie geht unauflöslich einher mit dem steigenden funktionalen Erfordernis, Elementarprozesse zeitlich zu koordinieren. Die moderne **„Knappheit" der Zeit** resultiert also nicht daraus, daß sich „eine Menge Zeit" relativ zu Bedürfnissen verringert hat, sondern daß der Bedarf nach zeitlicher Koordination zugenommen hat. Dieser Koordinationsbedarf betrifft einerseits die Koordination der Prozesse, die durch die Kapitalnutzung entstehen, andererseits aber auch die Koordination der Kapitalstrukturen und ihres Wandels. Das einfachste ökonomische Problem ist in diesem Zusammenhang die Beziehung zwischen Abnutzung und Erneuerung, buchhalterisch reflektiert im Konzept der **Abschreibung**. Evolutionsökonomisch ist dies aber die Frage nach der Funktionalität des im Kapitalstock gespeicherten Wissens.

Der Kapitalstock erfährt eine Zunahme seines Entropiegrades durch „Abnutzung". Das in ihm gespeicherte Wissen wird jedoch auch durch Neuheiten entwertet. Daraus entsteht ein

Produktivitätszunahme als Beschleunigung:
Betrachten Sie den Bau eines Automobils mit handwerklichen Methoden und in der modernen Fertigung. Können Sie das Argument nachvollziehen, daß Produktivität nichts anderes ist als Zeitökonomie?

Knappheit von Zeit:
Wir haben mehr Freizeit, aber gleichzeitig scheinen die Menschen in der Produktion immer weniger Zeit zu haben, also immer schneller arbeiten zu müssen. Vergleichen Sie dies mit einem Jäger und Sammler, der ebenfalls viel (wohl mehr) Freizeit genoß.

grundlegendes Problem der zeitlichen Koordination zwischen Wissen, das aus der Vergangenheit in die Gegenwart wirkt, und Neuheit. Neuheit legt die Obsoleszenz von vergangenem Wissen offen bzw. grenzt seinen Bereich zunehmend ein. Daraus entsteht jedoch das grundlegende Problem der **Entsorgung,** *dem materiell-energetischen Äquivalent des Vergessens. Wegen der Irreversibilität der Kapitalbildung muß obsoletes Kapital entweder anderen Verwendungen zugeführt oder in Senken abgelagert werden. Das Wirtschaftssystem verwendet im Laufe der Evolution immer mehr Energie auf das „Vergessen", also die Entsorgung.*

Dieser Prozeß der Entwertung von Wissen durch neues Wissen ist fundamental zu unterscheiden vom Prozeß der Entropiezunahme in geschlossenen Systemen, denn er tritt nur in offenen Systemen auf.

Management von Vergessen: Alte Kapitalgüter werden verschrottet, und dies kann zum Problem werden. Daß obsoletes Wissen in derselben Weise zum Problem werden kann, wird erst seit einigen Jahren in der Managementwissenschaft diskutiert. Jede Innovation bedeutet natürlich auch, daß vorhandenes Wissen abgelegt werden muß. Dies ist oft schwerer als man denkt, insbesondere wenn dieses Wissen nichtreferentiell ist: **http://www.politik-digital.de/e-demokratie/wissensgesellschaft/walger.shtml**

Einfache, durchschlagende Illustrationen für die ökonomische Relevanz dieser Überlegungen bietet die weltwirtschaftliche Entwicklung. Betrachten wir nur vier Beispiele.

- Seit Jahren findet eine intensive Debatte um die Frage statt, ob die wirtschaftlichen Probleme der Gegenwart auch daher rühren, daß die relativen Geschwindigkeiten von Anpassungsprozessen in globalen Finanzmärkten und im Güterhandel sehr unterschiedlich sind, sodaß rasch aufeinanderfolgende Ereignisse auf den Finanzmärkten zu Fehlkoordinationen der realen Prozesse führen. Realwirtschaftliche Anpassungsprobleme sind dann also Reflex einer bestimmten Gleichzeitigkeit von Ereignissen in Prozessen, die mit sehr unterschiedlichen Eigenzeiten verlaufen.
- Die hitzige Diskussion über das „Auseinanderklaffen zwischen Real- und Finanzsphäre" bezieht sich auf die komplizierte Wechselwirkung zwischen Kapitalbildung und Marktprozessen, insbesondere auch der Wahrnehmung von Neuheiten durch Aktoren und die entsprechend induzierten Erwartungen hinsichtlich der Nutzbarkeit des bestehenden Kapitalstocks.

- Es ist auch unstrittig, daß Koinzidenzen für bestimmte Entwicklungsprozesse von fundamentaler Bedeutung sind, wie beispielsweise die weltpolitische und weltwirtschaftliche Konstellation, die den spektakulären und einzigartigen Aufstieg Ostasiens zu einem globalen Wachstumspol bedingt hat.
- Schliesslich findet in vielfacher Weise das Problem große Aufmerksamkeit, daß kultureller, gesellschaftlicher und wirtschaftlicher Wandel nicht notwendig synchronisiert ist, und daß also bestimmte Hemmnisse wirtschaftlicher Entwicklung auftreten können, wenn erforderliche kulturelle Veränderungen „zu langsam" auftreten.

Ein letztes Phänomen sei noch erwähnt, das in der jüngsten Zeit viel debattiert wird, nämlich die sogenannte „**Aufmerksamkeitsökonomik**", d.h. die zunehmende Knappheit der Zeit führt in der wirtschaftlichen Informationsverarbeitung zu dem Problem, wie überhaupt die knappen kognitiven Ressourcen auf die Verarbeitung bestimmter Information gelenkt werden können. Im Lichte unserer Überlegungen begegnen wir hier einer Entsprechung des Kapitalkonzeptes auf der Seite der Aufnahme von Produkten: Das heisst, auf der konventionell als „Konsum" bezeichneten Seite wird zunehmend die Zeit zur Restriktion für die Nutzung bestimmter Produkte, und immer weniger das Einkommen. Diese Restriktion ist wieder nichts anderes als ein Problem der Koordination von Prozessen auf der Seite des Abnehmers von Produkten. Auch sie setzt voraus, daß Kapital gebildet wird, um die Koordinationsleistung zu erhöhen. Der moderne Konsum ist immer mehr auf Strukturen angewiesen, um ihn zu ermöglichen, und zwar gleichermassen materiell-energetischer Art (etwa Verkehrsmittel) ebenso wie Wissen (im Sinne der Fähigkeit, konsumieren zu können). ***Lesehinweis 6***

Ökonomik der Aufmerksamkeit:
Das Internet ist natürlich das Paradebeispiel: Anbieter von Information im Internet sind ausschliesslich durch die Zeit der Nutzer beschränkt, da deren Einkommensbeschränkung nur auf den Weg-Zugang als solchen wrkt. Welche Methoden werden angewendet, um die Aufmerksamkeit auf sich zu lenken? Welche Hilfsmittel gibt es, um den eigenen Umgang mit der Informationsflut „zeitökonomisch" zu gestalten?
http://www.t0.or.at/franck/franck1.htm

Im Wirtschaftssystem entstehen also komplexe zeitliche Strukturen der Produktion im Sinne des ersten Abschnittes, also der Koordination zwischen allen Schritten des Kreislaufs. Das Gegenstück zur Kapitalbildung ist dann langfristig das in Elementen von Wirtschaftssystemen gespeicherte Wissen.

Zufälle:
Intuitiv wird oft davon gesprochen, daß viele Entwicklungen von „Zufällen" abhängen. Sammeln Sie einige Beispiele solcher Zufälle und schätzen Sie diese im Lichte unseres Zeit-Konzeptes ein!

Freies Handeln in der Zeit. Die soeben betrachteten Beispiele verweisen auf die Rolle der Aktoren in der Erzeugung zeitlicher Strukturen. Zeitliche Strukturen entstehen durch bestimmte Prozeßmerkmale, die zum Teil durch das menschliche Handeln erst erzeugt werden. Um diese Rolle des Handelns für die Zeit - und umgekehrt - herauszuarbeiten, müssen wir nochmals auf den Punkt zurückkommen, daß die zeitliche Reihenfolge eigentlich nur unter Bezug auf einen wahrnehmenden Beobachter definiert werden kann, der in diesem Fall freilich seine eigene Wahrnehmung von Wandel reflektiert. Einfach gesagt, stellt sich „Vergangenheit" aus dessen Sicht als ein Ereignis dar, das nicht mehr veränderbar und/oder wiederholbar ist (d.h. im Falle der perfekten und beliebigen Wiederholbarkeit gäbe es keine Zeit, weil es kein früher oder später mehr gäbe). Gegenwart wiederum bezieht sich auf die Wahrnehmung der Möglichkeit zu handeln, also selbst Veränderungen vollziehen zu können.

In diesem Sinne ist also Zeit wesentlich mit dem Phänomen der Entscheidung verknüpft, wenn wir Gegenwart als Möglichkeit begreifen, Entscheidungen fällen zu können. Entscheidungen weisen selbst die Eigenschaft der Unumkehrbarkeit auf, je nach ihrem konkreten Kontext, indem sie aus einer Reihe von möglichen künftigen Entwicklungspfaden einen auswählen. Alleine durch dieses Merkmal schaffen Entscheidungen zeitliche Strukturen. Im Gegensatz zu den bisher betrachteten, die sich auf die Vergangenheit beziehen, geht es jetzt aber um die Strukturierung der Zukunft.

Es ist sicherlich nicht untertrieben, wenn wir sagen, daß das Problem der Zukunft die herausragende theoretische Herausforderung ist, die intern von der herkömmlichen

Wirtschaftswissenschaft im 20. Jh. identifiziert worden ist. Denn dieses Problem hängt wiederum mit der Frage zusammen, wie Aktoren eigentlich **Erwartungen** über die Zukunft bilden. Sämtliche herrschenden Theorien versuchen in irgendeiner Weise, dieses Problem zu eliminieren, indem sie die Zukunft berechenbar scheinen lassen: Sie ist zumindestens einem Wahrscheinlichkeitskalkül zugänglich. Die Einführung eines solchen Kalküls setzt in weiter entwickelten Theorien auch eine wahrscheinlichkeitstheoretische Erklärung des Lernens aus der Vergangenheit voraus: Ziel ist, eine Begründung dafür zu finden, warum die Erwartungen von Akteuren im Sinne des Gesetzes der großen Zahl nicht systematisch „falsch" sein können, ihre Irrtümer also zumindestens aus der Sicht des aussenstehenden Betrachters berechenbar sind. Dies hat wiederum erhebliche Konsequenzen für die Theoriebildung: Läßt sich nämlich das Verhalten einer großen Zahl von Menschen statistisch systematisieren, wird der Einzelfall für die Analyse irrelevant, d.h. das Problem der Singularität wird neutralisiert.

Diese Versuche sind über die Jahrzehnte hinweg immer wieder radikaler Kritik unterzogen worden, ohne jedoch wesentliches an der herrschenden Theorie zu verändern. Dies, obgleich in der Praxis immer wieder klar wird, wie zentral die Erwartungsbildung der Aktoren ist, etwa bei der Schwankung zwischen Boom und Depression. Der wohl wichtigste und zentrale Kritikpunkt besteht in dem einfachen Hinweis, daß die Anwendung wahrscheinlichkeitstheoretischer Erklärungen echte Neuheit ausschliesst. Denn ein Wahrscheinlichkeitskalkül setzt voraus, daß es eine eindeutig bestimmte Liste möglicher Ereignisse bzw. möglicher Zustände der Realität gibt, denen dann Wahrscheinlichkeiten (subjektiv oder objektiv) zugeschrieben werden. Eine in der Gegenwart nicht antizipierbare Veränderung dieses Zustandsraumes (etwa die Erfindung eines neuen Produktes) ist nicht mehr mit Wahrscheinlichkeiten kalkulierbar. ***Lesehinweis 7***

Erwartungen: Welche Theorien der Erwartungsbildung sind Ihnen bekannt? Was ist der Unterschied zwischen einer Erwartungsbildung, die vergangene Trends fortschreibt, und einem Verfahren, das sämtliche in der Gegenwart verfügbaren Informationen auswertet und ein Szenario konstruiert? Welche Rolle spielen die Kosten der Informationsbeschaffung für die Bildung von Erwartungen? **http://www.boston.com/globe/search/stories/nobel/1995/1995h.html**

Überraschungen: Viele Spiele (insbesondere Glückspiele) basieren darauf, daß gleichzeitig ablaufende Prozesse nur sehr selten Koinzidenzen erzeugen. Prinzipiell sind diese berechenbar. Erklärt dies das Verhalten der Spieler?

Hier besteht wieder ein direkter Zusammenhang zum Entropiekonzept: Denn das skizzierte wahrscheinlichkeitstheoretische Konzept der Erwartung ist gleichbedeutend mit der ausschliesslichen Anwendbarkeit des Konzeptes der Enformation, weil es um einen festen Zustandsraum geht. Erwartungen über künftiges Wissen lassen sich also auf diese Weise prinzipiell nicht behandeln.

Offensichtlich hängt die Frage, ob eine Kalkulierbarkeit der Zukunft möglich ist, auch damit zusammen, ob die Erfahrungen der Vergangenheit **extrapolierbar** sind. Prozesse, die über einen langen Zeitraum hinweg zyklisch wiederkehren, lassen sich beispielsweise extrapolieren. Nun ist sofort klar, daß ein Zeitbegriff, der die Gleichzeitigkeit von Zäsuren in Prozessen mit unterschiedlichen Eigenzeiten betont, für die Extrapolierbarkeit eine vollständige Information über alle diese Prozesse voraussetzen würde. Dies ist jenseits einer bestimmten Komplexitätsstufe kaum möglich. Insofern ist selbst dann, wenn keine fundamentale Neuheit stattfindet, zu erwarten, daß völlig überraschende Koinzidenzen an sich unveränderter Prozesse stattfinden, die zu neuen Ereignissen in dem Sinne Anlaß geben, daß solche Koinzidenzen in der Vergangenheit noch nie stattgefunden haben. Je komplexer also die Zeitstruktur, desto schwerer wird die Prognose zukünftiger Entwicklungen aufgrund von Beobachtungen der Vergangenheit.

Freiheit und Determinismus: Offenheit von Zukunft löst Paradoxa von Freiheit und Determinismus. Ein berühmtes ist Newcomb's Problem: **http://www.uri.edu/artsci/math/clark/w1xx/Super2.html http://www.ephilosopher.com/modules.php?op=modload&name=News&file=article&sid=113**

Nun ist eine wesentliche Determinante von Koinzidenzen das Handeln des Aktors selbst. Jeder Aktor, der in der Gegenwart **Entscheidungsfreiheit** wahrnimmt, muß also fundamental unsicher über die Zukunft sein, weil er nicht vollständig voraussehen kann, welche Koinzidenzen seine eigenen Entscheidungen verursachen. Insofern ist Freiheit in der Gegenwart bereits eine hinreichende Bedingung für Offenheit der Zukunft.

Das Problem der Zeit liegt daher auch an der Wurzel des alternativen Bildes menschlicher Vernunft, wie es bereits im vorherigen Kapitel skizziert worden ist. In der herkömmlichen Theorie wird diese alternative Behandlung der Zukunft mit dem begrifflichen Gegensatz von „Risiko" und „Unsicherheit" behandelt. Echte Unsicherheit über die Zukunft bedeutet, daß Aktoren existentielle Entscheidungssituationen erleben, und bestimmte Präferenzen autonom bestimmen müssen. Eine solche Entscheidungssituation erfordert, wie wir im zweiten Kapitel gesehen haben, andere Entscheidungsregeln, als eine wahrscheinlichkeitstheoretische Abwägung von Risiken.

Wir müssen diesen Überlegungen nun noch die weitere hinzufügen, daß menschliche Vernunft auch in der Befähigung besteht, die Zukunft durch eigene Entscheidungen planbar zu machen. Es besteht eine grundlegende Beziehung zwischen Erwartungen und Zukunft, die allgemein mit dem Begriff der **„selbsterfüllenden Prophezeiungen"** angesprochen, aber zugleich scheinbar marginalisiert wird. Aktoren schaffen Zeitstrukturen, die in die Zukunft reichen. Das Mittel hierzu sind zum einen die bereits angesprochene Kapitalbildung, zum anderen aber die **Selbstbindung** an bestimmte Strukturen von Netzwerken, also genauer bestimmte Konfigurationen, deren Stabilität wiederum die Berechenbarkeit künftiger Transaktionen impliziert. Insofern das eigene Verhalten sich an diesen Strukturen orientiert und auch zu deren Stabilisierung beiträgt, wird also die Kontingenz der Zukunft eingeschränkt.

> **Menschen konstruieren Zukunft.** *Das Korrelat von Unsicherheit ist* **Kreativität**. *Daraus kann prinzipiell Neuheit entstehen, weil die Zukunft nicht vollständig durch Vergangenheit und Gegenwart bestimmt ist. Die Freiheit in der Gegenwart schafft gleichzeitig Bindungen der Zukunft, reduziert also Unsicherheit. Das bedeutet aber gleichzeitig, daß Prognosen alleine auf der Basis vergangener Beobachtungen nicht möglich sind. Singuläre Ereignisse, kontingente Gleichzeitigkeit und Kreativität determinieren den qualitativen Wandel von Prozessen, bis hin zu epochalen Umbrüchen.*

Wahrscheinlich?
Wann können Sie sinnvoll mit Wahrscheinlichkeiten rechnen:

- Kauf eines Gebrauchtwagens,
- Lotto spielen,
- als Buchhändler selbständig werden,
- Verzicht auf den Regenschirm angesichts der Prognose von schönem Wetter
- Wahl zwischen Linienflug und Eisenbahn?

Börsenpropheten:
Analysten können Unternehmen in den Konkurs analysieren. Analysieren Sie gängige Verfahren der Kursprognose unter Berücksichtigung des Problems der Rückwirkung der Prognose auf die Wirklichkeit!
http://www.gold-eagle.com/editorials_02/wallybently020202.html

Unterschiedliche Geschwindigkeiten: Ein ausgezeichnetes, viel diskutiertes Beispiel sind die schon erwähnten internationalen Kapitalmärkte, deren Ordnung darin besteht, Prozesse mit sehr unterschiedlichen Eigenzeiten zu koordinieren, nämlich einerseits die raschen Veränderungen von Wechselkursen und damit der internationalen Preisrelationen von Kapitalbeständen, und der erheblich längerfristigen Bindung von Kapital in Investitionen, also materiell-energetischen Strukturen. Wir betrachten solche Bestands/Stromdynamiken in Kap. VI/7.

Zeit und Entropie. Das Problem der Zeit wird uns bei allen weiteren Ausführungen begleiten, deswegen lassen wir es bei diesen eher allgemeinen Betrachtungen. Abschliessend soll aber nochmals auf das Verhältnis von Zeit und Entropie zurückgekommen werden, das, wie eingangs bereits festgestellt, ein zirkuläres ist: Zeitlichkeit ist ein Reflex des zweiten Hauptsatzes der Thermodynamik, aber gleichzeitig setzt seine Formulierung den Bezug auf Zeit bereits voraus. Dieses Problem mag als grundlegend physikalisches für die Wirtschaftspraxis irrelevant sein – wichtig ist aber durchaus die mögliche Einsicht, daß zeitliche Ordnung eine Dimension der Ordnung ist, die in der Anwendung des Entropiekonzeptes auf die Wirtschaft vernachlässigt ist. Im Abschnitt zur Produktion haben wir Ordnungszustände in einer Folge von Zeitpunkten betrachtet, in denen sich diese als materiell-energetische Strukturen niederschlagen bzw. als korrelierte Strukturen der Koordination von Wissen in Netzwerken. Die zeitliche Ordnung bleibt hier völlig ausgeblendet, da sie nur in der Folge der Zustände impliziert ist. Dies ist, so wissen wir jetzt, völlig unzureichend.

Die Analyse des Wandels von Ordnungszuständen in der Zeit muß berücksichtigen, daß die Veränderung materiell-energetischer Ordnungszustände und die korrelierte Veränderung von Netzwerken nicht auf eine lineare Zeitskala projiziert ist, sondern auf eine komplexe Zeitstruktur, die selbst Wandel erfährt. Diese Zeitstruktur ist Reflex der zeitlichen Koordination von Elementarprozessen der Produktion sowie der zukunftsorientierten Entscheidungen der Aktoren. Insofern materiell-energetische Ordnungszustände nur relativ zur Zeit betrachtet werden können, bedeutet dies also, daß sich Veränderungen dieser Zustände auch durch Veränderungen der Zeitstrukturen ergeben können. Das Konzept der Entropie kann also nicht seinerseits als absolute Referenz für die Analyse von Ordnungszuständen dienen. Daher lassen sich die physikalischen Aussagen über lineare Änderungen der Entropie nicht direkt auf die Wirtschaft übertragen.

Fassen wir die verschiedenen Zeitkonzepte in Abbildung 17 zusammen. Wichtig ist, daß die lineare Zeit als Alternative zur Betrachtung von Zeitordnungen zu lesen ist, nicht aber als Referenz. Sie ist letzten Endes nur ein Konstrukt des Beobachters und essentiell gebunden an bestimmte Formen der Beschreibung von Zustandsräumen. Die Ordnung nach gleichzeitigen Ereignissen und Epochen ist eine eigenständige Form der Zeitanalyse, für die eine lineare Zeit nur ein Behelfsinstrument zur Erleichterung der Orientierung ist, aber keinerlei ontologische Qualität besitzt. Dies ist anders für die subjektive Zeit des Beobachters, da diese in elementarer Weise sein Handeln prägt.

Abbildung 17: Aspekte der Zeit

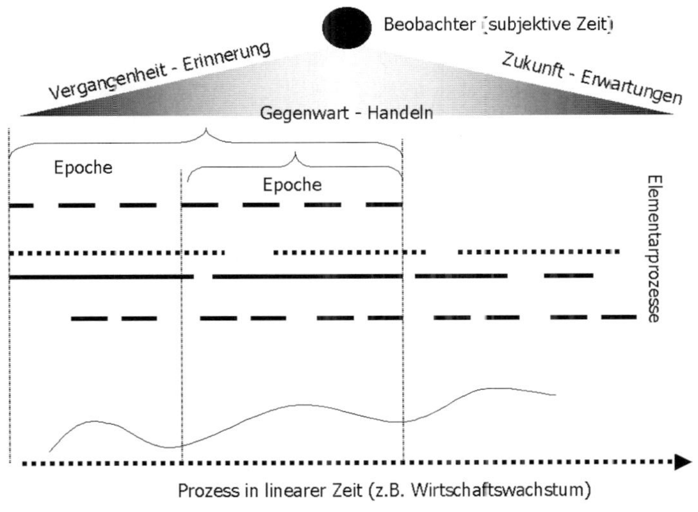

Diese andere Sicht der Zeit bedeutet also eine wesentliche Erweiterung des Produktionskonzeptes der evolutorischen Ökonomik. Insofern nämlich Produktion in der Zeit abläuft, ist sie nicht nur in der skizzierten Weise komplex zeitlich geordnet, sondern fixiert auch Strukturen der Zukunft. Dies ist der eigentliche entropietheoretische Gehalt des

Konzeptes der Kapitalbildung, der aber in der konventionellen thermodynamischen Verwendung nicht berücksichtigt ist. Der wesentliche Zwischenschritt ist auch hier wieder die Internalisierung im Sinne der Verschiebung von Systemgrenzen durch Kapitalbildung.

Prognose und Methode: Karl Poppers Falsifikationsprinzip ist eines der einflußreichsten Konzepte wissenschaftlicher Methodik, das im Kontext evolutorischer Argumente relativiert wird. **http://www.eeng.dcu.ie/~tkpw/**

Wenn die lineare Zeit in jedem Fall die falsche Referenz für die Evolutionsökonomik ist, so hat dies grundlegende Auswirkungen auf ihre Methode. Neuheit und Komplexität sind die Gründe, warum in evolutorischen Theorien ebenso wie in der Lebenswelt keine sicheren **Prognosen** möglich sind. In der wissenschaftlichen Forschung führt dies in das Dilemma, das bestimmte Kriterien der Güte von Theorien nicht anwendbar sind, insbesondere der Test durch Prognose von Ereignissen und Verwerfung der Hypothese bei Scheitern der Prognose. Die Asymmetrie der Zeit muß also prinzipiell auch eine andere Form wissenschaftlichen Forschens nach sich ziehen. Grob gesagt, geht es hier um die Identifikation von Mustern und Rhythmen, sowie um die gleichzeitige Berücksichtigung der verschiedenen Formen des Wissens und ihrer Speicherung. Letzteres ist nur durch eine transdisziplinäre Verknüpfung zwischen quantitativen und qualitativen, natur- und geisteswissenschaftlichen Methoden möglich. Strikte Widerlegungen von Theorien sind dann in der Regel ausser Reichweite, wohl aber Bewertungen ihrer Sinnhaftigkeit und Leistungsfähigkeit. Eine besondere Rolle spielen hier pragmatische Kriterien, also zum Beispiel die Frage, inwieweit die gewonnenen Hypothesen sinnvolles und zweckmäßiges Handeln ermöglichen. ***Lesehinweis*** 8

Der eigentliche Grund für diese methodologischen Probleme liegt allerdings in einem weiteren Merkmal evolutorischer Prozesse, dem wir uns nun zuwenden wollen: Der Strukturbildung durch Variation, Selektion und Bewahrung.

4. *Variation, Selektion und Bewahrung*

a. Grundlegende Merkmale von Erklärungen durch Variation und Selektion

Relevanz der Biologie für die Ökonomik. Die wirtschaftliche Welt ist von überwältigender Komplexität: Netzwerke von Aktoren sind vielfältig verknüpft und als Gruppen und Organisationen zueinander in Beziehung gesetzt, und über das Wissen dieser Netzwerke werden Elementarprozesse in ähnlich komplexen Produktionsprozessen zeitlich koordiniert und geordnet. Die Frage drängt sich naturgemäß auf, wie diese Ordnung der Dinge eigentlich entsteht, was sie aufrechterhält, und was sie verändert. Die entscheidende Anforderung für die Identifikation eines Mechanismus ist jene, daß er Neuheit ermöglichen muß sowie die Akkumulation von Wissen durch die Erzeugung von Neuheit. Das Konzept der Produktion ist an dieser Stelle nicht ausreichend, weil es nicht per se neues Wissen erklärt, sondern sich nur auf die Wirkung vorhandenen Wissens bezieht. Wir benötigen also ein weiteres, mächtigeres Erklärungsprinzip, wollen wir nicht einfach damit zufrieden sein, eine exogene Quelle der Neuheit anzunehmen.

„Manna vom Himmel":
Daß Wissen „wie Manna vom Himmel" fällt, ist die zentrale Annahme der neoklassischen Wachstumstheorie. Natürlich wurde daher stets zugegeben, daß ein wichtiger Teil der Geschichte fehlt. Dies ist ein wichtiger Anknüpfungspunkt für die Evolutionsökonomik.
http://www.j-bradford-delong.net/Econ_Articles/hoover/growth_delong_hoover.html
http://www.meister.u-net.com/economics/evolutionary_economics.htm

Eine solche knappe Charakteristik der Wirtschaft könnte analog für die biologische Welt gelten, und in der Tat ist unser allgemeiner Begriff der Produktion keinesfalls nur auf die Wirtschaft beschränkt:

> *Das Wirtschaftssystem ist eine der Ausprägungen des allgemeinen Strukturtyps* **„lebende Systeme"**. *Lebende Systeme zeichnen sich dadurch aus, daß sie in der Lage sind, durch Zufuhr von freier Energie bzw. niedrig entropischer Materie Zustände höherer Ordnung zu stabilisieren. Thermodynamisch betrachtet, sind also lebende Systeme stabile Zustände fern vom Gleichgewicht. Neben dieser Eigenschaft der Stabilität zeichnen sie sich aber auch durch fortlaufenden Wandel aus. Die besondere Eigenschaft des Wirtschaftssystems besteht darin, erstens, Wissen in Netzwerken von Aktoren zu*

speichern und zu übertragen, und zweitens, extrasomatisch Neuheit durch intentionale Produktion zu schaffen und in materiell-energetischen Strukturen zu speichern und zu übertragen (Kapital, Technologie).

Leben:
Was ist Leben? Wie beantworten Sie diese Frage? Was unterscheidet eine Pflanze von einem Baum wachsender Kristalle in einer geeigneten Lösung?

Gewöhnlich wird beim Gedanken der Evolution der Wandel betont – erstaunlich ist aber gerade die Stabilität der Eigenschaften lebender Systeme über sehr lange Zeiträume hinweg, trotz der Tatsachen, daß ständig geringfügige Änderungen stattfinden, daß die einzelnen Individuen nur eine begrenzte Lebensdauer aufweisen, und daß eigentlich eine unausweichliche Tendenz zur Erosion aller Systeme durch Entropiezunahme besteht. Wir stossen hier also auf das Phänomen **struktureller Komplexität und Stabilität**, das mit den abstrakten, rein quantitativen Begriffen der Entropie und Enformation gar nicht erfasst wird. Ohne diese Stabilität und die entsprechende Erhaltung einmal entstandener Eigenschaften wäre die Akkumulation von Wissen gar nicht möglich: Die Unordnung ist stets der weitaus wahrscheinlichere Zustand als die Ordnung.

Biologie und Gesellschaft:
Bedenken gegenüber einer Übertragung der Biologie rühren auch von der Erfahrung der nationalsozialistischen Rezeption des Darwinismus her. Was wissen Sie darüber?
http://www.snl.ch/dhs/externe/protect/textes/D17431.html
Heutzutage sehen viele die Evolution eher als Lehrmeisterin der Praxis.
http://praxilogie.de/evolution.html

Die Evolutionstheorie muß also **Wandel und Stabilität** gleichermassen erklären, Neuheit und Bewahrung. Die Evolutionsökonomik kann viel von der **Biologie** lernen, wenn sie diese weitere Perspektive einnimmt. Die Evolutionstheorie wurde zunächst als biologische Theorie entwikkelt; in den letzten Jahrzehnten sind bereits vielfältige Versuche unternommen worden, diese Theorie auf die Wirtschaft zu übertragen. Sämtliche dieser Versuche sind umstritten, und umgekehrt betonen viele Ökonomen, daß die biologische Evolutionstheorie letzendlich auf bestimmte wirtschaftswissenschaftliche Überlegungen insbesondere zum Wettbewerb zurückgeht (Darwin hat bekanntlich Malthus rezipiert). Wir wollen uns mit diesen Kontroversen hier nicht befassen, sondern versuchen, eine eigenständige Synthese zu entwickeln, in deren Mittelpunkt ohne Zweifel die Frage stehen muß, welche Bedeutung einer der zentralen Mechanismen der biologischen Evolution besitzt, nämlich das Wechselspiel von Variation, Selektion und Bewahrung (hinfort: VSB-Paradigma). *Lesehinweis 9*

Bei dieser Übertragung ist vor allem auf zweierlei zu achten:

- Erstens darf nicht aus dem Auge verloren werden, daß die biologische Analyse der Evolution nicht auf diese Mechanismen reduziert werden kann, weder hinsichtlich der tatsächlichen Kontroversen um den Stellenwert dieser Konzeption innerhalb der Biologie, noch bezüglich der großen Reichhaltigkeit seiner Anwendung im Kontext des gesamten biologischen Gedankengebäudes, insbesondere der Stammesgeschichte und der Entwicklung von Organismen. Das VSB-Paradigma ist nur eine spezielle Hypothese der biologischen Evolutionstheorie, und seine Übertragung muß kontextsensitiv sein.
- Zweitens muß es um das Prinzip gehen, nicht aber um eine strikte Verfolgung von Analogien, also etwa die Suche nach „Genen" in der Wirtschaft. Eine Verknüpfung zwischen Biologie und Wirtschaftswissenschaft sollte nicht stehen oder fallen mit der Verfolgung solcher konzeptionellen Analogien. Wir haben bereits bei der Analyse der inneren Strukturen von Aktoren wichtige Brücken zu Biologie geschlagen, indem wir beispielsweise intrasomatische Speicher nichtreferentiellen Wissens betrachtet haben.

Ungeachtet dieser Vorwarnungen muß aber betont werden, daß ein bestimmtes universales Konzept die Integration theoretischer Ansätze immer weiter vorwärtstreibt, und dies ist dasjenige des **Wettbewerbs**. In der ökonomischen Analyse des Wettbewerbs setzt sich zunehmend der Ansatz durch, der in den Kategorien von Variation und Selektion denkt. Biologie und Ökonomie betrachten Wettbewerbsprozesse: Insofern muß es notwendigerweise Berührungspunkte geben.

Gene und Meme:
Viel Aufmerksamkeit erfährt der Begriff der „Meme", der in Analogie zu „Gene" vom Biologen Richard Dawkins gebildet wurde und kontrovers diskutiert wird. Gemeint ist, daß im Bereich der Kommunikation und des Denkens die Grundeinheiten des Wandels ähnlich strukturiert sind wie die Gene.
http://www.changex.de/d_a00513.html
http://jom-emit.cfpm.org/

Komplexität durch Selektion:
In vielen Wissenschaften wird davon ausgegangen, daß Darwins Prinzipien der Variation, Selektion und Bewahrung eine universelle Bedeutung haben:
http://pespmc1.vub.ac.be/EVOLCYB.html
http://www.cs.brandeis.edu/~pablo/pres/

Knappheit:
In diesem Zusammenhang wird auch das traditionell in der Ökonomik zentrale Konzept der Knappheit relevant. Darwin hat hier ausdrücklich Vorstellungen von Malthus aufgegriffen. Überlegen Sie, welche Beziehung zwischen der Knappheit reproduktionsrelevanter Ressourcen und dem Wissen besteht.

Das VSB-Paradigma: Definition. Das VSB-Paradigma ist einer der wichtigsten Ansätze, wie die abstrakten Begriffe der Ordnung und Enformation im thermodynamischen Ansatz mit einem semantischen Konzept des Wissens und der Information verknüpft werden können. Variation, Selektion und Bewahrung sind der Mechanismus, durch den dissipative Strukturen Zustände höherer Ordnung erhalten und/oder erreichen, indem sie mit der Umwelt in Wechselwirkung stehen und Entropiedifferentiale aufbauen. Die Zunahme der Enformation ist dabei notwendig mit der Zunahme von Wissen durch Strukturbildung verbunden. Rein quantitativ betrachtet, kann diese Strukturbildung also am Komplexitätsgefälle zwischen System und Umwelt gemessen werden, schlägt sich also nicht im Bezug auf eine absolute Referenz nieder, sondern ist kontingent bezüglich der Komplexität der Umwelt.

Fassen wir zunächst die allgemeinsten Merkmale des VSB-Paradigmas zusammen (Abbildung 18):

> *Für eine gegebene Population wird ein Mechanismus zufälliger* **Variation** *von Merkmalen der Individuen identifiziert. Innerhalb einer bestimmten Selektionsumgebung mit Wettbewerb um begrenzte Ressourcen reproduzieren sich diese Varianten differentiell, d.h. es entstehen Ketten von Variationen der Varianten. Solche inkrementellen Veränderungen ziehen im Zeitablauf einen gerichteten Wandel der Verteilung der Merkmale in der Population nach sich, weil die Quelle von Variationen reichhaltig ist, und eine wirksame Ressourcenbeschränkung für die Reproduktion besteht. Es findet* **Selektion** *statt. Es werden dann solche Merkmale in der Population diffundieren, die einen größeren Reproduktionserfolg ihrer Träger durch effizientere Nutzung jener Ressourcen ermöglichen, die für die Reproduktion relevant sind. Das Ergebnis der Selektion kann dann als* **Anpassung** *an die Umweltbedingungen durch lokale Optimierung bezeichnet werden, insofern sich der Anteil an besser angepassten Varianten innerhalb der Population allmählich vergrößert. Die Bewahrung*

der neuen Merkmale findet durch Reproduktion statt, die wiederum der Selektion unterliegt.

Abbildung 18: Grundmodell des VSB-Paradigmas

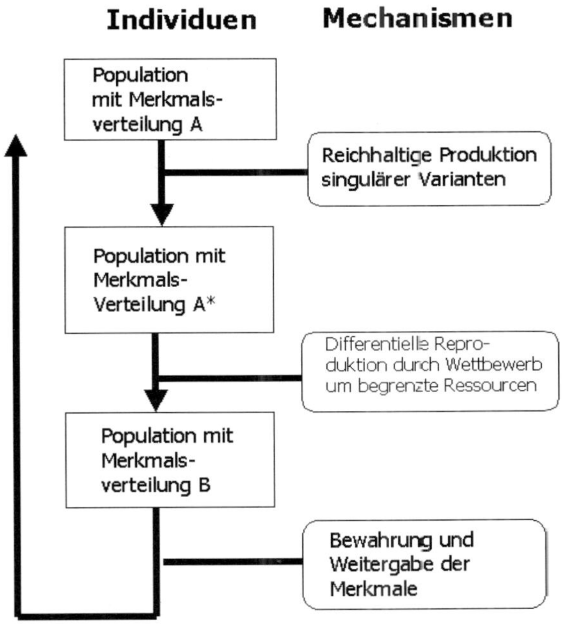

Implikationen des VSB-Paradigmas für evolutorische Prozesse. Selektion und Bewahrung von Anpassungen sind also gleichbedeutend mit der Bildung nicht-referentiellen Wissens über die Umwelt (siehe oben, Kapitel II, Abschnitt c). Wenn nämlich in der einfachsten Weise Wissen als Regel verstanden wird, dann können wir also sagen, daß durch Selektion bestimmte Funktionszusammenhänge ausgewählt werden, die als Regeln beschreibbar sind, unabhängig davon, ob eine zielgerichtete Handlung unterstellt wird, die der Regel gehorcht. In diesem Sinne können sogar nicht-lebende Strukturen (berühmt ist das Beispiel der Schneeflocken, die während des Falls selektiert werden) als Regel beschrieben werden.

Anpassung:
Der Begriff der „Anpassung" ist häufig tautologieverdächtigt: Was durch Selektion bewahrt bleibt, muß eben besser angepaßt sein. Darwins Hypothese kann nur überprüft werden, wenn wir ein unabhängiges Kriterium für Anpassung hätten. Ein Weg wäre ein technischer Anpassungsbegriff: Wie könnten Sie die perfekte Form von Fischen oder die elegante Flugfähigkeit von Vögeln durch Variation und Selektion nachvollziehen und erklären?

In der skizzierten Form ergibt sich das Phänomen der Stabilität eigentlich schon aus dem Tatbestand inkrementeller Variation gegebener Merkmalsausprägungen: Dieser Prozeß der **lokalen Optimierung** bedeutet ja, daß in der weitaus größten Zahl der Fälle zunächst „in der Nähe" einer Variante neue stabile Lösungen realisiert und dementsprechend lokale Optima angenähert werden. Anpassung ist also nicht notwendig optimal, sondern viabel.

Außerdem enthält das VSB-Paradigma auch in dieser einfachsten Form schon eine implizite **Zeitstruktur**, denn die Geschwindigkeit der Anpassung ist abhängig von der Zeit, die für die Generation von Varianten und deren Weitergabe benötigt wird. Die Anpassung als Kriterium der Funktionalität ist daher nie eine synchronische Größe. Es ist also zum Beispiel vorstellbar, daß Neuerungen im Verhältnis zu den selektierenden Kräften zu schnell generiert werden, sodaß sich tatsächlich eine rein zufällige Merkmalsverteilung ergibt, die ungerichtet ist, oder daß Neuerungen viel zu langsam erscheinen, um relativ zu den zeitlichen Prozessen der Umwelt Anpassung gewährleisten zu können. Evolution ist daher auch ein Problem zeitlicher Koordination im Sinne des vorherigen Kapitels.

Dann ist nicht per se ausgeschlossen, daß die **Umwelt** durch die Generation von Varianten selbst verändert wird. Manche Interpreten fassen die Evolution geradezu in der Weise auf, daß Organismen zunehmend in die Lage gelangten, Umwelten selbst zu kreiieren, die sie vom Selektionsdruck unabhängiger werden lassen. Diese These liegtbesonders für den Menschen nahe: Aber sie bedeutet freilich gerade, daß diese Fähigkeit durch VSB-Prozesse erst generiert wurde! Auch das einfache Modell ist also in dem Sinne schon sehr komplex, weil nicht zwingend das

Sinne schon sehr komplex, weil nicht zwingend das optimale Maß der Anpassung vorgegeben ist, sondern dieses selbst ein endogenes Merkmal des Prozesses ist. Entscheidend ist die Frage, ob die relevante Umwelt relativ zu den Reproduktionsprozessen statisch und exogen ist oder nicht.

Schliesslich und endlich ist in diesem einfachen Ansatz auch schon die Problematik enthalten, daß einzelne Merkmals-Variationen in einem systematischen Zusammenhang mit allen anderen Merkmalen stehen, und daß die Anpassung eine Größe ist, die sich nur auf die Gesamtheit aller Merkmale der reproduzierenden Einheiten bezieht. Das bedeutet umgekehrt, daß auch das elementare VSB-Paradigma keine reine Theorie der Umwelt-Selektion ist, sondern auch die funktionale Selbstselektion von Merkmalsvarianten in den reproduzierenden Individuen mit einschliesst. Diese beiden Formen der Selektion werden als **„äußere"** und **„innere Selektion"** bezeichnet. Die innere Selektion ist eine weitere Ursache für die beobachtete Stabilität insbesondere von Kombinationen von Merkmalsausprägungen, denn jede Variation eines Merkmals muß nicht nur an die Umwelt angepaßt sein (äußere Selektion), sondern auch mit den anderen Merkmalen des Systems harmonieren (innere Selektion).

Innere und äußere Selektion: Wenden Sie diese beiden Begriffe auf das Problem der Selektion von Innovationen auf einem Markt an. Der Markt ist die Wettbewerbsumgebung, der Innovator arbeite in der Forschungsabteilung eines großen Unternehmens.

Betrachten wir ein einfaches Beispiel für die Übertragung des VSB-Paradigmas, und zwar die Ausbildung von Konfigurationen in Netzwerken. Aktoren seien ständig damit befasst, potentielle Transaktionsmöglichkeiten ihrer Valenzen zu nutzen, und bewerten die Ergebnisse nach einem internen Zufriedenheitskriterium. Diese Bemühungen sind mit Aufwand verbunden (Energie, Zeit). Jeder Aktor ist Umwelt der anderen Aktoren, die um seine begrenzte Zahl von Valenzen konkurrieren. Diese Zahl der Valenzen ist also neben den Ressourcen die wichtigste Beschränkung des Prozesses, die Quelle der Varietät seien die ständigen Transaktionsversuche der Aktoren, unter Einschluss des Bemühens, neue Valenzen zu schaffen – die freilich der Beschränkung durch die Zahl der korrespondierenden Valen-

Mathematisch werden solche Prozesse unter anderem als „zelluläre Automaten" modelliert, siehe Kap. V, 5.

zen unterliegen. Sind Transaktionen erfolgreich, so gelte die einfache Regel, daß sie in der Zeit wiederholt werden, bis ein Aktor eine bessere Möglichkeit gefunden hat. In diesem Beispiel würden sich also in der Zeit bestimmte Konfigurationen durch Variation, Selektion und Bewahrung stabilisieren. Der Prozeß würde lokal optimieren, weil kein Aktor die gesamten Transaktionsmöglichkeiten überblickt und dann das global beste Muster auswählt. Dies wäre auch nur dann denkbar, wenn diese Möglichkeiten gemeinsames Wissen aller Aktoren wären, und es nur eine beste Möglichkeit gäbe.

Versuch und Irrtum:
Ein Unternehmen entwickelt ein neues Konsumgut, für das es keine rechten Vorbilder gibt. Läßt sich der Versuch seiner Vermarktung im Sinne des VSB-Paradigmas rekonstruieren? Berücksichtigen Sie dabei, daß das Unternehmen durch Marktergebnisse zu Korrekturen des Produktes veranlaßt werden kann.

Dieses Beispiel zeigt, daß das VSB-Paradigma eigentlich nur eine spezielle und exaktere Beschreibung eines Lernens durch **Versuch und Irrtum** ist. Die Auseinandersetzungen um seine Übertragung zwischen Biologie und Wirtschaftswissenschaft ergeben sich lediglich durch die speziellen Annahmen der biologischen Evolutionstheorie zu den Mechanismen der Erzeugung von Variation und der Transmission zwischen den Generationen von Individuen. Daß hier ein Problem liegt, zeigt schon eine geringfügige, aber folgenreiche Variation unseres Beispiels: Nehmen wir an, die Aktoren beobachten die Transaktionsversuche anderer Aktoren und schliessen sich an diese an. Dann ist der direkte Zusammenhang zwischen eigenem Ressourcenaufwand und Wissensübertragung aufgebrochen. Im Disput zur Übertragung der biologischen Evolutionstheorie entspricht dies der Konfrontation der „Vererbung" mit dem „Lernen". Die entscheidende Frage ist also, ob das VSB-Paradigma an bestimmte Mechanismen von Variation, Selektion und Bewahrung gebunden ist.

b. Selbstreferentialität von VSB-Prozessen und selektive Hierarchien

Evolution von Evolution. Bei einer Verallgemeinerung des VSB-Ansatzes ist die Einsicht von zentraler Bedeutung, daß der Mechanismus der Erzeugung von Variation selbst Gegenstand von Selektion ist. Eine geläufige Kritik an Übertragungen der biologischen Evolutionstheorie, diese überbetone die „zufällige Variation", ist also falsch. Vielmehr ist die Struktur des VSB-Paradigmas **selbstreferentiell**, d.h. der Prozeß selbst ist wiederum Gegenstand von Selektion.

> *Das VSB-Paradigma beschreibt bestimmte allgemeine Eigenschaften von Prozessen der Wissensakkumulation durch Neuheit. Da diese Formen der Akkumulation selbst durch die zugrundeliegenden VSB-Mechanismen bestimmt sind, gehen wir vom Grundtatbestand der Evolution der Evolution aus. Das heisst, die Evolution selbst führt zur Entstehung unterschiedlicher Formen von VSB-Mechanismen.*

Darüber hinaus erzeugt der Begriff „Zufall" in der häufigen Zusammensetzung „zufällige Variation" (sogar „blind variation") falsche Assoziationen. Formal entscheidend ist nur, daß die Erklärung von Wandel nicht am Typus ansetzt (also zum Beispiel an den Merkmalen eines „durchschnittlichen Individuums"), sondern an einer Population von Varianten, die jeweils als **Singularitäten** aufgefaßt werden, also als logische Individuen. Denn nicht die Gemeinsamkeiten mit anderen Varianten sind ausschlaggebend für das Selektionsergebnis, sondern gerade die Unterschiede. Wie diese Unterschiede ihrerseits entstehen, ist zunächst irrelevant für die Erklärung. Gleichwohl lassen sich Singularitäten formal immer als „echte Zufälle" aus der Sicht des Beobachters deuten.

Selektion und Singularität: Betrachten Sie die gegenseitige Selektion von Heiratspartnern in Deutschland. Vergleichen Sie die Wirkung singulärer Eigenschaften von Partnern mit der Wirkung allgemeiner sozialer Kriterien wie Einkommen, Religion oder Schichtzugehörigkeit.

Informationstheoretisch wird Zufall streng als ein Phänomen bezeichnet, das nur mit Hilfe einer Beschreibung eindeutig bestimmbar ist, die auf derselben Komplexitätsstufe liegt, wie die Beschreibung des Phänomens selbst. Formal ist dies gleichbedeutend damit, daß die Beschreibung ein Algorithmus ist, der nur reproduziert werden kann, aber nicht auf einen einfacheren Algorithmus reduzierbar ist. Es ist also völlig unerheblich, ob beispielsweise die Singularität durch absichtsvolles menschliches Handeln entsteht (das ja offensichtlich nicht „zufällig" bestimmt ist). Ent-

Was ist Zufall? Der einflussreichste Denker auf dem Gebiet des Zufalls ist zweifelsohne Chaitin: **http://www.umcs.maine.edu/~chaitin/**

scheidend ist nur, daß der Selektionsprozeß an genau jenen Merkmalen ansetzt, die im Vergleich zu anderen einzigartig sind. Insofern ist nicht Zufälligkeit, sondern Singularität das ausschlaggebende Merkmal von Variation.

Die erste Bedingung für die Anwendung des VSB-Paradigmas ist, daß die Selektion auf **singuläre Merkmalsausprägungen** *einwirkt. Die Aktoren in unserem evolutionsökonomischen Ansatz sind solche singulären Entitäten, ebenso wie sämtliche von ihnen durch Handlungen erzeugten Strukturen in Netzwerken, also vor allem Elemente.*

Biologische Evolutionstheorie: Vieles wird heute in Schulen gelehrt, aber sicherlich ist eine Auffrischung nützlich: **http://www.evolutionsbiologie.uni-konstanz.de/ http://www.darwinawards.com/**

Es sind also beliebige Mechanismen der Variation denkbar. Dieses Argument ist bereits aus der Biologie vertraut. In populationsgenetischen Modellen wird gewöhnlich zwischen **Mutation** und **Rekombination** genetischen Materials unterschieden, gegebenfalls noch die „genetic drift", d.h. ein zufälliger Wandel ohne Selektionsdruck. Für dieses Nebeneinander, das wesentlich mit der evolutorischen Entstehung sexueller Fortpflanzung einher geht, lassen sich spezifische Selektionsvorteile begründen: Die Evolution selbst begünstigt also die Veränderung ihrer Mechanismen. Zum Beispiel erhöht die Rekombination die Wahrscheinlichkeit von Neuheiten erheblich, und hat gegenüber dem Clonen eingeschlechtlicher Organismen den Vorteil, daß rascher neue Barrieren gegen Befall von Viren entstehen, die sich ihrerseits in hoher Geschwindigkeit verändern. Die Entstehung der Rekombination als Mechanismus der Erzeugung von Variation ist also selbst Ergebnis von Selektion. Rekombination erzeugt Singularität, ist aber selbst kein rein „zufälliger" Vorgang. Entscheidend ist die Zeitstruktur der Anpassung, d.h. die Vorteilhaftigkeit der Rekombination begründet sich aus den Anpassungsproblemen, die aus den unterschiedlichen Eigenzeiten des Wandels von zum Beispiel von Organismen und Viren resultieren. Allgemein gilt also:

Der VSB-Mechanismus wirkt auf den **Wandel seiner Zeitstrukturen** *ein. Ein wesentliches Kriterium der Funktionali-*

tät von Anpassung ist die zeitliche Koordination von Prozessen in Umwelt und Selektionsgegenstand. Dementsprechend ergeben sich **Epochen von Wandel**, *d.h. Phasen inkrementellen Wandels können von Phasen raschen Wandels abgewechselt werden. Bei der Anwendung des VSB-Mechanismus ist also auf die implizierten Veränderungen von Zeitstrukturen zu achten.*

Für die selbstreferentielle Struktur des VSB-Paradigmas ist wesentlich die Beziehung zwischen der Geschwindigkeit und Qualität einerseits, mit der durch Variation Neuheit produziert wird, und dem Mechanismus andererseits, der zur Stabilisierung erfolgreicher Neuerungen im weiteren Verlauf der Evolution führt, also dem Medium der Transmission neuer Merkmale. In der Biologie herrscht diesbezüglich die sogenannte **neodarwinistische Synthese** vor, die davon ausgeht, daß es nach der Generierung von Neuerungen keinen umgekehrten Mechanismus mehr gibt, der unabhängig von der eigentlichen Vererbung noch Veränderungen des Erbmaterials während der Lebenszeit eines Organismus mit sich brächte. Diese Annahme ist entscheidend für die klare Differenzierung zwischen Stammesgeschichte (**Phylogenese**) und Entwicklung (**Ontogenese**) und bedeutet, daß individuelles Lernen keine Rückwirkung hat auf den Verlauf der Evolution durch Variation und Selektion.

Lamarck versus Darwin: Häufig wird für den Menschen auf den Begriff der „Lamarckschen Evolution" zurückgegriffen. Lamarck hatte vor Darwin behauptet, daß während der Ontogenese erworbene Eigenschaften weiter vererbt werden. Sprichwörtlich ist der berühmte Hals der Giraffe, der durch Streckung über viele Generationen hinweg immerlänger geworden sei. Erklären Sie den Giraffenhals darwinistisch!
http://webpages.shepherd.edu/KPANNI01/darwin.htm

Zumeist sind Ökonomen der Meinung, daß dieses strikte Prinzip die Übertragung des Variations-Selektions-Paradigmas auf Wirtschaftssysteme verhindert. Dieses Argument ist von der naiven Kritik, menschliches Verhalten sei plastisch und kaum direkt genetisch determiniert, deutlich zu unterscheiden; denn grundsätzlich könnte ja das VSB-Paradigma in verschiedenen Bereichen unabhängig voneinander angewendet werden, ohne daß der Anspruch erhoben würde, daß sämtliche Anwendungen auf eine reduziert würden, nämlich die genetische. Die geläuterte Kritik zieht aber aus den Unterschieden zwischen diesen Be-

Soziobiologie:
Die Disziplin der Soziobiologie erhebt den dezidierten Anspruch, menschliches Verhalten weitestgehend biologisch erklären zu können: **http://www.ship.edu/~cgboeree/sociobiology.html**

Ko-Evolution
Versuchen Sie sich an einer Rekonstruktion der Evolution von menschlichen Schutzmechanismen gegen widrige Klimabedingungen. Berücksichtigen Sie dabei physische Anpassung, kulturelle Lebensbedingungen und individuelle Anpassung. Umgekehrt gefragt. Hat Mode auch genetische Bezüge? Denken Sie an die Rolle von geschlechtlicher Attraktivität bei der Signalwirkung von Kleidung!

reichen die falsche Schlußfolgerung, daß VSB-Paradigma sei generell irrelevant für den Menschen.

Richtig ist vielmehr, daß sich als Ergebnis der Evolution **unterschiedliche Varianten des allgemeinen VSB-Paradigmas** ausgebildet haben, die sich nicht nur hinsichtlich der Zeitstrukturen unterscheiden, sondern auch hinsichtlich der Wirkungsmechanismen von VSB:

> *Das VSB-Paradigma ist offen gegenüber unterschiedlichen Formen der Übertragung und Speicherung von Varianten, die ihre eigene Reproduktion positiv beeinflussen. Wesentlich ist nur, daß neben dem Mechanismus der Erzeugung von Varietät ein konservativer Mechanismus existiert, der die Wissensbestände vor sofortiger Erosion durch Variation schützt. Die Verbindung zwischen unterschiedlichen Mechanismen ergibt sich durch die Selektion von Fähigkeiten zur Realisation anderer Mechanismen. Das heisst, neue Mechanismen sind emergente Phänomene der Wirkung bestehender Mechanismen.*

Ein evolutionsökonomisch relevantes Beispiel ist die vielfach untersuchte **Ko-Evolution** von genetischer Struktur und **Kultur** als Medium der intergenerationellen Übertragung von Wissen: Kultur als Reservoir relativ langsam veränderlicher Werte, Normen und Verhaltensstandards ermöglicht den Rücktransfer von individuellem Lernen in die bewahrenden und reproduzierenden Strukturen, ist aber gleichzeitig in hohem Maße konservierend. Das VSB-Paradigma wird für die Kultur modifiziert, behält aber seine Gültigkeit. Dabei ist entscheidend, daß die **Fähigkeit zur Kultur** selbst genetisch verankert ist, also positiv selektiert wurde, dann aber eine teilweise Abkopplung des VSB-Mechanismus von den Restriktionen der genetischen Evolution ermöglicht. *Lesehinweis 10* Diese Abkopplung geschieht bei sämtlichen Phasen des VSB-Prozesses, d.h. es gibt nicht nur andere Mechanismen der Variation, sondern selbstverständlich auch der Bewahrung. Insbesondere im Zusammenhang der letzteren ist dann auch zu betonen, daß damit zusätzliche Formen des Verschwindens von Varianten gegeben sind. Dementsprechend wird die zeitliche Ordnung der VSB-Prozesse sehr komplex. Wir können diese Komplexität auch in die einfache Terminologie der Elementarprozesse fassen, d.h. unterschiedliche VSB-Mechanismen werden als Elementarprozesse mit unterschiedlichen Eigenzeiten betrachtet.

Abbildung 19: Komplexe zeitliche Ordnung von Koevolution

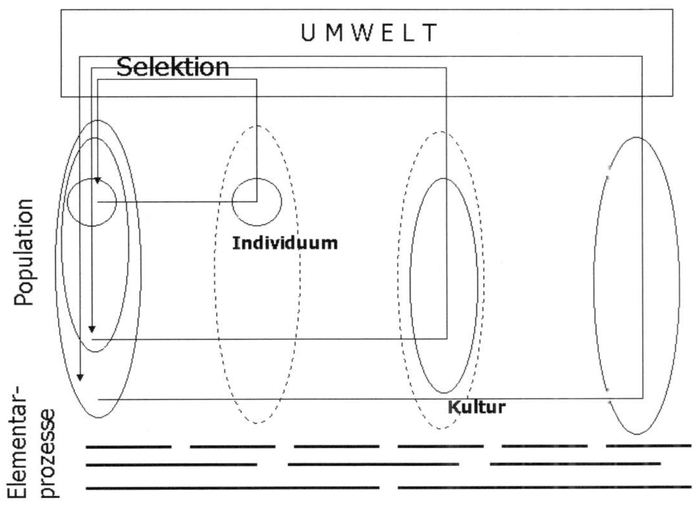

Eine einfache Darstellung wird in Abbildung 19 angeboten, die genetische, kulturelle und individuelle VSB zueinander in Beziehung setzt. Diese drei Ebenen (dargestellt durch die Ovale mit unterschiedlicher Reichweite der Mengen einbezogener Individuen) unterscheiden sich dann gleichzeitig durch in der Reihenfolge zunehmende Geschwindigkeit und Häufigkeit von Variationen, aber auch der potentiellen Dauerhaftigkeit von Bewahrung. In der Abbildung stellen wir dies durch unterschiedliche Eigenzeiten der jeweiligen Elementarprozesse dar (strichlierte Linien). Gleich bleibt

Humanethologie: Die wissenschaftliche Disziplin, die sich mit diesen Fragen intensiv auseinandersetzen muss, ist die Verhaltenswissenschaft: **http://evolution.humb.univie.ac.at/ishe.html**

jedoch der Bezug zur Umwelt als Ursprung aller Selektionskräfte (oberer Kasten): Das heisst, durch die Ko-Evolution nimmt der Möglichkeitsraum von Anpassungsmechanismen erheblich zu, und zwar insbesondere in der Flexibilität der zeitlichen Ordnung, beispielsweise hinsichtlich der Anpassung an veränderliche Umwelten. Genau diese erhöhte Flexibilität ist aber die Fähigkeit, die bereits durch den grundlegenden genetischen VSB-Mechanismus positiv selektiert wird. Wir sehen auch, daß die Selektion auf unterschiedlichen Ebenen zu Rückkopplungen führt, die dann zunächst als einheitliche Beobachtungsphänomene vor Augen treten. Das heisst, wir beobachten Verhaltensunterschiede, die unterschiedlich bedingt sein können, also auf individuelle, kulturelle oder genetische Merkmale zurückgehen können. Dieser Zusammenhang gewinnt noch an Komplexität, wenn bedacht wird, daß Verhaltensänderungen auf einer Ebene die Selektionsbedingungen auf der anderen ändern können.

Evolution von Kultur: Erklären Sie das Phänomen, daß Migration häufig dazu führt, daß in den Zielgebieten Dialekte und Gebräuche erhalten bleiben, die in den Ursprungsländern längst verschwunden sind (etwa bei religiösen Gemeinschaften in den USA oder Deutschen in Rußland)! Berücksichtigen Sie dabei besonders die Unterschiedlichkeit der Selektionsbedingungen der Innovation von Verhaltensweisen!
http://ourworld.compuserve.com/homepages/JWCRAWFORD/langpol.htm
http://www.wisc.edu/mki/gaweb2.html

Wie können wir uns VSB-Prozesse im Falle der Kultur genauer vorstellen? Als einfaches Beispiel sei eine Gruppe von Ackerbauern betrachtet, deren Wirtschaft auf bestimmten Anbaumethoden und Praktiken sozialer Kooperation beruht. Diese Gruppe tradiert ihre Verhaltensregeln im Zeitablauf und steht mit anderen Gruppen in Kontakt. Es gibt andererseits Mitglieder der Gruppe, die an andere Plätze abwandern und dort neue Gruppen bilden. Die Evolution der sozialen Praktiken dieser Gruppe läßt sich prinzipiell als VSB-Prozeß interpretieren. Dazu müssen wir die Gruppe klar gegenüber anderen Gruppen und der Umwelt abgrenzen können: Das ist zum Beispiel der Fall, wenn die Gruppe in hohem Maße kooperativ-kollektive Leistungen in der Ackerwirtschaft einsetzt, sodaß auch die Umweltanpassung einzelner Mitglieder nicht ohne die Gruppe im selben Maße möglich wäre. Gleichzeitig muß ein Replikator identifiziert werden, der die Regeln der Gruppe reproduziert. Dies könnte beispielsweise die Familie sein, in der die Sozialisation der Kinder größtenteils stattfindet. Wesentlich für die Wirkung des Mechanismus' ist nun eine Differenzierung der Eigenzeiten von Veränderungsprozessen, also ein Trägheitsmoment auf der Ebene des Replikators. Dies kann prinzipiell unterstellt werden, wenn die Sozialisation selbst konservativen Prinzipien unterliegt, die nur im Falle der Bildung neuer Familien inkrementelle Änderungen erfährt. Wird die Familie als Replikator identifiziert, ist auch die Abspaltung neuer Gruppen an anderen Orten leicht nachvollziehbar, die ein wichtiger Speziationsmechanismus ist. Die Gruppe ist wiederum eine Art, wenn die Kooperation mit anderen Gruppen bestimmten Beschränkungen unterliegt, also etwa stark eingeschränkten Heiratsbeziehungen.

Hierarchie selektiver Ebenen. Die Unterscheidung zwischen Phylogenese und Ontogenese hängt wiederum mit der Unterscheidung von **Genotyp** und **Phänotyp** zusammen: In unserer Terminologie ist der Genotyp der Träger des nicht-referentiellen Wissens, das der Konstruktion des Organismus – des Phänotyps – zugrundeliegt. Dieses Wissen ist in bestimmten biochemischen Strukturen gespeichert, deren Varianten durch Selektion entweder erhalten bleiben oder ausselektiert werden. Die Gerichtetheit dieser inkrementellen Veränderungen ergibt sich auf der Ebene der Population und ihres Genpools von Individuen mit variierenden Genotypen. Einheit der Evolution ist also die Population, Einheit der Selektion der Genotyp bzw. die dort enthaltenen Gene. Die Selektion wirkt nicht direkt auf den Genotyp, sondern auf den Phänotyp, der durch die Spielräume bestimmt wird, die von der Ontogenese gelassen werden: Verhaltensänderungen während der Lebenszeit können also zum Beispiel auf die darwinsche Evolution zurückwirken, wenn sie (etwa durch Migration) zu Umweltänderungen führen. Ausserdem ist zu beachten, daß auf genotypische Varianten auch intrasomatische Selektionsfaktoren einwirken, so daß auch in diesem Modell keinesfalls mehr von einem einfachen Umweltdeterminis-

> **Genotyp und Phänotyp:** Machen Sie sich den Zusammenhang zwischen Genotyp und Phänotyp am hypothetische Beispiel eines frühen Homo sapiens klar, der plötzlich in die Gegenwart transferiert und mit der Nahrungsmittelflut der modernen Gesellschaft konfrontiert ist. Seine nicht-angepaßten Eß-Gewohnheiten führen zu seinem frühen Tode, allerdings bot ihm seine kraftvolle Gestalt hinreichende Gelegenheit zur Reproduktion.

mus gesprochen werden kann. Vielmehr ergibt sich sofort die Vorstellung einer **Hierarchie von selektiven Ebenen**.

Das Konzept der Hierarchie selektiver Ebenen erlaubt es, ein weiteres Mißverständnis bei der Anwendung des VSB-Paradigmas aufzuklären, das sich einstellt, wenn bei Übertragungen direkte Analogien zum Geno- und Phänotyp gesucht werden. Eine Verallgemeinerung dieses Ansatzes legt sofort Bezüge zu uns bekannten evolutionsökonomischen Kategorien offen.

> *Das VSB-Paradigma unterscheidet immer zwei unterschiedliche Ebenen, nämlich jene der* **Replikatoren** *(z.B. des Genotyp) und jener der* **Interaktoren** *(z.B. des Phänotyp). Die Interaktoren sind einerseits die Schnittstelle zwischen Umwelt und Individuum, andererseits sind sie innere Umwelten der Replikatoren, die ihrerseits die Entwicklung der Interaktoren steuern. Ein Interaktor weist also innere Strukturen auf (z.B. organismische), die durch den Replikator bestimmt sind, aber diesen auch selektieren (***innere Selektion***). Der Interaktor ist andererseits die Einheit, auf die Selektionskräfte der Umwelt einwirken (***äußere Selektion***), so daß also die Replikatoren nicht direkt diesen ausgesetzt sind. Variationen treten bei Replikatoren auf, äußern sich aber in der Performanz der Interaktoren. Die Performanz der Interaktoren bestimmt wiederum, ob die Variation bewahrt bleibt oder nicht.*

Daraus ergibt sich also:

> *Die Unterscheidung zwischen Aktoren und Elementen entspricht exakt der Unterscheidung zwischen Interaktoren und Replikatoren im VSB-Paradigma. Der Replikator ist Träger des Wissens, der Interaktor Medium der Funktionalität dieses Wissens. Daher ist das VSB-Paradigma direkt auf die evolutionsökonomische Analyse von Netzwerken anwendbar. Elemente konservieren Wissen und weisen Varietät auf, die im Handeln der Aktoren zum Ausdruck kommt. Durch die Reproduktion von Handlungsmustern wird Wissen in Netzwerken konserviert. Daraus folgt, daß es in Wirtschaftssystemen keine ausgezeichneten Aktoren und Elemente gibt. Eine Über-*

Zivilisationskrankheiten: Mit der Unterscheidung von Replikator und Interaktor läßt sich auch der im zweiten Kapitel bereits thematisierte Punkt erklären, warum es Nahrungsgewohnheiten gibt, die zwar zivilisatorisch normiert sind, die aber gleichzeitig „Zivilisationskrankheiten" erzeugen. Dieses Thema wird nicht nur wissenschaftlich diskutiert: **http://www.beyondveg.com/nicholson-w/hb/hb-interview2z.shtml http://www.sciam.com/1998/1198issue/1198nessebox5.html**

Ebenen der Selektion: Identifizieren Sie Replikatoren und Interaktoren bei Nutztieren und Menschen in einer Bauernwirtschaft im Vergleich zur Tier-Mensch-Beziehung bei Jägern und Sammlern.

tragung des VSB-Paradigmas muß dieser ontologischen Vielfalt des Wirtschaftssystems gerecht werden.

Alleine durch den Dualismus von Interaktoren und Replikatoren ergibt sich der Dualismus der Selektion als innere und äußere Selektion: also zum einen die intrasomatische Viabilität bestimmter Konstruktionen auf der Ebene von Interaktoren, zum anderen die Anpassung an bestimmte Umweltbedingungen. Es gibt bereits auf dieser Ebene a priori keinen Grund, warum beide Kriterien gleichgerichtet wirken sollten. Ausserdem können Replikatoren und Interaktoren völlig unterschiedliche Reichweiten haben: Unter bestimmten Bedingungen sind Systeme von Individuen Interaktoren (wie der Ameisenhaufen). Das bedeutet, bereits in einem einfachen Variations-Selektions-Modell ergibt sich die Richtung des Wandels als Vektorsumme zweier nicht notwendig gleichgerichteter Kräfte.

Wir werden die Differenzierung zwischen innerer und äußerer Selektion systematisch auf die Analyse von Institutionen anwenden, Kap. IV, 2.

Lesehinweis 11

Der Ansatz selektiver Ebenen ist schliesslich für die Integration von Biologie und evolutorischer Ökonomik richtungsweisend, weil er eine nicht-reduktionistische biologische Interpretation von Anpassungsleistungen wirtschaftlicher Systeme erlaubt. Dazu ist lediglich die Entsprechung zwischen Elementen und den verschiedenen Formen des Wissens einerseits und der Hierarchie von Interaktoren unterschiedlicher Reichweite andererseits herauszuarbeiten. Dann ist es möglich, als grundlegenden Replikator den menschlichen Genotyp (nicht-referentielles Wissen) zu betrachten, ohne damit gleichzeitig zu unterstellen, daß die Verhaltensphänomene sämtlicher Interaktoren direkt durch ihn determiniert sind. Das schliesst aber andererseits nicht aus, daß die Reproduktion nicht durch alle Interaktoren beeinflusst wird. Es entsteht dann ein „Zwiebel-Modell" der menschlichen Evolution:

Menschliche Familien:
In den biologischen Humanwissenschaften wird oft erfolgreich versucht, Verwandtschaftssysteme und Familienstrukturen evolutionstheoretisch zu erklären:
http://www.uni-giessen.de/~gm10/homepage.htm

Die Evolution des Menschen hat zu einer immer komplexeren **Hierarchie von Interaktoren** *geführt, deren System-Umwelt-Interaktionen Anpassungsleistungen erzeugen, die auf die Reproduktion des Basis-Replikators Einfluss nehmen.*

Das **Wirtschaftssystem** *ist ein solcher Interaktor und bestimmt also indirekt auch die Anpassungsleistungen aller in ihm existierenden biologischen Individuen. Auf jeder Ebene wirken jedoch VSB-Mechanismen, die gegenüber dem genetischen Basismechanismus autonom sind, so daß die Gesamtleistung ein Ergebnis des komplexen Zusammenwirkens aller Ebenen ist.*

Abbildung 20: Hierarchien von Interaktoren

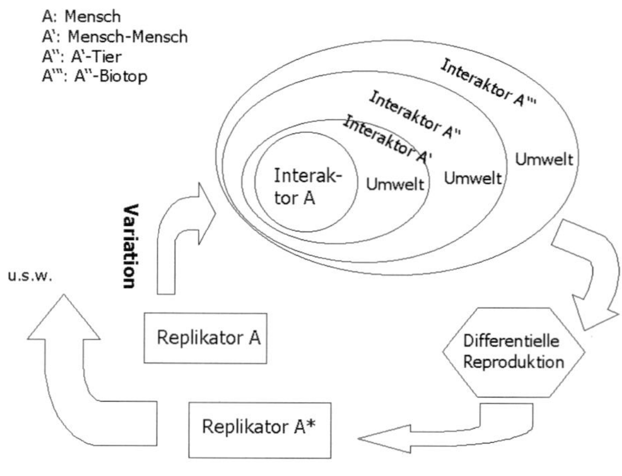

In Abbildung 20 betrachten wir beispielhaft ein solches „Zwiebelmodell" für den Fall einer Nomaden-Gesellschaft. Die verschiedenen „Schalen" entsprechen Übergängen zwischen innerer und äußerer Selektion. Zum Beispiel ist das Mensch-Tier-System ein Interaktor, innerhalb dessen die Tiere eine Umwelt für die menschlichen Jägergruppen darstellen (äußere Selektion). Der Wettbewerb innerhalb der menschlichen Gruppen ist aus dieser Perspektive innere Selektion, aus der Perspektive der einzelnen Menschen aber äußere. Dieses Beispiel zeigt, daß das VSB-Paradigma tatsächlich beides leistet: Nämlich die Integration aller selektiven Ebenen durch die Ableitung der Funktionalität der einzelnen Prozesse für die grundlegenden Anpassungsleistungen, andererseits aber die funktionale Autonomie der jeweiligen Bereiche in dem Sinne, daß das VSB-Paradigma auch rein analog angewendet werden kann. Ko-Evolution bedeutet also gleichermassen die Integration der selektiven Hierarchien wie auch die formale Analogie der Prozesse auf den jeweiligen Ebenen.

Mehrdimensionalität der Selektion. Aus der Unterscheidung von selektiven Ebenen folgt, daß der Verlauf der Selektion auf den unterschiedlichen Ebenen nicht notwendig gleichgerichtet ist. Dieser Gedanke einer Mehrdimensionalität der Selektion ist bereits bei Darwin formuliert worden, der zwischen den beiden Typen der **sexuellen und der natürlichen Auslese** unterschied. Diese Differenzierung ist von grundlegender Bedeutung für die Übertragung auf menschliche Gesellschaften und wird in der außerbiologischen Rezeption zumeist übersehen. Sie ist allgemeiner als Unterscheidung zwischen populationsinterner und umweltbezogener Selektion zu verstehen. Im Falle der sexuellen Selektion bedeutet dies, daß der Konkurrenzkampf um Fortpflanzungschancen die Ausbildung von Merkmalen fördern kann, die wiederum die Anpassung an die Umwelt negativ beeinflussen: Der klassische Fall sind überlange Schwanzfedern bei bestimmten Vogelarten, die das Fliegen einschränken. Wir können dies allgemein als Konflikt zwischen Wettbewerbserfolg und Anpassungserfolg identifizieren. Eine ähnliche Rolle spielen Selektionsphänomene, die etwa in Jäger-Beute-„Rüstungswettläufen" stattfinden. Das VSB-Paradigma muß daher immer die Mehrdimensionalität der Selektionskräfte und die Interdependenzen zwischen Individuum und Umwelt berücksichtigen, um richtig angewendet zu werden.

Dimensionen der Selektion: Ein allgemeiner Fall ist auch der Unterschied zwischen Positionswettbewerb und Leistungswettbewerb. Analysieren Sie den Positionswettbewerb von Unternehmen um die Entdeckung eines Serums, bei dem gilt „the winner takes all", d.h. alle Mitwettbewerber gehen leer aus, wenn sie zu spät sind. In der ökonomischen Literatur wird behauptet, daß dieser Wettbewerb zu Verschwendung führe. Was meinen Sie?

Dieses Modell ist sofort verallgemeinerbar:

Bei mehrdimensionaler Selektion sind die Anpassungswirkungen von Varianten komplex. Wenn der Reproduktionserfolg von Merkmalen relativ zu anderen Mitgliedern der Popu-

In mathematischen Evolutionsmodellen wird die Mehrdimensionalität der Selektion als häufigkeitsabhängige versus – unabhängige Selektion modelliert, siehe Kap. V, 3.

Handicap-principle:
Eine Provokation: Könnte es sein, daß das große menschliche Gehirn durch das „handicap principle" erklärt werden kann? Berücksichtigen Sie Mensch-Umwelt und Mensch-Mensch-Beziehungen in grauer Vorzeit! Beachten Sie das Problem der Verhaltenskoordination in Sprachspielen!

lation abhängt, und nicht nur von absoluten Merkmalen der Umweltanpassung, dann sind beide Selektionsmechanismen nicht gleichgerichtet. In Wirtschaftssystemen entspricht dies dem möglichen **Konflikt zwischen technischen Kriterien und Konkurrenzkriterien.** ***Lesehinweis 12***

Die Mehrdimensionalität der Selektion erhält zudem eine paradoxe Qualität, wenn Beachtung findet, daß in den genannten Beispielen die Merkmale auch als Signale zwischen den Mitgliedern einer Population aufgefaßt werden müssen, wir also elementare Fälle der Kommunikation betrachten. Dann gilt das sogenannten „**handicap principle**": Die überlange Schwanzfeder signalisiert, daß ihr Träger gerade besonders gut an die Umwelt angepasst ist, weil er sich diese Behinderung „leisten" kann. Daraus entsteht eine prinzipielle Entkopplung der Selektion von der Umwelt, ohne daß damit die Umweltwirkungen tatsächlich aufgehoben wären. Auch dies ist wieder das Ergebnis der Rekursivität des VSB-Paradigmas, nur dieses Mal unter Berücksichtigung der Wechselwirkung zwischen verschiedenen Dimensionen.

Insgesamt ergibt sich, daß viele Vorbehalte gegenüber dem VSB-Paradigma an Kraft verlieren, wenn dessen selbstreferentielle Natur angemessen berücksichtigt wird. Das VSB-Paradigma erweist sich gerade aufgrund dieser Eigenschaft als ein vielfältig wirksamer Mechanismus der Selbstorganisation.

c. Zeitliche Ordnung und Evolution

Lebenszyklen. Das oben angesprochene grundlegende Dogma der neodarwinistischen Synthese kann im allgemeinen Ansatz auch so reformuliert werden, daß ein fundamentales Trägheitsprinzip auf der Ebene der Replikatoren gilt, das selbst Resultat von Selektion ist. Wir können dies auch so formulieren, daß die Selektion ganz bestimmte Formen der zeitlichen Koordination von Eigenzeiten der unterschiedlichen Prozesse auf Ebene der Replikatoren und Interaktoren begünstigt. Wir treffen also erneut auf die Tatsache, daß Selektion zeitliche Ordnungen selektiert. Die strukturelle Komplexität der Selektionsergebnisse ist also ein Phänomen komplexer zeitlicher Koordination bzw. kann bei näherer Betrachtung lebender Systeme vor allem auf dieses zurückgeführt werden (wie schon die überwältigende Bedeutung von organismischen Rhythmen in der Natur illustriert).

Trägheitsprinzip:
Wann kann es nützlich sein, langsam oder gar nicht zu lernen? Berücksichtigen Sie dabei, wie schnell und in welcher Art sich die Lernumwelt verändert!

Ein solches Phänomen ist auch ein universelles Charakteristikum lebender Systeme, nämlich **Alterung** und **Tod**: Diese Erscheinungen sind schlicht als Verlust der Ordnung und damit schrittweise Entropiezunahme zu deuten. Dies ist aber nur scheinbar eine unausweichliche Konsequenz der Thermodynamik: Prinzipiell wäre es natürlich vorstellbar, daß ein System seinen Zustand höherer Ordnung unendlich lang beibehält, vorausgesetzt daß dauernd eine Zufuhr freier Energie stattfindet. Alterung und Tod offener Systeme sind nicht selbstverständlich, sondern müssen erklärt werden. Insofern muß es einen Selektionsvorteil für Organismen geben, die sterben können. Diese auf den ersten Blick merkwürdige Überlegung wird sofort pausibel, wenn wir zwischen dem Tod von Interaktoren und dem Tod von Replikatoren unterscheiden, und den Tod von Replikatoren evidenterweise nur als Abbruch der Replikation auffassen können.

Altersforschung:
Altersforschung setzt sich gewöhnlich zum Ziel, das Altern zumindestens aufzuschieben. Läßt sich dieses Ziel überhaupt evolutionstheoretisch begründen?
www.senescence.info/

Diese Überlegung läßt sich wieder evolutionstheoretisch umkehren: Sie ist wahrscheinlich fundamental für Erklärung, warum es überhaupt eine Unterscheidung zwischen Replikatoren und Interaktoren gibt. Der biologische Tod eines Individuums qua Interaktor, das sich reproduziert hat, ist ja nicht gleichbedeutend mit dem Untergang des Replikators. Dennoch gilt, daß zumindestens ein Teil des im Individuum gespeicherten Wissens unwiderruflich verschwindet. Das Sterben ist in dieser Hinsicht also ganz allgemein mit einem Mechanismus des **Vergessens** gleichzusetzen.

Vergessen:
Erinnern Sie sich an Prozesse des Vergessens, die für Sie nützlich waren?

Eine Erklärung des Sterbens von Interaktoren könnte folgendermaßen lauten. Wenn die Reproduktion des Replikators zu einem bestimmten Zeitpunkt erfolgt ist, dann entsteht eine interne Konkurrenz zwischen der wachsenden Zahl von Varianten einer Population, falls die älteren Varianten nie sterben. Insofern erscheint es für den Prozeß der Kumulation von Wissen besonders zuträglich, wenn jeder Interaktor einen **Lebenszyklus** durchläuft, der letzten Endes zu seinem Verschwinden führt; der Replikator hat seine Funktion längst erfüllt und existiert – in allerdings veränderter Gestalt - in einem anderen Interaktor fort. Das Sterben von Interaktoren beschleunigt also den gerichteten Wandel der Replikatoren und ist somit selektiv begünstigt; außerdem kommt die höhere Plastizität der Anpassungsfunktionen des Interaktors stärker zum Tragen. In der biologischen Literatur ist diese Argumentation ein Beispiel für das allgemeine Muster, daß Selektion immer Steuerungsmechanismen begünstigt, die dafür sorgen, daß relativ nachteilige Merkmale erst möglichst spät im Lebenszyklus eines Interaktors auftauchen, und nicht schon in der frühen reproduktiven Phase. Altern ist also kein Ausdruck des zweiten Hauptsatzes der Thermodynamik, sondern selbst Ergebnis der Selektion.

Lebenszyklen: Interpretieren Sie den Lebenszyklus von Produkten mit Hilfe der Interaktor/Replikator-Unterscheidung. Wie ließe sich das Wissen berücksichtigen, das im Produkt enthalten ist? Welche Rolle spielt die Wechselwirkung zwischen Produktangebot und –nachfrage?

In der Evolutionsökonomik werden Lebenszyklen mit logistischen Wachstumskurven in Verbindung gebracht, die wir in Kap. V, 4 genauer betrachten.

> *Altern und Tod sind endogenes Resultat von VSB-Mechanismen, weil diese Mechanismen zum einen begünstigen, daß nachteilige Merkmale von Interaktoren in späte Phasen ihrer Existenz verschoben werden, die bereits nach der erfolgreichen Replikation von Replikatoren liegen; Altern besteht also in der Kumulation solcher Merkmale. Gleichzeitig erhöht das ständige Ausscheiden von Interaktoren die Neuerungsgeschwindigkeit bei den Replikatoren und ist auch insofern evolutionär begünstigt.*

Lebenszyklen sind also ein anderes universelles Phänomen zeitlicher Ordnung in der Evolution. *Lesehinweis 13* Die Metapher des Lebenszyklus gehört interessanterweise zu jenen Biologismen in der Wirtschaftswissenschaft, die am wenigsten umstritten sind, obgleich sie nie angemessen erklärt wird: So wird in der Regel davon ausgegangen, daß Produkte einen Lebenszyklus durchlaufen oder auch Unternehmen. Das allgemeinere Argument, daß bestimmte selektive Umfelder eine bestimmte zeitliche Ordnung generieren, ist ebenfalls in vielfacher Weise anzutreffen, etwa im Bereich des politischen Wettbewerbs, wo ein „Wahlzyklus" identifiziert wird, also eine direkte Abhängigkeit des Politiker-Verhaltens von der Periodizität der Wahlen.

Wir erkennen also die enge Beziehung zwischen dem VSB-Paradigma und der entropietheoretischen Betrachtung offener Systeme. Offene Systeme, die durch Ströme von Energie und Wissen fern vom Gleichgewicht stabilisiert werden, können dies nur durch Prozesse des „Vergessens", also der Alterung, des Aussterbens und der Auflösung. Dies ist aber nicht mit der Wirkung des zweiten Hauptsatzes der Thermodynamik zu verbinden, sondern ist notwendiger Reflex der ständigen Produktion von Neuheit. Klassisch ist Schumpeters Redewendung von der „**schöpferischen Zerstörung**". Insofern läßt sich sogar zurückschliessen, daß Versuche, diesen Prozeß aufzuhalten, letzten Endes das Gegenteil zur Folge haben, nämlich die zunehmende Verschlechterung der Substanz des in den Replikatoren gespeicherten Wissens.

Evolutionäre Taxonomie und Ökologie. Als letztes Element unserer Verallgemeinerung des Variations-Selektions-Paradigmas ist noch der Begriff der **Art** zu betrachten. Bei vielen Übertragungen des Ansatzes auf die Ökonomie wird die entscheidende Rolle der Art und Artbildung für die biologische Evolution übersehen. Artbildung (Speziation) findet in dem Moment statt, wenn eine bestimmte Population und ihr Genpool reproduktiv isoliert wird, d.h. also wenn über die Grenzen der Population hinaus keine Rekombination von Replikatoren mehr möglich ist. Dies ist gleichbedeutend mit negativen Wirkungen einer solchen Replikation zumeist schon im intraorganismischen Bereich.

Beschleunigung von Lebenszyklen:
Die Beschleunigung des Alterungsprozesses von Produkten ist eine zunehmende Herausforderung für das Management von Unternehmen: **http://www.adastra.com/lifecycle.html**

Schöpferische Zerstörung:
Diese Begriff gehört ohne Zweifel zu jenen geflügelten Worten, die sich aus der Wirtschaftswissenschaft am meisten verbreitet haben: **http://www.fool.com/news/foth/2001/foth010726.htm**

Arten:
Betrachten Sie ein Produkt ihrer Wahl und versuchen Sie, einen „Stammbaum“ des Produktes zu skizzieren (diachronische Art) und seine Marktposition gegenüber den Eigenschaften anderer Produkte abzugrenzen (synchronische Art).

Stammbäume:
Entwickeln Sie Kriterien der „Ähnlichkeit“ von Produkten! Berücksichtigen Sie dabei wieder die Angebots- und die Nachfrageseite!

Anpassungsleistung:
Nach welchen Kriterien liesse sich vergleichen, ob Fische, Ameisen oder Menschen „besser“ angepaßt an ihre Umgebung sind?

Arten bilden daher bestimmte erfolgreiche Bautypen ab. Dabei ist grundlegend zwischen der synchronischen und der diachronischen Dimension der Artenbildung zu unterscheiden: Einfach gesagt, wirken Umwelteinflüsse immer **synchron** über die Interaktoren auf die Artenbildung ein, während die internen Restriktionen von Bauplänen, die in Replikatoren gespeichert sind, **diachron** die Spielräume der Entwicklung einer Folge von Interaktoren bestimmen. Eine Art entwickelt sich also immer im Spannungsfeld von innerer und äußerer Selektion.

Der Artbegriff ist deshalb von großer Bedeutung für eine sinnvolle Anwendung des Variations-Selektions-Paradigmas, weil er bedeutet, daß die Beschreibung der Prozesse immer auf eine **Taxonomie** von Arten Bezug nehmen muß. Bei der Entstehung der Darwinschen Evolutionstheorie ist diese Tatsache selbstverständlich gewesen, ging es doch darum, einen Mechanismus zu finden, der die komplexen Beziehungen zwischen Gattungen und Arten erklären kann sowie das Phänomen, daß eine grundsätzlich scharf klassifizierbare Artenvielfalt in langen Zeiträumen einem kontinuierlichen Wandel ausgesetzt war und ist. Taxonomische Beschreibungen sind daher immer in grundlegender Weise auf Zeitlichkeit bezogen. Im selben Zuge setzen sie Kriterien der „**Ähnlichkeit**“ voraus, die nicht ohne den Bezug auf einen Beobachter abgeleitet werden können.

Wichtig ist, daß ungeachtet vieler Darstellungen etwa des „Stammbaumes des Menschen“ (der sogenannten „Krone der Schöpfung“) gerade das Konzept der Taxonomie bedeutet, daß es im VSB-Paradigma **kein Kriterium globalen Fortschritts** gibt. Gerade die Artenvielfalt spiegelt ja den Umstand wider, daß je nach Umweltbedingungen ganz unterschiedliche Organismen „optimal“ angepaßt sind, und daß sie auch in Gestalt von Biotopen und Ökosystemen im Prinzip aufeinander angewiesen sind. Die Sinnlosigkeit eines Fortschrittskriteriums bedeutet positiv, daß das VSB-Paradigma mit einem Kriterium der **Viabilität** und der **Nachhaltigkeit** operiert.

Beim Konzept selektiver Hierarchien wird außerdem ein grundlegender Funktionszusammenhang zwischen unterschiedlichen Ebenen angenommen. Dieser Zusammenhang wird gewöhnlich mit dem Begriff des „**Ökosystems**" gefaßt und geht letztlich wieder auf das Zwiebel-Modell der Interaktoren zurück. An dieser Stelle läßt sich auch das im zweiten Kapitel gesetzte Phänomen der Gruppenselektion systematisch begründen: Gruppen sind Interaktoren auf höherer Ebene. Neben der Taxonomie als im wesentlichen zeitlicher Struktur der Entstehung von Wissen ist also das synchronische Zusammenwirken von Interaktoren auch unter dem Blickwinkel der Anpassungsleistungen für jeden einzelnen Replikator zu betrachten. Wird also das Wirtschaftssystem als Interaktor betrachtet, so ist dieser nicht nur auf die Menschen zu beziehen, sondern auch beispielsweise auf sämtliche Pflanzen, deren Reproduktion von diesem System beeinflusst wird. Das Wirtschaftssystem ist also auch ein Interaktor der pflanzlichen Replikatoren. Deren Anpassungserfolg ist für die menschliche Anpassung relevant. Aus dem VSB-Paradigma ergibt sich also auch die Perspektive einer **universalen Ökologie** als letztes Kriterium der Analyse komplexer Prozeßzusammenhänge.

Universale Ökologie:
Es gibt in der Umweltbewegung die Position, daß der Mensch gewissermassen die Position der Natur einnehmen solle, weil beispielsweise das Abholzen des Regenwaldes im Grunde mit der Beschneidung des menschlichen Körpers vergleichbar sei. Liesse sich diese Position im Lichte des VSB-Paradigmas im Prinzip begründen? Es gibt seit drei Jahrzehnten sogar religiöse Strömungen, die solche Auffassungen vertreten.
http://www.pantheist.net/
http://www.deep-ecology.org/ide_values.html

Wir können das idealisierte Grundmuster dieser universalen Ökologie nach Abbildung 21 abstrakt kennzeichnen, die gleichzeitig die wichtigsten Dimensionen des VSB-Paradigmas nochmals zusammenfasst.

Universale Ökologie bedeutet, daß bei der Analyse von Wirtschaftssystemen die aus dem evolutorischen Prozeß entstandenen Interdependenzen berücksichtigt werden. Dies sind zum einen die Interdependenzen der Taxonomie, die bestimmte Beziehungen zwischen unterschiedlichen Interaktoren – zu denen menschliche Aktoren gehören – im Zeitablauf konstituiert haben. Gleichzeitig ist aber der gegenwärtig – also synchronisch – wirkende Zusammenhang der Selektion zu beachten, der über Hierarchien von Interaktoren wirkt. Dieser Zusammenhang ist selbst komplex, weil die zugrundliegende zeitliche Ordnung komplex ist.

Universale Ökologie betrachtet dementsprechend die Leistungen von Wirtschaftssystemen unter dem Gesichtspunkt der Viabilität und der Nachhaltigkeit dieses gesamtem Systems von Interaktoren, und nicht lediglich die Leistungen, die konventionell mit ökonomischen Massen erfasst werden.

Abbildung 21: Analytische Dimensionen universaler Ökologie

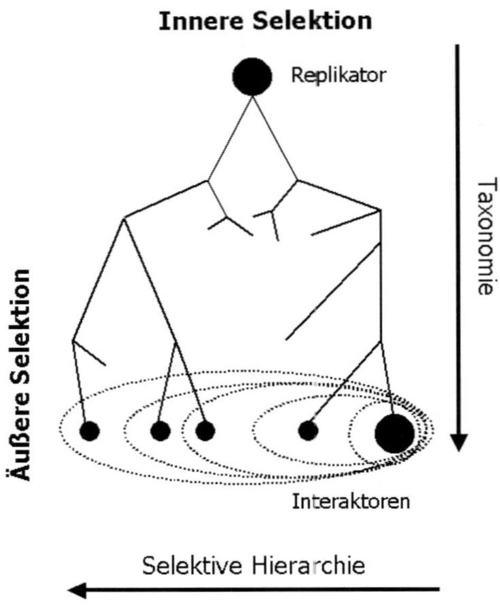

5. Viabilität und Pfadabhängigkeit

a. Die Uneindeutigkeit von Fortschritt in der Zeit

Messen in der Zeit. Im Folgenden wenden wir uns einer weitergehenden ökonomischen Konkretisierung der bislang betrachteten theoretischen Prinzipien zu. Ausgangspunkt ist die soeben getroffene Feststellung, daß die Erklärung von Ordnung durch das VSB-Paradigma nicht bedeutet, daß ein konkreter Entwicklungsverlauf durch ein unabhängiges Maß der Effizienz bewertet werden kann, also weder im Sinne von „Optimierung" geordnet werden kann, noch als Prozeß des „Wachstums" einer bestimmten Größe interpretierbar ist, wenn dieses Wachstum auch mit einer Wertung im Sinne von „Verbesserung" verbunden wird. Es ist klar, daß eine solche Position, wird sie auf die Wirtschaft übertragen, äußerst destruktive Wirkungen auf bestimmte normative Positionen hat, die von der Wirtschaftswissenschaft durchgängig eingenommen werden, nämlich die Bewertung bestimmter Zustände als „effizienter" oder nicht, und die Kennzeichnung des Wirtschaftswachstums als „Fortschritt".

Wider das Wachstum:
Viele Menschen meinen, daß Wachstum kein Wert an sich sei, und das künftig auf Wachstum zu Gunsten anderer Werte verzichtet werden solle. Wie beurteilen Sie solche Meinungen aus evolutionsökonomischer Sicht?
http://www.zukunftsfaehig.de/

Wir werden auf diesen zentralen Anwendungsaspekt im sechsten Kapitel zurückkommen. Deshalb betrachten wir das Problem an dieser Stelle wieder in einer abstrakten Form. Dann liegt an der Wurzel des skizzierten Gegensatzes die Frage, ob ein mögliches **Maß für Optima selbst zeitunabhängig** ist, d.h. ob es völlig egal ist, zu welchem Zeitpunkt wir eine Bewertung bestimmter Zustände anstellen, die anderen Zeitpunkten zugeordnet sind. Denn die Vorstellung von der Optimierung sieht sich mit erheblichen Problemen konfrontiert, wenn wir nur noch relativ zu bestimmten Zuständen bewerten können, die selbst veränderbar sind. Es gibt verschiedene Gründe, die für eine solche Sicht sprechen.

Zeitrelativität von Bewertung:
Sie werden mit der Zeitmaschine in das frühe 19. Jh. versetzt. Werden Sie den „Fortschritt", den die Industrialisierung bringen wird, genauso bewerten wie ein Bauer, der damals eine Arbeit in der jungen Industrie annahm?

Neue Güter: In der Sozialproduktsrechnung gibt es das Problem der Vergleichbarkeit von Warenkörben zu unterschiedlichen Zeitpunkten, wenn der zeitliche Abstand hinreichend groß ist, daß erhebliche qualitative Veränderungen der meisten Güter stattgefunden haben und auch neue Güter aufgetreten sind. Wie wird dieses Problem in der Praxis gelöst? Dies ist nur möglich, indem ein gemeinsamer Zustandsraum der Gütereigenschaften identifiziert wird, der als solcher im Meßzeitraum unverändert bleibt. Wir treffen also wieder auf die Unterscheidung von Wissen und Enformation.
http://www.un.org/Depts/unsd/citygrp/ottawa.htm
http://www.bls.gov/cpi/home.htm

Zum einen ergibt sich eine Analogie zur aufgezeigten Unmöglichkeit, Evolution mit Hilfe einer objektiven und linearen Zeitskala zu messen. Alleine der Tatbestand der Koexistenz verschiedener Eigenzeiten bedeutet, daß sich die jeweiligen Veränderungsprozesse nicht auf eine Meßlatte projizieren lassen. Allgemeiner formuliert, ist entscheidend, ob sogenannte **ergodische** oder **nicht-ergodische Systeme** betrachtet werden: In ergodischen Systemen findet zu irgendeinem, wenn auch noch so unwahrscheinlichen und fernen Zeitpunkt, die exakte Wiederholung bestimmter Zustände statt, sie sind also reversibel. Unser oben entwickelter Zeitbegriff bedeutet aber, daß wir nicht-ergodische Systeme betrachten, die keine Wiederholbarkeit aufweisen. Wenn jedoch das System nicht-ergodisch ist, dann gibt es prinzipiell keine Möglichkeit, die Identität von zwei Meßverfahren durch Wiederholung festzustellen, sofern diese Verfahren nicht vollständig systemexogen sind (also zum Beispiel nachzuweisen, daß die Menschen in zwei Volkswirtschaften bei gleichem Sozialprodukt und gleicher Verteilung pro Kopf dieselbe Wohlfahrt empfinden, im Unterschied zur Messung ihres Körpergewichts).

Des weiteren stellt sich ein prinzipielles Paradox ein, wenn wir das Maß selbst als eine Komponente von Wissen auffassen, was offensichtlich zwingend ist. Wenn sich Wissen also im Zeitablauf verändert, dann kann es zu keinem Zeitpunkt Gewißheit darüber geben, ob die richtige Meßlatte bereits gefunden wurde. Außerdem verändert jede Erzeugung neuen Wissens sofort die gesamte gegebene Wissenstruktur der Welt, so daß für jede vorhandene Meßlatte neue Faktoren zu berücksichtigen wären. Das heißt, es kommt der grundsätzliche Unterschied zwischen Wissen und Enformation zum Tragen: Eine Meßlatte könnte zwar die Veränderung von Enformation bestimmen, jedoch ist diese wertfrei; jede Bewertung bedeutet den Übergang zu semantischer Information und damit die Referenz zu bestimmten Weltbedingungen, die in mindestens einer Hinsicht singulär sind. Insofern ergibt sich die Unmöglichkeit der linearen Bestimmung von Wissensfortschritt bereits aus unseren entropietheoretischen Überlegungen.

Schliesslich ergibt sich für Wirtschaftssysteme ein besonderes Problem durch die Beziehung zwischen referentiellem und nicht-referentiellem Wissen und durch die Tatsache menschlicher Handlungsfreiheit. Jedes menschliche Handeln findet unter Unsicherheit statt und impliziert also existentielle Entscheidungen. Entscheidungen verändern aber auch die Entscheidungsgrundlage für zukünftige Entscheidungen. In einer nicht-ergodischen Welt bedeutet dies, daß ein Aktor in der Gegenwart nicht in der Lage ist, unsichere zukünftige Ereignispfade miteinander zu vergleichen, deren Bewertung davon abhängt, welche Entscheidungen er selbst - auf der Basis von Bewertungen - in der Zukunft treffen wird. Auch diesen Punkt illustriere ein einfaches Beispiel: Wenn ein Mensch zwischen den Karrieren einer Pianistin und einer Schneiderin zu wählen hat, dann wird der Nutzen eines Klaviers in der Zukunft höchst unterschiedlich bewertet werden; solche zustandsabhängigen Nutzenzuschreibungen lassen sich dann aber nicht mehr untereinander vergleichen - Schneiderin und Pianistin können sich als gleich glücklich empfinden, obwohl beide den Zustand der anderen als schlechter bewerten.

Wir fassen dies in einem weiteren **Unmöglichkeitstheorem** der Evolutionsökonomik zusammen:

> *Es ist unmöglich, die Evolution komplexer Systeme mit Hilfe eindimensionaler, linearer Indikatoren von Fortschritt in der Zeit zu messen.* **Multidimensionale Indikatoren** *beschreiben die Systeme, sind aber nicht selbst durch geeignete Indikatoren linearisierbar. Das bedeutet, die Funktionalität eines Systems kann nur aufgrund* **endogener Leistungskriterien** *bestimmt werden. Daher sind normierte Vergleiche zwischen Ordnungszuständen unmöglich, wenn auch die einzelnen Zustände durchaus hinsichtlich funktionaler Kriterien bewertet werden können, insbesondere auch einzelne, spezifi-*

Unmöglichkeit der Messung von Wissen:
Eine philosophische Frage, deren Antwort niemand kennt: Wie können wir den Fortschritt der Wissenschaft messen, wenn, wie das oft behauptet wird, neues Wissen gleichzeitig die Bereiche des bekannten Nicht-Wissens überproportional wachsen läßt? Wie steht es um das Dilemma der Wissensgesellschaft, daß immer mehr Informationen nicht unbedingt mehr Wissen bedeuten?

Indikatorsysteme:
Beispiel sind „Öko-Audits" bei Unternehmen und Satellitensysteme der volkswirtschaftlichen Gesamtrechnung.
http://www.oekoaudit.uni-osnabrueck.de/
http://www.statistik.admin.ch/stat_ch/ber02/comptes_eco/duweko02.htm

sche ihrer Leistungen. Praktisch bedeutet das, daß die Messung von wirtschaftlicher Leistung immer über multidimensionale Indikatorsysteme erfolgen muß, die ein Näherungsmaß für Viabilität darstellen. Dies gilt für jede Ebene, also vor allem gleichermassen für die Ebene der Unternehmen wie der Volks- oder Weltwirtschaft.

Pfadabhängigkeit und Inkommensurabilität von Entwicklung. In der wirtschaftswissenschaftlichen Forschung ist dieser Problemkomplex unter dem Begriff der **„Pfadabhängigkeit"** von Entwicklungen behandelt worden. ***Lesehinweis 14*** Konkreter Ausdruck von Pfadabhängigkeit ist, daß der Zustand eines Systems immer bestimmt ist durch den Anfangspunkt der Entwicklung, d.h. also daß die Vergangenheit immer einen bestimmenden Einfluß auf die Gegenwart ausübt, und sei dieser auch noch so gering. Dies ist gleichbedeutend mit der Aussage, daß gegenwärtige Entwicklungen nie unabhängig von der Geschichte betrachtet werden dürfen, und daß gegenwärtiges Handeln ausschliesslich aufgrund eines synchronen Kriteriums nie in der Lage sein wird, den Einfluss der Geschichte gänzlich auszuschalten. Man beachte, daß in dieser Verwendung Pfadabhängigkeit keine Ursache von Eigenschaften ist, sondern selbst eine Eigenschaft von Prozessen darstellt, die durch bestimmte Ursachen zu erklären ist.

Singularität von Prozessen: Interpretieren Sie Ihre eigene Biographie im Lichte des Konzepts der Pfadabhängigkeit!

Ein mathematischer Ansatz zur Modellierung von Pfadabhängigkeit ist das Polya-Urnen-Modell, siehe Kap. V, 4.

Pfadabhängigkeit ist das definierende Merkmal der **Singularität von Prozessen** *(im Unterschied zur Singularität von Entitäten). Sie ist das notwendige Ergebnis a) des Auftretens singulärer Neuheit in Prozessen, b) der Komplexität von Ordnungszuständen der Zeit, und c) der diachronischen Kanalisierung von Selektion, also der Wechselwirkung zwischen innerer und äußerer Selektion mit der Folge endogener Gerichtetheit. In der ökonomischen Literatur wird letzteres formalisiert als* **positive Rückkopplung**, *die in bestimmten Modelltypen zur Existenz multipler Gleichgewichte führt. Es hängt dann von den Anfangsbedingungen ab, welcher Zustand realisiert wird. Pfadabhängigkeit ist eine notwendige Eigenschaft jedes VSB-Prozesses.*

Deshalb kann beispielsweise die Wirtschaftsgeschichte zweier Länder nie vollständig auf der Basis unabhängig skalierter Meßgrößen verglichen werden. Das bedeutet umgekehrt nicht, daß in Teilbereichen solche Vergleiche nicht stattfinden können, insbesondere aus der Perspektive der Beteiligten, die ihre Zustände nach bestimmten eigenen Kriterien vergleichen (etwa Verfügbarkeit von Konsumgütern); nur bleibt immer ein unerklärbarer „Rest", der den Vergleich wieder relativiert. Während nun konventionell behauptet würde, daß dieser Rest eine im Zweifel zu vernachlässigende Ungenauigkeit der Messung darstellt, zeigt uns gerade das VSB-Paradigma, daß solche Unvergleichbarkeit Reflex von Singularität ist, die wiederum entscheidende Ursache für divergierende Entwicklung sein kann, und sei diese Differenz auch noch so klein. Aus der evolutionsökonomischen Sicht stellen also vereinheitlichte Meßverfahren von Effizienz und Wachstum, auch wenn sie auf den ersten Blick unter Berücksichtigung von Ungenauigkeiten möglich sind, dennoch ein grundlegend falsches Bild des eigentlichen Verlaufs der Evolution dar.

Ökonomische Erforschung von Wirtschaftsgeschichte:
Die Kliometrie ist die Wissenschaft, die sich mit quantitativer Analyse von Wirtschaftsgeschichte befasst:
http://www.vwl.uni-muenchen.de/ls_komlos/cliometrics.pdf
http://www.boston.com/globe/search/stories/nobel/1993/1993l.html

Daraus ergibt sich also die grundlegende evolutionsökonomische These von der **Inkommensurabilität von Evolutionsverläufen**. Wird nach den Ursachenkonstellationen gesucht, tritt erneut eine Form der Selbstbezüglichkeit in den Vordergrund, die wir oben schon angesprochen haben: Daß nämlich Messung Kriterien der Vergleichbarkeit voraussetzt, die selbst den zu messenden Prozessen endogen sind.

Grenzen der Messung des Nationaleinkommens:
Wie lassen sich die bekannten Schwierigkeiten bei der Messung des Nationaleinkommens im Lichte des Konzeptes der Pfadabhängigkeit interpretieren? Warum werden bislang alle Alternativen als unbefriedigend betrachtet?

b. Standards und Zeit

Strukturelle Koordination in Netzwerken. Die bislang in der Literatur vorfindbaren ökonomischen Begründungen von Pfadabhängigkeit befassen sich in der Regel mit Technologien (mit denen wir uns im nächten Kapitel noch ausführlicher beschäftigen). Sie lassen sich jedoch abstrakter fassen und gelten dann für alle lebenden Systeme. Wir grei-

Ökonomik der Standardisierung: Dies ist"nur" ei Spezialgebiet der ökonomischen Analyse – zu Unrecht, wie es scheint... **http://www.csrstds.com/theory.html**

Vorteile von Standards: Vieldiskutiert ist die wirtschaftliche Bedeutung von Software-Standards. Interpretieren Sie die Strategien von Microsoft als Versuch, durch Standardsetzung Marktvorteile zu erlangen!

fen hierzu den ökonomischen Begriff des „**Standards**" auf und verallgemeinern diesen angemessen.

> *Ein Standard bezeichnet Ähnlichkeiten von lebenden Systemen, die Voraussetzung für erfolgreiche Interaktion von deren Elementen sind, und er bezeichnet die semantische Struktur der Anpassung lebender Systeme an bestimmte regelmäßig auftretende Umwelteigenschaften. Im einfachsten Fall können Standards als Ergebnis von VSB-Mechanismen aufgefaßt werden, soweit diese mit wiederholten Phänomenen einhergehen. Standards bezeichnen also in der allgemeinsten Form die* **Kompatibilität und Ähnlichkeit von Regeln**, *mithin also von Wissen.*

Ein bekanntes Beispiel ist die Sprache: Erfolgreiche Kommunikation setzt voraus, daß Aktoren dieselbe Sprache sprechen. Eine Sprache ist desto nützlicher, je mehr Sprecher dieser Sprache im Umfeld eines Aktors vorhanden sind. Standards sind besonders in der Technologie ein universelles Phänomen und beziehen sich beispielsweise auf Schnittstellen zwischen Anwendern unterschiedlicher, miteinander ablaufmäßig vernetzter Produktionsprozesse oder auf sogenannte Netzwerktechnologien, bei denen die Verbreitung einer Technologie (zum Beispiel der Benzinmotor) von der Verbreitung einer anderen (z.B. Tankstationen) abhängt.

Die Universalität dieses Phänomens wird aber dann deutlich, wenn wir sehen, daß die Rekombinierbarkeit zwischen Replikatoren ebenfalls eine Standardisierung voraussetzt – sexuelle Selektion und Speziation durch reproduktive Isolation basieren auf Standardisierungen: Genau deshalb können wir auch den Begriff der „Art" als einen Standard auffassen. Für die Artenbildung lassen sich dann analog sämtliche Überlegungen zu Pfadabhängigkeiten anstellen, die aus Standards entstehen. Lebende Systeme im allgemeinen zeigen allerorts Phänomene der Standardisierung, wie etwa die Passung zwischen Stoffwechsel und Ressourcen der Umgebung oder die Farbe von Tierhäuten und die Farbzusammensetzung der Umgebung.

Der Begriff ist anscheinend in allen Kontexten relevant, in denen wir Netzwerke beobachten können. In der Tat können wir mit Bezug auf Wirtschaftssysteme genauer sagen:

> *Standards sind ein zentraler Aspekt der* **strukturellen Koordination von Wissen in Netzwerken**, *nämlich a) durch die Vereinheitlichung von Interpretationen in Wahrnehmungsfeldern unterschiedlicher Aktoren (semantische Konvergenz von Wissen), b) durch die wechselseitige Passung von Kommunikationsinhalten, und c) durch die strukturelle Koordination von Handlungen, die auf der Grundlage nicht-referentiellen Wissens erfolgen. Der Fall c) schliesst die erwähnte Rolle der Standardisierung in der Technologie ein. Diese allgemeine Beschreibung gilt für referentielles und nicht-referentielles Wissen und demnach für alle lebenden Systeme.*

Network economics: Besonders weit entwickelt ist die Theorie bezüglich der technologischen Netzwerke. Viele Erkenntnisse lassen sich die Analyse allgemeiner Netzwerke übertragen: **http://www.stern.nyu.edu/networks/site.html**

Eine wichtige Ursache von Pfadabhängigkeit in Netzwerken besteht also in der **Umgebungsabhängigkeit** der Nutzbarkeit von Wissen in der Weise, daß Voraussetzung der Nutzbarkeit das Vorhandensein dieses Wissens bzw. kompatiblen Wissens auch bei anderen Aktoren ist. Es geht also um die Interdependenz der Funktionalität von Wissen in unterschiedlichen Elementen eines Systems.

Umgebungsabhängigkeit: Kennen Sie Beispiel von technischen Geräten in ihrer Umgebung, wo solche Effekte aufgetreten sein können? Wichtigstes Kriterium sind gemeinsame Schnittstellen unterschiedlicher Geräte, etwa bei Sendung und Empfang, oder Speicherung und Wiedergabe.

Daraus ergibt sich aber ein Konflikt von Selektionskriterien, weil sich die Vorzugswürdigkeit eines bestimmten Wissens dadurch bestimmt, wie die Verteilung von Alternativen in der gesamten Population gegeben ist. Betrachten wir zwei Standards wie zwei Sprachen, die unterschiedlich kompliziert sind und daher zum Beispiel unterschiedliche Investitionen in die Erlernung erfordern: Nach einem umgebungsunabhängigen Kriterium liessen sich die Sprachen eindeutig nach der Funktionalität ordnen. Der Nutzen einer Sprache ist jedoch dadurch bestimmt, wie viele andere Aktoren diese Sprache sprechen. Dann kann es sein, daß ein kleiner Unterschied in der anfänglichen relativen Häufigkeit der

Sprecher einer Sprache dazu führt, daß die eigentlich kompliziertere Sprache die weniger kompliziertere verdrängt.

Ganz analog zur evolutionsbiologischen Unterscheidung von sexueller und natürlicher Auslese würde also ein Konflikt zwischen technologischer und sozialer Optimierung auftreten. Solche Konflikte können unterschiedliche Schärfe annehmen, je nach der Relevanz des technologischen Kriteriums. Daraus ergibt sich:

Microsoft:
Der Fall Microsoft hat in den USA eine umfangreiche wissenschaftliche und populärwissenschaftliche Literatur generiert, gerade weil die Bewertung der technisch-wirtschaftlichen Entwicklung dieses Software-Standards so schwierig ist.
http://wwwpub.utdallas.edu/~liebowit/netpage.html#case

> *Die Unmöglichkeit der Messung linearer Entwicklungskriterien in lebenden Systemen ergibt sich aus dem* **Konflikt von Selektionskriterien bei Umgebungsabhängigkeit ihrer Elemente**. *Pfadabhängigkeit ist das sich notwendigerweise ergebende Prozeßmerkmal. Die konkrete Form der Standardisierung komplexer Interaktion ist endogen und kann daher nicht unabhängig vom Standardisierungsprozeß bewertet werden. Daraus folgt, daß die zentrale Problematik der Standardisierung in der Etablierung einer zeitlichen Ordnung besteht.*

Zeitliche Ordnung durch Standards. Bei der Analyse der Evolution alternativer Standards ergibt sich also die Frage, was die relative Relevanz unterschiedlicher Selektionskriterien eigentlich bestimmt. Offensichtlich setzt auch dies eine gemeinsame Meßlatte der Nützlichkeit voraus, weil eine Gewichtung der Kriterien erfolgen müßte. Dieses Problem muß immer dann gelöst werden, wenn es zu Beginn eines Prozesses der Standardevolution zwei Alternativen gibt, deren relative Vorteilhaftigkeit sich im Zeitablauf in Abhängigkeit davon ändert, welche Alternative sich durchsetzt.

Systemwechsel:
Betrachten Sie die Konkurrenz zwischen Verkehrssystemen (Strasse, Schiene etc.). Was beeinflusst die Durchsetzung eines dominanten Systems? Wie unterscheidet man absolute Vorteilhaftigkeit von Standardisierungseffekten?

Man beachte nun, daß dieses Problem unabhängig davon ist, ob ein VSB-Prozeß oder eine rationale Wahl angenommen wird: In beiden Fällen wirken ja in der Gegenwart nur die dann tatsächlich auftretenden Effekte auf die Leistung der Standards. Die zukünftige Leistung ist irrelevant. Allerdings könnte vermutet werden, daß rationale Aktoren Erwartungen über diese Leistungsrelationen bilden. Auch in diesem Fall bleibt aber die Interdependenz der Szenarien bestehen. Allerdings könnte ein Aktor bewußt versuchen, durch bestimmte Handlungen ein zukünftiges Szenario zu fixieren.

Im Falle von Standards sind unterschiedliche Konstellationen denkbar. In einem Extremfall wäre ein Standard eine technologisch neutrale Konvention, d.h. es wäre irrelevant, welche Konvention sich durchsetzt, entscheidend ist nur, daß sich eine durchsetzt. Nehmen wir nun im Gegensatz an, daß ein Standard – bleiben wir bei der Sprache –, der sich durchgesetzt hat, sehr kompliziert und umständlich ist, und daß die Sprecher dieser Sprache sich dieses Umstandes durchaus bewußt sind. Dann stellt sich also die Frage, ob es zu einem bestimmten Zeitpunkt möglich ist, daß innerhalb einer Population der Standard gewechselt wird. Ökonomisch betrachtet, tritt hier ein doppeltes Optimierungsproblem auf, weil der Nutzen aus dem Wechsel des Standards erst in der Zukunft eintritt, und weil dieser Nutzen wiederum davon abhängt, wie viele andere Aktoren sich in der Gegenwart dafür entscheiden, den neuen Standard zu übernehmen. Damit ist die individuelle Veränderung von Standards hochgradig unsicher.

Durchsetzung von Standards: Mit welchen Schwierigkeiten ist eine Firma konfrontiert, die eine völlig neue, wesentlich bessere Textverarbeitung entwickelt hat, die aber mit den marktgängigen völlig inkompatibel ist? Was würden Sie als Marketing-Beraterin empfehlen?

Zudem zeigt sich, daß ein Ausweg, den viele Ökonomen nehmen, wenn sie mit der These von der Unmöglichkeit der Messung konfrontiert werden, ebenfalls verschlossen ist: Nämlich der Rückgriff auf die **allgemeine Zustimmung** aller Aktoren zum „besseren“ Zustand. Das Entscheidungsproblem im Falle von Standards ist in dem Sinne paradox, weil es nur gelöst werden kann, wenn zumindestens für die kritische Masse von neuen Nutzern des Standards gilt, daß sie gleichzeitig entscheiden und daß sie dies voneinander wissen. Wenn dies aber der Fall wäre, dann gäbe es gar keinen Grund mehr, warum der alte Standard vorzugswürdig gewesen ist und nicht schon früher verschwunden ist. Die entscheidungstheoretische Reduktion der Zeit auf einen Zeitpunkt ist also aporetisch. Wir stellen fest:

Globale Setzungen:
Als Beispiel für solche „epochalen" Standards möge EDIFACT dienen. Diskutieren Sie die Sinnhaftigkeit solcher Setzungen.
http://www.edifactory.de/edifact/edimain1.html

Pfadabhängigkeit durch Standardisierung ist Reflex der zeitlichen Ordnung der Prozesse. Die Projektion dieser Komplexität auf Zeitpunkte in linearer Zeit muß in Paradoxa enden. Standardisierung ist vielmehr ein wesentliches Merkmal der epochalen Strukturen von Zeit. Die Etablierung eines bestimmten Standards ist ein Ereignis, daß die **epochale Dominanz eines Standards** *determiniert. Standardisierung ist hier in zweierlei Hinsicht relevant, nämlich zum einen als Standardisierung der Wechselwirkung zwischen Elementarprozessen, zum anderen aber als Standardisierung der zeitlichen Rhythmen, also der Eigenzeiten.*

Akzeptanz von Standards:
Interpretieren Sie die vorherige Problemstellung aus der Sicht des individuellen Anwenders von Textverarbeitungsprogrammen.

Hinzu kommt aber noch das Problem, ob eigentlich der einzelne Aktor zumindestens subjektiv in der Lage ist, eine kommensurable Meßlatte über Gegenwart und Zukunft anzulegen. Ökonomisch betrachtet, wägt er Kosten und Nutzen des Wechsels eines Standards ab. Selbst wenn er also in der Lage wäre, die relative künftige Nützlichkeit des Standards bei alternativen Annahmen über die Anwenderhäufigkeiten zu messen, muß er außerdem diesen Nutzen vergleichen mit den Kosten, die er aufbringt, um den neuen Standard zu übernehmen. Hier treten bei vielen Standards zwei grundlegende Schwierigkeiten auf.

- Die erste besteht darin, daß Standards häufig nicht isoliert betrachtet werden können, sondern Teil einer **Architektur von Standards** sind; beispielsweise ist die Sprache eingebettet in eine Kultur mit eigenen Gebräuchen und sprachlich vermittelten Traditionen, die erst nach einem hohem Aufwand in eine neue Sprache übersetzt werden könnten. Das bedeutet aber wiederum, daß die Übernahme des Standards entweder voraussetzt, daß die gesamte Architektur ausgetauscht wird, oder daß im mindesten mit bestimmten Nutzenverlusten zu rechnen ist, die durch größere Inkompatibilität des neuen Standards mit der alten Architektur entstehen. Die Berechnung dieser Kosten ist von überwältigender Komplexität, weil dann für jeden Standard der Architektur eine eigenständige Kosten-

Nutzenabwägung angestellt und darüber wiederum aggregiert werden müßte.

- Daraus ergibt sich aber die zweite Schwierigkeit, denn diese Entscheidung setzt eine subjektiv kommensurable Meßlatte voraus. Dann wird aber das Problem der sogenannten „**versunkenen Kosten**" relevant. Versunkene Kosten sind die Kosten, die in der Vergangenheit investiert werden mußten, um einen Standard anzunehmen. Sie sind im Prinzip irrelevant (also „versunken") in gegenwärtigen Entscheidungen; das bedeutet aber umgekehrt, daß der Kalkül eine Abwägung zwischen laufenden Kosten und Kosten der Neuinvestition mit sich bringt, wobei beides gegenwärtig wirksame Kosten sind, also prinzipiell sicher, während alle künftigen Nutzen unsicher sind. Da aber die künftigen Nutzen nicht wahrscheinlichkeitstheoretisch kalkulierbar und damit quantifizierbar sind, läßt sich auch subjektiv kein kommensurables Maß für alle Größen formulieren. Eine noch so komplizierte Sprache, ist sie einmal erlernt, kann kostenlos verwendet werden und ist daher immer der Erlernung einer neuen Sprache überlegen.

Sunk cost: Versunkene Kosten sind Gegenstand experimenteller Verhaltenstests. Menschen verhalten sich oft nicht gemäß strikter Rationalität: **http://www.marietta.edu/~delemeeg/expernom/s94.html#hau1**

Wettbewerb zwischen Standards: Die Informationstechnologie bietet viele Beispiele. Betrachten Sie den Wettbewerb zwischen mobiler Satelliten-Telefonie und Roaming-Techniken. Die Koordination und Standardisierung bei letzteren hat die Wettbewerbsposition der ersteren erheblich geschwächt.

Aus diesen Überlegungen läßt sich schliessen, daß Wechsel von Standards zwar möglich sind, aber nicht aufgrund der direkten oder indirekten Wirkung von isolierten Kriterien der Funktionalität. Vielmehr ist der Wechsel von Standards Folge einer bestimmten zeitlichen Ordnung der Evolution, deren innere Kohärenz zu bestimmten Zeitpunkten „windows of opportunity" eröffnet, an denen weiter reichende Veränderungen möglich sind. Dies entspricht in der biologischen Evolution den Phasen rapiden Auftretens neuer Gattungen und Arten, und in Wirtschaftssystemen dem Durchbruch völlig neuer Technologien.

Persönlichkeitsentwicklung als „lock in"
Die individuelle Wahl eines Berufs könnte als „Selbststandardisierung" gedeutet werden (dokumentiert zum Beispiel durch Prüfungszeugnisse). Wann und wie tritt hier ein „lock-in" auf? Wie läßt sich dieser Zustand erkennen und ändern?

Entstehung von Standards:
Allgemein wird unterschieden zwischen Standards, die sich am Markt „von selbst" durchsetzen, und solchen, die durch Organisationen etabliert und überwacht werden müssen. Versuchen Sie, beispielhaft die unterschiedlichen gefundenen Lösungen zu erklären!
http://www.iso.ch/iso/en/ISOOnline.frontpage

c. Kontingenz und Viabilität

„Lock in" als zeitliche Koordination. Sämtliche dieser Überlegungen weisen letztendlich darauf hin, daß der Wandel von Standards ein fundamentales Problem der zeitlichen Koordination ist. In Wirtschaftssystemen kommt außerdem das Problem der Koordination in Netzwerken hinzu. Es ist nun in der herkömmlichen ökonomischen Behandlung des Problems häufig üblich, von der Pfadabhängigkeit auf die Möglichkeit von sogenannten **„lock-ins"** zurückzuschliessen. „Lock-in" bedeutet, daß ein bestimmter Standard zumindestens endogen nicht mehr ausgewechselt werden kann. Merkwürdigerweise ist gerade die Evolutionsökonomik an dieser Stelle geneigt, ein Optimalitätskriterium anzuwenden und also vom „lock-in" in einer suboptimalen Technologie zu sprechen. Hier ist hingegen die Position der herkömmlichen Theorie für unsere Interpretation richtungweisend, die vermutet, daß der Tatbestand des „lock in"s bereits auf die Effizienz des Zustandes verweist. Nur verwenden wir hier nicht den Begriff der „Effizienz" als Referenz.

Die herkömmliche These endet in einer allgemeinen Effizienvermutung zugunsten des Status quo. Nehmen wir das oben angesprochene Problem, daß sich gegebenfalls eine Gruppe von Anwendern eines Standards kollektiv einigen muß, zu einem bestimmten Zeitpunkt zum neuen Standard überzugehen, damit der gewünschte Nutzen erzielt werden kann. Diese Entscheidung ist selbst mit Kosten verbunden, nämlich den Kosten der kollektiven Organisation. Es kann nun behauptet werden, daß der nicht erfolgende Übergang zum neuen Standard lediglich den Tatbestand reflektiert, daß diese kollektiven Entscheidungskosten die Vorteile des Übergangs aufwiegen. Im ökonomischen Sinne wäre also der technologisch scheinbar suboptimale Zustand effizient.

Dieses Argument ist deswegen problematisch, weil es auf unbeobachtbare Kosten zurückgreift. In dieser Weise ist es außerdem rekursiv, d.h. es gibt nicht nur die Kosten der kollektiven Organisation, sondern auch die Kosten, die aufgebracht werden müssen, um eine Einigung darüber zu erzielen, eine solche kollektive Organisation durchzuführen, und somit auch die Kosten, die aufgebracht werden müssen, um eine Übereinkünft über die Organisation einer Einigung zu erzielen u.s.w. in einem unendlichen Regreß. Das bedeutet aber, daß das Effizienzkonzept an dieser Stelle nicht determiniert ist bzw. daß es in Bezug auf empirische Sachverhalte tautologisch ist, denn jeder realisierte Zustand muß als „effizient" charaktisiert werden, weil er sich offenbar etabliert hat: Das Argument von **Dr. Pangloss**. Dann wird der Effizienzbegriff natürlich gehaltlos. Dennoch können wir dieses Dilemma auch positiv aufgreifen, indem wir daraus schliessen, daß nicht der Effizienzbegriff, sondern die **Viabilität** das ausschlaggebende Kriterium ist. Viabilität ist der Reflex erfolgreicher zeitlicher Koordination von Prozessen. Das Dilemma des Dr. Pangloss ergibt sich notwendig aus der Endogenität der Bewertung von Standards. Es schliesst aber nicht aus, Kriterien der Stabilität, Anpassung und Flexibilität zu definieren, die ein komplexes System qualitativ einordnen. Diese Kriterien werden mit dem Begriff der „**Viabilität**" bezeichnet.

Pangloss: Pangloss ist die Figur, die stets zitiert wird, wenn das Argument auftaucht, daß alles, was evolviert ist, auch gut sein muß. Das Pangloss-Problem taucht im oben betrachteten Microsoft-Fall auf. Warum? **http://www.pangloss.com/**

Krisen. Viabilität bedeutet an dieser Stelle nichts anderes, als daß ein Zustand in der Zeit stabil ist, und daß also die Koordination zwischen den Elementarprozessen erfolgreich ist. Dies ist völlig unabhängig von der Frage, ob dieser Zustand nach einem linearen Gütekriterium wünschenswert ist. Das Problem ist freilich, daß Viabilität kein ex-ante Kriterium ist, sondern nur ex-post Anwendung finden kann. Wir wissen erst dann, daß ein Zustand nicht viabel ist, wenn er tatsächlich instabil wird. Viabilität ist also eine Art **Krisenresistenz**. Den Übergang zur Instabilität können wir aber nicht prognostizieren. Bezogen auf das diskutierte Problem der Standards bedeutet dies, daß wir zwar ex post genau wissen können, daß und wahrscheinlich auch warum ein neuer Standard auch ein besserer ist, wir können dies aber nicht ex ante wissen. Zum Beispiel

Krisenresistenz: Ein Beispiel aus der Natur ist die Stabilität eines Gewässers bis zu bestimmten kritischen Werten, bei deren Überschreitung das System „umkippt". Wie läßt sich dies erklären? Warum war die DDR über Jahrzehnte viabel, um dann urplötzlich zu kollabieren? Wie steht es um die Relation von Viabilität und Effizienz im herkömmlichen Snne nach der deutschen Einheit?

werden in der Technologieentwicklung neue Standards oft etabliert, indem ganze Systemlösungen ausgewechselt werden. Dann verfügen wir in der Regel über bestimmte Kriterien der Funktionalität, die es erlauben, den neuen Standard als „besseren" zu definieren.

Im Falle von Wirtschaftssystemen kommt als spezieller Aspekt von Viabilität die **Koordination von Erwartungen** hinzu. Dieser Punkt war zwar in den letzten Ausführungen stets präsent, verdient aber deshalb eigene Aufmerksamkeit, weil sich dadurch komplizierte Wechselwirkung zwischen Erwartungen und heutigen Handlungen in der Zeit ergeben, die es in Wirtschaftssystemen ermöglichen, rein vergangenheitsbezogene Effekte von Pfadabhängigkeit zu durchbrechen.

Umkippen von Erwartungsgleichgewichten:
Der Zusammenbruch sozialistischer Systeme wird oft auf veränderte Signale aus Moskau zurückgeführt. Interpretieren Sie dieses historische Ereignis im Lichte des Konzeptes zeitlicher Koordination von Verhalten!

Eines der interessantesten Beispiele für diesen Zusammenhang ist die Durchsetzung von Verhaltensstandards, die ja als Erwartungen über zukünftiges Verhalten interpretiert werden können. Nehmen wir an, daß in einem Netzwerk die Mehrheit der Aktoren eine Präferenz für ein Verhalten besitzt, das sich derzeit nicht realisiert, weil sie negative Wirkungen auf die Verhaltenskoordination erwarten. Ihre Erwartungen stützen sich aber auf die beobachtete Verteilung des tatsächlich realisierten Verhaltens in der Population. Ihre eigenen Entscheidungen sind also in doppelter Weise **häufigkeitsabhängig**: Je häufiger das Verhalten in der Population, desto eher erwarten die Aktoren seine zukünftige Dominanz, und desto eher sind sie bereit, auch in der Gegenwart dieses Verhalten zu zeigen, auch wenn sie gegebenfalls Koordinationsprobleme fürchten. Werden solche Entscheidungssituationen modelliert, dann zeigt sich das Auftreten von „**kritische Masse Phänomenen**", d.h. die Verteilung eines Verhaltens kann lange Zeit stabil sein, aber auch bei einer nur geringfügigen Veränderung von realisierten Parametern „umkippen", weil sich das Erwartungsgleichgewicht ändert. Es kann also der Fall sein, daß bestimmte Systeme viabel sind, obwohl eine Mehrheit von Aktoren ein anderes Verhalten präferiert. Daraus ergibt

Wir betrachten im fünften Kapitel ein mathematisches Modell der Häufigkeitsabhängigkeit von Erwartungen und Meinungen, Kap. V, 4.

sich ein wichtiger Schluß zur Rolle von Pfadabhängigkeit und „lock in":

> *Wirtschaftssysteme sind im Unterschied zu anderen lebenden Systemen weniger eng an konkrete Ergebnisse von Pfadabhängigkeit gebunden, weil Pfadabhängigkeit in ihrem Fall ein Reflex komplexer Koordination von gegenwärtigen Prozessen (innere und äußerer Selektion) mit zukunftsbezogenen Erwartungen ist. Die entsprechende Zeitstruktur ist also auch sehr sensibel gegenüber Veränderungen von Erwartungen, die sich aufgrund ihrer kognitiven und kommunikativen Einbettung leichter verändern können. Dementsprechend kann das Gesamtsystem „lock ins" verlassen. Das hebt aber nicht Pfadabhängigkeit als solche auf, sondern erleichtert nur den Wechsel des Systems zwischen ihrerseits pfadabhängigen, unterschiedlichen Pfaden der Evolution.*

Eine spezielle Konsequenz dieses Sachverhaltes ist die Asymmetrie zwischen ex post und ex ante Analysen. Ex ante lassen sich Krisen nie prognostizieren, aber ex post durchaus mit zwingender Logik erklären. Diese Asymmetrie von ex post und ex ante ist seit jeher von manchen Theoretikern als eine wesentliche Einschränkung des wissenschaftlichen Gehaltes von evolutionstheoretischen Erklärungen erachtet worden. Wir hatten bereits im Lichte der allgemeinen Analyse der Zeit festgestellt, daß Tests von Theorien aufgrund der Falsifikation von Prognosen nicht mehr zwingend möglich sind. Dieses Ergebnis bestätigt sich nun nochmals: Exakte Prognosentests sind bei pfadabhängigen Phänomenen und Prozessen mit echter Neuheit naturgemäß unmöglich. Nehmen wir nur das Beispiel einer bestimmten technologischen Entwicklung, die erst zur Entdeckung von Bedürfnissen führt, die wir heute noch gar nicht kennen: Dann ist eine Hypothesenbildung über die Entwicklung anhand eines allgemein gültigen Standards der Funktionalität nicht möglich.

Fehleinschätzungen der Zukunft:
In der Geschichte der Informationstechnologie ist es wiederholt geschehen, daß Marktführer und Branchenkenner die künftige Entwicklung völlig falsch eingeschätzt haben, wie etwa IBM – was ein wesentlicher Faktor für das Eintreten neuer Wettbewerber war.
http://www.digidome.nl/ibm1.htm
http://www.businessweek.com/1996/30/b348534.htm

Das gängige Verfahren der Überprüfung evolutorischer Hypothesen ist also dasjenige der **Retrodiktion** und der Aufdeckung und der Verallgemeinerung von Ursachen

Kontrafaktische Geschichte:
Betrachten Sie Ihre eigene Biographie und versuchen Sie, ein Maß für die Wichtigkeit bestimmter Ereignisse zu entwickeln: Kriterium sei die Frage, ob und in welchem Umfang sich bei einer Streichung dieses Ereignisses Ihr Lebensweg geändert hätte. Prüfen Sie auch die Rolle von Ereignissen, die möglich waren, aber nicht stattgefunden haben!

Szenario-Management:
Diese Methode ist in der Praxis weit verbreitet:
http://www.uni-paderborn.de/cs/sensen/Diplom/node3.html
http://www.laum.uni-hannover.de/ilr/lehre/Ptm/Ptm_KreaBrain.htm

vergangener Entwicklungen. Ein in der letzten Zeit verfeinertes Verfahren ist dasjenige der kontrafaktischen **Geschichte:** Es wird versucht, Szenarien für die Vergangenheit zu entwickeln, die sich ergäben, wenn bestimmte Ereignisse nicht eingetreten wären. Auch hier zeigt sich wieder die Notwendigkeit, Daten der Vergangenheit entsprechend zu systematisieren, um also taxonomische Ähnlichkeiten zu identifizieren, denn nur aufgrund solcher Ähnlichkeiten sind auch Beziehungen zwischen ähnlichen Ursachen und ähnlichen Wirkungen zu markieren. Ein wichtiges Ergebnis solcher Betrachtungen sind Sensitivitätsanalysen, d.h. es läßt sich zeigen, welche kausale Dominanz ein bestimmtes Ereignis in komplexen Ereignisfolgen eigentlich hatte.

Diesem Verfahren der kontrafaktischen Geschichte entspricht dann aber auch eine andere Form der Prognose: Prognosen können nur begrenzt über Ereignisse gebildet werden, die stattfinden, aber relativ sicher über Ereignisse, die nicht stattfinden. Denn die Pfadabhängigkeit bedeutet eine strukturelle Restriktion des Möglichkeitsraumes der Zukunft. Das heisst, der Betrachter schliesst unwahrscheinliche Ereignisse aus und grenzt auf diese Weise den Raum denkmöglicher Ereignisse ab, der in sich offen ist. Ein passendes Prognoseinstrument ist daher die – in der Praxis tatsächlich bedeutsame - **Szenario-Analyse**, bei der in einem kreativen Brainstorming alle nur denkbaren Szenarien entworfen und danach hinsichtlich ihrer vermuteten Realisationswahrscheinlichkeit geordnet werden. Offensichtlich eine direkte Anwendung des VSB-Paradigmas auf den Erkenntnisprozeß selbst! Bei diesen Vermutungen muß implizit auf Pfadabhängigkeiten zurückgegriffen werden. Es bleibt aber immer der Vorbehalt, daß die epochale Ordnung der Zeit zu völlig unerwarteten Ereignissen durch komplexe Synchronisierung führen kann. Die jüngere Geschichte hat dies auch die Ökonomen gelehrt.

6. Selbstorganisation und Emergenz

Triviale und nicht-triviale Selbstorganisation. Wir kommen zum letzten Aspekt evolutorischer Prozesse, der eigentlicher Anlaß ist für deren Potential, Neuheit zu generieren, selbst wenn keine exogene Quelle der Neuheit existiert. Diese Eigenschaft besteht in der Möglichkeit der **Selbstorganisation**.

Selbstorganisation: Dieser Begriff ist sicherlich einer der schillerndsten und gleichzeitig bedeutsamsten in der evolutionstheoretischen Diskussion – auch er greift weit über die Wissenschaft hinaus: **http://www.thur.de/philo/as16.htm http://2000plus.mpg.de/d/156/article/ http://www.anarchie.de/main-93.html http://www.kritische-informatik.de/index.htm?selbst.htm**

Die Möglichkeit der Selbstorganisation hängt eng mit der hierarchischen Organisation lebender Systeme zusammen. **Hierarchie** ist ein wesentlicher Aspekt von Strukturbildung und also der Differenzierung zwischen Enformation und Information. Die Entstehung von Hierarchie werde nun als „**Emergenz**" bezeichnet. Emergenz ist gleichbedeutend mit echter Neuheit, setzt aber lediglich die Strukturbildung auf der Basis vorhandener Elemente voraus.

> *Unter Emergenz wird die Entstehung neuer qualitativer Eigenschaften komplexer Systeme durch Hierarchiebildung verstanden. Hierarchien heben nicht die Ursache-Wirkungszusammenhänge zwischen den verschiedenen Bestandteilen des Systems auf, schliessen aber die Reduktion von Eigenschaften bestimmter Ebenen auf Eigenschaften der anderen Ebenen aus. Die Beschreibung solcher Systeme ist zwar kausal geschlossen, aber nicht-reduktionistisch. Der Begriff der „Hierarchie" impliziert keine eindeutige Richtung der Kausalität („bottom up versus top down"). Genauer kann daher auch von einer* **Heterarchie** *gesprochen werden.*

Eine Naturwissenschaft, die nahezu ausschliesslich solche Phänomene betrachtet, ist die Chemie: Jedes Molekül weist als Struktur völlig andere Eigenschaften auf als die Atome, aus denen es zusammengesetzt ist. Entsteht innerhalb einer Mischung von Stoffen ein Molekül erstmalig, dann ist dies also gleichbedeutend mit der Entstehung von echter Neuheit, d.h. der gesamte Zustandsraum wird durch eine neue Eigenschaft erweitert. Dieses Beispiel ist insofern sehr instruktiv, als sich damit eine neue Interpretation der Bezie-

Chemie der Netzwerke:
Bildlich wird manchmal von der „Chemie" von Beziehungen gesprochen. Interpretieren Sie Netzwerke und Aktoren analog zur Diskussion von Molekülen und ihrer Ordnung im Text. Wo treten emergente Eigenschaften auf?

hung zwischen Wissen und Enformation ergibt. Der Referenzfall des thermodynamischen Informationsbegriffs ist ja das Gas als einer Menge von Molekülen mit gleichen Eigenschaften. Dieser Menge läßt sich eine weitere Eigenschaft zuschreiben, die keine Eigenschaft der Atome selbst ist, nämlich die Wärme. Wenn sich Ordnungszustände bilden, so werden diese zunächst nur verglichen hinsichtlich der Wahrscheinlichkeiten der Verteilung über homogene Raumabschnitte. Im Gegensatz hierzu ist die Ordnung in Gestalt der Formierung von neuen Molekülen gleichbedeutend mit der Ungleichheit von Raumabschnitten, d.h. es werden bestimmte Konfigurationen ausgezeichnet und neue Einheiten gebildet, die als solche wieder im homogenen Raum beweglich sind, dabei aber ihre räumliche Konfiguration beibehalten. Das hat aber wiederum zur Folge, daß die Ordnungszustände nicht mehr nur hinsichtlich der Entropiegrade verglichen werden sollten. Ordnung ist damit verbunden, daß neue Eigenschaften auftreten. Insofern können also gleiche Veränderungen von Enformation völlig unterschiedliche Information produzieren, weil sich die begrifflichen Klassen verändern, mit denen die Information zu erfassen ist.

Intensive Größen:
Nennen Sie Beispiele für extensive und intensive Größen, die in der Wirtschaft eine Rolle spielen. Ist das Sozialprodukt eine extensive Größe und das Sozialprodukt pro Kopf eine intensive?

Das Beispiel zeigt, daß zwei unterschiedliche Arten der Selbstorganisation zu unterscheiden sind, die **triviale** und die **nicht-triviale Selbstorganisation**. Trivial ist Selbstorganisation, wenn sie im einfachsten Fall in Gleichgewichte von Systemen einmündet. In diesem Sinne ist auch das neoklassische Marktgleichgewicht ein Phänomen der Selbstorganisation, weil die Preise, die das Gleichgewicht herstellen, nur aus dem funktionalen Gesamtzusammenhang des Systems bestimmt werden können. In diesem Sinne liesse sich vielleicht auch sagen, daß der Markt eine neue Eigenschaft produziere, aber tatsächlich geht es nur um den Unterschied zwischen sogenannten **extensiven** und **intensiven Eigenschaften**: Eine extensive Eigenschaft ergibt sich durch Summation über die Eigenschaften von Elementen (wie das Gewicht einer Menge von Äpfeln), eine intensive Eigenschaft ist eine Eigenschaft, die im Gleichgewicht allen Aktoren in gleicher Weise zukommt (wie der Preis dieser Äpfel bei Gleichgewicht von Angebot und Nachfrage).

Im Unterschied hierzu ist nicht-triviale Selbstorganisation damit verbunden, daß **neue Eigenschaften** entstehen. Das können in Wirtschaftssystemen beispielsweise neue Interaktionsformen sein: So ist eine aus Marktprozessen entstehende Firma ein neues Phänomen, dessen Eigenschaften nicht mehr vollständig auf die Eigenschaften der Aktoren reduzierbar sind. Die Firma kann also auch nicht im obigen Sinne als ein „Gleichgewicht" des Marktsystems aufgefaßt werden. Diese Unterscheidung entspricht also in direkter Weise der Unterscheidung zwischen der Bewegung innerhalb eines Zustandsraumes und der Veränderung der Dimensionalität des Zustandsraumes, die wir im ersten Abschnitt dieses Kapitels getroffen haben. Nicht-triviale Selbstorganisation kann also als Änderung der Dimensionalität von Zustandsräumen beschrieben werden. Dies ist gleichbedeutend mit der Aussage, daß neue Eigenschaften entstehen. Beschreibungen von Zustandsräumen unterschiedlicher Dimensionalität sind nicht aufeinander reduzierbar.

Dimensionalität von Zustandsräumen: In der Wirtschaft finden ständig Produktinnovationen statt. Finden Sie Beispiele für Innovationen, die die Dimensionalität der Produktbeschreibung unverändert lassen, und solchen, die sie verändern.

Selbstorganisation als Grenzziehung. Der Vorgang der nicht-trivialen Selbstorganisation läßt sich wieder im VSB-Paradigma fassen. Im Prozeß von Variation und Selektion entsteht Neuheit in dem Moment, wenn durch die Wechselwirkung zwischen bestimmten Einheiten eine neue **System-Umwelt-Differenzierung** entsteht, die ihrerseits eine neue Qualität der Selektion bedeutet, d.h. auch mit der „Entdeckung" von neuen Eigenschaften der Umwelt korreliert. Der Gedanke ist analog zur Betrachtung von Molekülen, führt nur eine zusätzliche dynamische Sicht ein. Jeder VSB-Prozeß ist nämlich mit der Bildung von Hierarchien verbunden, die sich daraus ergeben, daß aus der Beziehung zwischen Interaktoren notwendig ein System entsteht, das selbst hinsichtlich bestimmter seiner Eigenschaften einer

Grenzen:
Interpretieren Sie den internationalen Standortwettbewerb als eine Hierarchie von System-Umwelt-Differenzierungen, Dazu müssen Einheiten des Wettbewerbs identifiziert werden, die mit wachsender Reichweite aufeinander aufbauen.

„Selfish Gene“:
Der Biologe Richard Dawkins hat viel Einfluss mit seiner These ausgeübt, daß die Organismen nur Epiphänomene der „egoistischen Gene“ seien:
http://www.world-of-dawkins.com/
http://www.nous.org.uk/Dawkins1.html

Selektion durch die Umwelt ausgesetzt ist. Dieses System ist also ein neuer Interaktor auf einer höheren Stufe. Der Prozeß der Hierarchiebildung ist demnach potentiell unendlich, weil jede Interaktion von Interaktoren selbst Gegenstand von Selektion sein kann. Wir können Selbstorganisation auch plakativ als Grenzziehung auffassen. ***Lesehinweis 15***

Selbstorganisation ist die Entstehung von neuen **System/Umwelt-Differenzierungen** *und damit die Ausbildung neuer Standardisierungen, deren Beschreibung durch den Beobachter also auf die Bezeichnung neuer Eigenschaften hinausläuft. Grundsätzlich ist die Stabilität neuer Interaktoren hinreichend, aber für die langfristige Strukturbildung in der Evolution kommt die Emergenz neuer Replikatoren hinzu, die eindeutig auf die neue System/Umwelt-Grenze bezogen sind.*

Auf dieser abstrakten Ebene wird also deutlich, daß durchaus ein Problem der Reduktion in dem Sinne besteht, daß die Pyramide von Interaktoren zunächst nur auf einem einzigen Typus von Replikatoren ruht. In der Biologie gab es entsprechend Versuche eines kompletten genetischen Reduktionismus, d.h. es wurde behauptet, daß die Gene die Grundeinheiten der Evolution als fundamentale Replikatoren seien, und alle höheren Einheiten (also bereits das Genom!) lediglich Stufen in einer komplexen Hierarchie von Interaktoren seien (sogenannter „extended phenotype“). Das würde natürlich bedeuten, daß die Selektion desto indirekter auf die Replikatoren wirkt, je weiter entfernt die hierarchische Stufe ist, auf der sie wirkt.

Wir gehen aber davon aus, daß Emergenz auch mit der Entstehung neuer Formen von Replikatoren einher geht. Wir hatten diesen Gedanken bereits formuliert, indem wir gesagt haben, daß die Mechanismen der Erzeugung von Varietät selbst Gegenstand der Selektion sind. Gegen die These vom genetischen Reduktionismus spräche also die Tatsache, daß es den Mechanismus der Rekombination gibt, der nur auf der Basis von Ketten von Genen operieren kann: Das Genom wäre also ein emergentes Phänomen gegenüber dem einzelnen Gen. Doch wollen wir hier natürlich keine biologischen Kontroversen klären.

Evolutionsökonomisch wird angenommen, daß es Hierarchien von Replikatoren und Interaktoren gibt, die allerdings nicht eineindeutig zueinander in Beziehung gesetzt werden können. Um diese Unterscheidung bildlich klar zu machen: Eine Armee ist im Kampf ein Interaktor höherer Ebene, der als Einheit einem Selektionsdruck ausgesetzt ist. Läuft die Armee in panischer Flucht auseinander, verschwindet der Interaktor und es bleiben die Individuen. Der Armee ist kein eigener Replikator zuzuschreiben. Anders liegen die Dinge aber in dem Moment, wo die Armee eine absolute Selbstbindung an die Einheit aufweist, also den Untergang der Flucht vorzieht. In diesem Fall besteht ein Replikator, der in den Mechanismen der der Transmission der absolut bindenden Normen der Selbstaufopferung zu suchen ist. Seine Replikation hängt wiederum davon ab, wie stark die Selbstbindung zu einem letztendlichen Erfolg der Armee in der Schlacht beiträgt: Gerade weil sie zum Kampf bis zum letzten Blutstropfen bereit und fähig ist, gewinnt sie die Schlacht.

Emergenz und Leistung:
Das Beispiel der Armee ist geeignet, die Markt-Firma Beziehung zu illustrieren. Ein Söldner-Heer ist auf Marktbeziehungen gestützt, unterlag aber historisch sozial andersartig verwurzelten Armeen (= Firmen), wie etwa der allgemeinen Wehrpflicht oder Bürgerwehren wie den Schweizern. Warum?

Hyperzyklische Entstehung von Neuheit. In der biologischen Grundlagenforschung ist die Emergenz von Replikatoren erstmals durch den sogenannten **Hyperzyklus** entdeckt worden. Der Hyperzyklus ist allerdings in abstrakter Formulierung auch für unseren Zusammenhang ein geeignetes Konzept: Er besagt ursprünglich, daß in einer Lösung von Ribonukleinsäuren und ihren Bestandteilen das Phänomen auftritt, daß diese sich selbst reproduzierenden Nukleinsäuren gegenseitig die Reproduktion katalysieren können. Bildlich gesprochen, kooperieren also die Moleküle. Ein solcher Zusammenhang begünstigt natürlich das System zyklischer Katalyse gegenüber der isolierten Reproduktion der Moleküle: Es entsteht eine neue System-Umwelt-Grenze. Gleichzeitig werden Mutationen einzelner

Hyperzyklen:
Dieses Konzept ist vom Nobelpreisträger Mafred Eigen zur Erklärung der Entstehung des Lebens entwikkelt worden: **http://www.biologie.uni-hamburg.de/b-online/d41/41b.htm**

Moleküle, die deren individuelle Reproduktionsgeschwindigkeit verändern, die Geschwindigkeiten aller am Hyperzyklus beteiligten Moleküle verändern. Der Hyperzyklus ist also das vielleicht einfachste Beispiel aus der nichtlebenden Natur, wie Wettbewerb zur Bildung von Neuheit führt. Das neu abgegrenzte System weist dann neue Eigenschaften auf, und zwar extensiv wie intensiv.

Positive externe Effekte: Liesse sich die Studentengruppe im zweiten Kapitel als Hyperzyklus deuten?

Die evolutionsökonomische Verallgemeinerung des Hyperzyklus-Modells ist nun denkbar einfach, wenn wir nur beachten, daß wir die Reproduktion der RNS auch als Produktionsprozeß begreifen können, bei dem die Katalyse als Kuppeloutput auftritt. Übertragen wir dies auf Aktoren, dann können wir also auch vom Auftreten eines externen Effektes sprechen. Sind also externe Effekte wechselseitig positiv miteinander verknüpft, würden wir ein Phänomen der Selbstorganisation betrachten. Bei Aktoren kommt hinzu, daß diese intentional handeln können, so daß ein externer Effekt, ist er einmal bewußt geworden, auch Grundlage einer intentionalen Erzeugung eines Kuppelproduktes werden kann. Die Firma ist ein solches Phänomen: Wird also die Firma bewußt gegründet, so liegt ein Fall der Organisation vor. Ein Beispiel der Selbstorganisation durch externe Effekte sind die Agglomerationen von Firmen der gleichen Branche an bestimmten Orten, die durch gegenseitige externe Effekte (Wissens-Spillovers) entstehen. Diese Agglomeration ist in der Regel nicht-intentional und insofern ein Ergebnis von Selbstorganisation. Wir können nun verallgemeinern:

Wir betrachten ein formales Modell räumlicher Selbstorganisation in Kap. V, 4.

> *Selbstorganisation führt zur Emergenz von Neuheit durch* **hyperzyklische Bildung von System/Umwelt-Grenzen**. *Hyperzyklen sind Elemente in Systemen, die durch zirkulär verkettete und geschlossene positive externe Effekte entstehen. In Wirtschaftssystemen sind dies also positive Externalitäten der Handlungen von Aktoren, die in Netzwerken zirkulär aufeinander einwirken. Durch diese Abschliessung bildet ein Teil des Netzwerkes einen neuen derivativen Aktor (also Interaktor im VSB-Paradigma). Kann ein solcher derivativer Ak-*

tor die hyperzyklischen Mechanismen reproduzieren (also zum Beispiel neue Aktoren schaffen), dann sind die zugrundeliegenden Eigenschaften diejenigen eines Replikators. Der Replikator ist ein Element des hyperzyklischen Netzwerkes, trägt also das den Externalitäten inhärente Wissen. Elemente können wiederum hyperzyklisch mit anderen Elementen verknüpft sein. Daraus entsteht also eine heterarchische Struktur des Wirtschaftssystems.

In Abbildung 22 visualisieren wir einen Ausschnitt einer solchen Heterarchie von Hyperzyklen, wobei wir uns nah an die ursprüngliche Darstellung aus der Biochemie anlehnen. Die symmetrische Gestalt ist rein ästhetisch bedingt, es gibt selbstverständlich keine Restriktionen etwa hinsichtlich der Zahl der involvierten Aktoren. Durch die graue Füllung des Kreises in einem Fall unterscheiden wir ein Element von einem derivativen Aktor, d.h. in diesem Fall ist ein neuer Replikator entstanden, während die Heterachie in den anderen Fällen eine Hierarchie von Interaktoren ist. In der Abbildung sehen wir, daß Hyperzyklen wiederum hyperzyklisch miteinander in Wechselwirkung stehen können.

Der Begriff der Selbstorganisation wird in bestimmten Forschungsrichtungen auch mit dem Begriff der „**Autopoiese**“ fast deckungsgleich verwendet. Autopoiese betont den Aspekt der Selbstproduktion von Elementen in einem System. Insofern wollen wir den Begriff hier nicht verwenden, weil er nicht direkt mit der Erzeugung von Neuheit verbunden ist. Allerdings greifen wir inhaltlich den Begriff der **Selbstproduktion** auf: Firmen, die sich zusammenschliessen, produzieren beispielsweise eine neue Firma. Man sieht, daß es also eigentlich um Reproduktion unter Berücksichtigung der Mechanismen der Erzeugung von Varietät geht, hier also um das Phänomen der Rekombination. Diese Rekombination als solche ist nicht notwendig „neu“ oder nicht. Neuheit wird erst durch die System-Umwelt-Wechselwirkungen „entdeckt“.

Autopoietische Systeme:
Dieses Konzept spielt im sogenannten „Radikalen Konstruktivismus“ eine wichtige Rolle.
http://kaufwas.com/bk/wissen/sys_th/224.htm
http://www.univie.ac.at/constructivism/intro.html

Abbildung 22: Hyperzyklus im Wirtschaftssystem

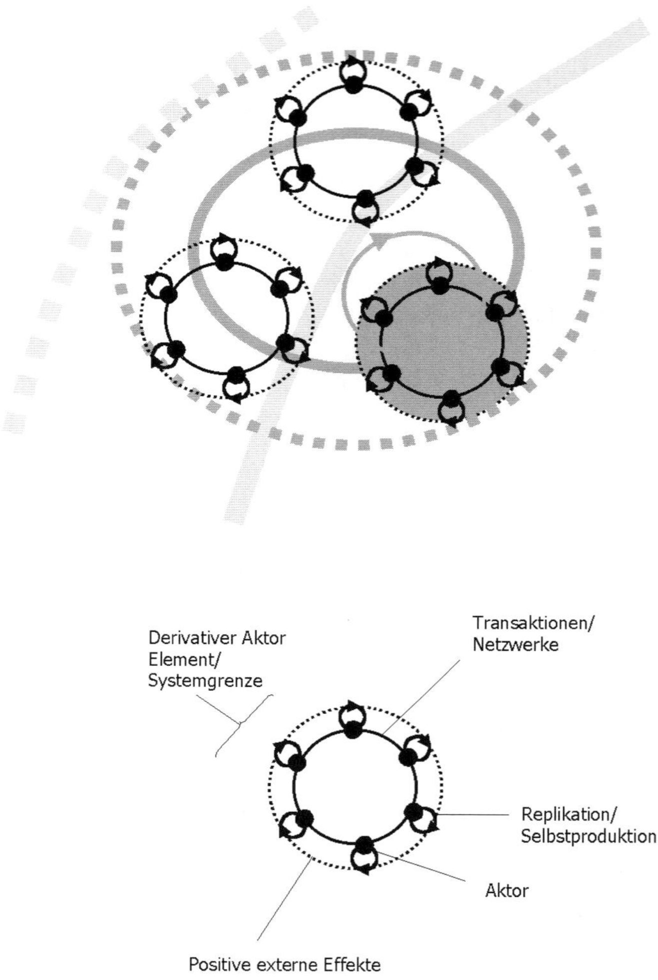

Mit dem Phänomen der Emergenz haben wir nun die Brücke zurück zum Kapitel über Elemente gefunden. Wenn wir dort unterschiedliche Formen von Aktoren identifiziert haben, so können wir diese Formen nun als Folge der Selbstorganisation von Netzwerken elementarer Aktoren auffassen. Die Gruppe ist also ein emergentes Phänomen eines Netzwerkes von Aktoren. Wir haben bereits im zweiten Kapitel beschrieben, wie eine Gruppe innerhalb einer bestimmten Umwelt (Studenten und Prüfungen) durch Variation und Selektion entstehen und stabilisiert werden kann. Eine solche Gruppe ist also ein Interaktor eigener Art. Sie wird in dem Fall auch zu einem Replikator, wenn sie bestimmte Mechanismen ausbildet, nach denen die gruppeninternen Verhaltensnormen sozialisiert werden und damit auf andere Gruppen bzw. zur Schaffung neuer Gruppen übertragen werden können. Derartige Gruppen können in der Realität eine beeindruckende Wachstumsdynamik aufweisen, wie viele soziale Bewegungen in der Geschichte immer wieder gezeigt haben.

Selbstorganisation ist also die eigentliche Ursache für die ontologische Vielfalt von lebenden Systemen im Allgemeinen und Wirtschaftssystemen im Besonderen. Auf der Makro-Ebene schlägt sich Selbstorganisation als Bildung von Strukturen nieder. Strukturen brechen die inkrementelle Dynamik von VSB Prozessen, indem sie neue Einheiten der Selektion generieren, Elemente zu Einheiten zusammenfassen, oder bestimmte zeitliche Koordinationen zwischen inkrementellen Prozessen erzeugen, die auf der Makro-Ebene Diskontinuitäten erzeugen.

Die mathematische Theorie, die sich mit diesen Phänomenen befasst, ist die Synergetik, in die wir in Kap. V, 7 kurz einführen.

Strukturelle Stabilität bedeutet im Hyperzyklus, daß die wechselseitige Unterstützung der Elemente Spielräume der Varietät aufweist. Genauer gesagt, sind Hyperzyklen dann stabil, wenn sie Redundanzen aufweisen. In der evolutionsökonomischen Interpretation als externe Effekte heisst dies, daß in einem interdependenten System eine größere Zahl von singulären Variationen auftreten kann, ohne daß die hierarchisch übergeordneten, emergenten Eigenschaften verändert werden bzw. das Netz der Externalitäten aufreisst. Im Beispiel der Gruppe wären also einzelne Mitglieder austauschbar bzw. die Funktionalität wird nicht durch

Analogie zur Chemie:
Wie schon bemerkt, bietet die Chemie hier sehr aufschlussreiche Analogien. Walter Fontana hat eine Theorie der Transformation von Hyperzyklen entwickelt.
http://www.tbi.univie.ac.at/~pks/complex.html
http://www.kli.ac.at/theorylab/AuthPage/F/FontanaW.html
http://fy.chalmers.se/~tfemn/EVCOMP/links.html
http://www.santafe.edu/~walter/AlChemy/Statement/organization.html

Saltationismus und Punktualismus:
In der heterodoxen Evolutionstheorie spielte immer wieder der Gedanke eine wichtige Rolle, daß die Evolution auch in Sprüngen verläuft.
http://www.stanford.edu/class/history133/Mayr/Synthesis.html
http://www.clas.ufl.edu/users/abeltd/evtheory.htm

Ausscheiden eines Mitglieds aufgehoben. In der Evolutionstheorie entspricht diese Annahme dem Konzept der „neutralen Evolution", d.h. der Irrelevanz bestimmter Mutationen für den Phänotyp hinsichtlich seiner selektionsrelevanten Eigenschaften.

Diese Überlegung ist nun wichtig, um nicht nur strukturelle Stabilität, sondern auch strukturelle Brüche erklären zu können. Betrachten wir zwei unterschiedliche Hyperzyklen mit ähnlichen Komponenten, aber einer unterschiedlichen Konstellation der Selbstkatalyse. Wie kann der eine Hyperzyklus in den anderen transformiert werden? Auf den ersten Blick wäre es erforderlich, daß der eine Zyklus aufgelöst wird und dann durch eine neue Zusammenstellung der zweite entsteht. Es wäre vermutlich sehr unwahrscheinlich, daß dieser Schritt tatsächlich und auch in einem Sprung stattfindet. Im ökonomischen Kontext wäre dies etwa der Fall, wenn eine Unternehmung aufgelöst wird und sich anschliessend alle Mitarbeiter zusammenfinden sollen, um eine andere Unternehmung in einer anderen Branche zu gründen.

Die gerade skizzierte neutrale Evolution mit **Redundanzen** ist jedoch geeignet, solche strukturellen Brüche zu erklären. Dann kann es nämlich geschehen, daß in einem bestehenden Hyperzyklus eine Reihe von neutralen Variationen stattfindet, die zu irgendeinem Zeitpunkt schlagartig neue Katalyseformen erzeugen können, sobald sie gleichzeitig vorliegen. Auch hier ist also das Konzept der zeitlichen Ordnung zentral: Die einzelnen Variationen sind, isoliert betrachtet, redundant, aber eine bestimmte Konstellation zu einem bestimmten Zeitpunkt kann zur Folge haben, daß ein Hyperzyklus direkt in einen anderen transformiert wird, ohne daß er zunächst aufgelöst werden muß. Redundante Strukturen erlauben also **strukturelle Brüche der Evolution**.

Dieses Argument ist in zwei Zusammenhängen evolutionsökonomisch bedeutsam. Wie schon angedeutet, erlaubt das Konzept des Hyperzyklus die Erklärung der Emergenz von Konfigurationen in Netzwerken mit neuen Eigenschaften. Nun sehen wir außerdem, daß auch bei der Unterstellung inkrementeller Folgen von singulären Varianten dieser Konfigurationen plötzliche Veränderungen dieser Konfigurationen mit neuen Eigenschaften auftreten können. Redundanzen in Konfigurationen von Netzwerken sind also entscheidend für die Erklärung raschen strukturellen Wandels, ohne daß von der Annahme abgewichen werden muß, daß die tatsächlichen Veränderungen dimensional verschieden und eher geringfügig sind. Dasselbe gilt für die Entstehung neuer Eigenschaften in Produktionsprozessen. Hier entspricht die hyperzyklische Emergenz der Entstehung neuer Dimensionen von Zustandsräumen durch bestimmte Konstellationen innerhalb gegebener Zustandsräume. Redundanzen besagen dann, daß beispielsweise die Eigenschaften eines Produktes bei einer ganzen Reihe von marginalen Änderungen dieselben bleiben, daß aber bei bestimmten Kombinationen solcher Änderungen plötzlich neue Eigenschaften auftreten können, die im vorherigen Zustandsraum gar nicht enthalten waren. Die redundante Variation berührt also die Enformation, nicht aber das Wissen.

Solche strukturellen Brüche setzen aber voraus, daß die neuen Eigenschaften einen Interaktor mit einer neuen System-Umwelt-Grenze generieren. Genau in diesem Sinne ist der strukturelle Bruch also auch mit neuem Wissen verbunden. Redundanzen bedeuten, daß durch Variationen bestehender Strukturen kein neues Wissen entsteht. Das neue Wissen wird auch gar nicht im System endogen generiert, weil das letztendliche Kriterium die Funktionalität in selektiven Kontexten ist. Daher können wir schliessen, daß ohne den VSB-Mechanismus gar kein neues Wissen entstehen könnte, sondern nur die ewige Wiederkehr von Redundanzen denkbar ist.

Neue Produkte:
Machen Sie sich die nebenstehende Argumentation im Rückgriff auf die Betrachtungen im zweiten Abschnitt klar. Betrachten Sie ein Produkt, daß mit einer bestimmten Kombination von Elementarprozessen erzeugt wird. Es besteht eine bestimmte Koordination des produktionsseitigen Wissens ebenso wie des nutzungsbezogenen Wissens. Überlegen Sie sich Beispiele, wo bestimmte Änderungen der Kombinationen von Elementarprozessen zur Entdekkung von neuen Produkten geführt haben, weil nutzungsseitig plötzlich neue Eigenschaften entdeckt wurden! Die Telekommunikations- und IT-Branche bietet einiges an Anschauungsmaterial.

7. Ergebnisse

Allgegenwärtige Evolution: Um sich die Zusammenhänge nochmals klar zu machen, sollten Sie einige Entwicklungen in Ihrem Erfahrungsbereich mit Hilfe der erarbeiteten Kategorien interpretieren. Dies können elementare Vorgänge sein wie der als Beispiel betrachtete Gemüsegarten, Innovationen in bestimmten Branchen, aber auch politische Trends. Es geht immer zunächst darum, den Gegenstandsbereich möglichst genau so zu beschreiben, daß die Kategorien der evolutionsökonomischen Prozeßanalyse anwendbar werden, also etwa die zeitliche Ordnung, die Beziehung zwischen intentionalen und nicht-intentionalen Prozessen oder die hyperzyklische Emergenz von Neuheit.

Wir haben nun die wesentliche Prozeßmerkmale kennengelernt, die von der Evolutorischen Ökonomik als bestimmend für Ursache-Wirkungszusammenhänge identifiziert werden. Der gemeinsame Nenner aller Betrachtungen ist sicherlich, daß evolutorische Prozesse selbst komplex und singulär sind. Hinter beiden Eigenschaften steht die grundlegende Kennzeichnung von evolutorischen Prozessen als Prozessen der Wissensschaffung.

Wenn allerdings von „Schaffung" gesprochen wird, so wird nicht die Rolle kreativer Akteure als primäre gesehen, sondern vielmehr ein Prozeßtyp selbst als Generator von Neuheit betrachtet: Der Prozeß der Variation, Selektion und Bewahrung. Dieser Prozeß ist von ähnlich fundamentaler Bedeutung für das evolutorische Argumentieren wie das Konzept der Optimierung in der herkömmlichen Wirtschaftswissenschaft. Wenn an dieser Stelle häufig Vorbehalte laut werden, so ist sicherlich im Laufe der Ausführungen deutlich geworden, daß es sich dabei nicht um ein simples Prinzip der Selektion von Zufällen handelt. Vielmehr haben zwei Eigenschaften zur Folge, daß das VSB-Paradigma tatsächlich sehr komplexe Kausalzusammenhänge vor Augen führt: Erstens ist dies die Selbstbezüglichkeit und also das Phänomen der Evolution der Evolution, und zweitens geht es um die zeitliche Ordnung der Prozesse.

Daraus haben sich einige weitreichende Folgen für unser Denken über die Wirtschaft ergeben. Sie sind von direkter Relevanz für die eingangs erwähnte, aktuelle Diskussion über Nachhaltigkeit und Wissensgesellschaft. Wir haben gesehen, daß eine unmittelbare Konsequenz des VSB-Paradigmas darin besteht, Wirtschaft als Teil einer universalen Ökologie zu begreifen. Gleichzeitig bedingen Prozeßmerkmale wie zeitliche Strukturierung und Pfadabhängigkeit die Aufgabe linearer Fortschrittskriterien. Die Evolutionsökonomik hat daher radikale Veränderungen unserer Sicht des wirtschaftlichen Wachstums zur Folge, die uns noch im letzten Kapitel beschäftigen werden. Sie bewegt sich freilich jenseits der Polarisierung von Wachstumspessimismus und –optimismus: Denn was sie verwirft, ist ein Paradigma linearen Wachstums, auf das sich auch die gesellschaftliche Kritik bezieht. Auf der anderen Seite zeigt ihre Konzeption allen Wirtschaftens als Produktion, daß die laufende Komplexitätszunahme bzw. der laufende Zuwachs an Wissen selbst zwingende Eigenschaften offener Systeme fern vom Gleichgewicht sein müssen, sollen sie nicht dem strikten Wirken des thermodynamischen Zeitpfeils verfallen. Daß dies aber ein unausweichliches Gesetz der Wirklichkeit ist, ergibt sich aus dem VSB-Paradigma. Insofern gibt es keine Wahl: Wissenswachstum ist ein Prozeß ontologischer Qualität – die Welt wächst.

Natürlich müssen wir nach der Betrachtung von Prozessen auch auf die Aktorsebene zurückkommen, die in den Ausführungen dieses Kapitels eher im Hintergrund stand. Wir haben herausgearbeitet, daß gerade menschliche Aktoren mechanische Verkettungen der Pfadabhängigkeit aufheben können, weil sie kreativ sind: Die Irrtümer des Menschen sind selbst eine Quelle ständiger Neuheit, und insofern besteht eine fundamentale Autonomie. Evolutionsökonomik heisst nicht, daß Prozesse den Menschen beherrschen: Aber gleichzeitig ist der Mensch auch nicht Herrscher der Prozesse.

Irren ist menschlich: Da wir ja grundsätzlich davon ausgehen müssen, daß unser heutiges Wissen falsch bzw. verbesserungsbedürftig ist, irren wir also immer. Wie läßt sich evolutionstheoretisch erklären, daß wir trotzdem einigermassen richtig handeln können?

Uns begegnet also eine umfassende Interdependenz von Element, Aktor und Prozeß. Um diese noch genauer bestimmen zu können, müssen wir ihre Spiegelung in Netzwerken noch genauer betrachten. Dies sind die Strukturen. Aktoren, die in Strukturen handeln, sind einerseits von diesen beherrscht, andererseits können sie auch Strukturen ändern, beabsichtigt und unbeabsichtigt.

Lesehinweise

1 Viele Überlegungen, die im folgenden vorgetragen werden, gehen auf das Werk von Nicholas Georgescu-Roegen zurück, einem der „geistigen Väter" der Evolutionsökonomik. Georgescu-Roegen hat sich unter anderem in (1971) intensiv mit der Beziehung zwischen qualitativen und quantitativen Aspekten der Produktion befasst. Die Produktionstheorie gehört zu den elementarsten Grundlagen der modernen Wirtschaftswissenschaft, obgleich sie in den sechziger Jahre höchst umstritten war. Die Lehrbuchversionen neoklassischer Produktionsfunktionen sind seinerzeit eigentlich widerlegt worden, dennoch hat sich dieser Ansatz durchgesetzt. Ein bedeutender Kritiker war Luigi Pasinetti (etwa 1981), dessen alternativer, disaggregierter Input-Output-Ansatz eigentlich auf die Analyse von Netzwerken hinführt. Pasinettis Kritik richtete sich im Prinzip auf einen ähnlichen Punkt, nämlich die Vernachlässigung qualitativen und strukturellen Wandels in der Produktionstheorie. Dieses Problem wird heutzutage vor allem im Kontext von Untersuchungen der Beziehung zwischen Wachstum und Strukturwandel behandelt, siehe etwa Pasinetti/Solow (1994). Wenn im Folgenden von der Einheit von Wissen und Materie-Energie ausgegangen wird, so steht dies in komplettem Widerspruch auch zu neueren Formen der ökonomischen Wachstumstheorie, nämlich der „New Growth Theory", die nicht nur Wissen und Dinge scharf trennt, sondern diese Trennung auch noch für eine notwendige Bedingung von Wachstum hält, weil Wissen als „kostenloses" (frei verfügbares öffentliches) Gut modelliert werden muß; ein Überblick zur „Neuen Wachstumstheorie" findet sich in Arnold (1997) und zur evolutionsökonomischen Kritik Langlois (2000) oder Dunn (2002).

2 Der hier skizzierte Ansatz ist von Robert Ayres (1994) entwickelt worden. Die Unterscheidung zwischen semantischer und Shannonscher Information wird in vielen Bereichen angewendet, gleichwohl bleibt die Behandlung der semantischen Information schwierig. Eine der einfachsten, aber gleichzeitig bedeutendsten Illustrationen für die beiden Informationsbegriffe bietet der genetische Code, der bekanntlich auf Alternationen von nur vier Nukleinsäuren basiert. Der Shannonsche Informationsbegiff liegt in der Spezifikation nach einem Binärsystem der gesamten modernen Computerwissenschaft zugrunde. Dann würde also die Information einer Nukleinsäure als $\log_2 4$ bestimmt, also 2 bit. Die Gesamtzahl aller Basenpaare einer DNS ergibt dann die gesamte Informationsmenge. Es ist klar, daß damit nichts über die Bedeutung einer bestimmten Sequenz für die Steuerung bestimmter Prozesse in Organismen ausgesagt ist. Erst diese Bedeutung bildet das nicht-referentielle Wissen ab, das im Code gespeichert ist. Eine Einführung in diese Problematik bietet etwa Haken/Haken-Krell (1989); eine auch für unseren Zusammenhang richtungweisende Interpretationen sind Küppers (1986) und Oyama (2000), die den Zusammenhang zwischen Information und Entwicklung diskutiert.

Die biologische Diskussion ist insofern für die Wirtschaftstheorie sehr wichtig, als die Entwicklung eines Organismus interpretiert werden kann im Sinne der „Produktion" eines Outputs mit Hilfe von Inputs (Nahrung etc.) unter Kontrolle des Wissens, das in den Genen gespeichert ist. Die Beschreibung von Produkten nach Zustandsräumen knüpft außerdem an bestimmte Überlegungen in der Konsumtheorie an, nach denen Produkte nicht unmittelbar Nutzen stiften, sondern ihre Eigenschaften. Jedes Produkt kann dann in einem Eigenschaftsraum beschrieben werden; zu diesem wichtigen Bereich der „mainstream" Theorie siehe Lancaster (1971) und Becker (1996). In der Industrieökonomik ist die Beschreibung von Produkten durch Eigenschaftsräume allgemein üblich, siehe etwa Tirole (1988, Kap. 2).

3 Der Klassiker zu diesem Thema ist in der Wirtschaftswissenschaft wieder Nicholas Georgescu-Roegen (1971, 1976), der viele der hier entwickelten Gedanken bereits formuliert hat. Seine Rolle ist allerdings deshalb etwas umstritten, weil er ein sogenanntes „viertes Gesetz der Thermodynamik" formuliert hat, das auf der Annahme der Erhaltung der Materie beruht (also einer Einschränkung der Transformationsmöglichkeiten von Materie in Energie). Dies liegt reinen Stoffstromanalysen zugrunde, die deshalb nicht allgemein anerkannt sind, siehe dazu etwa Fritsch (1994, Kap. 3). Wir haben diesen Punkt stillschweigend mitberücksichtigt, indem wir die Hauptsätze der Thermodynamik auf Materie-Energie bezogen haben und nicht, wie üblich, nur auf Energie. Das Thema ist deswegen auch politisch sensibel, weil einige radikalere ökologische Positionen auf dieser Position Georgescu-Roegens basieren, siehe etwa Martinez-Alier (1990). Der Ansatz der Stoffstromanalyse ist in Deutschland vor allem durch Ernst-Ulrich von Weizsäcker (z.B. 1994) popularisiert worden. Zu einem Überblick der möglichen Rolle der Thermodynamik in der Ökonomie siehe Ruth (1996).

4 Es gibt nur wenige systematische Behandlungen der Zeit aus wirtschaftswissenschaftlicher Sicht. Abgesehen davon, daß erneut auf Georgescu-Roegen (1971) zu verweisen ist, sei der Sammelband von Biervert/Held (1995) empfohlen. Einer der führenden „mainstream" Theoretiker der Zeit ist Ian Steedman (zum Beispiel 2000). Unsere Behandlung des Problems der Zeit ist stark beeinflusst von Ingold (1986), der vielen evolutionstheoretischen Konzepten vorwirft, an einer linearmechanischen Zeit festzuhalten und die Rolle des Bewußtseins völlig auszublenden, wie sie der Philosoph Henri Bergson in seiner Evolutionskonzeption stark betont hatte. Eine anregende Einführung in die naturwissenschaftlichen Dimensionen der Zeit ist Hawking (1988). Die These, daß aufgrund der anderen Sichtweise der Zeit die Evolutionsökonomik eine spezielle Methode entwickeln müsse – die „histonomische" Analyse – ist besonders von Dopfer (2000) vertreten worden. Im Prinzip bedeutet dies natürlich, daß der methodologische Status der Geschichtsschreibung restauriert wird, die im Zuge des sogenannten „Methodenstreits" aus der Wirtschaftswissenschaft verdrängt worden war.

5 Die Kapitaltheorie ist eines der kompliziertesten Gebiete der Wirtschaftstheorie. Der Zusammenhang zwischen Zeit und Kapital wird in der „neoösterreichischen Kapitaltheorie“ behandelt, die an große Namen wie Böhm-Bawerk anknüpft. Ein moderner Klassiker ist Lachmann (1956). In der Evolutionsökonomik sind diese Überlegungen besonders von Malte Faber rezipiert worden, siehe Faber (1979) und Faber et al. (1998). Hervorragende Übersichten zu den klassischen Debatten finden sich in den entsprechenden Einträgen des wohl berühmtesten Lexikons der Ökonomik, des „New Palgrave“, vor allem Kurz (1987) und Pasinetti/Scarzzieri (1987).

6 Ein vielzitiertes Buch zur „Ökonomik der Aufmerksamkeit“ ist Franck (1998). Die ökonomische Theorie der Wechselwirkung zwischen Einkommen und Zeitbudget entwickeln unter anderem Steedman (2000) und Metcalfe (2001). In Lehrbüchern taucht diese Problematik in der Regel als Optimierung der Aufteilung zwischen „Arbeit“ und „Freizeit“ auf, insbesondere in neo- und neoklassisch orientierten Textem wie beispielsweise Barro/Grilli (1994). Dann wird aber nicht der Zeitbedarf der einzelnen Konsumaktivitäten betrachtet, sondern nur Zeit als Generator entweder von Einkommen (Arbeitszeit) oder Vergnügen (Freizeit).

7 Auch zu diesem Thema gibt es einen evolutionsökonomischen Klassiker, nämlich G.L.S. Shackle (z.B. 1972). Shackle hat unter andererem die Bedeutung der Überraschung in seinem Konzept der „kaleidischen“ Erwartungen herausgearbeitet. Eine konzise Darstellung des Begriffs der Überraschung findet sich in Faber et al. (1998).

8 Die skizzierte erkenntnistheoretische Position ist zuerst von Hayek (1972) entwickelt worden. Es gibt eine umfangreiche Literatur zur Bedeutung von Prognosen und Widerlegungen in der Wirtschaftswissenschaft, vor allem auch angesichts der Beobachtung, daß sich die etablierte Theorie kaum daran orientiert. Insofern ist zu beachten, daß viele Kritiker der Neoklassik von der Position des Falsifikationismus her argumentieren, wie etwa Blaug (1992), aber damit gleichzeitig das Problem entsteht, daß gerade die Evolutionsökonomik diesen methodologischen Prinzipien auch nicht folgen kann, weil der für den Falsifikationismus erforderliche Typ von Prognosen nicht möglich ist. Zur Bedeutung Poppers in der Wirtschaftswissenschaft gibt es einen Übersichtsartikel von Caldwell (1991).

9 Es gibt zu diesem Thema unglaublich viel Literatur. Insofern ist es sicherlich ungerecht, ein Buch herauszuheben. Ich verweise auf Ernst Mayr, einem der bedeutendsten Evolutionstheoretiker des 20. Jh., der eine faszinierende Geschichte der Evolutionstheorie geschrieben hat, Mayr (1982). Bis heute gibt es grundlegende Kritik an der ausschliesslichen Interpretation von Evolution als Variation und Selektion.

Streitpunkte sind die Beziehungen zwischen Evolution und Entwicklung und zwischen Umwelt und Organismus, wobei beides verbunden wird über die Vorstellung, daß Evolution mit der Bildung von komplexen Hierarchien einhergeht, die das einfache Selektions-Paradigma relativieren; genannt Eldredge (1985), Salthe (1993), Maynard Smith/Szathmáry (1995) und Oyama (2000). Anmerkungen zum Verhältnis von Biologie und Wirtschaftswissenschaft finden sich bei vielen Evolutionsökonomen, wie zum Beispiel Hodgson (1993) oder Witt (2001).

10 Auch hier gibt es Klassiker, wie vor allem die einflussreichen Bücher Lumsden/Wilson (1981) und Boyd/Richerson (1985). Eine entscheidende Frage ist dann natürlich, wie die formalen Entsprechungen in den ko-evolvierenden Bereichen hergestellt werden. Der Biologe Richard Dawkins (1989) hat hier den Begriff des „Mems" ins Spiel gebracht. Ein Mem wäre eine Grundeinheit der Kultur, die tradiert, aber nur langsam durch Variationen verändert wird, und die an bestimmte Umweltmerkmale rückgekoppelt ist, die (innere Selektion) und natürliche (äußere Selektion) sein können. Ein neuerer Band zur Debatte um die Meme ist Aunger (2000). Es gibt schon lange Versuche, jenseits solcher Kontroversen eine integrierte Evolutionstheorie zu schaffen. Leider wurden sie immer wieder zwischen den Frontlinien zerrieben; erwähnt sei das faszinierende Werk von Corning (1983). Eine Kritik an darwinistischen Kulturtheorien bietet Ingold (1986).

11 Die skizzierte Problematik ist Gegenstand dauernder Kontroversen in der Evolutionstheorie. Wir wollen zu diesen nicht Stellung nehmen, allerdings scheinen sie zum Teil dogmatisch. Das hier skizzierte Modell greift die Begriffe von Hull (1988) bzw. des Sammelbandes Plotkin (1988) auf und besitzt eine enge Verwandtschaft mit der „systemischen Evolutionstheorie", siehe etwa Wuketits (1987). Auf die Humanwissenschaften ist es systematisch von Elworthy (1993) angewendet worden; ein Band mit grundsätzlichen Fachbeiträgen ist Greenberg/Tobach (1988). In kybernetisch-systemtheoretisch orientierten Ansätzen zur Evolutionstheorie ist der Gedanke selektiver Hierarchien selbstverständlich. In der Biologie wird er hingegen deswegen kontrovers diskutiert, weil er auf die Überlegung hinführt, daß es eine Vielheit von Einheiten der Selektion gibt, so daß die verschiedenen Ebenen der biologischen Taxonomie (Arten, Gattungen etc.) eine ontologische Autonomie erhalten würden. Unsere Darstellung ist insofern heterodox in Bezug auf die sogenannte „neodarwinistische Synthese". Eine mit diesen Fragen eng zusammenhängende Debatte ist jene über „Gruppenselektion", die im Anschluss an Hayeks Konzeptionen auch in der Ökonomie rezipiert wurde. Hier entsteht eine formale Analogie zwischen den jeweiligen „orthodoxen" Positionen, die nämlich jeweils mit einem reduktionistischen Individualismus argumentieren; ein Klassiker ist Trivers (1986). Gruppenselektion wird dann in beiden Wissenschaften mit „individualistischen" Argumenten abgelehnt, nur jeweils mit Bezug auf eine andere Ebene. Die in diesem Buch gegebene positive Begründung wurde in Herrmann-Pillath (2000, Kap. IV) entwickelt.

12 In der Evolutionsökonomik spielt diese Überlegung eine sehr große Rolle bei den amerikanischen Institutionalisten. Sie knüpfen an die These von Thorstein Veblen (u.a. 1914) an, daß die Motivationsgrundlage ebenso wie die systemischen Zusammenhänge beim Wettbewerb um Marktvorteile und bei der technologischen Entwicklung grundlegend verschieden seien. Dies schlägt sich, so Veblen, einer Sozialstruktur nieder, die in der modernen Industriegesellschaft die zwei großen Gruppen der „Ingenieure" und der „Manager" aufweist, deren Entscheidungskriterien unterschiedliche sind. Veblen glaubte daher, daß letzten Endes die technologische Entwicklung gehemmt würde. In den modernen Ansätzen wird von einem Gegensatz zwischen technischen und „zeremoniellen" Kriterien gesprochen; hierzu etwa Bush (1987). Ich diskutiere die evolutionsökonomische Interpretation Veblens ausführlicher in Herrmann-Pillath (2000, Kap. V).

13 Eine der frühen Anwendungen des Lebenszyklus-Konzeptes in der Wirtschaftstheorie ist das Marktphasenschema von Ernst Heuss (1965), der sicherlich als ein „deutscher Klassiker" der Evolutionsökonomik gewertet werden kann. Die evolutionstheoretische Erklärung der Vorteilhaftigkeit des Sterbens wird unter anderem von Alexander (1987) ausführlicher dargestellt.

14 Eine gut verständliche Einführung in das Konzept der Pfadabhängigkeit findet sich in Ackermann (2001), der sich auf die Pfadabhängigkeit von Institutionen konzentriert. Eine interessante und konkrete evolutionsökonomische Anwendung auf Agrarstrukturen (also ein technologisch weniger komplexes und daher gut überschaubares Feld) ist Balman (1995). Unsere Diskussion der Standardisierung berührt ein wichtiges Forschungsfeld, wo dieser Begriff eine große Rolle spielt; einführend hierzu ist der Band von Tietzel (1994) zu empfehlen, mit speziellerem Bezug zu Umweltstandards und technischen Standards auch Hawkins et al. (1995).

15 Das Konzept der System-Umwelt-Differenzierung spielt eine zentrale Rolle in der soziologischen Systemtheorie, die Niklas Luhmann (eine Synthese ist Luhmann, 1984) entwickelt hat. Die Bedeutung dieser Theorie für die Evolutionsökonomik ist umstritten, unter anderem weil sie radikal kommunikationstheoretisch argumentiert und Systeme von Individuen abstrahiert. Diese Kritik stößt sich aber oft nur an der eigenen Begrifflichkeit dieser Denkschule. Der in diesem Buch entwickelte Ansatz nimmt einige wesentliche ihrer Gedanken auf, vor allem hinsichtlich der Rolle der Selbstreferenz für die Ausdifferenzierung von Systemen. Unser nachfolgendes Argument bezüglich der Emergenz durch hyperzyklische Entstehung von neuen System-Umwelt-Grenzen ist stark von Küppers (1986) beeinflusst. Der Begriff der Emergenz wird zum Teil mit explizitem Bezug auf das Konzept des Netzwerks multidisziplinär diskutiert in Krohn/Küppers (1992).

IV. Strukturen

1. Grundlegendes

In diesem Kapitel wenden wir uns den Ergebnissen von Prozessen zu: Strukturen. Strukturen sind **in der Zeit stabile Konfigurationen von Elementen und Aktoren**: Sie sind der Reflex zeitlicher Ordnungen in materiell-energetischen Prozessen und von Transaktionen in Netzwerken. Mit Bezug auf die Aktoren sind Strukturen unmittelbar relevant für die Analyse von Zuständen, also der Beziehung zwischen Wissen und Vermögen. In Wirtschaftssystemen sind Strukturen zu einem großen Teil extrasomatisches nicht-referentielles Wissen. Insofern sind sie wesentliche Determinante der Handlungsfähigkeit von Aktoren. Umgekehrt betrachtet, sind Strukturen aber auch Reflex der kognitiven Aktivitäten der Aktoren. Denn nur durch Handlungen werden Strukturen von Wirtschaftssystemen in der Zeit stabilisiert. Daher spielt die Wahrnehmung von Strukturen eine zentrale Rolle bei deren Erklärung. Also ist es auch inhaltlich konsequent, wenn wir dieses Kapitel als Synthese der beiden vorherigen bezeichnen.

Structure and agency:
In der Soziologie wird diese Dualität gewöhnlich unter dem Dualismus von "structure and agency" betrachtet, einfach gesagt als exogene Handlungsdeterminante und endogene Entscheidung:
http://sociology.org.uk

Wir können diese Dualität von Struktur und Aktor in der allgemeinsten Weise als **Dualität von Regel und Regelmäßigkeit** auffassen. Strukturen sind Regelmäßigkeiten in Netzwerken und materiell-energetischen Prozessen, also wiederkehrende Ursache-Wirkungs-Zusammenhänge. Diese Zusammenhänge sind aber nicht unabhängig davon, ob mindestens ein Aktor die Regelmäßigkeit zu einer Regel abstrahiert hat im Sinne einer „wenn-dann" Beziehung: Regelmäßigkeiten setzen voraus, daß Wissen über die Struktur existiert, sei es referentiell, sei es nicht-referentiell. Dies ist jedoch eine wechselseitige, analytisch nicht separierbare Beziehung: Die Regelmäßigkeit ist selbst Wissen, setzt aber dynamisch die Differenzierung in Subjekt (Wis-

Natur-"gesetze":
Manche Naturwissenschaftler sind der Meinung, daß auch die Naturgesetze nicht unabhängig vom Beobachter sind:
http://www.helmut-hille.de/

Der Begriff des Wissens wurde detailliert im Kap. II entwickelt.

sen des Aktors über Regeln) und Objekt (Regelmäßigkeit) voraus.

Häufig werden mit dem Begriff der „Struktur" Konfigurationen angesprochen, die relativ große Bereiche des betrachteten Wirklichkeitsausschnitts erfassen: Es geht zum Beispiel um Institutionen wie den Kapitalmarkt, die für ganze Gesellschaften charakteristisch sind, oder weithin angewendete Basistechnologien wie den Verbrennungsmotor. Eine derart große Reichweite ist jedoch keine notwendige Eigenschaft von Strukturen und ergibt sich nur aus dem Umstand, daß diese speziellen Strukturen leicht beobachtbar sind. Strukturen finden sich aber auf jeder Betrachtungsebene: Zum Beispiel ist eine im Vergleich zur Umgebung langlebige Organisation eine Struktur, ebenso wie ein bestimmtes, ständig wiederkehrendes Transaktionsmuster in einer bestimmten Gruppe von Aktoren, beispielsweise eine Freundschaft.

Wir wollen unter Strukturen dreierlei verstehen. ***Lesehinweis 1***

Inkrementeller Wandel: Betrachten Sie eine Struktur wie die Ehe. Wie hat sich diese nach dem Zweiten Weltkrieg in Deutschland verändert? Welche Unterschiede gab es zwischen gesellschaftlichen Gruppen, Generationen oder Regionen?

- Strukturen sind relativ zu den betrachteten Prozessen stabil, weisen also eine **langsamere eigenzeitliche Rhythmik ihres Wandels** auf. Daher ist bei der Identifikation von Strukturen besonders auf die empirische Unterscheidung solcher Rhythmen zu achten: Jede Struktur wandelt sich natürlich, und wir müssen daher die eher marginalen von fundamentalen Änderungen differenzieren. Das Problem an dieser Stelle ist, daß in VSB-Prozessen jede marginale Änderung die Möglichkeit fundamentalen Strukturwandels in sich trägt. Daher sind Strukturen in wesentlicher Hinsicht **theoretische Größen**, die vom Wissenschaftler erst konstruiert werden. Die unmittelbare Beobachtung der Wirklichkeit verzeichnet nur ständigen, zumeist inkrementellen Wandel, wenn nur hinreichend weit disaggregiert wird. Als theoretische Größen besitzen Strukturen einen positiven ontologischen Status, d.h. ihnen wird **Existenz** im Sinne einer möglichen Ursache von Wirkungen zugeschrieben. Diese methodologische Position ist also eine emergentistische: Wichtige Formen der Strukturbildung haben wir also bereits kennengelernt, wie die hyperzyklische Bildung derivativer Aktoren.

- Ein entscheidendes Kriterium für die Identifikation von Strukturen ist die Tatsache, daß sie selbst eine Selektionsumgebung darstellen, also wesentliche Determinante von Prozeßverläufen sind. Insofern dient das VSB-Paradigma als ein theoretisches Instrument struktureller Analyse, indem es bestimmte Ursache-Wirkungs-Zusammenhänge identifiziert, die vor allem mit der zeitlichen Ordnung von Prozessen zusammenhängen, also ihren unterschiedlichen Eigenzeiten. Eine Struktur weist die Eigenschaft der inneren Selektion ihrer eigenen Variationen auf, in der Zeit also die Eigenschaft der Selbstreferentialität. Dieser Umstand ist eigentliche Ursache der langsameren **Eigenzeitlichkeit der Struktur**. So lassen sich beispielsweise bei einer Technologie bestimmte fundamentale Prinzipien identifizieren, die stets Anwendung finden müssen, soll die Technologie nicht gänzlich wirkungslos werden (zum Beispiel kann die Form der Flugzeugflügel nicht beliebig verändert werden). Andere Merkmale können variiert werden, solange sie nicht diese Prinzipien konterkarieren. In diesem Sinne ist also eine Struktur ein „Bauprinzip" des betrachteten Gegenstandsbereiches.

Bauprinzipien:
Das Bild der Bauprinizipen entstammt der Biologie, wo grundlegende organismische Merkmale bezeichnet werden, die für viele Arten gemein sind. Mit solchen Phänomenen beschäftigt sich die Morphologie: **http://www-groups.dcs.st-and.ac.uk/~history/Miscellaneous/darcy.html**

- Strukturen sind grundlegende Einheiten **nicht-referentiellen Wissens,** d.h. sie sind ihrerseits Elemente. Damit können sie wiederum Teil anderer Strukturen sein. Es ist also abhängig von der Fragestellung, wann ein bestimmtes Phänomen als Struktur und wann als Element betrachtet wird. Diese Aussage gilt aber auch für die Aktoren, die in den Strukturen handeln: Ein derivativer Aktor ist als Struktur interpretierbar, wenn es eine Klasse ähnlicher Aktoren gibt, und wenn wir uns für das Handeln der Aktoren interessieren, die zum derivativen Aktor gehören. Daraus ergibt sich, daß Strukturen im VSB-Paradigma auch als **Replikatoren** zu betrachten sind: In Prozessen der Selbstorganisation entstehen Strukturen, die dann aufgrund ihrer Selbstreferentialität die Funktionen von Replikatoren einnehmen. In Prozessen innerer Selektion werden Strukturen auf Prozesse projiziert und damit in der Zeit reproduziert.

- Es ist als zusätzlich entscheidend, daß und wie Strukturen durch die Aktoren wahrgenommen werden, und welchen Beitrag deren Handlungen zur Stabilisierung der Strukturen leisten. Ein einfaches Beispiel ist die Replikation von Tauschringen durch die Wiederholung der Transaktionen, weil die Aktoren den Tauschring als sozialen Tatbestand betrachten. Strukturen sind daher auch Wahrnehmungsmuster, die bestimmte Phänomene nach Ähnlichkeitskriterien ordnen, also Klassen von Phänomenen bilden. Bei der Identifikation von Strukturen muss daher immer auch gefragt werden, wie die menschliche Kognition zum Erhalt bestimmter Strukturen in der Zeit beiträgt. Im weitesten Sinne sind Strukturen daher „**Gestalten**".

Internet-Marktplätze: Betrachten Sie bekannte Internet-Marktplätze, die Formen der Qualitätssicherung und der Evaluation von Teilnehmern entwickelt haben. Wie haben sich diese als Struktur ausgebildet, und wie wirken diese Strukturen dann auf die Handlungen der Nutzer ein? **http://e-bay.de/**

Aufgrund der eigenzeitlichen Differenz müssen Strukturen immer in ihrer Zeitlichkeit betrachtet werden. Dies hat wesentliche Konsequenzen für die Offenlegung des in ihnen gespeicherten Wissens. Eine rein synchronische funktionale Analyse kann irreleiten, weil ihre Funktionalität für bestimmte Problemlösungen in vergangenen Selektionskontexten entstanden sein kann, die in der Gegenwart nicht mehr gelten. Derartige **Widersprüche zwischen vergangener und gegenwärtiger Funktionalität** sind eine der treibenden Kräfte strukturellen Wandels, da sie die Bedingungen des im einfachsten Falle zweistufigen Selektionsprozesses verändern: also der äußeren Selektion der Struktur und der inneren Selektion durch die Struktur.

Wir werden im Folgenden keine erschöpfende Liste von Strukturen betrachten, sondern nur solche, die für die Wirtschaft relevant sind. Selbst hier bestehen freilich grosse

Lücken, denn beispielsweise lassen wir ökologische Strukturen aus (die allerdings im späteren Abschnitt über Nachhaltigkeit angesprochen werden). Die Auswahl ist also subjektiv und mag durch andere Schwerpunktsetzungen erweitert werden. Die Folge der hier betrachteten Strukturen weist aber auch eine innere Logik auf, die sich aus ihrem Zusammenwirken ergeben. Dieses Zusammenwirken ist ein Systemphänomen eigener Art, nämlich der Ordnung.

> *Wir verstehen unter „***Ordnung der Wirtschaft***" eine* **Struktur der Strukturen** *von Institutionen, Technologien und Macht, die innerhalb eines bestimmten Zeitraums einen klaren räumlichen Bezug aufweisen, also an bestimmten Orten gelten. Institutionen wiederum bilden die Klammer zwischen Technologien und Macht. Die zentrale Bedeutung des Ordnungsbegriffs für die evolutorische Ökonomik leitet sich also aus dem allgemeinen Konzept der Struktur ab. Ordnungen sind bimodale Phänomene, insofern sie eine Einheit von Sinn und Funktion sind, also von in Strukturen gebundenem Wissen und materiell-energetischer Ordnung. Diese Bimodalität der Ordnung impliziert, daß Ordnung notwendig auch an die Wahrnehmung von Ordnung durch die Aktoren gebunden ist, deren Handlungen in Strukturen von Netzwerken eingebettet sind.*

2. Institutionen

a. Selbstorganisation von Netzwerken und Emergenz von Institutionen

Strukturen als Klassen von Konfigurationen. Wenn wir als ersten Typus von Strukturen Institutionen betrachten, dann deshalb, weil wir annehmen, daß Institutionen die Schlüsselstruktur der Wissensverarbeitung in menschlichen Gesellschaften sind und eine wesentliche Rolle in der Bewahrung von Wissen spielen. Institutionen sind **Replikatoren des Wirtschaftssystems** in dessen Netzwerken. Wir werden sehen, daß Technologien die entsprechende Rolle im Kontext materiell-energetischer Strukturen spielen. *Lesehinweis 2*

Institutionen sind **Konfigurationen von Netzwerken**, *die bestimmte Verläufe von Transaktionen gegenüber anderen auszeichnen, und in der Zeit stabil sind. Es handelt sich im weitesten Sinne um* **Regelmäßigkeiten** *von Transaktionen innerhalb einer bestimmten Population von Aktoren, die diese Regelmäßigkeit als* **Regel** *wahrnehmen. Institutionen sind gleichsam geronnenes Wissen über die Durchführung von Transaktionen, also spezifische Elemente, die Wissen speichern und übertragen, indem sie die Wiederholung von Transaktionen induzieren.*

Institutionen sind allerdings klar von den realisierten Netzwerk-Konfigurationen zu unterscheiden und als Struktur eine **theoretische Kategorie**, *d.h. die Analyse von Institutionen erfordert den Bezug auf die Wahrnehmung der Aktoren ebenso wie die Reflektion der theoretischen Rekonstruktion durch den Beobachter.*

Replikator und Element:
Gehen Sie zu den entsprechenden Kapiteln zurück und diskutieren Sie die Beziehung zwischen diesen beiden Konzepten! Verwenden Sie dabei der Begriff der „Regel".

Im Kontext des VSB-Paradigmas sind also Institutionen **Replikatoren** *und die realisierten Konfigurationen die Interaktoren. Da die Konfigurationen Elemente und Aktoren einschliessen, ergibt sich eine direkte Beziehung zur selektiven Hierarchie von Interaktoren, da Institutionen auf Popu-*

lationen von Aktoren bezogen sind, die in ihren Handlungen der Regel der Institution folgen. Jede Struktur definiert also auch System-Umwelt-Grenzen in Netzwerken.

Um ihren Charakter besser zu verstehen, muß deutlich zwischen Regelmäßigkeiten unterschieden werden, die sich in einer ursächlich verketteten Folge von Transaktionen einstellen, und solchen, die sich durch Ähnlichkeit von bestimmten Konfigurationen ergeben, deren Transaktionen nicht untereinander ursächlich verkettet sind. Zum Beispiel kann ein Aktor aufgrund bestimmter vergangener Erfahrungen die Gewohnheit entwickeln, vorzugsweise mit einem bestimmten anderen Aktor zu transagieren. Damit wird ein bestimmtes Muster in den betreffenden Netzwerken ausgezeichnet, das in einem direkten Wirkungszusammenhang mit den vergangenen Transaktionen steht. Das Muster wird aber nicht auf andere Netzwerke und Transaktionen übertragen, bleibt also idiosynkratisch im Sinne einer individuellen Gewohnheit.

Grenzen durch Institutionen: Man kann Institutionen als Standards im Sinne des dritten Kapitels auffassen. Wie läßt sich auf diese Weise die Grenzziehung durch Institutionen erklären?

Ähnlichkeit von Transaktionen: Frau Müller geht gewöhnlich stets zum selben Gemüsehändler auf dem Wochenmarkt, der immer rege besucht ist. Wo ist eine Institution?

Nur solche Regelmäßigkeiten sind Institutionen, die von einer Netzwerkkonfiguration auf andere übertragen werden, innerhalb einer bestimmten Population also generischen Charakter erhalten bzw. verallgemeinert sind. Institutionen sind also **Klassen von Netzwerk-Konfigurationen.**

In unserem Beispiel würde also der Keim einer Institution entstehen, sobald andere Individuen beginnen, aufgrund von Beobachtung eine ähnliche Transaktionsgewohnheit zu entwickeln.

Dann wird sofort deutlich, daß die **Wahrnehmung von Ähnlichkeiten der Konfigurationen** unbedingt eine notwendige Voraussetzung von Institutionen darstellt: Institutionen sind daher notwendig auch **kognitive Regelmäßigkeiten**.

Institutionen sind Regelmäßigkeiten in Netzwerken, die mit kognitiven Regelmäßigkeiten korrelieren: Dies sind von Aktoren konstruierte Regeln. Eine Regel ist ein kognitives Schema, wenn es eine individuell wahrgenommene Regel-

Konstruktion von Regeln: Sicherlich haben Sie bei Besuchen in anderen Ländern Sitten und Gebräuche beobachtet, die Sie nicht gleich verstanden haben. Woran erkennen Sie solche Regelmäßigkeiten? Wann sind Sie in der Lage, diese selbst nachzuvollziehen? Ein Beispiel ist etwa die Befolgung eines unbekannten religiösen Rituals. Welche Rolle spielt die Interpretation?

mäßigkeit ist, und ein **Typus kognitiver Schemata**, *wenn es sich um eine wahrgenommene Regelmäßigkeit handelt, die gemeinsame Eigenschaft der Aktoren einer Population ist: Institutionen sind* **gemeinsames Wissen** *der Aktoren. Der Typus kann auch als* **Gestalt** *von Konfigurationen bezeichnet werden (im Sinne der Gestaltpsychologie). Die Institutionenanalyse kann daher grundsätzlich nicht nur auf der Beobachtung von Regelmäßigkeiten durch den Wissenschaftler beruhen, sondern muß in dem Sinne eine „teilnehmende" sein, daß mit den beobachteten Aktoren über deren Wahrnehmung der Konfigurationen kommuniziert wird. Jede Befolgung von Institutionen ist daher auch* **Interpretation** *durch Aktoren und Beobachter.*

Aus diesen Kennzeichnungen ergibt sich also, daß Institutionen eine Form der Selbstorganisation von Netzwerken sind. Es handelt um eine Ausprägung des **Hyperzyklus**, bei dem die externen Effekte über die kognitiven Mechanismen erfolgen, also nicht über materiell-energetische Interdependenzen. Der **externe Effekt** besteht in der Zustandsänderung eines Aktors durch die Beobachtung der Handlungen anderer Aktoren, d.h. zunächst vor allem der Veränderung seines Wissens. Der Hyperzyklus wird zur Struktur, wenn die wechselseitige Beobachtung der Aktoren zur Folge hat, daß eine bestimmte Konfiguration in der Zeit durch deren Handlungen reproduziert wird.

Wir können die grundlegenden Merkmale von Institutionen in Abbildung 23 zusammenfassen, die direkt an Abbildung 5 anknüpft. Dabei bilden wir die kognitiven Prozesse durch die überlappenden Wahrnehmungsfelder ausgewählter Aktoren ab (schraffiertes Feld als kognitives Schema). Dieselbe Konfiguration wird in drei unterschiedlichen Netzwerkabschnitten (Aktoren *A*, *B* und *C* aktualisiert, ist aber potentiell auch bei anderen Aktoren (z.B. *D*) präsent und kann gegebenenfalls aktualisiert werden.

Abbildung 23: Institution, Struktur und kognitives Schema

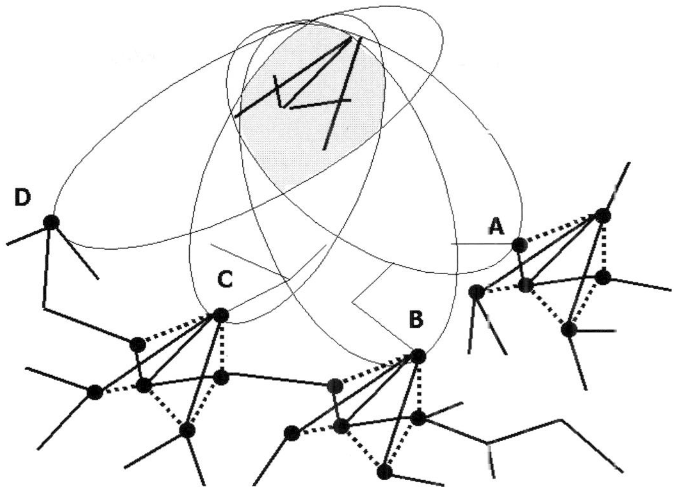

Hyperzyklische Dynamik in Populationen. Die Wechselwirkung zwischen realisierten Konfigurationen und kognitiven Schemata wird sofort evident, wenn wir genauer betrachten, wie die Stabilisierung institutioneller Strukturen eigentlich stattfindet. Dazu betrachten wir das Beispiel einer Handels-Transaktion, bei der der Verkäufer (Aktor *A*) bestimmte Qualitätsaussagen kommuniziert, die er mit einem individuellen Garantie- und Haftungsversprechen absichert. Aktor *B* vertraut daher *A* und setzt seine Transaktionen auch in der Zukunft fort, wenn seine Erwartungen nicht enttäuscht werden. Dies ist solange eine idiosynkratische Regelmäßigkeit, als nur *B* dieser Regel folgt, die in seiner individuellen Erfahrung wurzelt, also einer kognitiven Konstruktion, die in die Zukunft projiziert wird; es handelt sich also auch um eine Form zeitlicher Ordnung, in der eine Verbindung zwischen Erwartungen und Wiederholung von Transaktionen hergestellt wird. Nun sind **drei Schritte der Verallgemeinerung** denkbar.

Entstehung von Institutionen:
Versuchen Sie, die folgenden Argumente selbst durch Beispiele zu illustrieren.

Ursache und Wirkung:
Könnte man sagen, daß über die Erwartungen die Zukunft als Ursache auf die Gegenwart wirkt?

Externe Effekte:
Gehen Sie zurück zu Abbildung 7. Wie müssen die Wahrnehmungs- und Kommunikationsfelder genauer beschrieben werden, um den nebenstehenden Sachverhalt zu fassen?

Der erste besteht in der **Replikation** der Ausgangstransaktion in einer Population. Zum einen können andere Aktoren die erfolgreichen Transaktionen zwischen *A* und *B* beobachten und daher zu dem Schluss kommen, auch selbst mit *B* transagieren zu wollen. Es bilden sich dann **Konfigurationen** aus, bei denen *B* im Mittelpunkt steht. Wesentlich ist auch hier wieder, daß bei *C,...., N* Erwartungen aufgrund der Wahrnehmung der Transaktion *AB* gebildet werden, die Handlungen also in die Zukunft greifen. Wir stellen also fest, daß Regelmäßigkeiten **Erwartungsicherheit** erzeugen, und daß diese Erwartungen Reflex des in der Regelmäßigkeit gespeicherten Wissens sind. Dazu muß den Individuen *C,..., N* gar nicht bekannt sein, worin eigentlich die Vertrauenswürdigkeit von *A* beruht. Es ist ausreichend, daß die Beobachtung der Transaktion *AB* sie zur Imitation veranlasst, und daß ihre Erwartungen in einer Weise bestätigt werden, daß sie die Transaktionen ebenfalls wiederholen. Sie müssen beispielsweise nicht wissen, wie *A* eigentlich die Qualität seiner Waren sichert. Wir sehen also, daß die Regelmäßigkeit selbst zu einem Träger nicht-referentiellen Wissens der Aktoren *C,...N* wird. Insbesondere ist der subjektiv wahrgenommene Grund, den die Aktoren für die Regelmäßigkeit nennen, nicht die eigentliche Ursache der Regelmäßigkeit (die ja nur aufrecht erhalten bleibt, wenn ihre Erwartungen nicht enttäuscht werden). Genau darin liegt deren Funktionalität, weil die Aktoren offenbar in erheblichem Umfang Informationskosten einsparen; denn sie brauchen sich nicht über die tatsächlichen Ursachen der Qualitätssicherheit informieren. Wir halten fest:

Expansion:
Erklären Sie die Etablierung von führenden Internet-Marktplätzen als Hyperzyklus.
http://www.si.umich.edu/~presnick/papers/ebayNBER/RZNBERBodegaBay.pdf

> *Die Bildung von Institutionen beginnt mit dem Auftreten* **positiver externer Effekte**, *die durch die Wahrnehmung von regelmäßigen Transaktionserfolgen anderer Aktoren vermittelt werden. Der externe Effekt beruht zum einen auf der gesteigerten Erwartungssicherheit für die wahrnehmenden Aktoren, wenn diese der Regelmässigkeit folgen, indem sie die Regel konstruieren und annehmen. Er erleichtert aber*

auch neue Transaktionen für den ursprünglichen Verursacher, ohne daß dieser eigens dafür Anstrengungen unternehmen muss. Dies ist die **einfachste Form hyperzyklischer Schliessung in Netzwerken.**

Der Begriff des Hyperzyklus wurde in Kap. III, 6 erläutert.

Daraus ergibt sich nun, daß *A* in seiner Handlungsfreiheit zunehmend eingeschränkt wird, denn eine Enttäuschung der Erwartungen, die andere Aktoren an ihn richten, ist mit wachsenden Kosten verbunden (wegen der andernfalls scheiternden Transaktionen). Die Regelmäßigkeit wird zu einer Struktur, die das Verhalten von *A* intern selektiert. Das kann im Extremfall bedeuten, daß *A* sich überhaupt nicht mehr anders verhält, egal mit welchem Aktor er interagiert, also sein eigenes Qualitätsversprechen zu einer absoluten Verhaltensbindung wird: Es tritt also eine Art „Sperrklinken-Effekt" auf. Voraussetzung ist erneut ein kognitiver Prozeß: *A* muß wissen, daß die wachsende Zahl seiner Kunden in seiner **Reputation** begründet ist, und er muss ein kognitives Schema entwikkeln, das diese Reputation ursächlich mit bestimmten seiner Handlungen in Verbindung bringt, die vielleicht durch keinen anderen Aktor beobachtet werden können.

Selbstbindung: Die Akteure nehmen nicht wahr, was *A* tatsächlich tut; was geschieht, wenn ein Tausch vorliegt, bei dem eine analoge Qualitätsunsicherheit auch für A besteht, was die Tauschobjekte von *B, C,...N* angeht? Liegt hier ein Gefangenendilemma vor?

Der beschriebene Zusammenhang ist ein **Populationsphänomen** und weist daher in den konkreten Verläufen häufigkeitsabhängige Phänomene auf, und zwar insbesondere dann, wenn *A* sein Qualitätsversprechen nicht immer, sondern nur in der Mehrzahl der Fälle einhält. Dann hängt der Verlauf der Regelmäßigkeit stark von den individuellen subjektiven Wahrscheinlichkeiten ab, die beobachtende Aktoren über das Verhalten von *A* bilden, also unter anderem von der Reichweite der verschiedenen Wahrnehmungsfelder (Beobachtung der Transaktionen von *A* mit anderen Aktoren) und Kommunikationsfelder (Austausch von Informationen über das Verhalten von *A* zwischen den anderen Aktoren). Daraus ergibt sich, daß die Ausbildung der Regelmäßigkeit kein notwendiger Prozeß ist, sondern beispielsweise durch **kritische Masse-Phänomene** bedingt ist. Kleinere Unter-

Beobachtungen: Welchen Unterschied macht es, ob die Tauschpartner von A sich sämtlich gegenseitig beobachten können, oder nur Teilmengen? Welches Problem entsteht, wenn die Aktoren nur beobachten können, aber nicht miteinander kommunizieren?

schiede zwischen den Verhaltensdeterminanten können also die Ausbildung verhindern oder begünstigen.

Der zweite Schritt der Strukturbildung geschieht durch die Übertragung von Konfigurationen wegen der **strukturellen Ähnlichkeit von Verhaltenserwartungen** in einer Population. Es trete Aktor *D* auf, der ein ähnliches Produkt wie Aktor *A* verkaufe. Will er Kunden von *A* attrahieren, muß er ähnliche Garantieversprechen abgeben (oder einen niedrigeren Preis verlangen). Wenn *D* zur selben Strategie greift, ist die Regelmäßigkeit über Wahrnehmung auf eine andere Netzwerkkonstellation übertragen worden, und zwar nachfrageseitig, also über die Erwartungen der Kunden, die von *D* ein ähnliches Verhalten wie von *A* erwarten. Man beachte, daß hier der Übergang erfolgt von ursächlich verknüpften Transaktionen zu einer reinen Übertragung von Konfigurationen aufgrund der Ähnlichkeit. Hinreichend wäre nämlich beispielsweise, daß eine Gruppe potentieller Kunden, die noch nie mit *A* transagiert haben, dennoch dessen Transaktionen beobachtet haben und nun an *D* vergleichbare Erwartungen richten. Diese Erwartungen führen also zu einer **Klassenbildung über Konfigurationen,** die in kausal unverbundenen Netzwerken eine Reproduktion der Strukturen bedingen. Ein wesentlicher Mechanismus ist die Festlegung von **Rollen** der Aktoren in solchen Konfigurationen, die durch die Verhaltenserwartungen (also nicht primär durch die Rollenträger selbst): Sobald ein Aktor in die entsprechende Position von Konfigurationen tritt, wird die Verhaltenserwartung für ihn zu einer Verhaltensbindung, und die Regelmäßigkeit wird übertragen.

Übertragung von Erwartungen:
Betrachten Sie das Beispiel einer marktführenden Marke. Welche Imitationswirkungen treten auf? Wie wird der Markt weiter strukturiert, wenn andere Anbieter den Qualitätsstandards aus Kostengründen nicht folgen wollen?
Beachten Sie das Problem der Interpretation von Beobachtungen.

Klassen und „Klassen":
Recherchieren Sie im Internet Marketing-Strategien von Automobilproduzenten, die sich in bestimmten Automobil-Klassen positionieren wollen.
http://www.phaeton.de/

Dabei ist noch als wesentlich zu notieren, daß für eine Stabilisierung der Struktur nicht notwendig der Fall sein muß, daß *D* dieselbe Methode der Qualitätssicherung wie *A* verwendet. Es zählt nur die Erfüllung, so daß im Ergebnis ähnliche Regelmäßigkeiten mit ganz unterschiedlichen realen Prozessen in Teilbereichen einher gehen können. Damit werden also Variationen der Prozesse nicht ausgeschlossen, sondern im Gegenteil ermöglicht, weil es erhebliche Freiheitsgrade des wirksamen Wissens gibt. Dies ist besonders wichtig für den Zusammenhang zwischen Technologie und Institutionen, weil auf diese Weise funktional äquivalente Technologien entdeckt werden können.

Funktionale Äquivalenzen: Wann müssen Sie als Kunde wissen, wie ein Produkt hergestellt wurde, und nicht nur, welche Eigenschaften es hat?

Der dritte Schritt besteht dann in der **Abstraktion von Gestaltmerkmalen der Transaktion,** der entsprechenden Rekonstruktion einer Regel und deren Übertragung auf andere Transaktionen. Wir haben bislang unterstellt, daß es sich um ein ähnliches Produkt handelt bzw. eine ähnliche Tätigkeit. Denkbar wäre ein dritter Schritt der Verallgemeinerung, nämlich die Übertragung des Garantieprinzipes also solchem auf alle anderen Transaktionen. Es handelt sich hier um ein anderes Abstraktionsverfahren, also eine andere Konstruktion kognitiver Schemata, die an Gestaltmerkmalen der Ursprungstransaktion ansetzt. Im ersten Schritt wurde über das Verhalten des Aktors verallgemeinert, im zweiten Schritt setzte die Verallgemeinerung an den Gegenständen der Transaktion an, und im dritten an Transaktionsformen. Hier sind die Grenzen natürlich fliessend, weil es auch enge ursächliche Zusammenhänge zwischen Transaktionsformen und Produktklassen geben kann. Allerdings ist die kognitive Leistung eine unterschiedliche, wobei der dritte Schritt der komplexeste ist, denn er bedeutet die **theoretische Konstruktion der Struktur**, die den Transaktionen zugrunde liegt, durch die Aktoren, und ihre Umsetzung in ganz anderen Situationen mit anderen Aktoren und Transaktionsgegenständen. In diesem Fall ist die konstruierte Regel als referentielles Wissen verfügbar, während in den anderen Fällen die Imitation auch in Form nicht-referentiellen Wissens erfolgen kann.

Übertragung von Institutionen
Kennen Sie Fälle aus der Praxis, wo bestimmte firmen- oder branchenspezifische Verkaufsarrangements zu Institutionen wurden, die dann weithin kopiert wurden? **http://www.abseits.de/fastfood.htm**

Damit haben wir an einem Beispiel gezeigt, wie die Emergenz von Institutionen stattfindet.

Wesentlich für alle Schritte ist letzten Endes die **Selbstbindung der Aktoren an die Institution über kognitive Schemata**. *Daraus entsteht ein Zusammenhang zwischen Regelmässigkeit und Regel. Diese kognitive Schemata diffundieren in der Population und bilden die Basis für gemeinsame Verhaltenserwartungen (gemeinsames Wissen). Die Diffusion ist ein häufigkeitsabhängiger Prozeß, d.h. es ist nicht notwendig, daß alle Mitglieder der Population immer der Regel folgen. Der gesamte Prozeß ist eine Form der Selbstorganisation durch hyperzyklische Schliessung.*

Abbildung 24: Emergenz und Selbstorganisation von Institutionen

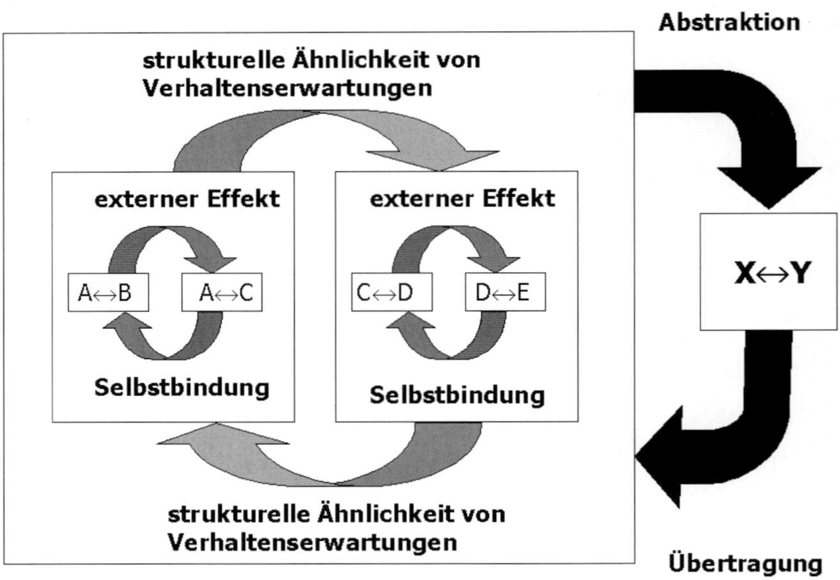

Den Prozeß der institutionellen Selbstorganisation faßt Abbildung 24 nochmals zusammen. Der erste Schritt führt über die externen Effekte zwischen der Transaktion *A↔B* und der Transaktion *B↔C* zur Selbstbindung von *A*.

Die Beobachtung dieser Regelmäßigkeit etabliert ein kognitives Schema, das auf der strukturellen Ähnlichkeit von Verhaltenserwartungen basiert. *C* erwartet von *D* bei derselben Art von Transaktion dasselbe Verhalten wie von *A*. Dann wird *D* gegebenfalls erneut über externe Effekte zu einer Folgetransaktion *D*↔*E* und zur Selbstbindung veranlaßt. Die Abstraktion geschieht durch die Ablösung der Merkmale der Transaktion von Gegenstand und Aktoren, hier einfach als X↔Y dargestellt. Das System ist in der Abbildung rekursiv geschlossen, d.h. die Abstraktion wird auf das Ursprungssystem zurückprojiziert. Wie vorher erläutert, bezieht sich dies aber auch auf andere Aktoren und Transaktionsgegenstände. Für diese anderen Bereiche gelten allerdings wieder die skizzierten Zusammenhänge, also die beiden Schritte der externen Effekte und der Übertragung durch strukturelle Ähnlichkeit.

Institutionen als Sprachspiele:
Im zweiten Kapitel hatten wir das Konzept des Sprachspiels eingeführt. In welchem Sinne können wir Institutionen auch als Sprachspiele auffassen? Beachten Sie dabei den Zusammenhang zwischen der Bedeutungsebene und der Ebene der Handlungen.

Die kognitiven Schemata in unserem Beispiel wirken nun in einer Weise, die es letztlich auch zum Eigeninteresse der Aktoren werden lassen, der Institution zu folgen. Solche Institutionen sind selbstverstärkend oder selbststabilisierend. Dies ist jedoch nicht der einzige Weg der Stabilisierung von Institutionen.

Konventionen, informale und formale Institutionen. Wir können nun verschiedene Phänomene definitorisch zu trennen, die herkömmlich Gegenstand der Analyse von Institutionen sind. Was wir im vorherigen Abschnitt betrachtet haben, ist der Prozeß der „Institutionalisierung" als eine Form der **Strukturierung**, also der Emergenz von Strukturen. Wir wollen nun im ersten der beschriebenen Schritte noch nicht von Institutionen sprechen. Es handelt sich dort um Regelmäßigkeiten, die spezifisch für die jeweilige Gruppe von Aktoren sind, und die selbständig aufrechterhalten bleiben, wenn sie erst einmal entstanden sind. **Konventionen** dieser Art spielen in vielen Situationen eine Rolle, wo Koordination im In-

Konventionen, Normen, Regeln....:
Diese Begriffe werden in den Wirtschaftswissenschaften manchmal ziemlich unterschiedlich verwendet:
http://www.stanford.edu/~aoki/ec292-00.htm

teresse aller ist, wie im klassischen Beispiel der „Rechtsfahr-Regel" im Strassenverkehr.

> *Regelmäßigkeiten, deren Auftreten an bestimmte Gruppen von Aktoren gebunden sind (die auch als Rollen in Gruppen definiert sein können), und die ausschliesslich durch* **eigeninteressierte Selbstbindung** *stabilisiert werden, nennen wir* **Konventionen**. *Eine Konvention wird durch innere Selektion ihrer Struktur zu einem gemeinsamen Merkmal der Verhaltens in einer Population. Die kognitiven Schemata von Konventionen ergeben sich – unter Berücksichtigung möglicher Häufigkeitsabhängigkeiten – durch* **Induktion** *als kognitiven Prozeß, also die Bildung von Erwartungen durch Extrapolation vergangener Erfahrungen.*

Induktion und Deduktion:
Können Sie diese beiden Begriffe definieren?
http://trochim.human.cornell.edu/kb/dedind.htm

Im zweiten Schritt sehen wir ein Beispiel für **„informale Institutionen"**, im dritten für **„formale Institutionen"**. Sie unterscheiden sich durch die kognitiven Mechanismen, die der Strukturbildung zugrundeliegen, und die Weise, wie die Regelmäßigkeit stabilisiert wird.

Es besteht ein enger Zusammenhang mit unserer Darstellung der Entstehung von formalen Organisationen als derivativen Aktoren in Kap. II, 5.

Die Unterscheidung zwischen „formalen" und „informalen Institutionen" hat sich inzwischen in der Wirtschaftswissenschaft weithin durchgesetzt, ist aber keinesfalls eindeutig. Bezieht man die Konventionen mit ein, so wird in der Regel als ein zentrales Unterscheidungsmerkmal die Art und Weise betrachtet, wie Abweichungen des realisierten Verhaltens von den Regelmäßigkeiten sanktioniert bzw. korrigiert werden. Aus evolutionsökonomischer Sicht sind sind Sanktionen nur eine Form von Selektionsmechanismen, die im Zusammenhang von Institutionen zu beachten sind.

> *Formale und informale Institutionen werden durch* **äußere Selektion in Netzwerken** *stabilisiert, d.h. in der Regel, es gibt erkennbare Sanktionen abweichenden Verhaltens einzelner Aktoren durch andere Aktoren. Innere Selektion ist also gleichbedeutend mit der Kanalisierung des Verhaltens durch Selbstbindung, äußere Selektion mit der Kanalisierung aufgrund von speziellen Transaktionen in Netzwerken,*

> *den* **Sanktionen**. *Sanktionen sind deshalb als äußere Selektion einzustufen, weil sie nicht direkt durch die sanktionierten Aktoren beeinflussbar sind, d.h. es liegt eine System-Umwelt-Grenze vor, die selbst eine Institution ist.*

In der Literatur wird der Unterschied zwischen informalen und formalen Institutionen in der Weise gezogen, daß nur formale Institutionen auch organisierte und schriftlich fixierte Formen der Sanktion kennen. Das bei weitem wichtigste Beispiel für eine solche Sanktionsform ist das **Recht**. Formale Institutionen weisen darüber hinaus ihrerseits formal institutionalisierte Selektionsmechanismen auf. Wir wollen hier nur die grundsätzliche Feststellung treffen, daß die Formalisierung zu irgendeinem Zeitpunkt durch bewußte Setzung erfolgt. Dieser Punkt wird uns im Abschnitt über Macht noch ausführlich beschäftigen. Setzung kann durch Einigung der Gruppe (Konsens) oder durch Oktroi (Hierarchie) erfolgen. In jedem Fall ist erforderlich, daß außer der eindeutigen Erfassung der Institution (etwa durch einen Text) auch **Mechanismen der regelgeleiteten Interpretation und der Durchsetzung** existieren, also sozusagen der pragmatischen Umsetzung der kognitiven Deduktion. Zum Beispiel Rechtsnormen sind im Allgemeinen schriftlich fixiert und einem geregelten Verfahren der Anwendung unterworfen (z.B. Gerichte). Es gibt außerdem Organisationen, die eine Durchsetzung gegebenfalls gegen den Willen eines Aktors ermöglichen.

Formale und informale Institutionen:
Stellen Sie eine Liste von informalen und formalen Institutionen aus Ihrer persönlichen Erfahrung zusammen. Wenden Sie die nachfolgenden Überlegungen auf diese Beispiele an und korrigieren Sie gegebenfalls Ihre Liste!

In unserer Darstellung des Institutionalisierungsprozesses kam allerdings ein anderer Aspekt hinzu, nämlich die Unterscheidung zwischen der **Verallgemeinerung von Transaktionen nach dem Transaktionsgegenstand und nach dem Transaktionstyp**. Diese Unterscheidung ist nur dann deckungsgleich mit jener zwischen „formal/informal", wenn Formalität eine notwendige Bedingung für die Verallgemeinerung nach dem Transaktionstyp ist. Dies läßt sich insofern unterstellen, als die Abstraktion nach dem Typ eine Leistung ist, die nur unter

Verwendung von symbolischen Darstellungsmedien nachvollziehbar und vor allem kommunizierbar ist, während der Ansatz beim Transaktionsgegenstand in der Regel über direkte Analogien möglich ist. Damit berührt diese Unterscheidung graduell auch die Differenzierung zwischen referentiellem und nicht-referentiellem Wissen.

Deduktion und Institution: Betrachten Sie das BGB und seine Vorgehensweise bei der Abgrenzung unterschiedlicher Arten von Geschäften. Wie werden solche Kriterien in der Praxis umgesetzt? Welche Bedeutung besitzt die Festlegung bestimmter Rollen (etwa von Kaufmännern) für die Anwendung der Rechtsnormen?

Die Analogiebildung findet in der Weise statt, daß Ähnlichkeiten zwischen Gegenständen für die Verhaltenserwartung zugrundegelegt werden, d.h. es gibt bestimmte Kriterien, nach denen eine solche Ähnlichkeit festgestellt wird (also zum Beispiel, was alles als Gebrauchtwagen zu betrachten ist, so daß gewisse Usancen für alle Transaktionen geltend werden, die Gebrauchtwagen zu Gegenstand haben). Bei der Deduktion müssen hingegen aktors- und gegenstandsunabhängige Kriterien der Ähnlichkeit von Transaktionen angelegt werden, und zwar in Verbindung mit Kriterien der Anwendung. Dies erfordert in der Regel eine **simultane Abstraktion über Klassen von Aktoren und Gegenständen**.

> *Der Unterschied zwischen formalen und informalen Institutionen besteht darin, daß unterschiedliche kognitive Prozeduren notwendig sind, um* **gemeinsames Wissen der Aktoren über die Regelmäßigkeiten** *zu generieren: Dies ist gleichbedeutend mit der Diffusion einer Regel in einer Population und des Wissens der Regelanwendung. Idealtypisch können informale Institutionen als nicht-referentielles, formale als referentielles Wissen identifiziert werden, wobei in der Realität die Übergänge fliessend sind. Formale Institutionen beruhen auf symbolisch verallgemeinerten Konzepten, während informale Institutionen im wesentlichen noch auf* **Induktion** *beruhen. Die Verallgemeinerung nach dem Gegenstand ist eine Analogiebildung, während die Verallgemeinerung nach dem Typus auf dem Wege der* **Deduktion** *erfolgt. Das Recht ist eine dementsprechend systematisierte Form der Wahrnehmung und Kommunikation von Sachverhalten in Netzwerken zwischen den Aktoren.*

Abbildung 25: Charakteristika von Konventionen und Institutionen

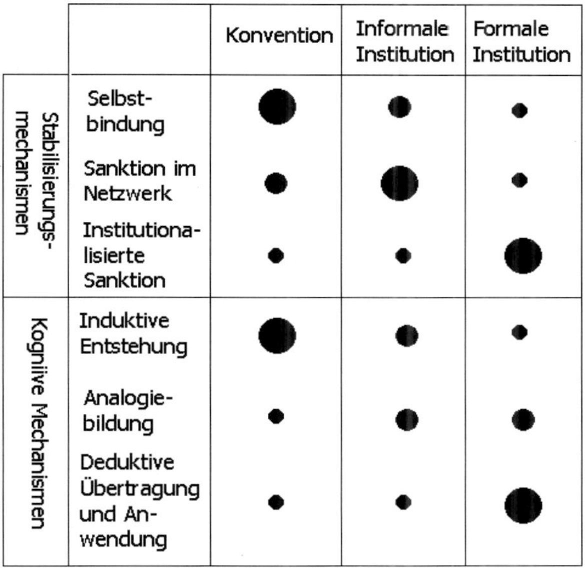

Fassen wir die bislang genannten, verschiedenen Merkmale von Institutionen in Abbildung 25 zusammen. Wie gesagt, gibt es Übergangsformen zwischen allen Institutionen, sodaß wir mit der Größe der Punkte die jeweilige Wichtigkeit des Kriteriums für die Charakterisierung der Institution signalisieren.

b. Selektion und Stabilisierung von Institutionen

Umwelt und Institutionen. Wenn im folgenden von äußerer Selektion gesprochen wird, so ist zu betonen, daß dies nicht gleichbedeutend mit einem mechanischen Prozeß ist, der durch materiell-energetische Umweltbedingungen angestossen wird; denn es gibt keine automatische Rückkopplung zwischen Anwendungsbedingungen und Institution (wie im Falle der direkten Wirkung etwa von Klimabedingungen auf Pflanzen). Äußere Selektion von Institutionen erfolgt an endogenen System-Umwelt-Grenzen innerhalb von Netzwerken.

> *Äußere Selektion von Institutionen erfolgt immer in Netzwerk-Zusammenhängen, bei denen Verhaltens-Variationen durch endogene Prozesse im Netzwerk selektiert werden, deren Verursachung allerdings in äußeren Einwirkungen liegen kann. Jede denkbare Form von Selektion ist über die Wahrnehmung durch die Aktoren vermittelt, deren Handlungen erst die Regelmäßigkeit reproduzieren. Die Selektion durch die materiellen Umweltbedingungen wirkt also nur indirekt über die Wahrnehmung und die angestossenen Handlungen von Aktoren. Dies gilt insbesondere für die Sanktionen als wichtigstem Selektionsmechanismus in Netzwerken.*

Humanökologie: Gesellschaften von Jägern und Sammlern weisen institutionelle Regulierungen der Beuteteilung, Wassernutzung etc. auf, die durch Sanktionen stabilisiert werden. Nun könnte ja auch behauptet werden, daß diese Sanktionen direkt auch die möglichen materiell-energetischen Nachteile einer Regelverletzung abbilden, also eigentlich die äußere Selektion durch die materiell-energetische Umwelt reflektieren. Was meinen Sie? **http://www.bioanth.org/**

Diese Aussage mag einerseits selbstverständlich wirken, ist es aber in keiner Weise. Es gibt verschiedene Theorien über Institutionen, die unmittelbar an der Frage ansetzen, wie Institutionen bestimmte Probleme lösen, die durch die Umwelt definiert sind. Dies sind vor allem humanökologische Theorien, die beispielsweise bestimmte Rituale durch ihre ökologische Funktionalität erklären, aber auch ökonomische Theorien wie die elementare Theorie der Eigentumsrechte, die deren Entstehung auf zunehmende Knappheit der jeweiligen Ressourcen zurückführt. ***Lesehinweis 3*** Alle diese Theorien übersehen den Grundtatbestand, daß solche Umweltfaktoren immer nur durch Handlungen in Netzwerken zum Tragen kommen, und daß diese wiederum wahrnehmungsabhängig sind.

Dies schliesst aber umgekehrt nicht aus, daß Institutionen eine solche Funktionalität besitzen. Vielmehr müssen wir im Sinne der Analyse von Bedürfnissen im zweiten Kapitel Institutionen in den Bereich der extrasomatisch/nicht-referentiellen Bedürfnisse als Wissensform einordnen. Das bedeutet, durch Institutionen entstehen gewisse Handlungsbindungen, d.h. es entstehen abgeleitete Bedürfnisse der Erfüllung bestimmter, durch die Institution gesetzter Handlungsziele. Dies ist der Bereich der inneren Selektion. Das der Institution innewohnende Wissen ist aber wiederum selbst durch äußere Selektion bestimmt, d.h. es kann wiederum auf seine Funktionalität hin befragt werden, im Sinne der grundlegenden Funktionalität des evolutorischen Prozesses.

In Kap. VI, 2 analysieren wir die traditionelle chinesische Wirtschaft als Beispiel für ökologische und politische Anpassung an Umweltbedingungen.

Anders gesagt, betrachten wir bei der Analyse der inneren Selektion die **proximaten**, bei der Analyse der äußeren die **ultimaten Ursachen von Institutionen**. Dennoch gilt aber, daß die Stabilisierung von Institutionen in der äußeren Selektion nur über die Prozesse in Netzwerken und durch die Handlungen der Aktoren erfolgen kann. Einen direkten Umwelteinfluss kann es nicht geben.

Singularität und Selektion: Betrachten Sie eine einfache Institution wie den Zebrastreifen im Strassenverkehr und analysieren Sie die Rolle von Wahrnehmungen, Sanktionen und individuellen Variationen bei der Stabilisierung dieser Institution. Bekanntlich gibt es erhebliche Unterschiede zwischen Ländern, die sämtlich diese formale Institution aufweisen. Improvisieren Sie eine Erklärung!

Diese Rolle von Wahrnehmungen und damit von kognitiven Schemata als Dreh- und Angelpunkt aller Selektionsprozesse in Netzwerken hat zur Folge, daß damit auch alle damit zusammenhängenden Überlegungen des zweiten Kapitels für den institutionellen Wandel relevant werden. Dies gilt insbesondere für die **Singularität** von Aktoren und Netzwerken. Insofern Aktoren singulären Charakter besitzen, sind also die Selektionswirkungen in Netzwerken nie gleich: Sanktionen, Anwendungsbedingungen etc. sind sämtlich der Interpretation durch die Aktoren unterworfen. Dieser Zusammenhang ist eine wichtige Quelle **institutioneller Innovationen**. Jede Institution ist Reflex eines kognitiven Schemas, und diese Schemata sind über eine Population von Aktoren hinweg nicht vollkommen identisch, weisen also selbst den Dualismus von Typus und Variation auf. Kognitiv und in den realisierten Konfigurationen treffen wir also auf die eingangs besprochene Unterscheidung zwischen Strukturen, Konfigurationen und aktualisierten Transaktionen. Das tatsächliche Verhalten bzw. die beobachtbare Regelmäßigkeit zeigen eine dauernde ßigkeit zeigen eine dauernde Variabilität, und die Institution bezieht sich auf die zugrundeliegende Struktur, die durch wechselseitige Projektion der kognitiven Schemata der Aktoren und der Theorie des Beobachters erst identifiziert wird.

Wir befolgen viele soziale Normen, weil wir sie verinnerlicht haben. Auf den Prozeß der Sozialisation hatten wir bereits in Kap. II, 3 hingewiesen.

Nun gilt auch für informale und formale Institutionen, daß innere Selektion stattfindet, soweit nämlich die kognitiven Schemata der Aktoren die geforderten Verhaltensweisen bereits induzieren. Dieser Zusammenhang wird häufig als „**Internalisierung**" der Institutionen bezeichnet (ein Begriff, der von der Internalisierung externer Effekte deutlich zu trennen ist). Das entscheidende Problem institutioneller Analyse besteht dann darin, die Beziehung zwischen innerer und äußerer Selektion aufzudecken, und vor allem auch, die Selektionsprozesse selbst hinsichtlich ihrer institutionellen Struktur zu verstehen. Denn es gilt:

> *Sanktionen von Verhaltensabweichungen beruhen in der Regel selbst auf Institutionen, die wiederum nach den beschriebenen Klassen differenziert werden können. Um also die Beziehung zwischen innerer und äußerer Selektion im institutionellen Wandel zu verstehen, muß diese* **selbstreferentielle Struktur des gesamten institutionellen Zusammenhangs** *analysiert werden.*

Die Begriffe der inneren und der äußeren Selektion werden in Kap. III, 4 entwickelt.

Wir werden nun die Prozesse im einzelnen betrachten, die zur Selektion von Institutionen führen. Dabei geht es zunächst darum, die Beziehung zwischen innerer und äußerer Selektion zu klären. Dann tritt die Frage nach der Funktionalität von Institutionen in den Vordergrund und damit danach, was eigentlich Aktoren veranlaßt, Institutionen zu folgen, einschliesslich der Institutionen, die der Sanktion von abweichendem Verhalten zugrundeliegen. Die Funktionalität ist ein wesentlicher Motor der äußeren Selektion. Die innere Selektion gewinnt wiederum dadurch an Komplexität, daß wir neben den Mechanismen der Selbstbindung zu berücksichtigen haben, daß Institutionen auch untereinander zusammenhängen. Jede Institution steht damit in einem Selektionskontext mit anderen Institutionen, was letztlich zu einer inneren Selektion durch diesen Zusammenhang führt.

Wechselwirkung zwischen innerer und äußerer Selektion. Dennoch bleibt festzustellen, daß viele Institutionen einer Funktionalität in System-Umwelt-Beziehungen gerecht werden. Dies resultiert aus der vermittelnden Rolle der Sanktionen, die eine systematische Verbindung zwischen äußerer und innerer Selektion herstellen. Im Unterschied zur inneren Selektion ist die Reaktion anderer Aktoren auf abweichendes Verhalten wesentlich für die äußere Selektion.

Wenn wir beim Beispiel der Garantieversprechung bleiben, dann erfolgt der Übergang von der Konvention zur informalen Institution in dem Moment, wo Aktor *A* sich im Falle eines Vertrauensbruchs nicht nur mit schwindenden Käuferzahlen konfrontiert sieht, sondern mit direkten Reaktionen der anderen Aktoren, also etwa einer Häufung von Beschwerden und Streitfällen. Entscheidendes Kriterium ist also die Entstehung weiterer, anders gearteter Interaktionen zwischen den Aktoren als Folge der Regelverletzung. Dies können außer direkten Vorwürfen und Forderungen auch indirekte, jedoch deutlich mit dem Sachverhalt verbundene Phänomene sein wie soziale Ächtung, negative Reaktionen in anderen Kontexten etc. Die Stabilität informaler Institutionen hängt also wesentlich von der Struktur der Netzwerke ab, in die eine Transaktion eingebettet ist, und die Medien von Selektionsprozessen werden können. Entscheidend sind wieder Wahrnehmungs- und Kommunikationsfelder, wobei bei informalen Institutionen die indirekte Kommunikation besonders stark wiegt (also etwa der „Klatsch" über das Verhalten eines Aktors). Das bedeutet aber andererseits, daß die Reaktionen der Aktoren auf abweichendes Verhalten selbst als Bestandteil der Institution zu betrachten sind.

Informale Sanktionen: Das Verhalten von Autofahrern an Zebrastreifen wird nicht nur durch die formalen Verkehrsregeln, sondern auch durch informale Institutionen bestimmt. Welche Sanktionen können hier eine Rolle spielen? Gibt es zum Beispiel Verhaltensunterschiede, wenn Beifahrer anwesend sind? Was beeinflusst wiederum das Verhalten an Übergängen ohne Zebrastreifen?

Solche Zusammenhänge sind in grossem Detail von der Spieltheorie untersucht worden, die sich allerdings nur auf einzelne strategische Interaktionen konzentriert, während - wie im zweiten Kapitel bereits betrachtet - in Netzwerken Aktoren die Interdependenz in verschiedenen solcher Situationen beachten. Diese strategischen Interdependenzen sind ein wesentliches Moment der Stabilisierung informaler Institutionen. Für die Analyse der Stabilität informaler Institutionen ist es daher nicht ausreichend, die in Frage stehende Konfiguration isoliert zu betrachten (das „Spiel"), sondern es müssen vernetzte Konfigurationen untersucht werden (zum Beispiel erfolgen Sanktionen gegebenfalls durch unbeteiligte Aktoren, nicht aber durch den direkten Transaktionspartner). Diese Vernetzung ist aus dem Grunde wichtig, weil Institutionen also immer nur im Kontext anderer Institutionen betrachtet werden dürfen.

Embeddedness: Ein zentraler Begriff der Wirtschaftssoziologie ist in den letzten Jahren auch in der Wirtschaftswissenschaft immer bedeutsamer geworden, die „Embeddedness" von Transaktionen. **http://www.sbaer.uca.edu/Research/2001/SMA/01sma235.html** **http://research.abs.aston.ac.uk/wpaper/0023.pdf**

Das Verhältnis zwischen innerer und äußerer Selektion von Institutionen wird wesentlich durch die **Einbettung** *(„Embeddedness") einzelner Institutionen und Aktoren in Netzwerkzusammenhänge beeinflusst. Dieser Einfluss wirkt erstens über die Selbstbindung von Aktoren, die gegebenfalls abweichendes Verhalten unterbinden, um nicht auch in anderen Kontexten Nachteile zu erleiden. Zweitens wird dadurch aber auch die Bereitschaft anderen Aktoren beeinflusst, die Kosten von Sanktionen zu tragen. Aufgrund dieses Zusammenhanges lassen sich innere und äußere Selektion nicht isoliert voneinander betrachten.*

Eigeninteresse und Selbstbindung: Die Vermeidung von Sanktionen ist im Eigeninteresse. Wie unterscheidet man dies von „echtem" Eigeninteresse, das unabhängig von Sanktionen greift?

Eine entscheidende Frage betrifft also das Ausmass der **Selbstbindung** von Aktoren. Wir haben in unserem Beispiel der Emergenz einer Institution einen zentralen Mechanismus kennengelernt, der auf dem Eigeninteresse des betrachteten Aktors beruht, möglichst viele Transaktionen an sich zu ziehen, und der auf diese Weise immer stärker an eine selbstgeschaffene Institution gebunden wird. Ein weiterer, starker Mechanismus kann aber in der

Bedeutung von Institutionen für die personale Identität liegen (siehe zweites Kapitel).

Die Befolgung bestimmter Regelmäßigkeiten kann eine Determinante **personaler Identität** der Aktoren einer Population sein, d.h. Befolgung und Nicht-Befolgung bestimmen die Grenze einer Gruppe auf die Weise, daß die Befolgung der Regelmäßigkeit das Kriterium der **Selbst- und Fremdzuschreibung eines Aktors zu dieser Gruppe** ist. Regelbefolgung konstituiert Rollen, und Identität ist ein Aspekt der Schnittmenge solcher Rollen. Genau aus diesem Grunde ist natürlich der Gruppenausschluss eine mächtige Sanktionsdrohung, da er auch mit einer Schädigung personaler Identität einher geht. Die Grenzziehung von Gruppen stabilisiert also Institutionen dieser Gruppen.

Identität und Institutionen: Betrachten Sie Vereine oder andere Einrichtungen, in denen Sie Mitglied sind. Welche Verhaltensregeln sind Ihrer Meinung nach konstitutiv für den Verein? Wann würden Abweichungen zu internen Verstimmungen führen?

Dann bezieht sich aber die Erwartungsicherheit von Institutionen auch auf die Sicherheit bezüglich des eigenen Verhaltens: Das Befolgen von Regeln schafft die **Gewißheit der eigenen Identität**. Insofern sind Institutionen ein bedeutender Reflex der Modularität menschlicher Vernunft, denn sie stellen auch Lösungen interner Entscheidungskonflikte dar. Dementsprechend fest verankert sind sie im kognitiven System der Aktoren. Damit ist der eigentliche Mechanismus der Internalisierung identifiziert, der äußere und innere Selektion miteinander verknüpft. ***Lesehinweis 4***

Vielheit von Rationalitäten: Es gibt entsprechend in den Gesellschaftswissenschaften auch die Meinung, daß statt eines universalen Rationalitätskonzeptes mit einem pluralen, d.h. kontext(gruppen-, gesellschafts-) abhängigen Rationalitätskonzept gearbeitet werden müsse: Postmodernismus. **http://www.bu.edu/wcp/Papers/Scie/ScieVisn.htm http://www.colorado.edu/English/ENGL2012Klages/pomo.html**

Äußere und innere Selektion von Institutionen sind miteinander verbunden, wenn Institutionen zu Kriterien der Gruppenabgrenzung werden und damit auch Rollen der Aktoren in diesen Konfigurationen definieren, die Bestandteil von deren personaler Identität sind. Ist dies der Fall, werden Verhaltensabweichungen durch die Aktoren selbst selektiert (innere Selektion). Zu beachten ist, daß dies nicht dekkungsgleich mit der Entstehung von Eigeninteresse an der Institution ist, wie im Falle von Konventionen. In der herkömmlichen Terminologie könnte vielmehr davon gespro-

Gruppengrenzen:
Institutionen können zum Beispiel regeln, welche Güter Menschen nutzen (etwa Kleidung, Speisen etc.). Rekonstruieren Sie theoretisch, wie dadurch Gruppengrenzen gezogen werden.

chen werden, daß die Interessen der Aktoren (deren „Präferenzen") sich durch die Internalisierung verändern. Daraus ergibt sich aber, daß menschliche Individuen nicht mehr analytisch gegeneinander austauschbar sind, sondern sich als Aktoren durch die Zugehörigkeit zu Gruppen voneinander unterscheiden. Die Abgrenzung der Gruppe geschieht durch die Befolgung unterschiedlicher Institutionen durch die Aktoren.

Emotion und Institution. Bislang haben wir die kognitiven Aspekte der Wahrnehmung von Regelmäßigkeiten betont. Mit dem Aspekt der personalen Identität berühren wir nun jedoch die emotionale Seite. Im zweiten Kapitel wurde bereits herausgearbeitet, daß die Modularität der menschlichen Vernunft in wesentlichem Maße durch die Verschmelzung emotionaler und kognitiver Funktionen geprägt ist. Die Vernachlässigung dieses Faktors ist eigentlicher Grund für die Schwierigkeiten der herkömmlichen Analyse, mit dem Phänomen der Institutionen umzugehen. Solange nämlich nur mit dem Konzept der Rationalität gearbeitet wird, ergeben sich bestimmte Schwierigkeiten der Begründung institutioneller Stabilität, die schlicht wegfallen, wenn die Beziehung zwischen Emotionen und Institutionen betrachtet wird.

Anstand und Sitte:
Viele informalen Institutionen werden im Alltag in Kategorien gefasst wie etwa, welches Verhalten als „anständig" bezeichnet wird. Rekapitulieren Sie einmal Situationen, wo Sie emotionale Reaktionen auf „unanständiges" Verhalten beobachten können.

Konventionen und informale Institutionen werden in hohem Umfang durch emotionale Reaktionen stabilisiert, die mit der Einbettung des Aktors in Gruppen in unmittelbarem Zusammenhang stehen. Emotionen sind daher neben dem Eigeninteresse der wichtigste Mechanismus innerer Selektion von Institutionen. Konventionen werden stärker durch Eigeninteresse, informale Institutionen durch Emotionen stabilisiert. Diese Emotionen hängen eng mit der Bildung personaler Identität zusammen und bilden also die Grundlage für die Internalisierung von Institutionen. Das bedeutet aber, daß Institutionen tatsächlich als ein **Konglomerat von nicht-referentiellem Wissen extra- und intrasomatischer Natur** *betrachtet werden müssen. Es ist daher immer zu prüfen, in welcher Weise konkrete Institutionen* *in Prozessen der Sozialisation verwurzelt sind, die diesen Konnex von Emotion und Institution etablieren.*

Die wichtigsten dieser Emotionen sind **Scham** im weitesten Sinne, also der emotionale Reflex auf einen Verlust bzw. eine Beschädigung der eigenen Reputation, und die **„moralische Entrüstung"** bzw. **„moralische Aggression"** auf der anderen Seite. Scham hat eine Selbstbindung an Konventionen und Institutionen zur Folge, die über den reinen Eigennutz hinausgeht, und ist unmittelbarer Reflex möglicher Beschädigung von Identität. Moralische Aggression bedeutet, daß aus der Sicht des abweichend handelnden Aktors erhebliche Unsicherheiten über das Verhalten der anderen Aktoren entstehen, welches die Gegenreaktion sein wird, weil im Zustand emotionaler Erregung diese „irrational", d.h. schwer antizipierbar handeln. Daraus entsteht also eine grundsätzliche **Status quo Bindung aller Institutionen**. Moralische Entrüstung verstärkt diesen Effekt, indem auch Unbeteiligte sich in schwer berechenbarer Weise zur Intervention bewegt fühlen, wenn sie abweichendes Verhalten beobachten.

Kontrolle durch die Gruppe:
Die Humanethologie befasst sich intensiv mit solchen emotionalen Mechanismen der Stabilisierung von Regeln in Gruppen:
http://www.human-sciences.ox.ac.uk/syllabus.htm
http://www.albany.edu/projren/9697/teama/teama97/freud.html

Der Wert der **Erwartungsicherheit der Regelbefolgung** wird durch diese Verstärkung der Erwartungsunsicherheit bei Nicht-Befolgung noch verstärkt. Dies akzentuiert einen wesentlichen Effekt aller Institutionen, der sich allein aus ihrer Stabilität als solcher ergibt: Institutionen reduzieren Unsicherheit im allgemeinen, also unabhängig von ihrer konkreten Funktion. Im Ergebnis zeigen Institutionen typischerweise die Eigenschaft der **Konservativität**. Durch diese Eigenschaft entsteht die für Institutionen typische eigenzeitliche Differenz zu den Transaktionen, die sie regeln, d.h. sie sind dauerhafter und langsamer veränderbar.

„Moralische Wirtschaft":
Es gibt viele Beispiele dafür, daß Geschäfte nur auf mündlicher Basis erfolgen, weil die Beteiligten zum Beispiel einer Religionsgemeinschaft mir regem sozialen Leben angehören, oder weil sie Alumni derselben Bildungseinrichtungen sind. Kennen Sie Beispiele? Sind die Aktoren dort ehrlichere Menschen?

Sanktionen von Verhaltensabweichungen auch durch unbeteiligte Dritte beruhen auf einer emotionalen Disposition, die mit einem ***generalisierten Eigeninteresse*** *an Erwartungssicherheit korreliert (abgegrenzt vom spezifischen In-*

teresse am Inhalt der Institution). Das bedeutet umgekehrt, daß individuelle Haltungen zu Unsicherheit das konkrete Sanktionsverhalten in hohem Masse mitbestimmen. Unter der Annahme einer generellen Abneigung gegenüber Verhaltensunsicherheit ergibt sich eine allgemeine emotionale Disposition zur moralischer Entrüstung über abweichendes Verhalten. Diese Beziehung läßt sich auch so interpretieren, daß die Emotion ein Träger des nicht-referentiellen Wissens der Institution ist, dessen Inhalt im Sinne der Funktionalität minimal durch das generalisierte Eigeninteresse beschrieben werden kann.

Selbstbindung und Formalisierung: Wie beeinflusst die Gesetzestreue der Bürger die Kosten des Rechtssystems? Ein charakterstisches Beispiel in der Wirtschaft ist der Zusammenhang zwischen Steuermoral und Schattenwirtschaft: **http://www.schattenwirtschaft.de/ http://www.economics.uni-linz.ac.at/Members/Schneider/Schattenwirtschaft%20AP0007.PDF**

Dieser Zusammenhang zwischen Erwartungssicherheit, emotionalen Reaktionen und generalisiertem Eigeninteresse gilt nun natürlich auch für formale Institutionen. Tatsächlich ist jede informale Institution grundsätzlich durch Formalisierung ergänzbar, so daß ein fliessender Übergang besteht. Dann ergibt sich aber, daß die formalisierten Sanktionen offenbar in unterschiedlicher Weise greifen werden, wenn die Selbstbindung an die formale Institution unterschiedlich ist. Einfach gesagt, wird der Aufwand für die formale Sanktionierung desto größer, je geringer die Selbstbindung. Diese Beobachtung gibt den entscheidenden Hinweis für die Analyse der Selektion von Institutionen bezüglich ihrer Funktionalität.

Funktionalität von Institutionen. Wir fassen Institutionen als Träger von Wissen auf, das Aktoren erfolgreiche Transaktionen ermöglicht. Die Frage nach der Funktionalität ist also gleichbedeutend mit der Frage nach den **proximaten und ultimaten Determinanten** ihrer Evolution. Proximat wirken die bislang skizzierten Selektionsmechanismen, also die Selbstbindung und die Sanktionen abweichenden Verhaltens. Damit ist aber nicht notwendigerweise der eigentliche Beitrag der Institution zum Erfolg von Transaktionen offengelegt. Unklar sind die ultimaten Kriterien der Funktionalität von Institutionen, die in irgendeiner Weise mit der Relation von Aufwand und Ertrag zusammen hängen müssen. Diese Frage läuft also auf die äußere Selektion der Institutionen hinaus. Diese äußere Selektion ist offenbar ihrerseits zweistufig, d.h. sie bezieht sich zum einen auf die Selektion der Institutionen in Netzwerken und zum anderen auf die Selektion durch die Folgen der Institution für die Wechselwirkung zwischen Netzwerken und materiell-energetischem Kontext. Dabei ist grundlegend zu unterscheiden zwischen vier Aspekten:

- Institutionen haben bestimmte Auswirkungen auf die Transaktionen, die sie regulieren. Daher kann der Grad, in dem der Transaktionserfolg beeinflusst wird, als Kriterium für die Funktionalität der Institution dienen.
- Die Schaffung und Stabilisierung von Institutionen ist mit einem bestimmten Aufwand an Zeit und Energie verbunden, unter anderem der Sanktionen selbst, die zur Stabilisierung der Struktur führen. Insofern ist im Sinne des VSB-Paradigmas zu vermuten, daß die Mechanismen der Selektion selbst einer äußeren Selektion unterliegen. Institutionen verursachen selbst Kosten.
- Schliesslich dürfen Institutionen nicht isoliert betrachtet werden, sondern stehen im Kontext der Netzwerke, in denen sie wirken. Das heisst aber, es kann spezielle Aspekte der Koordination des Wissens geben, das in unterschiedlichen Institutionen gespeichert ist. Diese äußere Selektion durch den institutionellen Kontext kann als innere Selektion durch den Gesamtzusammenhang aller Institutionen interpretiert werden, der sich später als ein zentraler Aspekt von Ordnung des Wirtschaftssystems erweist.
- Diese drei Zusammenhänge sind wiederum die intermediären Variablen des Zusammenhangs zwischen Institutionen und der Umwelt des Wirtschaftssystems. Diese ultimate äußere Selektion erfolgt zwar stets über netzwerkendogene Prozesse, stellt aber

Interesse an Institutionen: Welche zusätzlichen Aspekte der nebenstehenden Zusammenhänge lassen sich benennen, wenn wir davon ausgehen, daß das Interesse von Aktoren an der Funktionalität von Institutionen unterschiedlich sein kann?

letzten Endes auch eine Verbindung zu exogenen Determinanten der Leistungsfähigkeit von Institutionen her. Proximater Indikator für diese Funktionalität ist wiederum das Ergebnis der Handlungen von Aktoren, die unter einer bestimmten Institution handeln.

Sicherheit und Umwelt: Wie verändert sich der relative Wert der Erwartungssicherheit von Institutionen in Abhängigkeit davon, ob die Umwelt vergleichsweise statisch ist oder turbulent?

Dabei ist stets zu beachten, daß natürlich die Erwartungsicherheit als solche bereits eine Funktionalität bedeutet, und daß dies für jede Institution gilt, soweit sie denn Beachtung findet. Aus dieser Sicht ist also innere Selektion eine vergleichsweise starke Kraft, weil die allgemeine Befolgung einer Institution in einer Population also immer von Vorteil ist; exogen bedingte Nachteile werden demnach immer zumindestens teilweise durch diesen Effekt aufgehoben.

Der erste und einfachste Ansatz besteht nun darin, Institutionen als Strukturen unter **entropietheoretischen Gesichtspunkten** zu betrachten. Damit wird unmittelbar ein Zusammenhang zwischen individuellen Handlungergebnissen und materiell-energetischen Systemmerkmalen hergestellt.

Exogener Bezug der Selektion von Institutionen ist ihr Beitrag zur **Viabilität von Netzwerken und der mit ihnen korrelierenden materiell-energetischen Strukturen**. *Die Erwartungssicherheit wirkt prinzipiell positiv auf die Viabilität, aber das bedeutet nicht, daß damit auch die Viabilität der materiell-energetischen Strukturen gewährleistet ist. Zu unterscheiden ist dabei zwischen den allgemeinen Auswirkungen der Institutionen auf die materiell-energetischen Prozesse und dem Aufwand, der für die Erhaltung der Institution notwendig ist.*

Institutionen und Lebensbedingungen: Die ökologischen und demographischen Wirkungen des Sowjetsozialismus sind erschreckend: **http://www.bagso.de/881/01_3_06.htm** **http://www.cyranosjournal.com/sovietecol.html**

Ein ungemein instruktives Beispiel hierfür ist die sozialistische Planwirtschaft, deren einfache und rigide Institutionen offensichtliche und direkte negative Effekte auf die Viabilität des gesamten Wirtschaftssystems im entropietheoretischen Sinne gehabt haben: Umweltzerstörung und Überalterung des Kapitalstocks sind direkt wahrnehmbare Effekte. Gleichzeitig waren die Kontrollkosten zur Stabilisierung des Systems hoch, wie vor allem der Aufwand für politische Repression illustriert. Dieses Beispiel zeigt allerdings auch, daß diese Systemleistung nur relativ zur Umwelt betrachtet werden kann, die aus den dynamischen kapitalistischen Wirtschaftssystemen bestand. Die sowjetische Wirtschaft war beispielsweise lange Zeit viabel, brach dann aber zusammen, weil ihre Institutionen nicht mehr den zunehmenden Anteil von Rüstungsaufwendungen stabilisieren konnten, der seinerseits keinen direkten Beitrag zur ökologischen Viabilität des Gesamtsystems leistete. Der post-sowjetische Kollaps der Institutionen ging wiederum mit einem rapiden Verlust an generalisierter Erwartungssicherheit einher und gleichzeitig mit Störungen der Funktionalität, was sich um Beispiel direkt in der zurückgehenden Lebenserwartung und der Verschlechterung des allgemeinen Gesundheitszustandes insbesondere der männlichen Bevölkerung niederschlug.

Sicherheit und Systemleistung:
Erklären Sie den Tatbestand, daß trotz der raschen Verbesserung der Lebensbedingungen viele Ostdeutsche eine Verschlechterung der subjektiven Zufriedenheit erlebten!

Zur Klärung dieser komplexen Zusammenhänge muß also im einzelnen aufgezeigt werden, inwieweit die Arbeit, die zur Aufrechterhaltung der Struktur erforderlich ist, durch diese Struktur selbst direkt oder indirekt ermöglicht wird. Ökonomisch hängt dies letzten Endes damit zusammen, ob eine Institution in der Wahrnehmung sanktionierender Aktoren den Aufwand rechtfertigt, sie durchzusetzen. Wenn wir also davon ausgehen, daß die Befolgung einer Institution durch Aktor *A* mit Kosten einher geht, dann ist diese nur dann stabilisierbar, wenn entweder dieser Aktor selbst einen höheren Ertrag erzielt, oder aber wenn die sanktionierenden anderen Aktoren einen Ertrag erzielen, der höher ist als deren Kosten der Befolgung. Bezogen auf unser Beispiel von der Planwirtschaft bedeutet dies interessanterweise, daß also primär nur die Interessen der sanktionierenden Aktoren ins Spiel kommen, also in diesem Fall der Mitglieder des politischen Machtapparates – also nur indirekt die allgemeinen

Kosten des Rechts:
Stellen Sie eine Liste der Kosten zusammen, die durch die Anwendung von Rechtsnormen entsteht.

Systemwirkungen etwa im ökologischen Kontext. Dies ist ein klarer Beleg für die Indirektheit der ultimaten Selektionskriterien von Institutionen.

Die Funktionalität von Institutionen wird proximat in zweiter Stufe durch die Funktionalität für die Aktoren bemessen, deren Sanktionen und Handlungen für die Stabilität der Institutionen relevant sind. Ultimate Determinanten greifen nur über diesen intermediären Zusammenhang. Aus diesem Grunde treiben Phänomene der Macht – die Sanktionen von Institutionen zugrundeliegen – immer einen Keil zwischen die Viabilität von Institutionen und deren Funktionalität für das Gesamtsystem.

Funktionalität und Kognition: Ein zentrales Problem wissenschaftlicher Beratung ist, daß die Beratenen möglicherweise den Wert des Rates gar nicht einsehen, weil das bestehende System viabel ist. Wäre der Wissenschaftler Dikator, könnte er also an den hohen Kosten der Durchsetzung seines wohlwollenden Vorschlages scheitern. Läßt sich durch dieses Dilemma eine prinzipielle Begündung von Demokratie und Meinungsfreiheit ableiten?

Kosten und Erträge von Institutionen sind also selbst wahrnehmungsabhängig. Sie weisen darüber hinaus immer auch eine Zukunftsdimension auf: Die Aufrechterhaltung einer Institution ist nicht nur auf die Gegenwart bezogen, sondern impliziert immer auch den Anspruch auf künftige Geltung. Es gilt also wieder, daß auch die äußere Selektion von Institutionen immer durch kognitive Schemata vermittelt ist.

Aus theoretischer Sicht entsteht hier eine grundlegende Spaltung zwischen den Perspektiven der beteiligten Aktoren und des wissenschaftlichen, unbeteiligten Beobachters: Letzterer kann bezogen auf die Population beispielsweise eine klare Vorteilhaftigkeit einer Institution feststellen, und dennoch kann dies für die Beteiligten unter Umständen nicht gelten, weil sie nur subjektiv relevante Ausschnitte der Institution und ihrer Wirkung betrachten. Diese Argumentation wird unmittelbar augenfällig, wenn beispielsweise eine Institution im Umweltschutz betrachtet wird: Der Beobachter mag klar nachweisen können, daß die Aufwendungen einer Regelung zum Klimaschutz den Ertrag rechtfertigen, aber dennoch mögen die für die Aktoren wahrnehmbaren Kosten etwa der Umstellung von Maschinen nicht die tatsächlich anfallenden Erträge decken. Dieses Problem verschärft sich noch, wenn, wie in unserem planwirtschaftlichen Beispiel geschildert, die Wahrnehmung durch politische Strukturen verzerrt ist, insbesondere, wenn diese selbst mit der Verbreitung bestimmter Ideologien einhergehen, die die bestehenden Institutionen aus der Perspektive der Mehrheit der Aktoren legitimieren (also durch innere Selektion stabilisieren).

In Kap. VI, 2 betrachten wir ein ausführlicher ausgearbeitetes Modell der kognitiven Evolution von umweltpolitischen Institutionen.

Wir könnten nun allgemein und fast inhaltsleer formulieren, daß sich Institutionen stabilisieren, solange die Aktoren daran Interesse besitzen. Dann wird die Frage ganz entscheidend, worin dieses Interesse konkret begründet ist. In der Institutionenökonomik hat sich seit mehr als zwei Jahrzehnten ein Konzept durchgesetzt, das die Funktionalität von Institutionen auf Effizienzkriterien reduziert. Zentral ist der Begriff der **Transaktionskosten,** der uns im zweiten Kapitel bereits begegnet ist. ***Lesehinweis 5***

c. Transaktionskosten als Determinante institutioneller Evolution

Laufende Transaktionskosten und nicht-integrale Systeme. Das Konzept der Transaktionskosten ist in zweierlei Hinsicht für einen evolutorischen Ansatz bedeutsam, weil er prinzipiell unabhängig von einem individualistischen Optimierungsmodell anwendbar ist. In dieser verallgemeinerten Form besagt er, daß sich in der langen Frist solche Institutionen durchsetzen werden, die in der Tendenz den Aufwand für die Durchführung der entsprechenden Transaktionen minimieren bzw. deren Ertrag maximieren. In der spezifisch neoklassischen Variante wird dies näher spezifiziert, indem diese Tendenz durch rationale Marginalkalküle der Aktoren erklärt wird. Dieser wesentlich stärkeren Hypothese wollen und brauchen wir hier nicht folgen.

Transaktionskosten:
Sie wollen einen Gebrauchtwagen kaufen. Stellen Sie eine Liste der Kosten dieser Transaktion zusammen. Welche Kosten tragen Sie, welche die potentiellen Anbieter eines Wagens?

Transaktionskosten fallen in **zweierlei Form** *an: a) die Transaktionskosten der laufenden Transaktionen, b) die Ko-*

sten der Schaffung und Erhaltung der institutionellen Rahmenbedingungen der laufenden Transaktionen. Der Betrachter kann zunächst beide Kosten nur gemeinsam als die gesamten Kosten der Transaktion auffassen, jedoch handelt es sich um grundlegend verschiedene Tatbestände, denn die Institutionen sind wesentliche Determinante der laufenden Transaktionskosten, während die laufenden Transaktionskosten nicht umgekehrt die Kosten der Institution bedingen. Darüber hinaus muß differenziert werden, wie diese Kosten auf die beiden Seiten einer Transaktion verteilt sind, d.h. welcher Aktor die Kosten trägt bzw. genauer gesagt welcher Aktor welche Kosten wahrnimmt und sich auch selbst zurechnet.

Transaktionskosten ex ante und ex post: Gewöhnlich wird zwischen „vorvertraglichen" und „nachvertraglichen" Transaktionskosten unterschieden. Betrachten Sie Beispiele und überlegen Sie, wie die Antizipation der nachvertraglichen Kosten die laufende Transaktion beeinflussen kann.

Jede Transaktion ist mit bestimmten Kosten verbunden, die vor der Transaktion und nach ihr auftreten. Wenn wir hier der Einfachheit halber bei unserem Beispiel des Händlers bleiben, dann ist also die Kauftransaktion zwischen *A* und *B* für beide Seiten mit Kosten verbunden, je nachdem wie die Transaktion konkret abläuft. Zum Beispiel muß der Käufer Zeit und Energie aufwenden, um Preis- und Qualitätsvergleiche anzustellen, um mit dem Händler über den eigentlichen Kauf zu verhandeln oder um die Qualität des Produktes selbst zu untersuchen. Wenn das Produkt nicht unmittelbar verbraucht wird, tritt ausserdem ein allgemeines Problem zukünftiger Unsicherheit auf, das gegebenfalls zusätzliche Kosten der Durchsetzung einer Kaufvereinbarung ex post verursacht. Betrachtet man die Gesamtheit aller dieser Kosten, kann es also sein, daß eine Transaktion im Extremfall gar nicht realisiert wird, weil die Transaktionskosten zu hoch ausfallen. Dieser Effekt kann nicht nur für die einzelne Transaktion gelten, sondern für ganze Typen von Transaktionen: Das klassische „lemons" Modell von Akerlof hat gezeigt, daß Märkte unter Umständen dann nicht entstehen, wenn die Käufer nur Informationen über die durchschnittlichen Qualitäten am Markt haben und daher ein entsprechendes Preisgebot vorlegen, dem die Anbie-

Die Zitrone: Der Nobelpreisträger George Akerlof hat mit seiner Analyse von Gebrauchtwagenmärkten einen der meistzitiertesten Artikel in den Wirtschaftswissenschaften verfasst: **http://www.lib.uwo.ca/business/nobel2001.html** **http://pacific.commerce.ubc.ca/comm295/notes/ross/over1121.pdf**

ter hoher Qualitäten nicht zustimmen werden. Wenn diese aber vom Markt verschwinden, sinkt die Durchschnittsqualität weiter ab, so daß wir auch hier einen häufigkeitsabhängigen Effekt antreffen.

Institutionen haben aus dieser Sicht die Funktion, die laufenden Transaktionskosten zu senken. Diese Feststellung ist insofern von weitreichender theoretischer Bedeutung, als wir sagen können:

Institutionen ermöglichen in Netzwerken Transaktionen und erhöhen somit den Grad der Schliessung von Netzwerken als nicht-integralen Systemen, d.h. erhöhen den Grad der Integration im Sinne der wachsenden Realisation von Transaktionspotentialen. Aus einer gleichgewichtstheoretischen Sicht könnten daher die optimalen Institutionen (im Sinne der Minimierung der Transaktionskosten) das Netzwerk in ein integrales System transformieren, da alle anderen Transaktionen prinzipiell nicht aktualisiert werden können. Das hiesse aber, daß Institutionen ein Wirtschaftssystem in die Richtung eines vollkommenen Gleichgewichtes verändern.

Institutionen entdecken: Die nebenstehende Formulierung gilt zunächst unabhängig davon, ob die Institution zufällig entsteht und dann stabilisiert wird (VSB-Prozeß), oder ob sie bewußt gesucht und eingerichtet wird. Kann aber ein Aktor eigentlich die Transaktionskosten einer Institution kennen, die es noch nicht gibt? Diskutieren Sie dieses Problem im Lichte des hyperzyklischen Modells der Entstehung von Institutionen.

Auch hier kann der Zusammenbruch des Sozialismus als instruktives Beispiel dienen: In Rußland sind die Netzwerke der Wirtschaft erheblich reduziert worden, weil über Jahre hinweg die Institutionen der Marktwirtschaft nicht funktionsfähig waren, und daher die Tauschwirtschaft dominierte, die an den fortlebenden alten Institutionen anknüpfte: Genauer gesagt, wurde der Integrationsgrad des Systems durch die informalen Institutionen der Barter-Economy bestimmt, nicht aber durch die formalen Institutionen der Marktwirtschaft.

Aus evolutionsökonomischer Sicht ist die These von der gleichgewichtsbildenden Wirkung von Institutionen natürlich alleine schon deshalb zu verwerfen, weil Neuheit und Gleichgewicht sich gegenseitig ausschliessende Konzepte sind. Der allgemeine Begriff der Erhöhung des Integrationsgrades ist allerdings hilfreich. Einschränkend

Institutioneller trade-off:
Untersuchen Sie Geschwindigkeitsbeschränkungen im Strassenverkehr unter dem Gesichtspunkt eines trade-offs zwischen:
- der Absenkung laufender Kosten (Unfälle),
- kognitiven Schemata und individuellen Interessen,
- Kosten der Kontrolle und Sanktion abweichenden Verhaltens.

Differenzieren Sie anschliessend die formalen Institutionen von den tatsächlichen Institutionen des Strassenverkehrs.

Ökonomik des Verbrechens:
Transaktionskostentheoretische Überlegungen werden in Reformvorschlägen zum Strafrecht angestellt:
http://www.worldbank.org/research/conflict/
http://student.ulb.ac.be/~tcoupe/crime.html

kommt aber noch hinzu, daß, wie wir bereits gesehen haben, aufgrund der komplexen Zusammenhänge zwischen innerer und äußerer Selektion und der kognitiven Prozesse keinesfalls notwendig eine Bewegung in Richtung von „Optimalität" stattfindet, d.h. es ist durchaus vorstellbar, daß es Institutionen gibt, die suboptimal auf die laufenden Transaktionskosten einwirken.

Dies wird schon durch die Überlegung deutlich, daß der Selektionsdruck auf Institutionen zunächst nur aufgrund eines Verhaltens der Aktoren entsteht, das wegen des Bestrebens abweichend ist, die laufenden Transaktionskosten zu senken. Die Stabilität der Institution ergibt sich dann aber aus einem trade-off zwischen diesem abweichenden Verhalten und den Kosten seiner Sanktionierung. Das Problem ist dann, nach welchen Kriterien die Institution ihrerseits zu beurteilen ist. Denn Institutionen können auch nach anderen Kriterien als der Absenkung der laufenden Transaktionskosten eingerichtet worden sein. Das offensichtlichste Beispiel sind alle Institutionen, die bestimmte Tauschakte kriminalisieren – also etwa Rauschgifthandel -, aber dennoch mit abweichendem Verhalten konfrontiert sind, das Transaktionskosten minimiert.

Daraus ergibt sich die wichtige Schlußfolgerung, daß ein Faktor der äußeren Selektion von Institutionen genau jene Prozesse in Netzwerken sind, die andererseits Gegenstand der inneren Selektion durch Institutionen sind, also das abweichende Verhalten in Netzwerken. Dieser Sachverhalt demonstriert die Selbstreferentialität von Institutionen und geht letzten Endes auf die Ambiguität zurück, die durch die Rolle der Selbstbindung entsteht: Denn indem die Selbstbindung die Kosten von Sanktionen senkt, tritt umgekehrt auch die Kraft äußerer Selektion zurück. Daraus ergibt sich:

Weil Häufigkeit und Intensität abweichenden Verhaltens vom Grad der Selbstbindung der Aktoren an eine Instituti-

on abhängen, sind innere und äußere Selektion grundsätzlich interdependent. Institutionen sind im Sinne der Analyse von Spielen **frames**, *d.h. als kognitiv und emotional verankerte Muster der Verhaltensinterdependenzen in einer Population definieren sie Situationen in Netzwerken. Das bedeutet aber gleichzeitig, daß die Funktionalität von Institutionen auf keinen Fall nur durch die Analyse ihrer Wirkungen auf die laufenden Transaktionskosten nachvollzogen werden kann.*

Kosten von Institutionen. Der Zusammenhang zwischen äußerer Selektion und Funktionalität von Institutionen läßt sich nur beurteilen, wenn die Determinanten ihrer Setzung analysiert werden. Dazu müßte auf den Aspekt der Macht Bezug genommen werden, dem wir uns bald ausführlich zuwenden. Wir wollen daher in diesem Abschnitt als Determinante äußerer Selektion nur noch einen, freilich zentralen Aspekt analysieren, nämlich die Institutionen als Zuweisung grundlegender Rechte und Pflichten der Aktoren in Transaktionen, und uns dabei auf die Frage konzentrieren, welche Bedeutung hier der Zusammenhang zwischen laufenden Transaktionskosten und Institutionen hat. Beim obigen Beispiel des Rauschgifthandels sind die Rechte und Pflichten der Aktoren beispielsweise so definiert, daß diese Transaktionen eigentlich gar nicht stattfinden sollten. Die beobachtbare Kriminalität resultiert dann aus dem Wechselspiel zwischen den Kosten der Etablierung und Durchsetzung dieser Institutionen, und den Kosten und Erträgen der kriminellen Transaktionen. Offensichtlich würde eine ausschliessliche Betrachtung der laufenden Transaktionskosten hier irreführen. Die Funktionalität der Institution kann in diesem Fall abschliessend nur unter Rekurs auf ein **Werturteil** bestimmt werden.

Rauschgifthandel: Warum soll eigentlich Rauschgifthandel erschwert werden? Das erhöht die Gewinne der Händler durch steigenden Monopolisierungsgrad und somit die Kriminalitätsrate – meinen manche Ökonomen.

Wir müssen dann also grundlegend die Kosten der Marktorganisation also solcher von den Kosten unterscheiden, die durch die Zuweisung bestimmter Rechte und Pflichten an die Marktseiten entstehen. Dementsprechend wirken Transaktionskosten in unterschiedlicher Weise. Es sind also zwei unterschiedliche Wege der Senkung von laufenden Transaktionskosten denkbar.

Regeln des Marktes: Im Internet läßt sich die Evolution von Regeln der Marktorganisation bestens verfolgen: **http://www.economics.harvard.edu/~aroth/papers/ebay-revisedOriginal.pdf http://www.uwh.de/netgape/sslinks/links.php3**

- **Institutionen der Marktorganisation** sind zum Beispiel Regeln der Produktkennzeichnung oder Qualitätsstandards, die die Informationskosten der Aktoren absenken. Hier können wir wieder zwischen informalen und formalen Institutionen unterscheiden, je nachdem wie abweichendes Verhalten selektiert wird. In vielen spezialisierten Märkten gelten informale Institutionen, die eine Händlergruppe also solche gegen andere abgrenzen, und die einzelnen Händler eng an die Regeln binden. Formale Marktorganisation erfolgt praktisch durch Regierungen oder Verbände; es gibt dann formale Prozeduren der Einklagbarkeit von Regelverstößen. Auf diese Weise werden die Informationskosten der Nachfrage erheblich abgesenkt, und auch endemische Probleme von „lemons"-Märkten werden gelöst.

„Law & Economics": Die nebenstehende Überlegung spielt eine zentrale Rolle in der seit rund 30 Jahren rasch expandierenden Disziplin der ökonomischen Analyse des Rechts: **http://allserv.rug.ac.be/~gdegeest/**

- Wichtiger für das Verständnis der Evolution von Wirtschaftssystemen ist jedoch die Ausbildung **institutioneller Verteilungen von Rechten und Pflichten**. Die Vermutung lautet hier, daß sich Institutionen so entwickeln werden, daß Rechte und Pflichten jenen Aktoren zugewiesen werden, die sie selbst zu den geringsten Kosten ausüben können, mit der Folge, daß auch die laufenden Transaktionskosten insgesamt verringert werden. In unserem Beispiel der Qualitätsgarantien gilt eine solche Effizienzvermutung für das Garantieversprechen des Aktors *A*: So gesehen, gibt *A* damit einen Teil seiner Rechte an *B* ab, weil dieser einen potentiellen Anspruch erhält. *A* erleidet also einen Nachteil. Wenn er dies jedoch nicht täte, käme aber gegebenfalls die Transaktion wegen der hohen Informationskosten und Unsicherheit von *B* gar nicht zustande. Es ist daher von Vorteil für *A*, eine Regelung anzubieten, die diese Kosten von *B* reduziert und damit die Transaktion auch im Interesse von A erst ermöglicht. A muss im Vergleich zu B erheblich geringere Transaktionskosten aufwenden, weil er die volle Information und Kontrolle über sein Angebot hat. Die Garantie ist also in diesem Sinne eine effiziente Institution, soweit dieses Argument auf abstrakter Ebene gilt und auf verschiedene Transaktionsgegenstände anwendbar ist.

Haftungsregeln: Argumente der „Law & Economics" spielen eine wichtige Rolle bei der Gestaltung von Haftungsregeln. Betrachten Sie Produktion und Verkauf von Medikamenten unter Berücksichtigung der Beziehung zwischen Pharma-Unternehmen, verschreibendem Arzt und Patient. Wer soll in welchem Umfang die Verantwortung für unerwünschte Nebenwirkungen des Medikamentes tragen? Sollen Zigarettenhersteller die Haftung für Krebs übernehmen?

Bei dieser zweiten Form geht es nicht mehr nur um die laufenden Kosten der Transaktion im engeren Sinne, sondern die Kosten der Ermöglichung und ex-post Durchsetzung von Ansprüchen. Daraus ergibt sich also:

Durch die Zuweisung von Rechten und Pflichten werden laufende Transaktionskosten ex post für die Aktoren antizipierbar. Daraus entsteht also eine bestimmte zeitliche Ordnung von Transaktionen, die Erwartungssicherheit erzeugt. Die laufenden Transaktionskosten ex ante werden dementsprechend durch ein höheres Niveau des Vertrauens in den Erfolg von Transaktionen reduziert.

In der allgemeinsten Version gehen diese Argumente auf das berühmte **Coase-Theorem** zurück, das besagt, daß bei laufenden Transaktionskosten von Null die konkrete Verteilung von Rechten in einem Wirtschaftssystem unerheblich ist, weil die effizienten Zustände durch Tausch von Rechten ex post realisiert werden können. Gilt die Annahme von Null-Transaktionskosten jedoch nicht, dann ist die Verteilung nicht mehr neutral hinsichtlich der Effizienz des Gesamtsystems. Dann stellt sich jedoch andererseits die Frage, inwieweit die Herstellung und Stabilisierung einer bestimmten Verteilung der Rechte selbst mit Kosten verbunden ist.

Für Systeme mit positiven Transaktionskosten besagt das Theorem, daß durch Institutionen geschaffene Rechte und Pflichten sich immer in Richtung einer Minimierung der gesamten laufenden Transaktionskosten des Systems entwickeln bzw. entsprechend gesetzt werden sollten;

Coase-Theorem:
Raucher und Nicht-Raucher befinden sich in einem Raum. Es wird verhandelt, ob geraucht werden darf. Die beiden Seiten müssen der anderen das jeweilige Recht abkaufen. Macht es einen Unterschied, ob die Raucher das Recht zum Rauchen haben und die Nicht-Raucher dieses abkaufen müssen, um das Rauchen zu verhindern, oder ob umgekehrt die Raucher von den Nicht-Rauchern das Recht auf rauchfreie Luft erstehen müssen?

Produkthaftung:
Es gibt in Europa neue Regelungen zur Produkthaftung. Analysieren Sie diese evolutionsökonomisch.
http://www.rakotz.de/schuldrechtsmodernisierung.htm

diese These unterlag den obigen Ausführungen zur Garantieregelung. Doch zeigt eine kurze Überlegung, daß diese Erklärung unzulänglich wäre: Denn diese Aussage ist bezogen auf die Interessen der Akteure: Könnte *A* die Transaktion mit *B* immer realisieren, wird er kaum interessiert sein, eine Garantie anzubieten. Das heisst, die Effizienzhypothese zur Evolution von Institutionen setzt bereits eine bestimmte Marktstruktur voraus, nämlich möglichst weitgehenden Wettbewerb. Wenn *A* Monopolist ist und *B* angewiesen auf das Gut, ist es nicht im Interesse von *A*, eine Garantie anzubieten. Gibt es aber viele konkurrierende Anbieter, wird *A* das Instrument der Garantie einsetzen, um Käufer zu attrahieren. Aus diesem Wettbewerbsprozeß bilden sich die effizienten Institutionen im Sinne des Coase-Theorems.

Nun ist aber der offene Wettbewerb selbst eine institutionelle Konstellation. Das Beispiel verweist also auf zwei grundsätzliche Aspekte.

- Wenn die institutionellen Rahmenbedingungen für die Gültigkeit des Coase-Theorems nicht gegeben sind, dann werden die Kosten der Einrichtung und der möglichen Veränderung des bestehenden institutionellen Arrangements von Rechten und Pflichten sehr wichtig für die Beurteilung der gesamten Wirkungen der Institution. Wenn also beispielsweise die Garantieregelung nicht durch Selbstbindung, sondern durch Sanktionen stabilisiert werden muß, werden die Kosten dieser Sanktionen relevant. Diese Kosten sind wiederum nicht unabhängig von bestehenden Formen der Macht im Gesamtsystem.
- Offensichtlich kann die Funktionalität einzelner Institutionen gar nicht isoliert von allen anderen Institutionen betrachtet werden. Daraus ergibt sich aber ein prinzipielles Argument für die Pfadabhängkeit aller Wirkungen von Institutionen auf die laufenden Transaktionskosten der unmittelbar relevanten

Transaktionen. Anders gesagt, verläuft die äußere Selektion von Institutionen immer über Vermittlung aller Institutionen eines Wirtschaftssystems.

Wir betrachten in Kap. VI, 3 die Rolle institutioneller Koordination zwischen dem Arbeitsmarkt und anderen Märkten in modernen Industriegesellschaften; diese Thema ist besonders durch die Debatte über Japan aufgebracht worden.

Mit diesem zuletzt genannten Punkt findet der Übergang von der Analyse der Institutionen zur Analyse der Ordnungen statt. Wir wollen daher unsere Betrachtung von Institutionen an dieser Stelle zunächst abschliessen, da ohne Einbeziehung der beiden Konzepte der Macht und der Ordnung viele Fragen gar nicht beantwortet werden können. Mit dieser Einsicht trennen sich die Wege der Evolutionsökonomik eindeutig von der neoklassisch orientierten Neuen Institutionenökonomik, die in der Regel die Effizienz von Institutionen unter dem Gesichtspunkt analysiert, wie sie auf laufende Transaktionskosten in einem wettbewerblichen Kontext wirken.

Institutionen als Replikatoren des Wirtschaftssystems. Fassen wir die neuen Erkenntnisse zur Rolle einzelner Determinanten der inneren und äußeren Selektion von Institutionen abschliessend in den Abbildung 26 und 27 zusammen.

Schwierigkeiten von Reformen: Analysieren schwierige Reformen mit Hilfe des Schemas von Abbildung 26, zum Beispiel die Aufhebung des Beamtenstatus von Professoren oder die Einführung von Studiengebühren.

Ausgangspunkt ist die Betrachtung einer Institution_1, die eine Transaktion zwischen Aktoren regelt und bestimmte Kosten dieser Transaktion verursacht. Sie wird zum einen durch innere Selektion stabilisiert, wenn die Aktoren eine gemeinsame Selbstbindung an die Institution durch Emotionen aufweisen. Auf der anderen Seite wirken Kräfte äußerer Selektion durch Sanktionen. Diese Kräfte müssen nicht notwendig gleichgerichtet sein, wie beispielsweise bei institutionellen Reformen, die formale Institutionen verändern, aber die Selbstbindung der Aktoren an informale Institutionen zunächst nicht berühren. Was in der Abbildung der Übersicht halber nicht eingezeichnet ist, ist die Geltung dieses Zusammenhangs auch für die Institution_2 der Sanktion.

Die Handlungen der Aktoren sind nun auch in eine andere Institution_3 eingebettet; hier wirken Kräfte der inneren

Selektion über die erforderliche Konsistenz der Institutionen. An dieser Stelle wird auch deutlich, daß innere und äußere Selektion nicht absolut bestimmt werden können, sondern nur relativ zu bestimmten Systemgrenzen, denn andere Institutionen können auch als Umwelt und damit Kraft äußerer Selektion betrachtet werden.

Abbildung 26: Innere und äußere Selektion von Institutionen

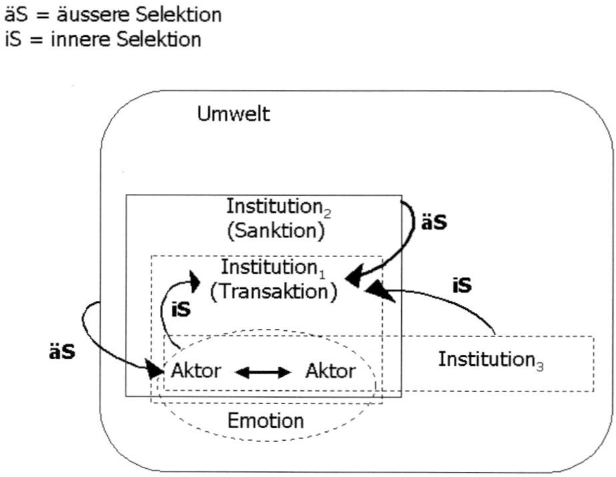

Schliesslich wirkt die Umwelt auch direkt auf Institutionen ein, und zwar durch deren Wirkung auf materiell-energetische Prozesse ebenso wie unmittelbar über die Kosten der Institution. Diese Wirkung wird vermittelt über das Handeln der Aktoren, ist also an deren Wahrnehmung der Umweltzusammenhänge gebunden. Das bedeutet also, daß für die Umweltwirkungen letztlich wieder der systemendogene Prozeß innerer und äußerer Selektion zum Tragen kommt.

Die relative Bedeutung der unterschiedlichen Selektionskräfte wird in Abbildung 27 dargestellt. Wir sehen hier folgende Muster. Konventionen werden vor allem durch spezielles Eigeninteresse stabilisiert, während das generalisierte Eigeninteresse an Erwartungssicherheit besonders stark bei formalen Institutionen wirkt. Konsistenzkräfte wirken vor allem bei informalen Institutionen, weil bei der Setzung und Entwicklung von Konventionen und formalen Institutionen eine geringere Kontextsensitivität besteht.

Abbildung 27: Relative Bedeutung von Selektionskräften bei der Evolution von Institutionen

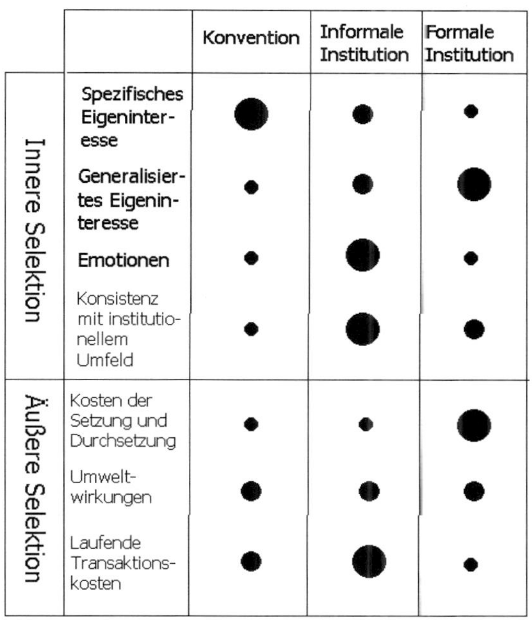

Bei den Kräften äußerer Selektion wirkt die Umwelt in gleichem Umfang, wenn auch in unterschiedlicher Form auf Konventionen und Institutionen. Die laufenden

Transaktionskosten wirken besonders stark bei informalen Institutionen, da bei formalen durch machtvolle Setzung auch Institutionen mit höheren Kosten durchsetzbar sind. Dies hängt aber wiederum von den für formale Institutionen besonders wichtigen Kosten ihrer Einrichtung und Durchsetzung ab.

Wir können nun grundsätzlich sagen, daß die Beziehung zwischen innerer und äußerer Selektion durch die Muster bestimmt wird, die sich aus den skizzierten Kräften der Verhaltensbindung durch Institutionen ergeben. Daraus läßt sich wiederum der Charakter der Institutionen als Replikatoren und Interaktoren des Wirtschaftssystems bestimmen.

Systemwettbewerb: Betrachten Sie nochmals den Fall des sozialistischen Ostens. Könnte man den Ost-West-Konflikt als Beziehung zwischen Interaktoren analysieren? So gesehen, ist die marktwirtschaftliche Transformation dann eine Replikation der „westlichen" Institutionen. Wie weit kommen Sie mit einer derartigen Analogie?

Wir hatten bei der Darlegung des VSB-Paradigmas gesehen, daß unterschiedliche Bezüge zwischen Replikatoren und Interaktoren bestehen, je nachdem, auf welcher Ebene das Wissen gespeichert ist, das der System-Umwelt-Beziehung zugrundeliegt. Im Falle der Institutionen können wir allgemein sagen, daß jede Institution zunächst auf einen Interaktor bezogen ist, der sich durch ihre Reichweite bezüglich einer Population bestimmt. Der in Abbildung 26 beschriebene Zusammenhang bedeutet also, daß die verschiedenen Populationen als Interaktoren im Gruppenwettbewerb zu verstehen sind.

Im einfachsten und klaren Fall lassen sich also Institutionen mit einer eindeutigen hierarchischen Ordnung von Interaktoren in Beziehung setzen. Ob eine Institution dann auch ein Replikator ist, hängt davon ab, inwieweit sie nicht-referentielles Wissen speichert und weitergibt. Dies wiederum ergibt sich aus der konkreten Analyse der Beziehung zwischen innerer und äußerer Selektion und damit der Bindungskräfte für das Verhalten der fundamentalen Aktoren.

Betrachten wir beispielsweise eine Konvention. Hier entsteht die Verhaltensbindung durch das spezifische Eigeninteresse der Aktoren. Das heisst aber sogleich, daß das

Wissen der Konvention bei den Aktoren gespeichert ist, also die Konvention nicht als Element und mithin auch nicht als Replikator aufgefasst werden kann. Die Reichweite einer Konvention grenzt also einen Interaktor ein, aber auch dies nur insofern, als die Konvention in irgendeiner Weise für den Wettbewerb zwischen den entsprechenden Populationen relevant ist. Nehmen wir an, es handele sich um eine Verkehrsregel: Dann wäre ein Kriterium die Auswirkung auf die Unfallhäufigkeit, und das Wissen über die Vorzugswürdigkeit einer Konvention könnte über direkte Imitation durch die Aktoren verschiedener Populationen diffundieren.

Anders liegen die Dinge im Falle, daß eine informale Institution emotional verankert ist und in hohem Masse nicht-referentielles Wissen enthält. In diesem Fall ist das Wissen nicht bei den Aktoren gespeichert, sondern in der Institution als Struktur. Als Struktur ist die Institution also ein Replikator und unterscheidet sich demnach grundlegend von der Konvention, auch wenn beispielsweise die Population dieselbe ist. Empirischer Prüfstein ist hier die Frage, wie eine Diffusion erfolgen kann. Nehmen wir das Beispiel einer religiösen Überzeugung mit Konsequenzen für das wirtschaftliche Handeln. Wenn dieser Zusammenhang zwischen Institution und Leistung den Aktoren gar nicht bekannt ist, kann die Institution auch nicht durch bewußte Adoption Verbreitung finden. Vielmehr ist die Reproduktion der Institution selbst die entscheidende Kraft: Dies kann etwa in Gestalt von langfristigen Missionierungen geschehen, die Schritt für Schritt die kognitiv-emotionalen Bindungen der Aktoren verändern. Die Institution ist hier insofern eine ontologisch autonome Kraft und somit ein Replikator, als die missionierenden Aktoren ausschliesslich unter dem Einfluss der Institution handeln, und dabei die Institution reproduzieren. Daß im Ergebnis eine Funktionalität im Gruppenwettbewerb entsteht, ist eine Nebenwirkung dieses Prozesses.

Institutionen als Replikatoren:
Welche Institutionen verschiedener Gesellschaften könnten Replikatoren sein?
- Heiratsregeln,
- das Recht von Kapitalgesellschaften,
- öffentliche Sitte,
- Gesetze über technische Sicherheit,
- Status von Berufsgruppen.

Überlegen Sie noch eigene Beispiele und wenden Sie die Kategorien der Abbildungen 25 und 27 an!

Reformblockaden:
Ein weiterer Indikator für die Rolle von Institutionen als Replikatoren ist, daß sie nur schwer durch direkte politische Eingriffe veränderbar sind, d.h. sich also nicht-intentional reproduzieren. Gibt es solche Beispiele in der deutschen Marktwirtschaft? Wie steht es etwa mit der Beziehung zwischen Banken und Unternehmen?

Komplexer Wettbewerb von Institutionen:
Wie stehen Unternehmensformen als Institutionen im Wettbewerb miteinander? Unterscheiden Sie zwischen den verschiedenen Selektionskräften und Bindungsformen. Warum gibt es beispielsweise nur noch wenige genossenschaftliche Industriebetriebe?

Insofern sehen wir, daß die Übersicht in Abildung 27 auch wichtige Aspekte des evolutorischen Prozesses erfasst, der zum Wandel und zur Verbreitung von Institutionen führt. Empirisch sind die vielfältigen Unterschiede solcher Prozesse dort zu identifizieren, daß zwischen bewußten Entscheidungen über die Befolgung von Institutionen, ihren tatsächlichen Wirkungen und den entsprechenden Aspekten der Durchsetzung unterschieden wird. Jede deutliche Divergenz zwischen dem Wissen der Aktoren, die Institutionen befolgen, und den tatsächlichen Wirkungen, sowie den Motiven der durchsetzenden Aktoren und den beabsichtigten und unbeabsichtigten Wirkungen von Institutionen weist dann darauf hin, daß Institutionen auch den Status von Replikatoren haben.

Dieses Bild wird noch erheblich komplexer, wenn wir bedenken, daß Institutionen im allgemeinen nicht eindeutig hierarchisch geordnet sind, sondern sich in vielfältiger Weise überlappen und überlagern, wenn Aktoren in unterschiedlichen Gruppen eingebettet sind. Genau diese Konstellation ist aber der Hauptgrund, warum andererseits die Institutionen eine strukturelle Autonomie gegenüber den Aktoren erhalten und sich als Elemente konstituieren. Institutionen sind dann eine zentrale Determinante der Handlungsfähigkeit der Aktoren und sind also extrasomatisches nicht-referentielles Wissen.

Wir haben nun mit Institutionen Regelmäßigkeiten in Netzwerken betrachtet, die auf Handlungen der Aktoren Einfluss nehmen. Diese Handlungen selbst können produktive sein. Damit wird aber der Zusammenhang zu materiell-energetischen Strukturen in direkter Form angesprochen, als über die indirekten Folgen von Handlungen in Netzwerken. Produktive Handlungen sind selbst durch Regeln gesteuert. Diese Regeln werden gewöhnlich mit dem Begriff der „Technologie“ belegt, mit dem wir uns nun beschäftigen wollen.

3. *Technologien*

a. Begriffsbestimmungen

Technologie und Institution. In der neueren Institutionenökonomik hängen Technologie und Institution auf dem Wege zusammen, daß eine **Transaktion als ein Transfer über eine technologische Schnittstelle** verstanden wird, die dann durch eine **Institution** geregelt wird. Dabei ist der Begriff „technologisch" freilich inhaltlich unbestimmt; was eine technologische Schnittstelle ist, dürfte nicht unabhängig von den Institutionen sein: Die neuen Entwicklungen in der Organisation der modernen Wirtschaft zeigen, wie eng eigentlich Technologie und Institutionen miteinander verwoben sind.

Technologie im Alltag:
Vergleichen Sie die Klingel Ihrer Haustür und Ihren PC hinsichtlich der Erfordernisse, was Herstellung und Nutzung angeht. Welche Rolle spielen Institutionen? Berücksichtigen Sie dabei beispielsweise die Institutionen, die die Anwendung der Software regulieren, oder die Konventionen, die der Verwendung einer Klingel zugrundeliegen.

Klären wir die Fragestellung zunächst anhand eines Beispiels. Stellen wir uns zwei Arbeiter an aufeinanderfolgenden Positionen eines Fließbandes vor, also einen einfachen Ausschnitt aus einem Netzwerk von Transaktionen in der Produktion. Beide nehmen Einfluss auf die Qualität des Endproduktes, allerdings kann die Verantwortlichkeit durch die zeitliche Folge der Produktionsschritte unklar sein. Wie kann die Übergabe des Fertigungsobjektes zwischen dem ersten und dem zweiten Arbeiter organisiert sein? Die technologischen Eigenschaften des Fließbandes suggierieren zunächst, daß keine technologische Schnittstelle gegeben ist; aber dies ist gar nicht zwingend. Wenn zum Beispiel die Qualitätsunsicherheit bei jedem einzelnen Schritt sehr hoch ist, könnte eine Regelung getroffen werden, daß der zweite Arbeiter zunächst eine Qualitätsprüfung durchführt, bevor er den Gegenstand weiter bearbeitet, und hierzu das Band regelmässig anhält. Müßte dieser Schritt aber überhaupt innerhalb eines Unternehmens erfolgen? Selbst dies erscheint nicht zwingend: Die beiden Arbeiter könnten Kleinunternehmer sein, die Zwischenprodukte untereinander konsekutiv austauschen, und das Fließband hätte die reine Funktion eines Transportmedi-

Zerlegung von Prozessen:
Überlegen Sie, wann genau Prozesse nicht mehr zerlegbar sind. Welche Kriterien würden Sie für sinnvoll erachten?

ums. Im einen Fall wäre das Fließband also Teil einer Unternehmensorganisation und damit intra-organisationaler Transaktionen, im zweiten Fall Transportmedium einer Markttransaktion zwischen unabhängigen Aktoren, die durch Institutionen geregelt wird. Wir halten zunächst fest:

Definitionen: Es gibt natürlich andere Definitionen von Technologie: **http://www.bergen.org/technology/**

> *Technologien lassen sich beschreiben als eine* **Menge von Elementarprozessen der Produktion in einer bestimmten zeitlichen und räumlichen Ordnung**. *Diese Ordnung ist selbst durch Regelmäßigkeiten zu beschreiben, welche die Handlungen der Aktoren bestimmen, die die Technologie anwenden. Technologie definieren daher auch Rollen von Aktoren, die sie anwenden. Durch die Regelmäßigkeiten können Elementarprozesse zu Einheiten zusammengefasst sein. Das Wissen, das in Technologie enthalten ist, besteht in den* **Regeln**, *auf deren Grundlage die Aktoren die Regelmässigkeiten generieren.*

Koordination von Aktoren: Analysieren Sie die Koordinationsprobleme bei der Steuerung eines großen Segelbootes durch die Crew. Welche Anreiz- und Überwachungsprobleme tauchen auf? Warum ist Mannschaftsgeist letztendlich wichtig?

Wir sehen also, daß technologische Schnittstellen in Fertigungstechnologien keinesfalls unabhängig von Institutionen sind und umgekehrt. Worum es geht, ist konkret die Form der **Wissensteilung** und der **Koordination des Wissens** zwischen unterschiedlichen Aktoren.

Wir haben Arche-Typen von Netzwerken in Kap. II, 2 betrachtet, die auch technologisch bedingt sein können.

Die neoklassisch orientierte Institutionenökononomik betrachtet das Beispiel des Fließbandes vor allem unter dem Gesichtspunkt, ob durch die Abfolge der Fertigungsschritte Probleme des **Opportunismus** zwischen den Arbeitern auftauchen, d.h. ob Tausch ein sinnvolles institutionelles Arrangement wäre oder Hierarchie innerhalb der Organisation einer Firma. Technologien werden also hinsichtlich ihrer Folgen für die Wahrnehmung und Kommunikation zwischen den Aktoren betrachtet. Dies kann seinerseits ein technologisches Problem sein, hängt aber auch davon ab, wie hoch die Neigung zum Opportunismus ist. Letzteres verweist wieder auf unsere Diskussion der Beziehung zwischen innerer und äußerer Selektion von Institutionen: je nach dem Grad der Selbstbindung der Aktoren an Institutionen könnten also unterschiedliche Lösungen zur Umsetzung der Technologie sinnvoll sein. Die Form der Stabilisierung von Institutionen hängt wiederum mit bestimmten kognitiven und emotionalen Merkmalen von Aktoren zusammen.

Eine solche Debatte hat in der Wissenschaft tatsächlich stattgefunden und ist weiterhin ungeklärt: Unser Fliessband-Beispiel ähnelt stark der Organisation des Verlags-Systems in der frühen Industrialisierung, bei dem zwischen Kapitalist und Arbeiter ein Austausch von Material und Endprodukt stattfand. Warum ist die integrierte Fabrik entstanden? Die eine Position behauptet, sie sei im wesentlichen Folge erstens, der hohen Transaktionskosten des Verlagssystems (u.a. Qualitätssicherung) und zweitens, der technologischen Entwicklungen im Bereich der Energieversorgung aller technischen Prozesse aus einer Quelle. Die andere Position behauptet, die Fabrik sei Reflex der Machtverhältnisse im Frühkapitalismus und habe vor allem darauf beruht, daß die Möglichkeiten der Disziplinierung der Arbeiter zugenommen hätten, sowie daß die Arbeitsmärkte selbst vermachtet waren, also für die Arbeiter nur geringe „outside options" bestanden. Wir schlussfolgern:

Technologie und Gruppen: Fertigungstechnologien lassen oft sehr unterschiedliche Formen der Gruppenorganisation zu – das heisst, der Einsatz der Technologie ist nicht rein technisch bedingt. Viele Varianten finden sich in der Automobilindustrie: **http://www.symposion.de/gruppenarbeit/** **http://www.flexible-unternehmen.de/**

Die Beziehung zwischen Technologie und Institutionen ist nicht a priori und eindeutig determiniert. Die einzige eindeutige Aussage wäre die, daß bei Identifikation eines Elementarprozesses dieser nur auf die Handlung eines Aktors bezogen ist. Da dieser Aktor aber auch ein derivativer sein kann, bestehen selbst hier Spielräume. Die grundsätzliche These von der Unterdeterminiertheit der Beziehung zwischen Technologie und Institutionen bedeutet, daß die historische Entwicklung eine Vielzahl **funktional äquivalenter Lösungen** *aufweisen kann, und daß andere Faktoren eine determinierende Rolle spielen können, wie vor allem die Setzung bestimmter Institutionen durch mächtige Aktoren.*

Artefakte, Methoden, Probleme. Es wäre verfehlt, die Technologie nur als Phänomen der modernen wirtschaftlichen Entwicklung anzusehen. Die allgemeinste Form der Tech-

Einfache Technologieentwicklung: Betrachten Sie die Entwicklung der Technologie und Infrastruktur bei Robinson Crusoe: Welche Rolle spielte die zeitliche Organisation in seinen Entscheidungen?

Artefakte und Netzwerke: Einfachste Artefakte können abhängig von der sozialen Organisation vollkommen unterschiedliche Ergebnisse zeitigen. Ein faszinierendes Beispiel ist die Infrastrukturentwicklung im Römischen Reich, die auf der Sozialorganisation der Regionen beruhte und den Spaten zu einem höchst wirkungsvollen Werkzeug werden ließ: **http://www.gauting.de/geschichte/ag_roemer.htm**

nologie ist der **Werkzeuggebrauch**, allerdings erst dann, wenn dieses Werkzeug auch produziert wird. Wenn nach einer bekannten Definition des Menschen dieser das werkzeugproduzierende Lebewesen ist, wären also conditio humana und Technik engstens verwoben. Freilich wäre die Definition der Technik als „produziertes Produktionsmittel" zu weit, weil dann alle Zwischenprodukte als Technologie bezeichnet würden. Richtig wäre es aber, die Strukturen, die dem koordinierten Einsatz dieser Zwischenprodukte zugrundeliegen, als Technologie zu bezeichnen. Daraus ergibt sich sofort eine enge Verbindung zwischen Netzwerken und Technologie: Der Einsatz von Technologien geht mit Transaktionen zwischen Aktoren einher. Dies gilt, wie eingangs des zweiten Kapitels festgelegt, auch für einen einzelnen Technologieanwender, dessen selbstreferentielles Netzwerk dann in der Zeit verläuft, also Reflex einer zeitlichen Ordnung der Technologie ist.

Noch einen Schritt weiter verallgemeinert, ist eine Technologie eine **Methode zur Lösung eines Problems**. In dem Sinne sind natürlich auch Institutionen „Technologien", nämlich Methoden zur erfolgreichen Durchführung von Transaktionen - in der Tat gibt es den Begriff der „Sozialtechnologie". Gleichzeitig verschwimmt freilich die Abgrenzung zum Begriff des „Wissens", denn dieses wurde ja im zweiten Kapitel nicht anders eingeführt als eben eine Kompetenz zur erfolgreichen Durchführung einer Transaktion bzw. Handlung. Diese Ausweitung des Begriffs der Technologie erscheint aber wenig sinnvoll, da es, wie wir sehen werden, durchaus spezifische Aspekte der Technologie gibt, gerade weil sie an **Artefakte** gebunden ist. Diese Artefakte bezeichnen wir als **Technik**.

> *Eine Technologie ist eine geordnete Beziehung zwischen mindestens einem Artefakt, einem Problem und einer Handlungsregel der Anwendung des Artefaktes zur Lösung des Problems. Es handelt sich also im einfachsten Fall um ein Korrelat zwischen einem* **kognitiven Schema und einem Artefakt** *bzw. einer* **Regel und einer materiell-energetischen Regel-**

> **mässigkeit**. *Das Artefakt konditioniert eine bestimmte Folge von Elementarprozessen und Handlungen von Aktoren, die das Artefakt verwenden. Jede Technologie ist daher mit bestimmten Konfigurationen von Netzwerken verbunden. Definierend für die Technologie ist jedoch die Generation einer materiell-energetischen Regelmässigkeit durch eine Regel, während definierend für die Institution die Generation einer Regelmässigkeit in Netzwerken durch eine Regel ist.*

Betrachtet man die Verwendungen des Begriffs, so sind oft sehr unterschiedliche Reichweiten gedacht, von einer konkreten Technologie (sagen wir, einem Steinbohrer) bis zu einer ganzen Familie von Artefakten und Methoden (zum Beispiel alle Formen von Elektromotoren). Manchmal ist auch die „Technologie" einer Gesellschaft in ihrer Gesamtheit angesprochen, was wir hier nicht nachvollziehen wollen. Wir führen aber folgende Unterscheidungen ein. ***Lesehinweis 6***

> **Technologiebegriffe:** Recherchieren Sie im Internet Begriffe von Technologie!

> *Eine* **Basistechnologie** *ist ein Korrelat zwischen einer Klasse von Artefakten und einem allgemeinen* **Bauprinzip** *(zum Beispiel alle Verbrennungsmotoren). Die Artefakten entsprechen einzelnen* **Anwendungen der Technologie**, *die aus einem Korrelat zwischen einem konkreten Problem und der problemadäquat angepassten Basistechnologie bestehen. Basistechnologien können wiederum Teil eines* **technologischen Paradigmas** *sein, das bestimmte grundlegende Ideen, Konzepte und Theorien bezeichnet, deren Zusammenwirken die Entwicklung von Basistechnologien bestimmt (also zum Beispiel alle Formen der Nutzung von fossilen Brennstoffen für die Energieerzeugung).*

> **Technologie im Unwissen:** Interpretieren Sie die herkömmliche Pflanzen- und Tierzucht im Lichte der aufkommenden Biotechnologie. Wie läßt sich die derzeitige Entwicklung in der definierten Begrifflichkeit interpretieren?

Bei diesen Definitionen ist also zu beachten, daß es grundsätzlich möglich ist, daß in einem Wirtschaftssystem bestimmte Theorien und Kenntnisse vorhanden sind, die aber noch nicht in Basistechnologien umgesetzt sind. Andererseits wird die Verbreitung der Basistechnologie offenbar durch die Art und Menge an Problemen bestimmt, die zu lösen sind. Schließlich gibt es sogar die Möglichkeit, daß Anwendungen von Technologien existieren, ohne daß das zugehörige technologische Paradigma bereits gefunden wurde. Letzteres ist typischerweise dann der Fall, wenn gewisse Techniken Anwendung finden, deren Wirkungsweise wissenschaftlich noch nicht geklärt ist.

Innovation: Kaum ein Wort ist inzwischen so positiv belegt, denn unser aller Zukunft scheint von „Innovationen" abzuhängen: **http://www.innovation.cc/discussion_papers/definition.htm**

In der evolutorischen Ökonomik besitzt der Begriff der Technologie auch deshalb eine zentrale Bedeutung, weil das Konzept der „**Innovation**" zumeist darauf bezogen wird, vor allem in der Formulierung „technologische Innovation". Die Technologie wird aber auch in der neoklassischen Theorie als die eigentliche Quelle allen wirtschaftlichen Fortschritts angesehen, freilich nur in begrenztem Umfang erklärt und analysiert („Manna vom Himmel"). Hier ist natürlich unmittelbar anzufügen, daß es angesichts der engen Beziehung zwischen Technologien und Netzwerken keinen Sinn macht, den Begriff der Innovation nur eng auf die Artefakte zu beziehen. Vielmehr sind Innovationen immer auch Veränderungen der Netzwerke der Technologieanwendung, was impliziert, daß auch alle bislang abgeleiteten Konzepte betroffen sein können, wie vor allem Institutionen.

Innovationen können in den drei Bereichen der technologischen Paradigma, der Basistechnologie und der Anwendungen stattfinden. Sie berühren also alle damit zusammenhängenden Phänomene. Als Innovation gilt nur, was **Neuheit** *im Sinne der Definition in Kapitel 2 ist. Dies bezieht sich aber nicht notwendigerweise auf alle Aspekte einer Technologie.*

Technologie und Institutionen: Betrachten Sie die öffentliche Debatte um die Biotechnologie – welche Rolle spielen hier institutionelle Fragestellungen? Verändert die Technologie die Institutionen oder umgekehrt?

Der bereits aufgezeigte Zusammenhang zwischen Institutionen und Technologie bedeutet notwendigerweise, daß technologische Innovationen immer auch institutionelle Innovationen mit sich bringen. Daraus leitet sich also die spezifische Fragestellung ab, welcher Zusammenhang zwischen technologischen und institutionellen Innovationen besteht: Auch hier begegnet uns der oben berührte Streit um die relative Bedeutung beider Phänomene. Während die einen behaupten, Innovationen seien im wesentlichen Reflex institutioneller Veränderungen, die die Anreize für solche Innovationen verbessert hätten, meinen andere, daß erst die technologischen Innovationen auch die institutionellen Veränderungen anstiessen. Dieser Streit berührt grundlegende Fragen der Erklärung technologischer Entwicklung, und zwar insbesondere hinsichtlich des relativen Stellenwertes endogener Faktoren der Technologieentwicklung und exogener, also etwa institutioneller oder allgemeiner gesellschaftlicher Rahmenbedingungen. Wir sehen, daß sich die Problematik der Beziehung zwischen innerer und äußerer Selektion unmittelbar auf die Technologie überträgt. Diese Frage wird weiter unten ausführlich behandelt.

Technologiegeschichte: In der Wissenschafts- und Technologiegeschichte gibt es seit langem die Debatte um „internalistische" und „externalistische" Erklärungen: **http://courses.unt.edu/rdecarvalho/h5040/CohenReviews/GaryMurphey01.htm http://shot.press.jhu.edu/**

Technologie als Umwegproduktion. Wir können auf der Grundlage des dritten Kapitels Technologien auch als Methoden der Produktion auffassen, die intentional von Akteren unter Nutzung von Artefakten eingesetzt werden. Aus dieser Sicht wird eigentlich die viel ältere Unterscheidung zwischen artifiziell und natürlich angesprochen: Insofern ist die Tierzucht auch eine Technologie, auch wenn keine Maschinen eingesetzt werden, sondern die Tiere selbst die Technologie verkörpern. Der intentionale Einsatz eines nicht-intentionalen Prozesses ist eine Technologie, der letztere isoliert betrachtet, ist keine Technologie.

Technologie und Ordnung: Jemand stellt Schrauben handwerklich her. Vergleichen Sie dies mit der industriellen Fertigung von Schrauben. Die Erfindung von Techniken zur Herstellung exakt standardisierter und vielfältiger Schrauben war eine wesentliche Voraussetzung der Entstehung der modernen Industrie. Warum?

Entscheidend ist also der intentionale Einsatz von Artefakten. womit wir bei der bereits in Kapitel III, 2 getroffenen Unterscheidung von Arbeit und Kapital angelangt sind. Entropietheoretisch sind Artefakte **höhere materiell-energetische Ordnungszustände**. In Verbindung mit dem Durchfluss von materiell-energetischen Inputs erzeugt eine Technologie Kuppel-Outputs höherer und niedriger Entropie, wobei charakteristisch für den Einsatz von Technologie die höhere Komplexität der Prozesse ebenso wie der Outputs ist, betrachtet nach dem Kriterium der Dimensionalität der Zustandsräume. Zum Beispiel erlauben Technologien eine erhebliche Steigerung der Meßgenauigkeit von Differenzierungen zwischen Produkten. Dies ist gleichbedeutend mit einer Zunahme von Enformation und Wissen: Je genauer eine Technologie funktionsrelevante Unterschiede der Nutzung produzieren kann, desto mehr Wissen ist gleichermassen in ihrer Anwendung wie bei der Nutzung des Produktes enthalten.

Kapital und technologisches Wissen: Konsultieren Sie ein makroökonomisches Lehrbuch und rekapitulieren Sie die neoklassische Wachstumstheorie! Was ist die „totale Faktorproduktivität"? **http://www.csls.ca/ipm/diewert-un-en.pdf** **http://www.spring.gov.sg/TFP.html**

Diese Komplexitätszunahme betrifft auch die zeitliche Ordnung. Daher ist ein klassisches kapitaltheoretischer Konzept wesentlich für den Begriff der Technologie, nämlich jener der „**Umwegproduktion**". Technologien sind in wesentlicher Hinsicht ein zeitliches Phänomen, weil die Anwender zunächst in die Schaffung und Vorbereitung der Technologie investieren müssen, und weil der Einsatz als solcher mit zeitlichen Verschiebungen der Elementarprozesse einher geht. Die Technologie wird produziert, um die eigentlich gewünschten Produkte zu produzieren. Die Frage stellt sich also, welcher Unterschied zwischen Technologie und Kapital besteht. Sie liegt an der Wurzel der evolutionsökonomischen Auseinandersetzung mit der weithin angewendeten neoklassischen Wachstumstheorie, die Kapital und Arbeit als Aggregate betrachtet und die kumulierten, preislich bewerteten Artefakte als „Kapital" bezeichnet. Das technologische Wissen ist dann in der Faktorproduktivität reflektiert.

Technologie und Wachstum: Betrachten Sie eine konventionelle Produktionsfunktion. Kann man die Veränderung des Wissens von der Veränderung des Faktoreinsatzes unterscheiden? Wie ist die Verschiebung der Funktion gegenüber Veränderungen der Faktoreinsatzrelationen zu unterscheiden?

Aus evolutorischer Sicht ist dieser Aggregationsschritt mit größter Vorsicht zu behandeln, weil er natürlich bedeutet, daß Innovationen nicht mehr direkt in der Analyse des Wachstumsprozesses Berücksichtigung finden können, die notwendigerweise bei einzelnen Technologien einsetzen. Dementsprechend wird konventionell auch scharf zwischen Kapitalakkumulation und technischem Fortschritt getrennt, was naturgemäß große Probleme aufwirft, weil das eigentlich eine klare Trennung zwischen Wissen und Technologie impliziert. Tatsächlich zeigen auch die Probleme der konventionellen Meßversuche, daß Technologien selbst als Wissenspeicher zu betrachten sind (Konzept des „**embodied knowledge**"). „Kapital" als reine Anhäufung von Artefakten zu betrachten, ist ein sinnloses Unterfangen. *Lesehinweis 7* Andererseits kann aber Technologie auch nicht ausschliesslich mit kognitiven Schemata gleichgesetzt werden, sodaß wir wieder auf Bimodalität stossen.

Evolutionsökonomisch kann also die Wirkung von Technologie nur in entropietheoretischen Kategorien bestimmt werden, unter Berücksichtigung der grundlegenden Unterscheidungen zwischen Enformation, Information und Wissen sowie unter Berücksichtigung der zeitlichen Ordnung.

> *Dann ergeben sich* **drei unterschiedliche Wirkungen von Technologie**, *nämlich a) die* **Erhöhung der Durchflusses an freier Energie** *zur Schaffung und Stabilisierung von Zuständen niedrigerer Entropie (was zunächst ein reiner Mengeneffekt ist, also allein auf die intensivere und zeitlich komprimierte Form der Energienutzung zurückgeht), b) die* **Zunahme der Enformation**, *die in einem Elementarprozeß verarbeitet wird, sowie die* **Zunahme des Wissens** *in Input-Output-Zusammenhängen, und c) die* **Zunahme der Komplexität der zeitlichen Ordnung der Produktion** *mit der Wirkung einer Erhöhung des Negentropie-Stroms in der Zeit.*

Energiesparen:
Versuchen Sie die These zu begründen, daß alle Technologien die Wirkung haben, mehr Energie pro Zeiteinheit mit höherer Effizienz und Effektivität einzusetzen!
http://www.eva.wsr.ac.at/themen/technologie_index.htm

Es gibt also eindeutige Mengen-Wirkungen, die sich aus dem vermehrten Energiedurchfluss ergeben ebenso wie aus der zeitlichen Komprimierung der Materie-Energie-Ströme. Dieser Mengen-Effekt wird durch die **Komplexitätszunahme** ermöglicht, die dem Korrelat kognitives Schema-Artefakt inhärent ist. Diese zweite Wirkung ist der wesentliche Grund für die Entstehung des Mengeneffektes.

Wir können diese Komplexitätszunahme in einfachen netzwerktheoretischen Konzepten betrachten. Stellen wir uns eine Population von Aktoren vor, die bestimmte Elementarprozesse durchführen. Sie treffen ständig paarweise aufeinander und verändern gegenseitig ihre Zustände. Wenn jeder Aktor genau einen Elementarprozeß durchführen kann, dann ergeben sich bei einem paarweisen „Durchgang" n^2 Kombinationen und entsprechend mögliche Zustandsänderungen. Stellen wir uns nun vor, daß sich Aktoren zu Kombinationen zusammenschliessen, die wir als „Technologie" bezeichnen. Jede Kombination kann die ent-

Komplexität von Technologie:
Zerlegen Sie einige Technologien Ihrer Wahl in Elementarprozesse und stellen Sie sich vor, wie diese schrittweise aufeinanderfolgen würden!

Solche kombinatorischen Prozesse lassen sich mathematisch unter anderem mit genetischen Algorithmen, Kap. V, 5, oder mit sogenannten NK-Modellen modellieren, Kap. V, 2.

Produktivität und Profitabilität:
Die gewaltige Zunahme der Produktivität in den Industrienationen ist vor allem Folge der gewaltigen Zunahme des Energiestromes, der aus fossilen Brennstoffen gewonnen wird. Die Sowjetunion hat ihre Entwicklung hauptsächlich auf die Ausbeutung dieser natürlichen Ressourcen gestützt, ähnlich wie die USA in den ersten Jahrzehnten des 20. Jhs. Welche Rolle spielte jeweils die Profitabilität in beiden Fällen? Warum endete die UdSSR letztlich in einem anderen Zustand als die USA?

sprechenden Zustandsänderungen in einem Zuge durchführen. Wenn, sagen wir, in einer Population Technologien aus k Elementarprozessen durch Konfigurationen von n Aktoren gebildet werden können, sind also n^k unterschiedliche Technologien möglich, die dann wiederum auf andere Aktoren angewendet werden können. Dementsprechend sind in einem Durchgang jetzt $(n^k)^2$ Kombinationen möglich. Hinzu kommt, daß k Transformationsschritte in einem Durchgang stattfinden können, die vorher nur als Folge von paarweisem Aufeinandertreffen möglich waren: Die Erreichung einer bestimmten Konfiguration wäre sonst nur zufällig erreichbar, wenn sich eine genaue Folge von Zusammentreffen ereignet. Wir stellen zweierlei fest: Technologien erhöhen die **Varietät der Prozesse** in gewaltigem Ausmaß, und sie beschleunigen Zustandsänderungen immens. In der Tat zeigt ein Blick auf die Technologiegeschichte auch sofort, daß sehr viele Technologien aus der Kombination vorhandener Teiltechnologien entstehen (z.B. Edisons „Kinetoskop", der Vorläufer des Kinos, aus Komponenten wie der Glühbirne oder dem neuen Material Zelluloid).

Im Gegensatz hierzu wird konventionell der Technologieeinsatz durch die Zunahme der Produktivität begründet, und zwar in der einfachsten Weise der **Arbeitsproduktivität**. Dieses Kriterium ist freilich viel zu grob, um die Komplexitätsveränderung durch Technologie als solche bestimmen zu können. Es ist außerdem deutlich zwischen der wirtschaftlichen Leistungsfähigkeit von Technologien (also ihrer Profitabilität) und anderen Formen der Produktivitätsmessung zu unterscheiden. Ein wesentlicher Effekt der meisten Technologien besteht in einer erheblichen Produktivitätssteigerung eines bestimmten Engpassfaktors der Produktion oder dessen Substitution, also beispielsweise, wie in der frühen europäischen Industrialisierung, der Substitution der Arbeit durch Kapital oder der Erfindung neuer Formen der Energieerzeugung durch die zunehmende Knappheit von Holz und Holzkohle. Solche Produktivitätszunahmen können einher gehen mit sinkender Produktivität in anderer Hinsicht: Ein frappierendes Beispiel ist die Tatsache, daß mit dem wirtschaftlichen Fortschritt der Menschheit dennoch die Effizienz des Energiedurchsatzes in der Landwirtschaft immer weiter zurückgegangen ist. Insofern läßt sich allgemein sagen, daß Technologien vor allem die strukturellen Beziehungen im Produktionsprozeß verändern, und zwar im Sinne der Erweiterung der Zustandsräume der Produkte bei gleichzeitiger Zunahme der Komplexität der Koordination dieser Zustandsräume durch Netzwerke.

Insofern müssen wir aus evolutionsökonomischer Sicht die konventionelle Form der Produktivitätsmessung anders interpretieren; vor allem gilt dies für die üblichen Aggregationsverfahren. Vielen Technologien gemein ist die **zeitliche Komprimierung der Produktionsprozesse,** also die Veränderung von Eigenzeiten. Seit Beginn der Industrialisierung spielt bei der gesellschaftlichen Wahrnehmung technologischen Wandels die „Beschleunigung" eine große Rolle. Voraussetzung dieser Beschleunigung ist ein zeitlicher Umweg, nämlich die Zeit, die für die Produktion der Technologie benötigt wird. Wenn daher in der Wirtschaftstheorie allgemein von der Kapitalbildung gesprochen wird, fällt diese zunehmende zeitliche Komplexität der Prozesse völlig heraus. Dieses Problem nimmt an Bedeutung zu, je rascher die Innovationszyklen bei Produkten werden, und je umfangreicher auf der anderen Seite die Investitionen werden, die für den Erhalt von Innovationsfähigkeit aufzubringen sind: Die Beobachtung der Beschleunigung der Prozesse korreliert mit der rapiden Zunahme der Aufwendungen für **Forschung und Entwicklung** und der zunehmenden Durchdringung aller Lebens- und Arbeitsbereiche mit dem Einsatz von technologischen Artefakten. Diese Prozesse erfordern eine immer stärkere Zunahme der koordinierenden Arbeit in der Produktion. In der neoklassischen Wachstumstheorie schlägt sich dies im Erfordernis

Fehler der Aggregation: Seit den achtziger Jahren gibt es die Debatte über das „Produktivitätsparadox", daß nämlich die Verbreitung der Informationstechnologie nicht zu großen Produktivitätsfortschritten geführt habe. Interpretieren Sie diese Beobachtung im Lichte der These, daß die zeitliche Koordination noch nicht erfolgreich stattgefunden hat.
http://www.neweconomyindex.org/productivity.html
http://bmrc.berkeley.edu/courseware/cs260/spring98/lectures/Paradox/
http://www.iota.org/Spring97/productivity.html

nieder, das sogenannte „**Humankapital**" als eigene Größe zu berücksichtigen.

Letzteres ist die Voraussetzung dafür, daß das vielbeschworene (aber historisch widerlegte) Dilemma gar nicht besteht, daß die Produktivitätzunahme der Arbeit letzten Endes zu deren Freisetzung führt (**technologische Arbeitslosigkeit**). Dies ist auf der aggregierten Ebene eine saldenmechanisch und zeitpunktbezogen richtige Feststellung, übersieht aber die Tatsache, daß die Vielzahl von neuen Prozessen zu einer ständigen Komplexitätszunahme führt, die immer wieder die Kapital-Arbeit-Relationen zu Gunsten einer Intensivierung des Arbeitseinsatzes verändert. Der einfache Grund dafür ist, daß die Zunahme der Komplexität eine Zunahme der Netzwerk-Relationen impliziert, die notwendigerweise die Aktivität der Aktoren erfordern, und zwar insbesondere im Bereich der Koordination der Prozesse. Makroökonomisch ist die Technologieentwicklung daher mit einer Zunahme der Bedeutung der **Dienstleistungen** in der Wirtschaft verbunden, die – wiederum aggregiert betrachtet – eine niedrigere Produktivität als die Industrie aufweisen. Auf diese Weise wird der Ausgleich auch saldenmechanisch reflektiert.

Dienstleistungen und Arbeitsplätze: In der Diskussion um die Arbeitslosigkeit gibt es viele widerstreitende Positionen. Bilden Sie sich eine Meinung!
http://www.efv.admin.ch/efv/d/pdf-dateien/efvot001.pdf
http://www.iwkoeln.de/suche/frs_search.htm
http://www.boeckler.de/wsi/

b. Koordination von technologischem Wissen

Arten von technologischem Wissen. Diese Probleme der konventionellen Theorie zeigen, daß wir bei Technologien drei Aspekte unterscheiden müssen.

- Jede Technologie weist einen bestimmten materiell-energetischen und zeitlichen **Ordnungszustand** auf. Das sind beispielsweise die Konstruktion einer Maschine, die Abläufe von Energie- und Stoffströmen oder die räumliche Anordnung der Artefakte. Der Ordnungszustand kann durch die Komplexität der Zustandsräume erfasst werden, indem die Technologie zu beschreiben ist. Zum Beispiel ist der Zustandsraum eines Steinkeiles neolithischer Jäger erheblich einfacher als der Zustandsraum eines Dampfhammers im 19. Jahrhundert. Diese Beschreibung von Zustandsräumen ist selbst unter Komplexitätsgesichtspunkten zu betrachten: Komplexität kann daher auch durch den **Informationsgehalt der Regel** beschrieben werden, die der erfolgreichen Konstruktion der Technologie zugrundeliegen muss.

- Dem entspricht das **Wissen der Aktoren** über die Einsatzmöglichkeiten der Technologie und über alle erforderlichen Maßnahmen, die Technologie funktionsfähig zu machen. Dieses Wissen ist in sämtlichen Dimensionen zu differenzieren, die wir im zweiten Kapital aufgezeigt haben. Das heisst insbesondere, daß Technologien immer auch durch bestimmte Konstellationen von Netzwerken zu beschreiben sind, die erst ihre Funktionsweise gewährleisten. Technologien, so besteht Einigkeit in der Literatur, sind also immer auch **Formen sozialer Organisation**. Während also der gerade erwähnte Keil durch einen einzenen Aktor hergestellt werden kann, erfordert der Dampfhammer die Kooperation von Aktoren. In der modernen Welt wird viel darüber diskutiert, in welcher Form Technologien wie das Internet neue Formen der sozialen Organisation ihrer Produktion bedingen („Silicon Valley" Phänomen).

Technologie als soziale Organisation: Es gibt eine eigene Forschungsrichtung, die sich mit diesem Zusammenhang befasst. **http://www.umsl.edu/~rkeel/280/struchag.html http://www.rcss.ed.ac.uk/**

- Das in einer Technologie enthaltene Wissen läßt sich aber nicht nur durch ihren Ordnungszustand selbst beschreiben. Wir hatten schon im dritten Kapitel berücksichtigt, daß der Ordnungszustand der Technologie stets aufrechterhalten werden muß bzw. selbst einem Degradationsprozeß unterworfen ist. Diese „Abschreibung" ist aber nur ein Bruchteil der tatsächlichen Veränderung des Wissens, weil dies nur relativ zu allen konkurrierenden Technologien gemessen werden kann. Die Entstehung neuen Wissens führt zur **Obsoleszenz** vorhandenen Wissens. Hier ist allerdings klar zwischen

Abschreibungen:
Es gibt unterschiedliche Auffassungen zur ökonomisch sinnvollen Form der Abschreibung von Ausrüstungen. Diskutieren Sie die Methoden aus evolutionsökonomischer Sicht!
http://userpage.fu-berlin.de/~nikolais/ReWe%202001_2002/formel-abschreibungen1.PDF
http://www.ey.hu/pressroom/steuergesteze-de3.html
http://www.federalreserve.gov/releases/g17/capital_stock_doc-latest.pdf

Arten von technologischem Wissen:
Unterscheiden Sie die soeben identifizierten Wissensarten für ein Automobil und für eine Software. Welche Auswirkungen hat die zunehmende Differenzierung der Wissensarten für die Imitation von Technologien und für Dienstleistungen im Bereich Service und Instandsetzung?

dem Wissen der Technologie als solcher und dem Wissen ihrer Erzeugung und Anwendung zu unterscheiden. Eine Innovation kann das Wissen einer Technologie entwerten, ohne gleichzeitig das Wissen ihrer Herstellung und Anwendung zu entwerten, falls die Innovation hinreichend nah an der alten Technologie liegt. Der technologische Wandel kann also sehr unterschiedliche Auswirkungen auf die Strukturen haben.

Daraus ergibt sich folgender Ansatz als Konkretisierung der obigen Definition von Technologie als Dreiheit vonArtefakt, Problem und Handlungsregel: *Lesehinweis 8*

> *Technologien enthalten Artefakte, die* **extrasomatisches nicht-referentielles Wissen** *tragen. Technologien sind also Elemente. Die Funktionalität dieses Wissens ergibt sich aus dem* **Grad seiner Koordination** *mit a) dem Wissen der Aktoren und sie einbettenden Netzwerke zur Herstellung der Technologie, b) dem Wissen der Aktoren und der sie einbettender Netzwerke bezüglich der Anwendung der Technologie und c) dem Wissen, das den Netzwerken zwischen Herstellern und Anwendern inhärent ist. Technologien unterscheiden sich in den jeweiligen Anteilen referentiellen und nicht-referentiellen Wissens dieser drei unterschiedlichen Bereiche. Aus diesen unterschiedlichen Anteilen entstehen unterschiedliche Anforderungen und Ergebnisse hinsichtlich der Koordination zwischen den verschiedenen Wissensbestandteilen.*

Wenn wir nochmals das abstrakte Beispiel der Population von Aktoren und Elementarprozessen betrachten, dann würde die Evolution dieser Population also dadurch beeinflusst, a) welche Aktoren wie zu Gruppen zusammengefaßt werden können, b) ob die simultane Transformation des Zustandes eines anderen Aktors überhaupt möglich ist, und c) welche Regeln genau das Zusammentreffen zwischen Technologie und Aktoren bestimmen. Die Evolution der Population kann also in ganz unterschiedlicher Weise verlaufen, je nachdem, wie die Koordination in diesen drei Bereichen verläuft.

Fassen wir also die grundlegenden Arten von technologischem Wissen in Abbildung 28 zusammen.

Abbildung 28: Arten von technologischem Wissen

In der Abbildung ist das eigentliche Koordinationswissen zwischen Anwendung und Erzeugung der Technologie nicht explizit berücksichtigt, um die Übersichtlichkeit zu wahren. Wir sehen, daß Technologien sehr komplexe Korrelate von Wissensarten sind. Wir notieren:

- Erzeugung/referentielles Wissen. Dies ist im wesentlichen das Wissen in den **Blueprints** und Konstruktionsanweisungen von Technologien. Es ist leicht kommunizierbar, soweit auf der Anwender-Seite die entsprechenden Fähigkeiten zum Verständnis vorhandenen sind.
- Erzeugung/nicht-referentielles Wissen. Komplexere Technologien setzen sich in der Regel aus Bestandteilen zusammen, die von anderen Produzenten hergestellt werden. Die für den Produzenten spezifischen **Zuliefe-rer-Netzwerke** enthalten also Wissen der Technologie. Ist die Erzeugung selbst ein komplexer Prozeß, weist

Koordination von technologischem Wissen:
Betrachten Sie technische Geräte in Ihrem Haushalt. Welche unterschiedlichen Technologien wirken bei der Herstellung einzelner Geräte zusammen? Betrachten Sie die Verwendung von PC in Ihrer Bekanntschaft! Wie ist diese vom Anwenderwissen abhängig?

Diese Kategorien sind für die Technologiepolitik sehr bedeutsam, siehe Kap. VI, 4.

Technologische Routinen:
Der Begriff der „Routinen" besitzt in der Evolutionsökonomik eine zentrale Bedeutung.
http://www.druid.dk/conferences/winter1997/confpapers/lorenz.pdf
http://www.cbs.dk/departments/ivs/wp/wp98-11.pdf
http://www.iamot.org/paperarchive/GSTAA.PDF

Technologietransfer und Entwicklungspolitik:
Generell wird die Forderung eroben, Technologien an die Bedingungen in Entwicklungsländern anzupassen.
http://www.meyer-stamer.de/1996/nohlentt.htm
http://www.tatzentrum.de/profil/at/

die Organisation des Produzenten außerdem **Routinen** auf, die für die Funktionsweise wesentlich sind, aber als nicht-referentielles Wissen nur schwer übertragbar undkommunizierbar sind.

- Anwendung/referentielles Wissen. Bei der Anwendung ist zwischen der formalen Zweckbestimmung und der Organisation der Abläufe des Technologie-Einsatzes zu unterscheiden. Die **formale Zweckbestimmung** kommuniziert den vom Produzenten benannten Zweck an die Nutzer. Gleichzeitig bestehen bestimmte formale Vorgaben für die Nutzung (z.B. **Bedienungsanleitungen**). Beides ist das primäre Medium der Übertragung des Wissens der Technologie (sogenannter „Technologietransfer").
- Anwendung/nicht-referentielles Wissen. Gewöhnlich müssen Anwender eigenständig individuelle **Routinen** entwickeln, um Technologien auf spezielle Aspekte der Anwendung zu modifizieren, oder um Fehler zu beheben. Dieses Wissen ist selten formalisiert und eher nicht-referentiell. Bei der Koordination der Technologie mit anderen Technologien in der Anwendung (**downstream/upstream** etc.) entstehen ebenfalls Routinen in Netzwerken.

Daß sämtliche diese Aspekte gleichermaßen in der Analyse von Technologien berücksichtigt werden müssen, ist eigentlich erst richtig bewußt geworden durch die vielfältigen Probleme des **Technologietransfers** zwischen Unternehmen oder zwischen Kulturen (z.B. in der Entwicklungszusammenarbeit). Je komplexer die Technologie, desto komplexer auch die zugrundeliegende Wissensbasis und die komplementären Netzwerke. Es reicht dann nicht mehr aus, die Technologie als solche und eine Bedienungsanweisung weiterzugeben, sondern es muß auch eine entsprechende kollektive Wissensbasis und Transaktionsstruktur geschaffen werden. Konkret bezieht sich ersteres auf das Phänomen, das komplexere Technologien in der Regel ein hohes Maß an implizitem Wissen voraussetzen, das nur schwer explizit zu machen ist (was Reengineering häufig zu einer eigenständigen Leistung werden läßt, etwa in der Luftfahrtindustrie), und zweites beispielsweise auf die Notwendigkeit, komplementäre Leistungen etwa aus Forschungseinrichtungen zu beziehen.

Wissensarten im technologischen Lebenszyklus. Es ist also notwendig, das in Technologien enthaltene Wissen aus unterschiedlichen Perspektiven zu betrachten, um solche Probleme der Passung zwischen Wissensstrukturen in unterschiedlichen Bereichen des Wirtschaftssystems analysieren zu können.

Technologische Lebenszyklen:
Eine Industrie mit extrem kurzen Lebenszyklen ist die Software-Produktion. Rekonstruieren Sie Beispiele für Lebenszyklen!

Die Entwicklung von Technologien geht mit einigen Regelmäßigkeiten der Veränderungen dieser Wissensarten einher. Jede Technologie weist Lebenszyklen auf, also die **Phasen der Entstehung, Verbreitung, Stabilisierung und Obsoleszenz**. Diese Lebenszyklen sind zum einen Reflex der Verbreitung der Technologie in einer Population und damit letztlich auftretenden Sättigungsphänomenen; dies sich überlagert mit der sowie der Evolution der gesamten verfügbaren Technologien, die mit dem Auftreten neuer Technologien einhergeht, mit der Folge der Obsoleszenz vorhandener Technologien. Da die neuen Technologien ihrerseits diffundieren, wirkt dieser Lebenszyklus auf denjenigen der alten Technologien zurück.

Entstehung von Technologien:
Selbst einfache Technologien weisen diese Phase gringer Standardisierung und Varietät auf, mit manchmal skurrilen Phänomenen.
http://www.bics.be.schule.de/son/verkehr/fahrrad/geschich/
http://www.draisine.com/docs/deutsch/draisine/index.html
http://www.mannheim.de/innovationen/laufrad.shtml

In diesen Phasen weisen die Wissensarten unterschiedliche Komplexitätsgrade auf sowie unterschiedliche Anteile an nicht-referentiellem und referentiellem Wissen, die erhebliche Konsequenzen für die Koordination mit sich bringen. Grob gesagt, lassen sich folgende Regelmäßigkeiten verzeichnen:

- In der **Entstehungsphase** ist das Produktionswissen komplex, gering standardisiert und von fortlaufenden Variationen gekennzeichnet. Ähnliches gilt für die Technologie selbst, während das Anwendungswissen von geringerer Varietät gekennzeichnet ist. Der Anteil an nicht-referentiellem Wissen ist in der Regel in allen Bereichen hoch. Die Koordination zwischen Produktion und Anwendung ist gering standardisiert und idiosynkratisch. Anwender benötigen spezifisches Anwendungswissen.

„Dominant design“: Überlegen Sie, bei welchen Technologien des Alltags Sie derzeit die Durchsetzung eines „dominant design“ erleben!

- In der **Verbreitungsphase** wird das Produktionswissen standardisiert, um die organisatorischen Kosten zu reduzieren. Die Komplexität der Technologie geht zurück, weil Vereinfachungen stattfinden: Es setzt sich ein sogenanntes **„dominant design“** durch. Das Anwendungswissen durchläuft einen Prozeß zunehmender Varietät bei gleichzeitiger Reduktion der Komplexität der einzelnen Anwendungen und einer Erhöhung des Anteils des referentiellen Wissens. Die Koordination zwischen Produktion und Anwendung wird standardisiert.

- **Stabilisierung und Oboleszenz** führen zu einer Differenzierung unterschiedlicher Produktions/Anwendungskomplexe, je nach den Erfordernissen des Einsatzes der Technologie. Dabei nimmt zumindestens in Teilbereichen der Anteil referentieller Information weiter zu. Das erforderliche Anwendungswissen verliert an Spezifität.

Werden diese Verläufe quantifiziert – z.B. bei Technologien durch Patente -, so zeigt sich ein S-förmiger Verlauf, die logistische Kurve, deren mathematische Eigenschaften wir später betrachten, Kap. V, 4.

Stellt man diesen Lebenszyklus in den Kontext der Entwicklung der gesamten Technologien in einem Wirtschaftssystem, so läßt sich verallgemeinern:

> *Betrachtet man die Menge aller Technologien in einer Population, dann findet in der technologischen Entwicklung also synchrone Abnahme der* **Mikrovarietät** *einzelner Technologien und eine Zunahme der* **Makrovarietät** *aller Technologien statt: Jede Technologie vereinfacht sich relativ zum Ausgangspunkt im Verlaufe eines Lebenszyklus, trägt aber zur Zunahme der Zahl der Technologien und damit der Komplexität der Beziehungen zwischen Technologien bei. Der Wandel von Technologien ist also selbst ein komplexer Prozeß, der in beiden Dimensionen verläuft und die Kombinationsmöglich-*

> *keiten zwischen Technologien immer mehr ansteigen läßt, was gleichzeitig bedeutet, daß der Möglichkeitsraum neuer Varianten immer mehr zunimmt. Er läßt sich ähnlich der biologischen Evolution durch eine* **Taxonomie** *beschreiben, die die Ergebnisse der* **technologischen Phylogenese** *zusammenfaßt (siehe unten, Abbildung 29).*

Empirische Untersuchungen von Technologien sind natürlich mit großen Herausforderungen konfrontiert, die genannten Aspekte inhaltlich zu konkretisieren. Den theoretischen Anhaltspunkt für eine solche Analyse bietet das VSB-Paradigma. Das heisst, eine Technologie wird als ein Wissen betrachtet, das durch die relativen Erfolge bei der Lösung bestimmter Probleme selektiert wird. Diese Probleme werden nachfrageseitig definiert und bestimmen die Leistungen, die Technologien erbringen sollen. In diesem Sinne sind also Technologien in unterschiedlichem Maße an die **Ökologie der Probleme** angepasst. Das heisst:

> *Die Koordination des Wissens zwischen Anwendung und Produktion von Technologie ist ein VSB-Prozeß, bei dem nachfrageseitig das Wissen um Problemstellungen die Selektionsumgebung für Variationen des technologischen Wissens darstellt. Die* **Nachfrageseite** *ist also prinzipiell ein Mechanismus* **äußerer Selektion**. *Wir können dann die* **Basistechnologien** *als Mechanismen* **innerer Selektion** *auffassen. Konkrete Anwendungen ergeben sich dann aus dem Wechselspiel zwischen innerer und äußerer Selektion der Technologie. Technologische Paradigmata entsprechen technologischen Entwicklungspfaden im Möglichkeitsraum aller Technologien.*

Nachfrage und Technologieentwicklung: Haben Sie Ideen, warum Japan seit langem führend in der Anwendung neuester IT-Techniken in konsumnahen Bereichen ist?

In der Technologieforschung hat es seit jeher eine Auseinandersetzung darüber gegeben, welche Seite die vorherrschende ist, Angebot oder Nachfrage. Sie scheint letztlich nur für den konkreten Fall entscheidbar. Es ist aber in jedem Fall wichtig zu notieren, daß die Diffusion von Technologien also maßgeblich durch die Entdeckung von Problemen bestimmt auch ist bzw. durch ihre tatsächliche Beanspruchung zur Lösung von Problemen. Dies wiederum

Geschichte des Automobils:
Die Geschichte des Automobils ist ein Lehrstück für die Wechselwirkung zwischen Sozialstrukturen und natürlicher Umwelt.
http://home.t-online.de/home/hsm_projekt_oil/00030.html#GESCHICHTE
http://www.american-products.de/amerika/usa/information/wirtschaft_und_politik/wirtschaftsdaten/wirtschaftsdaten.htm
http://www.textur.com/schrott/default.htm

bedeutet aber, daß die Artikulation von Problemen an potentielle Problemlöser einen entscheidende Rolle für die Evolution von Technologie spielt. Es kann geschehen, das prinzipiell vorhandes technologisches Wissen nicht umgesetzt wird, weil entweder der Problemlösungsbedarf nicht gegeben ist oder weil die gegebene gesellschaftliche Struktur nicht geeignet ist, um den Bedarf zu artikulieren. Zum Beispiel erzeugt ein breiter Massenwohlstand eine ganz andere Signalwirkung auf die Produktion von Konsumgütern als eine extrem ungleiche Vermögensverteilung. In diesem Sinne sind Institutionen und Technologien eng miteinander verwoben, wobei die Makro-Muster im Kontext von Ordnungen (siehe unten) zu thematisieren sind. Das VSB-Paradigma ist ein geeigneter analytischer Rahmen für das Verständnis solcher Zusammenhänge.

Technologien kommunizieren. Technologien können aber auch neue Probleme erst definieren, also auch nachfrageseitig in dem Sinne Neuheit erzeugen, daß die Leistungen selbst erst entdeckt werden. Das heisst, die „Umwelt" ist nicht vollständig unabhängig von der Erzeugung von Technologien. Wir haben dieses Phänomen bereits aus der Analyse von Institutionen kennengelernt. Daraus ergibt sich aber eine fundamentale Einsicht: Technologien sind **„frames"** analog zu institutionellen „frames" und als solche wesentlich durch die kognitiven Schemata beeinflusst, die das Verhalten von Aktoren bei Erzeugung und Anwendung von Technologien bestimmen. Wir können dann das technologische Paradigma als einen solchen „frame" allgemeinster Art identifizieren.

Problemerkennung durch Technologien:
Versetzen Sie sich in das 19. Jh. zurück. Für welche Probleme besitzen wir heute Technologien, die damals die Menschen gar nicht hatten?

Aus dieser Beobachtung wird deutlich, daß die Koordination zwischen Produktion und Anwendung nur über eine Analyse der Kommunikations- und Wahrnehmungsfeldern der Aktoren auf beiden Seiten verstanden werden kann, in denen die kognitiven Schemata wirken. Das heisst, es ist zum Beispiel möglich, daß auf der Anwendungsseite gar nicht das Wissen um das Problem existiert, das eine neue Technologie lösen kann. Umgekehrt muß ein Produzent einer Technologie auch in der Lage sein, Probleme der Anwender zu erkennen, die diese selbst nicht kennen.

> *Generell gilt für alle Technologien, daß eine prinzipielle Differenz besteht zwischen dem generischen Wissen der Technologie und dem kontextsensitiven Wissen, das in konkreten und lokalen Anwendungen mit diesem generisches Wissen korrliert sein muß.*

Praktisch bedeutet das, daß die Koordination des Wissens zwischen Produktions- und Anwendungsseite in hohem Maße ein **Kommunikationsproblem** ist, aber auch ein Problem der spezifischen Organisation der Netzwerke, die zwischen Produzenten und Anwendern bestehen. Ein instruktives Beispiel für diesen komplexen Zusammenhang ist die pharmazeutische Industrie. In der Pharma-Industrie geht es um die Koordination neuen Wissens der Pharma-Produzenten über die Herstellung von Medikamenten einerseits, und des Wissens der kranken Menschen um die angemessene Lösung ihrer Probleme andererseits. In diesem Sinne existiert also auf den ersten Blick eine klar definierte Selektionsumgebung, nämlich das Profil der menschlichen Krankheiten in einer bestimmten Population. Die Produzenten versuchen, in einem Prozeß der Variation und Selektion Heilungsmethoden zu finden. Hier gibt es nun vielfältige Probleme der Wissenskoordination.

Kommunikation zwischen Anwendung und Produzent:
Betrachten Sie andere Beispiele, wie:

- Entwicklung von IT-Systemen für Banken,
- Bereitstellung von Sanierungskonzepten für Industriebrachen,
- Entwicklung von Raketenabwehrsystemen,
- oder andere Ihrer Wahl.

Identifizieren Sie jeweils die jeweils spezifischen Wissensbasen von Anwendern und Nutzern und die Formen der Kommunikation zwischen beiden Seiten.

Zunächst besitzt der einzelne Kranke oft gar kein Wissen über die Ursachen einer Krankheit, manchmal ist sie ihm sogar nicht bekannt. Die Asymmetrien der Wahrnehmung und des Wissens von Problemen und ihren Lösungen werden in der Praxis durch die Zwischenschaltung von Experten gelöst, nämlich den Ärzten, die eigentlich erst die Probleme definieren, auf die dann die Produzenten reagieren. Da aber auch die Ärzte eine unter Umständen nicht vollständig koordinierte Wissensbasis besitzen, spielt die wissenschaftliche Forschung eine zentrale Rolle bei der Abstimmung zwischen Ärzten und Pharma-Produzenten; sie definiert „frames" für Problemdefinitionen und Lösungs-

Die praktische Bedeutung von Netzwerken und Kommunikation in der Technologieentwicklung betrachten wir in Kap. VI, 4.

strategien. Ein entscheidendes Element in diesem Koordinationsprozeß ist die Kommunikation von Sachverhalten. Das heisst, es muß eine Transformation nicht-referentiellen Wissens in referentielles erfolgen. Nicht-referentielles Wissen liegt zum einen bestimmten physischen und psychischen Reaktionen von Kranken auf ihnen nicht vollständig bekannte Dysfunktionen zu Grunde. Diagnosen transformieren dieses Wissen in referentielles Wissen. Umgekehrt müssen die Produzenten wenigstens die Leistungen ihrer Medikamente in kommunizierbarer Form beschreiben können, um die Anwendung über die Ärzte zu ermöglichen. Das bedeutet aber wiederum, daß ein erhebliches Koordinationsproblem entsteht, wenn Wirkungen und Produktmerkmale in hohem Maße nicht-referentielles Wissen enthalten, das nicht kommunizierbar ist. In der Praxis entsteht hieraus die Kluft zwischen konventioneller und nicht-konventioneller Medizin, denn die letztere operiert hauptsächlich im Bereich referentiellen Wissens, die erstere im Bereich nicht-referentiellen Wissens.

Die Suche nach Gegenmitteln: Es gibt viele Krankheiten, die nach wie vor nicht vollständig behandelbar sind, wie unter anderem die Grippe. Recherchieren Sie im Internet diese scheinbar endlose Suche! **http://medi-report.de/nachrichten/2000/04/20000421-02.htm**

Aus dieser Problemlage resultiert ein Prozeß technologischen Wandels, der in hohem Masse nach dem „Versuch und Irrtum" Prinzip operiert. Die pharmazeutische Industrie ist also ein besonders instruktives Beispiel für die Erklärung technologischen Wandels nach dem VSB-Paradigma. Zum Teil wird diese Beobachtung auch für die Klassifikation von Technologien zu Hilfe genommen und ein Bereich solcher inkrementellen Entwicklungen von jenen abgegrenzt, die eher deduktive, in hohem Masse geplante Prozesse darstellen. Dies ist aber verfehlt, insoweit die Allgemeingültigkeit des VSB-Paradigmas in Frage gestellt würde.

Vielmehr kommen hier lediglich unterschiedliche Anteile referentiellen und nicht-referentiellen Wissens und unterschiedliche Rollen innerer und äußerer Selektion zum Tragen. Ein geeigneter Ansatz, um diese Differenzierungen durchzuführen, ist die bereits getroffene Unterscheidung zwischen Basistechnologie und Anwendungen von Technologien.

Rolle von referentiellem und nicht-referentiellem Wissen: Welche Technologien werden Ihrer Meinung nach „am Reissbrett" entwickelt, und welche auf dem Wege von Versuch und Irrtum?

Basistechnologien und technologische Taxonomie. Das Konzept der Basistechnologie bezieht sich auf grundlegende Merkmale der Herstellung und Funktionalität von Technologien. Technologien weisen ein in der Zeit stabiles Grundmuster ihrer Konstruktionen und Problemlösungen auf, wie etwa das Prinzip „Verbrennungsmotor". Der Begriff der Basistechnologie ist ein theoretischer und nicht gleichbedeutend mit der Erstinvention, und ist verwandt jenem des Bauprinzips. Bauprinzipien von Technologien kanalisieren die Suche nach neuen Lösungen, d.h. der technologische Wandel läuft immer inkrementell ab. Dies ist davon unabhängig, ob das erstmalige Auftauchen der Basistechnologie selbst ein geplanter, zufälliger oder inkrementeller Prozeß war.

Basistechnologie: Vergleichen Sie dieses Buch mit einem Buch zu Beginn des 20. Jahrhunderts und mit einem Buch aus der Frühzeit des Buchdrucks. Ist die jeweilige Basistechnologie der Herstellung dieselbe?

> *Wir können damit die* **Basistechnologie** *als Struktur identifizieren, die Varianten selektiert. Neben die äußere Selektion durch die Probleme, auf welche die Technologie anzuwenden ist, tritt also die innere Selektion durch die Basistechnologie. Die* **innere Selektion** *von Varianten der Technologie erfolgt durch das Erfordernis der internen Passung ihrer Bestandteile in bestimmte grundlegende Strukturmerkmale. Ähnlich wie bei der Analyse von Institutionen wird dies erst über Vermittlung durch die Handlungen von Aktoren erzeugt, die unter den Restriktionen der Struktur Varianten der Technologie generieren.*

Der Verlauf dieses Prozesses wird dann wiederum wesentlich durch die relativen Anteile von referentiellem und nicht-referentiellem Wissen bei der Basistechnologie bestimmt. Das einfachste Beispiel ist eine hochgradig erfahrungsbasierte, traditionelle Landwirtschaft, bei der die Aktoren nur unzureichend ihr nicht-referentielles Wissen über die Funktionsweise der Agrartechnologie reflektieren können und damit kaum zu geplanten Variationen der Technologie in der Lage sind; den Kontrast hierzu bietet eine ingenieurwissenschaftliche Suche nach Verbesserungen etwa der Schiffstechnik, die auf wissenschaftlichen Strömungstheorien etc. beruht. Der letzte Fall unterscheidet sich andererseits vom Beispiel der pharmazeutischen Industrie, doch unterliegen auch diese Ergebnisse wiederum der Selektion durch die Anwendungsprobleme, so daß auch dieser Prozeß durch das VSB-Paradigma zu fassen ist. Der Unterschied besteht also vor allem darin, daß in der traditionellen Landwirtschaft die innere Selektion durch die Strukturen nicht-referentiellen Wissens eine bedeutende Rolle spielt, während im zweiten Fall die Aktoren sogar zwischen Bauprinzipien wechseln können, so daß die innere Selektion relativ zur äußeren ein geringeres Gewicht besitzt.

Bauprinzipien und gerichtete Entwicklung: Betrachten Sie die Geschichte des Flugzeuges. Vergleichen Sie die vielfältigen Varianten in der Frühphase mit dem Bauprinzip, das sich letztlich durchgesetzt hat. Welche Verbesserungen fanden dann statt? Gäbe es überhaupt alternative Basistechnologien für die menschliche Fortbewegung in der Luft? Wie kommt es, daß das Prinzip des Zeppelins erst neuerdings wieder aufgegriffen wird?
http://www.cargolifter.com/2002/repository/splash.html
http://www.schmidtmann.com/zeppelin.html#History

Allerdings ist auch das Auftreten eines neuen Bauprinzips prinzipiell unabhängig vom inkrementellen oder schlagartigen Wandel der Technologie: Dies deshalb, weil das Bauprinzip selbst ein theoretisches Konzept ist, das durchaus zu Beginn einer Entwicklung in der Invention nicht vollständig realisiert ist, aber dennoch von diesem Zeitpunkt an die weitere Entwicklung durch innere Selektion kanalisiert (etwa das lange Experimentieren mit dem Fahrrad, bis sich dann rapide ein bestimmter, bis heute stabiler Konstruktionstypus durchsetzte). Ausschlaggebend ist in der Regel die Wechselwirkung zwischen input- und outputseitigem Wissen, d.h. ein Bauprinzip kann sich rapide durchsetzen, wenn sich nachfrageseitig ein weites Entwicklungsfenster öffnet. Das bedeutet, die Unterschiede der Technologien hinsichtlich der Entwicklungsformen sind im wesentlichen auch **Unterschiede der zeitlichen Ordnung der Wissenskoordination**. Phasen beschleunigten Wandels können auf Phasen langsamer Entwicklung folgen, oder unterschiedliche Bauprinzipien können unterschiedliche Eigenzeiten ihrer Fortentwicklung aufweisen. Wesentlich ist, daß mit dem Auftreten eines neuen Bauprinzips eine Kraft **gerichteter Entwicklung** entsteht: Unter Wahrung des Bauprinzips werden bestimmte Merkmale der Technologie immer weiter verbessert, ohne an grundlegenden Merkmalen etwas zu verändern.

Zu beachten ist schliesslich, daß völlig neue Bauprinzipien häufig bei der Lösung ähnlicher Probleme auftauchen. In der Technologiegeschichte gibt es immer wieder Phasen der Konkurrenz zwischen Strukturen, die zu ganz unterschiedlichen Formen der Verdrängung (etwa der Dampfmaschine durch den Verbrennungsmotor) oder Koexistenz (Auto und Eisenbahn in verschiedenen Ländern) führen. Diese Phänomene sind nun offensichtlich Reflex der äußeren Selektion der Technologien, also des Grades der Anpassung der Leistungen der Technologie an die Erfordernisse der Probleme bzw. der Bedürfnisse der Anwender. Technologischer Wandel kann in hohem Masse durch äußere Selektion bedingt sein, so daß neue Bauprinzipien in bestimmten Anwendungsfeldern rasch etabliert werden können, oder vor allem auch völlig neue Problemfelder mit Bauprinzipien gemeinsam entstehen können, die dann auch in anderen Feldern anwendbar sind und gegebenfalls etablierte Technologien verdrängen können. Eine entscheidende Rolle spielen dabei unterschiedliche Eigenzeiten des Wandels und auch unterschiedlich breite Anwendungsfelder von Technologien im Sinne von Kuppeloutputs.

Neue Prinzipien für alte Probleme:
Ein klassischer Fall der Verdrängung einer Technologie durch eine neue ist der teilweise Untergang der schweizerischen Uhrenindustrie durch die Quartzuhren. Kennen Sie andere Fälle oder könnten Sie sich welche in der gegenwärtigen Entwicklung vorstellen (z.B. im Zusammenhang der Biotechnologie)?

Fassen wir die bisherigen Überlegungen in Abb. 29 zusammen. Wir betrachten dort zwei Basistechnologien, die auf dasselbe Anwendungswissen Bezug nehmen (zum Beispiel Einsatz von Kommunikationstechniken). Der früher einsetzende Entwicklungspfad läßt zuerst eine wachsende Diversität von Varianten erkennen, von denen viele wieder absterben. Es setzt sich dann ein „dominant design" durch, das innerhalb des strichlierten Kanals weitere Veränderungen durchläuft. Der Unterschied zwischen der ersten und der zweiten Phase der Varietätszunahme besteht darin, daß das Anwendungswissen mit der Technologie ko-evolviert, also zunehmend differenzierter wird, sodaß das dominant design eine Produktdifferenzierung erfährt, jedoch bei gleichzeitiger Standardisierung der Technologie und damit rückläufiger Mikrovarietät. Hat die Nachfrage und damit das Anwendungswissen eine gewisse Differenzierung erreicht, kann eine neue Basistechnologie auftauchen, die dann innerhalb einer ähnlichen Umgebung einen eigenen Lebenszyklus durchläuft. Das bedeutet aber, daß die Makrovarietät zunimmt.

Abbildung 29: Mikro- und Makrovarietät in der technologischen Entwicklung

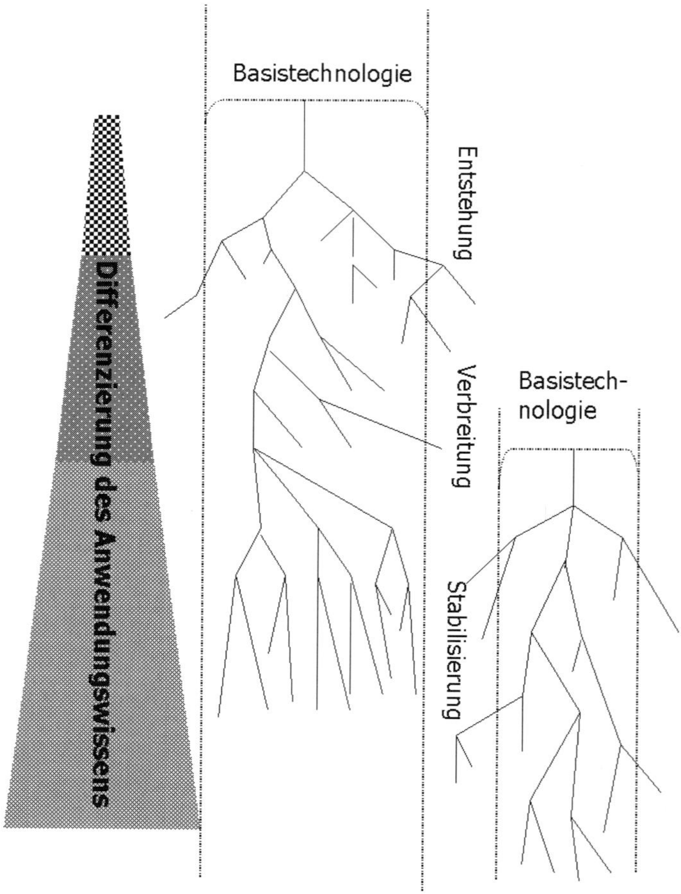

c. Einbettung von Technologien in Institutionen und Organisationen.

Pfadabhängigkeit der technologischen Entwicklung. Der Begriff der **Standardisierung** ist bereits mehrfach verwendet worden. Er verdient nochmals eigene Aufmerksamkeit, weil wir in allgemeinster Weise unter Standardisierung die Koordination von Regeln in einer Population verstehen können. Die Formen dieser Koordination, so ist zu vermuten, wirken wiederum auf die Evolution von Technologien zurück. Dies ist also ein Populationsphänomen. Daher wird die Frage relevant, ob und wie Phänomene der Pfadabhängigkeit in der Technologieentwicklung auftreten können. Die prinzipellen theoretischen Aspekte haben wir bereits im dritten Kapitel diskutiert, daher können wir uns hier auf die Konsequenzen für die Technologie konzentrieren.

Technologiekonkurrenz: Ein vieldiskutierter Fall ist die Technologiekonkurrrenz im Bereich der Medien zur Speicherung und Wiedergabe von Musik und Bild (audiovisuelle Systeme). Lassen Sie die letzten dreissig Jahre Revue passieren. Was hat Ihrer Meinung nach den Wandel bestimmt?

Werden VSB-Modelle auf die Technologieentwicklung anwendet, dann treten typischerweise die Verläufe **häufigkeitsabhängiger Effekte** auf, also vor allem Sättigungsphänomene und Effekte kritischer Massen. Letztere spielen eine wichtige Rolle bei der Erklärung von **Pfadabhängigkeiten technologischen Wandels,** wenn unterschiedliche Technologien mit ihren Lösungen um einen Pool von Problemen konkurrieren. Im Ergebnis lassen sich unterschiedliche Verläufe der Diffusion von Technologien modellieren und auch empirisch nachweisen, ein wesentliches Forschungsfeld der Innovationsforschung. Solche Häufigkeitsabhängigkeiten werden oft als Argument hinzugezogen, um zu zeigen, daß die technologische Entwicklung Ineffizenzen aufweisen kann. Wie die Bemerkungen zur Produktivität von Technologien oben zeigten, ist die Konstruktion eines Maßstabes hier äußerst schwierig. Vor allem gibt es keinen wirklich überzeugenden Ansatz, wie die ökonomische zur technischen Produktivität in Beziehung gesetzt werden kann. Aber auch grundlegender zeigte die Diskussion der Pfadabhängigkeit, daß vermutlich nur ein Konzept der Viabilität sinnvoll operationalisierbar ist.

Formale Aspekte der Häufigkeitsabhängigkeit stehen im Zentrum von Kap. VI, 5 und 5.

Begriffskarrieren: Der Begriff der Pfadabhängigkeit ist inzwischen auch politisch sehr bedeutend geworden, wie der oben bereits betrachtete Fall „Microsoft" illustriert.
http://www.econ.iastate.edu/tesfatsi/apathdep.htm

Wir wollen hier zwei Punkte genauer betrachten, die spezifisch für die Technologie sind, und zwar die Frage der Zeitabhängigkeit der Produktivität der Technologie und das Auftreten von selbstverstärkenden Netzwerk-Externalitäten. ***Lesehinweis 9***

Die **Zeitabhängigkeit der Produktivität** wird in der wirtschaftswissenschaftlichen Literatur durch verschiedene Ursachen begründet.

Unteilbarkeiten:
Überlegen Sie, welche Industrien diese Eigenschaften aufweisen (ein klassisches beispiel sind die Hochöfen bei der Stahlerzeugung). Wie wirkt der technologische Wandel auf diese Eigenschaften zurück?

- Der Einsatz von Technologien kann zu **steigenden Skalenerträgen** und **sinkenden Durchschnittskosten** beim Absatz des Produktes führen, d.h. die Zeitabhängigkeit entsteht durch einen Marktzusammenhang, der zur Folge haben kann, daß eine Technologie einen zeitlichen Vorsprung erhält, die aufgrund der Preisvorteile durch eine konkurrierende Technologie nicht mehr eingeholt werden kann, selbst wenn diese bei voller Kapazität kostengünstiger produziert. Voraussetzung ist, daß es **hohe, unteilbare Fixkosten** der Produktion gibt, die gleichzeitig **irreversibel** in dem Sinne sind, daß bei einem erneuten Marktaustritt die Kapitalgüter nicht mehr verkauft werden können. Ein später eintretender Wettbewerber sieht sich daher mit Kostennachteilen und höheren Risiken konfrontiert. Entscheidend ist also die Versetzung der Eigenzeiten der Produktion. Diese Ursache greift also nur dann, wenn keine Möglichkeiten der zeitlichen Entkopplung bestehen. Diese sind gewöhnlich über den Kapitalmarkt verfügbar, der die Eintrittskosten der neuen Technologie überbrücken kann. Das Argument setzt außerdem voraus, daß die Technologien auf exakt identische Problemlösungen bezogen sind. In einem VSB-Paradigma ist aber davon auszugehen, daß jede Technologie in irgendeiner Weise differenziert von der anderen ist, so daß sich Formen des Markteintritts über Nischen ergeben, die von der etablierten Technologie nicht besetzt sind.

Das Konzept der Irreversibilität wurde ausführlicher im Abschnitt über die Zeit behandelt, Kap. III, 3.

- Eine zeitliche Problematik unterliegt auch der Wirkung von sogenannten „**Lernkurven-Effekten**“, die darin beruhen, daß die Kosten des Einsatzes einer Technologie mit der Zeit und mit der Nutzungsintensität abnehmen, weil die Nutzer lernen. Im Prinzip gelten hier auch beide soeben genannten Argumente. Insbesondere stellt sich die Frage, wie weit die Lernkurveneffekte durch Technologievarianten selbst unterschiedlich ausfallen können. Zu beachten ist, daß Lernkurven-Effekte bei den Produzenten, aber auch bei den Anwendern auftreten. Anwender, die in einer bestimmten Technologie eingearbeitet sind, werden zunächst Nachteile wahrnehmen, wenn sie auf eine neue Technologie umsteigen.

Größenvorteile und Lernkurven:
Der Musterfall ist die Flugzeugindustrie. Die Wirtschaftswissenschaft diskutiert häufig ein Nebenergebnis der Prozesse, das in der Konzentration und damit Vermachtung der Märkte besteht. Wie unterscheidet sich dieses Problem von der Pfadabhängigkeit?

- Bezogen sich die bisherigen Argumente auf die direkte Konkurrenz von Technologien, so müssen natürlich auch die allgemeinen Wirkungen existierender Problemlösungen auf die Suche nach neuen Technologien Beachtung finden. Im Prinzip läuft dies auf das einfache Argument hinaus, daß bereits gegebene Lösungen leichter imitierbar sind, daher die Adoptionskosten niedrig ausfallen, und die Suche nach anderen Lösungen entweder gerichtet wird oder ganz abstirbt. Dieses Argument muß durch den Einfluss der Probleme auf die Technologieentwickung relativiert werden. Noch ungelöste oder neue Probleme geben zur unkonventionellen Suche Anlass, die zur Entdeckung von Basistechnologien führen können, die dann auch in andere Bereiche diffundieren.

Alles in allem zeigen diese Argumente, daß es Pfadabhängigkeit der Technologieentwicklung gibt, diese aber nicht notwendig als Problem gesehen werden muß. Unsere Überlegungen zu den erheblichen Einschränkungen bezüglich des herkömmlichen Effizienzbegriffs schlagen hier also voll durch: Ohne diese Referenz kann Pfadabhängigkeit nicht bewertet, sondern nur als empirischer Sachverhalt registriert werden. Die einfache Schlußfolgerung lautet, daß Pfadabhängigkeit nicht wirklich zum Problem werden kann, wenn eine kann, wenn eine hinreichende Quelle der Varietät von Problemen und Problemlösungen in einem Wirtschaftssystem existiert. Dennoch bedeutet sie natürlich, daß die Evolution von Technologie in hohem Maße gerichtet wird. Insofern muß jede Suche nach neue Lösungen diesen Tatbestand reflektieren, also gegebenfalls die Gerichtetheit selbst in Frage stellen.

Etwas anders liegen die Dinge hinsichtlich der anderen Gruppe von Ursachen von Pfadabhängigkeit, die unmittelbar aus der Koordination von Wissen resultieren. Hier geht es um sogenannte **Netzwerkexternalitäten,** also das Phänomen, daß der Einsatz einer Technologie den Einsatz einer anderen begünstigt (und damit andere Technologien benachteilgt). Auch hier sind verschiedene Aspekte zu unterscheiden.

Technologiefeindlichkeit: Die Geschichte lehrt, daß die Ablehnung neuer Technologien häufig durch die Angst vor der Entwertung der eigenen Fähigkeiten entsteht. Ein Beispiel sind die Ludditen des 19. Jhs. Gibt es heute verwandte, wenn auch nicht ähnlich spektakuläre Phänomene? **http://www.bikonline.de/index/index2.html http://www.heise.de/tp/deutsch/inhalt/co/4161/1.html**

- Es gibt zunächst Effekte, die aus der **Wissenskoordination in Netzwerken zwischen Produzenten und Anwendern** resultieren. Die Anwender entwickeln unter Umständen eine Wissensbasis, die spezifisch für die Technologie ist. Diese strukturelle Kopplung zwischen dem Wissen, das dem Artefakt innewohnt, und dem Wissen, das die Anwender entwickeln, kann erhebliche Barrieren für den Eintritt einer neuen Technologie schaffen, weil die Anwender nicht motiviert sind, ihre Wissensbasis zu entwerten und in die Entwicklung einer neuen zu investieren. Dieser Sachverhalt kann natürlich auch so interpretiert werden, daß der zusätzliche Nutzen der alternativen Technologie zu gering ist. Wesentlich ist die Grad der Spezifität der erworbenen Kenntnisse, also ob sie auch in anderen Bereichen eingesetzt werden können. Zudem geht das Argument von einer statischen Anwender-Population aus und übersieht Neueintritte, die noch nicht in ein bestimmtes Wissen investiert haben.
- Eng verwandt mit diesem Argument ist die Beobachtung, daß es Kopplungen zwischen Artefakten geben

kann, also bestimmte **Standardisierungen von Schnittstellen**. Dies kann verhindern, daß die Verwender einer bestimmten Technologie eine neue, komplementäre nicht verwenden. Dieses Argument setzt voraus, daß keine Möglichkeiten eines entsprechenden Schnittstellen-Designs existieren.

- Schliesslich gibt es das weite Feld der **Kommunikations- und Transaktions-Technologien**, die darauf basieren, daß sie Transaktionen zwischen Aktoren ermöglichen, unter der Voraussetzung, daß die Technologie von beiden eingesetzt wird. Diese Konstellation etabliert einen besonders starken Effekt der Häufigkeitsabhängigkeit, weil der Nutzen der Technologie für den einzelnen Anwender mit der Verbreitung dieser Technologie in der Population steigt. Eine neue Technologie kann dann einseitig nicht mehr gewählt werden. Es gibt allerdings auch hier Möglichkeiten der Schnittstellen-Gestaltung, die eine parallele Verwendung alternativer Technologien erlaubt.

Netzwerkexternalitäten: Auch hier gibt es den klassischen Fall: Der Wettbewerb von Betriebssystemen. Betrachten Sie die Entwicklung der Konkurrenz zwischen Microsoft und Linux! Linux steht frei zur Verfügung. Warum wechseln nicht alle Anwender zu diesem System? Liegen die Dinge bei der Konkurrenz zwischen PC und Mac anders?

Auch diese Argumente begründen also Pfadabhängigkeit, ohne wieder notwendig zu implizieren, daß das Ergebnis nicht wünschenswert ist. Die Bewertung nimmt allerdings panglossianische Züge an: Denn es würde in der Regel argumentiert, daß die Umstellungs- und Anpassungskosten zu hoch ausfallen, und daher die bestehende Lösung effizient ist. Auf der anderen Seite sind natürlich Bewertungen isolierter Technologien in der Tat eingeschränkt, solange eigentlich nur Systeme von Technologien tatsächlich die in Frage stehenden Probleme lösen. Ein Wechsel erfordert daher immer historische Situationen, in denen solche vollständigen Sprünge zwischen Pfaden erfolgen können. Hier greift das Konzept der **Epoche** und der entsprechenden zeitlichen Koordination von Prozessen: Es kann also sein, daß besondere Ereignisse und Koinzidenzen der Technologieentwicklung plötzliche Veränderungen der gesamten Struktur nach sich ziehen.

Die meisten der diskutierten Phänomene lassen sich als Probleme der Standardisierung auffassen, siehe Kap. III, 5.

Marktmacht und Technologieentwicklung: Recherchieren Sie das Pro und Kontra der jüngeren wettbewerbspolitischen Eingriffe in die Marktposition von Microsoft. **http://www.microsoft.com/germany/ms/presseservice/ http://www.linux-verband.de/nachrichten/verband/20000608111553 http://www.stern.nyu.edu/networks/site.html**

Zu beachten ist allerdings, daß die Koordination von Wissen durch die Setzung bestimmter Bedingungen beeinflusst ist, die ihrerseits den Wettbewerb von Technologien einschränkt. Diese Frage hängt dann aber wieder mit den Auswirkungen von Macht auf die Evolution von Technologie ab und hat keine direkte Beziehung mehr zu endogenen Phänomenen der Pfadabhängigkeit.

Organisationen als Träger von Technologien. Die Untersuchungen zum Phänomen der Pfadabhängigkeit konzentrieren sich in der Regel auf Marktprozesse. Dies ist jedoch in wesentlicher Hinsicht verkürzt, weil die Entwicklung der modernen Technologie engstens mit der Entwicklung der modernen Unternehmensorganisation korreliert ist. Historisch ist eine enge Synergie organisatorischer und technologischer Innovationen zu verzeichnen. Die meisten der modernen Technologien sind nicht ohne komplexe Unternehmensorganisationen vorstellbar, in denen Abläufe und Umgang mit Technologien in bestimmter Weise gesteuert und koordiniert werden. Technologien erfordern in hohem Masse die Synchronisierung von Abläufen mit unterschiedlichen Eigenzeiten. Nicht ohne Grund ist eine entscheidende, aber vordergründig nicht hervorstechende Komponente der modernen technologischen Entwicklung die immer weiter fortschreitende Perfektionierung von Meßtechniken.

Technologie und Unternehmensorganisation: Für die Informationstechnologie wird oft behauptet, daß sie erhebliche Auswirkungen auf die Unternehmensorganisation habe, und zwar weil

- ihr Innovationsprozeß Flexibilität und Kreativität erfordere,
- sie völlig andere Formen der Arbeitsorganisation ermögliche.

Stimmen Sie diesen Argumenten zu?

Das bedeutet in allgemeinster Form, daß Technologien selbst an bestimmte Konfigurationen von Netzwerken gebunden sind. ***Lesehinweis 10*** In diesem Sinne bestätigt sich eine grundlegende Vermutung von Marx, nämlich daß Technologien auch einen bestimmten institutionellen Rahmen voraussetzen. Nicht bestätigt hat sich jedoch die Vorstellung (die auch noch Schumpeter bewegte), daß die technologische Entwicklung eindeutig mit bestimmten Organisationsentwicklungen einhergeht, also der von Marx und Schumpeter vermuteten, zunehmenden industriellen Konzentration durch wachsende Größe von Organisationen. Das zentrale analytische und empirische Problem ist hier, daß Technologie und Unternehmen in der Regel nur in frühen Phasen der Unternehmensentwicklung kongruent sind, dann aber auseinanderfallen, weil nur noch Teile der Unternehmensorganisation direkt mit der Koordination der Technologie zusammenhängen, sondern mit Finanzierung oder Absatz. In diesem Zusammenhang erfolgt oft eine Differenzierung zwischen **Invention** und **Innovation**. Es ist häufig zu verzeichnen, daß kleine Unternehmen zwar hohe Innovationsraten aufweisen, diese Innovationen aber nur schwer in die Massenproduktion umsetzen können. Insofern entsteht der Zusammenhang weniger durch direkte Zwänge der Technologie selbst, als vielmehr durch komplementäre Leistungen wie etwa der niedrigeren Finanzierungskosten großer Unternehmen oder der besseren Absatzorganisation. Es ergibt sich:

> *Ein charakteristisches Phänomen des* **Lebenszyklus von Technologien** *ist die Korrelation zwischen bestimmten Organisationsformen und Entwicklungsphase. In der Regel nimmt die Organisationsgröße in der Verbreitungsphase zu, um die Standardisierungs- und Mengenvorteile nutzen zu können, und um komplementäre Wissenselemente in Bereichen wie Beschaffung und Absatz zu koordinieren. In der Stabilisierung kommt es wiederum häufig vor, daß einzelne Funktionen an andere Organisationen abgegeben werden („outsourcing"). Ein typischer Organisationszyklus besteht also in Gründung, Wachstum und Teilung im Verlauf der Diffusion einer Technologie.*

Unternehmensgröße und Technologie:
In der Debatte um Existenzgründungen wird oft gefordert, kleine, innovative Unternehmen müßten gefördert werden. Warum haben diese denn überhaupt Probleme, wenn sie doch die leistungsfähigste Organisationform für Innovatoren sind??
http://www.gruenderportal-mv.de/interview/index.cfm?navi_nr=12&detail=16

Warum ist aber die Beziehung zwischen Organisation und Technologie überhaupt in spezifischer Weise eingeschränkt? Organisationen sind Einheiten von Technologien, obgleich diese grundsätzlich aus zahlreichen, separierbaren Elementarprozessen bestehen, weil die Koordination der Elementarprozesse in hohem Masse nicht-referentielles Wissen voraussetzt, das an bestimmte Konfigurationen von Netzwerken gebunden ist. Dabei ist zu unterscheiden zwischen dem Wissen über die Koordination der Technologie als solcher und dem Wissen über die Konfiguration über die Koordination (Technologie-Management). Letzteres kann wiederum referentiell oder nicht-referentiell gespeichert sein. Das heisst, es gibt beispielsweise die Möglichkeit, daß eine organisatorische Struktur formal eindeutig beschrieben werden kann, die dann endogen nicht-referentielles Wissen zur Technologie-Koordination speichert. Häufig ist jedoch gerade dieses Wissen selbst nicht-referentiell. Dann ist die Technologie kaum unabhängig von der Organisation übertragbar.

Auch hier läßt sich wieder eine Hypothese zum Lebenszyklus von Technologien formulieren.

In der Regel ist das organisatorische Koordinationswissen in der frühen Phase eher nicht-referentiell und in der späteren referentiell. Letzteres fügt sich also zu Beobachtung, daß Technologien in dieser Phase zwischen Unternehmen und Standorten leichter transferiert werden.

Ein damit zusammenhängendes, in der neoklassischen Institutionenökonomik vielverwendetes Argument zum Zusammenhang zwischen Technologie und Organisation bezieht sich auf die schon angesprochene Möglichkeit, daß die Technologie komplementäre Investitionen voraussetzt, die in dem Sinne spezifisch sind, daß sie nur für diese Technologie und bestimmte ihrer Anwendungen nutzbar sind. Dies können spezielle Fertigungsmaschinen sein oder auch das schon betrachtete spezifische Humankapital. Solche Investitionen mit sogenannter hoher **„asset specifity"** werden nur geleistet, wenn für die Zukunft Erwartungssicherheit dahingehend besteht, daß tatsächlich auch der Einsatz erfolgt. Wir treffen daher wieder auf ein Problem der zeitlichen Koordination. Die Organisation kann Erwartungsicherheit erzeugen, während die entsprechenden Transaktionen über den Markt vielleicht gar nicht erfolgen, weil die Unsicherheit der Beteiligten zu hoch ist. Das Problem der Spezifität läßt sich verallgemeinern:

> **„Asset specifity" und „hold up":**
> Ein Zulieferer sei aufgefordert, eine extrem teuere Maschine zu kaufen, um eine neue Technik beim Abnehmer zu ermöglichen. Er ist sich aber unsicher, ob der Abnehmer nicht doch noch den Auftrag an einen Konkurrenten gibt. Was kann der Abnehmer tun, um dieses Problem der Unsicherheit zu lösen?

Technologien können in Produktionsprozesse unterschiedlicher Grade von **Modularität** *eingebunden sein. Die Modularität eines Produktionsprozesses ergibt sich aus dem Umfang* *der Komplementaritäten zwischen den Elementarprozessen des Technologieeinsatzes. Ein supermodularer Produktionsprozeß bedeutet, daß einzelne Elementarprozesse in hohem Umfang auf die koordinierte, erfolgreiche Durchführung der anderen Elementarprozesse angewiesen sind. Es handelt sich also um einen Hyperzyklus. Submodulare Produktionsprozesse erlauben eine relativ unabhängige Realisation der einzelnen Elementarprozesse, weil das Wissen in der Führung konzentriert ist. Dementsprechend setzen die Organisationsformen in unterschiedlichem Maße eine Abstimmung voraus.*

Abbildung 30: Regelmäßigkeiten in der Evolution von Technologie

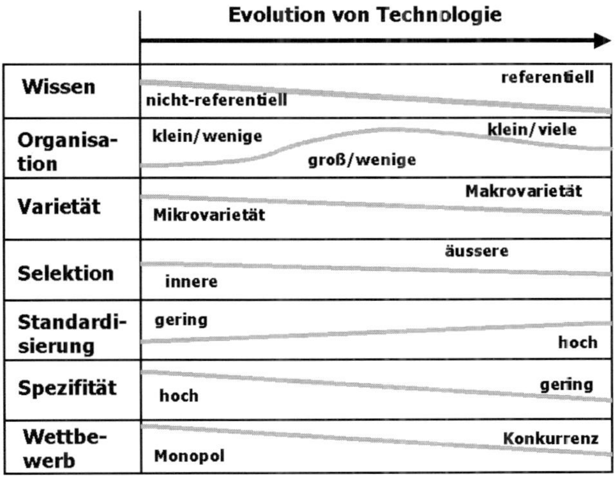

Damit haben wir die wichtigsten Argumente kurz besprochen, die eine enge Beziehung zwischen Organisation und Technologie begründen. Wir wollen die verschiedenen Beobachtungen zu den Regelmäßigkeiten, die in der Technologie-Evolution zu beobachten sind, in der Abbildung 30 zusammenfassen.

Evolutionsökonomisch lassen sich diese Zusammenhänge nun dynamisieren, indem sie in den Kontext des VSB-Paradigmas gestellt werden.

Selektion von Technologien: Rekonstruieren Sie bereits betrachtete Beispiele (Betriebssysteme, Uhren, audio-visuelle Systeme etc.) nach dem VSB-Paradigma!

Organisationen sind die **Interaktoren der Basistechnologien**, *deren Einsatz sie in Netzwerken koordinieren. Die Basistechnologie ist ein* **Replikator der techno-organisatorischen Entwicklung**. *Entsprechend wirkt die äußere Selektion von Technologien immer über Organisationen, während diese selbst eine wesentliche Determinante der inneren Selektion neben der Wirkung des Bauprinzipes der Technologie sind. Das bedeutet aber, daß die Technologieentwicklung immer auch durch den Einfluss der Organisationen als innere Selektionsumwelt mitbestimmt wird. Organisationen können auch selbst zu Replikatoren werden, wenn sie bestimmte Bauprinzipien entwickeln, die wiederum teilweise von einer bestimmten Technologie unabhängig sind. Solche Organisationen sind Determinanten eines gerichteten Innovationsprozesses.*

Auf diese Weise können wir das durchgängige Phänomen der Wechselwirkung zwischen Technologie und Organisation in der modernen Wirtschaft erfassen, ohne daß damit ein einseitig gerichteter Determinismus behauptet würde. Vielmehr wird klar, daß Varietät nun auch von beiden Seiten herrühren kann, nämlich der Technologie und der Organisation. Fassen wir dies in Abbildung 31 zusammen, die aus einer Verbindung zwischen den Abbildungen 21 und 29 entstanden ist.

Innere Selektion wirkt zunächst auf die Gerichtetheit des technologischen Wandels in der Zeit, indem die Bauprinzipien der Basistechnologie Variationen selektieren. Die äußere Selektion über Problemstellungen wirkt aber nun nicht immer direkt auf die Entwicklung der Technologieanwendungen. Jede Anwendung ist in vernetzte Strukturen von Organisationen und Institutionen eingebettet. Unmittelbar sind das die zur Erzeugung und Nutzung notwendige Organisationen. Hinzu treten dann aber noch die Rahmenbedingungen dieser Organisationen, also zum Beispiel Kooperationen zwischen Organisationen, gesetzliche Regelungen des Marktes, auf dem die Technologie gehandelt wird etc.

Abbildung 31: Innere und äußere Selektion von Technologien und Organisationen

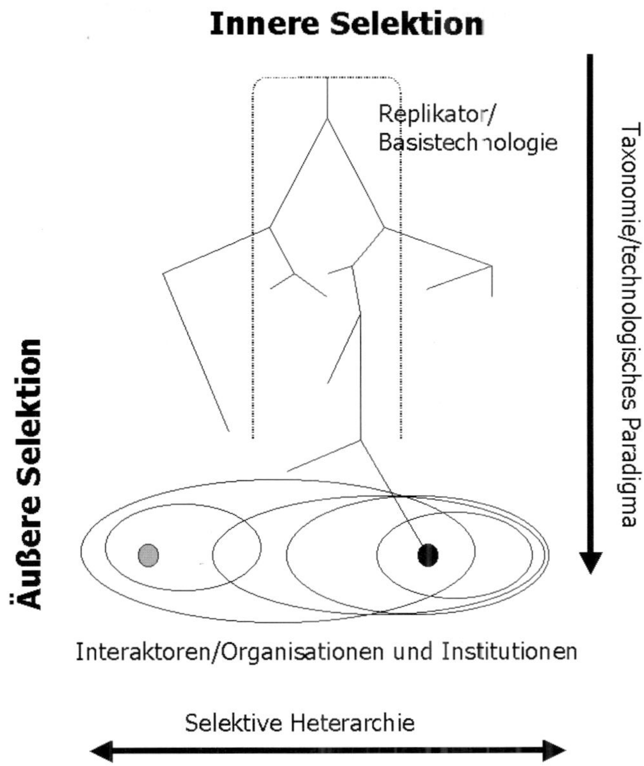

In der Abbildung wird außerdem berücksichtigt, daß viele Technologien komplementär zu anderen Technologien (grauer Punkt) sind. Das heisst, daß deren organisatorischen und institutionellen Kontexte partiell auch Kontexte dieser Technologie sind. Dies entspricht Wirkungen von Netzwerk-Externalitäten zwischen Technologien. Die verwobenen Ellipsen in der Abbildung reflektieren also eine zusätzliche, komplexe Dimension innerer Selektion. Die äußere Selektion wirkt insofern auf Komplexe von Technologien und Organisationen.

Diese Komplexität der Selektion schlägt sich in der Praxis in der Erfahrung nieder, daß Innovationen zum Teil in Organisationen steckenbleiben und den Markt nie erreichen. Insofern ist eine möglichst große organisatorische Vielfalt eine wichtige Bedingung dafür, mögliche negative Wirkungen auf den technologischen Wandel auszuschliessen. Offener Wettbewerb ermöglicht diese Vielfalt. Die Schlüsselfigur im Wettbewerb sind Unternehmer.

Unternehmer und Manager: Gibt es einen Unterschied zwischen diesen beiden Typen von Personen? Läßt sich dieser Unterschied netzwerktheoretisch fassen, zum Beispiel mit dem Begriff der „Rolle"?

Unternehmer. Welche Rolle spielt die evolutionsökonomisch so zentrale Figur des Unternehmers bzw. der Unternehmerin in der Evolution von Technologie? Wir hatten Unternehmer bereits als jene Personen bezeichnet, die Neuheit schaffen. In der Regel wird deshalb auch eine enge Verbindung zwischen Unternehmertum und technologischer Innovation gesehen. Diese Verbindung muß aber genauer analysiert werden, insbesondere um die Beziehung zwischen Unternehmer und Organisation zu verstehen. Unternehmer üben eine besondere Form von „Führung" aus.

Wir hatten die Begriffe „Unternehmer" und „Führung" in Kap. II, 2 und 5 eingeführt.

Schon alltagsweltlich ist klar, daß Unternehmer nicht notwendig Erfinder sind. Ihr eigentliches Wissen besteht darin, Märkte für Innovationen zu schaffen, d.h. also gerade eine bestimmte Kombination zwischen Technologien und Netzwerken zu realisieren, und nicht nur eine technologische Neuerung zu generieren. Damit dieses Wissen aber „unternehmerische" Qualität hat, muß es in hohem Maße singulär sein, weil es ja andernfalls bereits bekannt wäre. Darüber hinaus verschafft es dem Unternehmer nur dann anhaltende Vorsprünge im Wettbewerb, wenn das Wissen nicht leicht imitierbar ist, also nicht rasch auf dem Markt diffundiert. Daraus ergibt sich zunächst die Vermutung, daß unternehmerisches Wissen in hohem Masse nichtreferentiell ist, weil es andernfalls schneller diffundiert. Wir hatten oben gesehen, daß in den frühen Phasen der Entwicklung neuer Technologien diese Bedingung tendenziell erfüllt ist.

Nun kommt aber hinzu, daß ein besonderes Problem bei jeder Innovation darin besteht, die Koordination des Wissens zwischen Produktion und Nutzung der Technologie zu erreichen. Genau an dieser Stelle spielt der Unternehmer die zentrale Rolle: Der Unternehmer entwickelt kreative Interpretationen zwischen vorhandenen Wissensbeständen bei der Produktion und der Nutzung von Technologie. Damit ergibt sich eine direkte und konkrete Sicht auf die Beziehung zwischen Technologien und Netzwerken. Denn wir hatten im zweiten Kapitel das Handeln des Unternehmers ausschliesslich auf Netzwerke bezogen. Dies wird jetzt erweitert. Der Unternehmer schafft einerseits „Märkte", d.h. er findet viable Nutzungsmöglichkeiten für produzierte Outputs, indem er Transaktionen ermöglicht. Dieses Wissen ist nicht primär technologisch, sondern bezieht sich auf alle die Transaktionen beeinflussenden Faktoren, wie etwa konkret Marktkenntnisse, Vertragsgestaltung, aber vor allem auch Netzwerkstrukturen als solche: Das heisst, gerade in Anfangsphasen von Innovationen besteht die Funktion des Unternehmers darin, technologiespezifische Transaktionen zu institutionalisieren. Dabei gehen Unternehmer typischerweise zunächst von idiosynkratischen, also singulären Beziehungen in Netzwerken aus (etwa bei der Finanzierung, die in besonderem Masse auf Vertrauen beruhen muß).

Erfinder ohne Markt:
Sind die Bedürfnisse, die Technologien erfüllen, „objektiv"? Oder gibt es Erfindungen, die durchaus hätten genutzt werden können, aber dies ist nie geschehen? Ist die technologische Entwcklung „notwendig"?
http://www.patent.freeserve.co.uk/
http://www.erfinderfamilie.de/

Gleichzeitig kreiiert der Unternehmer Interpretationen von Technologie. Dies können Rekombinationen vorhandener Technologie sein, also durchaus die eigentliche Erfindertätigkeit. Ökonomisch bedeutsamer ist jedoch die Interpretation von Technologie im Wissen über Nutzungsmöglichkeiten. Der Unternehmer erzeugt entweder dieses Wissen erst beim Nutzer oder er kombiniert vorhandenes Wissen neu. Das verdeutlicht, daß unternehmerisches Handeln in hohem Masse kommunikatives Handeln sein muß, und weniger materiell-energetisch gestaltend.

Organisationen als Gedächtnis: In früheren Zeiten haben Handwerker ihr Wissen mündlich und praktisch weitergegeben. Es konnte entsprechend nur langsam diffundieren. Organisationen könnten als Gedächtnis gedeutet werden, das nicht mehr personengebunden ist, eben als Wissensspeicher. Wie wird in Organisationen die Nutzung dieses Wissens geregelt?

Schliesslich schaffen Unternehmer Organisationen. In einem bestimmten Sinne ist es das unternehmerische Wissen selbst, das es unmöglich macht, die Organisation rein technologisch zu erklären. Denn gerade die nicht-referentielle Natur des unternehmerischen Wissens bedeutet, daß auch die Organisation grundlegend offen und nicht rein technisch oder kostenmäßig reduzierbar ist. Unternehmer schaffen erst die leistungsfähigsten Passungen zwischen organisatorischen Netzwerken und Technologie, auch wenn im Laufe der Entwicklung von Organisationen diese unabhängige Träger von Wissen werden, das dann auch nicht mehr dem Unternehmer überschaubar ist. Daher wachsen erfolgreiche Unternehmen stets über ihre Gründer hinaus.

Sobald Unternehmer Organisationen schaffen, müssen sie ihr Wissen mit zumindestens einigen anderen Mitgliedern der Organisation teilen. Das bedeutet, daß eine stärkere Formalisierung erfolgen muß: Nicht-referentielles Wissen wird in referentielles umgewandelt. Genau dann nehmen aber die Möglichkeiten zu, daß die Innovation auch imitiert wird. Dies ist einer der Wege, wie Wettbewerb bei Innovationen entsteht, die ursprünglich singulär gewesen sind und damit eine Monopolstellung innehatten.

Innovationen im Wettbewerb. Ökonomisch besteht ein wichtiger Zusammenhang zwischen Technologie und Institutionen darin, daß Institutionen die Rechte auf Nutzung der Technologie bzw. ihrer Erträge bestimmen. Eine der wichtigsten einschlägigen Institutionen in modernen Gesellschaften ist das **Patentrecht**, das dementsprechend auch Gegenstand internationaler Verträge und Vereinbarungen ist. Patente dienen dazu, den Zugang zum Wissen zu beschränken, und ermöglichen daher erst Markttransaktionen, die zu Erlösen für den Innovator führen. Gleichzeitig schützen sie die monopolistischen Renten, die für den Innovator anfallen, solange es noch keine Wettbewerber gibt. Nun setzen aber solche Regelungen voraus, daß die Technologie überhaupt patentierbar ist.

Patente: Warum haben Patente eine begrenzte Laufzeit?

In vielen Fällen (zum Beispiel der pharmazeutischen Industrie) ist der Prozess der Findung einer Technologie jedoch selbst schutzbedüftig, bevor ein patentierbares Resultat gefunden wird. Dann sind größere Unternehmenseinheiten oft ein Schutz, um die Vermarktung der Technologie im Unternehmen zu sichern. Viele flexible Formen der Unternehmenskooperation können als Lösungen des Problems gedeutet werden, Technologien auszutauschen, an denen keine eindeutigen Rechte definierbar sind; dies gilt vor allem für viele Allianzen, denen implizite Austauschbeziehungen zugrundeliegen. Daher sind die obigen Beobachtungen zum Zusammenhang zwischen Organisation und Technologie dahingehend zu modifzieren, daß manche Organisationsformen ausdrücklich als Behinderung des Zugriffs anderer Aktoren auf das Wissen zur Produktion der Technologie gedacht sind. Dieses Interesse bestimmt zum Beispiel in internationalen Wirtschaftsbeziehungen die Wahl zwischen Lizenzierung und Direktinvestitition.

Geistige Eigentumsrechte:
Eine zentrale Forderung der Industrieländer in der Weltwirtschaftspolitik besteht darin, allerorts denselben Umfang des Schutzes geistiger Eigentumsrechte zu erhalten. Das ist wegen der Entwicklungswirkungen von Marktmacht nicht unumstritten.
http://www.wto.org/english/tratop_e/trips_e/trips_e.htm
http://www.iprcommission.org/index.asp
http://www.panda.org/resources/publications/sustainability/bi/bi_trips.html

Der Zusammenhang zwischen Organisationen, Institutionen und Technologie ist also ein zentraler Bestandteil der Konstitution von Wirtschaftssystemen. In modernen Industriegesellschaften ist technologischer Wandel ein bewußt gestalteter und inszenierter Prozeß. Theoretisch relevant ist hier nur die Frage, warum sich der technologische Wandel mit der industriellen Revolution so rapide und scheinbar zunehmend beschleunigt hat.

Markteintrittsstrategien:
Das Know-how einer Firma und seine spezifischen Anwendungsbedingungen sind eine wesentliche Determinante des „international market entry":
http://euromktg.com/marketentry.html
http://www.crab.rutgers.edu/~ckaufman/imn8.html

Die europäischen Gesellschaften hatten eine institutionelle Struktur entwickelt, die es Innovatoren einerseits erlaubte, Gewinne aus Innovationen zu erzielen, andererseits aber auch verhinderte, daß die durch Innovationen Geschädigten diesen Prozeß unterbanden. Die entscheidende Rahmenbedingung für die Beschleunigung des technologischen Wandels war daher **Wettbewerb**. Eine grundlegende Erkenntnis Schumpeters bestand darin, daß Wettbewerb notwendig zu einer ständigen Innovationsbereitschaft führt, weil jeder Aktor, der auf Innovationen verzichtet, irgendwann von jenen, die innovieren, vom Markt verdrängt wird. Das heisst, Innovationen sind nicht „naturgegeben“, sondern Reflex eines wettbewerblichen institutionellen Arrangements. Umgekehrt wiesen Gesellschaften, die ein solches Arrangement nicht besitzen, eine zurückgehende oder dauerhaft niedrige Innovationsrate auf, wie vor allem der Fall der sozialistischen Planwirtschaften seit den sechziger Jahren deutlich zeigte. Wettbewerb hat darüber hinaus zur Folge, daß Technologien unabhängig von ihrer physischen Lebensdauer durch Wissensfortschritt ökonomisch entwertet werden. Dies ist ein wesentlicher Faktor der Beschleunigung des technischen Fortschritts, der gleichzeitig immer wieder zu gesellschaftlichen Konflikten über Technologien führt.

Eine zentrale Problematik ist dann, inwieweit die technologische Entwicklung selbst Einfluss auf den Wettbewerb nimmt. Hier reiche der Hinweis, daß die obigen Überlegungen zu Pfadabhängigkeiten und anderen Phänomenen klar gezeigt haben, daß es unter Umständen wettbewerbseinschränkende Wirkungen von Technologie geben kann. Wie diese jedoch einzuschätzen sind, läßt sich erst im Gesamtzusammenhang von Ordnung eines Wirtschaftssystems beurteilen.

Entwicklungsprobleme: Manche Entwicklungsländer erhalten keinen Zugang zu neuem Saatgut und anderen Agrarinnovationen, weil Imitationen befürchtet werden. Was ist zu tun? Wird die Entwicklung der Biotechnologie Entwicklungsländern schaden?

Die hier kurz angerissene Problematik gehört damit bereits in das Umfeld der dritten Struktur, die wir betrachten wollen, nämlich der Macht. Technologie kann einerseits im Kontext der angesprochenen möglichen Effekte auf Marktmacht diskutiert werden. Historisch ist allerdings nicht zu übersehen, daß die technologische Entwicklung äußerst eng mit der Entwicklung der Militärtechniken verwoben ist. Die Industrialisierung hatte eine weitreichende Verschiebung der Machtverhältnisse in der Weltgesellschaft zur Folge; doch hat das technologische Gefälle zwischen verschiedenen Gesellschaften auch schon vorher die Ausweitung kolonialer Einflusssphären ermöglicht. Nach Auffassung mancher Historiker waren damit die heutigen Entwicklungsprobleme in der Weltwirtschaft langfristig vorbestimmt.

4. *Macht*

a. Macht als Zustand von Aktoren in Netzwerken

Konzeptionelle Fragen. Zu den schwierigsten und umstrittensten Kategorien der Wirtschafts- und Sozialwissenschaften gehört der Begriff der „Macht". ***Lesehinweis 11*** Ein Grund ist sicherlich, daß Machtverdacht immer auch politische Kritik nach sich zieht, so bald konkrete Institutionen menschlicher Gesellschaften betrachtet werden. Diese Politisierung verhindert seit jeher eine angemessene wissenschaftliche Analyse des Phänomens. Während liberale Positionen grundsätzlich davon ausgehen, daß vergleichsweise machtfreie Instutitionen denkbar sind (und zwar vor allem durch Markt-Wettbewerb), sehen eher „linke" Positionen die Macht als allgegenwärtig an und fordern Gegenmacht, die selbst machtfrei legitimiert ist (demokratische Wirtschaft). **Machtfreiheit** zeichnet alle Utopien der Menschheitsgeschichte aus. In der modernen Wirtschaft ist dieses Thema in den letzten Jahren erneut in den Vordergrund gerückt, weil die Globalisierung für viele Menschen zunehmend mit dem Gefühl der Ohnmacht verbunden ist.

Eine erste Definition des Konzeptes wurde bereits in Kap. II, 4 entwickelt.

Allgegenwärtige Macht: Denken Sie über Ihren Alltag nach. Wo überall begegnen Ihnen Phänomene der Macht? Wie wird Ihr eigenes Verhalten dadurch beeinflusst, daß im Falle abweichenden Verhaltens Folgen zu erwarten sind, die auf der Ausübung von Macht beruhen? Kennen Sie Kontexte Ihres Alltags, die wirklich machtfrei sind? Warum ist das so?

Theoretisch ist diese Differenzierung von Macht und hypothetischen machtfreien Situationen von einiger Bedeutung, weil die Effizienzaussagen der konventionellen Wirtschaftswissenschaft immer auf machtfreie Kontexte Bezug nehmen. Zum Beispiel ist der Archetyp wirtschaftlicher Macht, das **Monopol**, nur dann auch eine vermutlich effiziente Lösung unter bestimmten technologischen Bedingungen, wenn es potentiellem Wettbewerb ausgesetzt ist. Obgleich also die Marktstruktur prima facie für das Vorhandensein von Macht spricht, ist diese vermutlich nicht gegeben, wenn sie in dem Sinne auf impliziter Zustimmung der Käufer beruht, daß diese keine Notwendigkeit sehen, auf potentielle alternative Anbieter zuzugehen. Werden diese ihrerseits nicht behindert, ist also zu vermuten, daß das Monopol seine Machtposition nicht ausnutzt, und es tatsächlich eine effiziente Lösung darstellt.

Ohnmacht durch Spezialisierung?
Sie treffen Studienentscheidungen. Welche Kriterien könnten die Wahl zwischen möglichst breiter, aber notwendig eher oberflächlicher Ausbildung und weitestgehender Spezialisierung beeinflussen? Spielen antizipierte Machtverhältnisse eine Rolle?

Wir hatten bereits gesehen, daß Macht eine besonders schwierige Frage für die Analyse von Institutionen ist, die ja immer die Ausübung von Macht voraussetzen, weil ihre Stabilisierung durch Sanktionen abweichenden Verhaltens erfolgt, die natürlich Unfreiwilligkeit seitens der sanktionierten Aktoren impliziert. Dann ist die analytische Trennung zwischen Macht und Effizienz endgültig unmöglich. Wir hatten bereits auf die wissenschaftliche Diskussion hingewiesen, ob die Entstehung der modernen Unternehmung ein Phänomen der Durchsetzung effizienterer Institutionen gewesen ist oder ein Produkt der Übermacht von Unternehmerinteressen. Während die ersten diese Effizienz gerade auf eine Wechselwirkung zwischen neuen Technologien und Unternehmensorganisation zurückführen (Speisung einer Vielzahl von Arbeitsprozessen aus einer einheitlichen Energiequelle), führen die anderen viele Beispiele an, die auch kontrafaktisch zeigen, daß es andere institutionelle Lösungen gegeben hätte. Die Argumentation wird hier komplex: Zum Beispiel gibt es den Verdacht, daß die Spezialisierung der Arbeiter im Laufe der Industrialisierung eine De-Qualifizierung gewesen sei, die tatsächlich die Marktmacht der Kapitalisten erhöht hat.

Bei der Diskussion von Technologien und vor allem von Institutionen hatten wir bereits gesehen, daß Macht eine notwendige Begleiterscheinung wirtschaftlicher Transaktionen ist, weil sie eine wesentliche Rolle bei der Stabilisierung von Institutionen durch Sanktionen spielt. Insofern ist zu konstatieren, daß allen wirtschaftlichen Phänomenen Macht innewohnt. Wir stellen also fest:

> *Die Ermöglichung von Transaktionen in Netzwerken setzt in elementarer Weise Macht voraus. Wirtschaftliche Prozesse besitzen daher immer und notwendig eine Dimension der Macht und ihrer Ausübung. Machtfreie Netzwerke sind keine sinnvollen analytischen Referenzpunkte. Wir können sogar ganz*

> *allgemein ableiten:* **Jedes nicht-integrale Netzwerk enthält Macht**, *und zwar entweder durch seine institutionelle Schliessung oder durch Konfigurationen, in denen bestimmte Aktoren in höherem Masse Einfluss auf die Realisation von Transaktionen ausüben können als andere. Diese Macht ist Reflex der Struktur des Netzwerkes, und keine einfache Eigenschaft der Aktoren.*

Ein weiteres Problem entsteht dadurch, daß Macht natürlich auch im Zeitablauf betrachtet werden muss. Im Falle von Institutionen beispielsweise wäre ein Entstehungs- und Verbreitungszusammenhang zu unterscheiden, d.h. eine Institution kann beispielsweise durch Zwang durchgesetzt werden, trifft aber später aufgrund veränderter Rahmendingungen auf allgemeine Zustimmung, verändert sich also in Richtung relativer Machtfreiheit. Im Falle der britischen Einfriedungsbewegung im 18. und 19. Jh. (also der Umwandlung der Gemeinde-Allmenden in privates Land) hat es eindeutig eine Machtasymmetrie zu Gunsten der Grundbesitzer gegeben; gleichwohl ist zu vermuten, daß nur durch diese Einfriedung auch die späteren Produktivitätszuwächse durch technischen Fortschritt in der Landwirtschaft erzielt werden konnten.

Macht und institutioneller Wandel: Institutionelle Reformen sind in der Regel mit der Anwendung von Macht gegenüber ihren Gegnern verbunden. In der Globalisierungsdebatte wird zum Beispiel IMF und Weltbank vorgeworfen, mit ihren Reformprogrammen Macht zu verkörpern. Wie sehen Sie diesen Punkt?
http://attac.org/fra/toil/doc/focus2de.htm
http://www.spp.umich.edu/rsie/acit/

Aus diesen kurzen Betrachtungen lernen wir, daß Macht eine essentielle analytische Kategorie der Evolutionsökonomik sein muß. Sie tauchte auch bereits in verschiedenen Zusammenhängen auf. Für alle diese Beispiele galt, daß Macht aus der Wechselbeziehung zwischen Aktoren entsteht und anschliessend eine wesentliche Rolle für die Stabilisierung bestimmter Strukturen spielt. Zum Beispiel kann Macht erforderlich sein, um den Schutz des geistigen Eigentums eines Innovators zu gewährleisten; umgekehrt entsteht aber durch seine Nutzung der Technologie Marktmacht. Die Technologie kann gleichzeitig andere Machtrelationen verändern, indem sie unaufholbare Produktivitäts- und Effektivitätsvorsprünge verursacht, wie besonders krass in der Waffentechnologie verdeutlicht. Aufschlussreich ist in diesem Zusammenhang die anthropologische Beobachtung, daß Macht im Sinne der temporären Ausübung von Autorität und Dominanz allgegenwärtig ist, aber nicht unbedingt als stabile Struktur, die letztlich sogar von Personen abgelöst ist. Wir wollen nur letzteres auch als Macht bezeichnen. Daher gilt:

> *Macht ist eine emergente Struktur von Netzwerken, die Institutionen und Technologien aufweisen. Diese Struktur kann an bestimmte Aktoren gebunden sein, die entsprechende Rollen in Netzwerken einnehmen; in diesem Fall besteht eine enge Beziehung zum Konzept der Führung. Sie ist aber nicht notwendig an intentionale Prozesse gebunden, sondern kann auch nicht-intentionalen Prozessen innewohnen (oft wird von „struktureller Macht" gesprochen). In diesem Fall besitzen Aktoren in Netzwerken Positionen der Macht, ohne diese gezielt anzustreben oder auszunutzen. Zu beachten ist, daß diese Positionen wiederum durch die Beziehung zwischen Aktoren und Elementen bedingt sein können (z.B. „Expertenwissen").*

Macht und Mythos: Lebensweltlich haben Menschen Macht stets als abgelöst von Institutionen betrachtet, und zwar häufig als mythische Kraft, die Personen und Institutionen innewohnen kann. Dies spielt auch heute noch in der Politik eine große Rolle, wenn Ämter eigentlich nur recht zur Wirkung gelangen, wenn sie von den richtigen Personen ausgefüllt werden. Reflektieren Sie diese Beobachtung.

Mit dieser vorläufigen Kennzeichnung des Phänomens der Macht erfassen wir zwei verschiedene lebensweltliche Formen der Macht, die viel diskutiert werden, nämlich einerseits die Macht von Personen und Organisationen und andererseits die Macht, die bestimmten gesellschaftlichen Verhältnissen innezuwohnen scheint.

Wir haben den Begriff der „Macht" im zweiten Kapitel eingeführt, indem wir ihn als Fähigkeit zur Kontrolle von Transaktionen und des relevanten Verhaltens der anderen Aktoren bezeichnet haben. Macht ist daher aufs Engste mit Institutionen verknüpft, insofern die Schaffung von Institutionen direkt oder indirekt diese Kontrollfähigkeit beeinflusst bzw erst ermöglicht. Macht ist aber nicht einfach mit einer Institution gleichzusetzen. Für eine angemessene theoretische Behandlung ist ein weiteres Konzept wesentlich, nämlich jenes des Vermögens, mit dessen Hilfe die Wechselwirkungen zwischen Strukturen wie Technologie und Institutionen erfasst werden können, die zur Emergenz von Macht führen.

Vermögen *ist bereits eingangs des zweiten Kapitels als diejenige Dimension identifiziert worden, in der Zustände von Aktoren beschrieben werden, wobei ab ovo zwischen der Vermögensausstattung also solcher und dem Wissen um das Vermögen zu unterscheiden ist. Vermittelnd zwischen beiden Dimensionen wirkt der Begriff der Kompetenz im Sinne der Unterscheidung des Wissens nach „knowing how" und „knowing that". Ein Aktor kann also mit einem bestimmten Vermögen ausgestattet sein, dies aber entweder nicht wissen oder nicht wissen, wie es nutzbar ist. Durch Transaktionen kann ein solches über Aktoren verteiltes Wissen in gemeinsames Wissen einer Population transformiert werden.*

Vermögen ist Gegenstand des Wettbewerbs von Aktoren in menschlichen Gesellschaften, entspricht also dem allgemeinen Begriff der „Ressourcen" in anderen Anwendungen evolutorischer Theorie (etwa den Ressourcen in Biotopen). Der Begriff der „Ressource" bezeichnet freilich nur ein Potential, denn ausschlaggebend ist natürlich die Nutzung einer Ressource bzw. die Sicherheit, diese nutzen zu können. Eben deshalb verwenden wir den Begriff des „Vermögens". Öl ist also zwar eine Ressource, aber erst dann ein Vermögen, wenn ein Aktor sich sicher sein kann, diese Ressource auch nutzen zu können. Wir sehen an diesem Beispiel, daß **Vermögen eine institutionelle, eine technologische und eine wissensbezogene Komponente** besitzt, die bimodal interdependent sind.

Eigentumsrechte, ökonomisch und politisch:
Der Begriff des Eigentums ist seit langem Gegenstand scharfer politischer Auseinandersetzungen und Grundlage gesellschaftpolitischer Positionen. Gleichzeitig gibt es eine stetig wachsende wissenschaftliche Literatur dazu.
http://libertariannation.org/a/f52h2.html
http://www.sprachkritik.de/drop/eigentum.html
http://encyclo.findlaw.com/tablebib.html#I.%20PRIVATE%20PROPERTY

Nun besteht in vielen europäischen Sprachen eine semantische Ambiguität zwischen Macht und Vermögen, weil Macht immer auch als allgemeine Fähigkeit betrachtet wird, bestimmte Handlungen durchzuführen oder Wirkungen zu erzielen - also unabhängig davon, ob Macht über andere ausgeübt wird (power over versus power to). Der Vermögensbegriff wiederum hängt eng mit dem Begriff des „Rechts" zusammen, im Sinne eines durchsetzbaren Anspruchs, bestimmte Handlungen durchführen zu können. Im ökonomischen Kontext ist der wichtigste Typus von Recht das **Eigentumsrecht**, womit sich lebensweltlich der

Zirkel zwischen Eigentum, Vermögen und Macht schliesst, wie er in der politischen Diskussion oft gesehen wird.

Arten von Kapital:
Blättern Sie in verschedenen ökonomischen Texten, die Sie zur Hand haben, und sammeln Sie Vorkommnisse des Begriffs „Kapital". Wie verstehen Sie diese? Wo sind die Gemeinsamkeiten, wo die Unterschiede?

Kapital und Handlungsrechte. In der ökonomischen Theorie gibt es an dieser Stelle gewisse terminologische Unklarheiten, was die Beziehung zwischen „Vermögen" und „Kapital" anbetrifft. Wir wollen im folgenden, der ökonomischen Literatur folgend, den Begriff „**Kapital**" aufgreifen und als „Vermögen" die Gesamtheit aller Kapitalbestände eines Aktors definieren. Dies ist keine inhaltliche Verschiebung, sondern dient nur der besseren Anschlussfähigkeit an den derzeit üblichen Sprachgebrauch. Es ist dann üblich, minimal zwischen **Real-, Finanz-, Human-, Sozial-** und inzwischen auch **Naturkapital** zu unterscheiden. Wir werden diese Unterscheidungen an geeigneter Stelle aufgreifen und konzentrieren uns hier auf die allgemeine Beziehung zwischen Macht und Kapital. Macht im Sinne einer allgemeinen Handlungsfähigkeit ergibt sich dann als Aggregat aus all diesen verschiedenen Kapitalarten, soweit ein Aktor über diese verfügen kann. Auf die Beziehungen zwischen den Arten werden wir am Ende dieses Abschnittes noch zurückkommen. Lesehinweis 12

Der Begriff des Vermögens als Handlungsmöglichkeit wurde in Kap. II entwikkelt.

Den genannten Begriffen von Kapital ist nämlich gemeinsam, daß es um **Bestände** von bestimmten **Handlungsmöglichkeiten** geht, also etwa den Leistungsströmen von Maschinen beim Realkapital oder der qualifizierten Arbeitsleistung beim Humankapital. Bezüglich dieser Bestände ist dann also wiederum entscheidend, welchen Aktoren diese Bestände zugeordnet sind. Diese Zuordnung erfolgt durch Rechte, die wir als „**Handlungsrechte**" bezeichnen wollen.

> *Der Zustand von Aktoren wird durch die zugeordneten Kapitalbestände beschrieben und das Wissen über diese Bestände. Dieses Wissen schliesst das Wissen ein, auf der Grundlage dieser Bestände bestimmte Handlungen durchführen zu können. Die Menge an aktualisierbaren Handlungen wird als die* **Menge der Handlungsrechte eines Aktors** *bezeichnet; die Menge an Handlungsmöglichkeiten ergibt sich aus der*

Aktualisierung der Rechte nach Maßgabe des subjektiven Wissens. Handlungsrechte können in unterschiedlicher Form **institutionalisiert** *sein, also als Konvention, als formale und als informale Institution.*

Prinzipiell liesse sich also Macht von Aktoren genauer als Aggregat der Handlungsrechte in den verschiedenen Dimensionen des Kapitals beschreiben. Handlungsrechte selbst können noch detaillierter differenziert werden, etwa in die Rechte zur Nutzung des Leistungsstromes und die Rechte zur Weitergabe des Kapitals an andere Aktoren. Dann erhalten wir noch ein erheblich komplexeres Bild des Zustandes eines Aktors.

Abbildung 32: Macht als Zustand von Aktoren

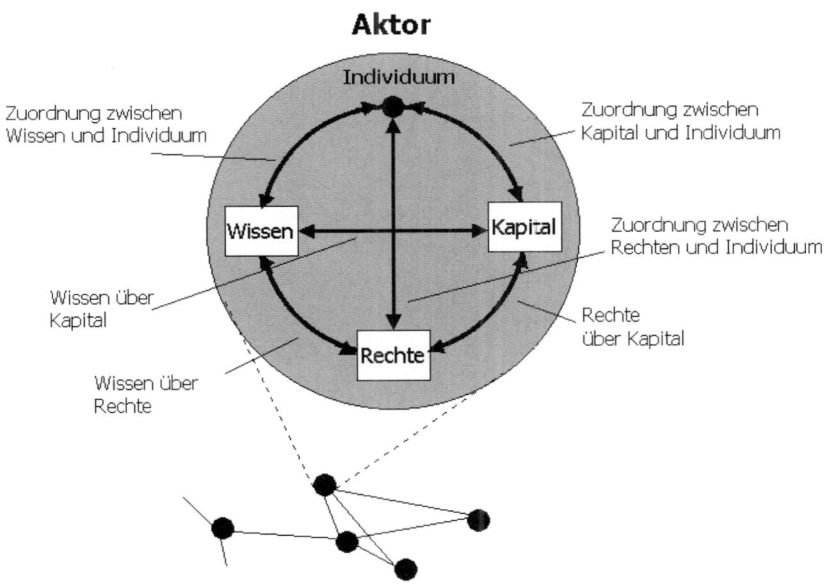

Wir fassen die grundlegenden Sachverhalte in Abbildung 32 zusammen. In der Abbildung wird prinzipiell zwischen drei Aspekten des Zustandes eines Aktors unterschieden, nämlich der Zuordnung von Wissen, Kapital und Rechten zum Individuum, sowie der Beziehung zwischen diesen Aspekten. Das Vermögen des Aktors wird also jetzt als eine erheblich kompliziertere, dynamische Größe aufgefasst, denn es ändert sich bei jeder Änderung eines der Aspekte. Wir können also sagen, daß die Macht eines Aktors sein **Zustand** ist, und zwar im Sinne einer Funktion *M* der Kapitalausstattung *K*, der ihm zugewiesenen Rechte an dieser Kapitalausstattung und des Wissens über diese Rechte ebenso wie über die Kapitalausstattung, wobei letzteres das Wissen über den Zustand selbst einschliesst ebenso wie über die Kompetenzen, aus dem Zustand Handlungsmöglichkeiten zu generieren. Dabei ist unbedingt zu beachten, daß der Begriff des „Rechts" ein **relationales Phänomen** bezeichnet, d.h. es geht immer um Rechte in Abgrenzung zu Rechten anderer Aktoren, und nicht um absolute Eigenschaften eines isolierten Aktors. Genau in diesem Sinne ist Macht ein Netzwerk-Phänomen.

Privates Recht: Könnten Sie nur für sich alleine Rechte definieren und Verstösse sanktionieren?

Dies würde freilich bedeuten, daß sämtliche Handlungsmöglichkeiten von Aktoren Berücksichtigung im Begriff der Macht fänden; dies ist nicht unüblich, wie Metaphern von der „Herrschaft über die Natur" zeigen. Auf der anderen Seite wird Macht aber in der Regel auf Beziehungen zwischen Aktoren bezogen und meint dann die Möglichkeiten eines Aktors, auf die Handlungen anderer Aktoren unabhängig von deren Zielen und Interessen Einfluss nehmen zu können. Die entscheidende Frage ist also nicht, welche absoluten Rechte an Kapital ein Aktor besitzt, sondern welche Handlungsmöglichkeiten sich für ihn relativ zu den anderen Aktoren ergeben. Gleiche Bestände zum Beispiel an Realkapital können mit ganz unterschiedlichen Handlungsmöglichkeiten einhergehen, was wiederum die Handlungsmöglichkeiten anderer angeht.

Sind Sie mächtig? Betrachten Sie Ihre eigene Lebenssituation. Sind Sie in bestimmten Zusammenhängen mächtig? Warum? Oder warum nicht?

Die einfachste Weise, diesen relationalen Aspekt zur berücksichtigen, ist eine Definition der Macht, die auf die **Interessen** der anderen Aktoren an bestimmten Vermögen und den abgeleiteten Handlungen Bezug nimmt, die ein

Aktor kontrolliert. In diesem Fall kann also die absolute Kontrollfähigkeit noch so groß sein, die implizierte Macht gegenüber anderen Aktoren ist desto geringer, je geringer deren Interesse an diesem speziellen Kapital des Aktors. Um auf dieser konzeptionellen Basis weiter arbeiten zu können, muß der Begriff des Handlungsrechtes also auf dieses mögliche Interesse anderer bezogen werden.

Unabhängig von der Form der Institutionalisierung kann ein Handlungsrecht als **Erwartungsicherheit** bezüglich der Nutzung einer Handlungsmöglichkeit verstanden werden. Wenn mir ein Brot gehört, erwarte ich, daß ich es nach eigenem Gutdünken verzehren kann, und daß niemand anderes mir dieses Brot (und die damit verbundenen Handlungsmöglichkeiten) nehmen darf. Ein Handlungsrecht ist also eine **Regelmäßigkeit in Netzwerken**, aufgrund deren Kenntnis in Form einer Regel die Aktoren Erwartungen über das Verhalten anderer bilden. Dementsprechend werden alle im Kapitel über Institutionen angestellten Überlegungen für Handlungsrechte relevant.

Emergenz von Rechten: Menschen bilden oft in rasanter Geschwindigkeit Systeme von Handlungsrechten. Jedem ist irgendwann einmal aufgefallen, wie schnell sich auf Tagungen oder anderen Versammlungen feste Sitzordnungen bilden, d.h. Rechte auf Positionen im Raum. Kennen Sie noch andere Beispiele? Wie läßt sich dies erklären?

> *Handlungsrechte bestimmen die Handlungsmöglichkeiten eines Aktors relativ zu den Interessen aller anderen Aktoren. Diese Interessen können sich gleichermassen auf das zugrundeliegende Kapital, die sich daraus ergebenden Handlungsmöglichkeiten oder auch das Handlungsrecht selbst ergeben. Das bedeutet umgekehrt, daß die Handlungsmöglichkeiten eines Aktors auch proportional sind zu der Intensität des Interesses aller anderen Aktoren. Wir unterscheiden genauer zwischen* **konventionellen, informalen und formalen Handlungsrechten**. *Die letzteren sind die* **Eigentumsrechte** *der ökonomischen Analyse.*

Konventionelle Verfügungsrechte sind solche, über die keine Konflikte entstehen können, weil keine Rivalität oder Interdependenz der Nutzung besteht. Dies sind dementsprechend Rechte, die auch zu keiner Machtbeziehung führen. Hier besteht das Interesse anderer Aktoren nur in dem Falle, daß von der Konvention abgewichen wird. Zum Beispiel kann ein Aktor das Recht zur Nutzung einer freien Ressource haben, und andere Nutzer können ohne große Koordinationserfordernisse ebenfalls darauf zugreifen. Typischerweise werden solche Konstellationen häufig mit der Vorstellung kollektivistischer oder gemeinschaftlicher Organisation von Gruppen verbunden, die intern machtfrei sind. Das heisst, das Handlungsrecht ist zwar der Gruppe als derivativem Aktor zugeordnet, aber jedes Mitglied partizipiert voll daran. Daher besteht auch kein Interesse anderer Aktoren an dem entsprechenden Handlungsrecht des Aktors.

Konventionelle Handlungsrechte: Interpretieren Sie Vorfahrtsregeln als Handlungsrechte!

Andere Handlungsrechte regulieren jedoch die notwendig auftretenden **Konflikte** mit möglichen Handlungen und Rechten anderer Aktoren, falls diese Interesse an dem entsprechenden Kapital haben. Diese Handlungsrechte werden damit zu **ausschliessenden Rechten**. Ein ausschliessendes Recht schränkt die Handlungsmöglichkeiten anderer ein, und zwar in einem doppelten Sinne: Erstens besitzt der Aktor ein Recht zur Ausübung der Handlung, auch wenn Interessen anderer berührt werden, und zweitens dürfen andere die Ausübung des Rechtes nicht beeinträchtigen. So ist beispielsweise jedes Eigentumsrecht an einem wirtschaftlichen Gut ein solches ausschliessendes Recht; besteht ein Interesse anderer Aktoren, und diese können es durch Tausch erwerben, wird gewöhnlich nicht von Macht gesprochen, weil davon ausgegangen wird, daß der abgebende Aktor eine andere Handlungsmöglichkeit erhält, an dem er mindestens ebenso stark interessiert ist wie an der ursprünglichen.

Eigentum und Macht: In der Regenbogenpresse lesen die Menschen mit niedrigen Einkommen viel über den Luxus der Reichen. Warum empfinden die Leser dies in der Mehrheit nicht als Ausübung von Macht, gegen den sie sich eigentlich zur Wehr setzen müssten? **http://www.seniorentreff.de/diskussion/archiv1/a509.html** **http://www.predigten.de/predigt.php3?predigt=398**

Im Begriff des ausschliessenden Rechtes wird normalerweise nicht explizit gemeint, daß eine Ausübung von Macht auch dann erfolgt, wenn die Nutzung des Rechtes selbst den Zustand des anderen Aktors beeinflusst, ohne daß dieser diese Veränderung verhindern kann. Tatsächlich kann aber jede machtvolle Aktualisierung einer Handlungsmöglichkeit in dieser Weise interpretiert werden. Denn diese Aktualisierung berührt ja einen anderen Aktor nur, wenn dieser in irgendeiner Weise ein Interesse besitzt, das dann beeinträchtigt wird. Der Satte hat kein Interesse daran, wenn andere das ihnen gehörende Brot aufessen. Der Verhungernde hat dieses Interesse, und ihm gegenüber ist die Ausübung des Eigentumsrechtes eines Satten an dem Brot eine Ausübung von Macht. Genau diese Konstellation ist gemeint, wenn lebensweltlich ein Konnex zwischen Eigentum und Macht gesehen wird.

Was andere haben...: Welche Rolle spielt Neid bei den nebenstehenden Zusammenhängen? Wir hatten im zweiten Kapitel Emotionen betrachtet.

Macht als externer Effekt. Aus den vorstehenden Überlegungen ergibt sich eine völlig neue Kennzeichnung der Macht:

> *Macht ist ein* **negativer externer Effekt**, *der entweder intentional oder nicht-intentional durch einen Aktor auf einen anderen ausgeübt wird, indem dieser seine Handlungsmöglichkeiten aktualisiert und dabei die Handlungsmöglichkeiten des anderen beeinträchtigt. Dieser Effekt ist extern, weil kein Austausch von Handlungsmöglichkeiten stattfindet, der auf intentionalen Handlungen des anderen beruht, und er konstituiert Macht, wenn er beim anderen absichtsvoll nicht verhindert werden kann.*

Macht als Externalität: Wann ist also das Lärmen mit einem Radio Machtausübung „im Kleinen"?

Genau dieser Punkt wird gewöhnlich unter dem Gesichtspunkt der Unfreiwilligkeit und des **Zwangs** erfasst, der mit dem Konzept der Macht verbunden wird. Um dies an einem zugespitzten Fall zu illustrieren: Wenn jemand einen anderen Menschen mit einem Messer bedroht, dann übt er sein Handlungsrecht am Messer machtvoll aus. Der externe Effekt würde nur dann aufgehoben, wenn der Bedrohte freiwillig eine Gegenleistung anbietet. Dies wäre aber nur dann kein Zwang, wenn der Bedrohte sich intentional in die Bedrohungssituation begibt, um dann dieses Verfügungsrecht, an dem er elementares Interesse besitzt, durch Tausch zu erhalten. Genau diese Ambivalenz ist die wirtschaftliche Grundlage der Mafia. Doch täuscht die Außergewöhnlichkeit der Gewaltsituation über den tatsächlich allgemeinen Gehalt des Beispiels hinweg.

Marktmacht: Übertragen Sie die nebenstehende Argumentation auf den Monopolisten, der ein kaum substituierbares Gut anbietet.

Gegenmacht zu Innovationen: Historisch hat es immer wieder sogar gewaltsame Aktionen gegen technologische Neuerungen gegeben. Interpretieren Sie die gegenwärtige Debatte um Biotechnologie und Eigentum an genetischen Ressourcen unter dem Aspekt der Macht!

Ein evolutionsökonomisch bedeutender Fall ist jener der sogenannten „**pekuniären externen Effekte**", die bei Innovationen auftreten. Ein Innovator nutzt auf der einen Seite seine Handlungsrechte, verursacht aber damit eine häufig radikale Entwertung von Handlungsrechten anderer, zum Beispiel der Nutzung einer dann veralteten Technologie. Der Innovator zerstört also das Kapital anderer Aktoren. Es ist nicht selbstverständlich, daß diese Schädigung in einer Gruppe von Aktoren akzeptiert wird. Im Sinne unserer vorläufigen Definition erhält also der Innovator Macht über andere Aktoren, und es ist eine Frage des institutionellen Rahmens, wie diese Macht anerkannt wird und umsetzbar ist, und vor allem welche Gegenreaktionen zulässig sind und welche nicht. Die Zerstörung von Kapital durch Innovationen ist in modernen Gesellschaften zulässig, nicht aber die Sprengung durch die Mafia (obgleich die ökonomische Wirkung auf die Kapitalausstattung dieselbe sein kann).

Komplexe Wirkungen von Macht: Untersuchen Sie die komplexen Auswirkungen von Marktmacht im Mediensektor. Berücksichtigen Sie dabei ausdrücklich die Dimensionen von Netzwerken, also Transaktionen, Wahrnehmungsfelder und Kommunikationsnetze.

Daraus ergibt sich, daß die Formen der Macht nur relativ zu den Bedingungen des Wettbewerbes um die Kontrolle von Beständen der unterschiedlichen Kapitalarten beurteilt werden können. Im Beispiel des Innovators wird beispielsweise in der Regel ein „Machtgleichgewicht" in dem Sinne unterstellt, daß jeder Aktor die Möglichkeit besitzt, selbst Neuerungen zu schaffen. Negativ würde also die konkrete Schädigung des Nicht-Innovators erst dann bewertet, wenn der Innovator zusätzlich die Möglichkeit besitzt, Innovationen des anderen Aktors zu behindern. Macht ist zulässig, wenn die Möglichkeit der Gegenmacht besteht, unabhängig davon, ob diese Möglichkeit auch genutzt wird. Wie die wettbewerbspolitischen Diskussionen zeigen, ist hier aber nicht notwendig nur die böswillige Ausnutzung von Macht der Innovatoren angesprochen, sondern in Grenzfällen auch Marktstrukturen, die es letztendlich anderen Wettbewerbern unmöglich machen, Gegenmacht durch eigene Innovationen zu entwickeln. Diese Ambiguität entsteht dadurch, daß es ja tatsächlich um drei

Seiten geht, nämlich neben den Wettbewerbern auch die Nachfrager, die gegebenfalls mit monopolistischen Strukturen konfrontiert sind und aufgrund dessen eine Beeinträchtigung der eigenen Handlungsmöglichkeiten erfahren. Das heisst, die negativen externen Effekte treten in einer Dreiecks-Konfiguration des betreffenden Netzwerkes auf: Wenn der Innovator Wettbewerber an deren Innovationen behindert, dann schädigt er über einen externen Effekt auch die Nachfrager.

Abbildung 33: Macht in Netzwerken

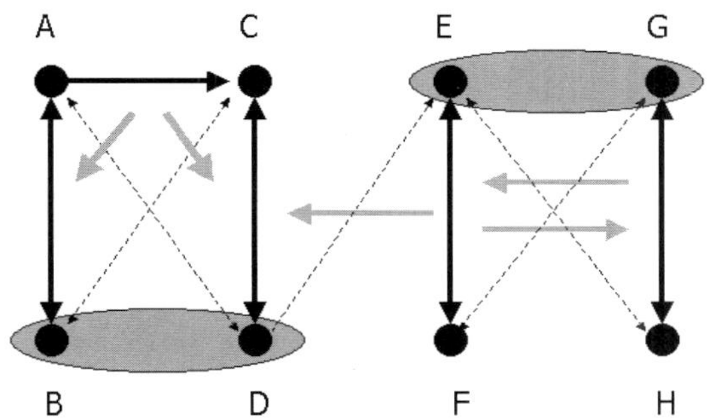

Die verschiedenen Effekte und Formen von Macht lassen sich besonders plastisch und systematisch in Abbildung 33 darstellen. Dabei bezeichnen die durchzogenen Pfeile realisierte Transaktionen, die strichlierten noch nicht aktualisierte, aber mögliche Transaktionen und die grauen Pfeile negative externe Effekte. Wir betrachten einen konkreten Markt mit Parallelwettbewerb, d.h. die Anbieter *A, C, E* und *G* konkurrieren untereinander mit Innovationen und die Nachfrager *B, D, F* und *H* konkurrieren untereinander um die Angebote. Es lassen sich dann die unterschiedlichsten Netzwerkkonstellationen denken, die jeweils unterschiedliche Auswirkungen auf die Macht der Aktoren haben. *A* behindert zum Beispiel direkt *C* und übt damit ei-

Marktmacht: In der Mikroökonomik werden normalerweise Formen von Marktmacht identifiziert, die auf bestimmte Strukturen von Angebot und Nachfrage Bezug nehmen, insbesondere die Zahl der Marktteilnehmer auf beiden Seiten.
http://www.wagner-berlin.de/am7.htm
http://www.uni-tuebingen.de/uni/wwa/download/as/SkriptTeil.4.pdf

nen externen Effekt auf *B* und *D* aus, deren Zahl von Alternativen reduziert wird. *E* realisiert Innovationen und übt durch die Transaktionen mit F negative externe Effekte auf *C* aus, da *D* eventuell sich nach *E* orientieren wird.

Messung von Macht:
Die Messung von Macht ist angesichts der skizzierten Komplexität schwierig. In der Spieltheorie gibt es inzwischen verschiedene, recht komplexe Ansätze, die allerdings an genau abgegrenzte Situationen wie zum Beispiel Abstimmungen in Komitees gebunden sind.
http://www2.norwich.edu/frey/math102/VotingSystems2.pdf
http://www.cut-the-knot.com/Curriculum/SocialScience/PowerIndex.shtml
http://www.uni-konstanz.de/FuF/Verwiss/koenig/IOP.html

Mit der Abbildung lassen sich auch noch weitere Aspekte von Macht illustrieren. Zum einen unterliegt allen Transaktionen zwischen Angebot und Nachfrage ein institutioneller Rahmen, der möglicherweise abweichendes Verhalten einschränkt. Zum anderen ist offensichtlich, daß die Strukturen auch dadurch verändert werden können, daß sich Aktoren zusammenschliessen und damit Parallelwettbewerb unterbinden, wie *E* und *G*, die dann gegenüber *F* und *H* ein Monopol schaffen. Eine solche Konstellation würde bedeuten, daß die Anreize wegfallen, im Parallelwettbewerb der Anbieter Innovationen als Instrument der Gegenmacht zu nutzen, wie vorher in den wechselseitigen externen Effekte zwischen *EF* und *GH* der Fall. Schliesslich ergäbe sich für *BD* noch die Möglichkeit, gegenüber *A* durch Zusammenschluss Gegenmacht zu bilden.

Wir sehen also, daß in Netzwerken ganz unterschiedliche Konstellationen von Macht bestehen können, die ihrerseits durch die institutionellen Bedingungen kanalisiert werden. Dabei gibt es offenbar gesellschaftliche wünschenswerte Formen der Macht (etwa bei der Absicherung von Institutionen oder bei Innovationen) und weniger wünschenswerte (wie die Bildung von Monopolen). Es stellt sich also die Frage nach der Funktionalität von Macht in Wirtschaftssystemen.

b. Funktionalität und Dysfunktionalität von Macht im Gruppenwettbewerb

Macht und Ressourcenverschwendung. Der Unterschied zwischen dem Innovator und der Mafia ist noch nicht ganz geklärt: Beide bedrohen das Kapital anderer mit Zerstörung, und die Gegenmaßnahme besteht in der entsprechenden „Aufrüstung“, entweder durch Innovationen oder Waffen.

Diese grundlegende Unklarheit läßt sich nur beseitigen, wenn wieder über das VSB-Paradigma argumentiert wird. Wir fragen dann, welche Formen der Machtausübung und ihrer institutionellen Regulierung sich in einer wettbewerblichen Evolution von Populationen in der Tendenz durchsetzen würden. Eine übliche Denkfigur in der „Verfassungsökonomik“ ist an dieser Stelle die Referenz auf den sogenannten „**Naturzustand**“, einer Situation des Hobbesschen „Kampfes aller gegen alle“. In einem solchen Zustand wäre prinzipiell jede Appropriation von Handlungsmöglichkeiten zulässig und stößt nur auf die Abwehrmaßnahmen anderer Aktoren; es gibt auch keine Einschränkungen bei der Nutzung der eigenen Handlungsmöglichkeiten gegenüber anderen Aktoren. Das bedeutet, im Naturzustand gibt es keine institutionelle Zuweisung von Handlungsrechten zur Regelung von Konflikten. Die Aktoren können Erwartungssicherheit bezüglich ihrer eigenen Handlungsmöglichkeiten nur erreichen, indem sie Abwehrmaßnahmen gegenüber potentiellen Auswirkungen der Handlungen anderer ergreifen. Diese Abwehrmaßnahmen verringern aber die eigenen Handlungsmöglichkeiten in beträchtlichem Masse. ***Lesehinweis 13***

Naturzustand: Ein einigermassen realistisches Beispiel für den theoretischen Naturzustand ist das internationale Staatensystem, wie schon im zweiten Kapitel gestriffen. Was bedeutet hier der Begriff der „Sicherheitspolitik“?

Der analytische Rahmen für diese Situation ist das sogenannte **„Falke-Tauben-Spiel“**, das eine ähnlich zentrale Rolle in der Evolutionären Spieltheorie einnimmt wie das Gefangenendilemma in der entscheidungstheoretischen Analyse von Spielen. Es besitzt folgende Struktur.

Wir betrachten das „Falke-Tauben-Spiel" später nochmals genauer, was das mathematische Lösungsverfahren angeht, Kap. V, 3.

Nehmen wir an, zwei Individuen treffen auf eine für beide wertvolle Ressource, deren Rechte ungeklärt sind. Die Individuen können „Falke“ spielen und einen Kampf androhen, oder sie spielen „Taube“, d.h. sie wenden zwar Kosten für eine Drohung auf, ziehen sich aber bei ernsten Kämpfen zurück. Die Strategie wird im Moment des Aufeinandertreffens festgelegt. Wird tatsächlich gekämpft, erhält der

> **Falken und Tauben:**
> Was ergibt sich aus dem Spiel, wenn zwei Tauben sich die Ressource friedlich teilen? Welches andere Spiel verbirgt sich hinter dieser Regelung der Teilung?

Gewinner die Ressource abzüglich der Kosten, und der Verlierer trägt nur die Kosten des Kampfes. Spielen beide Taube, erhält einer die Ressource, und der Verlierer trägt die Kosten der Drohung. Der Ausgang des Kampfes wird durch die tatsächlichen Fähigkeiten der beiden Individuen bestimmt. In der Abbildung werden dieses Mal nur die Auszahlungen für den Angreifer gezeigt. Es wird unterstellt, daß bei einem Falke/Falke Konflikt eine 50%ige Gewinnwahrscheinlichkeit besteht, sowie daß dieser Gewinn 50 ist, aber die Verluste des Verlierers 100 sind. Treffen zwei Tauben aufeinander, so gewinnen sie ebenfalls mit 50%iger Wahrscheinlichkeit, und beide Seiten tragen immer die Kosten des Drohverhaltens.

Dieses Spiel besitzt eine evolutionäre Lösung, wenn angenommen wird, daß es in einer Sequenz von Situationen auftritt, und daß die Auszahlungen die relativen Häufigkeiten der Strategien in der Population bestimmen. Weder eine Population aus reinen Tauben noch aus reinen Falken ist evolutionär stabil. Denn wenn nur Falken vorhanden sind, werden die Kosten der dauernden Kämpfe sehr hoch sein. Wenn nur Tauben existieren, werden sich Falken rasch durchsetzen, die in die Population eindringen. Eine evolutionär stabile Lösung besteht entweder in einer Mischung beider Typen in der Population oder in der Verfolgung gemischter Strategien. Daraus schliessen wir, daß Machtausübung immer ein definierendes Merkmal des Naturzustandes sein muß.

Abbildung 34: Das Falke-Tauben-Spiel

Angreifer / Verteidiger	Falke	Taube
Falke	-25	+50
Taube	0	+15

Dies ist aber nur der erste Schritt der Analyse. Der zweite besteht darin, das Verhalten der Individuen als flexibel anzunehmen und eine Entscheidung zu unterstellen, entweder Falke oder Taube zu spielen. Auch diese Flexibilität läßt sich entscheidungstheoretisch oder evolutionär modellieren. Im letzten Fall wird angenommen, daß es feste Regeln gibt, die wechselseitigen Erwartungen bezüglich der Kampfkraft der Individuen mit bestimmten Strategiekonsequenzen verbinden. Dann gibt es also die Möglichkeit, in „Bluffs" zu investieren. Wir haben diese Strategie bereits im zweiten Kapital im Zusammenhang der sexuellen Selektion kennengelernt. Wer in der Lage ist, einen Falken zu simulieren, wird Vorteile gegenüber Tauben einstreichen, auch wenn er selbst kein Falke ist. Bluffs haben den Vorteil, im Endeffekt Ressourcen einzusparen, weil die Zahl der Kämpfe verringert wird. Das Ergebnis ist jedoch ein beträchtlicher Ressourceneinsatz für die reine Signalisierung von Kampffähigkeit (in der Tierwelt zum Beispiel übergroße Geweihe oder prächtige Federbäusche).

Bluffs:
Wenden Sie das folgende Argument auf die Entwicklung kognitiver Fähigkeiten an, die Akteuren haben müssten, um sich in einem Falke-Tauben-Spiel mit Bluffs richtig entscheiden zu können!

Daraus ergibt sich, daß Hobbessche Naturzustände mit einem hohen Niveau an Ressourceneinsatz für die reine Erzielung von Sicherheit der gegenseitigen Verhaltenserwartungen verbunden sein werden. Es ist andererseits klar, daß dem Grenzen gesetzt sind, also Kämpfe nicht völlig vermieden werden können. Denn entscheidungstheoretisch wie auch rational gilt natürlich, daß sich im Gegenzuge Fähigkeiten ausbilden werden, Bluffs zu durchschauen und dennoch Kämpfe einzugehen, wenn die eigenen Kräfte

Bluffs und Erwartungen: Was geschieht mit der Struktur des Falke-Tauben-Spiels, wenn die beiden Seiten unterschiedliche Erwartungen hinsichtlich der Wahrscheinlichkeiten ihres Sieges haben? Welche Konsequenzen haben unterschiedliche Annahmen darüber, ob die Seiten jeweils wissen, welche Wahrscheinlichkeiten der Gegenüber unterstellt?

größer sind als diejenigen des „bluffenden" Gegenübers. Daraus entsteht eine potentiell unendliche, selbstbezügliche Interaktionskette, deren implizite Grenze darin besteht, daß die normalen organismischen Funktionen aufrechterhalten bleiben müssen (das grosse Geweih darf nicht letztendlich die Bewegungsfähigkeit behindern).

Das Falke-Tauben-Spiel zeigt unmittelbar auf, daß Macht mit Ressourcenverschwendung in dem Sinne einhergeht, daß sie außer der Erzeugung von Dominanz-Beziehungen zwischen den Aktoren keine zusätzlichen Vorteile zu erzeugen scheint. Innerhalb eines entscheidungstheoretischen Paradigmas wäre die Alternative die konzertierte Abrüstung durch Absprache, was wiederum in das Gleichgewicht des Gefangenendilemmas hineinführt, das wir im zweiten Kapitel betrachtet hatten. Es besteht also keine Ausweichmöglichkeit. Alle Aktoren erfahren eine Verringerung ihrer Handlungsmöglichkeiten aufgrund ihrer Präventivmaßnahmen, die außer der gestiegenen Erwartungssicherheit keinen anderen produktiven Beitrag leisten. Ein System, in dem durch Zuweisung von Rechten dieser Ressourceneinsatz nicht notwendig ist, wird also im Gruppenwettbewerb leistungsfähiger sein. Das bedeutet aber, daß die externen Effekte, die innerhalb einer Gruppe Macht konstituieren, im Gruppenwettbewerb selbst eine Funktionalität aufweisen müssen, also Anpassungsleistungen erbringen, die prinzipiell allen Mitgliedern der Gruppe zugute kommen. Dies ist dann der Fall, wenn durch Macht auch positive externe Effekte auftreten.

Positionswettbewerb und Emergenz von Handlungsrechten. Verdeutlichen wir diesen Punkt wieder mit dem Vergleich zwischen Mafia und Innovator. Die Aufrüstung der Mafia führt zur Zerstörung von Kapital, ohne an dessen Stelle neues Kapital zu setzen; Abwehrmassnahmen erzeugen zwar Erwartungssicherheit, vermindern aber die Handlungsmöglichkeiten aller Betroffenen. Das Zahlen von Schutzgeldern ist eine reine Umverteilung ohne freiwillige Basis. Der Innovator hingegen zerstört zwar auch Kapital, generiert aber an dessen Stelle neues Kapital, erweitert also insgesamt die Handlungsmöglichkeiten innerhalb der Population. Das heisst, Innovationen erzeugen neben negativen pekuniären Externalitäten auch positive externe Effekte innerhalb der Population.

Anders gesagt: Systeme, in denen pekuniäre externe Effekte untersagt wären, würden keine Innovationen mehr aufweisen und daher im Wettbewerb mit innovativen Systemen unterliegen. Systeme, in denen die Mafia unterdrückt ist, weisen einen geringeren Grad an Kapitalvernichtung auf, und sind daher anderen Systemen mit Mafia überlegen. Für beides gibt es empirische Beispiele: Der erste Fall ist der Niedergang der osteuropäischen Planwirtschaften, der zweite der dauerhafte Rückstand Süditaliens gegenüber Norditalien.

Negative und positive Externalitäten: Jemand baut eine neue Strasse, die ein Geschäftsviertel in einer Stadt erheblich benachteiligt, weil die Kunden leichteren Zugang zu einem konkurrierenden Standort erhalten. Wie wäre dieser Fall zu analysieren?

Zur weiteren theoretischen Klärung müssen wir also zwischen zwei Ebenen des Wettbewerbs unterscheiden. Innerhalb eines Wirtschaftssystems ist es möglich, daß durch die Ausübung von Handlungsrechten der Aktoren Macht entsteht. Ein Innovator hat zum Beispiel Macht, weil er pekuniäre Externalitäten ausübt und weil er zumindestens zeitweise eine monopolistische Stellung auf dem Markt für sein Produkt einnimmt. In diesem Fall können wir Macht als eine emergente Eigenschaft seiner Handlungen auffassen, die als solche ein nicht-intentionales Ergebnis ist: Macht entsteht, auch wenn der Innovator ausschliesslich das Ziel verfolgt, neue Handlungsmöglichkeiten zu schaffen, also die Rechte anderer unberührt lassen möchte. Anders liegen die Dinge, wenn die Erlangung von Macht selbst intentionales Ziel der Handlungen von Aktoren ist:

> *Da Macht relational begriffen wird, ist der Wettbewerb um Macht immer ein* **Positionswettbewerb**, *der sich prinzipiell vom* **Leistungswettbewerb** *unterscheidet; diese Unterscheidung entspricht exakt der Darwinschen Unterscheidung zwischen* **sexueller und natürlicher Auslese**. *Positionswettbewerb findet auf einer nicht erweiterbaren Rangskala*

Nord und Süd: Der dauerhaften Entwicklungsrückstand Süditaliens wird unter anderem mit der institutionellen Schwäche und mangelnden Sicherheit in Vebindung gebracht: **http://europa.eu.int/comm/regional_policy/country/prordn/details.cfm?gv_OBJ=ALL&gv_PAY=IT&gv_reg=ALL&gv_THE=ALL&gv_PGM=1999IT161PO004&LAN=3** **http://www.heldrich.rutgers.edu/documents/Putnam-MB.htm**

statt, und das Niveau des Ressourceneinsatzes ist unerheblich für die Besetzung von Positionen, sondern nur die Differenz zu anderen Konkurrenten. Wettbewerb um Macht hat also die Struktur von **Differenzenspielen***. Das aber bedeutet, daß im Falle, daß die nötigen Investititionen nur schwer anderen Verwendungen zugeführt werden können, diese für den Verlierer immer abzuschreiben sind. Machtwettbewerb ist daher immer mit hoher Ressourcenverschwendung verbunden.* ***Lesehinweis 14***

Strategie des Bourgeois: Spielende Kinder entwickeln eine Fülle von impliziten Besitzansprüchen und tragen häufig Konflikte über den Besitz von Gegenständen aus. Welche Signale werden in solche Situationen eingesetzt?

Diese Schlussfolgerung ergab sich aus der Analyse des Falke-Tauben-Spiels, das wir also als allgemeines Grundmuster von Positionswettbewerb auffassen können. In der evolutionsbiologischen Analyse des Falke-Taubenspiels ist nun eine weitere Lösung vorgeschlagen worden, die exakt unserem Begriff der Handlungsrechte entspricht. Bei der sogenannten „**Strategie des Bourgeois**" wird das Verhalten von Falke oder Taube dahingehend konditioniert, daß es Besitzregeln gibt, die beiderseitig Anerkennung finden. Das heisst, wer zuerst an der strittigen Ressource eintrifft, erhält ein implizites Besitzrecht und verteidigt dies als Falke. Neuankömmlinge handeln dann als Tauben, wenn sie selbst aber eine andere Ressource zuerst ersitzen, werden sie Falken.

Wir sehen dies sofort in Abbildung 35, die Abbildung 34 nur erweitert. Unterstellt wird, daß der Bourgeois in jeweils in der Hälfte der Fälle Besitzer ist, wenn er auf Falken oder Tauben trifft. Daher ergeben sich seine Auszahlungen einfach als die Durchschnitte der ursprünglichen Auszahlungen des Falke-Tauben-Spiels. Wenn zwei Bourgeois aufeinandertreffen, dann sind sie ebenfalls in der Hälfte der Fälle Besitzer.

Abbildung 35: Strategie des Bourgeois

Angreifer / Verteidiger	Falke	Taube	Bourgeois
Falke	-25	+50	+12,5
Taube	0	+15	+7,5
Bourgeois	-12,5	+32,5	+25

Handlungsrechte entstehen als evolutionär stabile Strategie in einem Falke-Tauben-Spiel, lassen sich also selbst im Rahmen des VSB-Paradigmas erklären. In einem Wettbewerb zwischen Gruppen mit einer reinen Falke/Tauben-Mischung und einer anderen, die eine Bourgeois-Modifikation aufweist, wird sich also letztere immer durchsetzen. Dies wird auch begleitet sein von der Entwicklung kognitiver Fähigkeiten, Besitzansprüche zu erkennen.

Insofern kann argumentiert werden, daß Macht im Gruppenwettbewerb durch Prozesse institutioneller Evolution in bestimmter Weise reguliert und damit auch institutionalisiert wird, um den Ressourcenverbrauch von Positionswettbewerb zu reduzieren. Diese Institutionalisierung schlägt sich in einer bestimmten Verteilung von Rechten nieder, die nicht selbst Gegenstand von Konflikten mehr sind, also per se Anerkennung finden. Die wichtigsten dieser Rechte sind in Wirtschaftssystemen konkret die Eigentumsrechte, und zwar ganz gleich, auf welche Art von Kapital sie bezogen sind. Werden Eigentumsrechte in den Naturzustand eingeführt, wird der Ressourcenaufwand für den Machtwettbewerb erheblich reduziert, und die Aneignung von Eigentumsrechten anderer setzt voraus, daß im

Evolution von Eigentum:
Es gibt bestimmte naturrechtliche Auffassungen, wann aus Besitz Eigentum entsteht. Welche Regeln sehen Sie selbst als plausibel an? Stellen Sie sich eine Situation vor, in der Siedler ein neues Land erschliessen, und es noch keine Regierung gibt, bei der sie ihre Eigentumsrechte sofort formalisieren können.

Tausch ein Vorteil auch für den Abgebenden erzielt wird. Für den Tausch gilt die Vermutung des Machtgleichgewichtes, es sei denn, dieser selbst findet in vermachteten Situationen statt.

Damit ist prinzipiell geklärt, warum Macht institutionell gebunden ist, nicht aber, warum sie funktional sein kann. Handlungsrechte unterbinden negative Auswirkungen des Machtwettbewerbs, aber nicht die originären negativen Externalitäten: Der Bourgeois als Falke schädigt die verdurstende Taube immer noch, wenn er das einzige Wasserloch in der Umgebung okkupiert und nicht teilt. Deswegen muß genauer gefragt werden, welche Konsequenzen eigentlich die Handlungen von Aktoren haben, die Positionen der Macht erlangen.

Positive externe Effekte von Macht. Mächtige Aktoren können ihre Macht zur Verfolgung beliebiger Ziele einsetzen. Es stellt sich also die Frage nach der **Funktionalität von Macht** und somit nach ihrer konkreten Rolle als Struktur, die Elemente als Form von Wissen umfasst und miteinander in konfigurative Beziehungen setzt. Dazu erinnern wir uns daran, daß die Durchsetzung formaler Institutionen immer verlangt, daß es einen Aktor gibt, der die Kosten der Durchsetzung tragen kann, ohne selbst Nachteile zu erleiden. Denn im konkreten Fall ist eine Sanktion auch eine Transaktion zwischen zwei Aktoren. Das heisst, es ist denkbar, daß die Sanktion nicht im Interesse des eigentlich zur Sanktion beauftragten Aktors liegt und somit nicht erfolgt. Derartige Aktoren sind also in der Regel durch formale Institutionen mit Macht ausgestattet, die ihnen eine Sanktion ohne Befürchtung einer Gegensanktion erlaubt. Es wird also deutlich, daß die Funktionsweise von Institutionen in wesentlicher Weise Macht voraussetzt, um Sanktionen anreizkompatibel werden zu lassen.

Nutzen von Führung:
Wir hatten im zweiten Kapitel schon die Emergenz von Führung betrachtet. Führung entsteht regelmässig in den meisten menschlichen Gruppen. Was ist der Nutzen der Führung für Führer und Geführte?

Die grundlegende Überlegung ergibt sich wieder aus der evolutorischen Analyse des Gruppenwettbewerbs. Offensichtlich sind Machtdifferentiale innerhalb von Gruppen ganz unterschiedlich zu bewerten, je nachdem ob sie positive oder negative Auswirkungen auf die gesamten Handlungsmöglichkeiten der Gruppe haben. Wenn durch die Anwendung von Macht bestimmte Koordinationsdefizite in der Gruppe behoben werden, die eine Erzeugung öffentlicher Güter verhindern, so ist Macht evolutorisch funktional, auch wenn sie zur Begünstigung des Mächtigen führt. Ist sie hingegen ausschliesslich von redistributiver Wirkung innerhalb der Gruppe, dürfte sie evolutorisch in jedem Fall hinter der ersten Form zurückfallen. Der Naturzustand gibt hier schon den einfachsten und klaren Hinweis: Wenn eine Gruppe durch Zusammenschluss unter der Führung eines Mächtigen Skalenerträge bei ihren Abwehrmassnahmen erzielen kann, dann kann es sein, daß für die Gruppenmitglieder die Kosten der Unterordnung mehr als ausgeglichen werden. Wir können diesen einfachen Zusammenhang in Abbildung 36 zusammenfassen.

Funktionalität von Macht:
Eine anthropologisch elementare Funktion von Macht ist die Streitschlichtung. Überlegen Sie, warum und unter welchen Bedingungen der Übergang von einer machtfreien Gruppe von Jägern und Sammlern zu einem hierarchischen Häuptlingstum evolutorisch begünstigt wird! Sehen Sie Zusammenhänge zwischen Umweltbedingungen und Zusammenhalt der Gruppe.

Abbildung 36: Positive externe Effekte von Macht

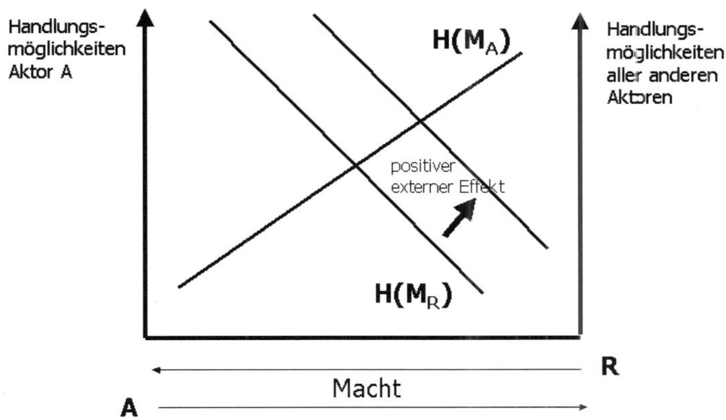

Auf der Basislinie wird vom jeweiligen Ausgangspunkt aus betrachtet die Macht des Aktors *A* M_A und aller anderen Aktoren M_R gemessen. Mit zunehmender Macht steigen auch die Handlungsmöglichkeiten der jeweiligen Aktoren, wobei zunächst ein Nullsummen-Spiel unterstellt wird, d.h. die Zunahme der Macht von *A* ist mit der Abnahme der Macht aller anderen Aktoren verbunden; eine Annahme, die sich aus dem relationalen Charakter der Macht ergibt. Der Schnittpunkt beider Linien ist also eine Art „Gleichgewicht der Macht". Positive externe Effekte der Macht des Aktors *A* bedeuten dann, daß sich die Linie $H(R_A)$ nach oben verschiebt: Für jede Verteilung zwischen Macht des Aktors *A* und seinen Handlungsmöglichkeiten gilt, daß das Niveau der Handlungsmöglichkeiten der anderen Aktoren höher ist als im Ausgangszustand. Wie man sieht, ergeben sich daraus freilich zwei Konsequenzen: Zum einen steigen die Handlungsmöglichkeiten aller Aktoren, gleichzeitig ist aber eine stärkere Konzentration der Macht bei Aktor *A* möglich.

Mafia und Rechtsicherheit: Wenn der Staat das Recht nicht zuverlässig schützt und durchsetzt, dann kann es sein, daß gewinnorientierte Unternehmen die Rechtsdurchsetzung als Dienstleistung anbieten: **http://www.colbud.hu/honesty-trust/volkov/pub02.doc http://www.wm.edu/SO/monitor/fall2000/paper4.htm**

Daraus ergibt sich eine erhebliche Modifikation der obigen These zur Ressourcenverschwendung durch Positionswettbewerb: Diese Verschwendung muß vielmehr unter Umständen als Kosten der Erzeugung eines kollektiven Vorteiles für die Gruppe begriffen werden, so daß letzten Endes der „Netto-Ertrag" zählt. Selbst für die Mafia wird bekanntlich argumentiert, daß sie eine Art von „Rechtssicherheit" erzeugt, wenngleich sicherlich nicht in dem Umfange, der ihre Existenz rechtfertigen würde. Dennoch gilt, daß Positionswettbewerb also ein Generator positiver externer Effekte für die Gruppe sein kann, in der die Positionen definiert sind. Diese Aussage ist unabhängig davon, ob die Aktoren im Positionswettbewerb diese Effekte intentional erzeugen wollen, oder ob es unbeabsichtigte Kuppeloutputs ihrer Aktivitäten sind.

Insofern ergibt sich, daß die Funktionalität von Macht nur im Kontext von Gruppenwettbewerb empirisch festgestellt werden kann: Denn nur im Gruppenwettbewerb werden diese positiven externen Effekte sichtbar. Dann fragt sich aber wiederum, welche Konstellationen den Gruppenwettbewerb als solchen bestimmen. Zum Beispiel erlauben geringer Wettbewerb und geringe Abwanderungsmöglichkeiten von Aktoren eine große Machtkonzentration auch rein redistributiver Natur; Beispiele sind die sogenannten „hydraulischen Despotien" in antiken Flußgesellschaften, die von unwirtlichen Gebieten (Wüsten) umgeben sind. Umgekehrt führt intensiver Wettbewerb zu einer zunehmenden kollektiven Funktionalität der Macht (das Beispiel ist die Staatenkonkurrenz im neuzeitlichen Europa). Insofern ist die Funktionalität von Macht nur als Viabilität bestimmter Strukturen im Kontext von Wettbewerb zwischen Populationen zu verstehen. Ändern sich diese Kontexte, so können Strukturen nicht mehr viabel sein. ***Lesehinweis 15***

Gruppenwettbewerb und Umverteilung von Macht: Versuchen Sie, die Demokratisierung und Liberalisierung der europäischen Gesellschaften seit dem Mittelalter durch Gruppenwettbewerb zu erklären!

Wir sehen, daß diese Argumentation auf eine hierarchische Anwendung des VSB-Paradigmas hinausläuft: Innerhalb von Populationen gibt es Positionswettbewerb um Macht, und zwischen Populationen gibt es ebenfalls Wettbewerb, sei es in der Leistungs-, sei es auf der Positionsdimension. Dieser Wettbewerb führt zu einer Bewertung der Ergebnisse des ersten Wettbewerbs im Sinne der Viabilität der Strukturen, die den gruppeninternen Positionswettbewerb bestimmen, also etwa formale und informale Institutionen (politisches System und politische Kultur).

c. Macht in Strukturen von Netzwerken

Handlungsfähigkeit durch Sozialkapital. Die bisherige Diskussion hat zwar prinzipiell das Phänomen der Macht in einen evolutorischen Kontext gestellt. Dabei ist aber weiterhin unklar, worin die Macht von Aktoren eigentlich besteht, bzw. welche Rolle Strukturen in Netzwerken für die Entstehung von Macht spielen. Auch für den Ausgang von Positionswettbewerb ist Macht bereits ausschlaggebend, d.h. Positionswettbewerb setzt Macht auch schon voraus. Gruppenwettbewerb andererseits findet ebenfalls in bestimmten Kontexten statt. Insofern gelten für Gruppen die Aussagen analog, die für Aktoren getroffen werden: Gruppen als derivative Aktoren stehen in ähnlichen Netzwerken, wie die Aktoren. Wenn wir also den Gruppenwettbewerb

Positionswettbewerb und Macht:
Ligen im Mannschaftssport sind ein typischer Fall von organisiertem Positionswettbewerb. Warum werden unterschiedliche Klassen gebildet? Was hat dies mit der Leistung zu tun, und zwar im Unterschied zwischen erlangter Position und Ergebnis im Sinne etwa von Zuschauervergnügen?

als entscheidende Determinante von Funktionalität der Macht betrachten, ist damit keine abschliessende Klärung erreicht, weil der Gruppenwettbewerb selbst in Netzwerken stattfindet, die Gruppen und Aktoren aufweisen, und deren Struktur das Ergebnis des Wettbewerbs bestimmen.

Es wurde oben gezeigt, daß Macht als Zustand beschrieben werden kann, indem geprüft wird, in welcher Form die Kapitalausstattung eines Aktor es diesem ermöglicht, die Handlungen anderer Aktoren im eigenen Interesse zu beeinflussen. Dies hängt aber rekursiv von der Struktur der Netzwerke ab, in denen die Transaktionen der Aktoren verlaufen, und von den Interessen der anderen Aktoren an den Handlungsmöglichkeiten des mächtigen Aktors. Diese Perspektive entspricht exakt der wettbewerbstheoretischen Sichtweise in der Wirtschaftswissenschaft, die Marktmacht primär als Ergebnis von Marktstrukturen betrachtet, und nicht als intrinsische Eigenschaft etwa der Größe von Unternehmen als solcher. In dieser Sicht ist Macht ein Reflex der reduzierten Handlungsmöglichkeiten anderer Aktoren im Netzwerk, die zugunsten der Interessen des mächtigen Aktors wirken. Der einfachste Fall ist wieder der Monopolist, bei dem die Nachfrager keine Ausweichmöglichkeit besitzen – wobei nicht die faktische Realisation von Alternativen, sondern nur das Potential als solches ausschlaggebend ist.

Dieser grundsätzliche Punkt läßt sich in der Terminologie des zweiten Kapitels so formulieren:

Subjektive Dimension von Macht:
Analysieren Sie nochmals die Rolle subjektiver Faktoren im Falke-Tauben-Spiel!

> *Macht ist eine emergente Eigenschaft von Netzwerken in den drei Aspekten von* **Transaktion, Kommunikation und Wahrnehmung**. *Daraus ergibt sich sofort, daß Macht immer auch eine subjektive Dimension auf beiden Seiten der Transaktion besitzt. Das heisst, nicht die Struktur von Netzwerken aus der Sicht eines aussenstehenden, alles überblickenden Beobachters ist entscheidend, sondern diese Struktur wirkt nur als wahrgenommene und kommunizierte auf die Transaktio-*

nen von Aktoren ein, die wiederum bestimmte Strukturen von Netzwerken generieren.

Betrachten wir hierfür das einfache Beispiel eines Händlers, der die Handlungsmöglichkeit nutzt, bei einem Naturvolk Glasperlen gegen Gold zu tauschen. Die Transaktion selbst weist zunächst die Konfiguration eines Monopols auf, weil das Angebot des Händlers alleine steht. Seine tatsächliche Preisforderung wird jedoch dadurch bestimmt sein, was er über Wahrnehmung und Kommunikationsmöglichkeiten der anderen Seite weiß. Ist dem Naturvolk bekannt, daß es andere Möglichkeiten des Tausches geben kann, und sind sie über den Wert des Goldes für den Händler informiert, wird der Tausch zu ganz anderen Konditionen erfolgen. Das heisst, die der Transaktion inhärente Macht wird durch die Wahrnehmungsfelder und Kommunikationsnetze aller Beteiligten bestimmt. Ein beschränktes Wahrnehmungsfeld/Kommunikationsnetz ermöglicht dem Händler erst die Ausübung von Monopolmacht.

Machtloser Käufer:
Das skizzierte Szenario muß uns nicht nur in den Urwald führen. Ähnliche Situationen bestehen bei vielen komplexeren Gütern, bei den die Käufer sehr schlecht über den Markt informiert sind. Haben Sie entsprechende Erfahrungen?

Wir wollen dies anhand der Abbildung 36 illustrieren, die für die strukturell gleiche Transaktion dennoch drei völlig unterschiedliche Machtrelationen impliziert.

Die Transaktionen *AB*, *CD* und *EF* sind jeweils monopolistisch mit den Monopolisten *A*, *C* und *F*. In Abbildung 36a treffen wir auf die oben beschriebene Situation des perlentauschenden Händlers. Die Wahrnehmungsfelder sind asymmetrisch und *B* kommuniziert nur mit *A*, der seinerseits durchaus potentielle Konkurrenten kennt. Dennoch ist das Ergebnis der Transaktion von *A* kontrolliert, der also eine Position der Macht einnimmt; *B* kennt die potentielle Konkurrenz gar nicht. In Abbildung 36b sieht diese Sachlage anders aus, weil *D* nicht nur die Position von *C* wahrnimmt (das Wahrnehmungsfeld ist symmetrisch), sondern auch mit dessen potentiellen Konkurrenten kommunizieren kann. *C* wiederum nimmt dies wahr und passt seine Handlungen entsprechend an. Seine Macht ist erheblich geringer als diejenige von *A* in derselben Konfiguration von

Netzwerkstrukturen und Macht:
Suchen Sie Beispiele aus Ihrem Umfeld für die nebenstehend beschriebenen Strukturen!

Transaktion (was in der ökonomischen Wettbewerbsanalyse der „potentiellen Konkurrenz" entspricht). In Abbildung 36c schliesslich tritt *G* als Dritter auf, der annahmegemäß ein besonderes Vertrauen von *E* und *F* genießt, d.h. *F* will seine Reputation bei *G* nicht schädigen. *G* kann eine Ausnutzung von Macht an *H* kommunizieren, der ebenfalls mit *F* Transaktionen durchführt. Es ist also im Interesse von *F*, seine Reputation bei *G* zu wahren, indem er seine Position gegenüber *E* nicht ausnutzt. Seine Macht ist also durch Selbstbindung eingeschränkt. Dieser letzte Fall zeigt also bereits, wie eine größere Komplexität der Konfiguration in Netzwerken Ansätze zur Emergenz von Institutionen bietet, in diesem Fall informaler Institutionen der Beschränkung bestimmter Handlungsmöglichkeiten des Monopolisten.

Abbildung 37: Macht, Wahrnehmung, Kommunikation

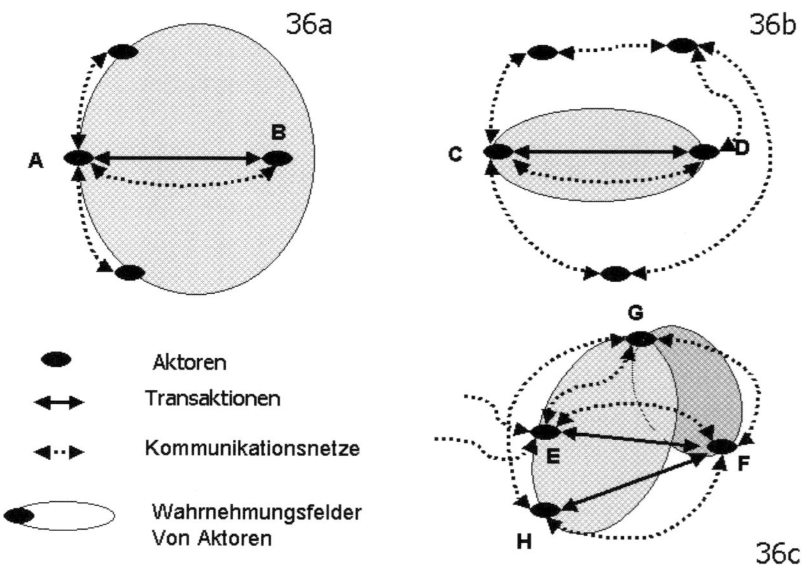

In der ökonomischen Literatur wird der Zusammenhang zwischen den Möglichkeiten von Aktoren, Transaktionen zu kontrollieren, und den Strukturen von Netzwerken als „**Sozialkapital**" bezeichnet. *Lesehinweis 16* Mit Hilfe dieses Konzeptes können die strukturellen Aspekte von Netzwerken näher bestimmt werden, insofern sie die Handlungsmöglichkeiten von Aktoren prägen, und können wir das Konzept der Macht inhaltlich weiter konkretisieren.

Entdeckung des Sozialkapitals:
Das Konzept des Sozialkapitals ist Kernbestandteil einer neuen entwicklungspolitischen Doktrin:
http://www.worldbank.org/poverty/scapital/index.htm

Hierzu greifen wir das Konzept der **externen Effekte von Transaktionen** auf, das bereits im zweiten Kapitel vorgestellt worden ist. In unserem früheren Beispiel (Abbildung 8) konnte Aktor *A* Sozialkapital bilden, da die Beobachtung seiner Transaktion mit Aktor *B* andere Aktoren dazu veranlasste, mit ihm weitere Transaktionen durchzuführen. Das Sozialkapital entsteht also durch den externen Effekt der Transaktion und erhält Bestandscharakter durch die Stabilität der Konfiguration in der Zeit. Wesentlich ist nun, daß diese Beziehung transitiv ist: Denn Aktor *A* hat zwar einen Vorteil durch die zunehmende Reputation, doch gilt dies auch für die anderen Aktoren, die ihre Transaktionskosten verringern können. Umgekehrt hatten wir bereits darauf hingewiesen, daß Aktor *A* in gewisser Weise auch eine Einschränkung seiner Handlungsfreiheit erfährt, denn er wird zunehmend an die eigene Reputation gebunden. Dies ist ein häufigkeitsabhängiger Effekt, denn gerade mit wachsender Häufigkeit der Transaktionen steigt auch die Selbstbindung des Aktors, der natürlich wahrnimmt, daß auch die gegenseitige Beobachtbarkeit der mit ihm transagierenden Aktoren immer mehr zunimmt, womit auch die möglichen kumulativen Sanktionen durch Reputationsverlust schwerer wiegen. Ein ähnliches Beispiel findet wir oben in Abbildung 36c, wo durch die Rolle von *G* das Sozialkapital aller anderen Aktoren hoch ist: Die Konfiguration selbst ist in diesem Fall Träger des transaktionsermöglichenden Wissens. Umgekehrt ist das Sozialkapital von Aktor *E* in Abbildung 36a sehr niedrig.

Der Mechanismus entspricht der hyperzyklischen Emergenz von Institutionen, weshalb viele Ökonomen Institutionen aller Art zum Sozialkapital rechnen; Kap. IV, 2.

„Bowling alone":
Der Verlust gegenseitiger Bindungen wird von manchen Kritikern als Ursache des zunehmenden Verfalls der Ordnungsbedingungen von Wirtschaft und Gesellschaft betrachtet:
http://muse.jhu.edu/demo/journal_of_democracy/v006/putnam.html
http://www.leibi.de/takaoe/87_09.htm

Genau diese wechselseitige Bindung der Aktoren nennen wir „Sozialkapital", das damit von der einfachen Reputation nochmals zu unterscheiden ist. Die Aktoren sind im Ergebnis auch nicht mit unterschiedlichem Sozialkapital ausgestattet: Es ist vielmehr eine emergente Eigenschaft des Netzwerke, d.h. eine Eigenschaft der Population, und erst als solche gemeinsame auch Eigenschaft aller Aktoren. Sozialkapital ist damit nichts anderes als die **hyperzyklisch emergierten Transaktionsmöglichkeiten der Aktoren in einem Netzwerk**. *Dies ist aber nur die hinreichende Bedingung: Notwendig ist außerdem, das die Aktoren wissen, daß diese Handlungsmöglichkeiten bestehen. Dieses Wissen haben wir bereits als* **Vertrauen** *bezeichnet. Sozialkapital ist daher eine bestimmte Form von Wissen, das in Netzwerken gespeichert ist. Es ist primär nicht-referentielles Wissen, das aber je nach Wahrnehmung durch die Aktoren in referentielles transformiert sein kann. Letzteres ist notwendige Voraussetzung für die Nutzung von Sozialkapital durch die Aktoren. Die sich ergebenden Handlungsrechte werden ausserdem durch die Konventionen und Institutionen in Netzwerken bestimmt.*

Gemeinhin werden nun unterschiedliche Formen der Kontrolle von Transaktionen unterschieden, die aus Konfigurationen von Netzwerken entstehen. Diese Formen verweisen in unterschiedlicher Weise auf eine mögliche Institutionalisierung von Sozialkapital.

Beziehungen:
Stellen Sie sich vor, Sie haben eine gute persönliche Beziehung zu einer sehr einflussreichen Person. Was bestimmt Ihre Möglichkeiten, diese Beziehung für Ihre persönlichen Ziele zu nutzen?

Kollektives versus approprierbares Sozialkapital. In der Literatur zum Sozialkapital gibt es unterschiedliche Interpretationen des Begriffs, die wir hier nicht im Detail betrachten wollen. Wichtig sind aber folgende Differenzierungen:

- Sozialkapital kann einer Gruppe zugeschrieben sein oder einzelnen Individuen (**kollektive versus individuelle Appropriierbarkeit**). Im ersten Fall ist zwar gemeint, daß jedes einzelne Individuum das Sozialkapital nutzen kann, es aber dennoch der Gruppe als solcher zuzuschreiben ist. Diese Interpretation findet häufig Anwendung in der wachstums- und entwicklungspolitischen Analyse, wenn Sozialkapital ganzer Nationen als Wachstumsfaktor betrachtet wird. Die zweite Interpretation wird häufig in der Analyse von Unternehmertum verwendet.

Die Analyse der Genese von Institutionen ist hier direkt relevant, die in Kap. IV, 2 entwickelt wurde.

- Sozialkapital kann **formal institutionalisiert** sein oder nicht. In der Regel wird es zwar als informale Institution gesehen, aber häufig werden beispielsweise auch rechtlich-politische Aspekte einbezogen, wie etwa die Funktionsfähigkeit demokratischer Institutionen.
- Sozialkapital ist ein **objektiver sozialer Fakt** oder eine **kognitive Kategorie**. Im letzten Fall wird stark das individuelle Vertrauen in Institutionen und andere soziale Regelmäßigkeiten betont, im ersten eher die Strukturen von Konventionen und Institutionen.

Kollektives Sozialkapital: Finden Sie aktuelle Beispiele für die Selbstbindung von Aktoren durch Reputation in Gruppen. Es gibt gesellschaftlich wünschenswerte (z.B. Vertrauen in Geschäftszirkeln) wie unerwünschte („Filz" in der Politik) Formen.

Wir wollen hier eine prinzipielle Unterscheidung treffen, die an der Struktur der Netzwerke ansetzt, und die alle erwähnten Unterscheidungen aufnehmen kann. Sozialkapital entsteht zum einen durch die **Schliessung von Netzwerken**, d.h. durch eine indirekte, zyklische Verkettung von Transaktionen. Schliessungen müssen nicht „objektiv" gegeben sein, sondern es ist hinreichend, daß die Aktoren eine solche Schliessung wahrnehmen, d.h. der Begriff der Schliessung ist relativ zu den wahrgenommenen Grenzen in Netzwerken. Das klassische Beispiel hierfür sind ethnische Händler-Netzwerke, in denen weitläufig Informationen über die Vertrauenswürdigkeit von Aktoren fliessen. Jeder Aktor besitzt also indirekte Sanktionsmöglichkeiten bei abweichendem Verhalten aller anderer Aktoren des Netzwerkes. Daraus ergibt sich im Vergleich zu Aktoren ausserhalb des Netzwerkes eine besondere Fähigkeit, Transaktionen mit hoher Unsicherheit durchführen zu können. Hier ist klar, daß das Sozialkapital dem Netzwerk als solchem innewohnt, d.h. es gibt keine Vorsprünge einzelner Aktoren gegenüber anderen Aktoren. Allerdings kann dies für die Gruppe insgesamt gegenüber anderen Gruppen konstatiert werden. Sozialkapital ist daher empirisch ein wesentliches Element von Gruppenkonkurrenz, und kollektives Sozialkapital kann also auch als Machtdifferenz zwischen der Gruppe und anderen Gruppen aufgefasst werden. Diese Macht ist bezogen auf die Gruppenmitglieder ein öffentliches Gut, d.h. ist intern nicht-rival, aber nach außen ausschliesslich. Solche Güter werden in der ökonomischen Literatur genauer als „**Clubgüter**" bezeichnet.

Strukturelle Löcher: Skizzieren Sie Netzwerke mit strukturellen Löchern. Aktoren müssen dann zum Beispiel sonst unverbundenen Segmente von Netzwerken überbrücken können. Welche Rolle spielt es, ob das strukturelle Loch gemeinsames Wissen der Aktoren ist oder nicht?

In der „social network analysis" gibt es verschiedene Methoden, solche strukturellen Eigenschaften von Netzwerken mit Hilfe mathematischer Eigenschaften zu messen, siehe Kapitel V, 2.

Der Gegenpol zu dieser kollektiven Form von Sozialkapital kann in der Appropriation von Transaktionschancen durch Besetzung „**struktureller Löcher**" in Netzwerken durch einzelne Aktoren gesehen werden. Solche Aktoren zeichnen sich gerade dadurch aus, von den anderen Aktoren verschieden zu sein, und aufgrund idiosynkratischer Eigenschaften bestimmte Netzverknüpfungen herstellen zu können, die für alle anderen unzugänglich sind. Ein solcher Aktor hat also eine Position, die jener eines Monopolisten vergleichbar ist. Ob dies der Fall ist, ergibt sich dementsprechend aus der Gesamtkonstellation des Netzwerkes, d.h. Änderungen dieser Konstellation können auch die Wertigkeit der idiosynkratischen Eigenschaften nachhaltig verändern. Alltagsweltlich wird eine solche Konstellation oft als „Einfluss" bezeichnet. Wir wollen hier eine Form der Macht konstatieren. Daraus ergibt sich, daß Macht in dem Moment auftritt, wo es ein Gefälle zwischen der Kontrollfähigkeit von Aktoren bezüglich der eigenen Handlungen gibt. Aktoren, die strukturelle Löcher ausfüllen können, verfügen über größeres Sozialkapital als andere; solange die anderen durch die Besetzung der Löcher selbst Vorteile erzielen, trägt diese Konfiguration auch zu einer Zunahme des kollektiven Sozialkapitals bei. Dies ist aber nicht mehr der Fall, wenn das individuell appropiierbare Sozialkapital im Positionswettbewerb eingesetzt wird bzw. zur Beschneidung von Handlungsmöglichkeiten anderer.

Der zweite Fall besitzt offenbar eine sehr enge Verwandtschaft mit dem Konzept der Macht. Dennoch ist er nicht deckungsgleich: Dies demonstriert die einfache Überlegung, daß die Beschreibung der Netzwerkkonstellationen nicht unmittelbar als Zustand des Aktors bezeichnet werden werden kann. Eine Zustandsgröße ist nur das Wissen der Aktors über die Strukturen, die ihm bestimmte Transaktionen ermöglichen. Sein Sozialkapital kann sich völlig unabhängig von seinen eigenen Handlungen ändern, und zwar lediglich dadurch, daß durch Handlungen anderer Aktoren Strukturen verändert werden, die für ihn relevant sind: Dies sind also wieder externe Effekte. Diese Aktoren wiederum müssen in keiner Weise über diese Wirkungen ihrer Handlungen informiert sein. Insofern ist Sozialkapital in hohem Maße ein Ergebnis nicht-intentionaler Prozesse.

Mafia und Sozialkapital: Hier läßt sich wieder unser Beispiel der russischen Mafia als Illustration nutzen, denn es ist nicht prima facie klar, ob sie dem Sozialkapital zuzurechnen ist oder nicht: **http://www.colbud.hu/honesty-trust/Publist.htm** **http://www.sad.ch/forum/6/docs/social%20networks%20in%20russian%20politics.pdf**

Bezogen auf Transaktionen, können wir als wesentliche Determinante von Macht also die **Differenz zwischen der transaktionsrelevanten Sozialkapitalausstattung** *der Aktoren definieren, und müssen zwischen den Dimensionen* **der gruppeninternen und gruppenexternen Differenzen** *unterscheiden. Diese Unterscheidung ist gleichbedeutend mit derjenigen zwischen individuell appropriierbarem und kollektivem Sozialkapital. Da wir Aktoren als fundamentale wie auch als derivative verstehen können, läßt sich die Differenzierung zwischen gruppenextern und -intern auch so fassen, daß wir individuell und kollektiv approprierbares Sozialkapital unterscheiden. Das Zusammenwirken beider wird in Prozessen des Gruppenwettbewerbes selektiert.*

Allgemeiner gesagt, ist Macht also die Differenz zwischen den Vermögen von Aktoren, insofern diese Differenz als Wissen der Aktoren reflektiert ist um die Auswirkungen des Vermögens auf die Handlungsmöglichkeiten in Netzwerken. Letztendlich hängen also alle Aspekte von Vermögen qua Kapitalarten mit dem Sozialkapital zusammen, gleichzeitig ist Macht nicht unabhängig vom Wissen, das in Netzwerken enthalten ist.

Kapitalstruktur und Macht. Damit können also wir insgesamt feststellen, daß die Analyse von Macht komplexe Wechselwirkungen innerhalb von Gruppen und zwischen Gruppen zu betrachten hat. Die Natur der Macht innerhalb der Gruppe ist wesentlich gebunden an die Beziehung zwischen positiven und negativen Externalitäten, die durch die Handlungsmöglichkeiten des Mächtigen entstehen. Wie unsere Betrachtung des engen Zusammenhangs zwischen Macht und Wissen um Macht zeigte, erfordert eine genaue Analyse dieses Punktes die Einbeziehung des Begriffs der Ordnung. Bevor wir uns aber dieser Frage zuwenden, soll noch ein spezieller Aspekt diskutiert werden, der bereits auf das Phänomen der Ordnung verweist.

Alltägliche Macht: Gesellschaften unterscheiden sich untereinander und zwischen unterschiedlichen historischen Phasen sehr deutlich dahingehend, wann welche Kapitalaustattungen in bestimmten Kontexten Einfluss verleihen. Betrachten Sie Beispiele. Wann und wo verleiht Geldvermögen Einfluss? Welchen Einfluss besitzt eine reiche, aber eher anonyme Person im Unterschied zu einer reichen, berühmten Person? Wann verschafft welcher Status Einfluss, zum Beispiel Geburtsadel, Bildung, physische Kraft etc.?

Auch für den Einsatz individuell appropriierbaren Sozialkapitals muß noch gefragt werden, welches konkrete Interesse die Aktoren an der Transaktion haben. Hier besteht eine enge Wechselwirkung zwischen Kapitalarten, denn die durch Sozialkapital ermöglichten Transaktionen beruhen wiederum auf der Ausstattung des Aktors mit allen anderen Kapitalarten. Die Macht der Aktoren ist wesentlich von dem relativen Transaktionsinteresse abhängig. Es muss also zwischen den **strukturellen Bedingungen der Machtdifferenzen** und der **Wertigkeit dieser Differenzen** unterschieden werden. Genau in diesem Sinne müssen wir Macht als Struktur begreifen, die über die bloße Beschreibung von Netzwerkkonstellationen hinausgeht.

Wir hatten die Macht von Aktoren auf ihre Ausstattung mit Kapital relativ zu anderen Aktoren bezogen. Dabei ist nach wie vor offen, was eigentlich die Beziehung zwischen den Kapitalarten bestimmt. Grundsätzlich ist Macht immer positiv mit der Kapitalausstattung korreliert. Fraglich ist aber, wie Macht sich als Aggregat konstituiert. Dies ist gleichbedeutend mit der Frage nach der Struktur des Zustandsraumes der Macht. Entscheidend ist insbesondere, ob einzelne Zustände auf andere wirken. Das heisst also beispielsweise, ob Sozialkapital erstens, durch Finanzkapital substituierbar ist, und zweitens, ob Finanzkapital als solches positiv auf das Sozialkapital wirkt. Wir wollen dies als die Grade der **Substituierbarkeit, Komplementarität und Segregierbarkeit von Kapital** definieren. Diese Grade sind festgelegt durch die institutionelle Struktur eines Wirtschaftssystems.

Betrachten wir einen einfachen, bedeutenden Fall, nämlich die Korruption. Korruption besteht im Umtausch von Finanzkapital in Sozialkapital, im Sinne einer Ermöglichung von Transaktionen durch Einsatz von Geld zur Einflussnahme auf die Rahmenbedingungen der Transaktion. Menschliche Gesellschaften unterscheiden sich in der Definition dieses Phänomens, und zwar auf informaler wie auch formaler Ebene. Zum Beispiel kann es völlig akzeptabel sein, die Beziehungen zu einflussreichen Personen durch Geschenke zu pflegen, insofern also Geld in Sozialkapital zu transformieren. Die Grenze zur Korruption ist dann fliessend. Es gibt viele andere vergleichbare Konstellationen, wo die Beziehung zwischen Kapitalarten ihrerseits durch soziale Regelmäßigkeiten bestimmt ist. Beispielsweise ist es in modernen Gesellschaften noch relativ üblich, Heiratsbeziehungen über Sozialkapital zu vermitteln, nicht aber durch Geld (wie Brautpreise etc.).

Korruption: Korruption ist eine der meistgefürchtetesten Kräfte, die gesellschaftlichen Frieden untergraben – andererseits erscheint sie in bestimmten Formen geradezu als „menschliche Schwäche", insbesondere, wenn auch kulturelle Wurzeln vermutet werden.
http://www.taz.de/pt/2002/04/03/a0102.nf/text
http://www.china.org.cn/german/27898.htm
http://www.public-sponsoring.de/Links/Korruption/body_korruption.htm
http://www.transparency.org/

Andere Formen des Kapitals sind wiederum relativ leicht gegeneinander substituierbar, wie etwa Finanzkapital in Realkapital. In der modernen ökologischen Diskussion wird wiederum gefordert, die Substitution von Finanz- und Naturkapital stark einzuschränken, um die ökologischen Ressourcen zu schützen. Wir sehen also, daß die Problematik in keiner Weise durch Modernisierung oder andere gesellschaftliche Prozesse in ihrer Bedeutung eingeschränkt wird.

Die Substituierbarkeit von Kapitalarten wird schliesslich starkt durch die Komplexität der Machtstrukturen bestimmt. Wenn wir zwischen Leistungs- und Positionswettbewerb unterscheiden, und Macht auf die Ergebnisse des letzteren beziehen, dann ergibt sich, daß letztlich die Dichte und Differenzierung der Positionen als solcher auch die Intensität und die Ergebnisse des Positionswettbewerbes bestimmt. Hier lassen sich interessanterweise direkte Entsprechungen zwischen dem Marktwettbewerb und dem allgemeinen Poitionswettbewerb in menschlichen Gruppen herstellen: Im Marktwettbewerb ist ein Markt desto dichter durch Wettbewerber besetzbar, und lassen sich desto differenziertere monopolistische Strukturen aufbauen, die dennoch nicht den Wettbewerb behindern, je differenzierter die Produkte sind, und je mehr Nischen also der Markt für verschiedene Wettbewerber bietet. Das heisst, im Markt führt alleine das Komplexitätswachstum der Zustandsräume der Produkte dazu, daß Machtpositionen durch leichtere Substituierbarkeit (aufgrund der größeren Nähe der Varianten) einerseits vervielfältigt, andererseits aber auch relativiert werden. Diese Aussage gilt aber für alle Transaktionen und Beziehungen in Netzwerken: Komplexitätswachstum und Zunahme der Varietät erhöhen die Substituierbarkeit zwischen Kapitalarten, die jeweils –analog zu den komplexeren Zustandsräumen der Produkte – differenziertere Eigenschaften aufweisen. *Lesehinweis 17*

Mehr „Champions":
Spielen Sie einmal das nebenstehende Argument mit dem Sport durch!

Daher wollen wir das Fazit ziehen, daß die letztendliche Bestimmung von Macht nur unter Bezug auf konkrete Wirtschaftssysteme geschehen kann. Macht verändert ihren Charakter im Laufe der Evolution von Wirtschaftssystemen. Zudem sind die Interdependenzen zwischen den verschiedenen Strukturen entscheidend für die Einschätzung von Machtstrukturen: Macht stabilisiert Institutionen, muß aber umgekehrt auch institutionalisiert sein. Diese Zusammenhänge können wir nur im Rahmen des Konzeptes der „Ordnung" begreifen, das sich auf die Struktur der Strukturen von Macht, Institutionen und Technologie bezieht.

5. *Ordnung*

a. Strukturen von Strukturen

Ordnung als Sinn. Wir kommen nun zur Frage, wie die bislang betrachteten drei Strukturen Institutionen, Technologien und Macht zusammenwirken. Darüber hinaus gibt es innerhalb dieser Bereiche noch spezifische Fragen der Kohärenz und Konsistenz von Teilbereichen, also etwa der informalen und formalen Institutionen eines Wirtschaftssystems oder der unterschiedlichen Kategorien der Macht. Dieses Zusammenwirken soll „Ordnung" genannt werden.

Der Begriff der Ordnung wird in vielfacher Weise verwendet, vor allem in Zusammensetzungen wie „Wirtschaftsordnung" oder „Gesellschaftsordnung". Im Englischen ist er eher seltener anzutreffen; in ökonomischen Kontexten ist „system" oft sinngleich. Er ist manchmal auch einfach der Gegenbegriff zu „Chaos" oder „Zufall", insbesondere im Zusammenhang der Analyse nicht-linearer Systeme.

> *Wir wollen den Begriff als Oberbegriff all dieser Verwendungen verstehen und damit* **Strukturen der drei Strukturtypen** *bezeichnen, also eine* **Metastruktur**. *Insofern besteht eine Entsprechung zur Unterscheidung zwischen Konfiguration und Metakonfiguration. Ein konsistentes und funktionsfähiges Zusammenwirken von Strukturen wird in einer hermeneutisch orientierten Gesellschaftswissenschaft als „***Sinn***" bezeichnet und verweist darauf, daß Ordnungen in der Perzeption der in ihnen handelnden Aktoren einen sinnhaften Gesamtzusammenhang besitzen. Sinnverlust reflektiert Ordnungsverlust, und zwar im Sinne von Störungen des Zusammenwirkens der Strukturen und als Generierung von Handlungen der Aktoren, die zu solchen Störungen führen.*

Diese Definition berücksichtigt nicht, daß in den wenigsten Fällen aktualisierte Ordnungen für irgendeinen ihrer Aktoren als Gesamtheit sinnhaft sind, sondern wenn überhaupt, dann nur Teilordnungen, die lebensweltlich unmittelbar re-

Ordnung: Betrachten Sie die Verwendung des Begriffs im Alltag. Jemand hat einen wohlgeordneten Schreibtisch, beim Nachbarn findet sich das Chaos. Dieser behauptet trotzdem, alles zu finden, also Ordnung zu haben. Was ist das Kriterium von Ordnung?

Sinn und Geisteswissenschaft: Die Kategorie des Sinns ist vermutlich konstitutiv für die Unterscheidung zwischen Geistes- und Naturwissenschaften. Wo ist dann die Wirtschaftswissenschaft einzuordnen?
http://www.binghamton.edu/fbc/rlbtwnww.htm
http://www.artsci.lsu.edu/voegelin/EVS/PANEL3.html

Legitimität:
Wie führt der Verlust an Legitimität in Organisationen (z.B. politischen Systemen) zu Handlungen von Aktoren, die Störungen des Systems verursachen?
Kennen Sie Situationen in Ihrem Leben, wo bestimmte Personen (etwa Lehrer, Vorgesetzte, Fachleute) eine Verlust an Legitimität erleiden und daher ein Zustand der „Unordnung" resultiert?

levant sind. Gleichwohl wird deutlich, daß durch Ordnung zum einen eine wechselseitige Bezüglichkeit der Strukturen hergestellt wird (also zum Beispiel, daß bestimmte Institutionen der funktionalen Erfordernissen von Basistechnologien des Wirtschaftssystems gerecht werden), und zum anderen, daß für die Strukturen insgesamt sinngebende Prinzipien definiert sind (zum Beispiel die Mehrung des Wohlstandes für breite Volksschichten, oder der Kampf gegen den Imperialismus etc.).

Der Sinnbegriff kommt vor allem durch den Zusammenhang zwischen Macht und Institutionen ins Spiel und verbindet sich dann mit einer so allgemein wie möglich verstandenen „Legitimität" von institutionellen Arrangements.

> **Legitimität** *bedeutet in der allgemeinsten Form, daß aus der Perspektive der einzelnen Aktoren der Sinn der Ordnung zumindestens nicht im Konflikt, eher aber auch in Harmonie und Synergie mit dem individuellen Sinn besteht, der sich aus den Inhalten reflektierter personaler Identität ergibt. Legitimität ist somit eine Form referentiellen Wissens in Ordnungen, dessen Bezug die Wirkungen dieser Ordnungen auf die individuellen Zustände der Aktoren ist.*

Der Kern dieses Phänomens wird sofort deutlich, wenn wir das Problem der Sanktion und Durchsetzung von Institutionen betrachten. Jede Form ihrer aktiven Kontrolle und Durchsetzung ist mit einem Ressourcenaufwand verbunden. Wären also die Institutionen vollständig verinnerlicht, wäre dieser Aufwand minimiert, allerdings gäbe es dann auch keine abweichenden Interessen der Aktoren mehr: Das Bild des perfekt kollektiv denkenden Individuums.

In der Verfassungsökonomik gibt es an dieser Stelle die Konstruktion, daß ein solcher Interessenkonflikt auch ohne „Gleichschaltung" vermieden werden könnte, wenn ex ante sämtliche Aktoren zustimmen; dabei ist zwischen regel- und ergebnisbezogenen Abstimmungen zu unterscheiden. Realiter scheitert eine solche Abstimmung an den Kosten der Koordination des Konsenses, theoretisch gibt es letzten

Endes keine Möglichkeit, zu konkreten inhaltlichen Aussagen zu gelangen. Dies hängt damit zusammen, daß ausschliesslich rationale Nutzenerwägungen völlig unabhängig von den konkreten Positionen von Individuen in einer Gesellschaft gar nicht möglich sind. Insofern Zustände immer durch bestimmte Kapitalausstattungen definiert sind, und entsprechend Interessen sich immer aus solchen Zuständen ablesen, gibt es im Endergebnis keine Interessen ohne Festlegung von Zuständen. Ohne Interessen ist aber kein konkretes institutionelles Arrangement zu vereinbaren: Das heisst, daß letzten Endes keine Abstimmung über Regeln möglich ist, die nicht auch die Bewertung erwarteter Zustände nach Regelanwendung impliziert. Andererseits hatten wir im vorherigen Abschnitt festgestellt, daß machtfreie Institutionen ebenfalls nicht möglich sind. Der Tatbestand der Macht bedeutet aber, daß es notwendigerweise immer Interessenkonflikte geben muß, weil jede Regel relative Positionen von Aktoren berührt. In fundamentalerer Hinsicht wurzeln diese Konflikte auch in der Modularität der menschlichen Vernunft, die selbst konfliktär angelegt ist.

Das bedeutet aus evolutorischer Sicht, daß nur Populationen mit divergierenden Interessen existieren können. In diesen stellt sich dann aber das Problem der Minimierung der Kontroll- und Durchsetzungskosten, wenn wiederum im Kontext der Gruppenkonkurrenz gedacht wird. Legitimität durch **wertebasierte Zustimmung** bedeutet eine Lösung dieses Problems. Insofern ergibt sich eine evolutorische Begründung des empirischen Phänomens, daß dauerhaft funktionsfähige Ordnungen in der Regel eine Basis in subjektiven Werthaltungen besitzen, also beispielsweise in bestimmten religiösen Traditionen, politischen Ideologien etc. Durch diese Werte entsteht eine Selbstbindung der Aktoren an die Institutionen und eine bestimmte grundlegende Akzeptanz von Machtasymmetrien, die für die Durchsetzung von Institutionen bei Interessenkonflikten notwendig sind. Diese Aussage gilt für unterschiedlichste Bereiche,

Allgemeine Zustimmung: Der Philosoph John Rawls hat als ein mögliches Prinzip hypothetischer allgemeiner Zustimmung formuliert, daß hinter „einem Schleier des Unwissens" über die tatsächliche Position einer Person jene Regelung vorzugswürdig sei, die das größte Wohl des am schlechtesten gestellten erzielen. Versuchen Sie, diese Regel auf konkrete institutionelle Gestaltungsschritte anzuwenden!
http://www.policylibrary.com/left.htm
http://www.commerce.usask.ca/faculty/backman/lectures/HCA434/Ethics/Ethics2/slide1.htm
http://www.xrefer.com/entry/553342

Kosten der Abstimmung: Gruppen müssen häufig Abstimmungen durchführen. Was sind Vor- und Nachteile des Einstimmigkeits-/Konsens-Prinzips? Mehrheitsregeln haben immer den Nachteil, daß die Minderheit mit dem Beschluss leben muß. Wann und warum kann das zum Problem werden? Wie lassen sich die Probleme vermeiden?

also für Gruppen ebenso wie für Organisationen oder große Einheiten wie Staaten.

Die Modularität der Vernunft bedeutet wiederum, daß solche Werte zu einer Determinante personaler Identität werden, indem sie Entscheidungskonflikte in Aktoren lösen. Daraus entsteht also eine Koordinierung zwischen kognitiv-emotionalen Komplexen des Aktors und bestimmten extrasomatischen Ordnungsphänomenen. Durch diese Koordinierung werden letztere stabilisiert: Die Lösung innerer Konflikte korrliert mit der Lösung äußerer Konflikte. Der auswärtige Betrachter kann dies als Konvergenz rekonstruierter Sinnhaftigkeit und individueller konstatieren. Dies wird gewöhnlich mit dem Begriff der „Kultur" belegt.

Kultur und Grenzen in Netzwerken. Jede Analyse von Ordnungen erfordert eine Erfassung von Sinnkategorien, methodisch also den Rückgriff auf geisteswissenschaftliche Ansätze. Dies ist eine wesentliche Dimension evolutionsökonomischer Analyse, die aus der herkömmlichen Wirtschaftswissenschaft mehr oder weniger verschwunden ist, bis zum Zweiten Weltkrieg jedoch in vielen Bereichen eine wichtige Rolle spielte, insbesondere bei der disziplinären Verbindung zwischen Geschichtswissenschaft, Recht und Wirtschaftswisssenschaft. Gegenwärtig findet der Begriff der Kultur allerdings wieder mehr Aufmerksamkeit, vor allem im Zusammenhang der Debatte über die Globalisierung.

Kultur ist also eine zentrale Kategorie evolutionärer Vernunft, wie wir sie in Kap. II, 4 dargelegt haben.

Die Gesamtheit aller Sinnkategorien in einer Population wird als „**Kultur**" bezeichnet. ***Lesehinweis 18*** Dieser Begriff wird hier also wesentlich enger als oft üblich auf die kognitive und emotionale Verankerung der Metastrukturen der Strukturen Institutionen, Macht und Technologie verstanden. Dementsprechend werden auch nicht, wie manchmal üblich, einzelne kognitive Schemata als „Kultur" identifiziert, sondern der **kognitiv-emotionale Komplex** aus solchen Schemata bzw. das Muster dieses Komplexes. Dies ergibt sich schon aus der einfachen Überlegung, daß Ordnungen komplizierte Beziehungen zwischen kognitiven Schemata etwa im Kontext bestimmter Technologien oder bestimmter Institutionen herstellen. Je für sich genommen, können diese wiederum mit verschiedenen anderen Institutionen oder Technologien koexistieren. Die Form dieser Koexistenz bezeichnet die Kultur. Dieser **Dualismus von Kultur und Ordnung** bedeutet, daß Veränderungen von Ordnungen hochgradig komplexe Prozesse sind, da Veränderungen einzelner Strukturen mit den anderen eine neue Form des Zusammenwirkens finden müssen. Veränderungen von Ordnungen bedeuten daher immer auch **Kulturwandel** und damit **Konflikt zwischen Kulturen**.

Globalisierung und Kultur:
Der „Kampf der Kulturen" ist ein aktuelles Schlagwort: Was wird darunter verstanden? Ein anderes Schlagwortes ist jenes der „multikulturellen Gesellschaft". Wie passt das zum „Kampf der Kulturen"? Welche Konzepte von Kultur liegen solchen Debatten zugrunde?
http://www.dse.de/zeitschr/ez1098-4.htm
http://www.zeit.de/2001/66/Politik/200166_s-huntington_int.html

Der Begriff der Kultur wird häufig nur auf „nationale" oder „ethnische" Gruppen bezogen. Tatsächlich besitzt er und damit auch der Begriff der Ordnung keinen primären Bezug auf bestimmte Aggregate. Das heisst, eine Ordnung kann beispielsweise eine Organisation aufweisen, eine Region oder eine Nation. Entscheidend ist der Zusammenhang zwischen Sinn und **Grenze der Gruppe**, auf die sich dieser Sinn bezieht. Eine Organisation beispielsweise weist bestimmte Machtstrukturen in Form von Führung auf sowie formale und informale Strukturen intra- und extraorganisationaler Transaktionen. Der Begriff der „**Unternehmenskultur**" bezieht sich dann auf die Ordnung dieser verschiedenen Bereiche. Ähnlich läßt sich für eine Region argumentieren, die von der Population in irgendeiner Weise als abgegrenzt von anderen perzipiert wird.

Kultur und Gruppengrenzen:
Betrachten Sie Gruppen in Ihrem Umfeld. Wo lassen sich Kulturen identifizieren, die Grenzen der Gruppen definieren?

Durch diese Rolle der Kultur als Medium von Grenzen besitzt Kultur in der Tendenz eine enge Beziehung zum Phänomen der Territorialität, das wir im letzten Abschnitt noch näher betrachten werden. Denn insofern Gruppen eine bestimmte Position im Raum einnehmen, wird die Grenze der Kultur auch eine Grenze der Bewegung von Aktoren im Raum. Wir können dies aber abstrakter definieren:

> *Kultur ist ein* **Komplex kognitiv-emotionaler Schemata in Netzwerken**, *der zur* **Emergenz von Grenzen in**

„Kultur" nach dem 11. September: Der Begriff erfährt seit dem Terroranschlag vom 11. September sehr viel Aufmerksamkeit. Natürlich gilt dies besonders für die „islamische Kultur". Ein zentrales Thema der Debatte sind „Grenzen" zwischen dieser plötzlich neu reflektierten Kultur und dem „Rest der Welt"
http://www.stern.de/kultur/spezial/artikel_islam_41706.html
http://www.islamische-bildung.de/
http://www.heise.de/tp/deutsch/inhalt/co/11261/1.html

In Kap. VI, 5 betrachten wir kulturelle Einflüsse auf internationalen Handel als sehr instruktives Beispiel für die nebenstehenden Thesen.

Netzwerken *führt. Grenzen definieren* **Territorien** *in Netzwerken, die bestimmte Aktoren und Bereiche von Netzwerken durch größere Ähnlichkeit und Konvergenz der kognitiv-emotionalen Muster gegenüber anderen unterscheiden. Diese Territorien können räumlicher Natur sein, wenn die Aktoren in bestimmter Weise im Raum verteilt sind. Je nach Verlauf der Netzwerke und ihrer Transaktionen sind solche Territorien aber im Raum komplex ineinander verwoben. Territorien können aber auch unabhängig vom Raum bestehen, wie etwa bei Kulturen von Organisationen.*

Der Bezug auf Grenzen bedeutet aber, daß nicht nur die Innensicht, sondern auch die Außensicht zählen muß. Die Außensicht ist sogar häufig eine wichtige Quelle des Wissens über Ordnungen und Kultur. Außenstehende Aktoren nehmen bestimmte Formen des Zusammenwirkens zwischen Macht, Institutionen und Technologie wahr und interpretieren diese sinnhaft. Wenn diese Interpretationen erfolgreich mit Aktoren der betrachteten Population kommuniziert werden können, dann konstituiert sich Kultur endgültig als unabhängige Kategorie. Im Lichte unserer abstrakteren Definition von Grenzen in Netzwerken heisst das also, daß die Territorien von beiden Seiten als solche erkannt werden müssen; das ist gleichbedeutend mit einem wirksamen Mechanismus der Anerkennung von Zugehörigkeit eines Aktors zu einem Territorium, ebenso wie mit einer spürbaren Ausgrenzung von „fremden" Aktoren.

Es gibt dann zwei Kriterien, mit deren Hilfe die erfolgreiche **Identifikation von Kultur** möglich ist, nämlich zum einen das **gegenseitige Verstehen** und zum anderen ein **erfolgreiches gemeinsames Handeln** bzw. umgekehrt das Versagen solcher Prozesse bzw. spürbare Schwierigkeiten erfolgreicher Realisation. Auf Netzwerke bezogen, bedeutet dies also zum einen, daß innerhalb von Territorien Transaktionen signifikant leichter realisierbar sind als zwischen Territorien, und daß dies durch unterschiedliche Grade der Ähnlichkeit kognitiv-emotionaler Schemata bedingt sein muss, die in Wahrnehmungs- und Kommunikationsfeldern zum Tragen kommen. Solche Unterschiede bedingen erst die unterschiedlichen Potentiale erfolgreicher Realisation von Transaktionen. Sie lassen sich als Grade des **gegenseitigen Verstehens** auffassen. Insofern hängt also der Begriff der Kultur mit dem Erfolg gegenseitiger Interpretation von Wissen zusammen. Praktische Beispiele sind etwa die korrekte Interpretation von bestimmten Signalen in verbalen Verhandlungen über ein Geschäft, oder die erfolgreiche Verständigung über eine gemeinsame Durchführung einer Kooperation zur Gründung eines Unternehmens. Diese Beispiele lassen aber sofort bewußt werden, daß nicht die Grenze als solche ausschlaggebend ist, sondern die kognitiv-emotionale Wahrnehmung und Verarbeitung dieser Grenze.

Kultur als Hindernis des Verstehens: Ein vieldiskutiertes Beispiel ist inzwischen die Rolle unterschiedlicher Unternehmenskulturen in Unternehmenszusammenschlüssen, die häufig zur Hauptursache des Scheiterns werden. Kennen Sie Beispiele? Welche konkreten Probleme werden angeführt? Eine Disziplin, die sich mit dem Einfluss der Kultur auf das Geschäftsleben befasst, ist das „Interkulturelle Management": **http://www.interculture.de/home/index.htm**

Wir fassen also zusammen:

> *Kultur ist ein Phänomen sinnhafter Muster zwischen kognitiven Schemata und Emotionen, die in einem Prozeß der Wahrnehmung und Kommunikation von Handlungen durch die Aktoren hergestellt und als Mittel der Interpretation der Kontexte dieser Handlungen eingesetzt werend. Kultur identifiziert also die Grenzen von Gruppen von Aktoren, insofern diese Grenzen unterschiedliche Grade des gegenseitigen Verstehens determinieren. Unterschiedliche Grade des Verstehens führen zur Emergenz von Territorien in Netzwerken, mit unterschiedlichen Graden erfolgreicher Kommunikation und Transaktion.*

Damit ist aber Kultur kein Phänomen, daß in irgendeiner Weise vergegenständlicht werden könnte. Kulturen sind ein emergentes Phänomen der Wahrnehmung und Kommunikation der **Differenzen zwischen Gruppen**, nicht aber eine Eigenschaft dieser Gruppen; Kulturen werden erst durch die Erfahrung von Verstehen und Nicht-Verstehen konstruiert oder dekonstruiert. Ein Volk auf einer einsamen Insel ohne Außenkontakt hat keine Kultur. Das bedeutet außerdem, daß Kultur für jedes beliebige Aggregat entstehen und vergehen kann. Dies läßt das

gregat entstehen und vergehen kann. Dies läßt das Konzept in hohem Masse fluide und diffus werden.

Muster von Interessen: Eine Anwendung des Begriffs der Kultur ist die „politische Kultur". Betrachten Sie die USA und Deutschland. In beiden Ländern gibt es eine Vielfalt widerstreitender Meinungen. Trotzdem könnte man sagen, daß die konkreten Gegensätze und die Formen der Auseinandersetzung selbst Unterschiede zwischen den Ländern erkennen lassen, die man als Unterschiede ihrer „Kultur" bezeichnen könnte. **http://bulletin.credit-suisse.ch/themen/982338569.html http://www.thisnation.com/socialization.html**

Wesentlich ist die Feststellung, daß damit auf gar keinen Fall Kultur und Harmonie oder gar Konvergenz der Werte in einer Population gleichgesetzt werden dürfen. Vielmehr ist die Annahme der Vielfalt und möglichen Widersprüchlichkeit die grundlegende, und diejenige der Harmonie erst eine abgeleitete und im konkreten Fall nachzuweisende. Soll ein allgemeiner Kulturbegriff Anwendung finden, so ist dieser eher auf das Muster des kognitiv-emotionalen Wertespektrums anzuwenden, innerhalb dessen ein Konflikt ausgetragen wird. Dem entspricht die Überlegung, daß innerhalb eines Systems Gruppen von Aktoren sogar scharfe Interessenwidersprüche zeigen können, aber dennoch das Muster dieser Widersprüche selbst bestimmten Prinzipien folgt. Die Frage stellt sich also, wie diese Prinzipien aufgedeckt werden können.

Fassen wir die bisherigen Überlegungen kurz in Abbildung 38 zusammen. Wir betrachten drei unterschiedliche Dimensionen, die wechselseitig aufeinander bezogen sind. Die Basis bilden Netzwerke. Diese Netzwerke sind durch Ordnung gekennzeichnet. Ordnung besitzt einen bestimmten Einzugsbereich, also Territorien in Netzwerken. Diese Einzugsbereich wird durch Grenzen definiert, die eine Projektion der Kultur sind. Ordnung wiederum ist ein komplexes Phänomen, in dem nicht einfach die Strukturen von Institutionen, Technologie und Macht zueinander in Beziehung gesetzt sind. Vielmehr sind diese drei Strukturen in jeder einzelnen Struktur wieder miteinander verwoben (gekennzeichnet durch die kleinen Kreise I(nstitutionen, T(echnologie) und M(acht)). Das heisst beispielsweise, jede Technologie weist bestimmte Passungen zu Strukturen von Institutionen und Macht auf, und umgekehrt korrelieren bestimmte Institutionen mit bestimmten Technologien. Entscheidend für die weitere Analyse ist daher die Frage, wie diese „Verwobenheit" detaillierter analysiert werden kann. *Lesehinweis 19*

Abbildung 38: Netzwerke, Ordnung, Kultur

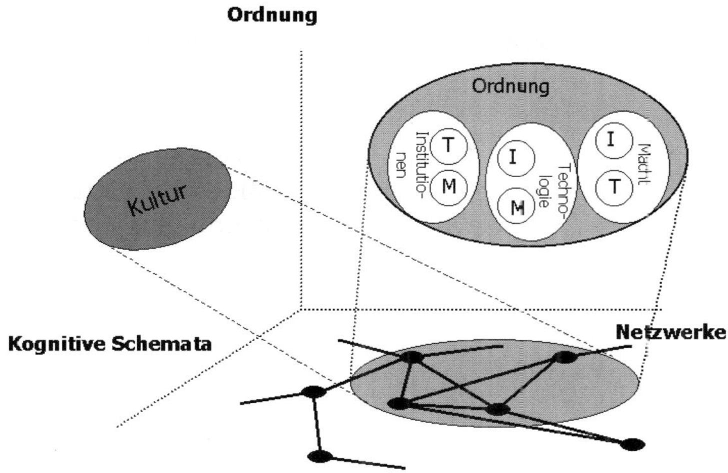

Kriterien der Ordnung. Wir können aus den vorstehenden Überlegungen zunächst den Schluss ziehen, daß Kultur eine wichtige Größe der inneren und äußeren Selektion von Ordnungen ist. Nach innen wirkt Kultur als Kraft der Reproduktion von Ordnungen, indem sie Selbstbindung von Verhalten erzeugt. Dadurch werden bestimmte Strukturen begünstigt, andere benachteiligt: Kultur ist eine Kraft der inneren Selektion von Strukturen. Nach aussen bestimmt Kultur die Art und Weise, wie ein System mit anderen zusammenwirkt, und ist vor allem eine wesentlicher Faktor bei der Emergenz neuer Einheiten im Sinne von Elementen und derivativen Aktoren, weil sie deren Grenzen zieht. Kultur ist damit eine Determinante der Art und Weise, wie äußere Selektion auf eine Ordnung wirkt. Das Zusammenspiel von innerer und äußerer Selektion führt freilich auch zur Frage, welchen Beitrag Kultur zur Viabilität und Funktionalität von Ordnungen leistet.

Kultur und Selektion:
Wenden Sie die nebenstehenden Unterscheidungen auf Unternehmenskulturen an! Wie begrenzen Unternehmenskulturen die organisatorische Variabilität, und wie bestimmen sie die Position von Unternehmen im wettbewerblichen Umfeld?

Ein wesentlicher Aspekt des Zusammenwirkens der drei Strukturen ist derjenige der Kohärenz und Konsistenz. Dieses Kriterium gilt auch für das Zusammenwirken innerhalb der drei Strukturen. Die Identifikation von Sinnkategorien kann diese Kohärenz und Konsistenz aufdecken, wenn sie gleichzeitig in der Lage ist, eine Funktionalität nachzuweisen. Ordnung ist also eine Kongruenz von Sinn und Funktionalität. Kohärenz und Konsistenz erlauben, den oft verwendeten Begriff der **Integration** etwas genauer zu fassen.

Integration von Systemen:
Die systemtheoretische Diskussion über das Konzept der „Integration" beginnt vor allem mit Talcott Parsons.
http://www.spc.uchicago.edu/ssr1/PRELIMS/Theory/parsons.html
http://stud4.tuwien.ac.at/~e9426503/soinfoges/parsons.html

- **Kohärenz** bezieht sich auf die **Dichte des Zusammenhangs zwischen den Strukturen**. Eine geringe Kohärenz bedeutet große Spielräume bei der Kombination beispielsweise zwischen verschiedenen Technologien und Institutionen. Eine hohe Kohärenz schränkt die Menge funktional äquivalenter Kombinationen von Strukturen weitestgehend ein.
- **Konsistenz** bezieht sich auf die **Logik des Zusammenwirkens zwischen den Strukturen**. Die erforderliche Konsistenz wird durch den Grad der Kohärenz mitbestimmt. Ein lockerer Verbund von Strukturen richtet auch geringe Ansprüche an die Konsistenz ihrer Wechselwirkungen. Umgekehrt bedeutet Konsistenz nicht notwendig, daß die Ordnung in hohem Masse kohärent sein muss, nämlich wenn es viele Möglichkeiten eines je für sich konsistenten Zusammenwirken gibt.

Kohärenz und Konsistenz schlagen sich in bestimmten Zwängen zur Passung von Strukturen nieder. Das vermittelnde Glied sind die Handlungen von Aktoren. Wir definieren:

> *Ordnung geht verloren bzw. besteht nicht, wenn bestimmte Strukturen zu Handlungen von Aktoren führen, die zueinander in Widerspruch stehen. Widersprüche schlagen sich in der mangelnden wechselseitigen Erfüllung von Verhaltenserwartungen nieder, in der Entstehung von* **Interessenkonflikten**, *die durch die bestehenden Institutionen nicht gelöst werden können, und in einer zunehmenden* **Divergenz zwischen informalen und formalen Institutionen**. *Diese Störungen führen zu erhöhten Kosten der Koordinaton des Gesamt-*

systems und damit zum Verlust von Anpassungsleistungen bezüglich der Systemumwelt. Daraus ergibt sich ein erhöhter Druck zum Wandel der Ordnung, weil die Handlungen der Aktoren bestimmte Muster erzeugen, die in Richtung einer Wiedergewinnung von Sinn verlaufen, also einer Reintegration des Systems. Ähnlich wirken die bei der Betrachtung institutionellen Wandels identifizierten Faktoren, unter anderem das Bestreben um Reduktion von Transaktionskosten.

In der Wirtschaftswissenschaft ist eines der einfachsten und klarsten Beispiele jenes der „**Interventionsspiralen**". Damit ist gemeint, daß die intentionale Setzung bestimmter Institutionen notwendig den Übergang zu anderen Institutionen nach sich zieht, weil die implizierten Verhaltensweisen zu inneren Widersprüchen führen. Wer zum Beispiel Mindestlöhne auf dem Arbeitsmarkt durchsetzen will, muß ausgleichende Institutionen schaffen, um die eventuell auftretende Arbeitslosigkeit aufzufangen. Das heisst, insofern die Transaktionen der Aktoren über Netzwerke weitläufig miteinander verknüpft sind, müssen auch die Institutionen eine innere Konsistenz aufweisen, um letztendlich die Anschlußfähigkeit der Handlungen und mithin Viabilität der gesamten Ordnung zu erreichen.

Interventionsspiralen:
Finden Sie andere Beispiele: Die EU-Agrarpolitik ist ein besonders beliebtes.

Ein sehr weit verbreitetes Phänomen und gutes Beispiel sind die Unterschiede zwischen Ländern hinsichtlich der sogenannten „Steuermoral". Es gibt dann unterschiedliche Grade der Divergenz zwischen formalen und informalen Institutionen (also Steuerhinterziehung etc.), die verschiedene Maße der Konformität der Steuerpolitik mit der Konsistenz von Ordnung widerspiegeln. Dies kann zu einem Zustand führen, wo der Grad der Abweichung zwischen formalen und informalen Institutionen derart groß wird, daß die Steuereinnahmen nicht mehr ausreichen, um das System der – verfehlten – Durchsetzung der formalen Institutionen aufrechtzuerhalten. Es entsteht ein unaufhaltbarer Wandel der Ordnung, der in diesem Fall durch die Erosion der Machtgrundlage der durchsetzenden Instanz verursacht wird.

Konsistenz von Ordnung:
Interpretieren Sie das Phänomen der Schwarzarbeit in Deutschland im Lichte der nebenstehenden Ausführungen!

Die Differenzierung zwischen Konsistenz und Kohärenz erlaubt dann, solche Zusammenhänge etwas genauer zu bestimmen. Zum Beispiel erlauben Mindestlöhne unterschiedliche Mechanismen zum möglichen Auffangen der Arbeitslosigkeit, so daß die Kombination von geringerer Kohärenz und hoher Konsistenz möglich ist. Wer jedoch Devisenbewirtschaftung einführt, ist in viel höherem Masse gezwungen, zur Wahrung der Konsistenz bestimmte Kontrollmechanismen zu etablieren, die den gesamten Außenhandel erfassen; d.h. das System muss auch sehr kohärent sei. Wir fassen diese Alternativen beispielhaft in Abbildung 39 zusammen, die für die unterschiedlichen Kombinationen von Kohärenz und Konsistenz Typen von Wirzschaftssystemen identifiziert.

Abbildung 39: Integration von Wirtschaftssystemen durch Ordnung

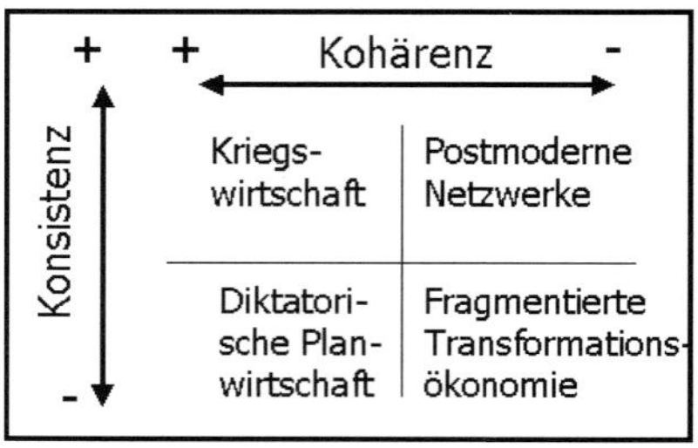

- Die Kriegswirtschaft mit hoher Legitimität ist konsistent in ihrer Funktionsweise und kohärent durch die Unterordnung aller Strukturen unter ein einheitliches Ziel (z.B. die Alliierten in Zweiten Weltkrieg).
- Die postmoderne Wirtschaft der Netzwerke weist ein flexibles Zusammenspiel aller Strukturen mit hohen Spielräumen und gleichzeitig hoher Konsistenz der Zu-

sammenhänge auf (z.B. die heutige amerikanische Wirtschaft).

- Die diktatorische Planwirtschaft mit geringer Legitimität weist zwar hohe Kohärenz auf, aber viele Funktionsdefizite aufgrund geringen Konsistenz der Prozesse (z.B. die Sowjetunion in den achtziger Jahren).
- Die fragmentierte Transformationsökonomie mit hoher institutioneller Instabilität ist inkohärent aufgrund der Vielfalt der Strukturen und inkonsistent auf Systemebene, was nicht ausschliesst, daß Teilprozesse konsistent ablaufen können (z.B. China in der Gegenwart).

Klassifikationen von Wirtschaftssystemen:
Es gibt sehr unterschiedliche Vorschläge, wie Wirtschaftssysteme klassifiziert werden können.
http://people.freenet.de/matkuch1/tuteuck.htm
http://www.bwl.uni-kiel.de/polwiss/oldpage/folien/foliencg3.html
http://stud-www.uni-marburg.de/~Mansken/Skript/Ordnung.doc

Diese Beispiele zeigen, wie Konsistenz und Kohärenz Kräfte sind, die einem gerichteten Wandel von Ordnungen unterliegen. Dieses Kriterium wurde traditionell als „**Interdependenz der Ordnungen**" bezeichnet. Zum Beispiel ist eine totale Konzentration der politischen Macht unvereinbar mit einer freien Marktwirtschaft, da sich ja stets das Problem der freien Verfügbarkeit der Ressourcen für Interessen ergibt, die dieser Macht widersprechen. Dies läßt sich in der Weise verallgemeinern, daß bei der Analyse von Ordnungen die Konsistenz zwischen der Macht und den anderen Strukturen der Institutionen und Technologie besondere Aufmerksamkeit verdient. Der Grund leuchtet unmittelbar ein:

> *Zentrales Kriterium von Ordnung ist die* **Reproduktion der Machtstrukturen** *aufgrund von Handlungen, die durch die Strukturen der Institutionen und der Technologie geordnet sind. Denn insbesondere die Institutionen setzen für ihre Gültigkeit wiederum Macht voraus. Wenn also die durch Institutionen induzierten Handlungen die zur Durchsetzung erforderliche Machtstruktur aushöhlen, ist das System instabil. In gleicher Weise muß die Technologie jene Ressourcen generieren, die dem Gesamtsystem die Aufrechterhaltung des Ordnungszustandes ermöglichen. In einer Wirtschaft mit Neuerungen betrifft dies vor allem die Konsistenz zwischen Macht und den institutionellen Erfordernissen innovativer Prozesse.*

Das heisst, bei der Analyse von Ordnungen muss der Wechselwirkung zwischen Macht und allen anderen Phänomenen große Aufmerksamkeit gelten. Ein solches Verfahren besteht in der Aufdeckung von Ähnlichkeiten der Dominanzformen und Autoritätsbeziehungen in verschiedenen Bereichen der Gesellschaft.

Wandel und Viabilität: Recherchieren Sie zur Krise der japanischen Wirtschaft. Es geht dort zumeist um den erstaunlichen Kontrast zwischen den wachsenden Problemen und der Langsamkeit von Reformen. Interpretieren Sie die gefundenen Daten im Zusammenhang des VSB-Paradigmas mit Hilfe der Konzepte der inneren und äußeren Selektion. **http://feer.com**

Zeitliche Ordnung des Wandels von Ordnung. Diese Aussagen ergeben, daß es einen engen Zusammenhang zwischen wirtschaftlichem Wandel und politischen Veränderungen gibt. Zum Beispiel sind autoritäre politische Regime in der Regel nicht in der Lage, dauerhaft die Innovationskraft der Wirtschaft zu wahren, weil sie den Wettbewerb einschränken, der angesichts der Wirkung pekuniärer externer Effekte immer zu Interessenkonflikten führt, die der bestehenden Verteilung der Macht widersprechen. Dies hat langfristig wiederum zur Folge, daß dieses System im Gruppenwettbewerb unterliegen muss, weil der Kapitalstock unter dem Einfluss extern generierter Innovationen zunehmend obsolet wird. Genau dies hat zum Zusammenbruch des sogenannten „Ostblocks" geführt.

Daraus scheint sich die generelle These für die Vorzugswürdigkeit bestimmter Ordnungen zu ergeben. In der Tat geben die Kriterien der Konsistenz und Kohärenz wichtige Hinweise auf die relative Vorzugswürdigkeit bestimmter struktureller Beziehungen. Allerdings muß eindeutig festgestellt werden, daß dies nur unter Berücksichtigung existierender kultureller Kontexte und der Bedingungen des Gruppenwettbewerbs gilt. Beide haben wesentliche Konsequenzen für die zeitliche Koordination von Wandel und die Viabilität von Ordnungen, die eine theoretische Vorzugswürdigkeit bestimmter Ordnungen in konkreten raumzeitlichen Kontexten relativieren. Damit gelten für die Analyse von Ordnungen alle Argumente zu Pfadabhängigkeit und Viabilität, die im dritten Kapitel diskutiert worden sind.

Das Kriterium der Reproduktion von Strukturen durch die induzierten Handlungen bedeutet dann, daß auch eine zeitliche Ordnung dieser Handlungen hergestellt werden

liche Ordnung dieser Handlungen hergestellt werden muß. Daraus entsteht aber das grundlegende Problem, daß selbst im Falle einer mangelnden Konsistenz der erforderliche Wandel zu einem Verlust zeitlicher Ordnung führen kann, unter Umständen sogar führen muß, wenn die **Eigenzeiten** der Prozesse sehr unterschiedlich sind. Von besonderer Bedeutung sind hier unterschiedliche Eigenzeiten des kulturellen Wandels und des Gruppenwettbewerbs. Hier sind sehr unterschiedliche Konstellationen denkbar, weil die beeinflussenden Faktoren unterschiedlich sein können. Wir wollen daher nur zwei typische Faktoren herausgreifen.

Oben war bereits darauf hingewiesen worden, daß Kultur eine direkte Beziehung zur personalen Identität besitzt. In der Tat ist der zentrale Prozeß ihrer Entstehung und Vermittlung derjenige der Sozialisation, und zwar der kindlichen ebenso wie der organisatorischen (etwa in politischen Parteien). Wenn aber eine solche Beziehung besteht, ist dementsprechend der Wandel der Kultur an die Eigenzeiten der Generationen gebunden. Denn durch den Zusammenhang mit der personalen Identität ist die Selbstbindung der Aktoren an bestimmte Institutionen durch kognitiv-emotionale Komplexe unter Umständen so hoch, daß sie durch Lernen nicht mehr veränderbar ist. Es hat ein „**Imprinting**" stattgefunden, eine dauerhafte Prägung. In diesem Fall ist also eine Veränderung der Kultur nur im Generationenwechsel möglich, und selbst dann nur langsam, weil die kindliche Sozialisation ja durch Personen erfolgt, die eben die sich wandelnde Selbstbindung aufweisen.

Langsamkeit kulturellen Wandels:
In der deutschen Diskussion über die „Einheit" tauchte oft das Argument auf, daß die Erneuerung Ostdeutschlands ein „Generationenproblem" sei. Was halten Sie davon?

Diese zeitliche Kopplung zwischen Kultur und Generationen ist allerdings nicht zwingend, da radikal veränderte Kontexte insbesondere in sensiblen Phasen durchaus auch Prägungen verändern können. Zum Beispiel hatte der Erste Weltkrieg die Einstellungen eines großen Teils der jungen Generation radikal verändert, so daß das kulturelle Fundament der europäischen Vorkriegs- und der Nachkriegsgesellschaft sehr verschieden wurde. Insofern ist eine empirisch vermutlich sinnvollere Hypothese die Annahme, daß

Rascher kultureller Wandel: Würden Sie die Zeit der späten sechziger Jahre in Europa und den USA als Zeit raschen kulturellen Wandels kennzeichnen?

sich Wandel in **Kohorten** vollzieht, also **Altersgruppen mit ähnlichen Erfahrungen**. Das bedeutet, daß der Einfluß der Systemprozesse insgesamt erheblich wird. Ein Ereignis wie der Erste Weltkrieg kann rapiden Wandel nach sich ziehen. Hätte er nicht stattgefunden, dann wäre auch der Kulturwandel erheblich verlangsamt worden. Die Ursachen des Ersten Weltkrieges haben jedoch keinen direkten Zusammenhang mit diesem Kulturwandel, dessen Eigenzeit also erheblich durch externe Determinanten verändert wurde.

Technologie und kultureller Wandel: Die militärtechnologische Übermacht der USA hat die Machtstrukturen in Afghanistan in kürzester Zeit revolutioniert. Untersuchen Sie, ob und wie dies auch mit kulturellem Wandel einher geht.

Das Beispiel des Krieges verweist also auf den **Gruppenwettbewerb**. Diese Feld ist nicht so leicht überschaubar wie das soeben betrachtete Problem des Kulturwandels. Von besonderem Interesse in der modernen Entwicklung ist hier die Eigenzeit des technologischen Wandels bzw. der im übernächsten Abschnitt noch genauer zu betrachtende Tatbestand der unterschiedlichen Verteilung technologischer Strukturen im Raum. Historisch gesehen, hatte letzteres erhebliche Auswirkungen auf den Wandel von Ordnungen im Fall, daß räumlich separierte Ordnungen miteinander in Kontakt traten, wie vor allem im Zuge der europäischen Expansion in der Welt. Militärtechnisch und wirtschaftlich überlegene Systeme übten dann auf unterlegene Systeme einen gewaltigen, zeitlich komprimierten Anpassungsdruck auf, der hinter dem konfliktreichen Prozeß der Modernisierung nicht-europäischer Gesellschaften im 20 Jh. stand. Diese Beobachtung weist darauf hin, daß Wandel von Kultur in hohem Masse durch strukturelle Umbrüche von Macht vorwärtsgetrieben werden kann. Solche Umbrüche können erdrutschartiger Art sein („Revolutionen"), lassen aber dennoch andere Strukturen von Ordnung intakt, so daß der induzierte gesellschaftliche Wandel langsamer und komplexer verläuft.

Technologie weist wiederum eigene zeitliche Ordnungen auf, die sich im wesentlichen aus dem Wechselspiel innerer und äußerer Selektion und der daraus entstehenden Dynamik technologischer Paradigmata ergeben. Durch Technologien entstehen neue Handlungsmöglichkeiten der Aktoren, die bestehenden Muster von Handlungen stark verändern können, und somit die Strukturen von Netzwerken radikal verändern. Ein instruktives Beispiel der letzten Jahre ist das Internet, das erhebliche Auswirkungen auf die politischen Strukturen autoritärer Systeme hat. Die Stabilisierung der Macht erfordert unter Umständen weitestgehende Einschränkung der Zugangsmöglichkeiten, mit negativen Konsequenzen für die Innovationsdynamik in den entsprechenden Gesellschaften.

Internet und Politik:
In China beispielsweise wird das Internet zwar als wirtschaftliche Chance, aber seitens der kommunistischen Partei als Bedrohung ihrer politischen Macht angesehen.
http://www.foreignaffairs.org/20010301faessay4267/nina-hachigian/china-s-cyber-strategy.html

Der Zusammenhang zwischen Technologien und Ordnung ist allerdings in der Wirtschaftswissenschaft zu einem wesentlichen Teil vernachlässigt, weil eine ausschliessliche Konzentration auf die Frage des Einflusses von Institutionen in Wirtschaft und Politik auf den technologischen Wandel erfolgt. Die These von **Karl Marx**, daß die Technologie umgekehrt Auswirkungen auf die Institutionen und Ordnungen besitzt, wird heutzutage kaum noch vertreten. Diese Sichtweise ist evolutionsökonomisch verfehlt, da sie unterstellt, daß Technologien ausschliesslich als Artefakte betrachtet werden. Da aber Technologien Komplexe aus Institutionen, kognitiven Schemata und Artefakten sind, gibt es keinen überzeugenden Grund, warum die Kräfte der Konsistenz und Kohärenz nur in einer Richtung wirken sollten. Sinnvoll ist nur die Annahme, daß Ordnungen die Strukturen von Macht, Technologie und Institutionen in interdependenter Form zu Funktionalität und Sinn integrieren.

Marxismus:
Karl Marx ist einer der bedeutendsten Vorläufer der Evolutionsökonomik. Doch sollten die politischen Konsequenzen vom wissenschaftlichen Beginn differenziert werden.
http://www.marxists.org/
http://cepa.newschool.edu/het/profiles/marx.htm
http://www.eco.utexas.edu/facstaff/Cleaver/MarxEcoorRev.html

Einen Zugang zu diesem Phänomen erlaubt unser Konzept der **Epoche**. Integrierte Ordnungen sind an bestimmte Epochen gebunden, die sich durch konsistente und kohärente Strukturen auszeichnen. In der Regel sind solche Epochen durch historische Ereignisse abzugrenzen, insbesondere die Gleichzeitigkeit zwischen der Emergenz bestimmter Basistechnologien und bestimmter Umbrüche in Machtstrukturen. Dies läßt sich zumindestens für die Vergangenheit nicht auf globaler – universalhistorischer – Ebene nachvollziehen, sondern in der Regel nur unter Be-

Epochen sozio-technologischer Entwicklung: Es gibt aktuell viele Stimmen, die den Übergang in eine neue technologische Epoche diagnostizieren. Was meinen Sie? **http://www.knowledge.hut.fi/projects/ict-bp/reports/pre_re/ict_para.htm http://www.isr.gov.au/science/analysis/new_economic_paradigm.pdf**

zug auf Territorien, also in der typischen Betrachtung der Geschichtswissenschaft von Ländern. Zum Beispiel ist für die USA der Erste Weltkrieg ein epochaler Wendepunkt mit der Veränderung ihrer weltpolitischen Rolle und der technologischen Sprünge, die in diesem Zeitraum erfolgten (vor allem Automobilproduktion).

Damit rückt die Frage des Wandels von Ordnungen in den Vordergrund, der grundsätzlich zwischen den Polen langsamen, inkrementellen Wandels und plötzlicher, radikaler Umbrüche verlaufen kann. In der jüngeren Wirtschaftswissenschaft wird der Wandel von Ordnungen mit dem speziellen Begriff der „Transformation" bezeichnet. Allerdings geht es hier tatsächlich um ein Sonderproblem, das allerdings von evolutionsökonomisch weitreichender Bedeutung ist.

Transformation von Ordnungen. Diese Fragestellung ist besonders durch den epochalen Umbruch in Osteuropa in das Bewußtsein getreten.

Wir betrachten das Beispiel des chinesischen Hyperwachstums in Kap. VI, 2.

*Unter „**Transformation**" wird eine besondere Form des Wandels von Ordnungen verstanden, die sich durch intentionale Veränderung eines wichtigen Bereichs der Institutionen eines Wirtschaftssystems auszeichnet, und zwar derart, daß diese Veränderung aufgrund von Zusammenhängen der Konsistenz auch eine Veränderung der Gesamtordnung nach sich zieht.*

Im Falle der sozialistischen Länder verfolgt die Transformation das Ziel, Wettbewerbsfähigkeit durch den Übergang zur Marktwirtschaft herzustellen, und eine Demokratisierung und Liberalisierung des politischen Systems zu erreichen.

Gezielte Veränderungen des institutionellen Rahmens werden **Regulierungen** und **Deregulierungen** genannt, wenn sie nur solche Teilbereiche betreffen, die dann keine Anpassungszwänge in den meisten anderen Bereichen verursachen. Ein wesentliches gemeinsames Anliegen von

Transformation und De/Regulierung ist zumeist die **Schaffung von Wettbewerb**. Im Falle der Transformation kann man dies verallgemeinern, insofern dem Wettbewerbsprinzip überall Geltung verschafft werden soll, nämlich vor allem in Gestalt der Demokratisierung als politischer Wettbewerb und der gesellschaftlichen Pluralisierung und Liberalisierung als Wettbewerb der Meinungen und Ideen.

Transformation und Deregulierung:
Welche Prozesse sind Transformation, welche Deregulierung? Warum?
- Privatisierung der ostdeutschen Wirtschaft,
- Reform des Gesundheitswesens,
- Liberalisierung des Postmonopols,
- Einführung des Euro.

Evolutionsökonomisch ist in diesem Zusammenhang wieder die **Wechselwirkung zwischen beabsichtigten und unbeabsichtigten Wirkungen intentionaler Maßnahmen des institutionellen Wandels** von besonderem Interesse. Es gibt vier wesentliche Faktoren, die darauf Einfluss nehmen.

- Das **Wissen der Aktoren**, die Machtpositionen nutzen, um institutionelle Veränderungen durchzusetzen, ist ausschlaggebend für die konkrete Mischung zwischen intentionalen und nicht-intentionalen Wirkungen. Dieses Wissen resultiert aus ihren spezifischen Wahrnehmungs- und Kommunikationsfeldern, die wiederum Aktivitäten anderer Aktoren aufnehmen und verarbeiten (wie etwa die Rolle von Interessengruppen in der politischen Kommunikation). In Abhängigkeit von diesem Wissen können Maßnahmen funktional oder dysfunktional sein.

- Intentionale Handlungen können im wesentlichen nur die **formalen Institutionen** verändern, nicht aber die **informalen Institutionen** und die **kognitiven Schemata**, die mit diesen formalen Institutionen verbunden sind im Sinne von Konsistenz- und Kohärenzkriterien. Das bedeutet, solche Handlungen müssen selbst komplex gestaltet sein, was das Wissensproblem verschärft. Systeme können sich zum einen nicht in dem Umfang ändern, wie es mit den formalen Institutionen geschieht, und die Handlungen können auch zu unerwarteten Wirkungen führen, weil sich die Beziehung zwischen diesen verschiedenen Bereichen verändert.

Transformation von Wirtschaftssystemen: Die vorgetragene Sicht hat sich erst schrittweise seit 1990 durchsetzen können, ebenfalls unter dem Schild der" Evolution". Heute gibt es einige Forschungsinstitute, die sich ausdrücklich auf ein solches Programm stützen. **http://fit.euv-frankfurt-o.de/ http://www.bsos.umd.edu/econ/murrell/ http://eaces.gelso.unitn.it/Eaces/eaces.htm**

- Konsistenz und Kohärenz des Systems werden durch intentionalen Wandel von Institutionen verändert, und es können sich daraus unerwartete Dysfunktionen ergeben und spontane Anpassungsprozesse in anderen Bereichen, die nicht antizipierbar sind. Diese führen wieder zu intentionalen Reaktionen, so daß Transformation ein dynamischer, von Konsistenz- und Kohärenzkräften bewegter **Prozeß der Wechselwirkung zwischen beabsichtigten und nicht-beabsichtigten Wirkungen intentionaler Handlungen** ist.
- Schliesslich werden die grundlegenden Beziehungen zwischen den Strukturen verändert, was zu schwer antizipierbaren Umbrüchen in solchen Strukturen führen kann, die eigentlich nicht Gegenstand des institutionellen Wandels sind. Dem liegt zugrunde, daß Transformationsprozesse in grundlegender Weise die **Strukturen des Wissens** in dem Wirtschaftssystem verändern, sodaß vor allem auch die realwirtschaftlichen Wirkungen völlig anders ausfallen können als erwartet. Institutionelle Innovationen führen in derselben Weise wie technologische Innovationen zu raschen Veränderungen der Nutzbarkeit bestimmter Wissensarten.

Die geschilderten Zusammenhänge sind desto unüberschaubarer, je weiter der institutionelle Wandel greift. Umgekehrt läßt sich also Transformation auch als Lernprozeß begreifen, der zur Bildung neuen Wissens führt. Es gilt dann auch für Phasen sehr raschen Wandels, daß Viabilität das entscheidende Kriterium ist. Wir können dies als Aufrechterhaltung von Ordnung im Wandel verstehen. Da sich aber gleichzeitig die konstituierenden Elemente dieser Ordnung verändern, ist das letzte Kriterium der Viabilität jenes der **Viabilität der Transaktionen und der Netzwerke,** die an der Basis des Systems stehen (siehe Abbildung 38).

Damit gelangen wir beim grundlegenden Zusammenhang zwischen Ordnung und Entropie an. Gewöhnlich wird der Erfolg von Transformation anhand der Daten zum Wirtschaftswachstum gemessen; dies ist nicht grundlegend falsch, erfasst aber nur Oberflächenphänomene. Denn das Wirtschaftswachstum ist nur Reflex der fundamentaleren Prozesse des Tausches und der Produktion, mithin also der Erzeugung von materiell-energetischer Ordnung und der Ordnung in Netzwerken. Außerdem kommt das nicht umgehbare Problem der zeitlichen Ordnung hinzu, das schlicht bedeuten kann, daß eine bestimmte Phase der Fehlkoordination notwendige Begleiterscheinung des Wandels sein muß. Wir können dann Viabilität in der Transformation so auffassen:

> *Transformation ist viabel, wenn der Wandel der Ordnung nicht zu einer signifikanten Störung der Netzwerke und ihrer Transaktionen führt, und wenn keine Erhöhung der Entropie der materiell-energetischen Strukturen erfolgt.*

Dieses Kriterium ist zwar sehr allgemein, läßt sich aber leicht konkretisieren. Zum Beispiel ist die russische Transformation über Jahre hinweg wenig viabel gewesen. Sie ging mit einer erheblichen Schrumpfung der Reichweite und Dichte von Transaktionen in Netzwerken einher, und sie verursachte in hohem Masse einen Kapitalverzehr, also eine Entropiezunahme. Im Gegensatz hierzu war die chinesische Transformation viabel. Die Gründe dieser höheren Viabilität sind vor allem in einem anderen Zusammenspiel zwischen formalen und informalen Institutionen sowie unterschiedlicher Kohärenz der Ausgangssysteme zu suchen: In China liessen sich Teilmaßnahmen leichter parallel durchführen, ohne große Konsistenzzwänge zu erzeugen, weil das Ausgangssystem fragmentiert war.

Es gibt auch in der modernen Zeit eindeutige Zusammenhänge zwischen Wirtschaft, Wohlstand und physischen Indikatoren der Zustände von Aktoren, die letzten Endes an der Wurzel der Beziehung zwischen Ordnung und Entropie stehen. Diesen wollen wir uns jetzt kurz zuwenden.

Transformation und Viabilität von Netzwerken:
Eine berühmte These der deutschen Ordnungstheorie ist jene von der „Konstanz der Wirtschaftspolitik". Grundsätzlich besteht ein Tradeoff zwischen der Erwartungsicherheit einer stabilen Ordnung und einer Verbesserung der Ordnung, die durch den Wandel selbst Erwartungsicherheit mindert. Interpretieren Sie diese Aussage netzwerktheoretisch!

b. Ordnung und Entropie

Anpassungsleistung von Wirtschaftssystemen. Viele der bislang getroffenen Aussagen sind durchaus aus der Wirtschaftswissenschaft vertraut, insbesondere aus dem Bereich der Ordnungstheorie. Eine wesentliche Änderung durch die evolutionsökonomische Betrachtung ergibt sich aber bei der Analyse des Zusammenhangs zwischen Ordnung und sogenannten „realwirtschaftlichen" Phänomenen. Hier müssen wir die Beziehung zwischen Ordnung und Entropie untersuchen. Bei der Analyse der Produktion hatten wir bereits festgestellt, daß es prinzipiell eine Spiegelung zwischen der **materiell-energetischen Ordnung** und der Ordnung von Netzwerken gibt. Jetzt haben wir das letztere Konzept erheblich weitergehend differenziert. Also ist die Frage zu stellen, welche Implikate sich für die materiell-energetischen Strukturen ergeben.

Zerfall von Ordnungen: Die jüngste Geschichte kennt dramatische Fälle des Ordnungszerfalls, insbesondere aufgrund ethnischer Konflikte als Folge politischer Revolutionen. Analysieren Sie einen solchen Fall Ihrer Wahl! Was sind die Ursachen, und an welchen Indikatoren läßt sich der Verfall ablesen?

Die Beobachtung mag als Ausgangspunkt dienen, daß im Laufe der menschlichen Geschichte ein eindeutiger Zusammenhang zwischen der Zunahme der Komplexität insbesondere von politischen Regelmechanismen und der Komplexität materiell-energetischer Strukturen zu verzeichnen ist. *Lesehinweis 20* Es reicht ein Blick auf die Evolution der Artefakte, die insofern nicht-referentielles Wissen von Ordnungen reflektieren, in denen sie geschaffen wurden. Lange historische Epochen wie der Aufstieg und der Niedergang des Römischen Reiches sind hier ebenso illustrativ wie die oben schon erwähnten Verfallserscheinungen der Infrastruktur in der postsowjetischen Epoche. Insofern läßt sich auch ein „Sperrklinkeneffekt" vor allem der Komplexitätszunahme der Machtstrukturen verzeichnen: Wenn bestimmte materiell-energetische Strukturen geschaffen wurden, deren Erhalt wiederum auf bestimmte Ordnungen angewiesen ist, dann folgt aus dem Verfall der Ordnung auch der Verfall dieser Strukturen, mit regelmäßig katastrophalen Konsequenzen für die Anpassungsleistungen des gesamten Systems. Der Niedergang des Römischen Reiches ist hier eine äußerst instruktive Fallstudie: Es lassen sich radikale Schrumpfungen der Netzwerke verzeichnen (Niedergang des Fernhandels, Autarkie der Latifundien), Zerfall des Strassennetzes und anderer Infrastruktureinrichtungen und ein Rückgang der Bevölkerungszahl. Die Ursachen liegen vornehmlich in Veränderungen der sozio-kulturellen Strukturen und der Machtverhältnisse, also der Ordnung in unserer Begrifflichkeit.

Diese Beobachtung läßt sich auch derart systematisieren, daß jede Ordnung dazu beiträgt, daß die Kapitalausstattung der Aktoren zunimmt, und zwar in beiden Dimensionen der individuellen und der kollektiven Appropriierbarkeit. Dieser Zuwachs der Vermögens ist Reflex des zunehmenden Grades der Ordnung der materiell-energetischen Strukturen. Dieser wiederum trägt zu einer Erhöhung der Anpassungsleistungen der Aktoren bei. Aus makroskopischer Sicht werden gewöhnlich zwei unterschiedliche Indikatoren betrachtet, nämlich Wohlstand (gemessen am Sozialprodukt und an anderen Entwicklungsindikatoren wie Lebenserwartung, Säuglingssterblichkeit etc.) und Bevölkerungswachstum. Ein zentraler Widerspruch zwischen im weitesten Sinne biologischen und ökonomischen Ansätzen wird häufig in der gegenläufigen Entwicklung von Wirtschaftswachstum und Bevölkerung gesehen, die sich seit Beginn des 20. Jhs. in allen Industrienationen vollzogen hat (sog. „**demographic transition**"). Dies beruht freilich auf einem Mißverständnis des Anpassungskonzeptes: Evolutionsökonomisch ist vielmehr davon auszugehen, daß Bevölkerungswachstum nur ein Epiphänomen der Bildung von Vermögen ist. Je komplexer die Ordnungen, je komplexer muß auch das Vermögen werden, um die Aktoren in diesen Ordnungen mit dem entsprechenden Handlungskompetenzen zu versehen. Im engen bevölkerungsökonomischen Sinne muß hier besonders das Humankapital Beachtung finden. So nehmen also Zeitbedarf und Kosten der Humankapitalbildung zu, mit der Folge einer Reduktion des Bevölkerungswachstums erstens, durch verlängerte Reproduktionsrhythmen und zweitens durch geringere

Der demographische Übergang:
Erklären Sie den demographischen Übergang als Ergebnis von Positionswettbewerb in Gesellschaften, in denen Macht zunehmend auf dem Wissen über technologische und soziale Funktionszusammenhänge beruht! Überlegen Sie ausserdem, ob die makroskopische Beobachtung, daß das Bevölkerungswachstum zurückgeht, tatsächlich der biologischen These widerspricht, daß die individuelle Verfügbarkeit von Ressourcen auch die Reproduktionsrate relativ zu anderen, schlechter ausgestatteten Individuen in derselben Population erhöht!

Kinderzahl. Ablesbar ist dieser direkte Zusammenhang an der wachsenden Bedeutung der Ausbildung in den individuellen Lebenszyklen.

Hinzu kommt, daß es neben direkten Wirkungen auf materiell-energetische Strukturen indirekte Wirkungen gibt, die über den Einfluss von Ordnungen und Sinn auf die personale Identität der Aktoren zum Tragen kommen. Sinnverlust kann über die Störungen personaler Identität zu vermehrt destruktiven Handlungen von Aktoren führen, die dann auch die materiell-energetischen Strukturen in ihrer Funktionalität beeinträchtigen (Kriminalität, Vandalismus, geringere Sicherheit).

Anomie: Die Erklärung von höheren Selbstmordraten durch Anomie, also Sinnverlust durch Unordnung, liegt am Ursprung der Soziologie als wissenschaftlicher Disziplin. **http://www.criminology.fsu.edu/crimtheory/week8.htm**

Wir können also zusammenfassen:

> *Der Wandel von Ordnungen bedingt veränderte Grade der Ordnung materiell-energetischer Strukturen, die als Kapitalausstattung der Aktoren deren proximate Handlungsmöglichkeiten und damit ultimaten Anpassungsleistungen bestimmen. Eine zentrale Rolle spielen dabei die Machtstrukturen, insofern diese der Stabilität von Institutionen und der Viabilität von Netzwerken zugrundeliegen.*

Macht, Produktion und Anpassung. Um die Bedeutung der Machtstrukturen für die Anpassungsleistungen von Wirtschaftssystemen besser zu verstehen, betrachten wir den Zusammenhang zwischen Ordnung, Handlungen und materiell-energetischen Strukturen. Handlungen von Aktoren finden in Ordnungen statt, die Institutionen, Technologie und Macht sinnhaft integrieren; entscheidend im jetzigen Kontext sind alle **produktiven Handlungen**. Diese Handlungen haben intentionale und nicht-intentionale Wirkungen. Grundsätzlich verfolgen Aktoren Ziele, die durch ihre Bedürfnisse definiert sind. Wir hatten diese Bedürfnisse als komplexes Wissen identifiziert. Damit stellt sich also die Frage, wie dieses Wissen und Ordnungen zusammenhängen. Dies ist gleichbedeutend damit zu fragen, wie makroskopische Phänomene von Macht, Institutionen und Technologie als nicht-referentielles Wissen von Aktoren interpretiert werden können, das funktional ist bezüglich deren Anpassungsleistungen in einer komplexen Umwelt. Anders gesagt, können wir Ordnungen als hochdimensionale Interaktoren der Aktoren als Basiseinheiten interpretieren, die also deren Anpassungsleistungen direkt oder indirekt bestimmen. Diese Leistungen werden durch Produktion generiert.

Arten und Ordnung:
Begreift man Ordnungen als Interaktoren auf einer hohen hierarchischen Ebene, dann lassen sich Analogien zu Biotopen (synchonisch), aber auch zum Artbegriff (diachronisch) herstellen. Bei beiden biologischen Konzepten ist wichtig, daß diese über die Viabilität bestimmter komplexer Funktionszusammenhänge definiert werden (entweder ökologischer oder organismischer Natur). Läßt sich das auf die Konzepte von Konsistenz und Kohärenz von Ordnungen übertragen?

Damit wird natürlich unmittelbar die Unterscheidung von innerer und äußerer Selektion relevant. Insofern läßt sich Gruppenwettbewerb auch als Wettbewerb von Ordnungen spezifizieren. Alle bereits vorher gewonnenen Einsichten zur Funktionalität von Macht sind also unmittelbar auch für die jetzige Fragestellung anwendbar. Betrachten wir die Zusammenhänge aus der Perspektive der Handlungen der Aktoren, dann muß grundlegend zwischen den Wirkungen des Positions- und des Leistungswettbewerbs unterschieden werden. Beide sind wiederum in der einfachsten Weise auf die Ebene der Aktoren ebenso wie auf jene der Ordnungen zu beziehen: Das heisst, die Anpassungsleistungen des einzelnen Aktors ergeben sich als Vektorsumme in vier Dimensionen:

> *Die Anpassungsleistungen jedes Aktors werden zum einen durch die Ergebnisse des Positionswettbewerbes innerhalb von Ordnungen bestimmt sowie durch die intern generierten Leistungskriterien. Die Mechanismen des internen Positions- und Leistungswettbewerbes stehen wiederum in einem Positions- und Leistungswettbewerb zwischen Ordnungen. Reflex dieser heterarchischen Beziehung ist die implizite Strukturierung des Kapitals eines Aktors nach individuell und kollektiv appropriierbaren Komponenten.*

Diese abstrakte These sollte an einem konkreten Beispiel illustriert werden. In vielen Länder der Welt ist seit jeher die Be- und Entwässerung von Land ein Schlüsselproblem des Wirtschaftssystems mit unmittelbaren Konsequenzen für die Ernährungslage, also elementare Anpassungsleistungen, die in entsprechenden Bedürfnissen reflektiert sind. Stellen wir uns eine ländliche Gemeinschaft

Kollektive Güter und Anpassung: Finden Sie andere Beispiele analog zum nebenstehenden! Häufig geht es um die Nutzung von kollektiven Gütern, deren Zugang innerhalb der frei ist, nach außen aber beschränkt.
http://members.aol.com/trajcom/private/trajcom.htm
http://dlc.dlib.indiana.edu/documents/dir0/00/00/02/69/dlc-00000269-00/hammc051800.pdf

wir uns eine ländliche Gemeinschaft vor, die erstens, mit anderen Gemeinschaften um die Nutzung eines zentralörtlichen Wasserspeichers (Stausee etc.) konkurriert, und zweitens, die das Problem der gerechten internen Verteilung des Wassers zu lösen hat. Solche Gemeinschaften sind in Geschichte und Gegenwart immer wieder auf schwerwiegende Ordnungsprobleme gestossen. Die Anpassungswirkungen des Gesamtsystems sind leicht greifbar: Wenn eine Gemeinschaft nicht in der Lage ist, eine regelmäßige Wasserversorgung zu sichern, wird sie kollektiv in erhebliche Ernährungsprobleme stürzen, die gleichzeitig das interne Verteilungsproblem verschärfen. Wenn sie die kollektive Versorgung zwar sichert, aber nicht in der Lage ist, das interne Verteilungsproblem zu lösen, wird sie die kollektive Handlungsfähigkeit durch interne Streitigkeiten verlieren, mit der Folge, daß zumindestens größere Teile der Gruppe keine ausreichende Wasserversorgung geniessen. Damit wird wieder die kollektive Handlungsfähigkeit nach außen beeinträchtigt, dann wieder mit der möglichen Konsequenz, daß die Gemeinschaft Handlungsrechte bezüglich des Wassers an andere Gemeinschaften verliert.

Was in diesem Beispiel hervortritt, sind direkte Auswirkungen von Positions- und Leistungswettbewerb auf die ländlichen Gemeinschaften. Die interne Verteilungsproblematik wird durch Positionswettbewerb bestimmt. Viele Gemeinschaften scheitern an dem Bestreben einzelner Haushalte, einen relativ größeren Anteil des Wassers zu sichern, um Wohlstandsvorsprünge zu erzielen. Letztendlich ist dies mit einem Verlust der organisatorischen Leistungsfähigkeit der Gemeinschaft verbunden und führt zu einem Niedergang des kollektiv zu organisierenden Wasserbaus. Es müssen also institutionelle Regelungen gefunden werden, die diesen Ressourcenverbrauch bzw. -verlust durch Positionswettbewerb verhindern. In der modernen Entwicklungspolitik finden dementsprechend lokale Formen der Selbstorganisation („water associations" etc.) viel Beachtung, deren zentrales Prinzip die Regelung von Machtkonflikten und damit Positionswettbewerb innerhalb der Gemeinschaft sind. Dies wird analytisch durch den Begriff des „Sozialkapitals" erfasst, und zwar im Sinne des kollektiv approprierbaren Sozialkapitals: Hier geht es also um die Ermöglichung von erfolgreichen Transaktionen der Wassernutzung, die also wiederum in den Bereich des Leistungswettbewerbes fallen. Der Leistungswettbewerb steht seinerseits hinter dem eigentlichen Ziel der Produktion: Denn die Kontrolle über das Wasser verbessert die Möglichkeiten der Haushalte, auch marktgängige Produkte zu erzeugen. Kollektive Wasserwirtschaft ist ein Ordnungsphänomen in unserem Sinne: Das heisst, es stellt ein bestimmtes Arrangement zwischen Technologie (Bewässerungssystem), Institutionen (Verteilungsregeln) und Macht (lokale Eliten) her.

Positionswettbewerb und Kollektivgüter:
Wie kann man das nebenstehende Argument auf abstrakte Konzepte übertragen? Eine zivilgesellschaftliche Ethik könnte ein analoges kollektives Gut sein. Unterscheiden Sie zwischen der Nutzung dieser Ethik und ihrer Erzeugung bzw. Erhaltung durch die Aktoren! Können Sie sich andere abstrakte Anwendungen denken?

Dabei bemisst sich der Erfolg der kollektiven Selbstorganisation zum einen an der reichlichen Versorgung mit Wasser pro Haushalt (Anpassungsleistung). Die Meßlatte hierfür ergibt sich aus dem Leistungswettbewerb zwischen den Gemeinschaften: Es wäre vorstellbar (aber geschieht in der ländlichen Gesellschaft selten), daß im Sinne eines bekannten ökonomischen Modells die Individuen „mit den Füssen abstimmen", d.h. daß die Aktoren zwischen den Gemeinschaften wandern und sich jenen anschliessen, die das Problem der kollektiven Selbstorganisation am besten gelöst haben. Der Leistungswettbewerb würde dann also zur Durchsetzung jener Ordnungen führen, die die meisten Aktoren anziehen. In der Realität gilt jedoch, daß die verschiedenen Gemeinschaften miteinander in einem Positionswettbewerb stehen, d.h. also daß sich das intrakollektive Ordnungsproblem erneut für den Wettbewerb zwischen Gruppen als derivativen Aktoren stellt. In diesem Zusammenhang gewinnen Machtstrukturen innerhalb der Gruppen eine Funktionalität für den Positionswettbewerb zwischen den Gruppen, womit also die innere Ordnung der Gruppen mit der äußeren zwischen den Gruppen interdependent ist.

Voting with the feet:
Dieses Argument ist ursprünglich auf den Wettbewerb zwischen Kommunen angewendet worden: Auf diese Weise werde die Relation zwischen lokaler Abgabenlast und kommunalen Leistungen optimiert. Welche Bedingungen müßten gelten, damit dieses Szenario in der Realität greift?

> **Ethnizität und Nationalismus:** Das 19. Jh. sah den Aufstieg des Nationalismus als gesellschaftlichem Phänomen, das weit in die Gegenwart hineinreicht, unter anderem durch die abgeleiteten Nationalismen in Entwicklungsländern. Wie läßt sich das nebenstehende Argument für diesen Fall verallgemeinern?

In traditionellen ländlichen Gesellschaften kann dies sogar mit gewaltsamen Konflikten zwischen Gemeinschaften einhergehen, also mit dem Erfordernis der kollektiven Organisation von Gewalt. Wenn Gruppen also ihrerseits um Zugang zu einer begrenzten Ressource konkurrieren, werden die abgrenzenden Kräfte von Ordnungen wichtig: Die Gemeinschaften bilden lokale Kulturen, die eine innere Kohärenz gegenüber den äußeren Konkurrenten herstellen. Solche lokalen Kulturen schränken wiederum den Leistungswettbewerb ein, weil die Mobilität über die Gruppengrenzen hinweg vermindert wird. Es entstehen auch möglicherweise dysfunktionale Wirkungen für die innere Leistungsfähigkeit: Zum Beispiel kann der Positionswettbewerb in der Gruppe sich verschärfen und negative Wirkungen auf die dort generierte Leistung ausüben, aber dennoch auf den Positionswettbewerb zwischen den Gruppen positiv wirken, also wiederum die kollektive Gesamtleistung verbessern. Ablesbar kann eine solche komplexe Wechselwirkung sein an einer insgesamt zwar reichhaltigen Versorgung der Gemeinschaft mit Wasser, aber gleichzeitig einer sehr ungleichen Verteilung der Nutzungsmöglichkeiten über die Mitglieder der Gruppe.

> **Ordnung zwischen Ordnungen:** Interpretieren Sie die aktuelle Debatte um „global governance" im Lichte der nebenstehenden Überlegung! **http://www.cgg.ch/ http://www.lse.ac.uk/Depts/global/**

Das Problem des Wettbewerbs zwischen den Gruppen kann nun typischerweise immer schwerer durch informale Institutionen gelöst werden. Es setzt eine Formalisierung der Ordnung voraus und damit eine erneute Konzentration von Macht über die Ebene der Gruppen hinaus. Dementsprechend wichtig werden in der Praxis Verbände von „water associations" und deren Beziehung etwa zu regionalen Regierungsorganisationen.

Wir sehen also an diesem Beispiel, wie Ordnungen äußerst eng mit direkten Anpassungsleistungen für die Aktoren verknüpft sind. Das Beispiel hatte den Vorteil, eine direkt für intrasomatische Bedürfnisse relevante Ressource, nämlich das Wasser, zugrundezulegen. Gleichzeitig sind Bewässerungssysteme ein Kapitalgut, dessen Nutzung aber offensichtlich in ganz entscheidendem Masse durch die vorherrschende Ordnung bestimmt ist. Tatsächlich läßt sich der Erfolg von Bewässerungssystemen in der Entwicklungzusammenarbeit auch direkt ablesen am materiell-energetischen Ordungszustand dieser Systeme, also dem Grad ihrer Pflege oder des Verfalls. All dies läßt sich also zusammenfassen in Beschreibungen des Vermögens der Aktoren und seiner Verteilung in der Population sowie seiner Aufteilung zwischen kollektiven und individuell appropriierbaren Kapitalarten.

Wasserwirtschaft: In manchen Entwicklungsländern besitzt der Erfolg oder Mißerfolg der Gründung von „water associations" eine Schlüsselrolle für lokale Entwicklung. **http://www.worldbank.org/poverty/scapital/topic/water1.htm** **http://www.fao.org/ag/agl/watershed/cases.htm**

Wir können nun wieder das VSB Paradigma in sinnvoller Weise anwenden. Dann ergibt sich in einfacher Weise:

> *Positionswettbewerb ist ein zentraler Mechanismus innerer Selektion von Handlungen in Ordnungen. Leistungswettbewerb ist die über komplexe Heterarchien von Interaktoren geordnete Kraft der Bestimmung von Anpassung der Aktoren in Wirtschaftssystemen. Leistungswettbewerb ist Kraft äußerer Selektion. Beide Selektionsmechanismen sind wiederum kontingent bezüglich der System-Umweltgrenzen.*

Wir fassen diese komplexen Zusammenhänge in Abbildung 40 zusammen. Dort ist die grundlegende Struktur des Wettbewerbs zwischen Ordnungen nochmals visualisiert. Innerhalb von Populationen ergibt sich die individuelle Ausstattung mit Vermögen aus den verschiedenen individuell appropriierbaren Kapitalarten und dem verteilten Wissen darüber. Dazu gehören auch Bestände an kollektiv appropriierbarem Kapital. Aktoren einer Population stehen miteinander in Positionswettbewerb. Dessen Auswirkungen auf die individuellen Vermögen werden wesentlich durch die von im erzeugten externen Effekte bestimmt. Die gesamte Population von Aktoren wird durch diese Zusammenhänge als Territorium gegen andere Populationen abgegrenzt, sofern Grenzen durch Kulturen gezogen werden. Für die Beziehung zwischen Populationen gilt wieder das über Aktoren analog gesagte, d.h. vor allem, daß es einen Positionswettbewerb mit externen Effekten gibt. Dessen Wirkungen bestimmen dann im Leistungswettbewerb der Populationen als Aktoren die Auswirkungen für die Anpassung des Systems an die materiell-energetische Umwelt. Diese Leistungen bestimmen dann wiederum die Zustände der Aktoren. Sind die Aktoren mit diesen Zuständen zufrieden und empfinden sie diese als sinnhaft, so ist die Ordnung viabel.

Abbildung 40: Wettbewerb, Vermögen und Anpassung

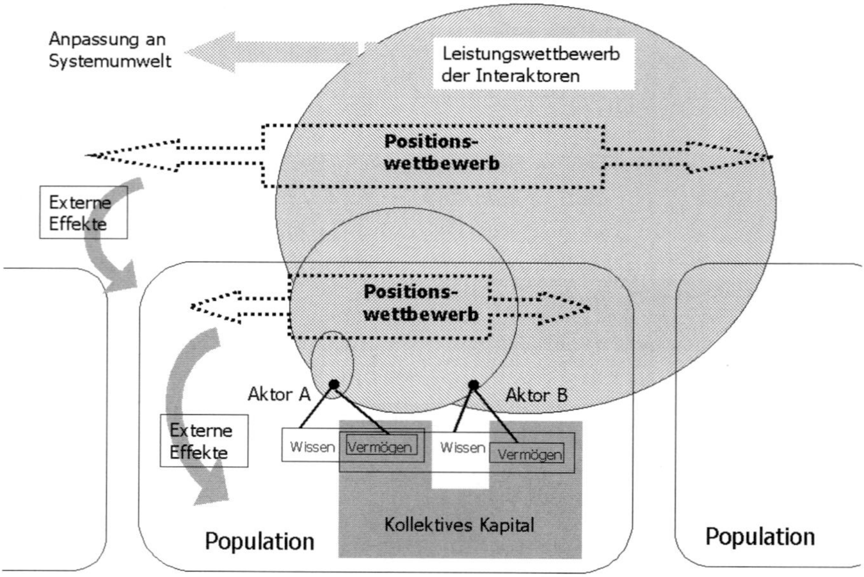

Positionswettbewerb und Sozialstruktur. Es wird oft argumentiert, daß in Industriegesellschaften die soeben analysierten Zusammenhänge durch den erreichten Überfluss an Konsumgütern aufgehoben sind: Der Konsum sei nicht mehr unmittelbar anpassungsrelevant, da keine Subsistenzwänge mehr bestünden. Diese Behauptung übersieht, daß die grundlegenden Zusammenhänge lediglich komplexer geworden, aber nicht wirkungslos geworden sind. Die Vermittlung des Zusammenhangs zwischen materiell-energetischen Strukturen und Ordnungen geschieht im wesentlichen über intentionale und nicht-intentionale Prozesse, wobei letztere die gezielte Festlegung von Institutionen durch kollektives Handeln, erstere aber vor allem den Zusammenhang zwischen Ordnung und Handeln betreffen. Unabhängig vom Entwicklungsstand eines Wirtschaftssystems besteht immer das Problem, wieweit letzten Endes Positionswettbewerb zu einer Steuerung von Handlungen führt, die Anpassungsleistungen des Gesamtsystems gefährdet. Dabei darf auch nicht übersehen werden, daß zu diesen Anpassungsleistungen, wie im zweiten Kapitel gezeigt, natürlich auch die Stabilisierung personaler Identität gehört, also die viable Lösung von Konflikten modularer Vernunft: Letzten Endes hat also Anpassung viel mit „Glück" zu tun, wie wir es im zweiten Kapitel betrachtet haben.

In der ökonomischen Literatur ist die entsprechend komplexe Beziehung zwischen Positions- und Leistungswettbewerb mit dem Konzept der „**Statuspräferenzen**" angesprochen worden. Evolutionsökonomisch sind Statuspräferenzen Bedürfnisse, die sich aus den Erfordernissen des Positionswettbewerbes um Macht ergeben. Die Befriedigung solcher Bedürfnisse ist damit direkt ein Reflex von Macht in einem Wirtschaftssystem. Dann gilt aber wiederum, daß die Verteilung von Formen der Bedürfnisbefriedigung über die Aktoren eines Wirtschaftssystems zum Teil die Machtstrukturen abbildet, und zwar nicht nur im herkömmlichen ökonomischen Sinne als Verteilung von Einkommensgrößen, sondern auch strukturell als Verteilung konkreter Arten von Bedürfnissen im Sinne von Bedürfnissen, die spezifisch für bestimmte Rollen von Aktoren sind. Gleichzeitig ist Macht als relationale Größe immer knapp und nicht im Überfluss vorhanden, so daß die Ergebnisse von Positionswettbewerb grundsätzlich unabhängig vom Niveau der Produktion sind.

Statuspräferenzen: Betrachten Sie den deutschen Konsumgütermarkt! Welche Güter spielen eine große Rolle in Konsumformen, bei denen es zumindestens teilweise darum geht, sich innerhalb einer sozialen Hierarchie einer Referenzgruppe zu etablieren? Welche Güter weisen die Eigenschaft artifizieller Knappheit auf, d.h. sie sind nicht direkt hinsichtlich ihrer Bedürfnisbefriedigung bewertet (etwa Mode).

Konventionell ist hier der Zusammenhang zwischen Sozialstruktur, Verteilung und Konsumverhalten angesprochen.

École de la régulation: Englisch mag die Sprache der Wissenschaft sein, aber Evolutionsökonomen sprechen auch andere Sprachen. **http://www.upmf grenoble.fr/irepd/regulation/Presentation_Association/pubcotis.html**

Eine der wenigen theoretischen Positionen in der neueren Ökonomie, die sich mit diesem Zusammenhang befasst, ist die sogenannte **Regulationsschule**. Sie postuliert den evolutionsökonomisch bedeutenden Zusammenhang zwischen Produktion, der sich ergebenden Verteilung von Einkommen, und der Ermöglichung der Re-Produktion der Strukturen durch die resultierende Nachfrage. Dies ist hier allerdings primär ein makroökonomisches Argument, während aus evolutionsökonomischer Sicht die Auswirkungen auf die Struktur der Produktion wichtig sind. Hinter der Verteilung wird dann eine bestimmte **Statusordnung** des Konsums gesehen, aus der Konsumziele generiert werden, die als individuelles nicht-referentielles Wissen tatsächlich die Produktion steuern und somit die Reproduktion materiell-energetischer Strukturen. Statusordnungen werden wiederum im Sinne von Abbildung 40 in unterschiedlichen Dimensionen wirksam: Zum einen regulieren sie den populationsinternen Positionswettbewerb, zum anderen bestimmen sie aber auch die Leistungswirkungen dieses Wettbewerbs auf den unterschiedlichen Ebenen von Interaktoren. In unserem Beispiel der Wasserwirtschaft ist die Statusordnung vor allem in informalen Institutionen enthalten, die die Rolle lokaler Eliten in Dörfern bestimmen.

Dabei ist zu beachten, daß auch für die Statusordnungen und deren konkrete Abbildung in Konsummuster natürlich das Phänomen der Neuheit von zentraler Bedeutung ist. Das heisst, der skizzierte Zusammenhang zwischen Ordnungen muß in Rechnung stellen, daß die zugrundeliegenden Prozesse ständig Neuheit generieren, und daß Neuheit der Mechanismus ist, über den Lösungen von Problemen der Bedürfnisbefriedigung gefunden werden. Daher ist die spezifischere Frage noch von besonderem Interesse, wie durch bestimmte Ordnungen der Strom der Neuheiten in einem Wirtschaftssystem kanalisiert wird.

Historisch lassen sich bestimmte Muster dieser Zusammenhänge erkennen, die wir hier nur beispielhaft ansprechen können. Das bekannteste dieser Muster ist durch den sogenannten „**Fordismus**" gekennzeichnet, also der Zusammenhang zwischen Massenproduktion, Massenkonsum, organisierter technologischer Innovation und demokratischem Staat, wie er im 20. Jh. charakteristisch für die Industriegesellschaften wurde: Demokratie und gleichere Verteilung von Bedürfnissen, Bedürfniserfüllung und Handlungsmöglichkeiten sind strukturell koordiniert. Dieser Prozeß ist primär angestossen worden durch das Wechselspiel zwischen der Industrialisierung als einer Eigendynamik der Technologieentwicklung und der militärischen Reorganisation der Konkurrenz zwischen Staaten, die zunehmend eine breite Mobilisierung der Bevölkerung erforderte. Dies spielte mit der zunehmenden Notwendigkeit zusammen, den wirtschaftlichen Wachstumsprozeß durch eine stabile Massennachfrage zu unterstützen. Auf beides wirkte im Hintergrund die rapide Zunahme der Bevölkerung in Europa.

Fordismus und Post-Fordismus: Dieses Begriffspaar spielt eine wichtige Rolle in bestimmten wissenschaftlichen und politischen Denkrichtungen, die sich mit der Entwicklung des sogenannten „Kapitalismus" befassen. In Deutschland tauchen die Konzepte eher seltener auf, sind aber besonders in Frankreich und Südeuropa sehr gängig.
http://lipietz.net/
http://www.infed.org/biblio/b-postmd.htm

Das sich ergebende fordistische System des 20. Jhs. hat sich dann als ein System erwiesen, das einerseits in hohem Masse eine individuelle Anpassungsleistung ermöglichte, aber auch extensiv und strukturell die Umwelt belastete. Gleichzeitig sind jedoch auch langfristige Ungleichgewichte in der Weltwirtschaft erkennbar, die bis heute krasse Unterschiede im Wohlstand der Länder erkennen läßt, wobei breite Gruppen selbst elementare materiell-energetische Sicherheit nicht geniessen. Die heutige Debatte um die Globalisierung ist dementsprechend genau durch diese beiden Fragestellungen geprägt („Nachhaltigkeit" und „Entwicklung"). Im Zentrum steht die Frage der Entstehung neuer Ordnungen, die funktional leistungsfähige Lösungen generieren (sog. „global governance"-Debatte).

Der Zusammenhang zwischen Statuspräferenzen und Produktion läßt sich auch in anderen Bereichen leicht nachweisen; allerdings geht es regelmäßig weniger um einzelne Güter, sondern bestimmte Gütergruppen. Instruktiv ist beispielsweise die Differenzierung von Gütern nach dem Lebenszyklus: In modernen Gesellschaften ist es Folge des

Positionswettbewerbes, daß in der öffentlichen Wahrnehmung Konsumgüter eine große Rolle spielen, die mit Jugend, Gesundheit, Karriere etc. stark korrelieren, während die entwickelten Industrienationen eigentlich immer stärker auf die Bedürfnisse älterer Menschen hin produzieren müssen. Der entsprechende Widerspruch zwischen Positions- und Leistungswettbewerb spiegelt sich in der Krise der Gesundheitssysteme wider.

Konsumkritik:
Zum Beispiel wird das Thema der langristigen ökologischen Viabilität unserer Wirtschaftssysteme häufig mit der Kritik moderner Konsummuster verbunden:
http://www.nologo.org/

Wir können diese Probleme hier aus Raumgründen nicht vertiefen. Die zentrale Frage ist, wie Ordnung auf das individuelle Streben nach Bedürfnisbefriedigung wirkt. Alles Wirtschaften ist Produzieren im Sinne der Schaffung und Aufrechterhaltung materiell-energetischer Ordnung. Entscheidend ist also, welche Ziele die Ordnung für die Produktion generiert. Dies führt zur grundlegenden Unterscheidung zwischen beabsichtigten und unbeabsichtigten Wirkungen von Produktion zurück. Wir können dann allgemein feststellen:

> *Die Stabilisierung materiell-energetischer Strukturen durch Ordnungen erfolgt durch institutionelle Regulierungen der Produktion unbeabsichtigter Kuppeloutputs und durch die Regulierung beabsichtigter Ziele über die Strukturen nichtreferentiellen Wissens der Aktoren. Die letzteren bestimmen die Beziehung zwischen Zielen des Positions- und Leistungswettbewerbs. Diese Beziehung wird in hohem Masse durch den Gruppenwettbewerb bestimmt. Der Wettbewerb zwischen Ordnungen ist seinerseits Positions- und Leistungswettbewerb. Auch hier gilt also wieder, daß institutionelle Regulierungen gefunden werden müssen, um eine Funktionalität des Gesamtsystems „Welt" zu erreichen.*

Mit dieser Bezugnahme auf die Gesamtheit aller Wirtschaftssysteme – die „Welt" – begegnet uns nun explizit die letzte theoretische Kategorie der Evolutionsökonomik, die wir noch betrachten wollen, nämlich der Raum.

c. Räumliche Ordnung

Raum und Netzwerke. Ordnungen haben Raumbezug. Der offensichtlichste Fall ist jener des Territorialstaates, wie er sich aus dem mittelalterlichen Personenverbandsstaat entwickelt und zur dominanten politischen Organisationsform der modernen Weltgesellschaft geworden ist. Dieser Raumbezug ist in gleicher Weise selbstverständlich wie hinterfragbar: Auch im Personenverbandsstaat galten natürlich räumliche Bezüge, wie etwa die Sicherung von Herrschaft durch wanderne Herrscher zeigt (Kaiserpfalzen). Daher muß die Art und Weise, wie der Raum mit der Wirtschaft zusammenhängt, thematisiert werden. Umgekehrt wird von der modernen Wirtschaftsentwicklung häufig behauptet, sie habe den Raum als ökonomische Dimension verschwinden lassen: Die „New Economy" wird von manchen geradezu als raumlose Wirtschaft aufgefasst. ***Lesehinweis 21***

Raum und Internet: Betrachten Sie die Auswirkungen des Internet auf das wirtschaftliche Handeln im Raum. Unterscheiden Sie dabei zwischen den verschiedenen Dimensionen von Netzwerken, also Transaktion, Wahrnehmungs- und Kommunikationsfeldern! Welche Rolle spielt die Verteilung der Zugangsmöglichkeiten? **http://www.cybergeography.org/**

Selbstverständlich ist der Raumbezug der Wirtschaft, insofern Handeln und Artefakte immer in Raumzeit verlaufen und Bestand haben. Ähnlich wie für die Zeit stellt sich aber die Frage, ob die aus der Physik entlehnte Vorstellung von der Homogenität des Raumes auch aus evolutorischer Sicht Bestand hat. Das durchschlagende und allgemeinste Argument lautet, daß zu einem bestimmten Zeitpunkt gleichzeitige Variationen beliebiger Phänomene nur an verschiedenen Orten realisiert sein können. Wenn aber der Raum selbst zu seiner Vermessung den Bezug auf Orte voraussetzt, geht die Raumwahrnehmung unmittelbar von der Nicht-Homogenität des Raumes aus, also von der Unterschiedlichkeit von Orten im Raum.

Dieser grundlegende Tatbestand wird positiv verständlich, wenn konstatiert wird, daß der homogene Raum tatsächlich irrelevant für die Prozesse ist, die wir im dritten Kapitel betrachtet haben. Er spielt eine ähnliche Rolle wie die physikalische Zeit als Bezugsgröße für die intersubjektive Kommunikation über Prozesse, d.h. hat primär konventio-

Inhomogenität des Raumes: Betrachten Sie das Mobilitätsverhalten Ihrer Bekannten innerhalb eines Radius von 20 km. Wie ist dieser Raum individuell strukturiert? Gibt es Richtungen, die fast nie aktiviert sind? Viele Menschen waren noch nie in 20 km entfernten Städten, aber in weit entfernten Urlaubsorten.

Space and place: Die Unterscheidung zwischen homogenem Raum und heterogenen Orten spielt in der wirtschaftsgeographischen Literatur eine Schlüsselrolle bei der transdisziplinären Erklärung der Standortdynamik. **http://www.upress.umn.edu/Books/T/tuan_place.html http://www.dragonmud.org/people/jen/space.html http://www.sscnet.ucla.edu/ssc/labs/currym/IEEE.htm**

nellen Charakter. Stattdessen ist aus evolutionsökonomischer Sicht von einer **räumlichen Ordnung** zu sprechen, die ein besonderer Aspekt nicht nur materiell-energetischer Strukturen, sondern auch der Handlungen von Aktoren ist.

Damit ist Raum in ähnlicher Weise ein Ordnungsphänomen wie die Zeit: Das Gegenstück zur Epoche haben wir bereits betrachtet, nämlich das **Territorium**. Territorien in Netzwerken sind die Strukturprinzipien des Raumes, der damit prinzipiell zu einer inhomogenen Größe wird. Wir definieren also:

> *Raum ist durch Territorien geordnet. Territorien definieren Orte und Felder im Raum, die Netzwerke mit der Eigenschaft der* **Gerichtetheit** *versehen. Raum und Territorien bedingen sich wechselseitig. Eine Einheit einer solchen Wechselwirkung ist eine räumliche Struktur. Mengen von räumlichen Strukturen bilden räumliche Ordnungen.*

Ort und Felder. Der Angelpunkt räumlicher Ordnung ist der **Ort**. Der Begriff des Ortes ist direkt vergleichbar mit jenem des Zeitpunktes und des Ereignisses.

> *Orte sind singuläre Positionen der Gleichzeitigkeit von Prozessen im Raum. Diese singulären Positionen bestimmen wiederum die räumlichen Strukturen: diese ihrerseits bestimmen die Handlungen. Raum und Zeit ergeben ein raumzeitliches Feld, das Handlungen und Transaktionen der Aktoren strukturiert und damit auch die Netzwerke. Netzwerke sind also geordnete raumzeitliche Phänomene.*

Betrachten wir kurz Phänomene der Ordnung, die mit Orten zusammenhängen.

- In materiell-energetischen Strukturen sind Orte ein Phänomen der **negentropischen Konzentration von Materie-Energie** und damit zentral für die Bildung von Strukturen, die Wissen tragen. So gesehen, ist jede Form der Negentropie eine räumliche Ordnung. Für Wirtschaftssysteme sind jedoch von besonderem Interesse die Konzentrationen von Materie-Energie bis zur

Erreichung bestimmter **kritischer Werte**, die zur radikalen Veränderung von materiell-energetischen Prozessen führen. Dies bedeutet eine wesentliche Erweiterung der ökologischen Interpretation der thermodynamischen Grundzusammenhänge: Denn unabhängig von den makroskopischen Systemzuständen können singuläre Konzentrationen struktureller Natur erhebliche Auswirkungen auf diese Zustände haben. Das typische Beispiel sind Vergiftungen in ökologischen Systemen, die durch Konzentrationen toxischer Stoffe an bestimmten Orten das gesamte System zum „Umkippen" bringen. Derartige physikalisch-chemischen Zusammenhänge stehen im Mittelpunkt vieler Umweltprobleme und reflektieren häufig wiederum Konzentrationen von Elementarprozessen der Produktion an bestimmten Orten.

Dieser Sachverhalt ist umweltpolitisch äußerst bedeutsam, wie wir in Kap. VI, 2, sehen. Kritische Werte spielen außerdem in der katastrophentheoretischen Modellierung eine wichtige Rolle, siehe Kap. V, 6.

- In der Produktion sind Orte ein Phänomen der **Konzentration von synchronen Elementarprozessen**. Dies ist genauer betrachtet ein räumlich definierter Zusammenhang von Ordnung. Der primäre Effekt räumlicher Konzentration ist zum Beispiel die technologisch notwendige Kontiguität von Elementarprozessen, wie etwa der Anschluss an eine bestimmte Energiequelle oder die Nutzung eines räumlich konzentrierten Inputs, wie Erze. Sekundär wirken aber Mechanismen der Wahrnehmung und Kommunikation von Aktoren in der Produktion auf die räumliche Struktur. Das heisst vor allem, daß Produktion durch hyperzyklische Koordination an bestimmten Orten konzentriert sein kann. Dies wird herkömmlich als Wirkung von lokalen „**spillovers**" bezeichnet und ist ein wesentlicher Faktor der Konzentration von Produktion an bestimmten **Standorten**.

Dynamische Regionen:
Nicht nur das "Silicon Valley" ist ein Beispiel für solche Konzentrationen!
http://www.suzhou.gov.cn/english/6develop/cssip/Default.htm
http://www.ivamnrw.de/ger/index_1024.html
http://www.virtualbangalore.com/

- Schliesslich weisen Ordnungen eine räumliche Dimension auf, insofern die zugrundeliegenden institutionellen Zusammenhänge an räumlich gebundene Aktoren geknüpft sind, insbesondere an Gruppen, deren Zusammenwirken eine räumliche Nähe erfordert. Das heisst, daß das Phänomen der **Grenze zwischen Gruppen** sich in räumlichen Grenzen niederschlägt, wie etwa Siedlungsgebieten ethnischer Gruppen. Dies ist im wesentlichen eine räumliche Auswirkung von **Territorien** in Netzwerken. Dabei ist noch die Variante erwähnenswert, daß Territorien in Netzwerken auch durch geeignete Formen der Mobilität der Aktoren im Raum hergestellt werden können (zum Beispiel bei der wirtschaftlichen Kooperation durch Geschäftsreisen).

Pfadabhängigkeit:
Stellen Sie sich vor, jemand plante, eine direkte Konkurrenz zu Frankfurt zu gründen. Was müßte alles beachtet werden? Was könnte Frankfurter Unternehmen bewegen, den Standort zu wechseln?

Diese drei wichtigsten Faktoren räumlicher Ordnung wirken nun zusammen und erzeugen die Pfadabhängigkeit von Entwicklung im Raum. Das heisst, zu einem bestimmten Zeitpunkt läßt sich eine Verteilung von Wirtschaftssystemen und eine bestimmte räumliche Struktur von Netzwerken beobachten, die singulär und viabel ist, und die das Ergebnis des Zusammenwirkens der Faktoren in der Zeit ist. Räumliche Strukturen können daher eine sehr langsame eigenzeitlichen Dynamik ihrer Veränderung aufweisen. Zum Beispiel wirken hyperzyklische Formen der Produktion mobilitätsbeschränkend auf die involvierten Aktoren, d.h. diese erfahren Nachteile, wenn sie den Hyperzyklus verlassen. Daher wird der Ort im Raum stabil. Räumliche Ordnung erzeugt Pfadabhängigkeiten der wirtschaftlichen Prozesse.

Gleichzeitig entstehen durch die Orte Felder im Raum, denen die Netzwerke zwischen den Aktoren zugrundeliegen. Felder lassen sich an stabilen Formen des Verkehrs, der Kommunikation und der Mobilität zwischen Orten ablesen. Aus der historischen Wirtschaftsgeographie ist die erstaunlich lange Stabilität solcher Muster bekannt. Man vergleiche nur die dezentrale Verteilung der Städte in Deutschland mit der Zentralisierung in Frankreich. Diese Struktur reflektiert bestimmte Entwicklungen von Ordnungen (insbesondere politischen Machtstrukturen) in beiden Ländern. Die Konsequenzen für die materiell-energetischen Strukturen (Verkehrslinien, Verteilung von Infrastruktur etc.) führen dann zu einer langfristigen Selbstverstärkung der Verteilung von Orten durch die Felder, die sie aufbauen. Dementsprechend sind räumliche Ordnungen mit sehr starken Effekten der Pfadabhängigkeit und des „lock in" verbunden.

Felder:
Die „Mauer" hat Ost- und Westdeutschland voneinander isoliert. Betrachten Sie die Schwierigkeiten, integrierende Felder zwischen beiden Gebieten zu schaffen.

Die Selbstverstärkung der Felder entsteht durch die Bestimmungsgründe des Handelns der Aktoren im Raum, also die Art und Weise, wie Raum auf Wahrnehmungsfelder und Kommunikationsfelder einwirkt und Transaktionen beeinflusst. Im Ergebnis erhält der Raum eine aktorszentrierte Konfiguration, wie dies in Abbildung 41 illustriert wird.

Abbildung 41: Aktorszentrierte Topologie des Raumes

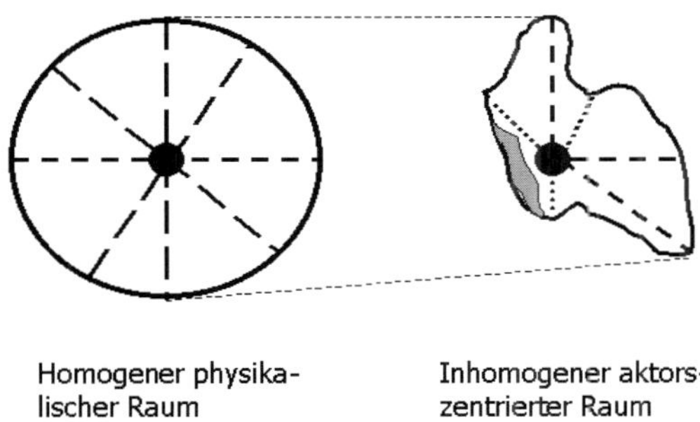

Determinanten räumlicher Ordnung. Es gibt grundsätzlich zwei Formen von Determinanten räumlicher Ordnung, nämlich diachronische und synchronische, die wiederum als innere und äußere Selektion im Sinne des VSB-Paradigmas aufgefasst werden können.

Diachronisch wirkt die realisierte räumliche Ordnung auf den gegenwärtigen Wandel der räumlichen Ordnung durch die Strukturierung der Handlungen und Transaktio-

Klima und Wirtschaft: Seit jeher sind viele Menschen der Meinung, daß das Klima einen beträchtlichen Einfluss auf die wirtschaftliche Entwicklung ausübt. Sammeln Sie einige der Argumente und prüfen Sie diese auf Plausibilität!

nen: etwa der Einfluss bestehender Infrastruktur auf die Ansiedlung von Industrieunternehmen. Dabei sind die unterschiedlichen Eigenzeiten wichtig, um die relative Stabilität bestimmter Selektionsbedingungen zu kennzeichnen. Es gibt, grob gesagt, **stabile, langsame und schnell verändernde räumliche Restriktionen.** Stabile Selektionsbedingungen sind etwa Klima und geophysikalische Topographie, also die realisierten materiell-energetische Strukturen von hoher relativer Dauerhaftigkeit. Im Übergang befinden sich häufig Artefakte, wie Brücken und Gebäude. Langsam veränderliche räumliche Strukturen sind beispielsweise räumlich gebundene Institutionen wie etwa Staaten. Schnell veränderlich ist die Verteilung der Aktoren im Raum. Der Übergang zwischen räumlich gebundenen Institutionen und Aktoren läßt sich durch die Bedingungen definieren, die eine koordinierte Bewegung der Aktoren im Raum bestimmen. Während die Völkerwanderung noch relativ leicht gesamte Institutionen im Raum bewegen konnte, ist dies für moderne Staaten kaum noch vorstellbar. Andererseits bedeutet die zunehmenden weltweiten Investitionen multinationaler Unternehmen, daß deren Organisationen sich zunehmend aus räumlichen Bindungen lösen und im Raum transferierbar werden. Allgemein läßt sich also sagen:

> *Die* **Stabilität der räumlichen Ordnung** *wird wesentlich durch* **geophysikalische Faktoren** *und durch die* **Umgebungsbindungen** *von Aktoren bestimmt. Letzteres ergibt sich durch die räumliche Bindung von Ordnungen an bestimmte Territorien in Netzwerken und an bestimmte örtliche Artefakte, die für die Stabilisierung der Institutionen notwendig sind. Räumliche Ordnung ist also eine spezielle Form der Interdependenz von Ordnung in Netzwerken und materiell-energetischer Ordnung.*

Kräfte äußerer Selektion sind in der allgemeinsten Weise die materiell-energetischen Aufwände für räumlichen Wandel. Hier sind wieder grob zwei unterschiedliche Formen zu unterscheiden, nämlich um einen der Aufwand der

Veränderung gegebener räumlicher Strukturen (z.B. Deichbau) und zum anderen der Aufwand für die Transaktionen im Raum (z.B. Güterhandel), wobei wie bei letzterem selbstbezügliche Transaktionen eingeschlossen sind, also die Bewegung von Aktoren im Raum (z.B. Reisen).

Vor allem letzteres ist zentral für die Analyse räumlicher Dynamik, denn durch Bewegungen von Aktoren im Raum läßt sich die Beziehung zwischen Strukturen und Aktoren neu bestimmen. Diese Differenzierung ist unmittelbarer Reflex der Tatsache, daß Strukturen als emergente Phänomene von Netzwerken einen unabhängigen ontologischen Status gegenüber den Aktoren besitzen. Das bedeutet aber, daß die äußere Selektion nicht selbst unabhängig von den Aktoren ist: Die Aktoren können sich entweder an die gegebenen Strukturen anpassen, oder sie weichen der Anpassung durch Bewegung und Veränderung der Strukturen aus. Genau dies führt aber in der Zeit auch zur Veränderung der Strukturen.

Bezogen auf die obige Unterscheidung von Selektionsbedingungen nach eigenzeitlichen Differenzen, ergäbe sich also zum Beispiel die Vermutung, daß die unveränderliche Restriktion der Topologie die Evolution von Institutionen bestimmt, die wiederum die Handlungen von Aktoren selektieren. Die Selektionswirkung hängt wiederum davon ab, ob sich die Aktoren an diese Hierarchie von Selektionsbedingungen anpassen, oder ob sie gegebenfalls durch Abwanderung ausweichen. Ein Musterfall für einen solchen Zusammenhang sind klassische Erklärungen der Entstehung der ersten staatlichen Großorganisationen in Ägypten und in Mesopotamien: Die geophysikalischen Bedingungen der Flußtäler des Vorderen Orientes haben die Entstehung von „hydraulischen Despotien" begünstigt, deren institutionelles Gefüge wiederum deshalb stabil war, weil die Aktoren nur geringe Abwanderungsmöglichkeiten besassen.

Niedergang des Nationalstaates:
In den neunziger Jahren gab es eine intensive Debatte darüber, ob künftig die Nationalstaaten als Einheiten verschwinden und durch enterritorialisierte Netzwerke ersetzt werden: Was meinen Sie?
http://www.foreignaffairs.org/19970901faessay3802/peter-f-drucker/the-global-economy-and-the-nation-state.html
http://www.ekloges.com.cy/nqcontent.cfm?tt=article&a_id=1471
http://www.sandersresearch.com/Webmag/ANILJuly30.pdf

Anpassung und Raum:
Überlegen Sie, welche Bedeutung räumliche Anpassung beim Aufstieg Amerikas zu einer Weltmacht gespielt hat!

Raum und Macht:
Welche anderen topologischen Faktoren könnten Ihrer Meinung nach politische Strukturen beeinflusst haben? Ein Wirkungskanal könnte über die Auswirkungen auf die militärische Logistik laufen, in Abhängigkeit vom technologischen Entwicklungsstand.
http://chief.anth.uconn.edu/classes/anth106_s02/discussions/DISC5.htm
http://www.csun.edu/~ms44278/state.htm

Zugänge zum Raum:
Der Raum wird uns eigentlich nur über komplizierte kognitive und semantische Verfahren zugänglich:
http://www.informatik.uni-hamburg.de/WSV/rze/RZE11.Raum.Anordnung.pdf

Für das Verhalten von Aktoren unter gegebenen Rahmenbedingungen ist das von ihnen aktivierbare Wissen ausschlaggebend. Dieses Wissen ist aber in hohem Masse nicht-referentiell und an die Strukturen gebunden, in die die Handlungen der Aktoren eingebettet sind. Das den intentionalen Handlungen zugrundeliegende referentielle Wissen gründet in der Sammlung von Information, die durch Wahrnehmung und Kommunikation zugänglich wird. Diese ist räumlich bedingt durch die Reichweite der jeweiligen Prozesse, und durch die räumliche Verteilung von erreichbaren Informationsquellen. Insofern besteht eine sehr enge Beziehung zwischen räumlicher Ordnung und Verhalten der Aktoren: Das Beispiel der hydraulischen Despotien verweist auf die biblische Geschichte der Wanderung des auserwählten Volkes an einen anderen, unbekannten Ort – die fundamentale Unsicherheit über die Alternativen band alle anderen Unterdrückten an den Ort der Flusstäler. Aber gerade auch die moderne Innovationsforschung zeigt die überragende Bedeutung räumlicher Ordnung für die Verarbeitung von Wissen. Räumliche Nachbarschaft ist für viele Innovationsprozesse offensichtlich eine grundlegende Bedingung. Dies erklärt sich wiederum aus den Besonderheiten bestimmter Formen des Wissens und ihrer Wahrnehmung und Kommunikation.

Wahrnehmung und Kommunikation im Raum. Wenn wir das bislang skizzierte Geflecht von Interdependenzen betrachten, so ist dies in höchstem Masse komplex. Räumliche Ordnung und zeitliche Ordnung spielen in einer Weise zusammen, die auch für die Wissenschaft nicht einfach überschaubar ist. Die Komplexität räumlicher Ordnung weist allerdings einen Anker auf, um analytisch zugänglich zu werden. Dies ist die räumliche Wahrnehmung und Kommunikation der Aktoren, deren Handlungen letztlich die räumliche Ordnung erzeugen, und sei es durch Anpassung an prinzipiell unwandelbare räumliche Restriktionen.

Der zentrale Begriff ist bereits im zweiten Kapitel entwickelt worden, nämlich jener der „**Nachbarschaft**". Nachbarschaften waren definiert worden als Bereiche von Netzwerken mit direkter Wirkung von Transaktionen auf Aktoren. Nun ist offensichtlich, daß Transaktionen im wirtschaftlichen Bereich nicht nur durch physische Kontiguität zustande kommen. Vielmehr sind Zustandsänderungen von Aktoren Änderungen ihrer Kapitalaustattung und der diesbezüglichen Handlungsrechte. Rechte können aber auch durch institutionell gebundene Kommunikation übertragen werden und somit Zustandsänderungen von Aktoren verursachen. Das bedeutet aber, daß Nachbarschaften durch Kommunikation mitbestimmt werden. Dies betrifft dann aber auch die Wahrnehmung durch Kommunikation von Wahrnehmungen anderer.

Nähe und Ferne:
Die These vom „death of distance" scheint sich besonders auf die modernen Finanzmärkte zu beziehen, die - global vernetzt - sekundenschnell Transaktionen durchführen. Wie ist dann zu erklären, daß es trotzdem „Finanzzentren" gibt, die erstaunlich stabil sind, d.h. es ist offenbar schwierig, einen neuen Standort von globaler Bedeutung zu etablieren? Welche Funktionen globaler Finanzplätze erfordern Nähe, welche lassen sich aus beliebiger Ferne realisieren?
http://www.hwwa.de/Publikationen/Discussion_Paper/2000/93.pdf

Daraus ergibt sich, daß die räumliche Ordnung durch die Kosten wesentlich bestimmt wird, die Transaktionen und Kommunikation im Raum verursachen. Wir können diese Kosten in der allgemeinsten Form als **Kosten der Überwindung von Distanzen** begreifen. Diese Distanzen reflektieren nun aber gegebene räumliche Ordnungen. Sie hängen direkt mit der Struktur von Orten und Feldern zusammen: Entlang der Gradienten eines bestimmten Feldes fallen die Kosten der Distanzüberwindung niedriger aus als quer zu diesen Gradienten. Allerdings gilt dies nur für Aktoren an den unterschiedlichen Orten, die hinreichend ähnlich sind, um miteinander kommunizieren zu können. Dies kann so weit reichen, daß sich Felder innerhalb von räumlich ungebundenen Territorien befinden (Beispiel: ethnisch homogene Händlergruppen an verschiedenen Orten), oder aber verschachtelte Territorien unterschiedlicher Reichweite verbinden (Beispiel: Beziehungen zwischen dörflichen Gemeinschaften innerhalb einer homogenen Regionalkultur).

Wir wollen daher zwischen drei unterschiedlichen Arten von Distanzen unterscheiden:

- Räumliche Distanzen als **topographische Distanzen**, die relativ zur Transporttechnologie bestimmt sind.

Distanzen: Betrachten Sie aus persönlicher Anschauung gleiche Distanzen, die mit und ohne Grenzüberschreitung verbunden sind, zum Beispiel, wenn man einen Kreis von 200 km um Köln schlägt oder um Dresden. Versuchen Sie, die Distanzen in den unterschiedlichen Richtungen nach den genannten drei Arten graduell zu differenzieren. Setzen Sie dies außerdem mit der Distanz zwischen Köln und Dresden in Beziehung.

Die Wechselwirkung zwischen Distanzen und wirtschaftlichen Entscheidungen wird in häufigkeitsabhängigen Modellen der Regionalentwicklung thematisiert, siehe Kap. V, 4. Fähigkeiten zur Distanzüberwindung thematisieren wir in Kap. VI, 5.

Dies entspricht den Transportkosten in den meisten wirtschaftsgeographischen Modellen.

- Technologische Distanzen als **Distanzen zwischen den Wissensausstattungen** der unterschiedlichen Orte, und zwar der Aktoren und der Netzwerke, in die sie eingebettet sind.
- Interpersonelle Distanzen als **Distanzen zwischen den institutionellen und kognitiv-emotionalen Verhaltensdeterminanten**, zumeist als Differenzen von Kulturen bezeichnet.

Es ist sofort offensichtlich, daß diese unterschiedlichen Distanzen ihrerseits multidimensional sind; sie sind zudem oft keiner einfachen Metrik zugänglich, sondern nur qualitativ bestimmbar, wie vor allem kulturelle Unterschiede. Selbst im Falle der topographischen Distanzen kann die Transporttechnologie nicht einfach auf Energiekosten pro Kilometer reduziert werden: Zum Beispiel spielen Unsicherheiten der Vertragsgestaltung in der Logistik eine große Rolle für die Höhe der Transportkosten. Insofern hängen die verschiedenen Distanzen als Vektorsumme miteinander zusammen, sind aber selbst bereits Ergebnis eines Zusammenspiels verschiedener Faktoren.

Anders gesagt, ist Distanz also einfach das Gegenstück zu Konsistenz und Kohärenz eines hypothetischen Systems, daß die entfernten Orte integrieren würde. Damit wird sofort deutlich, daß Distanz entsprechend komplex ist. Dies zeigen auch die Versuche, Distanzkosten als Transaktionskosten zu spezifizieren. Wird darunter wieder nur der Aufwand verstanden, der sich aus dem Problem des potentiellen Opportunismus ergibt, so wäre dies erneut zu eng.

Bevor die weiteren Implikationen der Distanzkosten betrachtet werden, wollen wir wieder ein Beispiel zu Rate ziehen. Ein Unternehmer, der eine Maschine in ein anderes Land verkaufen will, ist in komplexer Form mit diesen unterschiedlichen Distanzen konfrontiert. Der Transfer der

Maschine ist eine Transaktion, die ihrerseits durch Wahrnehmung und Kommunikation beeinflusst ist. Das heisst, für die Realisation der Transaktion sind zunächst die räumlichen Reichweiten der Wahrnehmungs- und Kommunikationsfelder bedeutsam.

Kommunikation über Ferne: Welche Bedeutung besitzen Informationssysteme für den Außenhandel? Zum Beispiel internationale Handelskammern?

Nehmen wir an, es geht um die Anbahnung und den Abschluss des Geschäftsvertrages, der dem Transfer der Maschine zugrundeliegt. Dann stellen wir bereits für diese Phase den komplexen Einfluss von Ordnung fest, denn erstens, hängen Wahrnehmung und Kommunikation von den verfügbaren Kommunikationstechnologien ab, zweitens, ist die Kompatibilität der kognitiven und symbolischen Systeme erforderlich (z.B. Übersetzungen), und drittens, müssen verbindliche Absprachen auch durchsetzbar sein bzw. in Erwartungssicherheit gründen, was wiederum eine Konsistenz der institutionellen Bedingungen voraussetzt. Blickt man auf die wirtschaftliche Entwicklung zurück, so möge die Technik der Kommunikation zwar die Distanzen verringert haben, jedoch ist dies für die anderen Bereiche in wesentlichem geringerem Masse der Fall.

Absorptionsfähigkeit: Dieser Begriff spielt eine große Rolle in regional- und entwicklungsökonomischen Betrachtungen. Welche Faktoren beeinflussen die Absorptionsfähigkeit einer Region für technologisches Wissen? Unterscheiden Sie dabei zwischen Eigenschaften von Aktoren und Eigenschaften von Netzwerken. **http://faculty.fuqua.duke.edu/CCC/Abstracts/Kirchert.pdf**

Betrachten wir dann den Transfer der Maschine als solcher. Der Transport ist mit Kosten verbunden, die wiederum nicht rein technisch bedingt sind, sondern zum Beispiel nicht-technische Transportrisiken (z.B. Havarien) reflektieren. Ein wesentliches Problem beim Transfer ist jedoch die Nutzbarkeit der Maschine in einem anderen Wissensumfeld. Das heisst, wenn die Strukturen referentiellen und nicht-referentiellen Wissens in hohem Masse ungleich sind, kann es geschehen, daß die Maschine zwar physisch transportiert wird, aber am anderen Orte nicht in Funktion gesetzt werden kann. In der ökonomischen Literatur wird dies häufig als „**Absorptionsfähigkeit**" bezeichnet.

Wenn nun der Unternehmer versucht, durch Ausbildung eine Konvergenz der Wissensstrukturen zu erreichen, kann es schliesslich geschehen, daß er bei diesem Versuch auf Unterschiede der kognitiv-emotionalen Eigenschaften stößt, die solche Maßnahmen erheblich erschweren. Deshalb ist die Absorptionsfähigkeit letzten Endes keine absolute Größe, sondern abhängig unter anderem von kulturellen Unterschieden zwischen Geber und Empfänger von Technologie.

Neue Wirtschaftsräume:
Im asiatischen Raum hat es in den letzten Jahrzehnten erstaunlich rasch aufsteigende Volkswirtschaften gegeben. Welche Argumente werden für diesen Erfolg ins Feld geführt? Warum erscheinen andere Positionen wie etwa der afrikanischen Staaten unveränderlich?
http://www.freetrade.org/pubs/articles/bl-12-02-99.html
http://www.twnside.org.sg/title/les-cn.htm
http://www.cepr.org/pubs/EEP/eep5/OTHERTHI.HTM
http://www.worldbank.org/wbi/briefing/ea-exp/ea-exp1.html

Empirisch lassen sich aufgrund solcher Phänomene eindeutig räumliche Ordnungen nachweisen, die nicht ausschliesslich durch die direkten Aufwendungen für physische Raumüberwindung bedingt sind. Das heisst also zum Beispiel, daß der Außenhandel zwischen unterschiedlichen Gebieten der Welt in hohem Masse durch institutionelle und kulturelle Faktoren beeinflusst ist; noch stärker gilt dies für die Mobilität von Aktoren und derivativen Aktoren im Raum. Daraus entstehen starke Kräfte der **Pfadabhängigkeit** des Wandels räumlicher Strukturen.

In der Regel werden in der Literatur Pfadabhängigkeiten als konservierende Kräfte etwa der Standortverteilung im Raum angesehen. Hier gerät dann aber wieder die evolutionsökonomisch bedeutende Rolle der Neuheit aus dem Blickfeld. Mit Bezug auf den Raum ist hier vor allem auf die Mobilität der Aktoren zu verweisen. Solange das Verhalten der Aktoren als passiver Reflex von Orten und Feldern betrachtet wird, ist in der Tat ein Überwiegen strukturkonservierender Kräfte zu erwarten. Aktoren können jedoch auch autonome Entscheidungen treffen, die unter Umständen nicht direkt mit den in Frage stehenden Funktionszusammenhängen zu tun haben. Beispielsweise entscheiden sich Unternehmen oft zu radikalen Standortverschiebungen, gerade weil sie den allzu dichten Netzwerken des gegebenen Standortes entweichen wollen. Aus solchen Innovationen entstehen auch neue Kräfte strukturellen Wandels, die lock-in Effekte aufbrechen. Ein weiterer Faktor ist die Erneuerung von Wissenstrukturen durch Mobilität von Aktoren, die von anderen Orten zurückkehren (etwa Emigranten, die als Unternehmer in der Heimat investieren).

Wettbewerb von Ordnungen. Abschliessend soll noch kurz auf den bereits mehrfach berührten Wettbewerb von Ordnungen zurückgekommen werden, der naturgemäß eine essentiell räumliche Dimension besitzt. Diese Dimension entsteht in der neueren Geschichte vor allem durch die räumliche Bindung von Macht im **Territorialstaat**. Sie schlägt sich wiederum in einer räumlichen Definition und Durchsetzung des Gültigkeitsbereiches von **formalen Institutionen** nieder, vor allem also des **Rechts**. Evolutionsökonomisch lassen sich zwei unterschiedliche Ursachen dieser Entwicklung identifizieren: **Lesehinweis 22**

Im sechsten Kapitel untersuchen wir daher in größerem Detail den „Wettbewerb zwischen Jurisdiktionen", vor allem in Gestalt des Standortwettbewerbs, siehe Kap. VI, 6.

- Die räumliche Geltung von Institutionen ist Reflex des territorial definierten militärischen **Positionswettbewerbes von Staaten**. Solange also dieser Konnex noch besteht, dürften raumunabhängige staatliche Mechanismen der Durchsetzung von Institutionen eher geringe Bedeutung behalten.
- Gleichzeitig ist die räumliche Geltung ein einfacher **Mechanismus der Abstraktion formaler Institutionen von den Eigenschaften der Aktoren**. Eine Mischform ist entsprechend die Anwendung des Rechts gebunden an die Staatsbürgerschaft (also etwa eine extraterritoriale Anwendung nationalen Rechts auf eigene Bürger in anderen Staaten), die gleichwohl an diesem Abstraktionsprinzip festhält (alle Bürger sind weiterhin Territorialstaaten zugeordnet). Auch diese Ursache räumlicher Bindung von Institutionen dürfte derzeit langfristig stabil sein. Alternativ wäre etwa vorstellbar, daß Rechtsnormen spezifisch für bestimmte globale Organisationen und ihre Mitglieder gelten; dann müßte also bei jeder Transaktion klar sein, welche Organisation die Aktoren jeweils vertreten.

Beide Argumente legen also nahe, daß Ordnungen auch künftig einen engen Bezug zum Raum aufweisen werden. Dies bedeutet aber nicht, daß nicht aus dem Wettbewerb von Ordnungen wiederum räumliche Strukturen entstehen, die diese Ordnungen in bestimmter Weise zueinander in Beziehung setzen, also eine Meta-Ordnung bilden. In der Praxis sind solche Prozesse in Gestalt regionaler Integrationsbewegungen zu beobachten (Musterfall ist die Europäische Union) oder als globale institutionelle Arrangements (wie die World Trade Organization).

Wie sich solche Meta-Ordnungen entwickeln, hängt wesentlich von der Art und Weise ab, wie der Wettbewerb zwischen Ordnungen verläuft. Bis in die jüngste Zeit ist dieser Wettbewerb, wie oben schon bemerkt, in hohem Masse ein militärisch motivierter. Das heisst, wir konstatieren eine Variante des Naturzustandes und des Falke-Tauben-Spiels in dem Sinne, daß nach wie vor die Rüstungsanstrengungen dazu dienen, Verhaltenssicherheit zu erzeugen: Das heisst, Rüstung ist ein Mechanismus der Garantie territorialer Rechte von derivativen Aktoren, die Ordnungen vertreten. Dieser Positionswettbewerb ist seit einiger Zeit schrittweisem Wandel unterworfen, weil zunehmend Territorien in Netzwerken die räumliche Ordnung überlagern, vor allem in Gestalt terroristischer Netzwerke, die nicht mehr ortsgebunden sind, und sich kulturell abgrenzen, sowie durch koordinierte militärische Initiativen globaler Organisationen („Friedensmissionen"). Diese Veränderungen erschweren wiederum Versuche, die gewaltige Ressourcenverschwendung zu verringern, die mit dieser Form des Positionswettbewerbs einher geht.

Kultur und Krieg: Terrorismus ist nicht nach dem Territorialstaats-Prinzip organisiert, definiert sich aber nach kulturellen und ideologischen Kriterien. Analysieren Sie den Konflikt zwischen Kultur und Territorialstaat netzwerktheoretisch.

Historisch betrachtet, hatte dieser Positionswettbewerb allerdings auch eine Funktion im **Leistungswettbewerb**: Nämlich die Ausdehnung des Gültigkeitsbereiches der Institutionen jeweiliger Ordnungen. Dies ist jedoch nicht notwendig ein territorial zu definierender Prozeß: Denn diese Ausdehnung bezieht sich eigentlich auf die Zunahme der Zahl von Transaktionen und eine Erfassung größerer Netzwerke durch die jeweilige Ordnung. Das bedeutet aber, es gibt die alternative Möglichkeit, daß sich Aktoren entscheiden, Transaktionen unter den jeweiligen Ordnungen durchzuführen. Dies ist im wesentlichen Leistungswettbewerb von Ordnungen und eine Form des Wettbewerbs zwischen Ordnungen, die sich in der Gegenwart immer mehr durchsetzt.

Konkret ist beispielsweise die Möglichkeit der Wahl zwischen Rechtsordnungen gesprochen. Bei genauer Betrachtung ist dies allerdings zu eng definiert, weil die Wahl von Ordnungen sich eigentlich auf den gesamten komplexen Zusammenhang zwischen Institutionen, Macht und Technologie bezieht. Wenn wir uns dann auf Wirtschaftssysteme konzentrieren, dann gibt es offensichtlich folgende Möglichkeiten, direkt oder indirekt zwischen Ordnungen zu wählen:

- Die wichtigste direkte Form ist das schon erwähnte „voting with the feet", also die **Verlagerung des Standortes** eines Aktors (Emigration) oder derivativen Aktors (Direktinvestition) in den Geltungsbereich einer anderen Ordnung. Solche Verlagerungen haben weitreichende Auswirkungen auf die Netzwerke der Produktion und damit für deren beabsichtigte und unbeabsichtigte Wirkungen.
- Eine andere direkte Form ist die **Festlegung von Gerichts- und Schlichtungsorten**, die allerdings eher speziell ist und nur bestimmte Transaktionen betrifft. Diese Form ist besonders wichtig für die Anpassung formaler Institutionen an informale, also vor allem von Usancen des Geschäftslebens oder unterschiedliche Rechtsauffassungen.
- Die indirekte Form des Wettbewerbs von Ordnungen ist schliesslich der **Handel mit Gütern und Leistungen**, die in dem jeweiligen Gültigkeitsbereich produziert worden sind.

Der allgemeine Trend der Liberalisierung der Weltwirtschaft im Zuge der Globalisierung bedeutet, daß dieser Ordnungswettbewerb zunehmend an Bedeutung gewinnt. Damit wird die Evolution von Ordnungen ursächlich an

Globalisierung des Wettbewerbs: Recherchieren Sie einige Positionen zu Thesen, daß die Globalisierung zur Auflösung des Wohlfahrststaates und zur Vernachlässigung der Umweltpolitik führe!
http://www.heise.de/tp/deutsch/special/eco/6194/1.html
http://www.blaetter.de/kommenta/habe0499.htm
http://fesportal.fes.de/pls/portal30/docs/FOLDER/PRESSE/ANALYSEN/POLITIKOPTIONEN.HTML

die intentionale Handlungen von Aktoren geknüpft. Dementsprechend erfahren unbeabsichtigte Wirkungen große Aufmerksamkeit, wie zum Beispiel die Möglichkeit, daß bestimmte Gruppen von Aktoren (Unternehmen) unbeabsichtigt zur Erosion von Ordnungen beitragen, indem sie deren komplexes Zusammenspiel aufbrechen und im allgemeinen Sinne die Legitimität von Ordnungen untergraben (Auflösung des Wohlfahrtsstaates). Umgekehrt finden auch die Rückwirkungen auf die intentionale Gestaltung von Ordnungen Beachtung: So ergeben sich Anpassungszwänge im Kostenwettbewerb zwischen Standorten, von denen manche negative Auswirkungen auf die Umwelt befürchten (sog. „Öko-Dumping").

Evolutionsökonomisch lassen sich solche Beobachtungen theoretisch im VSB-Paradigma kondensieren. Wir gelangen dann wieder zu einer Taxonomie von Ordnungen, die sich im Zeitablauf wandeln und bestimmte feste Muster bilden und die sich durch besonders hohe Konsistenz und Kohärenz auszeichnen. Die innere Selektion in solchen Ordnungen kanalisiert den Wandel von Strukturen von Institutionen, Technologie und Macht. Die äußere Selektion verläuft wieder in zwei Dimensionen, nämlich um einen des Wettbewerbs zwischen den Ordnungen und zum anderen der Rückwirkungen zwischen Ordnungen und der Ordnung materiell-energetischer Strukturen. Es gilt wieder, daß das Gesamtergebnis aus dem komplexen Zusammenspiel der verschiedenen Kräfte resultiert, die nicht notwendig gleichgerichtet wirken.

6. Der Markt als Ergebnis der Evolution

In diesem Kapitel haben wir uns mit den Ergebnissen von Evolution befasst, den Strukturen. Strukturen treten uns empirisch in verschiedenster Form in der Wirtschaft vor Augen: Als zeitliche Ordnungen von Produktionsprozessen in komplex-wissensteiligen Gesellschaften, als Infrastruktur und technologischer Kapitalstock von Regionen, als räumliche Verteilung von Branchen, als technologische Entwicklungslinien oder als politische Muster von Herrschaft und Dominanz.

Evolutionsökonomisch wirken alle diese Strukturen zusammen und determinieren den Wandel des Wissens in einem Wirtschaftssystem: und zwar indem sie selbst Speicher von Wissen sind, das in nicht-referentieller Form die Handlungen der Aktoren mitbestimmt, und indem sie wechselseitig als Randbedingung weiteren strukturellen Wandels wirken. Diese Komplexität wurde immer wieder mit dem Begriffspaar „äußere" und „innere Selektion" erfasst. Die innere Selektion bezeichnet die endogenen Richtungskräfte von Strukturen, die aufgrund ihrer inneren Logik bestimmte neue Varianten ausselektieren. Die äußere Selektion ergibt sich aus der Wirkung von Strukturen auf Prozesse in anderen Strukturen sowie aus dem Einfluss der Umwelt auf das Wirtschaftssystem insgesamt: wobei die „Umwelt" durch die endogenen System/Umwelt-Grenzen erst bestimmt ist. Die Politik beispielsweise ist eine Kraft äußerer Selektion von Unternehmensformen, das System aus beiden Strukturen wird aber wiederum durch die Umwelt selektiert, die sich primär durch den Wettbewerb zwischen Ordnungen auszeichnet.

Strukturen: Überlegen Sie nochmals, wie die Begriffe der inneren und äußeren Selektion mit der Unterscheidung von Replikatoren und Interaktoren zusammenhängen.

Gleichzeitig ist aber klar, daß Strukturen nicht universal determinierend wirken. Das Wirtschaftssystem ist eine Quelle ständiger Neuheit, die Reflex seiner bimodalen ontologischen Verfasstheit ist: Wissen ist eine autonome Kraft der Bildung neuen Wissens und nicht vollständig struktu-

Neuheit:
Rekapitulieren Sie die verschiedenen Weisen, wie bei Institutionen, Macht, Bedürfnissen oder Technologien Neuheit entsteht. Wie lässt sich jeweils das Paradigma das Hyperzyklus sinnvoll interpretieren?

rell eingefroren. Technologien prägen viele Entwicklungen vor, dennoch kann aus dem vorhandenen Wissen eine völlig neue Idee generiert werden, die im Zeitpunkt der Erzeugung strukturell ungebunden ist. „Das Denken ist frei", mag auch eine zentrale Devise der Evolutionsökonomik sein. Neben der allgemeinen Form der Generation von Neuheit durch die menschliche Kreativität ist hier auf die Rolle des Zufalls zu verweisen, nämlich vor allem die Kumulation kleiner, neutraler Veränderungen von Strukturen, die zu einem bestimmten Zeitpunkt der Gleich-Zeitigkeit eine neue Gestalt hyperzyklisch erzeugen, wie auch auf die Spielräume zwischen verschiedenen Strukturen, so weit diese nicht perfekt kohärent und konsistent in einer Ordnung miteinander koordiniert sind.

Krisen:
Betrachtet Sie Verwendungen des Begriffs der „Krise", zum Beispiel bei historischen Prozessen. Wann sind Krisen tatsächlich auch gefährdend für die Viabilität von Systemen? Wo sehen Sie heute „Krisengebiete"? Achten Sie darauf, daß Viabilität das entscheidende Kriterium ist, nicht direkt beobachtbares Leid oder Krieg. Auch dauernde Kriege können viabel sein.

Fundamental für die Beschreibung der komplexen Wirklichkeit der Wirtschaft ist der Begriff der „Ordnung". Evolution schafft Ordnung und verläuft in Ordnungen. Dieser Begriff ist deshalb fundamental, weil er konzeptionell die Brücke von der Natur über das System zum Denken schlägt. Eine Ordnung des Wirtschaftssystems besteht in einem in der Zeit viablen Zusammenwirken von Institutionen, Technologie und Macht. Viabilität schlägt sich nieder in zwei Dimensionen, nämlich dem materiell-energetischen Zustand der Aktoren und ihrem Wissen. Die erste Dimension kann konkretisiert werden in Kennziffern der ökologischen Nachhaltigkeit, der physischen Gesundheit oder der persönlichen Sicherheit vor Gewalt; die zweite Dimension bezieht sich auf das Wissen um diese Zusammenhänge und führt auf das grundlegende Konzept des Sinns zu. Eine Ordnung ist viabel, wenn die Menschen sie als sinnvoll empfinden, und das heisst wiederum, daß eine Harmonie zwischen Ordnung und personaler Identität besteht, und wenn sie im ökologischen Sinne nachhaltig ist.

Ein wesentlicher Aspekt der Evolution der modernen Wirtschaft ist die Pluralisierung der Ordnungen. Die Vorstellung einer Harmonie meint nicht Gleichklang, sondern symphonisches Zusammenwirken von Lebensformen, Lebensumwelten und Wirtschaft. Die Evolutionsökonomik sieht dementsprechend die Wirtschaftspolitik als „Ordnungspolitik", dies freilich in einem grundsätzlicheren Sinne, nämlich als Politik der Konstitution von Sinn vor allem durch gezielte Gestaltung von Institutionen. Sie reicht daher weit über enge Konzepte staatlicher Intervention und regelsetzung hinaus, zeigt aber gleichzeitig die Grenze hierarchischer Gestaltung auf: unser Unwissen über die global optimalen Lösungen in einer Welt nicht-integraler Systeme.

Damit gelangen wir zum Schlusspunkt aller unserer Überlegungen. Gewöhnlich beginnen Darstellungen der Wirtschaftswissenschaft mit dem scheinbar elementaren Baustein aller modernen wirtschaftlichen Aktivität: Das ist der Markt. Produzenten, Konsumenten, der Staat und alle anderen Organisationen werden durch ihre Rolle auf dem Markt charakterisiert, und die gesamte Theorie schreitet vom einfachen, idealen Markt zu komplizierteren Darlegungen seines Prozesse fort. Wir haben den Markt zwar immer wieder erwähnt, aber nie in den Mittelpunkt der Darstellung gerückt. *Lesehinweis 23*

Der Grund ist einfach: Aus evolutionsökonomischer Sicht ist der Markt das Ergebnis des komplexen Zusammenwirkens aller in diesem Buch beschriebenen Aspekte von Systemen. Der Markt ist nicht einfach, sondern sehr kompliziert: Vielleicht ist schon das fundamentale Mißverständnis angelegt, wenn als „Markt" das Schema von Angebot und Nachfrage eingeführt wird – reale Märkte in modernen Gesellschaften sind aber hochkomplexe Ordnungen. Natürlich liegt eine einfache Form der Transaktion ihrer Praxis zugrunde: Dies ist der Tausch, denn wir im zweiten Kapitel bereits betrachtet haben, also durchaus zu Beginn. Ob jedoch Tausch möglich ist bzw. zur Zufriedenheit aller verläuft, ist wiederum eine Frage der Institutionen. Es gibt Märkte, die rein konventionell organisiert sein können, solche, die informale Institutionen voraussetzen, und solche, die eine Formalisierung des Rechts erfordern. Diese Unter-

Abstraktion: Wir können das Nebenstehende auch so formulieren, daß die herkömmliche Sicht der Wirtschaft auf der Abstraktion der Beobachtungen realer Märkte gewonnen wird. Betrachten Sie diesen Schritt kritisch. Wenn, wie evolutionsökonomisch vermutet wird, die beobachteten Märkte von den sie generierenden Tiefenstrukturen zu unterscheiden sind, dann setzt diese Abstraktion also an unwesentlichen Eigenschaften, sozusagen den Symptomen an. Wählen Sie Beispiele konkreter Märkte aus und versuchen Sie sich an ihrer Rekonstruktion als Ordnung.

schiede resultieren regelmäßig aus den komplexen Strukturen des Wissens, die bei den Transaktionen aktiviert werden. Daher ist die konkrete Ausprägung von Märkten in einem bestimmten raumzeitlichen Kontext Folge spezifischer Konstellationen von Strukturen, und nicht deren Voraussetzung.

Perspektiven wechsel:
Es ist daher immer möglich, reale Märkte aus ganz unterschiedlichen Perspektiven zu interpretieren und zu analysieren. Versuchen Sie, die Unterschiede zwischen dern deutschen und der amerikanischen Wirtschaft als Differenzen von Kulturformen zu deuten!

Anders gesagt: Wir haben natürlich von Anfang an von Märkten gesprochen – nur daß wir sie als Netzwerke begriffen haben. **Netzwerke sind fundamentaler als Märkte.** Es ist eine Frage institutioneller Bedingungen und vor allem auch kultureller Abgrenzungen, welche Ausschnitte von Netzwerken auch als „Markt" bezeichnet werden. So verwundert es nicht, wenn eine Theorie, die Märkte zum Ausgangspunkt nimmt, in Schwierigkeiten gerät, wenn Kooperationen zwischen Firmen, Haushalte und Familien oder das Angebot öffentlicher Güter betrachtet werden. „Ökonomischer Imperialismus" bedeutet dann, daß alle Netzwerke als Märkte interpretiert werden. Diese Auffassung ist vollkommen verfehlt, auch wenn sie der jüngeren Eigendynamik der Wirtschaftswissenschaft zugrundeliegt.

Wissen und Güter:
Machen Sie sich diesen zentralen Punkt nochmals klar: Ist „Wissen" ein normales „Gut" wie Kartoffeln oder Zement? Was passiert mit unserer Sicht des Marktes für Kartoffeln, wenn wir ihn unter dem Gesichtspunktes des Austausches von Wissen über Kartoffeln deuten?

Der Grund, warum Märkte nicht als analytisches Grundmuster der Evolutionsökonomik gelten können, ist einfach: Weil das Marktparadigma selbst nicht auf ständig sich änderndes Wissen angewendet werden kann. Daß wir also Märkte als Ergebnis und nicht als Voraussetzung des Wirtschaftsprozesses betrachten, ist Reflex der Konzentration auf das Wissen als Gegenstand der ökonomischen Theorie.

Diese Auffassung besitzt einen Vorläufer in der Sichtweise Friedrich A. von Hayeks, der Märkte als „spontane Ordnungen" bezeichnete. Wir betonen nur noch ein wenig anders: Märkte sind eine spezielle Form der Ordnung. Wie im ersten Kapitel skizziert, ist diese Form der Ordnung durch bestimmte Machtverhältnisse gekennzeichnet, nämlich die Freiheit der Marktteilnehmer. Korrelat der Freiheit ist der Tausch als Grundmuster von Transaktionen. Genau aus diesem Grunde sind zwar einerseits Märkte ein universelles Phänomen, gleichzeitig ist aber die Entstehung der Marktwirtschaft als System ein evolutorischer Prozeß, der ursächlich mit den politischen und gesellschaftlichen Umbrüchen der Neuzeit einherging. Ein „Markt" mag an einzelnen Transaktionen seinen Ausgang nehmen, aber zur „Marktwirtschaft" wird das Geflecht von Transaktionen nur unter ganz bestimmten Bedingungen insbesondere der institutionellen Evolution.

Wirtschaftspolitik in Netzwerken: Nehmen Sie Bezug auf die Dimensionen von Netzwerken und identifizieren Sie entsprechende Einflussmöglichkeiten eines politischen Aktors.

Diese Sicht hat natürlich auch Konsequenzen für das praktische Handeln: Auch Probleme der Wirtschaftspolitik können nicht einfach vom Markt her definiert werden, wie nicht zuletzt die Erfahrungen mit den Transformationsländern des Ostens gezeigt haben. Wirtschaftspolitik muß sich immer auf die Gesamtheit und die Komplexität der Netzwerke und ihrer Dimensionen beziehen, in die jene Prozesse eingebettet sind, die sie zu beeinflussen sucht.

Insofern haben wir in diesem Buch zunächst die Grundlagen geschaffen, auf denen eine detailliertere Analyse von Märkten aufbaut. Es ist dieser Übergang, wo die Evolutionsökonomik viele Ergebnisse und Methoden der „mainstream" Wirtschaftswissenschaft aufgreifen muß. Dies kann natürlich nicht unmodifiziert geschehen: Aber in den Wirtschaftswissenschaften finden derzeit viele theoretische Neuerungen statt, die auch aus der „normalen Forschung" heraus diesen Übergang relativ leicht gestaltbar werden lassen. Ein instruktives Beispiel ist die moderne Analyse der Kapitalmärkte, die lange Zeit vom Paradigma der „effizienten Märkte" geprägt war: Effiziente Märkte sind integrale Systeme, in denen es kein fundamentales Problem des Unwissens gibt. Die neuere „behavioral finance" hingegen setzt sich zum Ziel, das tatsächliche Verhalten der Marktteilnehmer zu betrachten und thematisiert dann auch konkrete institutionelle Arrangements. Diese Sichtweise ist ohne Probleme anschlussfähig zur Evolutionsökonomik. Die Evolutionsökonomik muß sich also bei der Analyse von Marktwirtschaften disziplinär weiter differenzieren, als dies in diesem „Grundriß" geleistet werden

Im sechsten Kapitel werden wir solche konkreteren Anwendungen anhand von Skizzen zu Fallstudien betrachten. Dazu gehören dann auch die internationalen Kapitalmärkte, Kap. VI, 7.

konnte. Es öffnet sich dann der Blick auf einzelne Felder der Wirtschaftsentwicklung und Wirtschaftspolitik, wie etwa die Konjunkturschwankungen, den Arbeitsmarkt oder den internationalen Handel.

In solchen speziellen Bereichen der evolutionsökonomischen Analyse ergibt sich dann durch die veränderten ontologischen Grundannahmen eine völlig anderes Verhältnis zu den verschiedenen sozialwissenschaftlichen Disziplinen. Je nach thematischer Schwerpunktsetzung kann die Evolutionsökonomik nämlich unproblematisch deren Perspektiven integrieren. Geht es etwa um den Arbeitsmarkt, so sind politikwissenschaftliche und soziologische Analysen zu Interessenkonflikten und zu gesellschaftlichen Arbeitseinstellungen unerläßliche Erkenntnisquellen; geht es um den internationalen Handel, so ist bei der Erklärung von dessen Institutionen auf die entsprechenden Einsichten der Theorie internationaler Beziehungen Bezug zu nehmen. Diese Vielfalt der Perspektiven ist ein Reflex der Komplexität der Evolution und ist insofern selbst eine adäquate Form des Zugangs zur Realität.

Wir werden uns diesen praktischen und empirischen Dimensionen der Evolutionsökonomik im letzten Kapitel zuwenden. Bevor wir dies aber tun, müssen wir das analytische Instrumentarium noch genauer betrachten, das der Evolutionsökonomik zur Verfügung steht. Wir haben bislang ausschliesslich qualitativ und begrifflich argumentiert. Auf diese Weise treten manche komplexen Zusammenhänge jedoch nicht hinreichend trennscharf hervor. Die Wissenschaft verwendet daher die Sprache der Mathematik. Wir haben diese zunächst zurückgestellt, weil die Wahl der Sprache auch bestimmt, was wir sagen können. Die Mathematik ist zwar exakter, aber gleichzeitig weniger reichhaltig als die natürliche Sprache: Gerade weil die natürliche Sprache weniger exakt ist, kann sie mehr Facetten und Ambiguitäten generieren, die den Erkenntnisprozeß ganz im evolutionsökonomischen Sinne durch Varietät vorwärtstreiben.

Es ist daher wichtig sich bewußt zu sein, daß die Evolutionsökonomik als Bestandteil unseres Wissens selbst Teil der Systeme ist, die wir betrachten. Es ist also nicht unerheblich, welche Brille wir aufsetzen. Und es gilt: Was wir bauen können, hängt auch von den verfügbaren Instrumenten und Baustoffen ab. In dieser Hinsicht ist aber die Wissenschaft selbst gefordert, von ihrem eigenen Unwissen her zu denken: Wir müssen unsere Erkenntnis selbst als ein Zwischenergebnis der Evolution des gesamten Wissens begreifen, das unser Leben erst ermöglicht. Letzten Endes muß sich daher eine Evolutionsökonomik auch daran messen lassen, ob und wie sie dazu beitragen kann, unser Leben in Glück und Frieden zu gestalten.

Lesehinweise

1 Der im folgenden verwendete Strukturbegriff orientiert sich an der Position des „transzendentalen Realismus“, der insbesondere im britischen Sprachraum unter dem Einfluss des Philosophen Roy Bhaskar (1989) entwickelt worden ist. Bhaskar sieht Strukturen als ontologische Kategorien an, die in dynamischer Beziehung zu den Handelnden ebenso wie zum Beobachter stehen, der diese rekonstruiert. In der Soziologie ist diese Position exemplarisch von Archer (1995) ausgearbeitet worden, die interessanterweise den Begriff der „Morphogenese“ verwendet, der ursprünglich aus der Biologie stammt; Verbindungen bestehen zu Anthony Giddens' (1984) vielbeachteter „theory of structuration“. In der Evolutionsökonomik ist ein herausragender Vertreter Tony Lawson (1997). Die Debatten verlaufen auf der Basis von sehr feinen konzeptionellen Differenzierungen, und es gibt viele Überschneidungen, die von unterschiedlichen Sprachkonventionen manchmal verdeckt werden.

2 Die Institutionenökonomik ist eines der weitesten und unübersichtlichsten Felder der Wirtschaftswissenschaft. Ursache dieser Zersplitterung sind vor allem methodologische Probleme, siehe etwa Mäki et al. (1993). Gewöhnlich wird der „neue“ vom „alten Institutionalismus“ unterschieden. Der „alte“ Institutionalismus bezeichnet die amerikanische Tradition des Institutionalismus, der an Veblen anknüpft und der in unserer Terminologie Institutionen nicht-reduktionistisch untersucht. Einen umfassenden Überblick bietet das Buch von Reuter (1994). Der „neue“ Institutionalismus bezeichnet im wesentlichen einen neoklassischen Institutionalismus, der mit bestimmten Optimierungs- und Gleichgewichtskonzepten arbeitet und konsequent individualistisch argumentiert, also reduktionistisch. Lehrbücher für diesen Bereich sind in Deutschland vor allem Richter/Furubotn (1996) und Erlei et al. (1999). Neben diesen Hauptströmungen gibt es aber noch eine Fülle von individuellen „Institutionalismen“, wie in der evolutorischen Ökonomik die Position Hodgsons (1999) oder in der philosophisch orientierten Literatur sprachanalytisch-hermeneutische wie jene Priddats (1996). Tendenziell sind die meisten dieser Ansätze nicht-reduktionistisch. Unsere Darstellung ist jener bei Schlicht (1998) und Kubon-Gilke (1997) eng verwandt, die zu den ersten Beiträgen gehören, die auch die kognitive Dimension von Institutionen mit berücksichtigen; hierzu auch Streit et al. (1997). Die Unterscheidung zwischen formalen und informalen Institutionen spielt eine zentrale Rolle im Buch des „verhinderten“ Evolutionsökonomen und Nobelpreisträgers Douglass North (1990), der in Denzau/North (1994) auch einen Beitrag zur kognitionswissenschaftlichen Fundierung von Institutionen geleistet hat. Insgesamt steht die Institutionenökonomik im Übergangsfeld zwischen Evolutionsökonomik und „mainstream“, aber auch zwischen Soziologie und Wirtschaftswissenschaft, wie etwa Elster (1989). Empirisch ist dies besonders im Kontext der Transformation von Wirtschaftssystemen klar geworden, die wir noch genauer betrachten.

3 Wir können der Fülle der Literatur hier nicht gerecht werden. In der Ethnologie gab es den klassischen Streit um den sogenannten „cultural materialism", der sogar religiöse Institutionen letztendlich auf materiell-energetische Restriktionen und deren Verhaltenskonsequenzen zurückzuführen suchte. Gegenstand der Kontroversen waren vor allem Ernährungsgebräuche, wie in der Auseinandersetzung zwischen Marvin Harris (1979) und Marshall Sahlins (1981). Daraus ist jedoch die sehr fruchtbare Forschungsrichtung der evolutionären Humanökologie entstanden. In den Wirtschaftswissenschaften gibt es durchaus vergleichbare Ansichten: In den einflussreichen einflussreichen Theorien von Harold Demsetz und dem „frühen" Douglass North wird beispielsweise angenommen, daß Eigentumsrechte als direkter Reflex der zunehmenden „objektiven" Knappheit der Ressourcen zu erklären sind. Eine lesenswerte Übersicht wird in Eggertsson (1990) geboten. Spätere Auffassungen liessen dann deutlich werden, daß die Schaffung von Eigentumsrechten ein politisch-sozialer Prozeß ist, in dem die Verhandlungen zwischen den Betroffenen eine zentrale Rolle spielen, siehe etwa Libecap (1989). Über die Verhandlungen kommen natürlich die Netzwerke - in unserer Terminologie - notwendigerweise als „Filter" der System-Umwelt-Beziehung hinzu.

4 In der Wirtschaftswissenschaft ist dieser Gedanke früh von Thorstein Veblen (1899) entwickelt worden, der Institutionen als „habits of thought" charakterisierte. Später sind solche Überlegungen durch die Annahme identischer rationaler Individuen verschüttet worden. Sie werden erst in der neueren Präferenztheorie wiederentdeckt, allerdings auch als problematisch identifiziert, weil die analytische Unabhängigkeit zwischen Individuum und Institution nicht mehr gewährleistet ist; gute Überblicke hierzu sind Tietzel (1988) und Bowles (1998).

5 Der Begriff der Transaktionskosten spielt eine zentrale Rolle in der modernen Institutionenökonomik, obgleich er methodisch, theoretisch und empirisch umstritten ist. Er ist deshalb das entscheidende Verbindungsstück zwischen neoklassischer Allokationstheorie und Institutionen, weil Transaktionskosten gleichsam als Reibungsverlust des Wirtschaftssystems gedeutet werden können, und weil der Kostenbegriff die Anschlussfähigkeit an das Optimierungsmodell erlaubt. Beispielhaft seien neben den in Lesehinweis 2 genannten Lehrbüchern aus der Literatur genannt: Wegehenkel (1981), Pitelis (1993), Kiwit (1994) und Medema (1998). Aus evolutionsökonomischer Sicht gibt es erhebliche Bedenken gegenüber der Anwendung des Optimierungskonzeptes auf Transaktionskosten.

6 Die Technologieforschung ist ein zentrales Feld der Evolutorischen Ökonomik, entsprechend gibt es eine große Zahl unterschiedliche Ansätze. Wir orientieren uns an den Arbeiten von Saviotti (1998) und Mokyr (1990) und bemühen uns um eine begriffliche Integration der verschiedenen Sprachkonventionen, wie z.B. das Konzept des „technologischen Paradigmas", das von Giovanni Dosi (1988) vorgeschlagen und weithin rezipiert worden ist, sowie das breitere des „techno-ökonomischen Regimes", das in den Forschungen von Freeman/Perez (1988) eine wichtige Rolle spielt.

Die Technologieforschung ist auch eines der Gebiete der Evolutionsökonomik, das empirisch weit entwickelt ist, und zwar genauso hinsichtlich der Datenbasis wie der statistisch-ökonometrischen Methodik, die wir hier nicht näher betrachten können. Ein wichtiger Ausgangspunkt sind hier Datenbanken zu Patenten und Firmengeschichten. Beispiele für solche empirischen Arbeiten sind etwa Andersen (1998) oder Cantwell/Fai (1999).

7 Diese konzeptionellen Probleme haben eine große praktische Relevanz, wie unter anderem die Debatten um das „asiatische Wirtschaftswunder" zeigten, die seit 1994 stattgefunden haben. Der amerikanische Ökonom Paul Krugman hatte behauptet, daß die hohen Wachstumsraten in Asien ausschliesslich auf den zunehmenden Einsatz von Kapital und Arbeit zurückgegangen seien, d.h. also daß kein qualitativer Wandel im Sinne endogener Innovation stattgefunden habe (Technologie sei ausschliesslich imitiert und in Gestalt der Kapitalbildung umgesetzt worden). Diese Einschätzung steht und fällt jedoch genau mit der spezifischen Lösung der konzeptionellen Probleme, die im Text angesprochen werden, denn das Ergebnis wird über die theoretischen Voraussetzungen der Messverfahren präjudiziert; siehe hierzu unter anderem Rodrik (1998). Aus evolutionsökonomischer Sicht ist allerdings anzumerken, daß auch die „embodiment"-Hypothese an dem grundlegenden Tatbestand des Wissenszuwachses vorbeigeht, der eindeutig kausal prioritär ist (was wird eigentlich „embodied"?); vgl. Metcalfe (2001).

8 Der Zusammenhang zwischen Wissensformen und Technologie wird seit langem untersucht. Theoretisch richtungweisend war eines der Gründungsmanifeste der Evolutionsökonomik, nämlich das Buch von Nelson/Winter (1982), die an einer Kritik der neoklassischen Produktionsfunktion und ihrer strikten Annahmen über das Wissen ansetzten. Nelson und Winter haben unter anderem das Konzept der „Routinen" eingeführt, was wir als nicht-referentielles Wissen einordnen würden. Vor allem auch im Zusammenhang soziologischer und technologiegeschichtlicher Analysen zur Technik sind evolutionstheoretische Ansätze weit verbreitet, neben dem bereits zitierten Buch von Mokyr (Lesehinweis 6) sei verwiesen auf Bassalla (1988).

9 Die im folgenden diskutierten Punkte sind herkömmlich vor allem Gegenstand der Theorie der Wettbewerbspolitik und der Industriepolitik, wo eine allgemeine Theorie des „Marktversagens" diskutiert wird; einen guten Überblick bieten Ewers et al. (1993) und Klodt (1995). Die Theorie des Marktversagens ist neoklassisch, d.h. Referenzpunkt sind die Abweichungen von den Bedingungen eines allgemeinen Marktgleichgewichtes. Die Evolutionsökonomik greift viele Argumente auf, behandelt sie jedoch auf einer niedrigeren Ebene der Aggregation. Eine evolutionsökonomische Sicht von Industriepolitik entwickelt beispielsweise Metcalfe (1998). Die evolutionsökonomische Literatur zum Marktversagen setzt bei Arthur's (1988a) berühmter Untersuchung der Schreibmaschinentastatur QWERTY ein, die in der Folge für hitzige Auseinandersetzungen sorgte.

Die bekanntesten Kritiker sind Liebowitz/Margolis (1994). Hier besteht ein Übergangsfeld zur sogenannten „Ökonomik der Standardisierung“, die unter anderem im Band von Tietzel (1994) gut zugänglich wird.

10 Diese Zusammenhänge sind in der Regel komplex und lassen sich nur in konkreten Fallstudien nachvollziehen, wofür hier kein Raum ist. Beispiele aus der evolutionsökonomischen Forschung sind etwa für die Hard Disk Drives Chesbrough (1999) oder für die Biotechnologie McKelvey (1996). Das im folgenden aufgegriffene Konzept der „modularen Produktionsfunktion“ ist von Milgrom/Roberts (1991) entwickelt worden; es gibt verwandte Ansätze unter anderem von Kremer (1993). Gemeinsames Anliegen ist, die Interdependenzen von einzelnen Produktionsaktivitäten in der Firma zu berücksichtigen, insbesondere die wechselseitige Beeinflussung der Produktivität. Insofern geht es also um die spezifische Struktur von Externalitäten zwischen Elementarprozessen und deren organisatorische Einbettung. Dies begründet die Beziehung zwischen Netzwerken und Technologie modelltheoretisch.

11 Das Thema der Macht stand im Zentrum der sogenannten „ordoliberalen Schule“, die den geistigen Hintergrund der deutschen Sozialen Marktwirtschaft darstellt. Wirtschaftspolitik wird dort vor allem als Politik der Kontrolle wirtschaftlicher Macht zur Schaffung neoklassischer Wettbewerbsbedingungen angesehen. Der Klassiker auf diesem Felde ist Eucken (1952). Die Beziehungen zur modernen evolutionstheoretischen Diskussion werden diskutiert in Labrousse/Weisz (2000) und Leipold/Pies (2000). Dennoch ist das Thema der Macht in der Wirtschaftswissenschaft, aber auch der Evolutionsökonomik weitestgehend ausgrenzt worden, und zwar weil Macht als theoretisch irrelevant für die gesetzmässigen Zusammenhänge in der Ökonomie gewertet wurde. Es gab hier vor rund einem Jahrhundert eine klassische Debatte beim Verein für Socialpolitik, der deutschen Vereinigung für Wirtschaftswissenschaften, die im Reformklima der 70er Jahre nochmals aufgegriffen und im Grundsatz ähnlich abgeschlossen wurde; hierzu Schneider/Watrin (1973). Macht als theoretische Kategorie wird nur von „Aussenseitern“ diskutiert (z.B. Bartlett 1988, Gustafsson, 1991, oder Takata, 1995); auf das Werk von Stützel hatten wir in der Einleitung schon verwiesen. Unsere Ausführungen sind daher stark von soziologischen Theorien beeinflusst, namentlich von James Coleman (1990).

12 Der Begriff des Kapitals ist in der letzten Zeit vor allem als „Sozialkapital“ (siehe Lesehinweis 16) mit Problemen gesellschaftlicher Macht in Verbindung gebracht worden. Diesem Gedankenstrang folgen wir hier, greifen aber die soziologischen Erweiterungen auf, die von Bourdieu (1992) früh in die Debatte eingebracht worden sind. Die Beziehung zwischen unterschiedlichen Kapitalarten diskutiert Coleman (1990) unter dem Begriff der „Fungibilität“. Empirisch werden diese Fragen besonders intensiv bei der Erforschung von Unternehmertum und Entwicklung im internationalen Vergleich behandelt, im Überblick siehe Woolcock (1998).

13 Der Naturzustand spielt in Forschungen im Grenzgebiet zwischen Ökonomie und Philosophie eine große Rolle, wird aber auch in Analysen zum Beispiel des internationalen Rechts verwendet. Die ursprüngliche ökonomische Argumentation im Anschluss an Hobbes stammt von Buchanan (1975). Gewöhnlich wird jedoch ähnlich wie bei Hobbes direkt ein Naturzustand mit jenem einer Ordnung formaler Institutionen verglichen, was evolutionstheoretisch das Problem der Übergangszustände ausblendet, siehe Kliemt (1985), der die Rolle intermediärer Gruppen (also Netzwerke) herausarbeitet. Dies wird damit begründet, daß der Naturzustand nur als hypothetisch-abstrakte Referenz dient. Das entsprechenden Fachgebiet, die sogenannten „constitutional economics", ist daher lange Zeit nur normativ orientiert gewesen, siehe Voigt (1999).

14 Die Theorie des Statuswettbewerbs wird konventionell nur an den Rändern der Wirtschaftswissenschaft berücksichtigt. Ihr Begründer ist Thorstein Veblen (1899), auf den in mikroökonomische Lehrbüchern in Gestalt des Veblen-Effektes Bezug genommen wird. Jedoch wird in diesem Zusammenhang der Positionswettbewerb nur auf besondere Statusgüter eingeschränkt. Das Konzept ist später erheblich von Robert Frank (1985) ausgeweitet worden, der zeigt, wie viele Aussagen der Ökonomie verändert werden müssen, wenn Positionswettbewerb die vorherrschende Wettbewerbsform wäre. Ein Bereich, wo solche Überlegungen auch Anwendung finden, ist die Untersuchung von technologischen Wettläufen um Patente. Das sogenannte „winner takes all" Prinzip ist Positionswettbewerb; dementsprechend gibt es auch hier die Diagnose möglicher Fehlallokationen von Ressourcen, siehe etwa die Ausführungen zu Forschungswettläufen bei Klodt (1995). Dies ergibt sich aus dem Umstand, daß in Patentwettläufen (wie beispielsweise im Sport) zwar alle Wettbewerber hohe Investititionen in die Erlangung des Patents tätigen, aber nur einer erfolgreich sein kann und dann alle anderen ausschliesst. Deren Investitionen sind dann unter bestimmten Bedingungen „versunken".

15 Die Rolle des Wettbewerbs zwischen Staaten als Kraft der Selektion von Machtstrukturen ist eine Idee, die sich bereits bei Max Weber (1985) findet und seit den achtziger Jahren in der ökonomischen Literatur sehr verbreitet ist. Unter dem Schlagwort des „europäischen Wunders" wird diese Form des politischen Wettbewerbs als wesentlich für die rapide Entwicklung Europas im Vergleich zu anderen Gebieten angesehen; siehe hierzu Jones (1988) oder Weede (1994).

16 Sozialkapital wird besonders in der Literatur zu Wirtschaftswachstum und zu wirtschaftlicher Entwicklung thematisiert. Einfach gesagt, fasst es alle Handlungsmöglichkeiten zusammen, die Aktoren aufgrund ihrer spezifischen Nutzbarkeit sozialer Netzwerke und Institutionen erlangen. Die Facetten dieses Ansatzes lassen sich nahezu vollständig im Band von Dasgupta/Serageldin (2000) erfassen.

Unsere Differenzierung zwischen kollektivem und individuell approprierbaren Sozialkapital berücksichtigt die unterschiedlichen Interpretationen bei den Soziologen Coleman (1990) und Burt (1992).

17 Es gibt eine auch in der Evolutionsökonomik vernachlässigte, wichtige soziologische Literatur zur Rolle von Status im Marktwettbewerb. Dies ist nicht gleichbedeutend mit „Marktmacht“, allerdings kann aus Status Marktmacht entstehen. Der Zusammenhang zur Industriestruktur wird erörtert bei Carrol/Hannan (2000). Die mathematische Theorie des Zusammenhangs von Komplexität und „Dichte“ der Besetzung von Marktpositionen wird erläutert von Péli/Nooteboom (1999, und eine aufschlussreiche Fallstudie zum Kapitalmarkt findet sich bei Podolny (1993).

18 Der Begriff der Kultur findet in der neueren wirtschaftswissenschaftlichen Literatur wieder mehr Beachtung, wie der Band von Priddat (2000) widerspiegelt. Ein zentrales Thema ist der Einfluss der Kultur auf Transformationsprozesse, siehe Höhmann (2000) und die (sehr) langfristige Entwicklung von Gesellschaften, wie bei Lal (1998). Jedoch ist der Begriff in der Regel unklar definiert und weist viele Überlappungen mit Konzepten wie dem Sozialkapital auf, insbesondere bei der Analyse von Institutionen; ein einflussreicher Beitrag ist Greif (1994). Die begrifflichen Unschärfen haben ihn sogar in der Mutterdisziplin der Ethnologie über Jahre in schlechten Ruf gebracht. Unser Begriff der Kultur orientiert sich zum einen an der soziologischen Systemtheorie (Baecker, 2000) und an der Ethnologie, wie Wimmer (1996) und Brumann (2000). Er lässt sich theoretisch in der Kognitionswissenschaft fundieren, insbesondere sogenannten „konnektionistischen“ Ansätzen, die aus der Gehirnforschung rezipiert werden, zum Beispiel Strauss/Quinn (1997) oder im Überblick DiMaggio (1997).

19 Die folgenden Ausführungen sind teilweise angeregt durch die Konzepte und Ideen der französischen Regulationstheorie, die sich besonders mit der Frage befasst, wie „Krisen“ von Systemen entstehen, die über lange Zeiträume viabel waren. Hier bestehen enge Bezüge zum Konzept der Ordnung, nur ist die Terminologie völlig anders. Die „Verschachtelung“ (die „imbrication“) ist ein wichtiges Forschungsobjekt der Regulationstheorie. Der Bezug auf die Kultur geht unter anderem auf die Geschichtswissenschaft zurück, insbesondere die „longue durée“ der französischen Annalenschule, die wiederum unserem Konzept der Epoche eng verwandt ist; Überblicke hierzu sind Boyer (1990, 1995) und Labrousse/Weisz (2000). Das Thema der Integration von Strukturen spielt aber auch in der neueren Literatur zu institutioneller Diversität von Wirtschaftssystemen eine wichtige Rolle, die sich vor allem an der laufenden Diskussion des japanischen Falls entzündet hat, siehe hierzu Aoki (1990, 1996) und Pascha (2002).

20 Der Zusammenhang zwischen Anpassung, Komplexität und politischer Organisation ist in der anthropologisch-soziologischen Literatur zum Staat schon früh systematisch ausgearbeitet worden.

Eine evolutionstheoretische Bilanz der Literatur ist Corning (1983); kritisch zur biologischen Komponente sei Hallpike (1986) empfohlen. In der Soziologie ist vor allem Mann's „Geschichte der Macht“ (1985) zu erwähnen.

21 Der Raum wird traditionell in der Aussenwirtschaftslehre angesprochen, aber weitestgehend vernachlässigt. Ein ausführlicher Überblick und Neuansatz zu diesem Thema ist Herrmann-Pillath (2001). In den letzten zehn Jahren ist der Raum besonders im Zusammenhang der sogenannten „New Economic Geography“ zu einem wichtigen Forschungsfeld der „mainstream“ Wirtschaftswissenschaft geworden, insbesondere durch die Arbeiten von Paul Krugman (1991), (1996); Fujita et al. (1999) und Junius (2000) sind umfassende Darstellungen von theoretischen und empirischen Ergebnissen dieser Forschung. Geographen stehen dieser Entwicklung allerdings skeptisch gegenüber, vgl. Martin (1999). Tatsächlich fehlen komplexere Dynamiken und transdisziplinäre Bezüge. Beispielhaft für die evolutionsökonomische Behandlung des Raums sind Schweitzer (1999) oder Boschmaa/Lamboy (1999).

22 Eine zwischen Neoklassik und Evolutionstheorie stehende Theorie des internationalen Rechts entwickelt Schmidt-Trenz (1990). Das „Jahrbuch für Neue Politische Ökonomie Bd. 18, Schenk et al. (1999) enthält viele relevante Beiträge zu diesem Thema.

23 Die Sicht der Marktwirtschaft als ein komplexes System von Einstellungen, Normen, Institutionen und Verhaltensweisen ist im Grunde allgemein anerkannt, bleibt aber dennoch in den meisten theoretischen Analyse aus Gründen der „Vereinfachung“ aussen vor. Aus der Sicht der neoklassischen Institutionenökonomik wird die Tür etwa in einschlägigen Passagen von Richter/Furubotn (1996) geöffnet, die sich mit der Einbettung marktwirtschaftlicher Institutionen beschäftigen. Instruktiv ist auch die Arbeit von Platteau (1994).

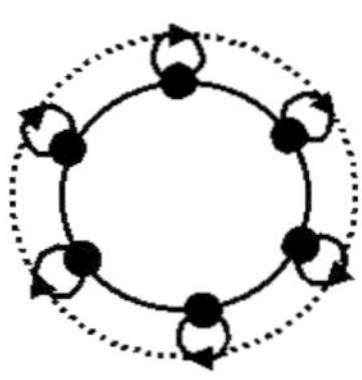

Anhang:

Glossar theoretischer Termini der Evolutionsökonomik

Aktor:
Einheit von →Handlungen in Wirtschaftssystemen. Aktoren bilden →Netzwerke, und →Konfigurationen von Aktoren bilden →Elemente. Es werden fundamentale (biologische Individuen) und derivative Aktoren (Gruppen, Organisationen etc.) unterschieden. Kriterium für die Identifikation von Aktoren ist die Existenz einer teilautonomen Funktion der Entscheidung über Handlungen. Beispiel: Teams sind Elemente in Netzwerken, wenn sie stabile Strukturen in der Zeit sind; hat das Team eine Führung, die entscheidet, handelt es sich um einen derivativen Aktor.

Handlung
Netzwerk

Anpassung:
Funktionalität von Prozessen in →Systemen für deren →Viabilität in einer spezifischen, durch die Systemgrenze bestimmten →Umwelt, die auf der →Bimodalität von →Regel und Regelmässigkeit beruht. Anpassung resultiert aus den simultan wirkenden Kräften der inneren und äußeren →Selektion, ist also keinesfalls nur als Anpassung an die Umwelt zu interpretieren. In lebenden Systemen ist Anpassung multidimensional, weil deren Viabilität durch die Viabilität des Replikators bestimmt ist, der komplexe Heterarchien von →Interaktoren nicht eindeutig determiniert, in seiner Viabilität aber von deren Funktionalität abhängig ist.

Viabilität
Umwelt
Selektion

Arbeit:
Intentionale Zuführung von →Energie zu einem offenen System durch wissensbasierte →Handlungen von →Aktoren. In Wirtschaftssystemen wirkt Arbeit auf materiell-energetische Strukturen und die →Konfiguration von Netzwerken ein. Im letzten Fall ist diese Arbeit der Prozeß der →Organisation.

Handlung
Energie

Bedürfnis:
Handlungsdeterminante von Aktoren, die aus ihrem →referentiellen und nicht-referentiellem Wissen resultiert. Bedürfnisse sind funktional bezüglich der →Produktion in einem Wirtschaftssystem, d.h. sie tragen zur Viabilität des bimodalen Zustandes der Ordnung bei. Bedürfnisse können in unterschiedlichem Masse adäquat sein, insbe-

Produktion
Anpassung

sondere auch dysfunktional im Sinne von →Anpassung. Beispiel: Unsere Essgewohnheiten sind teils genetisch (intrasomatisch nicht-referentiell), teils sozial (extrasomatisch nicht-referentiell), teils individuell (intrasomatisch referentiell) bestimmt und können mit inneren Konflikten einhergehen (Appetit versus Gesundheit).

Bimodalität:
Grundlegendes Prinzip der →Ontologie der Evolutionsökonomik, nach dem alle Wirklichkeitsphänomene immer als →Wissen oder als Struktur bzw. →Element betrachtet werden können, letztere wiederum als materiell-energetische Struktur und/oder als Element von Netzwerken zwischen Aktoren. Bimodalität wird ontologisch gesetzt, ist aber gleichzeitig eine zwingende Folge der Universalität von →VSB-Prozessen, denn jeder VSB-Prozeß führt zur Emergenz von neuen Eigenschaften in →Zustandsräumen, die wiederum als Wissen aufzufassen sind.

Ontologie
VSB-Prozeß

Element:
Träger von →Wissen. Elemente entstehen durch →Emergenz und sind in evolutorischen Prozessen →Interaktoren. In →Netzwerken beziehen sich Elemente auf →Konfigurationen von →Aktoren; bimodal sind Elemente materiell-energetische Strukturen, evolutionsökonomisch vor allem in Gestalt der →Technologie. Beispiel: Eine Unternehmung ist ein Element, das bestimmten Konfigurationen ihrer Mitglieder entspricht, und deren Routinen nicht-referentielles Wissen speichert, das den Handlungen der Aktoren ebenso wie der Unternehmung als derivativem Aktor zugrundeliegt.

Wissen
Interaktor

Elementarprozeß:
Nicht weiter teilbare Prozeßeinheit der →Produktion. Elementarprozesse können intentional sein, d.h. sind entscheidungsbasierte →Handlungen von →Aktoren, oder nicht-intentional, d.h. verlaufen unabhängig von Aktoren. Ihre Wirkungen sind wiederum beabsichtig oder unbeabsichtigt, wobei zwischen dem produzierenden und dem empfangenden Aktor zu unterscheiden ist; unter bestimmten Bedingungen werden dann →Externalitäten verursacht. Elementarprozesse sind nach Massgabe der →zeitlichen Koordination im →Raum geordnet.

Produktion
Externalität

Emergenz:
Veränderung des →Zustandsraumes eines Systems durch hyperzyklische →Selbstorganisation von →Elementen zu neuen Elementen. Emergenz ist Ursache von →Neuheit in Systemen; in Wirtschaftssystemen ist →Kreativität eine weitere Ursache. Beispiel: Ein Team leistet durch Kooperation mehr als seine Mitglieder isoliert betrachtet,

Neuheit
Selbstorganisation

wenn zwischen den Mitgliedern positive →Externalitäten erzeugt werden, die zur Emergenz neuer, gruppengebundener Eigenschaften führen. Emergenz verursacht die Entstehung von Hierarchien, die allerdings genauer als Heterarchie zu kennzeichnen sind, weil eine Wechselwirkung in beiden Richtungen der hierarchischen Ordnung gegeben ist. Ein Modellierungsansatz ist die Synergetik, die zwischen langsam und schnell veränderlichen Ordnern unterscheidet.

Emotion:
Verhaltensdisposition von Aktoren, die keiner Entscheidung zugänglich ist, sondern auf →Regeln basiert, die nicht-referentielles →Wissen sind (angeboren, durch Sozialisation verinnerlicht etc.). Emotionen werden situativ aktiviert („frames") und sind daher über Interpretationsvorgänge mit der →Kognition verbunden. Emotionen ermöglichen Handlungen, die auf →Selbstbindung beruhen und sind daher unter anderem für die Stabilisierung von →Institutionen bedeutsam.

Wissen
Selbstbindung
Kognition

Energie:
Eine intensive Zustandsgröße von Wirtschaftssystemen, die eine Leistung von →Arbeit ermöglicht, indem freie Energie in gebundene transformiert wird. Diese Transformation ist mit einer Zunahme der →Entropie verbunden. Die Schaffung niedrigerer Entropie durch →Produktion setzt also offene Systeme voraus, die fortlaufend einen Zustrom freier Energie erfahren. In Wirtschaftssystemen besteht bimodal eine enge Beziehung zwischen Energie und →Wissen, d.h. Energiezustrom ermöglicht Wissenspeicherung durch Strukturen niedrigerer Entropie, und Wissen ermöglicht diesen Zustrom und seine Nutzung durch Arbeit.

Entropie
Produktion

Enformation:
Gleichbedeutend mit dem kybernetischen Begriff der Shannonschen Information, d.h. die Enformation ist ein quantitatives Maß für die Informationsmenge innerhalb eines gegebenen Zustandsraums. Veränderungen des Zustandsraumes sind qualitative Änderungen des →Wissens und werden durch Enformation ebenso nicht erfasst wie die Funktionalität von Eigenschaften des Zustandsraumes für die Systemprozesse („semantische Information").

Wissen
Information

Entropie:
Maß für die Unordnung eines →Systems. Materiell-energetisch ist Entropie ein Zustand von Systemen mit minimaler freier und maximaler gebundener →Energie, d.h. ein System mit maximaler Entropie kann keine Arbeit mehr verrichten. Dieser Zustand ist thermodynamisch das →Gleichgewicht des Systems. Im bimodalen Aspekt des

Energie
Enformation
Ordnung

Wissens ist Entropie der Zustand minimaler →Enformation, also der Zustand maximaler Unordnung der Systembestandteile. Die Speicherung von Wissen bzw. Erzeugung von Information setzt also die Abnahme von Entropie voraus. Entropiemasse sind immer auf gegebene →Zustandsräume bezogen, erfassen also die Strukturbildung offener Systeme nicht vollständig.

Evolution:

VSB-Paradigma
Emergenz
Anpassung

Prozeß des Wandels von →Strukturen in der Zeit, der das Phänomen der →Neuheit durch →Emergenz aufweist. Evolution besitzt bestimmte Prozeßmerkmale, von denen der wichtigste der →VSB-Prozeß ist. Durch das Auftreten von Neuheit ist Evolution immer mit der Bildung von geordneten →Replikator/Interaktor-Systemen verbunden. Die Evolution lebender Systeme hält Ordnungsstrukturen durch laufende Materie-Energie-Ströme über die Systemgrenze hinweg aufrecht, deren Viabilität als →Anpassung bestimmt wird.

Externalität:

Produktion
Hyperzyklus

Externalitäten bzw. externe Effekte sind Kuppeloutputs von →Produktion, die beim produzierenden oder beim empfangenden →Aktor nicht beabsichtigt sind und intentional von mindestens einem der beiden nicht verhindert werden. In der Regel gehen externe Effekte mit asymmetrischen →Wahrnehmungsfeldern zwischen den Aktoren einher. Funktionale externe Effekte sind positive Externalitäten, dysfunktionale negative. Positive externe Effekte erzeugen im Falle zirkulärer Verknüpfung →Hyperzyklen zwischen Aktoren bzw. →Elementen. Hyperzyklen generieren in Wirtschaftssystemen →Neuheit. Beispiel: In einem Team erzeugt das spezielle Wissen eines Aktors eine positive Externalität bei den anderen Aktoren, die zu einer allgemeinen Zunahme der Produktivität der Teamarbeit führt. Tragen die Teammitglieder wechselseitig Wissen bei, sind die Externalitäten hyperzklisch verknüpft.

Gleichgewicht:

Viabilität
Entropie

Zustand in einem →Netzwerk, bei dem kein Aktor Veranlassung sieht, seine geplanten Handlungen zu revidieren. Thermodynamisch ist Gleichgewicht der Zustand maximaler →Entropie eines Systems und damit minimaler Enformation. Offene Systeme, die Wissen generieren, befinden sich immer fern vom Gleichgewicht, indem sie Zustände niedrigerer Entropie aufgrund eines dauernden Zustroms an →Energie über die Systemgrenze hinweg stabilisieren; dies wird als →Viabilität bezeichnet. Im Gleichgewicht ist also auch kein neues →Wissen (also Information) mehr möglich, weil alles Wissen gemeinsames Wissen ist. Daher besteht ein grundlegender Unterschied zwischen dem idealtypischen neoklassischen Gleichgewicht bei vollständiger Information und dem evolutionsökonomischen Gleichgewichtsbegriff.

Gruppenwettbewerb/selektion
Nicht-reduktionistische Anwendung des →VSB-Paradigmas auf heterarchisch geordnete Populationen von →Aktoren. Gruppen sind dann eine Einheit der →Selektion, wenn sie durch positive Externalitäten zwischen den Gruppenmitgliedern ein Element bilden, und wenn ihre →Struktur in der →Zeit repliziert wird. Abstrakt bedeutet dies, daß im Wettbewerb zwischen Populationen genau jene Regeln selektiert werden, die deren Verhalten bestimmen. Beispiel: Eine Machtstruktur kann eine positive Externalität in einer Population relativ zu einer anderen erzeugen, auch wenn die Handlungsmöglichkeiten innerhalb der Population ungleich verteilt sind; wird diese Struktur repliziert, findet Gruppenselektion statt.

VSB-Paradigma
Selektion

Handlung:
Handlungen sind zielgerichte Prozesse, die von →Aktoren aufgrund einer Handlungskompetenz verursacht werden, welche auf →referentiellem und/oder nicht-referentiellem Wissen beruht. →Bimodal ist dieses Wissen eine Handlungsmöglichkeit, die zum →Vermögen eines Aktors gerechnet wird. In Wirtschaftssystemen werden →Transaktionen und →Kommunikation als Handlungstypen unterschieden. Handlungen basieren im Falle der Aktivierung referentiellen Wissens auf Entscheidungen, die Konflikte zwischen verschiedenen Bewertungen der →Vernunft lösen. →Kognitive Entscheidungen über Handlungen folgen in doppelter Weise dem Prinzip der →Opportunitätskosten, nämlich in Ziel-Mittel-Zusammenhängen ebenso wie bei der Bestimmung der Entscheidungsregel.

Vernunft
Aktor
Opportunitätskosten

Handlungsrecht:
Definiert die Handlungsmöglichkeiten eines Aktors in Abgrenzung zu Handlungsmöglichkeiten anderer Aktoren im Falle, daß konkurrierende Zugriffe auf →Vermögen bestehen. Formale Handlungsrechte sind Eigentumsrechte.

Handlung
Vermögen

Häufigkeitsabhängigkeit:
Abhängigkeit des Verlaufs eines Prozesses vom Auftreten von Merkmalen der →Umwelt, die selbst durch diesen Prozeß beeinflusst werden. Globale Häufigkeitsabhängigkeit bezeichnet die Abhängigkeit von einer durch den Prozeß beeinflussten intensiven Eigenschaft des Systems, lokale Häufigkeitsabhängigkeit bezieht sich auf →Nachbarschaften innerhalb eines Systems. Beispiel: Bei lokaler Häufigkeitsabhängigkeit orientiert sich ein Aktor beim Kauf eines Produktes an den Kaufentscheidungen seiner Nachbarn (die ihrer-

Umwelt
Selektion
Nachbarschaft

seits dasselbe tun), während sich der Aktor bei globaler Häufigkeitsabhängigkeit an der statistischen Verteilung der Kaufentscheidungen in der Gesamtpolulation orientiert. Grundmodelle lokaler Häufigkeitsabhängigkeit sind zelluläre Automaten, von globaler das logistische Wachstum. Häufigkeitsabhängigkeit hat unter anderem Phänomene der →Pfadabhängigkeit zur Folge.

Hyperzyklus:

Externalität
Neuheit

In der Biochemie ist der Hyperzyklus ein System von Molekülen, die gegenseitig ihre Reproduktion katalysieren. In der Evolutionsökonomik wird dieser Effekt verallgemeinert als zirkuläre Schliessung von positiven →Externalitäten in →Netzwerken, die eine System-Umwelt-Grenze generieren, d.h. die Entstehung einer neuen Eigenschaft im Zustandsraum des Wirtschaftssystems. In komplexen Systemen sind Hyperzyklen →Singularitäten, die in einer zeitlichen Folge neutraler Variationen von Kombinationen durch Gleichzeitigkeit bestimmter Änderungen der Elemente entstehen.

Information:

Wissen
Enformation
Interpretation

Zuwachs von →Wissen eines bestimmten Aktors, der relativ zu dessen Wissensbestand bestimmt ist, also wahr oder falsch sein kann. Information bedeutet subjektive →Neuheit und ist nur dann bezogen auf eine Population von Aktoren Neuheit, wenn es gemeinsames Wissen der Aktoren ist, daß die Information vorher niemandem bekannt war. Durch →Interpretation ist Information in einer Population immer divers und daher kognitiv →singulär. Information ist von →Enformation und von Wissen zu unterscheiden.

Institution:

Regel
Technologie
Macht
Emotion

Regelmässigkeit der →Handlungen in Netzwerken, die aufgrund kollektiver →Wahrnehmung von Aktoren generiert wird und sich auf eine →Regel stützt, die Bestandteil von deren Wissen ist. Die Regel führt zur Selbstbindung der Aktoren an die Institution und ist ein kognitiv-emotionaler Komplex. Institutionen werden durch Sanktionen als einer Form äusserer →Selektion stabilisiert, wobei informale (z.B. Gruppenzwang) und formale Institutionen (z.B. Recht) zu unterscheiden sind. Aufgrund dieser Rolle der Sanktion wirkt die äussere Selektion durch die →Umwelt nie direkt auf den Wandel von Institutionen, sondern indirekt über die Handlungen jener Aktoren, die abweichendes Verhalten sanktionieren. Da →Macht Grundlage von Sanktionen ist, ist eine machtfreie Analyse von Institutionen unmöglich. Dies ist gleichbedeutend mit einer intermediären kausalen Funktion der sanktionierenden Aktoren für den instituionellen Wandel. Institutionen sind mit →Technologie und →Macht zu →Ordnungen integriert, insofern sie an andere Institutionen angepasst sind, die wiederum Handlungen der

die wiederum Handlungen der Technologieanwendung regulieren, und machtbasierte Sanktionen selbst institutionell bestimmt sind.

Interaktor:
Im Kontext des →VSB-Paradigmas sind Interaktoren diejenigen Einheiten in komplexen heterarchischen Systemen, die eine System-Umwelt-Grenze aufweisen im Sinne der Funktionalität dieser Grenze für die Viabilität des →Replikators, der den Interaktor generiert. In Wirtschaftssystemen sind →Aktoren in geordnete Heterarchien von Interaktoren eingebettet, vor allem im Kontext von →Gruppenselektion. Interaktoren können unabhängig von der Funktionalität für Replikatoren durch unterschiedliche, ihrerseits heterarchisch geordnete Replikatoren generiert sein. Der Begriff des Interaktors ist eine Verallgemeinerung des biologischen Begriffs des Phänotyps. Beispiel: Die Fischschwärme eines Küstenvolkes bilden einer Interaktor zwischen Mensch und Tier; der Replikator ist die →Kultur dieses Küstenvolkes. Dies gilt aber umgekehrt auch für den Replikator des Fischschwarms, also dessen Genotyp.

Replikator
Gruppenselektion

Interpretation:
Einbettung von →Information in die kognitiven Kontexte („frames") bzw. allgemeiner das →Wissen eines Aktors, durch die Information erst Bedeutung erhält. Interpretation ist notwendige Quelle von Varietät in der Informationsdiffusion und hat die →Singularität von Aktoren auch dann zur Folge, wenn hypothetisch keine exogene Neuheit mehr auftreten würde. Ein spezieller Aspekt von Interpretation betrifft die kognitiv-emotionale Wahrnehmung von Ordnung: Sie wird als →Sinn bezeichnet.

Information
Singularität
Kognition

Kapital:
Im engen Sinne materiell-energetische →Struktur der Umwegproduktion, die Voraussetzung für deren spezifische →zeitliche Ordnung ist. Kapitaleinsatz führt zu einer Beschleunigung der Eigenzeiten der →Produktion, die konventionell als Erhöhung der →Produktivität bestimmt wird. In Netzwerken gibt es aber auch weitere Formen von Kapital als differenzierte Formen von →Vermögen der Aktoren; materiell-energetische Strukturen werden dann als „Realkapital" spezifiziert.

Produktion
Vermögen
Zeit

Knappheit:
Zentraler Bezugspunkt der konventionellen Wirtschaftswissenschaft, die sich als Wissenschaft von der Optimierung bei knappen Ressourcen begreift. In der Evolutionsökonomik ist Knappheit eine wichtige Determinante des Selektionsdrucks in →VSB-Prozessen.

VSB-Paradigma

Kognition:

Wissen
Emotion
Lernen

Prozeß der Bildung von →Wissen durch Aktoren, das als Menge von →Regeln begriffen wird, die spezieller als „kognitive Schemata" bezeichnet werden. Kognition basiert aber auch selbst auf Regeln, die zum größten Teil eine nicht-referentielle Form des Wissens sind (kognitive Routinen, Entscheidungsverfahren etc.). Deshalb gilt für die Kognition das Prinzip der beschränkten Rationalität. Kognition ist eng mit →Emotionen korreliert, so daß ihr Ergebnis immer eine Mischung von →referentiellem und nicht-referentiellem Wissen ist. Führt Kognition zu subjektiv neuem Wissen, handelt es sich um →Lernen.

Kommunikation:

Transaktion
Wahrnehmung

Direkter Austausch von →Wissen zwischen Aktoren über symbolische Medien. Durch Kommunikation wird die →Wahrnehmung anderer Aktoren zugänglich. Netzwerke weisen Kommunikationsnetze auf, die nicht notwendig kongruent sind mit den →Transaktionen. In Wirtschaftssystemen ist Kommunikation zum Teil durch institutionalisierte Medien standardisiert; das wichtigste Beispiel sind das Geld und die in Geld nominierten Güterpreise.

Komplexität:

System

Maß für die Zahl der möglichen Beziehungen zwischen Elementen eines →Systems. Komplexität nimmt rapide zu, wenn Beziehungen selbstreferentiell sind, d.h. wenn bestimmte Kombinationen von Elementen selbst wieder Kombinationen mit anderen Elementen ergeben können, wenn die Ausgangskombinationen zur Emergenz neuer Eigenschaften führen. Beispiel: In der Technologieentwicklung werden Elementarprozesse zu bestimmten Produktionsprozessen arrangiert, die wiederum als Einheiten mit anderen Elementarprozessen zusammengeführt werden.

Konfiguration:

Netzwerk
Struktur

Konfigurationen sind in der Zeit stabile, wiederholte und zwischen unterschiedlichen →Aktoren ähnliche wahrgenommene Muster von Transaktionen in →Netzwerken. Meta-Konfigurationen sind unterschiedliche Kombinationen von Konfigurationen und dem →Wissen über Konfigurationen. Klassen von Konfigurationen sind →Strukturen. Beispiel: Eine →Institution ist eine Struktur, die eine potentiell unendliche Klasse von ähnlichen Konfigurationen zusammenfasst. In der Evolutionsökonomik sind →Spiele eine spezielle Form, Konfigurationen zu analysieren und zu modellieren.

Kreativität:

Entstehung von →Neuheit durch Prozesse der Selbstorganisation im menschlichen Gehirn. Kreativität wird von der Evolutionsökonomik nicht erklärt, sondern ist exogene Quelle von Varietät; →Emergenz ist die endogene Quelle. Allerdings bestehen formale Analogien zwischen intrasomatischen und extrasomatischen Formen von →VSB-Prozessen. →Unternehmer sind Aktoren, die sich in besonderem Masse durch Kreativität auzeichnen.

Emergenz
Neuheit

Kultur:
Kultur bezeichnet die gemeinsamen →Sinnsysteme von Mitgliedern einer Population, die deren kollektive Differenz zu anderen Populationen wahrnehmbar werden läßt; insofern besitzt sie notwendig die Eigenschaft der →Singularität. Kultur grenzt in →Netzwerken Territorien ab, die eine einheitliche →Ordnung aufweisen. Sie ist eine wesentliche Determinante der →Viabilität und der Integration von Systemen durch Ordnung. Beispiele sind die Kulturen von Unternehmen und die Kulturen von ethnischen Gruppen.

Sinn
Ordnung

Lebenszyklus:
Phänomen →zeitlicher Ordnung in lebenden Systemen, das sich aus der Wirkung von →VSB-Prozessen ergibt. Lebenszyklen entstehen zum einen aus der speziellen Dynamik häufigkeitsabhängigen Wachstums (logistisches Wachstum) und zum anderen durch die Obsoleszenz von Strukturen. Letztere ergibt sich durch das ständige Auftreten von →Neuheit und die zeitliche Verschiebung dysfunktionaler Eigenschaften in Entwicklungsphasen nach der Reproduktion von →Replikatoren (Altern). In der Evolutionsökonomik werden Lebenszyklen besonders für Produkte, Technologien und Unternehmen betrachtet.

VSB-Paradigma
Zeit

Lernen:
Bildung von →referentiellem und nicht-referentiellem Wissen durch Aktoren, das bezogen auf die Population keine Neuheit ist, aber individuell neu. Lernen geschieht entweder durch induktive Verstärkung (besonders nicht-referentielles Wissen) oder durch →kognitive Prozesse (besonders referentielles Wissen). Prinzipiell können einzelne Aktoren lernen wie auch Gruppen von Aktoren, so daß Lernen zur Formierung unterschiedlicher →Elemente in Netzwerken führt. Beispiel: Organisationen lernen aus ihrer Geschichte und entwickeln Routinen, die dann zu Beschränkungen der Handlungen ihrer Mitglieder werden.

Kognition
Referentielles und nicht-referentielles Wissen

Macht:
Handlungskompetenz eines →Aktors in →Netzwerken, die auf →Vermögen beruht, die für andere Aktoren wertvoll sind. Relative Handlungskompetenzen konstituieren →Handlungsrechte. Die Wir-

kung von Macht ergibt sich durch negative →Externalitäten von Handlungen auf Zustände anderer Aktoren in Netzwerken, die deren Handlungsmöglichkeiten beschneiden, ohne daß sie dies durch Handlungen verhindern können. Die konkrete Form der Externalitäten bildet sich aus der →Konfiguration von Transaktionen, Wahrnehmungsfeldern und Kommunikationsnetzen. Macht ist Voraussetzung der Sanktion abweichenden Verhaltens bei →Institutionen und weist somit im →Gruppenwettbewerb auch positive Externalitäten auf, wenn die stabilisierten Institutionen funktional sind. Die →Viabilität von Macht als Struktur ergibt sich also aus dieser Wechselwirkung von negativen und positiven Externalitäten. Viabilität wird ausserdem durch →Sinnkonstrukte der Aktoren befördert, die Macht Legitimität verleihen. In Wirtschaftssystemen bedeutet Macht, daß →Wettbewerb immer in den beiden Dimensionen des Leistungs- und Positionswettbewerbes erfolgt, die beide konkrete Formen häufigkeitsunabhängiger und -abhängiger →Selektion sind. Die Erreichung globaler Optima ist demzufolge ein unwahrscheinliches Ergebnis.

Vermögen
Wettbewerb
Externalität

Nachbarschaft:
Nachbarschaften sind Umgebungen von Aktoren, in denen sie Zustandsänderungen durch direkte →Transaktionen mit anderen Aktoren erfahren. Aufgrund der →Bimodalität von Zuständen sind unterschiedliche Arten von Nachbarschaft bestimmbar, je nachdem wie weit →Information über nicht direkt benachbarte Transaktionen eine Zustandsänderung bedeutet. Das Konzept der Nachbarschaft liegt formalen Ansätzen zur lokalen →Häufigkeitsabhängigkeit zugrunde, vor allem der Modellierungstechnik der zellulären Automaten.

Häufigkeitsabhängigkeit

Netzwerk:
Ein Netzwerk ist eine geordnete Population von →Aktoren, das die drei Dimensionen der →Transaktion, →Wahrnehmung und →Kommunikation aufweist. Netzwerke wandeln sich kontinuierlich durch Transaktionen der Aktoren. Sie weisen in der Zeit stabile →Strukturen auf, wenn bestimmte →Konfigurationen von Aktoren in unterschiedlichen Kontexten und mit unterschiedlichen Aktoren zu Klassen ähnlicher Konfigurationen zusammengefasst werden können. Grundlegend wird zwischen integralen und nicht-integralen Netzwerken bzw. Systemen unterschieden. Integrale Netzwerke sind Netzwerke, in denen alle möglichen Beziehungen zwischen Aktoren auch realisiert sind, und in denen das →Wissen über das Netzwerk gemeinsames Wissen ist; nicht-integrale Netzwerke weisen in unterschiedlichen Grade Abweichungen von diesem Zustand auf und müssen daher strukturell spezifiziert werden. Diese Spezifikation führt zu Identifikation von Konfigurationen als →Elementen, die

Konfiguration
Wissen
Aktor
Element

Wissen tragen. Beispiel: Eine Fußballmannschaft ist eine spezielle Konfiguration einer Gruppe von Aktoren, die auch eine Struktur ist (das Fußballspiel ist eine Institution); eine einzelne Mannschaft approximiert ein integrales Netzwerk, während das Spiel selbst ein nicht-integrales System ist. Es gibt unterschiedliche Modellierungsansätze zu Netzwerken, wie etwa die neuronalen Netze. Für die empirische Untersuchung von Strukturen in Wirtschaftssystemen ist besonders die „social network analysis" geeignet.

Neuheit:
→Emergenz eines Objektes in einem System mit gegebenenem →Zustandsraum von Eigenschaften, das eine neue Eigenschaft aufweist, so daß also der Zustandsraum erweitert wird. Neuheit ist immer bimodal bezogen auf eine Umwelt, relativ zu der die Eigenschaft identifiziert wird, und den Beobachter, der den Wandel in Zustandsräumen beschreibt. In Populationen liegt Neuheit vor, wenn es gemeinsames →Wissen ist, daß kein Aktor vorher diese Eigenschaft kannte. Innovationen sind eine Form von Neuheit, die nach der Invention in einem Wirtschaftssystem diffundiert.

Emergenz

Ontologie:
Definierende Annahmen einer Wissenschaft über die Struktur der Wirklichkeit, die sie untersucht. Ontologische Annahmen sind Voraussetzung für die Hypothesen-Formulierung und daher nicht selbst strikt überprüfbar. Die Ontologie der Evolutionsökonomik ist →bimodal, d.h. sie betrachtet Wissen und Materie-Energie bzw. konkret Wissen und die realen Individuen als die zwei konstitutiven Aspekte der wirtschaftlichen Wirklichkeit. Methodologisch bedeutet dies, daß die Evolutionsökonomik nicht-reduktionistisch argumentiert, also verschiedene Ebenen der Realität zuläßt, die nicht vollständig aufeinander reduzierbar sind. Diese Ebenen entstehen durch →Emergenz, die eine notwendige Eigenschaft von →Evolution ist.

Bimodalität
Evolution

Opportunitätskosten:
Die Kosten von Entscheidungen, die sich aus den entgangenen Alternativen von →Handlungen ergeben. In der Evolutionsökonomik wird konsequent zwischen den subjektiv vom Aktor wahrgenommenen und den sich aus dem Wettbewerbsprozeß ergebenden Opportunitätskosten unterschieden („objektive" Opportunitätskosten). Nur in integralen →Systemen ohne Neuheit konvergieren beide Kostenarten. Beispiel: Nicht die Produktionskosten des Unternehmens sind die Opportunitätskosten einer unternehmerischen Entscheidung, sondern die entgangenen Gewinnmöglichkeiten, die von anderen →Unternehmern entdeckt werden.

Handlung

Optimierung:
Erreichung eines Systemzustandes, der nach bestimmten Kriterien der Systemleistung im Sinne der →Anpassung an Umweltbedingungen – formal einer Fitness-Funktion - die beste Lösung darstellt. Globale Optimierung liegt vor, wenn die unter den gegebenen Restriktionen absolut beste Lösung erreicht wird, lokale Optimierung bedeutet, daß ein System im Zeitablauf zwar eine bessere, aber nicht die beste Lösung realisiert, weil auf dem Weg zum globalen Optimum erneut zeitlich begrenzte Verschlechterungen auftreten würden. In nicht-integralen Systemen bilden sich demnach häufig auf →Nachbarschaften verteilte, lokal optimale Strukturen heraus, deren Varietät auch Voraussetzung für Neuheit ist.

Anpassung

Ordnung:
Das Zusammenwirken der →Strukturen der →Macht, →Institutionen und →Technologie in einem Wirtschaftssystem. Ordnung geht mit der Emergenz von →Sinn einher, der eine Kopplung zwischen Ordnung und personaler Identität von Aktoren herstellt. Ordnungen sind Territorien zugeordnet, die sich durch →Kulturen gegen andere Ordnungen abgrenzen; dies sind häufig, aber keinesfalls mehrheitlich, Phänomene im →Raum. Krisen und Anomie sind dementsprechend Indikatoren mangelnder →Viabilität von Ordnung. Eine weitere wichtige Kategorie der Analyse von Ordnung ist Integration, die in den zwei Aspekten der Kohärenz und Konsistenz beschrieben wird. Ein Wandel der Ordnung, der nahezu alle Bereiche eines Wirtschaftssystems erfasst, heisst Transformation; andernfalls wird von (De/Re)Regulierung gesprochen.

Macht
Institution
Technologie
Sinn

Organisation:
Ein derivativer →Aktor in →Netzwerken, der aus der Formalisierung von Positionen in Netzwerken entsteht sowie durch Übertragung der Entscheidungsfunktion („Führung") zwischen Aktoren. Organisationen weisen immer formale und informale Netzwerke auf, und zwar organisationsintern- wie extern. Führung kann daher Organisationen nie vollständig kontrollieren. Die wichtigste Organisation in der Evolutionsökonomik ist die Unternehmung, die in ihren formalen und informalen Strukturen (u.a. Routinen) →Wissen speichert, das dem Einsatz von →Technologie zur →Produktion zugrundeliegt.

Technologie
Netzwerk
Produktion

Pfadabhängigkeit:
Abhängigkeit des Ergebnisses von Prozessen vom Ausgangszustand in nicht-ergodischen →Systemen. Sie resultiert in Wirtschaftssystemen aus positiven Rückkopplungen, d.h. positiven →Externalitäten zwischen der Umgebung des Prozesses und diesem bzw. zwischen unterschiedlichen Prozeßzuständen in der →Zeit. Pfadabhängigkeit

Externalität
Zeit

kann zu „lock-in"s führen, d.h. Systeme können ohne exogene Störung ihren Zustand nicht mehr ändern. Erwartungen und →kreative Handlungen von Aktoren können solche Störungen erzeugen, so daß in Wirtschaftssystemen „lock in"s nicht zwingend determiniert sind.

Produktion:
Definierender Prozeß des Wirtschaftssystems. Wirtschaftssysteme sind zeitlich geordnete →Strukturen endloser →Elementarprozesse der Produktion, die irreversibel sind. Produktion führt in geschlossenen Systemen immer zur Zunahme von →Entropie. In offenen Systemen erzeugt Produktion ein Entropiedifferential zur →Umwelt des Systems, indem immer mindestens zwei Kuppeloutputs erzeugt werden, nämlich ein Output niedrigerer und ein Output höherer Entropie. Bimodal ist daher Produktion auch eine Transformation von →Wissen, d.h. bringt eine Transformation der →Zustandsräume von Inputs und Outputs mit sich; Inputs werden aus Quellen gewonnen, Outputs höherer Entropie gehen in Senken, soweit sie nicht durch weitere Elementarprozesse transformiert werden (z.B. Recycling). Der Ordnungszustand der Produktion wird im Ordnungszustand der →Netzwerke ihrer →Transaktionen abgebildet. Solche Netzwerke können supermodular oder submodular sein. Im ersten Fall ist der Output von positiven →Externalitäten (Komplementaritäten) zwischen den Inputs abhängig, sodaß es sich um einen technologischen Hyperzyklus mit verteiltem Wissen handelt; im zweiten Fall ist das Wissen in der Führung konzentriert, die auch den Schlüsselinput für die Produktion liefert.

Elementarprozeß
Entropie
Externalität
Zustandsraum

Produktivität:
Beschleunigung der Eigenzeiten der Elementarprozesse der Produktion bei gleichzeitig zunehmender Komplexität durch Einsatz von →Kapital. Produktivität kann zeitabhängig sein, wenn es →Lernkurveneffekte gibt, Unteilbarkeiten des Kapitaleinsatzes und →Häufigkeitsabhängigkeit in Netzwerken von Elementarprozessen bzw. der handelnden Aktoren.

Kapital
Produktion

Raum:
Kategorie der →Ordnung gleichzeitiger →Elementarprozesse. Räumliche Strukturen entstehen durch eine Verteilung von Prozessen, die Orte und Felder bestimmen. Orte sind Konzentration gleichzeitiger Prozesse (z.B. Städte), Felder generieren bestimmte regelmässig auftretende Prozeßmuster (z.B. Handelsströme als Transaktionen im Raum). Durch die →Wahrnehmung des Raums seitens der Aktoren ist Raum keine objektiv gegebene Struktur, sondern wird durch deren Handlungen konstruiert.

Ordnung
Wahrnehmung

Referentielles/nicht-referentielles Wissen:

Wissen
Element

→Wissen wird differenziert nach dem Merkmal, ob es bezüglich eines erkennenden Subjektes gespeichert wird oder nicht. Referentielles Wissen ist Wissen, das in einem symbolischen Medium gespeichert und →kommuniziert bzw. reflektiert werden kann und damit subjektbezogen ist. Nicht-referentielles Wissen ist als Ergebnis von →VSB-Prozessen in →Elementen bzw. Strukturen gespeichert; es kann gegebenfalls referentiell rekonstruiert werden. Die Unterscheidung überschneidet sich mit der in der ökonomischen Literatur häufig getroffenen Differenzierung zwischen explizitem und implizitem („stillschweigendem") Wissen. Beispiel: Die Fähigkeit zur Spracherlernung ist nicht-referentielles Wissen; das Erlernen einer zweiten Sprache im Erwachsenenalter geschieht durch den Erwerb referentiellen Wissens, das bei sehr guter Sprachkompetenz teilweise in nicht-referentielles transformiert wird.

Regel/Regelmässigkeit:

Wissen
Struktur
Umwelt

→Wissen besteht aus Regeln, d.h. aus Funktionszusammenhängen der Art von „wenn-dann"-Beziehungen, die in →Systemen eine System-Umwelt-Beziehung ermöglichen. Insofern diese Beziehungen funktional im Sinne von →Viabilität und →Anpassung lebender Systeme sind, reflektieren Regeln Regelmässigkeiten in materiell-energetischen Prozessen der Umwelt, die für deren Produktion und Reproduktion positiv wirksam sind. Diese Funktionalität ist Ergebnis von VSB-Prozessen. →Bimodal ist jede Regel eine Regelmässigkeit und umgekehrt. Beispiel: Ein Reflex bildet als Regel bestimmte Funktionszusammenhänge der Organismus-Umwelt Beziehung ab, ist aber selbst eine Regelmässigkeit des Organismus. Entsprechend sind Regeln in →Elementen bzw. Strukturen gespeichert, so daß Regelmässigkeiten in Netzwerken also bimodal als Regeln aufzufassen sind, die nicht-referentielles Wissen speichern.

Replikator:

Interaktor
VSB-Paradigma
Taxonomie

Im →VSB-Paradigma sind Replikatoren stabile →Strukturen in Systemen, die →Wissen speichern und durch ihre Selbstreproduktion stabilisieren. Replikatoren generieren →Interaktoren, die erst die System-Umwelt-Beziehung des Replikators herstellen. Deshalb ist das im Replikator gespeicherte Wissen über die Interaktoren verteilt; diese selbst speichern aber auch unabhängig Wissen, das jedoch nicht reproduziert wird. Die Evolution von Replikatoren wird evolutionsökonomisch durch →Taxonomien erfasst. Der Begriff ist eine Verallgemeinerung des biologischen Konzepts des „Genotyps".

Selbstbindung:

Aktoren befolgen →Institutionen ohne externe Sanktionen, wenn sie sich selbst an die implizierte Regelmässigkeit ihrer →Handlungen in Netzwerken binden. Solche Bindungskräfte sind konstitutiver Bestandteil evolutionärer →Vernunft und gehen auf kognitiv-emotionale Prozesse zurück, die das konkrete Verhalten bewußten bzw. rationalen Entscheidungen entziehen und es damit nicht mehr kontingent sein lassen. Ein wichtiges Beispiel ist die „moralische Entrüstung" bei der Sanktion abweichenden Verhaltens anderer Aktoren in einer Population. Selbstbindung ist ein kausaler Faktor bei der Replikation von Institutionen.

Institution
Vernunft

Selbstorganisation:

Prozeß der →Emergenz von Eigenschaften in →Systemen, die diesen selbst und nicht nur ihren Bestandteilen zukommen. Triviale Selbstorganisation bedeutet, daß Systeme als Gesamtheit durch bestimmte intensive Größen gekennzeichnet werden, die sich aus dem Zusammenwirken der Elemente ergeben, aber gleichzeitig auch für diese gelten (Beispiel: Preise im Markt sind Eigenschaften der gehandelten Güter ebenso wie des Systems). Nicht-triviale Selbstorganisation besteht in der →hyperzyklischen Emergenz von Elementen mit neuen Eigenschaften im System (Beispiel: Bildung von Firmen in Märkten, wobei deren Mitglieder dadurch keine Firmen werden).

Emergenz
Hyperzyklus

Selektion:

Varianten werden im →VSB-Paradigma durch die →Umwelt selektiert, wenn deren differentielle Reproduktion durch knappe Ressourcen in der Umwelt beschränkt ist. Selektion wird grundlegend in die zwei Arten der inneren und der äußeren Selektion unterschieden. Innere Selektion ist die Selektion von Varianten innerhalb eines abgegrenzten →Systems durch die Notwendigkeit der Passung zu anderen Teilen dieses Systems (Beispiel: innere Selektion technologischer Varianten durch Restriktionen der Basistechnologie). Äußere Selektion ist die Selektion durch die Umwelt des Systems (Beispiel: äußere Selektion der Technologie durch die zu lösenden Probleme). Beide Kräfte sind nicht notwendig gleichgerichtet und sind aufgrund der Emergenz von heterarchischen →Interaktor/Replikator-Systemen universell. Bei lebenden Systemen ist ausserdem zwischen häufigkeitsabhängiger und -unabhängiger Selektion zu unterscheiden. →Häufigkeitsabhängigkeit tritt auf, wenn es Interaktionen zwischen Varianten gibt und also eine Interdependenz zwischen Varianten und Umwelt, wie etwa bei der sexuellen Selektion. Die häufigkeitsabhängige Selektion wird unter anderem durch die Evolutionäre Spieltheorie modelliert.

VSB-Paradigma
Umwelt
Häufigkeitsabhängigkeit

Singularität:
In der Evolutionsökonomik ist Singularität eine →ontologische Grundannahme. Singularität bezeichnet die Eigenschaft eines Phänomens, nicht vollständig ähnlich zu sein mit anderen Phänomenen. In der Informationstheorie ist eine Folge von Zeichen singulär, wenn sie durch keinen Algorithmus generiert werden kann, der weniger Information enthält als diese Zeichenfolge selbst. In evolutorischen Prozessen ist Singularität die entscheidende Voraussetzung von Varietät, die umgekehrt durch →VSB-Prozesse auch erzeugt wird. In Wirtschaftssystemen entsteht Singularität von Aktoren durch die →Interpretation von Information relativ zum bestehenden Wissensbestand.

Ontologie

Sinn:
Sinn ist eine emotional verankerte kognitive Kategorie der →Interpretation von →Ordnungen durch →Aktoren. Sinn verleiht Ordnungen Legitimität und ist damit eine zentrale Determinante von deren →Viabilität. Über die konstruktive Leistung der →Vernunft wird ein direkter Zusammenhang zwischen Ordnung und personaler Identität hergestellt.

Interpretation
Ordnung
Vernunft

Spiel:
Spiele sind Entscheidungsituationen in →Netzwerken, bei denen die Entscheidungen der Aktoren von den Entscheidungen der anderen Aktoren abhängen und den Aktoren dies bekannt ist; Spiele sind also spezielle →Konfigurationen. Ein Spiel wird in der →Wahrnehmung der Aktoren als eine bestimmte Konfiguration identifiziert, jedes Spiel ist also ein Sprachspiel, aber nicht umgekehrt. Sprachspiele definieren ganz allgemein Situationen in Wahrnehmungsfeldern von Netzwerken. Evolutionäre Spiele sind Spiele, bei denen die Aktoren nicht entscheiden, sondern nach Regeln handeln, die nicht-referentiell fixiert sind. Während das →Gleichgewicht eines Spiels im ersten Fall definiert ist als eine Konfiguration von Handlungen, die von den Aktoren nicht mehr geändert werden, ist im zweiten Fall →Häufigkeitsabhängigkeit gegeben, so daß Viabilität der Anpassung der Regel die Lösung des Spiels darstellt.

Gleichgewicht
Konfiguration

Standard:
Die wechselseitige Koordination und Passung zwischen Elementen eines Systems, also bespielsweise die Schnittstellen zwischen →Technologien, die gegenseitliche Verständlichkeit von →Kommunikation oder die gemeinsamen Sinnkategorien in →Kulturen. Standardisierung kann durch →Aktoren intentional oder als Ergebnis nicht-intentionaler Prozesse selektiert werden. Standardisierte Systeme

Selektion
Pfadabhängigkeit

weisen einen relativ starken Einfluss der inneren →Selektion auf und generieren ausgeprägte →Pfadabhängigkeiten. Der Wechsel von Standards erfordert einen hohen Grad zeitlicher Koordination, so daß auch von epochalen Strukturen der Standardisierung gesprochen werden kann.

Struktur:
Klassen von →Konfigurationen in →Systemen und speziell Netzwerken , die sich viabel reproduzieren und in ähnlicher Weise für gesamte Populationen in unterschiedlichen Ausschnitten von Systemen auftreten. Strukturen sind →Replikatoren und Kräfte innerer →Selektion. Sie bilden →Elemente und sind bezogen auf die →Aktoren Träger nicht-referentiellen →Wissens als Randbedingung von deren Handlungen. Beispiel: Eine Rechtsnorm ist eine Struktur, die Randbedingung von Handlungen ist und vergangene Erfahrungen mit Konfliktregulierung speichert, ohne daß diese gesamte Erfahrung notwendig den Aktoren bekannt sein muss, die dieser Institution folgen.

Replikator
Element

System:
Systeme sind geordnete →Netzwerke zwischen →Elementen, die eine Grenze zur →Umwelt generieren. Wirtschaftssysteme sind Systeme, die produzieren, d.h. thermodynamisch handelt es sich um dissipative Systeme, die zuströmende freie →Energie in →Arbeit umsetzen und Strukturen fern von thermodynamischen →Gleichgewicht erzeugen und stabilisieren, also mit einem negativen Entropiegefälle zur Umwelt. Sie sind auch lebende Systeme, insofern das in ihnen gespeicherte →Wissen durch →VSB-Prozesse sich ständig wandelt, und sie bilden geordnete zeitliche Strukturen von Elementarprozessen der →Produktion. Reale Wirtschaftssysteme sind nicht-integral und hierarchisch geordnete →Interaktoren, die funktional relevant für die →Anpassung der Aktoren sind.

Netzwerk
Entropie
Wissen
Produktion

Taxonomie:
Systematische Rekonstruktion der →Evolution der Entitäten in einem Bereich der Wirklichkeit nach Kriterien der Ähnlichkeit und der Verknüpfung durch genetische Folge. Taxonomien werden in der Evolutionsökonomik bislang besonders für Technologien erstellt (Basistechnologien und Varianten in der Zeit), Organisationsformen von Unternehmen (Typologien und Realisationen in unterschiedlichen Marktumfeldern) und Institutionen (formale Grundmuster und Realisationsformen in unterschiedlichen gesellschaftlichen und politischen Kontexten bzw. historischen Bedingungen). Taxonomien erfordern Techniken der Beschreibung des Gegenstandsbereiches, die

Evolution
Singularität

vor allem dem ontologischen Grundtatbestand der →Singularität gerecht werden müssen.

Wissen Taxonomie Organisation Produktion

Technologie:
Komplex von Artefakten, Problemen und regelgeleiteten kognitiven Prozeduren der Problemlösung (kognitive Schemata/materiell-energetische Regelmässigkeiten) in der →Produktion. Technologien weisen also alle Eigenschaften auf, die dem →Wissen im allgemeinen zukommen, insbesondere also die Differenzierung zwischen referentiellem („Blaupausen“) und nicht-referentiellem („Routinen“) Wissen: Technologien lassen sich nach →Taxonomien beschreiben, in denen die Ausdifferenzierung einer Basistechnologie in verschiedenen Anwendungen erfasst wird. Die Basistechnologie ist →Replikator der Technologie und Determinante innerer →Selektion des technologischen Wandels; eine wichtige Rolle spielt dabei die →Standardisierung. Technologien durchlaufen →Lebenszyklen, in denen sich bestimmte Regelmässigkeiten der Beziehung zwischen Marktstruktur, Firmenorganisation und Technologie nachweisen lassen. In der Wirtschaft werden Technologien zumeist in →Organisationen angewendet, die genau die Netzwerke ihrer Nutzer festlegen.

Wahrnehmung Kommunikation Zustandsänderung

Transaktion:
Transitive oder intransitive →Handlung von →Aktoren, die zu einer →Zustandsänderung anderer Aktoren führt. Transaktionen verändern materiell-energetische Aspekte von Zuständen. Aufgrund der Bimodalität können auch Wahrnehmung und Kommunikation zu solchen Zustandsänderungen führen, jedoch sind die Änderungen im Einzelnen nicht notwendig kongruent (z.B. ist eine Externalität eine Transaktion, die aber nicht notwendig auch zu einer Information des betroffenen Aktors führt, dem die Zustandsänderung sogar unbekannt sein kann).

Transaktion Opportunitätskosten

Transaktionskosten:
Die Kosten der Ermöglichung und Durchführung von →Transaktionen. Sie sind zu differenzieren in die Kosten der Ermöglichung durch Schaffung und Implementierung entsprechender →Institutionen und in die laufenden Kosten der Realisation konkreter Transaktionen. Bei letzteren werden noch Kosten der Anbahnung von Transaktionen (etwa Informationsbeschaffung), Durchführung und Kontrolle (etwa bei Qualitätsgarantien) unterschieden. In der Evolutionsökonomik werden Transaktionskosten als →Opportunitätskosten von Transaktionen behandelt, sind also von einem fundamentalen Problem des Unwissens geprägt und werden erst im Laufe der Evolution des Wirtschaftssystems in referentielles Wissen transformiert, das dann bewußten Handlungen von Aktoren unterliegt. Beispiel: Der Wett-

bewerb selektiert Organisationsformen von Unternehmen, indem Alternativen mit höheren Transaktionskosten Nachteile erfahren; dadurch wird referentielles und nicht-referentielles Wissen über die besseren Organisationsformen erzeugt.

Umwelt:
Die Umwelt eines→Systems wird durch dessen →Wissen und die daraus generierte System-Umwelt-Grenze bestimmt. Umwelt ist in offenen Wirtschaftssystemen Quelle von grenzüberschreitenden Strömen von Materie-Energie und Senke für die Aufnahme von Kuppeloutputs, die in der Produktion nicht mehr benötigt werden. Unter den Bedingungen des →Gruppenwettbewerbs zwischen →Interaktoren ist Umwelt Ursache des Selektionsdrucks aufgrund knapper Ressourcen. Umwelt ist →Vermögen, insofern sie die Handlungsmöglichkeiten von →Aktoren mitbestimmt, gleichzeitig aber auch Ort der Wirkung von →Externalitäten, die nicht notwendig durch die Aktoren wahrgenommen werden.

Wissen
System
Vermögen
Externalität

Unternehmer/in:
→Aktor, der →Neuheit in Wirtschaftssystemen durch →Kreativität generiert, und zwar insbesondere durch Schaffung neuer →Konfigurationen von Netzwerken („market maker"). Der Unternehmer ist nicht notwendig auch Erfinder, sondern rekombiniert vorhandenes Wissen in nicht-integralen Netzwerken.

Kreativität
Neuheit

Vermögen:
Vermögen bezeichnet all jene Eigenschaften von Systemen, die einem Aktor →Handlungen ermöglichen. In der →bimodalen Ontologie bezieht sich daher Vermögen auf die Nutzbarkeit von materiell-energetischen →Strukturen durch den Aktor ebenso wie auf sein Wissen um diese Nutzbarkeit (referentiell und nicht-referentiell). Bimodal ist also →Wissen auch eine Form des Vermögens. Vermögen wird genauer differenziert in unterschiedliche Arten von →Kapital, wie vor allem Real-, Finanz-, Human-, Sozial- und gegebenenfalls Naturkapital. In →Ordnungen bilden sich Regelmässigkeiten aus, wie weit diese Vermögensarten substituierbar und fungibel sind.

Handlung
Kapital

Vernunft:
Die „evolutionäre Vernunft" ist ein komplex-modulares intrasomatisches System menschlicher Entscheidung, das auf →Regeln basiert, die für Bereiche von Handlungen spezifisch sind, und das situationsabhängig →Emotion und →Kognition aktiviert bzw. integriert. Sie Evolutionäre Vernunft impliziert die Einbettung des Entscheidens in soziale Kontexte, ist also selbst ein Phänomen von →Netzwerken. Sie ist Grundlage personaler Identität und konstruiert dementsprechend

Emotion
Kognition

auch den →Sinn von Ordnung. Beispiele für die Funktionsweise evolutionärer Vernunft sind zeitsparende Heuristiken bei der Problemlösung (sog. offene Lernregeln) oder unterschiedliche Entscheidungskriterien in institutionellen Kontexten von Märkten und Nicht-Märkten.

Viabilität:
Evolutionsökonomisches Gegenstück zum traditionellen Begriff des →Gleichgewichts. Viabilität von Systemen bezeichnet deren Krisenresistenz, also positiv formuliert deren Eigenschaft zur Reproduktion von →Strukturen bei gerichtetem Wandel ihrer Eigenschaften, also in der →Evolution. Viabilität ist nicht ex ante prognostizierbar, aber ex post erklärbar.

Gleichgewicht

V(ariation)S(elektion)B(ewahrung)-Paradigma:
Variation, Selektion und Bewahrung kennzeichnen das fundamentale analytische Paradigma evolutionstheoretischer Analyse. Es argumentiert auf der Ebene von Populationen mit einer Varietät →singulärer Individuen, deren Eigenschaften der →Selektion durch die →Umwelt unterliegen. Voraussetzung ist ein Mechanismus, der die Reproduktion dieser Eigenschaften abhängig von dem Umfang werden läßt, in dem diese zum Reproduktionserfolg desjenigen Mitglieds der Population beitragen, das diese Eigenschaften aufweist, und von der Knappheit jener Ressourcen, die aufgrund dieser Eigenschaft der Reproduktion zugeführt werden können. Ist eine Eigenschaft in der Selektion viabel, wird sie bewahrt, d.h. mit ständigen Variationen reproduziert. Das VSB-Paradigma argumentiert an dieser Stelle selbstreferentiell, d.h. seine Mechanismen unterliegen selbst der Variation, Selektion und Bewahrung. Ein fundamentales Ergebnis ist die Ausdifferenzierung zwischen →Replikatoren und →Interaktoren. VSB-Mechanismen sind das zentrale Erklärungsmuster der →hyperzyklischen Entstehung von →Neuheit und Akkumulation von →Wissen in Systemen, da nur die Bewahrung in selektiven Kontexten zur Entdeckung von neuen, funktionalen Eigenschaften führen kann, sofern es keinen aussenstehenden Designer gibt. Bezogen auf diese Funktionalität ist →Anpassung das Ergebnis von VSB-Prozessen.

Selektion
Interaktor
Replikator
Anpassung

Wachstum:
Prozeß der Zunahme von →Wissen in einem Wirtschaftssystem. Evolutionsökonomisch kann Wachstum nicht vollständig auf einen linearen Fortschrittsindikator projiziert werden, sondern ist multidimensionale Zunahme von →Komplexität. In diesem Sinne ist Wachstum notwendige Eigenschaft von →Evolution, d.h. notwendige Voraussetzung von →Viabilität. Im ökologischen Zusammenhang muß Wachstum bestimmte →Anpassungsleistungen generieren, die sich

Wissen
Komplexität
Energie

aus der Funktionalität der Erhaltung von Zuständen lebender Systeme fern vom →Gleichgewicht ergeben: Daher ist eine ständige Zuführung von →Energie unter Wahrung struktureller Viabilität niedrigerer Zustände von Entropie eine notwendige Voraussetzung von Wachstum; Wachstum des Wissens ist umgekehrt Voraussetzung viabler Zuführung von Energie.

Wahrnehmung:
Wahrnehmung ermöglicht die Aufnahme von →Information ohne direkte →Kommunikation mit anderen →Aktoren (z.B. Beobachtung). →Netzwerke müssen immer auch durch die Wahrnehmungsfelder der Aktoren spezifiziert werden, um den Verlauf von Zustandsänderungen zu bestimmen. Als Ergebnis von Wahrnehmung kann →Wissen unterschiedlich zwischen Aktoren verteilt sein. Dies prägt dann Konfigurationen in Netzwerken, wie vor allem in →Spielen.

Information
Kommunikation

Wettbewerb:
Wettbewerb ist ein ökonomisches Konzept, das formal mit dem →VSB-Paradigma deckungsgleich ist. Mit dem Begriff wird lediglich die Rolle der →Knappheit von Ressourcen der Umwelt für die Selektion besonders betont, die historisch auch die Rezeption dieses Konzepts durch Darwin anregte. Wenn →Replikatoren in einem wettbewerblichen Prozeß hierarchisch geordnete Interaktoren generieren, entsteht →Gruppenwettbewerb/selektion als spezielle Variante des Wettbewerbs. In modernen Wirtschaftssystemen ist Wettbewerb institutionell reguliert, um die implizite Ausübung von →Macht durch Innovatoren konfliktfrei zu ermöglichen bzw. zu beschränken. Dies ist traditionell Gegenstand der Ordnungspolitik.

VSB-Paradigma
Gruppenwettbewerb

Wissen:
Wissen ist einer der zwei Aspekte →bimodaler Wirklichkeit und damit eine →ontologische Fundamentalie der Evolutionsökonomik. Wissen ist definiert als →Regel, die eine Regelmäßigkeit reflektiert. Beispiel: Ein Aktor kennt die Regel, wie ein Fahrrad im Gleichgewicht zu halten ist, die Regelmässigkeit sind die entsprechenden physikalischen Zusammenhänge. Wissen ist in Wirtschaftssystemen bezogen auf die Funktionalität von Regelmässigkeiten für die Aufrechterhaltung eines Zustandes geringerer →Entropie relativ zur Umgebung und bezieht sich auf die Ermöglichung funktionaler →Handlungen von Aktoren in Netzwerken. Es ist gespeichert in →Strukturen wie Artefakten, Normen oder individuellen Fähigkeiten und bimodal eine Form des →Vermögens. Grundlegend ist die Unterscheidung zwischen →referentiellem und nicht-referentiellem Wissen sowie zwischen intrasomatischen und extrasomatischen Formen der Wissensspeicherung. Die Evolutionsökonomik ist nicht-

Bimodalität
Regel
Referentielles/nicht-referentielles Wissen
Vermögen
Enformation

reduktionistisch, indem sie die Bedeutung von nicht-referentiellem Wissen betont, also intrasomatisch zum Beispiel genetischer Determinanten von →Bedürfnissen und extrasomatisch →Konfigurationen von Netzwerken von Technologieanwendern. Wissen unterscheidet sich von Enformation dadurch, daß es auch dimensionale Veränderungen von →Zustandsräumen einbezieht (in der Kybernetik semantische Information).

Zeit:

Elementarprozeß
Evolution
Interpretation

Zeit ist evolutionsökonomisch keine lineare Größe, sondern eine Struktur von Gleich-Zeitigkeiten der →Elementarprozesse von Wirtschaftssystemen. Vergangenheit und Zukunft werden durch das in der Gegenwart bestehende →Wissen der Aktoren in Netzwerken konstruiert. Zukunftsbezogenes Handeln findet unter fundamentaler Unsicherheit statt und ist deshalb Quelle von →Neuheit durch →interpretative Konstruktion der Zukunft. Evolutorische Prozesse in heterarchisch geordneten Systemen weisen in der Regel unterschiedliche Eigenzeiten auf, also Geschwindigkeiten und Rhythmen; deren spezielle Koordination erzeugt eine zeitliche Ordnung, wie die Gliederung in Epochen. Diese Ordnung geht in lebenden Systemen mit der Eigenschaft der Irreversibilität von Prozessen einher. Die unterschiedlichen Geschwindigkeiten der →Evolution werden unter anderem in der Synergetik modelliert. Mit der Beschreibung der Prozesse in der Zeit entsteht das Bild der Geschichte.

Zustandsänderung:

Transaktion
Externalität
Vermögen
Umwelt

→Aktoren erfahren durch →Transaktionen, →Wahrnehmung und →Kommunikation Zustandsänderungen, die bimodal in den Aspekten des Wissens und der Materie-Energie stattfinden. Transaktionen führen notwendig zu Veränderungen materiell-energetischer Zustände, während Kommunikation und Wahrnehmung gegebenfalls Informationen generieren und damit Veränderungen des Wissens als Zustand. In Gestalt von →Externalitäten können materiell-energetische Zustandsänderungen unter Umständen ohne Information stattfinden, so daß auch hier ein grundlegendes Problem des Unwissens existiert. Zustände von Aktoren sind →Vermögen, wenn sie Handlungen ermöglichen. Dementsprechend wird die Grenze zwischen →Umwelt und Vermögen nach Maßgabe des Wissens über Externalitäten gezogen, ist also systemendogen bestimmt.

Zustandsraum:

Der Zustandsraum ist ein abstraktes System von Eigenschaften, in denen der Zustand eines →Aktors, eines Gegenstandes (Inputs und Outputs in der →Produktion) oder einer anderen Entität beschrieben wird. Die Bestimmung der Dimensionen des Zustandsraums ist also nicht möglich ohne Bezugnahme auf ein Kriterium der Relevanz, d.h. also in der Evolutionsökonomik auf ein Kriterium der Funktionalität und Differenzierung von anderen Entitäten, im VSB-Paradigma der →Anpassung. Veränderungen der Dimensionen von Zustandsräumen beschreiben das Phänomen der →Emergenz. Sie entsprechen also der Bildung von →Wissen, während Zustandsänderungen innerhalb eines gegebenen Zustandsraumes Änderungen der →Enformation sind. Ein ökonomisches Beispiel ist der Raum möglicher Eigenschaften von Produkten, die Bedürfnisse befriedigen, und die Entstehung von neuen Kombinationen zwischen Produkteigenschaften und Bedürfnissen durch Innovationen bzw. →Neuheit.

Emergenz

Enformation

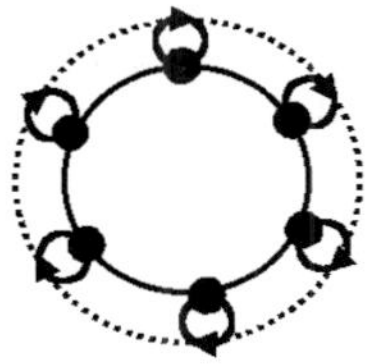

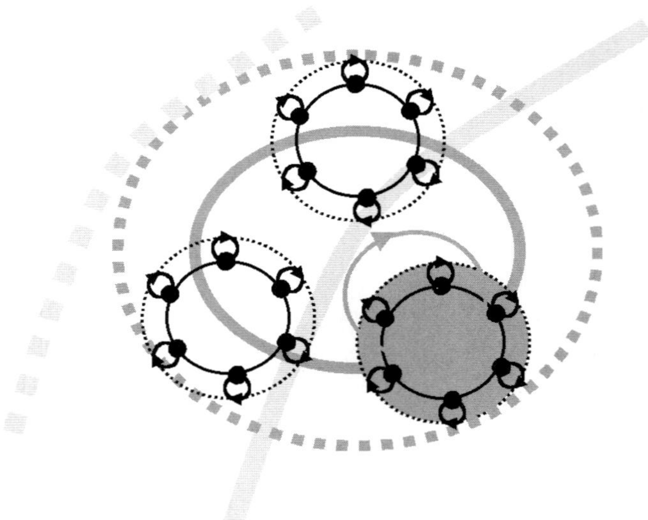

Verzeichnis der Lesehinweise (Teil 1 und 2)

Ackermann, Rolf (2001): Pfadabhängigkeit, Institutionen und Regelreform, Tübingen: Mohr Siebeck.

Ainslie, George (1992): Picoeconomics. The Strategic Interaction of Successive Motivational States within the Person. Cambridge et al.: Cambridge University Press.

Albin, Peter S. 1998): Barriers and Bounds to Rationality. Essays on Economic Complexity and Dynamics in Interactive Systems, Princeton: Princeton University Press.

Aldrich, Howard (1999): Organizations Evolving, London: Sage.

Alexander, Richard D. (1987): The Biology of Moral Systems, New York: Aldine de Gruyter.

Andersen, Birgitte (1998): The Evolution of Technological Trajectories, 1890-1990, in: Structural Change and Economic Dynamics, Vol. 9, S. 5-34.

Andersen, Birgitte (1999): The Hunt for S-Shaped Growth Patterns in Technological Innovation: A Patent Study, in: Journal of Evolutionary Economics, Vol. 9, No. 4, S. 487-526.

Andersen, Esben Sloth (1996): Evolutionary Economics: Post- Schumpeterian Contributions, London: Pinter Publishers.

Anderson, P./Arrow, K./Pines, D., eds. (1988): The Economy as an Evolving Complex System, New York: Addison-Wesley.

Antonelli, Cristiano (1996): Localized Knowledge Percolation Processes and Information Networks, in: Journal of Evolutionary Economics, Vol. 6, S. 281-295.

Aoki, Masahiko (1988): Information, Incentives, and Bargaining in the Japanese Economy, Cambridge et al.: Cambridge University Press.

Aoki, Masahiko (1996): An Evolutionary Parable of the Gains from International Organizational Diversity, in: Landau et al. (1996), S. 247-263.

Apolte, Thomas (1999): Die ökonomische Konstitution eines föderalen Systems, Tübingen: Mohr Siebeck.

Archer, Margaret S. (1995): Realist Social Theory: The Morphogenetic Approach, Cambridge et al.: Cambridge University Press.

Arnold, Lutz (1997): Wachstumstheorie, München: Vahlen.

Arthur, W. Brian (1988b): Self-Reinforcing Mechanisms in Economics, in: Anderson et al. (1988), S. 9-31.

Arthur, W. Brian (1989): Competing Technologies, Increasing Returns and Lock-in by Historical Events, in: Economic Journal, Vol. 99, S. 116-131.

Aruka, Yuji, ed. (2001): Evolutionary Controversies in Economics. A New Transdisciplinary Approach, Tokyo et al.: Springer.

Aunger, Robert, ed. (2000): Darwinizing Culture: The Status of Memetics as a Science, Oxford: Oxford University Press.

Ayala, Francisco J./Dobzhansky, Th., eds. (1974): Studies in the Philosophy of Biology. Reduction and Related Problems, Berkeley/Los Angeles: University of California Press.

Ayres, Robert U. (1994): Information, Entropy, and Progress. A New Evolutionary Paradigm, New York: AIP Press.

Backhouse, Roger E., ed. (1994): New Directions in Economic Methodology, London/New York: Routledge.

Baecker, Dirk (2000): Wozu Kultur? Berlin: Kadmos

Balman, Alfons (1995): Pfadabhängigkeiten in Agrarstrukturentwicklungen, Berlin: Duncker & Humblot.

Barkow, J.H./Cosmides, L./Tooby, J., eds. (1992): The Adapted Mind: Evolutionary Psychology and the Generation of Culture, Oxford: Oxford University Press.

Barro, Robert J./Grilli, Vittorio (1994): European Macroeconomics, Houndsmill/London: Macmillan.

Bartlett, Randall (1989): Economics and Power. An Inquiry into Human Relations and Markets, Cambridge et al.: Cambridge University Press.

Bassalla, George (1988): The Evolution of Technology, New York: Cambridge University Press.

Becker, Gary S. (1996): Accounting for Tastes, Cambridge: Harvard University Press.

Belk, Russell W. (1988): Possessions and the Extended Self, in: Journal of Consumer Research, Vol. 15, No. 2, S. 139-168.

Bellet, Michel/L'Harmet, Corine, eds. (1999): Industry, Space and Competition, Cheltenham: Edward Elgar 1999.

Bernheim, B. Douglas (1994): A Theory of Conformity, in: Journal of Political Economy, Vol. 102, No. 5, S. 841-877.

Bhaskar, Roy (1989): The Possibility of Naturalism. A Philosophical Critique of the Contemporary Human Sciences, New York et al.: Harvester Wheatsheaf.

Biervert, Bernd/Held, Martin, Hrsg. (1995): Zeit in der Ökonomik: Perspektiven für die Theoriebildung, Frankfurt/New York: Campus.

Bijker, Wiebe/Hughes, Thomas P./Pinch, Trevor J., eds. (1987): The Social Construction of Technological Systems. New Directions in the Sociology and History of Technology, Cambridge: MIT Press.

Bikhchandani, Sushkil/Hirschleifer, David/Welch, Ivo (1998): Learning From the Behavior of Others: Conformity, Fads, and Informational Cascades, in: Journal of Economic Perspectives, Vol. 12, No. 3, S. 151-170.

Blaug, Mark (1992): The Methodology of Economics, Cambridge: Cambridge University Press.

Blitz, David (1992): Emergent Evolution. Qualitative Novelty and the Levels of Reality, Dordrecht et al.: Kluwer.

Blum, Ulrich/Dudleys, Leonard (2001): Religion and Economic Growth: Was Weber Right?, in: Journal of Evolutionary Economics, Vol. 11, No. 2, S. 207-230.

Boschma, R.A./Lambooy, J.G. (1999): Evolutionary Economics and Economic Geography, in: Journal of Evolutionary Economics, Vol. 9, S. 411-429.

Bourdieu, Pierre (1992): Die verborgenen Mechanismen der Macht, Hamburg.

Bowles, Samuel (1998): Endogenous Preferences: The Cultural Consequences of Markets and other Economic Institutions, in: Journal of Economic Literature, Vol. XXXVI, S. 75-111

Boyd, Robert/Richerson, Peter J. (1985): Culture and the Evolutionary Process. Chicago/London: University of Chicago Press.

Boyer, Robert (1990): The Regulation School: A Critical Introduction, New York: Columbia University Press.
Boyer, Robert/Saillard, Yves, ed. (1995): Théorie de la régulation. L'état des savoirs, Paris: La Découverte.
Braczyk, Hans-Joachim/Cooke, Philip/Heidenreich, Martin, eds. (1998): Regional Innovation Systems. The Role of Governances in a Globalized World, London/Brystol: UCL Press.
Braunerhjelm, Pontus/Ekholm, Karolina, eds. (1998): The Geography of Multinational Firms, Boston/Dordrecht/London: Kluwer.
Brenner, Thomas (1999): Modelling Learning in Economics, Cheltenham/Northhampton: Elgar.
Breton, Albert (1996): Competitive Governments. An Economic Theory of Politics and Public Finance, Cambridge et al.: Cambridge University Press.
Brödner, P./Helmstädter, E./Widmaier, B., Hrsg. (1999): Wissensteilung. Zur Dynamik von Innovation und kollektivem Lernen, München/Mehring: Hampp.
Brumann, Christoph (1999): Writing for Culture: Why a Successful Concept Should Not Be Discarded, in: Current Anthropology, Vol. 40, Supplement, S. S1-S28.
Buchanan, James (1969): Cost and Choice. An Inquiry in Economic Theory. Chicago: University of Chicago Press.
Buchanan, James (1975): The Limits of Liberty. Between Anarchy and Leviathan, Chicago/London: Chicago University Press.
Bunge, Mario (1979): Treatise on Basic Philosophy, Volume 4. Ontology II: A World of Systems. Dordrecht et al.: Reidel.
Bunge, Mario (1982): Das Leib-Seele-Problem. Ein psychobiologischer Versuch, Tübingen: Mohr Siebeck.
Burt, Ronald S. (1992): Structural Holes. The Social Structure of Competiton. Cambridge/London: Harvard University Press.
Bush, Paul D. (1987): The Theory of Institutional Change, in: Journal of Economic Issues, Vol. XXI, No. 3, S. 1075-1116.
Caldwell, Bruce J. (1991): Clarifying Popper, in: Journal of Economic Literatur, Vol. 29, S. 1-33.
Calvin, William H. (1996): The Cerebral Code. Thinking a Thought in the Mosaic of Mind, Cambridge/London: MIT Press.
Cantwell, John/Felicia Fai (1999): Firms as the Source of Innovation and Growth: The Evolution of Technological Competence. In: Journal of Evolutionary Economics, Vol. 9, S. 331-366.
Carroll, Glenn R./Hannan, Michael T. (2000): The Demography of Corporations and Industries. Princeton: Princeton University Press.
Casson, Mark (1997): Information and Organization. A New Perspective on the Theory of the Firm. Oxford: Clarendon.
Chandler, Alfred D. jr./Hagström, Peter/Sölvell, Örjan, eds. (1998): The Dynamic Firm. The Role of Technology, Strategy, Organization, and Regions, Oxford: Oxford University Press.
Chao Kang (1986): Man and Land in Chinese History. An Economic Analysis, Stanford: Stanford University Press.

Chesbrough, Henry (1999): Arrested Development: The Experience of European Hard Disk Drive Firms in Comparison With US and Japanese Firms, in: Journal of Evolutionary Economics, Vol. 9, No. 3, S. 287-331.

Cheshire, Paul C./Gordin, Ian R.. eds. (1995): Territorial Competition in an Integrating Europe, Aldershot et al.: Abevury.

Cimoli, Mario/Dosi, Giovanni (1995): Technological Paradigms, Patterns of Learning and Development: An Introductory Roadmap, in: Journal of Evolutionary Economics, Vol. 5, S. 243-268.

Ciompi, Luc (1997): Die emotionalen Grundlagen des Denkens. Entwurf einer fraktalen Affektlogik. Göttingen: Vandenhoeck & Rupprecht.

Coleman, James (1990): Foundations of Social Theory. Cambridge/London: Belknap.

Conlisk, John (1996): Why Bounded Rationality?, in: Journal of Economic Literature, Vol. XXXIV, S. 669-700.

Cooper, Ben (2000): Modelling Research and Development: How *Do* Firms Solve Design Problems?, in: Journal of Evolutionary Economics, Vol. 10, No. 4, S. 395-414.

Coriat, Benjamin/Dosi, Giovanni (1998): Learning How to Govern and Learning how to Solve Problems: On the Co-Evolution of Competences, Conflicts and Organizational Routines, in: Chandler et al. (1998), S. 103-133.

Corning, Peter A. (1983): The Synergism Hypothesis. A Theory of Progressive Evolution. New York et al.: McGraw-Hill.

Damasio, Antonio (1997): Descartes' Irrtum. Fühlen, Denken und das menschliche Gehirn. München: dtv.

Dasgupta, Partha/Serageldin, Ismail, Hrsg. (1999): Social Capital. A Multifaceted Perspective, Washington: World Bank

David, Paul A./Foray, Dominique (1994): Dynamics of Competitive Technology Diffusion Through Local Network Structures: The Case of EDI Document Standards, in: Leydesdorff/Van den Besselaar (1994), S. 63-78.

David, Paul A./Foray, Dominique (2001): An Introduction to the Economy of the Knowledge Society, Maastricht: MERIT-Infonomics Research Memorandum Series 2001-041.

Dawid, Herbert/Kopel, Michael (1998): On Economic Applications of the Genetic Algorithm: A Model of the Cobweb Type, in: Journal of Evolutionary Economics, 8: 297-315.

Dawkins, Richard (1989): The Selfish Gene. New edition. Oxford/New York: Oxford University Press.

De la Mothe, John/Paquet, Gilles, eds. (1996): Evolutionary Economics and the New International Political Economy, London/New York: Pinter.

Delhaes, Karl von/Fehl, Ulrich, Hrsg. (1997): Dimensionen des Wettbewerbs. Seine Rolle bei der Entstehung und Ausgestaltung von Wirtschaftsordnungen, Stuttgart: Lucius et Lucius.

Denzau, Albert T./North, Douglass C. (1994): Shared Mental Models: Ideologies and Institutions, in: Kyklos, Vol. 47, S. 3-32

Derix, Hans-Heribert (1985): Säkulare Inflation, kompetitive Geldordnung und "unbeschränkte Demokratie". Zur Bedeutung und Problematik der politischen Theorie der Inflation F.A. von Hayeks, Stuttgart/New York: Gustav Fischer.

DiMaggio, Paul (1997): Culture and Cognition, in: Annual Review of Sociology, Vol. 23, S. 263-287.

Dopfer, Kurt (2000): History Friendly Theories in Economics: Reconciling Universality and Context in Evolutionary Analysis, in: Foster/Metcalfe (2000), S. 147-70.

Dopfer, Kurt (ed.) (2001): Evolutionary Economics. Program and Scope, Boston/Dordrecht/London: Kluwer.

Dosi, Giovanni (1982): Technological Paradigms and Technological Trajectories, in: Research Policy, Vol. 11, S. 147-162.

Dosi, G./Nelson, R.R./Silverberg, G./Soete, L., eds. (1988): Technical Change and Economic Theory, London: Pinter.

Dosi, Giovanni/Pavitt, K./Soete, L. (1990): The Economics of Technical Change and International Trade, New York et al.: Harvester-Wheatsheaf.

Dunn, Malcolm H. (2002): Die Endogene Wachstumstheorie aus der Perspektive der Evolutorischen Ökonomik, in: Lehmann-Waffenschmidt (2002), S. 71-94.

Dunning, John H. (1993): Multinational Enterprises and the Global Economy, Reading: Addison Wesley.

Earl, P.E. (1990): Economics and Psychology: A Survey, in: The Economic Journal Vol. 100, S. 718-755.

Ebner, Alexander (1999): Understanding Varieties in the Structure and Performance of National Innovation Systems: The Concept of Economic Style, in: Groenewegen/Vromen (1999), S. 141-169.

Edelman, Gerald M. (1987): Neural Darwinism. The Theory of Neuronal Group Selection. New York: Basic Books.

Edquist, Charles, ed. (1997): Systems of Innovation. Technologies, Institutions and Organizations. London/Washington: Pinter

Eggertsson, Thráinn (1990): Economic Behavior and Institutions, Cambridge et al.: Cambridge University Press.

Eldredge, Niles (1985): Unfinished Synthesis. Biological Hierarchies and Modern Evolutionary Thought, New York/Oxford: Oxford University Press.

Elster, Jon (1989): Nuts and Bolts for the Social Sciences, Cambridge et al.: Cambridge University Press.

Elster, Jon (1998): Emotions and Economic Theory, in: Journal of Economic Literature, Vol. XXXVI, S. 47-74.

Elster, Jon, ed. (1986): The Multiple Self, Cambridge et al.: Cambridge University Press.

Elvin, Mark (1973): The Pattern of the Chinese Past, Stanford: Stanford University Press.

Elworthy, Charles (1993): Homo Biologicus. An Evolutionary Model for the Human Sciences, Berlin: Duncker & Humblot.

Epstein, Joshua M./Axtell, Robert (1996): Growing Artificial Societies. Social Science From the Bottom Up, Cambridge/London: Brookings Institution/MIT Press.

Erlei, Mathias/Lehmann-Waffenschmidt, Marco, Hrsg. (2002): Curriculum Evolutorische Ökonomik. Lehrkonzepte zur Evolutorischen Ökonomik, Marburg: Metropolis.

Erlei, Matthias/Leschke, M./Sauerland, D. (1999): Neue Institutionenökonomik, Stuttgart.

Esser, Hartmut (1996): Die Definition der Situation, in: Kölner Zeitschrift für Soziologie und Sozialpsychologie, Jg. 48, S. 1-34

Eucken, Walter (1952): Grundsätze der Wirtschaftspolitik, Bern/Tübingen: Francke/Mohr.

Faber, Malte (1979): An Introduction into Modern Austrian Capital Theory, Berlin et al.: Springer.

Faber, Malte/Proops, John L.R (1998): Evolution, Time, Production and the Environment, Berlin et al.: 1998.

Feenstra, Robert C. (1998): Integration of Trade and Disintegration of Production, in: Journal of Economic Perspectives, Vol. 12, S. 31-50.

Feenstra, Robert C./Yang, Tzu-Han/Hamilton, Gary G. (1999): Business Groups and Product Variety in Trade: Evidence From South Korea, Taiwan and Japan, in: Journal of International Economics, Vol. 48, S. 71-100.

Fehl, Ulrich/Oberender, Peter (1999): Grundlagen der Mikroökonomie, München: Vahlen.

Fehr, Ernst/Falk, Armin (2002): Psychological Foundations of Incentives, CESifo Working Papers No. 714.

Feuerwerker, Albert (1990): Chinese Economic History in Comparative Perspective, in: Ropp (1990), S, 224-241.

Fischer, Edwin O. (1985): Katastrophentheorie und ihre Anwendung in der Wirtschaftswissenschaft, in: Jahrbücher für Nationalökonomie und Statistik, Bd. 200/1, S. 3-26.

Foss, Nicolai J. (1993): Theories of the Firm: Contractual and Competence Theories, in: Journal of Evolutionary Economics, Vol. 3, S. 127-144.

Foss, Nicolai J. (1994): Realism and Evolutionary Economics, in: Journal of Social and Evolutionary Systems, Vol. 17, No. 1, S. 21-40.

Foster, J./Metcalfe, J., eds. (2000): Frontiers of Evolutionary Economics: Competition, Self-Organization and Innovation Policy, Cheltenham: Elgar.

Fox, Ch. W./Roff, D. A./Fairbairn, D. J., eds. (2001): Evolutionary Ecology: Concepts and Case Studies, Oxford et al.: Oxford University Press.

Franck, Georg (1998): Ökonomie der Aufmerksamkeit, München et al.: Hanser.

Frank, Robert H. (1988): Passions Within Reason. The Strategic Role of Emotions, New York/London: Norton.

Frank, Robert H. (1985): Choosing the Right Pond. Human Behavior and the Quest for Status. New York/Oxford: Oxford University Press.

Freeman, Chris/Perez, Carlota (1988): Structural Crises of Adjustment, Business Cycles and Investment Behavior, in: Dosi et al. (1988), S. 38-66.

Frey, Bruno S./Eichenberger, Reiner (1999): The New Democratic Federalism of Europe: Functional, Overlapping and Competing Jurisdictions, Cheltenham/Northhampton: Elgar.

Fritsch, Bruno (1994): Mensch - Umwelt - Wissen. Evolutionsgeschichtliche Aspekte des Umweltproblems. Zürich/Stuffgart: Hochschulverlag ETH Zürich/Teubner.

Fritsch, Michael/Wein, Thomas/Ewers, Hans-Jürgen (1993): Marktversagen und Wirtschaftspolitik, München: Vahlen.

Fujita, Masahisa/Krugman, Paul/Venables, Anthony J. (1999): The Spatial Economy. Cities, Regions, and International Trade, Cambridge/London: MIT Press.

Fukuyama, Francis (1995): Trust. New York: Free Press.

Geanakoplos, John (1992): Common Knowledge, in: Journal of Economic Perspectives, Vol. 6, No. 4, S. 53-82.

Georgescu-Roegen, Nicholas (1971): The Entropy Law and the Economic Process, Cambridge: Harvard University Press.

Georgescu-Roegen, Nicholas (1976): Energy and Economic Myths. Institutional and Analytical Economic Essays. New York et al.: Pergamon.

Gerken, Lüder, ed. (1995): Competition among Institutions, London/New York: MacMillan/St. Martin's Press.

Giddens, Anthony (1984): The Constitution of Society. Outline of the Theory of Structuration, Cambridge: Polity Press.

Gigerenzer, Gerd et al., eds. (1999): Simple Heuristics That Make Us Smart, New York/Oxford: Oxford University Press.

Gigerenzer, Gerd, Hrsg. (2000): Adaptive Thinking: Rationality in the Real World, New York: Oxford University Press.

Goody, Esther (1995): Social Intelligence and Interaction. Expressions and Implications of the Social Bias in Human Intelligence. Cambridge: Cambridge University Press.

Greenberg, Gary/Tobach, Ethel, eds. (1988): Evolution of Social Behavior and Integrative Levels, Hillsdale et al.: Erlbaum.

Greif, Avner (1994): Cultural Beliefs and the Organization of Society: A Historical and Theoretical Reflection on Collectivist and Individualist Societies, in: Journal of Political Economy, Vol. 102, No. 5, S. 912-950.

Groenewegen, John/Vromen, Jack, eds. (1999): Institutions and the Evolution of Capitalism: Implications of Evolutionary Economics, Cheltenham/Northhampton: Edward Elgar.

Gustafsson, Bo, ed. (1991): Power and Economic Institutions. Reinterpretations in Economic History, Aldershot: Elgar.

Håkansson, Håkan/Snehota, Ivan, eds. (1995): Developing Relationships in Business Networks, London/New York: Routledge.

Haken, Hermann/Haken-Krell (1989): Entstehung von biologischer Information und Ordnung, Darmstadt: Wissenschaftliche Buchgesellschaft.

Hallpike, C. R. (1986): The Principles of Social Evolution, Oxford: Clarendon.

Hamilton, Gary, (1996): Asian Business Networks, Berlin/New York: de Gruyter.

Harris, Marvin (1979): Cultural Materialism: The Struggle for a Science of Culture, New York: Random House.

Hartl, Daniel L. (2000): A Primer of Population Genetics, Sunderland: Sinauer.

Hartl, Daniel L./Clark, Andrew G. (1997): Principles of Population Genetics, Sunderland: Sinauer.

Hartley, James E. (1997): The Representative Agent in Macroeconomics, London/New York: Routledge.

Hausman, Daniel M. (1989): Arbitrage Arguments, in: Erkenntnis, Vol. 30, S. 5-22.

Hawking, Stephen (1988): Eine kurze Geschichte der Zeit, Reinbek: rororo.

Hawkins, E./Mansell, R./Skea, J., eds (1995): Standards, Innovation and Comeptitiveness. The Politics and Economics of Standards in Natural and Technical Environments, Aldershot/Brookfield: Elgar.

Hayami, Yujiro/Aoki, Masahiko, eds. (1998): The Institutional Foundations of East Asian Development, Proceedings of the IEA Conference held in Tokyo, Japan, Houndsmills/London: Macmillan.

Hayek, F.A. von (1945): The Use of Knowledge in Society, in: American Economic Review, Vol. XXXV, No. 4, S. 519-530.

Hayek, Friedrich August von (1952): The Sensory Order. An Inquiry into the Foundations of Theoretical Psychology. Chicago: University of Chicago Press.

Hayek, Friedrich August von (1972): Die Theorie komplexer Phänomene, Tübingen: Mohr Siebeck.

Hayek, Friedrich August von (1973): Law, Legislation and Liberty. A New Statement of the Liberal Principles of Justice and Political Economy. Volume 1: Rules and Order. Chicago: University of Chicago Press.

Hayek, Friedrich August von (1976): Law, Legislation and Liberty. A New Statement of the Liberal Principles of Justice and Political Economy. Volume 2: The Mirage of Social Justice.. Chicago: University of Chicago Press.

Hayek, Friedrich August von (1979): Law, Legislation and Liberty. A New Statement of the Liberal Principles of Justice and Political Economy. Volume 3: The Political Order of a Free People. Chicago: University of Chicago Press.

Haykin, Simon S. (1998): Neural Networks: A Comprehensive Foundation. Prentice Hall.

Hegselmann, Rainer (1996): Cellular Automata in the Social Sciences. Perspectives, Restrictions, and Artefacts, in: Hegselmann et al. (1996), S. 209-233.

Hegselmann, Rainer et al., eds. (1996): Modelling and Simulation in the Social Sciences from the Philosophy of Science Point of View, Dordrecht: Kluwer.

Herrmann-Pillath, Carsten (1992): The Brain, Its Sensory Order and the Evolutionary Concept of Mind. On Hayek's Contribution to Evolutionary Epistemology, in: Journal for Social and Biological Structures 15/2, S. 145-187.

Herrmann-Pillath, Carsten (2000): Evolution von Wirtschaft und Kultur, Bausteine einer transdisziplinären Methode. Marburg: Metropolis.

Herrmann-Pillath, Carsten (2001a): Kritik der reinen Theorie des internationalen Handels, Band 1: Transaktionstheoretische Grundlagen. Marburg: Metropolis.

Herrmann-Pillath, Carsten (2001b): A General Refutation of the Law of One Price as Empirical Hypothesis, in: Wagner, A./Strecker, H., Hrsg., Jahrbücher für Nationalökonomie und Statistik, Bd. (Vol.) 221/1, Stuttgart: Lucius & Lucius, S. 45-67

Herrmann-Pillath, Carsten (2001c): On the Ontological Foundations of Evolutionary Economics, in: Dopfer, Kurt, Hrsg., Evolutionary Economics – Program and Scope, Boston/Dordrecht/London: Kluwer Academic Publishers, 2001, S. 89-139.

Herrmann-Pillath, Carsten (2002): Theorie und Beobachtung im neoklassischen Wachstumsmodell: Zu den Implikationen einer strukturalistischen Rekonstruktion für die Evolutorische Ökonomik, in: Lehmann-Waffenschmidt (2002), S. 187-216.

Herrmann-Pillath, Carsten/Lehmann-Waffenschmidt, Marco, Hrsg. (2002): Handbuch der Evolutorischen Ökonomik, Berlin et al.: Springer.

Herrnstein, Richard/Rachlin, Howard/Laibson, David, eds. (1997): The Matching Law. New York: Russell Sage Foundation.

Hesse, Günter (1982): Die Entstehung industrialisierter Volkswirtschaften. Ein Beitrag zur theoretischen und empirischen Analyse der langfristigen wirtschaftlichen Entwicklung, Tübingen: Mohr Siebeck.

Hesse, Günter (1990): Evolutorische Ökonomik oder Kreativität in der Theorie, in: Witt (1990), S. 49-73.

Heuss, Ernst (1965): Allgemeine Markttheorie, Tübingen/Zürich: Mohr Siebeck/Polygraphischer Verlag.

Hey, John D. (1981): Economics in Disequilibrium, Oxford: Robertson.

Hinterberger, Franz (2002): Ökologie und Ökonomie. Koevolution als Erklärungsprinzip und normative Idee, in: Lehmann-Waffenschmidt (2002), S. 235-262.

Hodgson, Geoffrey M. (1993): Economics and Evolution. Bringing Life Back into Economics, Cambridge: Polity Press.

Hodgson, Geoffrey M. (1998): Competence and Contract in the Theory of the Firm, in: Journal of Economic Behavior & Organization, Vol. 35, S. 179-201.

Hodgson, Geoffrey M. (1999): Evolution and Institutions. On Evolutionary Economics and the Evolution of Economics, Cheltenham: Elgar.

Hogg, Margaret K./Michell, P.C.N. (1996): Identity, Self and Consumption: A Conceptual Framework, in: Journal of Marketing Management, 12 (October), S. 629-644.

Höhmann, Hans-Hermann, ed. (1999): Eine unterschätzte Dimension? Zur Rolle wirtschaftskultureller Faktoren in der osteuropäischen Transformation, Bremen: Edition Temmen.

Holland, John H. (1995): Hidden Order. How Adaptation Builds Complexity, Reading et al.: Addison-Wesley.

Hollis, Martin (1998): Trust Within Reason, Cambridge et al.: Cambridge University Press.

Hull, David L. (1988): Interactors versus Vehicles, in: Plotkin (1988), S. 19-50.

Hutchison, T.W. (1977). Knowledge and Ignorance in Economics, Oxford: Blackwell.

Imbusch, Peter, Hrsg. (1998): Macht und Herrschaft. Sozialwissenschaftliche Konzeptionen und Theorien. Opladen: Leske + Budrich.

Ingold, Tim (1986): Evolution and Social Life, Cambridge et al.: Cambridge University Press.

Irrgang, Bernhard (2001): Lehrbuch der evolutionären Erkenntnistheorie. Thesen, Konzeptionen und Kritik. München/Basel: Reinhardt (utb).

Jones, Eric R. (1988): Growth Recurring, Oxford: Oxford University Press.

Junius, Karsten (1999): The Economic Geography of Production, Trade, and Development. Kieler Studien 300, Tübingen: Mohr Siebeck.

Kasper, Wolfgang and Streit, Manfred E. (1999): Institutional Economics. Social Order and Public Policy. Edward Elgar.

Kauffman, Stuart A. (1988): The Evolution of Economic Webs, in: Anderson et al. (1988), S. 125-146.

Kauffman, Stuart A. (1993): The Origins of Order, Self-Organization and Selection in Evolution, New York/Oxford: Oxford University Press.

Kerber, Wolfgang (1998): Zum Problem einer Wettbewerbsordnung für den Systemwettbewerb, in: Jahrbuch für Neue Politische Ökonomie, 1998, 199 - 230.

Kersten, Marc (2002): Konjunktur und Wachstum als Gegenstand der Wirtschaftstheorie. Eine modelltheoretische und methodologische Beurteilung moderner makroökonomischer Erklärungsansätze aus evolutionsökonomischer Sicht, Berlin: Duncker & Humblot.

Kirman, Alan P. (1992): Whom or What Does the Representative Individual Represent?, in: Journal of Economic Perspectives, Vol. 6, No. 2, S. 117-136.

Kirzner, Israel M. (1979): Perception, Opportunity, and Profit. Studies in the Theory of Entrepreneurship, Chicago/London: Chicago University Press.

Kiwit, Daniel (1994): Zur Leistungsfähigkeit neoklassisch orientierter Transaktionskostenansätze, in: ORDO, Band 45, S. 105-135.

Kliemt, Hartmut (1985): Moralische Institutionen. Empiristische Theorien ihrer Evolution, Feriburg/München: Alber.

Klodt, Henning (1995): Grundlagen der Forschungs- und Technologiepolitik, München: Vahlen.

Knight, Frank H. (1921): Risk, Uncertainty, and Profit, Boston et al.: Mifflin.

Kremer, Michael (1993): The O-Ring Theory of Economic Development, Quarterly Journal of Economics, Vol. 108, S. 551-575.

Krohn, Wolfgang/Küppers, Günter, Hrsg. (1992): Emergenz: Die Entstehung von Ordnung, Organisation und Bedeutung, Frankfurt: Suhrkamp.

Krugman, Paul (1991): Geography and Trade, Cambridge/London/Leuven: MIT Press, Leuven University Press.

Krugman, Paul (1996): The Self-Organizing Economy, Cambridge/Oxford: Blackwell.

Kubon-Gilke, Gisela (1997): Verhaltensbindung und die Evolution ökonomische Institutionen, Marburg: Metropolis.

Kumon, Shumpei/Rosovsky, Henry, eds. (1992): The Political Economy of Japan. Volume 3: Cultural and Social Dynamics, Stanford: Stanford University Press.

Küppers, Bernd-Olaf (1986): Der Ursprung biologischer Information. Zur Naturphilosophie der Lebensentstehung, München/Zürich: Piper.

Kuran, Timur (1995): Private Truths, Public Lies. The Social Consequences of Preference Falsification, Cambridge/London: Harvard Unversity Press.

Kurz, Heinz (1987): Eintrag "capital theory: " in: The New Palgrave, A Dictionary of Economics, edited by John Eatwell, Murray Milgate and Peter Newman, London/New York/Tokyo: Macmillan/Stockton Press/Maruzen.

Labrousse, Agnès/Weisz, Jean-Daniel, eds. (2000): Institutional Economics in France and Germany. German Ordoliberalism and the French Regulation School. Berlin et al.: Springer.

Lachmann, Ludwig (1956): Capital and Its Structure. London: Bell & Sons.

Lackes, Richard/Mack, Dagmar (2000): Neuronale Netze in der Unternehmensplanung, München: Vahlen.

Lal, Deepak (1998): Unintended Consequences. The Impact of Factor Endowments, Culture, and Politics on Long-Run Economic Performance, Cambridge/London: MIT Press.

Lancaster, K.J. (1971): A New Theory of Consumer Demand, New York: Columbia University Press.

Landau, Ralph/Taylor, Timothy/Wright, Gavin, eds. (1996): The Mosaic of Economic Growth, Stanford: Stanford University Press.

Langlois, Richard N. (2001): Knowledge, Consumption, and Endogenous Growth, in: Journal of Evolutionary Economics, Vol. 11, No. 1, S. 77-94.

Langlois, Richard N./Foss, Nicolai J. (1999): Capabilities and Governance: The Rebirth of Production in the Theory of Economic Organization, in: Kyklos, Vol. 52, S. 201-218.

Lawson, Tony (1997): Economics and Reality, London: Routledge.

LeDoux, Joseph (1997): The Emotional Brain. The Mysterious Underpinnings of Emotional Life, New York: Simon & Schuster.

Lehmann-Waffenschmidt, Marco, Hrsg. (2002): Studien zur Evolutorischen Ökonomik V, Berlin: Duncker & Humblot.

Leipold, Helmut/Pies, Ingo, Hrsg. (2000): Ordnungstheorie und Ordnungspolitik. Konzeptionen und Entwicklungsperspektiven, Stuttgart: Lucius & Lucius.

Leydesdorff, Loet/Van den Besselaar, Peter, eds. (1994): Evolutionary Economics and Chaos Theory. New Directions in Technology Studies, London: Pinter.

Libecap, Gary D. (1989): Contracting for Property Rights, Cambridge et al.: Cambridge University Press.

Liebowitz, S.J./Margolis, Stephen E. (1994): Network Externality: An Uncommon Tragedy, in: Journal of Economic Perspectives, Vol. 8, No. 2, S. 133-150.

Lindenberg, Siegwart (1990): Homo Socio-oeconomicus: The Emergence of a General Model of Man in the Social Sciences, in: Journal of Institutional and Theoretical Economics, Vol. 146, S. 727-748.

Loasby, Brian (1999): Industrial Districts as Knowledge Communities, in: Bellet/L'Harmet (1999), S. 70-85.

Loasby, Brian (2001): Time, Knowledge and Evolutionary Dynamics: Why Connections Matter, in: Journal of Evolutionary Economics, Vol. 11, No. 4, S. 393-412.

Lorenz, Hans-Walter (1992): Zur Rolle der Chaosforschung in der Evolutionsökonomik, in: Witt (1992), S. 65-92.

Lorenz, Hans-Walter/Meyer, Bernd, Hrsg. (2001): Studien zur Evolutorischen Ökonomik IV, Berlin: Duncker & Humblot.

Luhmann, Niklas (1984): Soziale Systeme. Grundriß einer allgemeinen Theorie, Frankfurt: Suhrkamp.

Lumsden, Charles/Wilson, Edward O. (1981): Genes, Mind and Culture. The Coevolutionary Process. Cambridge/London: Harvard University Press.

Mainzer, Klaus (1997): Thinking in Complexity. The Complex Dynamics of Matter, Mind, and Mankind, Berlin et al.: Springer.

Mäki, Uskali/Gustafsson, Bo/Knudsen, Christian, eds. (1993): Rationality, Institutions and Economic Methodology, London/New York: Routledge.

Mann, Michael (1986): The Sources of Social Power, Vol. I. A History of Power From the Beginning to A.D. 1760, Cambridge et al.: Cambridge University Press.

Männel, Beate (2002): Sprache und Ökonomie. Über die Bedeutung sprachlicher Phänomene für ökonomische Prozesse, Marburg: Metropolis

Markusen, James R. (1995): The Boundaries of Multinational Enterprises and the Theory of International Trade, in: Journal of Economic Perspectives, Vol. 9, No. 2, S. 169-189.

Markusen, James R. (1998): Multinational Enterprises, and the Theories of Trade and Location, in: Braunerhjelm/Ekholm (1998), S. 9-33.

Martin, Ron (1999): The New "Geographical Turn" in Economics: Some Critical Reflections, in: Cambridge Journal of Economics, Vol. 23, S. 65-91.

Martinez-Allier, Juan (1987): Ecological Economics. Energy, Environment and Society. Oxford: Basil Blackwell.

Mayer, Thomas (1993): Truth versus Precision in Economics, Aldershot: Edward Elgar.

Maynard Smith, John/Szathmáry, Eörs (1995): The Major Transitions in Evolution, Oxford/New York: Freeman.

Mayr, Ernst (1982): The Growth of Biological Thought. Diversity, Evolution, and Inheritance, Cambridge/London: Belknap.

McKelvey, Maureen (1996): Evolutionary Innovations: The Business of Biotechnology, Oxford: Oxford University Press.

Medema, Steven N., ed. (1998): Coasean Economics: Law and Economics and the New Institutional Economics, Boston/Dordrecht/London: Kluwer.

Meier, Alfred/Slembeck, Tilman (1998): Wirtschaftspolitik – ein kognitiv-evolutionärer Ansatz, München/Wien: Oldenbourg.

Meinhold, Marie-Luise (2001): Die Wissensnutzung und ihre Hindernisse. Ein evolutorisches Konzept mit Fallstudie, Wiesbaden: Gabler/DUV.

Metcalfe, J. Stanley (1998): Evolutionary Economics and Creative Destruction, Routledge: London/New York.

Metcalfe, J. Stanley (2000): Consumption, Perefernces, and the Evolutionary Agenda, in: Journal of Evolutionary Economics, Vol. 11, No. 1, S. 37-58.

Metcalfe, J. Stanley (2001): Evolutionary Approaches to Population Thinking and the Problem of Growth and Development, in: Dopfer (2001), S. 141-164.

Metcalfe, J. Stanley (2002): Knowledge of Growth and the Growth of Knowledge, in: Journal of Evolutionary Economics, Vol. 12, Nos. 1-2, S. 3-16.

Milgrom, Paul/Roberts, John (1990): The Economics of Modern Manufacturing: Technology, Strategy, and Organization, in: American Economic Review, Vol. 80, S. 511-528.

Mirowski, Philip (1988): Against Mechanism. Protecting Economics Against Science. Totowa: Rowman & Littlefield.

Mirowski, Philip (1991): The When, the How, and the Why of Mathematical Expression in the History of Economic Analysis, in: Journal of Economic Perspectives, Vol. 5, No. 1, S. 145-157.

Mirowski, Philip/Somefun, Koye (1998): Markets as Evolving Computational Entities, in: Journal of Evolutionary Economics, Vol. 8, No. 4, S. 329-357.

Mokyr, Joel (1990): The Lever of Riches. Technological Creativity and Economic Progress, New York/Oxford: Oxford University Press.

Mueller, Dennis C. (2000): Capitalism, Democracy and Rational Individual Behavior, in: Journal of Evolutionary Economics, Vol. 10, Nos. 1-2, S. 67-82

Mueller, Ulrich (1996): Evolutionary Explanations From A Philosophy of Science Point of View, in: Hegselmann et al. (1996), S. 101-122.

Munz, Peter (1993): Philosophical Darwinism. On the Origin of Knowledge by Means of Natural Selections, London/New York: Routledge.

Nelson, Richard R. (1995): Recent Evolutionary Theorizing About Economic Change, in: Journal of Economic Literature, Vol. XXXIII, S. 48-90.

Nelson, Richard R./Winter, Sidney G. (1982): An Evolutionary Theory of Economic Change, Cambridge/London: Belknap.

North, Douglass C. (1990): Institutions, Institutional Change, and Economic Performance, Canbridge et al.: Cambridge University Press.

Osborne, Martin J./Rubinstein, Ariel (1994): A Course in Game Theory, Cambridge: MIT Press.

Ostrom, Elinor (1990): Governing the Commons. The Evolution of Institutions for Collective Action. Cambridge et al.: Cambridge University Press.

Oyama, Susan (2000): Evolution's Eye. A Systems View of the Biology-Culture Divide, Durham/London: Duke University Press.

Oyama, Susan (2001): The Ontogeny of Information. Developmental Systems and Evolution. Durham: Duke University Press.

Panther, Stefan (1997): Cultural Factors in the Transition Process – Latin Center, Orthodox Periphery?, in: Backhaus/Krause (1997), S. 95-122.

Panther, Stefan (1999): Kulturelle Faktoren in ökonomischen Erklärungen – Eine Standortbestimmung, in: Höhmann (1999), S. 24-38.

Pascha, Werner, ed. (2002): Systemic Change in the Japanese and German Economies, Convergence and Differentiation as a Dual Challenge, London/New York: RoutledgeCurzon.

Pasinetti, Luigi L. (1981): Structural Change and Economic Growth. A Theoretical Essay on the Dynamics of the Wealth of Nations, Cambridge et al.: Cambridge University Press.

Pasinetti, Luigi L./Scazzieri, R. (1987): Eintrag "capital theory: paradoxes" in: The New Palgrave, A Dictionary of Economics, edited by John Eatwell, Murray Milgate and Peter Newman, London/New York/Tokyo: Macmillan/Stockton Press/Maruzen.

Pasinetti, Luigi L./Solow, Robert M., eds. (1994): Economic Growth and the Structure of Long-Term Development, London: St. Martin's Press.

Péli, Gábor/Nooteboom, Bart (1999): Market Partitioning and the Geometry of the Resource Space, in: American Journal of Sociology, Vol. 104, No. 4, S. 1132-53.

Penz, Reinhard/Wilkop, Holger, Hrsg. (1996): Zeit der Institutionen – Thorstein Veblens evolutorische Ökonomik, Marburg: Metropolis.

Peukert, Helge (1998): Das Handlungsparadigma in der Nationalökonomie, Marburg: Metropolis.
Pitelis, Christos, ed. (1993): Transaction Costs, Markets and Hierarchies, Oxford/Cambridge: Blackwell.
Platteau, Jean-Philippe (1994): Behind the Market Stage Where Real Societies Exist - Part I: The Role of Public and Private Order Institutions, and Part II: The Role of Moral Norms, in: Journal of Development Studies 30/3 + 4, S. 533-577, 753-817.
Plotkin, H.C., ed. (1988): The Role of Behavior in Evolution. Cambridge/London: MIT Press.
Podolny, Joel M. (1993): A Status-based Model of Market Competition, in: American Journal of Sociology, Vol. 98, No. 4, S. 829-872.
Popitz, Heinrich (1985): Phänomene der Macht, Tübingen: Mohr Siebeck.
Popper, Karl R. (1973): Objektive Erkenntnis. Ein evolutionärer Entwurf, Hamburg: Hoffmann und Campe.
Porter, Michael E. (1990): The Competitive Advantage of Nations, London: Macmillan.
Potts, Jason (2000): The New Evolutionary Microeconomics. Complexity, Competence and Adaptive Behavior, Cheltenham/Northhampton: Elgar.
Potts, Jason (2001): Knowledge and Markets, in: Journal of Evolutionary Economics, Vol. 11, No. 4, S. 413-432.
Priddat, Birger P. (1996): Zeit der Institutionen. Regelverhalten und rational choice, in: Priddat/Wegner (1996), S. 11-34.
Priddat, Birger P., Hrsg. (2000): Kapitalismus, Krisen, Kultur, Marburg: Metropolis.
Priddat, Birger P./Wegner, Gerhard, Hrsg. (1996): Zwischen Evolution und Institution. Neue Ansätze in der ökonomischen Theorie, Marburg: Metropolis.
Rabin, Matthew (1998): Psychology and Economics, in: Journal of Economic Literature, Vol. XXXVI, S. 11-45.
Rauch, James E. (2001): Business and Social Networks in International Trade, in: Journal of Economic Literature, Vol. XXXIX, S. 1177-1203.
Redman, Deborah A. (1993): Economics and the Philosophy of Science, New York/Oxford: Oxford UP.
Renner, Andreas/Hinterberger, Franz (1998): Zukunftsfähigkeit und Neoliberalismus, Baden-Baden: Nomos.
Reuter, Norbert (1994): Der Institutionalismus. Geschichte und Theorie der evolutionären Ökonomie, Marburg: Metropolis.
Richter, Rudolf/Furubotn, Eirik (1996): Neue Institutionenökonomik. Eine Einführung und kritische Würdigung, Tübingen: Mohr Siebeck.
Riechmann, Thomas (1999): Learning and Behavioral Stability. An Economic Interpretation of Genetic Algorithms, in: Journal of Evolutionary Economics, Vol. 9, 225-242.
Ring, Peter Smith (1996): Networked Organization. A Resource Based Perspective, Uppsala: Acta Universitatis Upsaliensis.
Rodrik, Dani (1999): TFPG Controversies, Institutions and Economic Performance in East Asia, in: Hayami/Aoki (1999), S. 79-101.

Ropp, Paul S., ed. (1990): Heritage of China. Contemporary Perspectives on Chinese Civilization, Berkeley et al.: University of California Press.

Ruth, Matthias (1996): Evolutionary Economics at the Crossroads of Biology and Physics, in: Journal of Social and Evolutionary Systems, Vol. 19, No. 2, S. 125-144.

Sachs, Sibylle (2001): Edith T. Penrose und ihr Einfluss auf die moderne „theory of the firm", in: Jahrbücher für Nationalökonomie und Statistik, Band 221, S. 115-120.

Sahlins, Marshall (1981): Kultur und praktische Vernunft, Frankfurt: Suhrkamp.

Salthe, Stanley N. (1993): Development and Evolution. Complexity and Change in Biology, Cambridge/London: MIT Press.

Saviotti, Pier Paolo (1996): Technological Evolution, Variety and the Economy, Cheltenham: Elgar.

Schelling, Thomas C. (1978): Micromotives and Macrobehavior, New York/London: Norton.

Schenk, K.-E./Schmidtchen, D./Streit, M. E./Vanberg, V., Hrsg. (1999): Jahrbuch für Neue Politische Ökonomie, 18. Band, Globalisierung und Rechtsordnung: Zur Neuen Institutionenökonomik internationaler Transaktionen, Tübingen: Mohr Siebeck.

Schlicht, Ekkehard (1998): On Costum in the Economy, Oxford: Clarendon.

Schmidt, H./Ketzel, E./Prigge, S., Hrsg. (2001): Wolfgang Stützel - Moderne Konzepte für Finanzmärkte, Beschäftigung und Wirtschaftsverfassung, Tübingen: Mohr Siebeck.

Schmidt-Trenz, Hans-Jörg (1990): Außenhandel und Territorialität des Rechts - Grundlegung einer Neuen Institutionenökonomik des Außenhandels, Baden-Baden 1990: Nomos.

Schnabl, Hermann (2000): Struktur-Evolution. Innovation, Technologieverflechtung und sektoraler Strukturwandel, München/Wien: Oldenbourg.

Schneider, Hans K./Watrin, Christian, Hrsg. (1973): Macht und ökonomisches Gesetz, Schriften des Vereins für Socialpolitik, Neue Folge Band 74, Berlin: Duncker & Humblot.

Schreiter, Carsten (2001): Die Entwicklung von Organisationsstrukturen der Unternehmung im wissensschaffenden und wissensverwertenden Wettbewerb, in: Lorenz/Meyer (2001), S. 255-286.

Schumpeter, Joseph A. (1912/1934/1987): Theorie der wirtschaftlichen Entwicklung. Eine Untersuchung über Unternehmergewinn, Kapital, Kredit, Zins und den Konjunkturzyklus, Nachdruck der vierten Auflage, Berlin: Duncker & Humblot.

Schumpeter, Joseph A. (1928): „Unternehmer", in: Ludwig Elster et al., Hrsg., Handwörterbuch der Staatswissenschaft, Bd. VIII, Jena: Fischer, S. 476-487.

Schweitzer, Frank (1998): Ökonomische Geographie: Räumliche Selbstorganisation in der Standortverteilung, in: Schweitzer/Silverberg (1998), S. 97-126.

Schweitzer, Frank/Silverberg, Gerald, Hrsg. (1998): Evolution und Selbstorganisation in der Ökonomie. Selbstorganisation, Jahrbuch für Komplexität in den Natur-, Sozial- und Geisteswissenschaften, Band 9, Berlin: Duncker & Humblot.

Schweitzer, Thomas (1996): Muster sozialer Ordnung. Netzwerkanalyse als Fundament der Sozialethnologie, Berlin: Reimer.

Seifritz, Walter (1987): Wachstum, Rückkopplung und Chaos. Eine Einführung in die Welt der Nichtlinearität und des Chaos, München/Wien: Hanser.

Shackle, G.L.S. (1972): Epistemics & Economics. A Critique of Economic Doctrines. Cambridge: Cambridge University Press.

Siewing, Rolf, Hrsg. (1987): Evolution. Bedingungen - Resultate - Konsequenzen. Stuttgart/New York: Gustav Fischer.

Silverberg, Gerald/Verspagen, Bart (1998): Economic Growth and Economic Evolution: A Modeling Perspective, in: Schweitzer/Silverberg (1998), S. 239-264.

Smith, Adam (1976/1759): The Theory of Moral Sentiments, Glasgow Edition, Oxford: Oxford University Press.

Snowdon, Brian/Vane, Howard/Wynarczyk, Peter (1994): A Modern Guide to Macroeconomics. An Introduction to Competing Schools of Thought. Cheltenham: Elgar.

Stadermann, Hans-Joachim (1994): Die Fesselung des Midas. Eine Untersuchung über Aufstieg und Verfall der Zentralbankkunst, Tübingen: Mohr Siebeck.

Stahl-Rolf, Silke Regine (1998): Cultural Constraints in Transition Processes. An Evolutionary-Historical Theory of Institutional Change, Dissertation Jena: MPI for Research Into Economic Systems.

Steedman, Ian (2000): Consumption and Time, London: Routledge.

Storper, Michael (1995): The Resurgence of Regional Economies, Ten Years Later: The Region as a Nexus of Untraded Interdependencies, in: European Urban and Regional Studies, Vol. 2, No. 3, S.191-221.

Strauss, Claudia/Quinn, Naomi (1997): A Cognitive Theory of Cultural Meaning, Cambridge et al.: Cambridge University Press.

Streit, Manfred/Mummert, Uwe/Kiwit, Daniel, eds. (1997): Views and Comments on Cognition, Rationality, and Institutions, in: Journal of Institutional and Theoretical Economics, Vol. 153, S. 688-779.

Stützel, Wolfgang (1953/1979): Paradoxa der Geld- und Konkurrenzwirtschaft, Neudruck Aalen: Scentia.

Stützel, Wolfgang (1958/1978): Volkswirtschaftliche Saldenmechanik. Ein Beitrag zur Geldtheorie, Tübingen: Mohr Siebeck

Takata, Yasuma (1995): Power Theory of Economics, London: St. Marin's Press.

Taylor, Michael (1987): The Possibility of Cooperation, Cambridge et al.: Cambridge University Press.

Ter-Minassian, Teresa, ed. (1997): Fiscal Federalism in Theory and Practice, Washington: IMF.

Thaler, Richard H. (1994): Quasi-Rational Economics, New York: Russell Sage.

Tietzel, Manfred (1985): Wirtschaftstheorie und Unwissen. Überlegungen zur Wirtschaftstheorie jenseits von Risiko und Unsicherheit, Tübingen: Mohr Siebeck.

Tietzel, Manfred (1988): Zur Theorie der Präferenzen, in: Jahrbuch für Neue Politische Ökonomie, Band 7, S. 38-71.

Tietzel, Manfred, Hrsg. (1994): Ökonomik der Standardisierung, Homo oeconomicus XI(3), München: Accedo.
Tirole, Jean (1988): The Theory of Industrial Organization, Cambridge/London: MIT Press.
Trivers, Robert (1985): Social Evolution. Menlo Park: Benjamin/Cummings.
Tylecote, Andrew (1992): The Long Wave in the World Economy. The Present Crisis in Historical Perspective, London/New York: Routledge.
Varian, Hal (1992): Microeconomic Analysis, New York/London: Norton.
Veblen, Thorstein (1899/1965): The Theory of the Leisure Class, New York: Kelley.
Veblen, Thorstein (1914/1990): The Instinct of Workmanship and the State of Industrial Arts, New Brunswick/London: Transaction.
Voigt, Stefan (1999): Explaining Constitutional Change. Towards A Positive Theory of Constitutions, Cheltenham: Elgar.
Wasserman, Stanley/Faust, Katherine (1994): Social Network Analysis. Methods and Applications, Cambridge et al.: Cambridge University Press.
Wasserman, Stanley/Glaskiewiecz, Joseph, eds. (1994): Advances in Social Network Analysis. Research in the Social and Behavioral Sciences, Thousand Oaks: Sage.
Weber, Max (1985): Wirtschaft und Gesellschaft. Studienausgabe 8. Auflage, Tübingen: Mohr Siebeck.
Weede, Erich (1993): The Impact of Interstate Conflict on Recolutionary Change and Individual Freedom, in: Kyklos, Vol. 46, No. 3, S. 473-496.
Wegehenkel, Lothar (1981): Gleichgewicht, Transaktionskosten und Evolution. Eine Analyse der Koordinierungseffizienz unterschiedlicher Wirtschaftssysteme, Tübingen: Mohr Siebeck.
Wegner, Gerhard (1994): Marktkonforme Umweltpolitik zwischen Dezisionismus und Selbststeuerung, Tübingen: Mohr Siebeck.
Wegner, Gerhard (1996): Wirtschaftspolitik zwischen Selbst- und Fremdsteuerung - ein neuer Ansatz. Contributiones Jenenses 3, Baden-Baden: Nomos.
Weibull, Jorgen (1995): Evolutionary Game Theory, Cambridge: MIT Press.
Weidlich, Wolfgang (1992): Das Modellierungskonzept der Synergetik für dynamische sozio-ökonomische Prozesse, in: Witt (1992), S. 39-64.
Weidlich, Wolfgang (2001): Sociodynamics. A Systematic Approach to Mathematical Modelling in the Social Sciences, London: Routledge.
Weintraub, E. Roy (1991): Stabilizing Dynamics. Constructing Economic Knowledge. Cambridge et al.: Cambridge University Press.
Weise, P./Brandes, W./Eger, T./Kraft. M. (2002): Neue Mikroökonomie, 4. Auflage, Heidelberg: Physica.
Weise, Peter (1990): Der synergetische Ansatz zur Analyse der gesellschaftlichen Selbstorganisation, in: Ökonomie und Gesellschaft. Jahrbuch 8: Individuelles Verhalten und kollektive Phänomene, Frankfurt: Campus, S. 12-64.
Weizsäcker, Ernst Ulrich von (1994): Erdpolitik. Ökologische Realpolitik an der Schwelle zum Jahrhundert der Umwelt. Darmstadt: Wissenschaftliche Buchgesellschaft.
Wellman, Barry/Berkowitz, S.D., eds. (1988): Social Structures: A Network Approach, Cambridge et al.: Cambridge University Press.

Wesseling, Ewald (1991): Individuum und Information. Die Erfassung von Information und Wissen in ökonomischen Handlungstheorien, Tübingen: Mohr.

Wimmer, Andreas (1996): Kultur: Zur Reformulierung eines sozialanthropologischen Grundbegriffs, in: Kölner Zeitschrift für Soziologie und Sozialpsychologie, Jg. 48, Nr. 3, 1996, S. 401-425.

Witt, Ulrich (1987): Individualistische Grundlagen der Evolutorischen Ökonomik, Tübingen: Mohr Siebeck.

Witt, Ulrich (2000): Learning to Consume – A Theory of Wants and the Growth of Demand, in: Journal of Evolutionary Economics, Vol. 11, No. 1, S. 23-36.

Witt, Ulrich (2001a): Evolutionary Economics – an Interpretive Survey, in: Dopfer (2001), S. 45-88.

Witt, Ulrich (2001b): Economics and Darwinism, in: Aruka (2001), S. 41-58.

Witt, Ulrich, ed. (1993): Evolutionary Economics, Aldershot: Edward Elgar.

Witt, Ulrich, Hrsg. (1990): Studien zur Evolutorischen Ökonomik I, Berlin: Duncker & Humblot.

Witt, Ulrich, Hrsg. (1992): Studien zur Evolutorischen Ökonomik II, Berlin: Duncker & Humblot.

Witt, Ulrich, ed. (1993): Evolutionary Economics, Aldershot: Edward Elgar.

Wohlgemuth, Michael (2000): Political Entrepreneurship and Bidding for Political Monopoly, in: Journal of Evolutionary Economics, Vol. 10, No. 3,S. 273-295.

Wohlgemuth, Michael (2002): Evolutionary Appoaches to Politics, in: Kyklos, Vol. 55, S. 223-246.

Woolcock, Michael (1998): Social Capital and Economic Development: Toward a Theoretical Synthesis and Policy Framework, in: Theory and Society, Vol. 27, S.. 151-208.

Wuketits, Franz (1987): Evolution als Systemprozeß: Die Systemtheorie der Evolution, in: Siewing (1987), S. 453-474.

Young, H. Peyton (1996): The Economics of Convention, in: Journal of Economic Perspectives, Vol. 10, No. 2, S. 105-122.

Young, H. Peyton (1998): Individual Strategy and Social Structure, Princeton: Princeton University Press.

Zhang, Wei-Bin (1991): Synergetic Economics. Time and Change in Nonlinear Economics, Berlin et al.: Springer.